高等学校教材

电力拖动自动控制系统

（第2版）

上海工业大学　陈伯时　主编

机械工业出版社

本书是根据1988年全国高等工业学校工业电气自动化专业教学指导委员会沈阳会议的决定编写的，也是1981年机械工业出版社出版的高等学校试用教材《自动控制系统》的修订本，内容包括直流和交流拖动控制系统。

本书继承了原《自动控制系统》教材的特点，遵循理论和实际相结合的原则，应用自动控制理论解决系统的分析和设计问题，以系统的控制规律为主线，由简入繁、由低及高地循序深入，主要讲述系统的静、动态性能和设计方法。

本书可作为高等工业学校工业电气自动化专业师生教材，也可供有关工程技术人员参考。

图书在版编目(CIP)数据

电力拖动自动控制系统/陈伯时主编 .-2版. -北京:机械工业出版社. 2000. 6(2021. 1重印)

高等学校教材

ISBN 978-7-111-03057-7

Ⅰ.电… Ⅱ.陈 …Ⅲ.电力传动-自动控制系统-高等学校-教材 Ⅳ.TM921.5

中国版本图书馆CIP数据核字(1999)第14800号

机械工业出版社（北京市百万庄大街22号 邮政编码100037）

责任编辑：王保家 闫晓宇 吉 玲　版式设计：王 颖

封面设计：郭景云　责任校对：刘志文

责任印制：常天培

涿州市般润文化传播有限公司印刷

2021年1月第2版·第49次印刷

184mm×260mm · 20.25印张 · 485千字

标准书号：ISBN978-7-111-03057-7

定价：36.00元

电话服务　网络服务

客服电话：010-88361066　机 工 官 网：www.cmpbook.com

010-88379833　机 工 官 博：weibo.com/cmp1952

010-68326294　金 书 网：www.golden-book.com

封底无防伪标均为盗版　机工教育服务网：www.cmpedu.com

前　言

1981年机械工业出版社出版的高等学校试用教材《自动控制系统》已在国内使用了10年，得到了广大教师、同学和工程技术人员的充分肯定，也提出了不少宝贵的意见。与此同时，电力拖动控制技术发展迅速，可控关断的电力电子器件和由它实现的斩波与PWM技术正在中、小功率的直流拖动控制系统中逐步替代着晶闸管和相控整流的位置，各种交流电机调速系统和随动系统已经得到普遍应用而且还在日新月异地发展，微机数字控制系统已经日臻完善并开拓了变结构控制、自适应控制、自诊断技术等模拟系统难以达到的领域。因此，重新编写教材是十分必要的。鉴于“自动控制系统”范围很广，这门课程实际上只针对电力拖动的运动控制，所以本教材改用《电力拖动自动控制系统》这一名称。

1988年9月全国高等工业学校工业电气自动化专业教学指导委员会沈阳会议决定组织编写交直流拖动控制系统合在一起的新教材，并组成了以哈尔滨工业大学赵昌颖教授为首的评选组在全国范围内征稿。经投标和评选，1989年5月确定由我主编这本教材。经协商，决定请东南大学赵家璧教授主审。

电力拖动自动控制系统种类很多，如果面面俱到，势必形成繁琐的罗列，这是一般专业课程易犯的通病。本书继承了原《自动控制系统》教材的特点，遵循理论和实际相结合的原则，应用自动控制理论解决系统的分析和设计问题，以系统的控制规律为主线，由简入繁、由低及高地循序深入，主要讲授系统的静、动态性能和设计方法。关于具体的控制线路，限于课程学时和教材篇幅，只得割爱，而留给与本教材配合出版的《电力拖动自动控制系统习题例题集》中介绍。同时，正由于有这本辅助教材，本书中不再给出习题和思考题。

与原《自动控制系统》教材相比，本书主要改动和更新的内容如下：

(1) 仍以直流调速系统作为本书的基本内容，保留单闭环、多环、可逆系统的体系，加强对控制规律的提炼和阐述。取消原书第五章“电力拖动自动控制系统的工程设计方法”，将其动态设计内容分别纳入有关章节，对于调节器的工程设计方法则集中在第二章中介绍。

(2) 增设采用电力晶体管（GTR）的直流脉宽调速系统一章。

(3) 保留位置随动系统一章，改变其编写体系，着重介绍位置检测器、稳态误差分析和动态校正。

(4) 第二篇专述交流调速系统，其体系和直流系统一样，以分析系统的工作原理、阐明控制规律、静动态分析和设计为主。异步电动机调速系统按照对转差功率的处理分成三种类型，分别以变压调速、变压变频调速和串级调速为代表，分三章叙述。另外单设一章介绍同步电动机的变频调速系统。

(5) 异步电动机变压变频调速系统一章是交流调速的重点，着重于控制系统的分析和设计。对于变频器只作简要的概述，阐明其特点，仅对SPWM逆变器稍加详细分析，至于波形分析等细节以在“变流技术”课程中学习为宜。异步电机的非线性、多变量数学模型是很重要的内容，应该透彻地理解其性质，但由于问题比较复杂，考虑到学生的认识过程，不宜在该章一开始就介绍，因此放在“转差频率控制系统”后面推出，这时学生已经有更清楚地了解动态数学模型的要求，提出这个问题就比较适时。至于动态设计，仍以简化成近似的线性单变量结构图后采用工程设计方法进行设计为主，而把应用现代多变量系统理论的设计方法留给研究生课程。

(6) 取消原书第六章“电力拖动自动控制系统中的一些非线性问题”。

(7) 微机数字控制技术是近代自动控制系统的主要方向，本应进行认真的探讨。鉴于各校本专业大部分设有“计算机控制技术”课，着重讲授微机应用。为避免重复，本课不再涉及。

本书按讲课70学时编写，由陈伯时主编，其中第七章的§7-3和第八章由上海交通大学陈敏逊教授编写，第三章和第五章由上海工业大学倪国宗副教授编写，其余各章、节均由陈伯时编写，倪国宗负责全书插图的绘制。清华大学韩曾晋教授曾参加编写《自动控制系统》一书，对本书自然有其不可磨灭的贡献，沈锡臣同志为本书第五章提供了原始资料，在此谨致衷心的谢意。

由于本人水平有限，错误或不当之处在所难免，殷切期望读者批评指正。

陈伯时

1991年4月

目　　录

第一篇　直流调速系统和随动系统

第二篇　交流调速系统

常 用 符 号 表

一、元件和装置用的文字符号（按国家标准 GB7159—87）

A	放大器、调节器；电枢绕组，A 相绕组
ACR	电流调节器
ADR	电流变化率调节器
AE	电动势运算器
AER	电动势调节器
AFR	励磁电流调节器
AP	脉冲放大器
APR	位置调节器
AR	反号器
ASR	转速调节器
ATR	转矩调节器
AVR	电压调节器
AΨR	磁链调节器
B	非电量—电量变换器
BIS	感应同步器
BQ	位置变换器
BR	旋转变压器
BRR	旋转变压接收器
BRT	转速传感器；旋转变压发送器
BS	自整角机
BSR	自整角接收机
BST	自整角发送机
C	电容器
CD	电流微分环节
D	数字集成电路和器件
DHC	滞环比较器
DLC	逻辑控制器
DLD	逻辑延时环节
DPI	极性鉴别器
DPT	转矩极性鉴别器
DPZ	零电流检测器
DRC	环形分配器
F	励磁绕组
FA	具有瞬时动作的限流保护
FB	反馈环节
FBS	测速反馈环节
G	发电机；振荡器，发生器
GAB	绝对值变换器
GB	蓄电池
GD	驱动器
GE	励磁发电机
GF	旋转式或静止式变频机；函数发生器
GFC	频率给定动态校正器
G	给定积分器
GM	调制波发生器
GS	同步发电机
GT	触发装置
GTF	正组触发装置
GTR	反组触发装置
GVF	压频变换器
K	继电器，接触器
KF	正向继电器
KMF	正向接触器
KMR	反向接触器
KR	反向继电器
L	电感，电抗器
LS	饱和电抗器
M	电动机（总称）
MA	异步电动机（必须区分时用）
MD	直流电动机（必须区分时用）
MS	同步电动机（必须区分时用）
MT	力矩电动机
N	运算放大器
R	电阻器、变阻器
RP	电位器
RV	压敏电阻器
SA	控制开关，选择开关
SB	按钮开关
SM	伺服电机
T	变压器
TA	电流互感器
TAFC	励磁电流互感器

TC 控制电源变压器
TG 测速发电机
TI 逆变变压器
TM 电力变压器，整流变压器
TU 自耦变压器
TV 电压互感器
TVD 直流电压隔离变换器
U 变换器，调制器
UI 逆变器
UPW 脉宽调制器
UR 整流器
URP 相敏整流器
V 开关器件：二极管、晶体管、晶闸管等总称；晶闸管整流装置
VC 控制电路用电源的整流器
VD 二极管
VF 正组晶闸管整流装置
VFC 励磁电流可控整流装置
VR 反组晶闸管整流装置
VST 稳压管
VT 晶体管；晶闸管
VTH 晶闸管（必须区分时用）
VTR 晶体管（必须区分时用）
VVC 晶闸管交流调压器
YB 电磁制动器
YC 电磁离合器

二、常用缩写符号

CSI 电流源（型）逆变器（Current Source Inverter）
CVCF 恒压恒频（Constant Voltage Constant Frequency）
GTO 门极可关断晶闸管（Gate Turn-off Thyristor）
GTR 电力晶体管（Giant Transister）
P-MOSFET 场效应晶闸管（Power MOS Fied Effect Transistor）
PWM 脉宽调制（Pulse Width Modulation）
SOA 安全工作区（Safe Operation Area）
SPWM 正弦波脉宽调制（Sinusoidal PWM）
VCO 压控振荡器（Voltage-Controlled Osciator）
VR 矢量旋转变换器（Vector Rotator）
VSI 电压源（型）逆变器（Voltage Source Inverter）
VVVF 变压变频（Variable Voltage Variable Frequency）

三、参数和物理量文字符号

A 面积
a 线加速度；特征方程系数
B 磁通密度
C 电容；输出被控变量
C_e 直流电机在额定磁通下的电动势转速比
C_m 直流电机在额定磁通下的转矩电流比
D 调速范围；摩擦转矩阻尼系数；脉冲数
E，e 反电动势，感应电动势（大写为平均值或有效值，小写为瞬时值，下同）；误差
e_d 检测误差
e_ε 原理误差
e_l 负载扰动误差
F 磁动势
f 频率
G 重力
g 重力加速度
GD^2 飞轮惯量
GM 增益裕度
h 开环对数频率特性中频宽
I，i 电流，电枢电流
i 减速比
I_d，i_d 整流电流
i_f 励磁电流
J 转动惯量
K 控制系统各环节的放大系数（以环节符号为下角标）；闭环系统的开环放大系数
K_a 加速度品质因数
K_{bs} 自整角机放大系数
K_e 直流电机电动势的结构常数
K_g 减速器放大系数
K_m 直流电机转矩的结构常数
K_{ph} 相敏整流器放大系数

K_v 速度品质因数
k 谐波次数；振荡次数
k_N 绕组系数
L 电感，自感
L_1 漏感
L_m 互感
M 闭环系统频率特性幅值；调制度
M_r 闭环系统幅频特性峰值
m 整流电压（流）一周内的脉波数；典型Ⅰ型系统两个时间常数之比；旋转变压器绕组有效匝数比
N 匝数；扰动量；载波比
n 转速
n_0 理想空载转速；同步转速
n_p 极对数
P、p 功率
$p=(\frac{d}{dt})$ 微分算子
P_m 电磁功率
P_s 转差功率
Q 无功功率
R 电阻；电枢回路总电阻；交流电机绕组电阻
R_o 直流电机电枢电阻
R_{rec} 整流装置内阻
S 视在功率
s 转差率；静差率
$s=\sigma+j\omega$ Laplace 变量
T 时间常数；开关周期；感应同步器绕组节距
t 时间
T_c 脉宽调制载波的周期
T_a 电磁转矩
T_L 负载转矩
T_i 电枢回路电磁时间常数
T_m 机电时间常数
T_O 滤波时间常数
t_{off} 关断时间
T_{ph} 相敏整流器滤波时间常数
T_s 晶闸管装置平均失控时间
t_s 调节时间
U，u 电压，电枢供电电压
U_b 基极驱动电压
U_{bs} 自整角机输出电压
U_{ct} 触发装置控制电压
U_d、u_a 整流电压
U_{d_0}，u_{d_0} 理想空载整流电压
U_f, u_f 励磁电压
U_{ph} 相敏整流放大器输出电压
U_s 电源电压
U_x 变量 x 的反馈电压（x 可用变量符号替代）
U_x^* 变量 x 的给定电压（x 可用变量符号替代）
V 体积
v 速度，线速度
$W(s)$ 传递函数，开环传递函数
$W_{a1}(s)$ 闭环传递函数
$W_{abf}(s)$ 控制对象传递函数
W_m 磁场贮能
X 电抗
x 机械位移
Z 电阻抗
z 负载系数
α 转速反馈系数；可控整流器的控制角
β 电流反馈系数；可控整流器的逆变角
γ 电压反馈系数；相角裕度；（同步电动机反电势换流时的）换流提前角
γ_0 空载换流提前角
δ 转速微分时间常数相对值；磁链反馈系数；脉冲宽度；换流剩余角
Δn 转速降落
ΔU 偏差电压
ΔU_D 正向管压降
$\Delta\theta$ 失调角，角差
ζ 阻尼比
η 效率
θ 电角位移；可控整流器的导通角
θ_m 机械角位移
λ 电机允许过载倍数
μ 磁导率；换流重迭角
ρ 占空比；电位器的分压系数
σ 漏磁系数
$\sigma\%$ 超调量
τ 时间常数，积分时间常数
Φ 磁通
Φ_m 每极气隙磁通量
φ 相位角，阻抗角；相频
Ψ，ψ 磁链

Ω	机械角转速	ω_e	开环特性截止频率
ω	角转速，角频率	ω_n	二阶系统的自然振荡频率
ω_b	闭环特性通频带	ω_s	转差角转速

四、常用下角标

abs	绝对值（absolute）	max	最大值（maximum）
add	附加（additional）	min	最小值（minimum）
av	平均值（average）	*n*，*nom*	额定值，标称值（nominal）
b	偏压（bias）；基准（basic）	*o*	开路（open circuit）
b，*bal*	平衡（balance）	*obj*	控制对象（object）
bl	堵转，封锁（block）	*off*	断开（off）
br	击穿（break down）	*on*	闭合（on）
c	环流（circulating current）；控制（control）	*op*	开环（open loop）
		p	脉动（pulse）
cl	闭环（closed）	*par*	并联、分路（parallel）
com	比较（compare）；复合（combination）	*ph*	相值（phase）
cr	临界（critical）	*R*	合成（resultant）
d	延时，延滞（delay）；驱动（drive）	*r*	转子（rotor）；上升（rise）；反向（reverse）
ex	输出，出口（exit）		
f，*fin*	终了（final）	*r*，*ref*	参考（reterence）
f	正向（forward）；磁场（field）	*rec*	整流器（rectifier）
g	气隙（gap）	*s*	定子（stator）；电源（source）
in	输入，入口（input）	*s*，*ser*	串联（series）
ini，0	初始（initial）	*sa*	锯齿波（saw teeth）
i，*inv*	逆变器（inverter）	*syn*	同步（synchronous）
k	短路	*t*	力矩（torque）；触发（trigger）；三角波（triangular wave）
L	负载（Load）		
l	线值（line）；漏磁（leakage）	1	一次，定子边
lim	极限，限制（limit）	2	二次，转子边
m	极限值，峰值；励磁（magnetizing）	∞	稳态值，无穷大处

第一篇　直流调速系统和随动系统

直流电动机具有良好的起、制动性能，宜于在广泛范围内平滑调速，在轧钢机、矿井卷扬机、挖掘机、海洋钻机、金属切削机床、造纸机、高层电梯等需要高性能可控电力拖动的领域中得到了广泛的应用。近年来，交流调速系统发展很快，然而直流拖动控制系统毕竟在理论上和实践上都比较成熟，而且从反馈闭环控制的角度来看，它又是交流拖动控制系统的基础，所以首先应该很好地掌握直流系统。

从生产机械要求控制的物理量来看，电力拖动自动控制系统有调速系统、位置随动系统、张力控制系统、多电动机同步控制系统等多种类型，而各种系统往往都是通过控制转速（更本质地说，是控制电动机的转矩）来实现的，因此调速系统是最基本的拖动控制系统。

直流电动机的转速和其它参量的关系可用式（1-1）表达

$$n=\frac{U-IR}{K_e\Phi} \tag{1-1}$$

式中　n——转速，单位为 r/min；

U——电枢电压，单位为 V；

I——电枢电流，单位为 A；

R——电枢回路总电阻，单位为 Ω；

Φ——励磁磁通，单位为 Wb；

K_e——由电机结构决定的电动势常数。

由式（1-1）可以看出，有三种方法调节电动机的转速。

（1）调节电枢供电电压 U。

（2）减弱励磁磁通 Φ。

（3）改变电枢回路电阻 R。

对于要求在一定范围内无级平滑调速的系统来说，以调节电枢供电电压的方式为最好。改变电阻只能有级调速；减弱磁通虽然能够平滑调速，但调速范围不大，往往只是配合调压方案，在基速（即电动机额定转速）以上作小范围的升速。因此，自动控制的直流调速系统往往以变压调速为主。

以位移或转角为被调量的系统是位置随动系统，一般在调速系统的基础上添加位置控制环就能实现。

第一章　闭环控制的直流调速系统

内 容 提 要

开环控制的直流调速方法已在《电力拖动》课中讲授，本课以讲授闭环控制系统为主。本章着重讨论基本的闭环控制系统及其分析与设计方法。在直流调速系统中主要采用变电压调速，§1-1首先介绍三种可控的直流电源，其中目前应用最广的是晶闸管可控整流器，已在《半导体变流技术》课程中学过，在此基础上，§1-2只重点地归纳晶闸管-电动机系统的几个特殊问题。§1-3开始研究反馈控制的闭环调速系统，首先研究它的稳态分析和设计方法，并总结反馈控制规律和闭环调速系统的几个实际问题；§1-4则应用自动控制理论解决系统的动态分析和设计方法。§1-5讨论无静差调速系统，并总结积分控制规律和比例积分控制规律。§1-6介绍采用电压反馈和电流补偿的调速系统，并总结补偿控制规律。

§1-1　直流调速系统用的可控直流电源

变电压调速是直流调速系统用的主要方法，调节电枢供电电压需要有专门的可控直流电源。常用的可控直流电源有以下三种：

(1) 旋转变流机组——用交流电动机和直流发电机组成机组，以获得可调的直流电压。

(2) 静止可控整流器——用静止的可控整流器，例如晶闸管可控整流器，以获得可调的直流电压。

(3) 直流斩波器和脉宽调制变换器——用恒定直流电源或不控整流电源供电，利用直流斩波器或脉宽调制变换器产生可变的平均电压。

下面分别对各种可控直流电源以及由它供电的直流调速系统作概括性的介绍。

一、旋转变流机组

图1-1中给出了旋转变流机组和由它供电的直流调速系统原理图。由交流电动机（异步电动机或同步电动机）拖动直流发电机G实现变流，由发电机给需要调速的直流电动机M供电，调节发电机的励磁电流 i_f 即可改变其输出电压 U，从而调节电动机的转速 n。这样的调速系统简称G-M系统，在国际上通称Ward-Leonard系统。为了供给直流发电机和电动机的励磁，通常专门设置一台直流励磁发电机GE，可装在变流机组同轴上，也可另外单用一台交流电动机拖动。

对系统的调速性能要求不高时，i_f 可直接由励磁电源供电，要求较高的闭环调速系统一般都应通过放大装置进行控制。G-M系统的放大装置多采用电机型放大器（如交磁放大机）和磁放大器，需要进一步提高放大系数时还可增设电子放大器作为前级放大。如果改变 i_f 的方向，则 U 的极性和 n 的转向都跟着改变，所以G-M系统的可逆运行是很容易实现的。图1-2

绘出了采用变流机组供电时电动机可逆运行的机械特性。由图可见，无论正转减速还是反转减速时都能够实现回馈制动，因此G－M系统是可以在允许转矩范围之内四象限运行的系统。图1－2右上角是表示四象限运行的简单示意图。

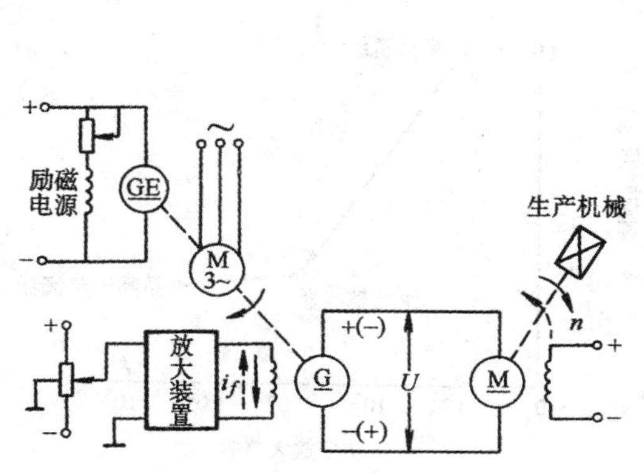

图1－1 旋转变流机组供电的直流调速系统（G－M系统）

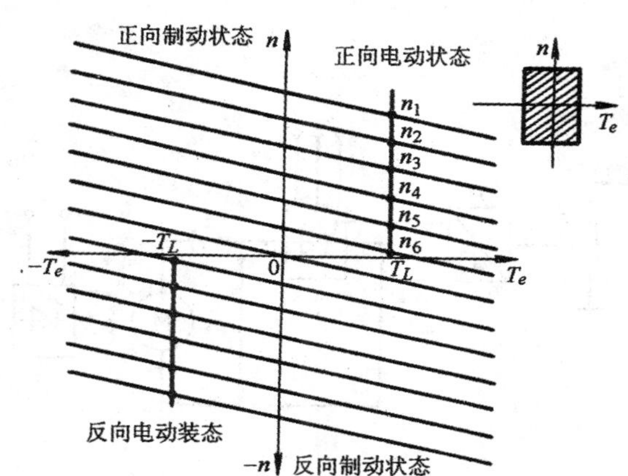

图1－2 G－M系统的机械特性

机组供电的直流调速系统在50年代曾广泛地使用着，至今在尚未进行设备更新的地方仍沿用这种系统。由于该系统需要旋转变流机组，至少包含两台与调速电动机容量相当的旋转电机，还要一台励磁发电机，因而设备多、体积大、费用高、效率低、安装须打地基、运行有噪声、维护不方便。为了克服这些缺点，在50年代开始采用汞弧整流器（大容量时）和闸流管（小容量时）这样的静止变流装置来代替旋转变流机组，形成所谓的离子拖动系统。到了60年代又让位给更为经济可靠的晶闸管整流器。

二、静止可控整流器

如上所述，离子拖动系统是最早应用的静止变流装置供电的直流调速系统。它虽然克服了旋转变流机组的许多缺点，而且还缩短了响应时间，但汞弧整流器造价较高，维护麻烦，特别是水银如果泄漏，将会污染环境，危害人身健康。

1957年，晶闸管（俗称可控硅整流元件，简称“可控硅”）问世，到了60年代，已生产出成套的晶闸管整流装置，使变流技术产生了根本性的变革，开始进入晶闸管时代。到今天，晶闸管－电动机调速系统（简称V－M系统，又称静止的Ward－Leonard系统）已成为直流调速系统的主要形式。图1－3是V－M系统的简单原理图，图中V是晶闸管可控整流器，它可以是单相、三相或更多相数，半波、全波、半控、全控等类型，通过调节触发装置GT的控制电压来移动触发脉冲的相位，即可改变整流电压U_d，从而实现平滑调速。和旋转变流机组及离子拖动变流装置相比，晶闸管整流装置不仅在经济性和可靠性上都有很大提高，而且在技术性能上也显示出较大的优越性。由图1－4可见，晶闸管可控整流器的功率放大倍数在10^4以上，其门极电流可以直接用晶体三极管来控制，不再象直流发电机那样需要较大功率的放大装置。在控制作用的快速性方面，变流机组是秒级，而晶闸管整流器是毫秒级，这将会大大提高系统的动态性能。

晶闸管整流器也有它的缺点。首先，由于晶闸管的单向导电性，它不允许电流反向，给系统的可逆运行造成困难。由半控整流电路构成的V－M系统只允许单象限运行（图1－5a）；

全控整流电路可以实现有源逆变，允许电动机工作在反转制动状态，因而能够获得二象限运行（图 1－5b)。必须实现四象限运行时（图 1－5c)，只好采用正、反两组全控整流电路，所用变流设备要增多一倍，这种 V－M 可逆调速系统在第三章中将详细讨论。

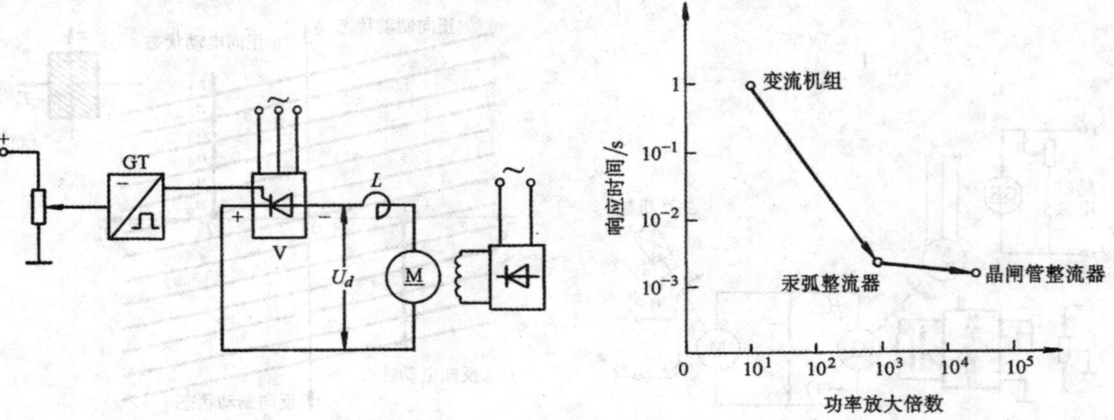

图 1－3 晶闸管可控整流器供电的直流调速系统（V－M 系统）

图 1－4 各种变流装置技术性能的比较

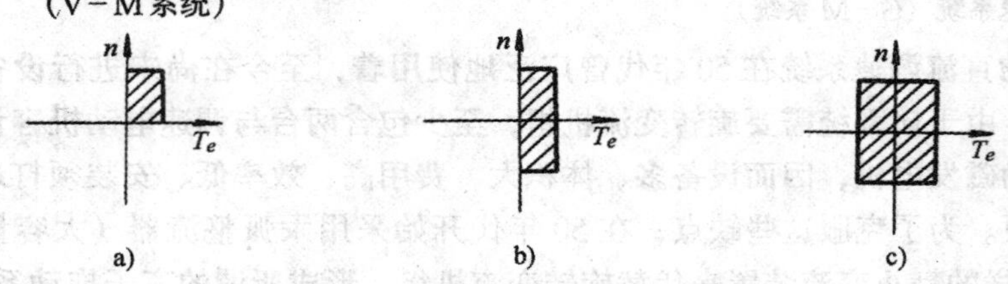

图 1－5 V－M 系统的运行范围

a）单象限运行 b）二象限运行 c）四象限运行

晶闸管的另一个缺点是，元件对过电压、过电流以及过高的 du/dt 和 di/dt 都十分敏感，其中任一指标超过允许值都可能在很短时间内损坏元件，因此必须有可靠的保护装置和符合要求的散热条件，而且在选择元件时还应留有足够的余量。只要元件质量过关、装置设计合理、保护设施齐备，晶闸管装置的运行就十分可靠，如果不是这样，就可能常出事故，给维护运行带来不少麻烦。

最后，当系统处在深调速状态，即在较低速运行时，晶闸管的导通角很小，使得系统的功率因数很低，并产生较大的谐波电流，引起电网电压波形畸变，殃及附近的用电设备。如果采用晶闸管调速的设备在电网中所占的容量比重较大，就会造成所谓的“电力公害”。在这种情况下，必须增设无功补偿和谐波滤波装置[10]。

三、直流斩波器和脉宽调制变换器

在干线铁道电力机车、工矿电力机车、城市电车和地铁电机车等电力牵引设备上，常采用直流串励或复励电动机，由恒压直流电源供电。过去多用切换电阻来控制电车的起动、制动和调速，电能在电阻中损耗很大。晶闸管也可用来控制直流电压，这就是直流斩波器，或称直流调压器[4,10]。

采用晶闸管的直流斩波器基本原理示于图 1－6a。与整流电路不同的是，在这里晶闸管 VT 不是受相位控制，而是工作在开关状态。当 VT 被触发导通时，电源电压 U_S 加到电动机上，当 VT 关断时，直流电源与电动机断开，电动机经二极管 VD 续流，两端电压接近于零。如此反复，得电枢端电压波形 $u=f(t)$ 如图 1－6b）所示，好象是电源电压 U_S 在一段时间（$T-t_{on}$）内被斩断后形成的。这样，电动机得到的平均电压为

$$U_d=\frac{t_{on}}{T}U_S=\rho U_S \tag{1-2}$$

式中　T ——晶闸管的开关周期；

t_{on}—— VT 开通时间；

$\rho=t_{on}/T=t_{on}f$ ——占空比；

f ——开关频率。

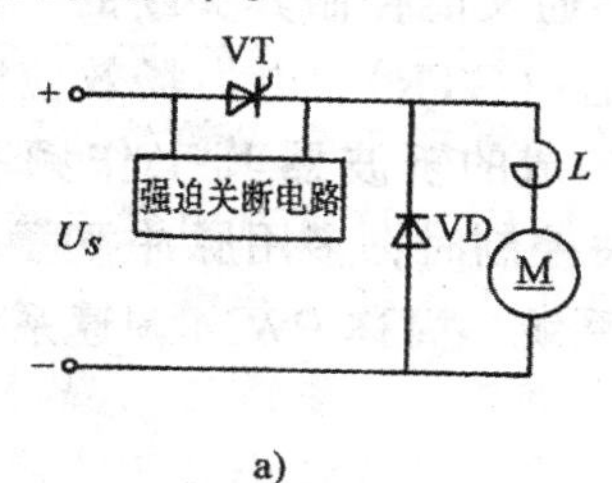

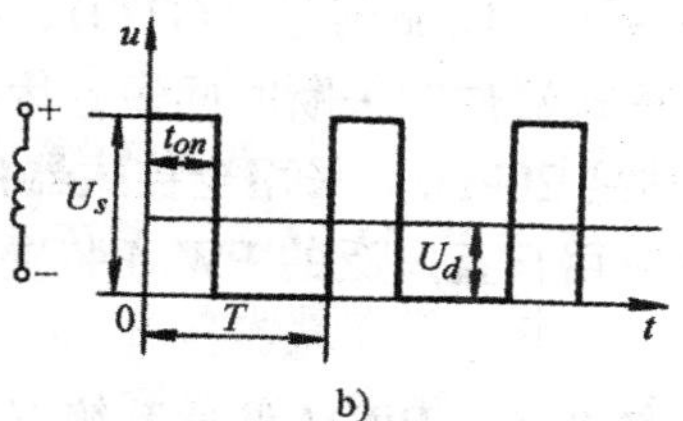

图 1－6　斩波器－电动机系统的原理图和电压波形

a）原理图　b）电压波形

晶闸管一旦导通，就不能再用门极触发信号来使它关断，若要关断，必须在阳、阴极间施加反压，这就需要一种附加的强迫关断电路[4、10]。受到晶闸管关断时间的限制，由普通晶闸管构成的斩波器的开关频率只能是 100～200Hz。为了缩小装置的体积，可用逆导晶闸管代替普通晶闸管和反向二极管，同时开关频率也可适当提高，例如 300Hz。

直流斩波器的平均输出电压 U_d 可以通过改变主晶闸管的导通和（或）关断时间来调节。图 1－7 给出了几种常用控制方式的电压、电流波形。

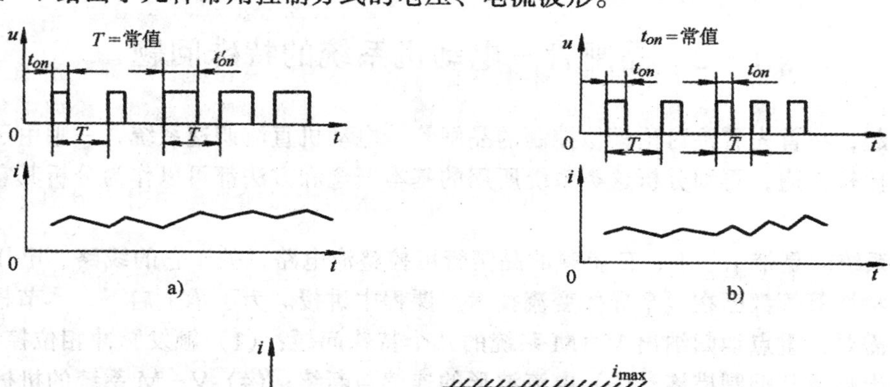

图 1－7　直流斩波器的控制方式

a）脉冲宽度调制　b）脉冲频率调制　c）两点式控制

(1) 脉冲宽度调制(Pulse Width Modulation),简称 PWM——脉冲周期 T 不变,只改变主晶闸管的导通时间 t_{on},亦即改变脉冲的宽度(图 1-7a)。

(2) 脉冲频率调制(Pulse Frequency Modulation),简称 PFM——导通时间不变,只改变开关频率 f 或开关周期 T,也就是只改变晶闸管关断的时间(图 1-7b)。

(3) 两点式控制——当负载电流或电压低于某一最小值时,使 VT 触发导通;当电流或电压达到某一最大值时,使 VT 关断。导通和关断的时间都是不确定的。

由普通晶闸管或逆导晶闸管构成的斩波器开关频率不高,因而输出电流脉动较大,调速范围有限。此外,附加的强迫关断电路也增加了装置的体积和复杂性。为了适应大功率开关电路的要求,自 70 年代以来研制了多种既能控制其导通又能控制其关断的“全控式”电力电子器件,如门极可关断晶闸管(GTO)、电力晶体管(GTR)、电力场效应管(P—MOSFET)等等。全控式器件的关断时间短,因而由它们构成的斩波器其工作频率可以提高到 1~4kHz,甚至达到 20kHz。采用全控式器件实行开关控制时,多用脉冲宽度调制的控制方式,形成近年来应用日益广泛的 PWM 装置-电动机系统,简称 PWM 调速系统或脉宽调速系统。

与 V-M 系统相比,PWM 调速系统有下列优点:

(1) 由于 PWM 调速系统的开关频率较高,仅靠电枢电感的滤波作用可能就足以获得脉动很小的直流电流,电枢电流容易连续,系统的低速运行平稳,调速范围较宽,可达 1:10000 左右。又由于电流波形比 V-M 系统好,在相同的平均电流即相同的输出转矩下,电动机的损耗和发热都较小。

(2) 同样由于开关频率高,若与快速响应的电机相配合,系统可以获得很宽的频带,因此快速响应性能好,动态抗扰能力强。

(3) 由于电力电子器件只工作在开关状态,主电路损耗较小,装置效率较高。

受到器件容量的限制,直流 PWM 调速系统目前只用于中、小功率的系统。

§1-2 晶闸管-电动机系统的特殊问题

从本节起,将首先着重讨论模拟控制的晶闸管-电动机直流调速系统,一则由于这类系统目前应用比较普遍,再则分析这类系统所用的基本概念和方法都可以作为分析其它系统的基础。

V-M 系统就是带 R、L、E 负载的晶闸管可控整流电路,关于它的线路、电压和电流波形、机械特性等等都已在《半导体变流技术》课程中讲授。为了承上启下,本节根据分析调速系统的需要,重点地归纳出 V-M 系统的几个特殊问题:(1) 触发脉冲相位控制;(2) 电流脉动的影响及其抑制措施;(3) 电流波形的连续与断续;(4) V-M 系统的机械特性。

一、触发脉冲相位控制

在 V-M 系统中(见图 1-3),调节给定电压,即可移动触发装置 GT 输出脉冲的相位,从而很方便地改变整流器的输出瞬时电压 u_d 和平均电压 U_d。如果把整流装置内部的电阻压降、器件正向压降和变压器漏抗引起的换相压降都移到整流装置外面,当作负载电路压降的一部分,那么整流电压便可用其理想空载值 u_{d0} 和 U_{d0} 来代替,相当于用图 1-8 的等效电路代替图 1-3 的实际主电路。这时,瞬时电压平衡方程式可写作:

$$u_{d0}=E+i_dR+L\frac{\mathrm{d}i_d}{\mathrm{d}t} \tag{1-3}$$

式中 L——主电路总电感；

R——主电路总的等效电阻，包括整流装置内阻、电机电枢电阻和平波电抗器电阻；

E——电动机反电动势；

i_d——整流电流瞬时值。

对 u_{d0}进行积分即得理想空载整流电压的平均值 U_{d0}。

用触发脉冲的相位控制整流电压平均值是晶闸管整流器的主要特点。U_{d0}与触发脉冲相位 α 的关系因整流电路的形式而异。对于一般全控式整流电路，当电流波形连续时，$U_{d0}=f(\alpha)$ 可用下式表示

$$U_{d0}=\frac{m}{\pi}U_m\sin\frac{\pi}{m}\cos\alpha \tag{1-4}$$

式中 α——从自然换相点算起的触发脉冲控制角；

U_m——$\alpha=0$ 时的整流电压波形峰值；

m——交流电源一周内的整流电压脉波数。

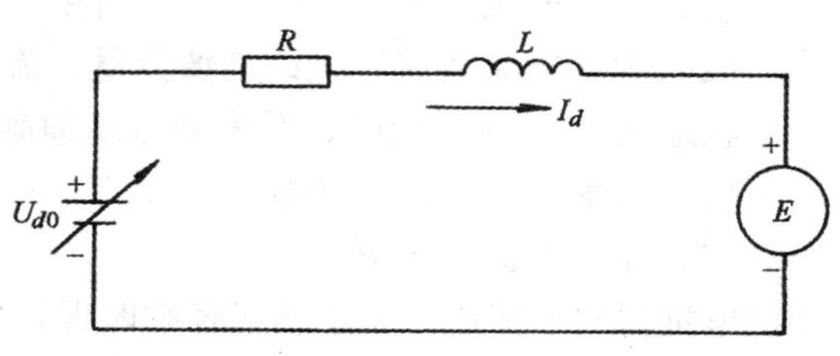

图 1-8 V-M 系统主电路的等效电路图

对于不同的整流电路，它们的数值示于表 1-1。

表 1-1 不同整流电路的整流电压波形峰值、脉波数及平均整流电压

整流电路	单相全波	三相半波	三相全波	六相半波
U_m	$\sqrt{2}U_2$①	$\sqrt{2}U_2$	$\sqrt{6}U_2$	$\sqrt{2}U_2$
m	2	3	6	6
U_{d0}	$0.9U_2\cos\alpha$	$1.17U_2\cos\alpha$	$2.34U_2\cos\alpha$	$1.35U_2\cos\alpha$

① U_2 是整流变压器二次侧额定相电压的有效值。

在 1000kW 以上的大功率调速系统中常采用双三相桥构成的十二相整流电路，两组桥的交流电源分别由整流变压器的两套二次绕组提供，一套接成△形，另一套接成Y形，使输出相电压相位错开 30°，共同构成 $m=12$ 的整流电路（图 1-9），以进一步减少输出电流的脉动分量。

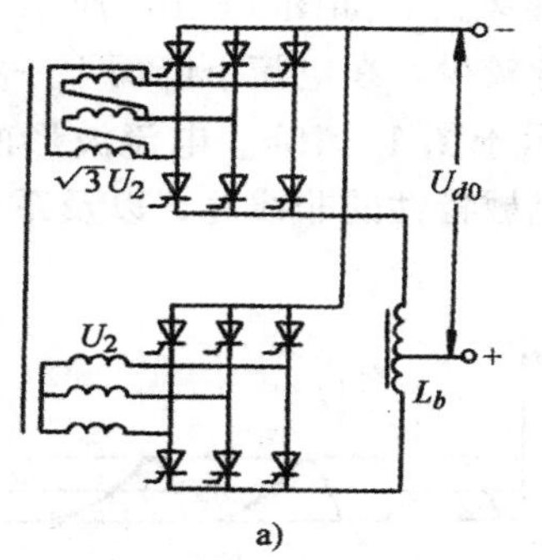

a)

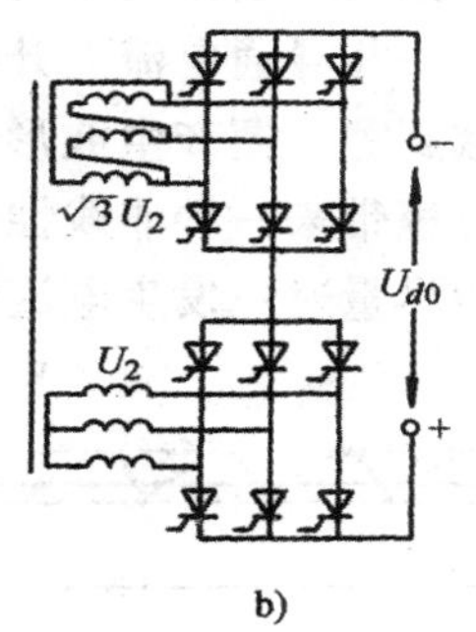

b)

图 1-9 双三相桥组成的十二相整流电路

a) 双桥并联带平衡电抗器 I_b b) 双桥串联

由于这种十二相整流电路结构的特殊性，式（1－4）不再适用。对于图1－9a的双桥并联带平衡电抗器电路，$U_{d0}=f(\alpha)$公式为

$$U_{d0}=2.34U_2\cos\alpha \tag{1-5}$$

对于图1－9b的双桥串联电路，$U_{d0}=f(\alpha)$公式为

$$U_{d0}=4.68U_2\cos\alpha \tag{1-6}$$

二、电流脉动的影响及其抑制措施

整流电路的脉波数$m=2$、3、6、12、……，其数目总是有限的，比直流电机每对极下换向片的数目要少得多。因此，除非主电路电感$L=\infty$，否则V－M系统的电流脉动总比G－M系统更为严重。这样一来，会产生以下两个方面的问题：

（1）脉动电流产生脉动的转矩，对生产机械不利。

（2）脉动电流造成较大的谐波分量，流入电源后对电网不利，同时也增加电机发热。

在应用V－M系统时，首先要考虑抑制电流脉动的问题，其主要措施是：

（1）增加整流电路的相数。

（2）设置平波电抗器。

平波电抗器的电感量一般按低速轻载时保证电流连续的条件来选择，通常给定最小电流$I_{d\min}$(以A为单位),再利用它计算所需的总电感量(以mH为单位)[10]。对于单相桥式全控整流电路

$$L=2.87\frac{U_2}{I_{d\min}} \tag{1-7}$$

对于三相半波整流电路

$$L=1.46\frac{U_2}{I_{d\min}} \tag{1-8}$$

对于三相桥式整流电路

$$L=0.693\frac{U_2}{I_{d\min}} \tag{1-9}$$

$I_{d\min}$一般可取电动机额定电流的5%～10%。

三、电流波形的连续和断续

由于电流波形的脉动，可能存在电流连续和断续两种情况，这也是V－M系统不同于G－M系统的一个特点。当V－M系统主电路串接的电抗器有足够大的电感量，而且电动机的负载电流也足够大时，整流电流的波形便可能是连续的，如图1－10a所示。当电感较小而且负载较轻时，一相导通电流上升时电感中的储能较少，在电流下降而下一相尚未被触发以前，电流已衰减到零，便产生波形断续的现象，示于图1－10b。电流波形的断续给用平均值描述的系统方程带来一种非线性的因素，造成机械特性的非线性，以及系统运行中的一些问题。一般希望尽量避免发生电流断续。

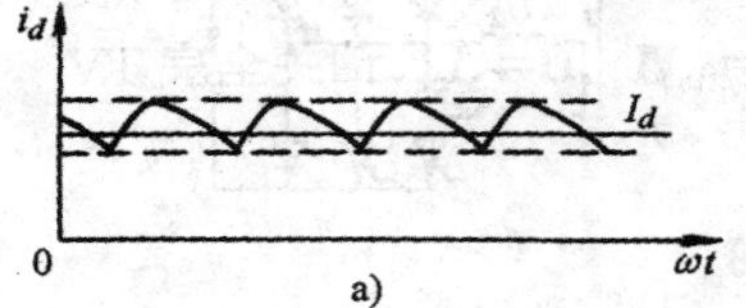

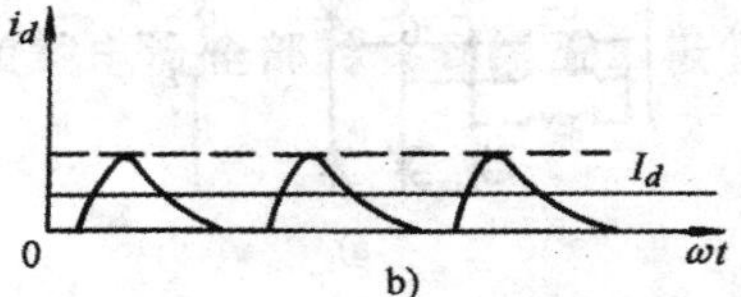

图1－10　V－M系统的电流波形

a）电流连续　b）电流断续

四、晶闸管－电动机系统的机械特性

当电流连续时，V－M 系统的机械特性方程式为

$$n=\frac{1}{C_e}\left(U_{d_0}-I_dR\right)=\frac{1}{C_e}\left(\frac{m}{\pi}U_m\sin\frac{\pi}{m}\cos\alpha-I_dR\right) \tag{1-10}$$

式中　$C_e=K_e\Phi_{nom}$——电机在额定磁通下的电动势转速比。

式（1－10）等号右边 U_{d_0} 表达式的适用范围如本节第一小节所述。

改变控制角 α，得一族平行直线，如图 1－11 所示，和 G－M 系统的特性很相似。机械特性上平均电流较小的部分画成虚线，因为这时电流波形可能断续，式（1－10）就不适用了。上述结论表明，只要电流连续，晶闸管可控整流器就可以看成是一个线性的可控电压源。

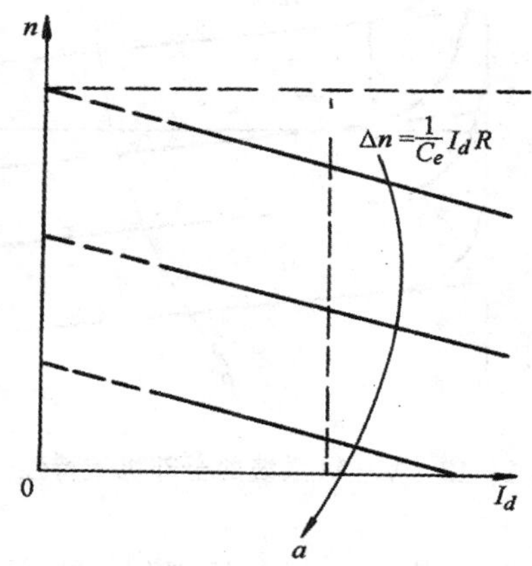

图 1－11　V－M 系统电流连续时的机械特性(箭头表示 α 增大的效果)

当电流断续时，机械特性方程要复杂得多。以三相半波电路为例，电流断续时机械特性须用下列方程组表示[1、10]

$$n=\frac{\sqrt{2}U_2\cos\varphi\left[\sin\left(\frac{\pi}{6}+\alpha+\theta-\varphi\right)-\sin\left(\frac{\pi}{6}+\alpha-\varphi\right)e^{-\theta\text{ctg}\varphi}\right]}{C_e\left(1-e^{-\theta\text{ctg}\varphi}\right)} \tag{1-11}$$

$$I_d=\frac{3\sqrt{2}U_2}{2\pi R}\left[\cos\left(\frac{\pi}{6}+\alpha\right)-\cos\left(\frac{\pi}{6}+\alpha+\theta\right)-\frac{C_e\theta n}{\sqrt{2}E_2}\right] \tag{1-12}$$

式中　$\varphi=\text{tg}^{-1}\frac{\omega L}{R}$；

θ——一个电流脉波的导通角。

当阻抗角 φ 值已知时，对于不同的控制角 α，可用数值解法求出一族电流断续机械特性（应注意，当 $\alpha<\frac{\pi}{3}$时，特性略有差异，详见文献［1、10］）。这样的求解计算到 $\theta=\frac{2\pi}{3}$为止，因为 θ 角再大电流便连续了。对应于 $\theta=\frac{2\pi}{3}$的曲线是电流断续区与连续区的分界线。

图 1－12 绘出了 V－M 系统完整的机械特性，其中包含了整流状态和逆变状态、连续区和断续区。由图可见，当电流连续时，特性比较硬；断续段特性则很软，而且呈显著的非线性，理想空载转速翘得较高。一般分析调速系统时，只要主电路电感足够大，可以近似地只考虑连续段，即用连续段特性及其延长线（图中用虚线表示）作为系统的特性。对于断续特性比较显著的情况，这样做离实际较远，可以改用另一段较陡的直线来逼近断续段特性（图 1－13），这相当于把总电阻 R 换成一个更大的等效电阻 R'，其数值可以从实测特性上计算出来。严重时 R'可达实际电阻 R 的几十倍。

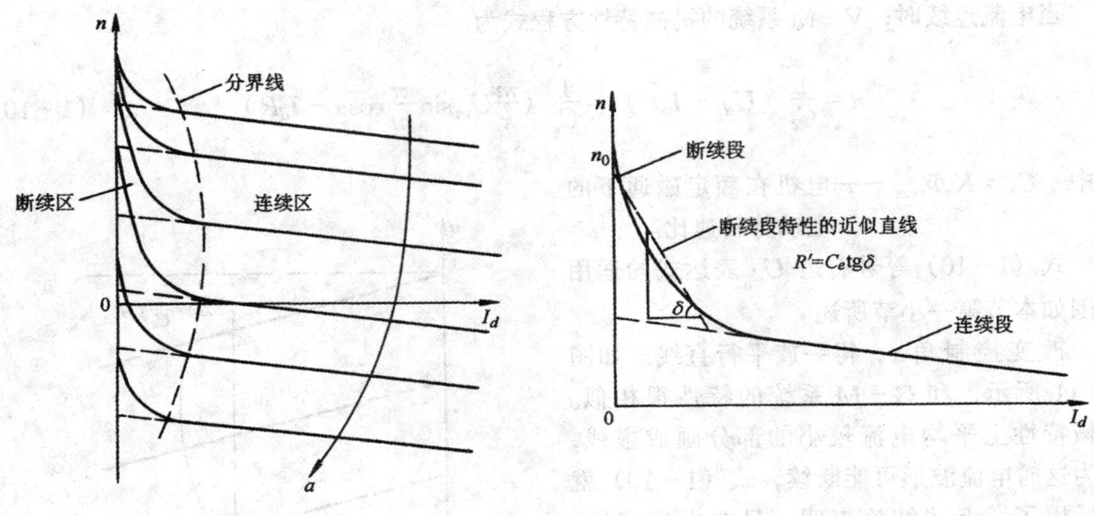

图 1-12 V-M系统的全部机械特性

图 1-13 断续段特性的近似计算

§1-3 反馈控制闭环调速系统的稳态分析和设计

一、转速控制的要求和调速指标

任何一台需要转速控制的设备，其生产工艺对控制性能都有一定的要求。例如，精密机床要求加工精度达到百分之几毫米甚至几微米；重型铣床的进给机构需要在很宽的范围内调速，快速移动时最高速达到 600mm/min，而精加工时最低速只有 2mm/min，最高和最低相差 300 倍；点位式数控机床要求定位精度达到几微米，速度跟踪误差约低于定位精度的 1/2。又如，在轧钢工业中，巨型的年产数百万吨钢锭的现代化初轧机其轧辊电动机容量达到几千 kW，在不到 1s 的时间内就得完成从正转到反转的全部过程；轧制薄钢带的高速冷轧机最高轧速达到 37m/s 以上，而成品厚度误差不大于 1%。在造纸工业中，日产新闻纸 400t 以上的高速造纸机，抄纸速度达到 1000m/min，要求稳速误差小于 ±0.01%；凡此种种，不胜枚举。所有这些要求，都是生产设备量化了的技术指标，经过一定折算，可以转化成电力拖动控制系统的稳态或动态性能指标，作为设计系统时的依据。

对于调速系统的转速控制要求也是各式各样的，归纳起来，有以下三个方面：

(1) 调速——在一定的最高转速和最低转速的范围内，分档地（有级）或平滑地（无级）调节转速。

(2) 稳速——以一定的精度在所需转速上稳定运行，在各种可能的干扰下不允许有过大的转速波动，以确保产品质量。

(3) 加、减速——频繁起、制动的设备要求尽量快地加、减速以提高生产率；不宜经受剧烈速度变化的机械则要求起、制动尽量平稳。

以上三个方面有时都须具备，有时只要求其中一项或两项，特别是调速和稳速两项，常常在各种场合下都碰到，可能还是相互矛盾的。为了进行定量的分析，可以针对这两项要求先定义两个调速指标，即调速范围和静差率。这两项指标合在一起又称为调速系统的稳态性能指标。

（一）调速范围

生产机械要求电动机提供的最高转速 n_{max}和最低转速 n_{min}之比叫做调速范围，用字母 D 表示，即

$$D=\frac{n_{max}}{n_{min}} \tag{1-13}$$

其中 n_{max}和 n_{min}一般都指电机额定负载时的转速，对于少数负载很轻的机械，例如精密磨床，也可用实际负载时的转速。

（二）静差率

当系统在某一转速下运行时，负载由理想空载增加到额定值所对应的转速降落 Δn_{nom}，与理想空载转速 n_0 之比，称作静差率 s，即

$$s=\frac{\Delta n_{nom}}{n_0} \tag{1-14}$$

或用百分数表示

$$s=\frac{\Delta n_{nom}}{n_0}\times 100\% \tag{1-15}$$

显然，静差率是用来衡量调速系统在负载变化下转速的稳定度的。它和机械特性的硬度有关，特性越硬，静差率越小，转速的稳定度就越高。

然而静差率和机械特性硬度又是有区别的。一般调压调速系统在不同转速下的机械特性是互相平行的，如图 1－14 中的特性 a 和 b，两者的硬度相同，额定速降 $\Delta n_{noma}=\Delta n_{nomb}$；但它们的静差率却不同，因为理想空载转速不一样。根据式（1－14）的定义，由于 $n_{0a}>n_{0b}$，所以 $s_a<s_b$。这就是说，对于同样硬度的特性，理想空载转速越低时，静差率越大，转速的相对稳定度也就越差。在 1000r/min 时降落 10r/min，只占 1%；在 100r/min 时也降落 10r/min，就占 10%；如果 n_0 只有 10r/min，再降落 10r/min 时，电动机就停止转动，转速全都降落完了。

由此可见，调速范围和静差率这两项指标并不是彼此孤立的，必须同时提才有意义。一个调速系统的调速范围，是指在最低速时还能满足所提静差率要求的转速可调范围。脱离了对静差率的要求，任何调速系统都可以得到极高的调速范围；反过来，脱离了调速范围，要满足给定的静差率也就容易得多了。

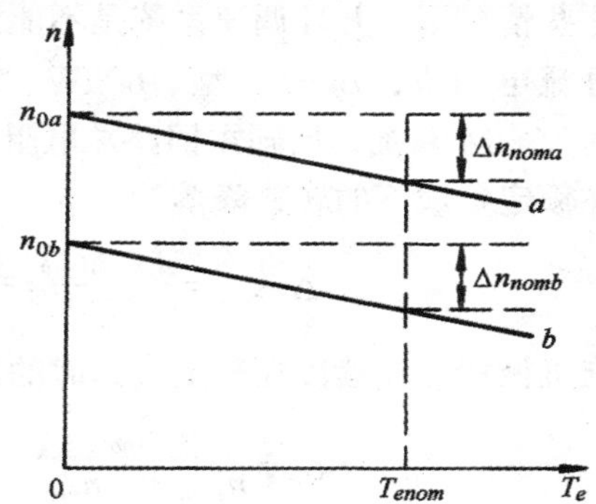

图 1－14　不同转速下的静差率

（三）调压调速系统中调速范围、静差率和额定速降之间的关系

在直流电机调压调速系统中，常以电动机的额定转速 n_{nom} 为最高转速，若带额定负载时的转速降落为 Δn_{nom}，则按照以上分析的结果，该系统的静差率应该是最低速时的静差率，即

$$s=\frac{\Delta n_{nom}}{n_{o\min}}$$

于是，$n_{min}=n_{0min}-\Delta n_{nom}=\frac{\Delta n_{nom}}{s}-\Delta n_{nom}=\frac{(1-s)\ \Delta n_{nom}}{s}$，而调速范围为

$$D=\frac{n_{max}}{n_{min}}=\frac{n_{nom}}{n_{min}}$$

将上面的 n_{min}式代入，得

$$D=\frac{n_{nom}s}{\Delta n_{nom}\ (1-s)} \tag{1-16}$$

式（1－16）表示调速范围、静差率和额定速降之间所应满足的关系。对于同一个调速系统，它的特性硬度或 Δn_{nom}值是一定的，因此，由式（1－16）可见，如果对静差率的要求越严，也就是说，要求 s 越小时，系统能够允许的调速范围也越小。例如，某调速系统额定转速 $n_{nom}=1430$r/min，额定速降 $\Delta n_{nom}=115$r/min，当要求静差率 $s\leqslant30\%$时，允许的调速范围是

$$D=\frac{1430\times0.3}{115\times\ (1-0.3)}=5.3$$

如果要求 $s\leqslant20\%$，则调速范围只有

$$D=\frac{1430\times0.2}{115\times\ (1-0.2)}=3.1$$

二、开环调速系统的性能和存在的问题

在图 1－3 所示的 V－M 系统中，仅用触发装置 GT 的控制电压来调节电动机转速，是开环控制的调速系统，如果对静差率要求不高的话，它也能实现一定范围内的无级调速。但是，许多需要无级调速的生产机械常常对静差率提出一定的要求。例如龙门刨床，由于毛坯表面不平，加工时负载常有波动，但为了保证加工精度和表面粗糙度，速度却不容许有较大的变化，一般要求调速范围 $D=20\sim40$，静差率 $s\leqslant5\%$。又如热连轧机，各机架轧辊分别由单独的电机拖动，钢材在几个机架内同时轧制，要求各机架出口线速度保持严格的比例关系，以保证被轧金属的每秒流量相等，才不致造成钢材拱起或拉断，根据工艺要求，须使调速范围 $D=10$ 时，保证静差率 $s\leqslant0.2\%\sim0.5\%$。

在这些情况下，开环调速系统是不能满足要求的，现举一例说明。某龙门刨床工作台拖动采用直流电动机：Z_2－93 型、60kW、220V、305A、1000r/min，要求 $D=20$，$s\leqslant5\%$。如果采用 V－M 系统，已知主回路总电阻 $R=0.18\Omega$，电动机 $C_e=0.2$Vmin/r，则当电流连续时，在额定负载下的转速降落为

$$\Delta n_{nom}=\frac{I_{dnom}R}{C_e}=\frac{305\times0.18}{0.2}\text{r/min}=275\text{r/min}$$

开环系统机械特性连续段在额定转速时的静差率为

$$s_{nom}=\frac{\Delta n_{nom}}{n_{nom}+\Delta n_{nom}}=\frac{275}{1000+275}=0.216=21.6\%$$

这已大大超过了 5%的要求，更不必谈调到最低速时的情况了。

如果要满足 $D=20$，$s\leqslant5\%$的要求，Δn_{nom}应该是多少呢？由式（1－16）可知

$$\Delta n_{nom}=\frac{n_{nom}s}{D\ (1-s)}\leqslant\frac{1000\times0.05}{20\ (1-0.05)}\text{r/min}=2.63\text{r/min}$$

怎样才能把额定速降从开环调速系统的275r/min 降低到 2.63r/min 以下呢？开环系统本身是

无能为力的。试问采用反馈闭环控制能不能办到？下面就来讨论这个问题。

三、闭环调速系统的组成及其静特性

在电动机轴上安装一台测速发电机 TG，从而引出与被调量——转速成正比的负反馈电压 U_n，与转速给定电压 U_n^* 相比较后，得到偏差电压 ΔU_n，经过放大器 A，产生触发装置 GT 的控制电压 U_{ct}，用以控制电动机转速。这就组成了反馈控制的闭环调速系统，其原理框图示于图 1-15。根据自动控制原理，反馈闭环控制系统是按被调量的偏差进行控制的系统。只要被调量出现偏差，它就会自动产生纠正偏差的作用。转速降落正是由负载引起的转速偏差，显然，闭环调速系统应该能够大大减少转速降落。

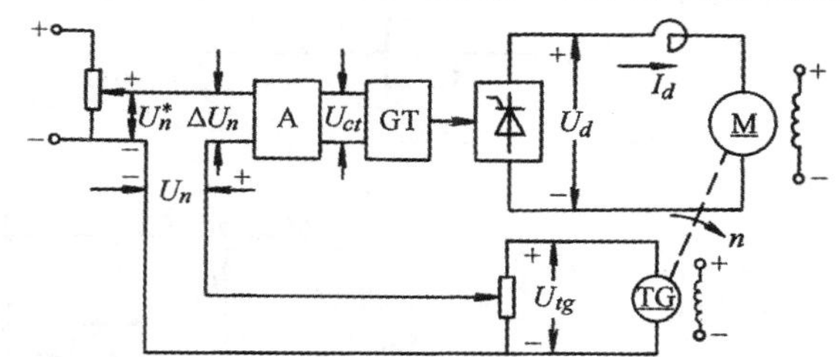

图 1-15 采用转速负反馈的闭环调速系统

下面分析这个闭环调速系统的稳态特性。为了突出主要矛盾，先作如下的假定：

(1) 忽略各种非线性因素，假定各环节的输入输出关系都是线性的；

(2) 假定只工作在 V-M 系统开环机械特性的连续段；

(3) 忽略直流电源和电位器的内阻。

这样，采用转速负反馈的闭环调速系统中各环节的稳态关系如下：

电压比较环节 $\Delta U_n = U_n^* - U_n$

放大器： $U_{ct} = K_p \Delta U_n$

晶闸管整流器与触发装置： $U_{d_0} = K_s U_{ct}$

V-M 系统开环机械特性： $n = \dfrac{U_{d_0} - I_d R}{C_e}$

测速发电机： $U_{tg} = \alpha n$

以上各关系式中

K_p ——放大器的电压放大系数；

K_s ——晶闸管整流器与触发装置的电压放大系数；

α ——测速反馈系数，单位为 Vmin/r；

其余各量见图 1-15。

从上述五个关系式中消去中间变量，整理后，即得转速负反馈闭环调速系统的静特性方程式

$$n = \frac{K_p K_s U_n^* - I_d R}{C_e\ (1 + K_p K_s \alpha / C_e)} = \frac{K_p K_s U_n^*}{C_e\ (1+K)} - \frac{R I_d}{C_e\ (1+K)} \qquad (1-17)$$

式中 $K = K_p K_s \alpha / C_e$ 为闭环系统的开环放大系数，它相当于在测速发电机输出端把反馈回路断开后从放大器输入起直到测速发电机输出为止总的电压放大系数，是各个环节单独的放大系数的乘积。须注意，这里是以 $1/C_e = n/U$ 作为电动机环节的放大系数的。

闭环调速系统的静特性表示闭环系统电动机转速与负载电流（或转矩）的稳态关系，它在形式上与开环机械特性相似，但本质上却有很大不同，故定名为“静特性”，以示区别。

根据各环节的稳态关系式可以画出闭环系统的稳态结构图，如图 1-16a 所示。图中各方块内的符号代表该环节的放大系数，或称传递系数。运用结构图运算的方法同样可以推出式

(1－17) 所表示的静特性方程式，方法如下。将给定作用 U_n^* 和扰动作用 $-I_dR$ 看成两个独立的输入量，先按它们分别作用下的系统（图 1－16b 和 c）求出各自的输出与输入关系方程式，由于已认为系统是线性的，可以把二者叠加起来，即得系统的静特性方程式，与式 (1－17) 相同。

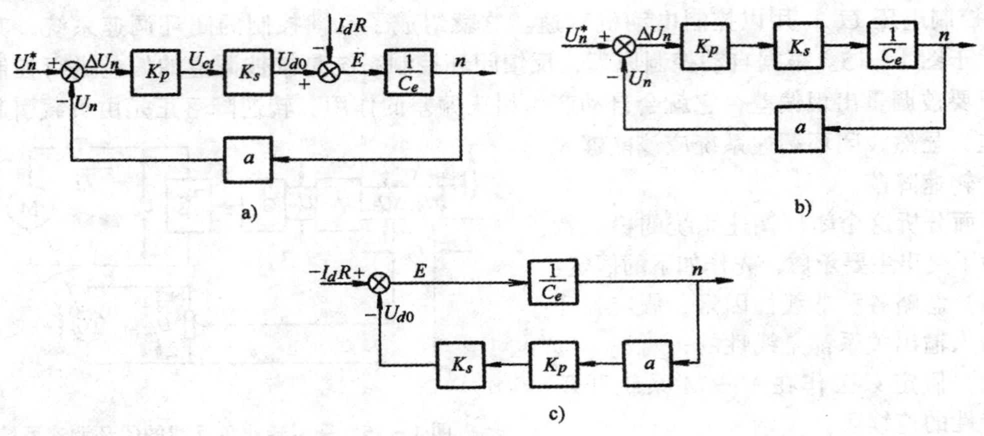

图 1－16 转速负反馈闭环调速系统稳态结构图

a) 闭环调速系统 b) 只考虑给定作用 U_n^* 时的系统 c) 只考虑扰动作用 $-I_dR$ 时的系统

四、开环系统机械特性和闭环系统静特性的比较

比较一下开环系统的机械特性和闭环系统的静特性，就能清楚地看出反馈闭环控制的优越性。如果断开反馈回路，则上述系统的开环机械特性为

$$n=\frac{U_{d_0}-I_dR}{C_e}=\frac{K_pK_sU_n^*}{C_e}-\frac{RI_d}{C_e}=n_{0op}-\Delta n_{op} \tag{1-18}$$

而闭环时的静特性可写成

$$n=\frac{K_pK_sU_n^*}{C_e\ (1+K)}-\frac{RI_d}{C_e\ (1+K)}=n_{0cl}-\Delta n_{cl} \tag{1-19}$$

其中 n_{0op} 和 n_{0cl} 分别表示开环和闭环系统的理想空载转速；Δn_{op} 和 Δn_{cl} 分别表示开环和闭环系统的稳态速降。比较式 (1－18) 和 (1－19) 不难得出以下的论断。

(1) 闭环系统静特性可以比开环系统机械特性硬得多。

在同样的负载扰动下，两者的转速降落分别为

$$\Delta n_{op}=\frac{RI_d}{C_e}$$

$$\Delta n_{cl}=\frac{RI_d}{C_e\ (1+K)}$$

它们的关系是

$$\Delta n_{cl}=\frac{\Delta n_{op}}{1+K} \tag{1-20}$$

显然，当 K 值较大时，Δn_{cl} 比 Δn_{op} 小得多，也就是说，闭环系统的特性要硬得多。

(2) 如果比较同一 n_0 的开环和闭环系统，则闭环系统的静差率要小得多。

闭环系统和开环系统的静差率分别为

$$s_{cl}=\frac{\Delta n_{cl}}{n_{0cl}}\text{和}\quad s_{op}=\frac{\Delta n_{op}}{n_{0op}}$$

当 $n_{0op}=n_{0cl}$时，

$$s_{cl}=\frac{s_{op}}{1+K} \tag{1-21}$$

(3) 当要求的静差率一定时，闭环系统可以大大提高调速范围。

如果电动机的最高转速都是 n_{nom}，而对最低速静差率的要求相同，那么，由式(1-16)，

开环时，

$$D_{op}=\frac{n_{nom}s}{\Delta n_{op}\ (1-s)}$$

闭环时，

$$D_{cl}=\frac{n_{nom}s}{\Delta n_{cl}\ (1-s)}$$

再考虑式 (1-20)，得

$$D_{cl}=\ (1+K)\ D_{op} \tag{1-22}$$

需要指出的是，式 (1-22) 的条件是开环和闭环系统的 n_{nom} 相同，而式 (1-21) 的条件是 n_0 相同，两式在数量上略有差别。

(4) 要取得上述三条优越性，闭环系统必须设置放大器。

上述三项优点若要有效，都取决于一点，即 K 要足够大，因此必须设置放大器。因为在闭环系统中，引入转速反馈电压 U_n 后，若要使转速偏差小，$\Delta U_n=U_u^*-U_n$ 就必须压得很低，所以必须设置放大器，才能获得足够的控制电压 U_{ct}。在开环系统中，由于 U_n^* 和 U_{ct}是属于同一数量级的电压，可以把 U_n^* 直接当作 U_{ct}来控制，放大器便是多余的了。

现在再对上面引用的龙门刨床的例子进行计算。已知 $\Delta n_{op}=275\text{r/min}$，要满足 $D=20$，$s\leqslant 5\%$的要求，须有 $\Delta n_{cl}\leqslant 2.63\text{r/min}$，由式 (1-20)，

$$K=\frac{\Delta n_{op}}{\Delta n_{cl}}-1\geqslant\frac{275}{2.63}-1=103.6$$

若已知 V-M 系统的参数为：$C_e=0.2\text{V·min/r}$，$K_s=30$，$\alpha=0.015\text{V·min/r}$，则

$$K_p=\frac{K}{K_s\alpha/C_e}\geqslant\frac{103.6}{30\times 0.015/0.2}=46$$

即只要放大器的放大系数大于或等于 46，闭环系统即能满足所提的稳态性能指标。

把以上四个特点概括起来，可得下述结论：闭环系统可以获得比开环系统硬得多的稳态特性，从而在保证一定静差率的要求下，能够提高调速范围，为此所需付出的代价是，须增设检测与反馈装置和电压放大器。

然而，如果深入考虑一下，也许会出现这样的问题：调速系统的稳态速降是由电枢回路的电阻压降决定的，闭环系统能减少稳态速降，难道闭环后能使电阻减少吗？显然不能！那么降低速降的实质是什么呢？

在开环系统中，当负载电流增大时，电枢压降也增大，转速只能老老实实地降下来；闭环系统装有反馈装置，转速稍有降落，反馈电压就感觉出来了，通过比较和放大，提高晶闸管装置的输出电压 U_d，使系统工作在新的机械特性上，因而转速又有所回升。如图 1-17 中，设原始工作点为 A，负载电流为 I_{d1}，当负载增大到 I_{d2}时，开环系统的转速必然降到 A'点对应的数值，而在闭环系统中，由于反馈调节作用，电压可升到 U_{d02}，使工作点变成 B，稳态速降比开环系统小得多。这样，在闭环系统中，每增加（或减少）一点负载，就相应地提高（或

降低）一点整流电压，因而就改变一条机械特性。闭环系统的静特性就是这样在许多开环机械特性上各取一个相应的工作点（A、B、C、D），再由这些点联接而成的，如图 1－17 所示。

由此看来，闭环系统能够减少稳态速降的实质在于它的自动调节作用，在于它能随着负载的变化而相应地改变整流电压。

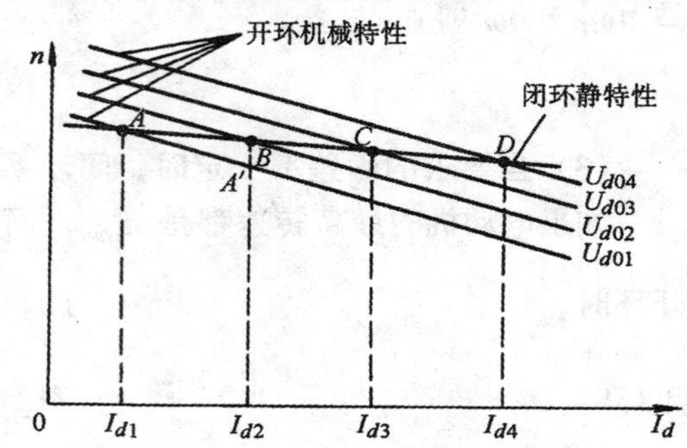

图 1－17　闭环系统静特性和开环机械特性的关系

五、反馈控制规律

转速闭环调速系统是一种基本的反馈控制系统，它具有以下三个基本特征，也就是反馈控制的基本规律，这是很重要的规律。

（一）被调量有静差

具有比例放大器的反馈闭环控制系统是有静差的。从上一节对静特性的分析中可以看出，闭环系统的开环放大系数 K 值对系统的稳态性能影响很大。K 越大，静特性就越硬，稳态速降越小，在一定静差率要求下的调速范围越广。总而言之，K 越大，稳态性能就越好。

然而，只要所设置的放大器仅仅是一个比例放大器（K_p＝常数），稳态速差只能减小，但不可能消除，因为闭环系统的稳态速降为

$$\Delta n_{cl}=\frac{RI_d}{C_e(1+K)}$$

只有 $K=\infty$ 才能使 $\Delta n_{cl}=0$，而这是不可能的。因此，这样的调速系统叫做有静差调速系统。实际上，这种系统正是依靠被调量偏差的变化才能实现控制作用的。

（二）抵抗扰动与服从给定

反馈闭环控制系统具有良好的抗扰性能，它对于被负反馈环包围的前向通道上的一切扰动作用都能有效地加以抑制，但对给定作用的变化则唯命是从。

除给定信号外，作用在控制系统上一切会引起被调量变化的因素都叫做“扰动作用”。上面我们只讨论了负载变化引起转速降落这样一种扰动作用，除此以外，交流电源电压的波动，电动机励磁的变化，放大器输出电压的漂移，由温升引起主电路电阻的增大等等，所有这些因素都和负载变化一样会引起被调量转速的变化，因而都是调速系统的扰动作用。作用在前向通道上的任何一种扰动作用的影响都会被测速发电机检测出来，通过反馈控制，减小它们对稳态转速的影响。图 1－18 的稳态结构图上画出了各种扰动作用，其中代表电流 I_d 的箭头表示负载扰动，其它指向各方框的箭头分别表示会引起该环节放大系数变化的扰动作用。此图清楚地表明：凡是被反馈环包围的加在控制系统前向通道上的扰动作用对被调量的影响都会受到反馈控制的抑制。

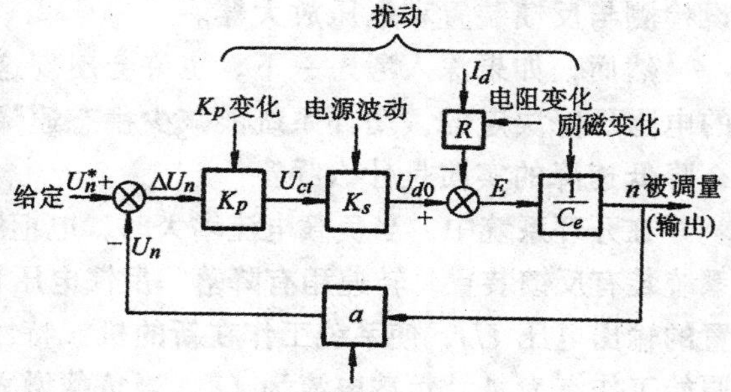

图 1－18　自动调速系统的给定作用和扰动作用

抗扰性能是反馈闭环控制系统最突出的特征。正因为有这一特征，在设计闭环系统时，一般只考虑一种主要扰动，例如在调速系统中

只考虑负载扰动。按照克服负载扰动的要求进行设计，则其它扰动也就自然都受到抑制了。

在图 1－18 中还可看到，唯一与众不同的表示外部作用的箭头就是转速给定信号 U_n^*。显然，给定作用如果有细微的变化，被调量都会立即随之变化，丝毫不受反馈作用的抑制。因此，全面地看，反馈控制系统一方面能够有效地抑制一切被包在负反馈环内前向通道上的扰动作用；另一方面，则紧紧地跟随着给定作用，对给定信号的任何变化都是唯命是从的。

（三）系统精度依赖于给定和反馈检测精度

反馈闭环控制系统对给定电源和被调量检测装置中的扰动无能为力，因此，控制系统的精度依赖于给定稳压电源和反馈量检测元件的精度。

如果给定电源发生了不应有的波动，则被调量也要跟着变化。反馈控制系统无法鉴别是正常的调节给定电压还是给定电源的变化。因此，高精度的调速系统需要有更高精度的给定稳压电源。

此外，还有一种外界影响是反馈控制系统无法克服的，那就是反馈检测元件本身的误差。对调速系统来说，就是测速发电机的误差。如果直流测速发电机的励磁发生了变化，反馈电压 U_n 也要改变，通过系统的调节作用，反而使电动机转速偏离了原应保持的数值。此外，测速发电机电压中的换向纹波，由于制造或安装不良造成转子和定子间的偏心等等，都会给系统带来周期性的干扰。为此，高精度的控制系统还必须有高精度的反馈检测元件作为保证。

六、反馈控制调速系统的主要部件和稳态参数计算

稳态参数计算是自动控制系统设计的第一步，它决定了控制系统的基本构成，然后再通过动态参数设计使系统臻于完善。在讨论具体的稳态参数计算方法以前，先研究一下几个主要的部件。

（一）运算放大器

在模拟控制的电力拖动控制系统中，多采用线性集成电路运算放大器作为系统的放大器或调节器，其功能与分立元件放大器相比有下列主要优点：

（1）开环放大系数高达 $10^4 \sim 10^8$，加上强负反馈后，可得高稳定度的电压放大系数。

（2）加在运算放大器输入端的各种信号是电流叠加、并联输入的，调整方便，容易实现加、减、微分、积分等各种运算，可以方便地组成各种类型的调节器。

（3）放大器输入电阻大，可达几个 MΩ，因而输入电路可以串接几十 kΩ 的电阻，也不影响放大器的工作，所取的信号电流很小，电源和分压电位器内阻都可忽略不计。

（4）输入信号共地，接受干扰的机会较小。

（5）输出端可用钳位限幅或接地保护，使系统工作安全可靠。

运算放大器用作比例放大器（也称比例调节器、P 调节器）时的线路示于图 1－19a。图中 U_{in}和 U_{ex}为放大器的输入和输出电压，R_0 为输入电路电阻，R_1 为放大器的反馈电阻，R_{bal}为同相输入端的平衡电阻，用以降低放大器失调电流的影响，R_{bal}的数值一般应为反相输入端各电路电阻的并联值，例如在此图中应为 $R_0R_1/(R_0+R_1)$。

在计算放大器的放大系数以及调节器的传递函数时常采用“虚地点”原理，它适用于放大器的开环放大系数很大的情况。这时，可以认为图 1－19a 中 A 点电位近似等于零，称 A 点为“虚地点”于是

$$i_0=\frac{U_{in}}{R_0};\quad i_1=\frac{U_{ex}}{R_1}$$

又由于放大器的输入电阻很大，经 A 点流入放大器的电流也接近于零，因此

$$i_0=i_1$$

所以比例放大器的放大系数为

$$K_p=\frac{U_{ex}}{U_{in}}=\frac{R_1}{R_0} \tag{1-23}$$

当 U_{in}是阶跃函数时，U_{ex}也是阶跃函数，其幅值是 U_{in}的 K_p 倍，如图 1－19b 所示。

应该注意的是，运算放大器一般使用反相输入，输入电压 U_{in}和输出电压 U_{ex}的极性是相反的。如果要反映出极性，K_p 应为负值，这将给系统的设计和计算带来麻烦。为了避免这种麻烦，K_p 和其它调节器的比例系数本身都用正值，反相的关系只在具体电路的极性中考虑；或者说，U_{in}和 U_{ex}实际上都取它们的绝对值。本书中以后均采用这个规定。

如果要调节图 1－19a 放大器的放大系数，就要改变 R_1 值。有时为了连续调节放大系数的方便，可采用图 1－20 的线路，在放大器输出端用电位器分压，从电位器的滑动端取负反馈，则

$$\frac{U_{in}}{R_0}=\frac{\rho U_{ex}}{R_1}$$

其中　$\rho=\dfrac{R_3}{R_3+R_4}$，是分压系数。

于是
$$K_p=\frac{U_{ex}}{U_{in}}=\frac{R_1}{\rho R_0} \tag{1-24}$$

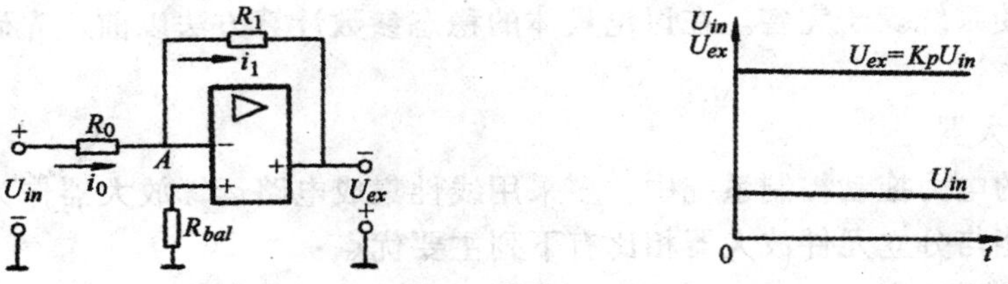

图 1－19　比例放大器原理图和输出特性

a）原理图　b）输出特性

调节 ρ 即可改变放大系数 K_p，但与一般习惯不同的是，在这里，分压比 ρ 越小，整个放大器的放大系数将越大，因为负反馈被削弱了。为了避免使放大器开环，ρ 不能调到零，可在电位器接地端串一个不可调的小电阻，其阻值若取电位器电阻的 1/9，则最多能把放大系数从 R_1/R_0 提高到 10 倍。

在自动控制系统中，在放大器上面往往需要综合好几个信号，例如给定信号和反馈信号等。可以用并联输入的方法来实现，如图 1－21a 所示。当 U_x^* 和 U_x 的极性相反时，由于 A 点的$\sum i=0$，可得

$$\frac{U_x^*}{R_{01}}-\frac{U_x}{R_{02}}=\frac{U_{ex}}{R_1}$$

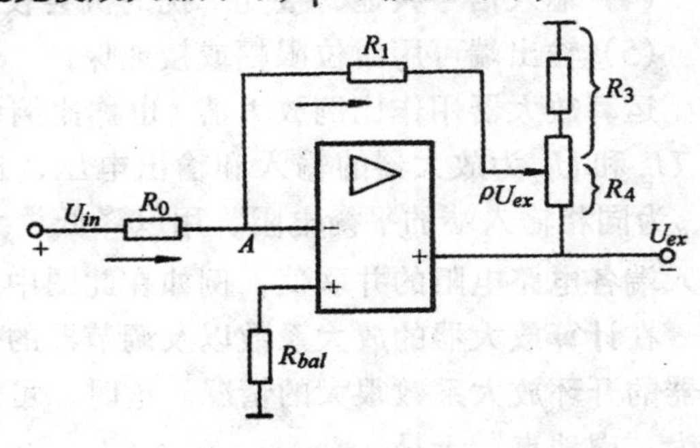

图 1－20　放大系数可调的比例放大器

$$U_{ex}=\frac{R_1}{R_{01}}U_x^*-\frac{R_1}{R_{02}}U_x=\frac{R_1}{R_{01}}(U_x^*-\frac{R_{01}}{R_{02}}U_x)$$

令 $\frac{R_1}{R_{01}}=K_p$，则得

$$U_{ex}=K_p(U_x^*-\frac{R_{01}}{R_{02}}U_x) \tag{1-25}$$

图 1－21b 表示这部分的结构图。它的意义是：放大系数 K_p 只按给定输入回路的电阻计算，其它信号则应按输入回路电阻比折合到给定回路上去。如果 $R_{01}=R_{02}$，便得图 1－21c，U_x^* 和 U_x 就可以直接相减了。

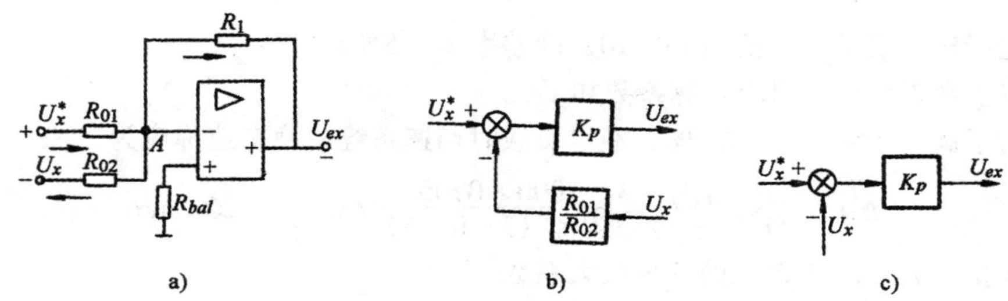

图 1－21 综合多个信号的比例放大器

a）原理图 b）结构图，$R_{01}\neq R_{02}$ c）结构图，$R_{01}=R_{02}$

（二）晶闸管触发和整流装置

在按线性系统规律进行分析和设计时，应该把这个环节的放大系数 K_s 当作常数，但实际上触发电路和整流电路都是非线性的，只能在一定的工作范围内近似成线性环节。因此，如有可能，最好先用实验方法测出该环节的输入－输出特性，即 $U_d=f(U_{ct})$，见图 1－22。设计时，希望整个调速范围的工作点都落在特性的近似线性范围之中，并有一定的调节余量。这时，放大系数 K_s 可由工作范围内的特性斜率决定。

$$K_s=\frac{\Delta U_d}{\Delta U_{ct}} \tag{1-26}$$

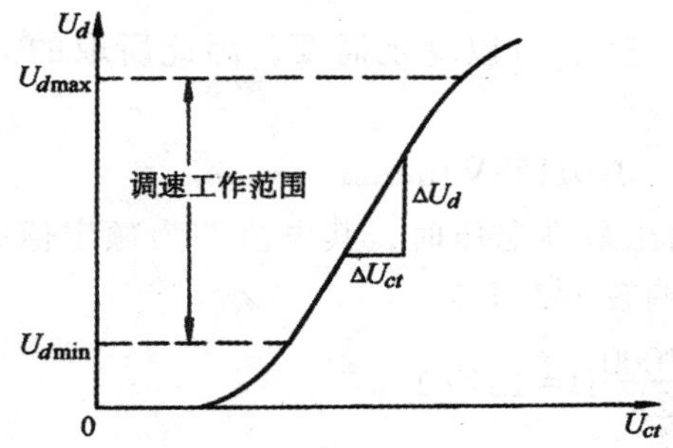

图 1－22 晶闸管触发与整流装置的输入－输出特性和 K_s 的测定

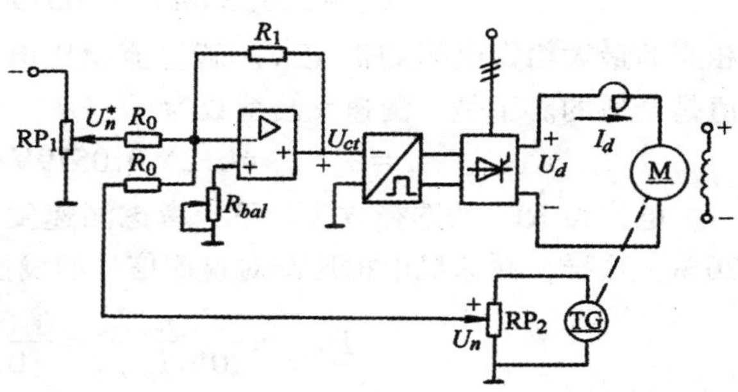

图 1－23 反馈控制有静差直流调速系统原理图

如果不可能实测特性，只好根据电路参数估算，例如，当 U_{ct} 的调节范围是 0～10V，对应的 U_d 变化范围是 0～220V 时，可取 $K_s \approx 220/10 = 22$。

（三）稳态参数计算举例

如图 1－23 所示的直流调速系统，已知数据如下：

(1) 电动机：额定数据为 10kW，220V，55A，1000r/min，电枢电阻 $R_a = 0.5\Omega$。

(2) 晶闸管装置：三相桥式可控整流电路，整流变压器Y/Y联结，二次线电压 $E_{2t} =$ 230V，触发整流环节的放大系数 $K_s = 44$。

(3) V－M 系统主电路总电阻 $R = 1.0\Omega$。

(4) 测速发电机：永磁式，ZYS231/110 型；额定数据为 23.1W，110V，0.21A，1900r/min。

(5) 生产机械要求调速范围 $D = 10$，静差率 $s \leqslant 5\%$。

根据以上数据和稳态要求计算参数如下：

(1) 为了满足 $D = 10$，$s \leqslant 5\%$，额定负载时调速系统的稳态速降应为

$$\Delta n_{cl} = \frac{n_{nom}s}{D\ (1-s)} \leqslant \frac{1000 \times 0.05}{10 \times\ (1-0.05)} \text{r/min} = 5.26 \text{r/min}$$

(2) 根据 Δn_{cl}，求出系统的开环放大系数

$$K = \frac{I_{nom}R}{C_e \Delta n_{cl}} - 1 \geqslant \frac{55 \times 1.0}{0.1925 \times 5.26} - 1 = 54.3 - 1 = 53.3$$

式中 $C_e = \dfrac{U_{nom} - I_{nom}R_a}{n_{nom}} = \dfrac{(220 - 55 \times 0.5)\ \text{V}}{1000 \text{r/min}} = 0.1925 \text{V·min/r}$

(3) 计算测速反馈环节的放大系数和参数

测速反馈系数 α 包含测速发电机的电动势转速比 C_{etg} 和电位器 RP_2 的分压系数 α_2，即

$$\alpha = \alpha_2 C_{etg}$$

根据测速发电机数据，

$$C_{etg} = \frac{110\text{V}}{1900 \text{r/min}} = 0.0579 \text{V·min/r}$$

试取 $\alpha_2 = 0.2$，如测速发电机与主电动机直接联接，则在电动机最高转速 1000r/min 下，反馈电压为

$$U_n = 1000 \text{r/min} \times 0.0579 \text{V·min/r} \times 0.2 = 11.58 \text{V}$$

相应的最大给定电压约需 12V。若直流稳压电源为 ±15V，可以满足需要，因此所取的 α_2 值是合适的。于是，测速反馈系数为

$$\alpha = \alpha_2 C_{etg} = 0.2 \times 0.0579 \text{V·min/r} = 0.01158 \text{V·min/r}$$

电位器 RP_2 的选择方法如下：考虑测速发电机输出最高电压时，其电流约为额定值的 20%，这样，测速机电枢压降对检测信号的线性度影响较小，于是

$$R_{RP_2} \approx \frac{C_{etg} n_{nom}}{20\% I_{nomtg}} = \frac{0.0579 \times 1000}{0.2 \times 0.21} \Omega = 1379 \Omega$$

此时 RP_2 所消耗的功率为

$$C_{etg} n_{nom} \times 20\% I_{nomtg} = 0.0579 \times 1000 \times 20\% \times 0.21 \text{W} = 2.43 \text{W}$$

为了使电位器温度不要很高，实选瓦数应为消耗功率的一倍以上，故选 RP_2 为 10W，1.5kΩ 的

可调电位器。

（4）计算运算放大器的放大系数和参数

$$K_p=\frac{KC_e}{\alpha K_s}\geqslant\frac{53.3\times0.1925}{0.01158\times44}=20.14$$

实取　$K_p=21$。

按运算放大器参数，取 $R_0=40\text{k}\Omega$，

则
$$R_1=K_pR_0=21\times40\text{k}\Omega=840\text{k}\Omega$$

七、限流保护——电流截止负反馈

（一）问题的提出

众所周知，直流电动机全电压起动时，如果没有限流措施，会产生很大的冲击电流，这不仅对电机换向不利，对过载能力低的晶闸管来说，更是不能允许的。采用转速负反馈的闭环调速系统突然加上给定电压时，由于惯性，转速不可能立即建立起来，反馈电压仍为零，相当于偏差电压 $\Delta U_n=U_n^*$，差不多是其稳态工作值的（$1+K$）倍。这时，由于放大器和触发器的惯性都很小，整流电压 U_d 一下子就达到它的最高值。对电动机来说，相当于全压起动，当然是不允许的。

另外，有些生产机械的电动机可能会遇到堵转的情况，例如，由于故障，机械轴被卡住，或挖土机运行时碰到坚硬的石块等等。由于闭环系统的静特性很硬，若无限流环节，硬干下去，电流将远远超过允许值。如果只依靠过流继电器或熔断器保护，一过载就跳闸，也会给正常工作带来不便。

为了解决反馈闭环调速系统的起动和堵转时电流过大问题，系统中必须有自动限制电枢电流的环节。根据反馈控制原理，要维持哪一个物理量基本不变，就应该引入那个物理量的负反馈。那么，引入电流负反馈，应该能够保持电流基本不变，使它不超过允许值。但是，这种作用只应在起动和堵转时存在，在正常运行时又得取消，让电流自由地随着负载增减。这样的当电流大到一定程度时才出现的电流负反馈叫做电流截止负反馈，简称截流反馈。

（二）电流截止负反馈环节

为了实现截流反馈，须在系统中引入电流截止负反馈环节。如图 1－24 所示，电流反馈信号取自串入电动机电枢回路的小阻值电阻 R_s，I_dR_s 正比于电流。设 I_{dcr} 为临界的截止电流，当电流大于 I_{dcr} 时将电流负反馈信号加到放大器的输入端，当电流小于 I_{dcr} 时将电流反馈切断。为了实现这一作用，须引入比较电压 U_{com}。图 1－24a 中利用独立的直流电源作比较电压，其大小可用电位器调节，相当于调节截止电流。在 I_dR_s 与 U_{com} 之间串接一个二极管 VD，当 $I_dR_s>U_{com}$ 时，二极管导通，电流负反馈信号 U_i 即可加到放大器上去；当 $I_dR_s\leqslant U_{com}$ 时，二极管截止，U_i 即消失。显然，在这一线路中，截止电流 $I_{dcr}=U_{com}/R_s$。

图 1－24b 中利用稳压管 VST 的击穿电压 U_{br} 作为比较电压，线路要简单得多，但不能平滑调节截止电流值。

（三）带电流截止负反馈的闭环调速系统稳态结构图和静特性

电流截止负反馈环节的输入输出特性如图 1－25 所示，它表明：当输入信号（$I_dR_s-U_{com}$）为正值时，输出和输入相等；当（$I_dR_s-U_{com}$）为负值时，输出为零。这是一个非线性环节（两段线性环节），将它画在方框中，再和系统的其它部分联接起来，即得带电流截止负反馈的闭环调速系统稳态结构图，示于图1－26，图中 U_i 表示电流负反馈信号电压，U_n 表示转速负反馈

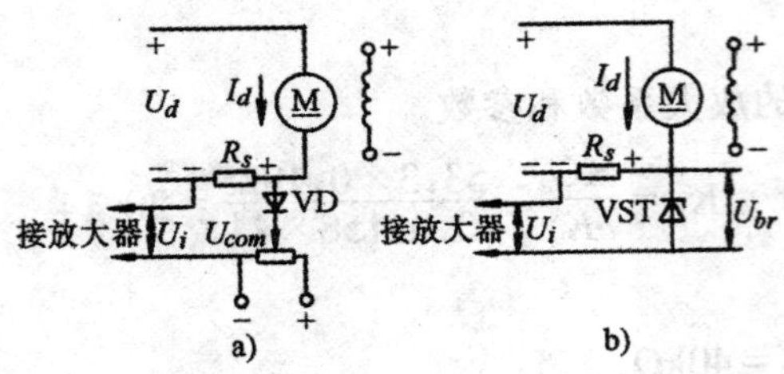

图 1-24　电流截止负反馈环节

a) 利用独立直流电源作比较电压　b) 利用稳压管产生比较电压

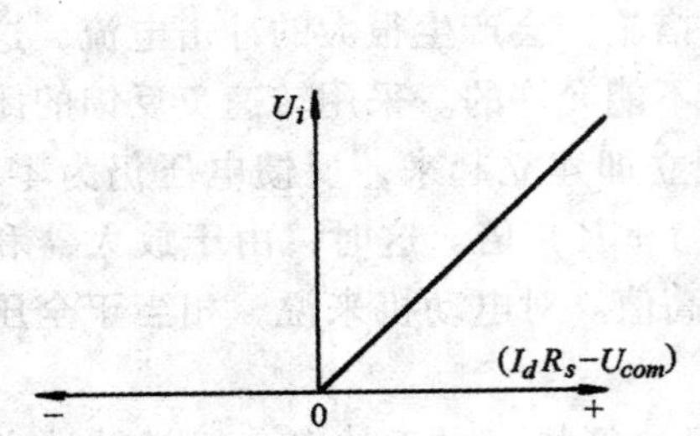

图 1-25　电流截止负反馈环节的输入输出特性

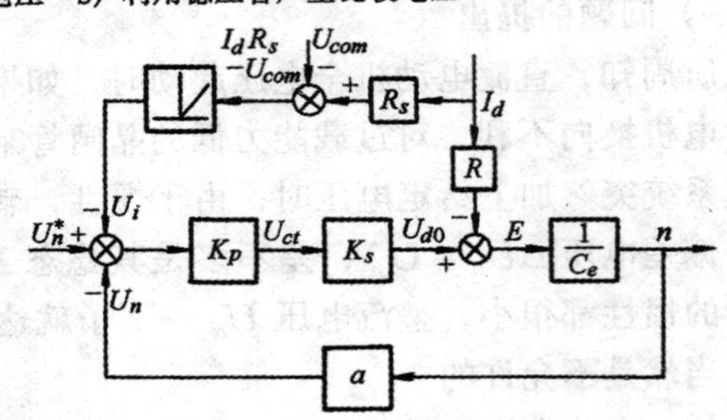

图 1-26　带电流截止负反馈的闭环调速系统稳态结构图

信号电压。

由结构图可导出该系统两段静特性的方程式：当 $I_d \leqslant I_{dcr}$ 时，电流负反馈被截止，

$$n=\frac{K_pK_sU_n^*}{C_e\ (1+K)}-\frac{RI_d}{C_e\ (1+K)} \tag{1-27}$$

当 $I_d > I_{dcr}$ 时，电流负反馈起作用，

$$\begin{aligned} n &= \frac{K_pK_sU_n^*}{C_e(1+K)}-\frac{K_pK_s}{C_e(1+K)}(R_sI_d-U_{com})-\frac{RI_d}{C_e(1+K)} \\ &= \frac{K_pK_s(U_n^*+U_{com})}{C_e(1+K)}-\frac{(R+K_pK_sR_s)I_d}{C_e(1+K)} \end{aligned} \tag{1-28}$$

将式(1-27)、式(1-28)画成静特性，如图 1-27 所示。电流负反馈被截止的式(1-27)相当于图中 n_0-A 段，它就是闭环调速系统本身的静特性，显然是比较硬的。电流负反馈起作用时，得 $A-B$ 段，从式(1-28)可以看出，这一段特性和 n_0-A 段相比有两个特点：

(1) 电流负反馈的作用相当于在主电路中串入一个大电阻 $K_pK_sR_s$，因而稳态速降极大，特性急剧下垂。

(2) 比较电压与给定电压的作用一致，好象把理想空载转速提高到

$$n_0{'}=\frac{K_pK_s\ (U_n^*+U_{com})}{C_e\ (1+K)}$$

当然，图 1-27 中用虚线画出的 $n_0{'}-A$ 一段实际上是不起作用的。

这样的两段式静特性常被称作下垂特性或挖土机特性。当挖土机遇到坚硬的石块而过载时，电动机停下，电流也不过等于堵转电流 I_{dbl}，在式 (1-28) 中，令 $n=0$，得

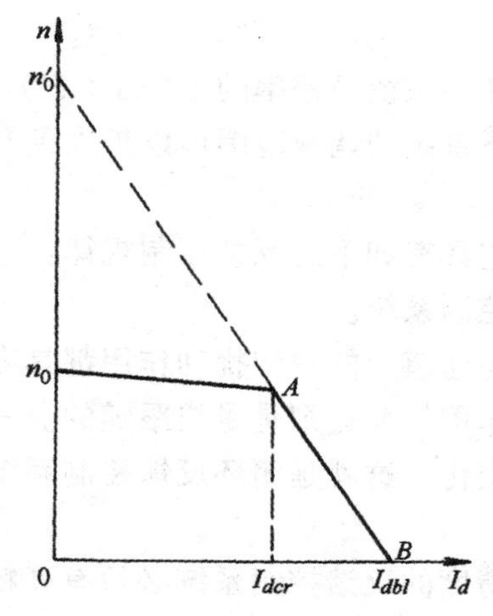

图 1－27 带电流截止负反馈闭环调速系统的静特性

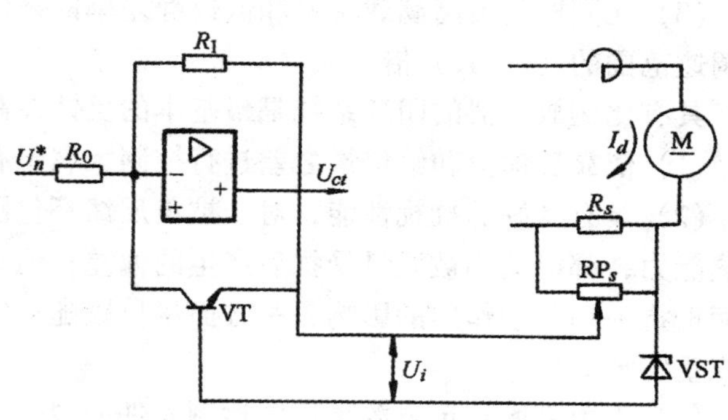

图 1－28 封锁运算放大器的电流截止环节

$$I_{dbl}=\frac{K_pK_s\ (U_n^*+U_{com})}{R+K_pK_sR_s} \tag{1-29}$$

一般 $K_pK_sR_s \gg R$，因此

$$I_{dbl}\approx\frac{U_n^*+U_{com}}{R_s}$$

I_{dbl}应小于电动机的允许最大电流$(1.5\sim2)I_{nom}$。另一方面，从 n_0-A 这一运行段上看，希望有足够的运行范围，截止电流 I_{dcr}应大于电动机的额定电流，例如取 $I_{dcr}\geqslant(1.1\sim1.2)I_{nom}$。这些就是设计电流截止负反馈环节参数的依据。

另一种实现电流截止的方法是用上述的 U_i 信号去封锁运算放大器，如图 1－28 所示。在运算放大器的输入输出端跨接开关管 VT，U_i 一旦产生后，使 VT 导通，造成放大器反馈电阻短路、放大系数接近于零，输出电压 $U_{ct}\approx0$。当 I_d 减小时，从电位器 RP_s 上引出的正比于 I_d 的电压不足以击穿稳压管 VST，U_i 消失，VT 截止，运算放大器恢复正常工作。RP_s 是用来调节截止电流的。

上面只是从静特性上分析了电流截止负反馈环节的起动限流作用，实际起动时电流的变化过程还取决于系统的动态结构与惯性等参数，以及转速给定信号的加入情况，因此采用电流截止负反馈环节解决限流起动问题并不是十分精确的，只适用于小容量的对于动态特性要求不太高的系统。进一步的动态分析和比较理想的动态控制将在以后的章节中逐步深入讨论。

八、小结

本节主要讨论有静差的反馈控制闭环调速系统及反馈控制的基本规律。

调速范围和静差率是调速系统两项相互关联的稳态性能指标，它们之间的关系可用下式表达：

$$D=\frac{n_{nom}s}{\Delta n_{nom}\ (1-s)}$$

由于开环调速系统的额定速降 Δn_{nom} 较大，不能满足具有一定静差率的调速范围的要求，因此引入转速负反馈组成闭环的反馈控制系统。闭环调速系统的静特性有下列性质：

(1) 在相同的负载下，闭环系统的静态速降减小为开环系统速降的 $1/(1+K)$，其中 K

是闭环系统的开环放大系数。

(2) 如果理想空载转速相同，则闭环系统的静差率只有开环系统静差率的 $1/(1+K)$。

(3) 在同样的最高满载转速和低速静差率的条件下，闭环系统的调速范围可以扩大到开环调速范围的 $(1+K)$ 倍。

具有比例放大器的闭环系统是最基本的反馈控制系统，它具有如下的反馈控制规律：

(1) 依靠反馈量和给定量之差进行控制，属于有静差的控制系统。

(2) 具有良好的抗扰性能，对于被负反馈环包围的在前向通道上的一切扰动作用都具有抵抗能力，都能减小被调量受扰后产生的偏差；但对于给定作用的变化则是尽快跟随的。一方面抵抗一切扰动作用的影响，一方面尽快跟随给定作用的变化，这就是闭环反馈控制系统的双重特征。

(3) 无力克服给定电源和反馈检测元件的误差，因此高精度的反馈控制系统必须有高精度的检测元件和给定稳压电源作为保证。

有两种分析闭环调速系统静特性的方法：

(1) 根据各环节的输入输出关系求系统的静特性方程式。

(2) 利用结构图运算法，按各输入信号（包括给定信号和扰动信号）分别作用下的输入输出关系叠加得到系统的静特性。

根据闭环调速系统的稳态性能指标和电动机及各控制部件的已知参数，计算并选择所需反馈检测元件和放大器，叫做稳态参数计算。

基本的反馈控制闭环调速系统在突加给定信号起动时会产生很大的电流冲击，稳态性能指标越高时，放大系数 K 值越大，起动时的电流冲击也越厉害。采用电流截止负反馈是限制电流冲击最简单的方法。

§1－4　反馈控制闭环调速系统的动态分析和设计

前一节讨论了反馈控制闭环调速系统的稳态性能及其分析与设计方法。在引入转速负反馈并且有了足够大的放大系数 K 后，就可以满足系统的稳态性能要求。然而，放大系数太大时，可能会引起闭环系统不稳定，须采取校正措施才能使系统正常工作。此外，系统还须满足各种动态的性能指标。为此，必须进一步分析系统的动态性能。

一、反馈控制闭环调速系统的动态数学模型

为了对调速系统进行稳定性和动态品质等动态分析，必须首先建立起系统的微分方程式，即描述系统动态物理规律的数学模型。建立线性系统动态数学模型的基本步骤是：

(1) 根据系统中各环节的物理规律，列写描述该环节动态过程的微分方程。

(2) 求出各环节的传递函数。

(3) 组成系统的动态结构图并求出系统的传递函数。

下面先分别建立闭环调速系统各环节的微分方程和传递函数。

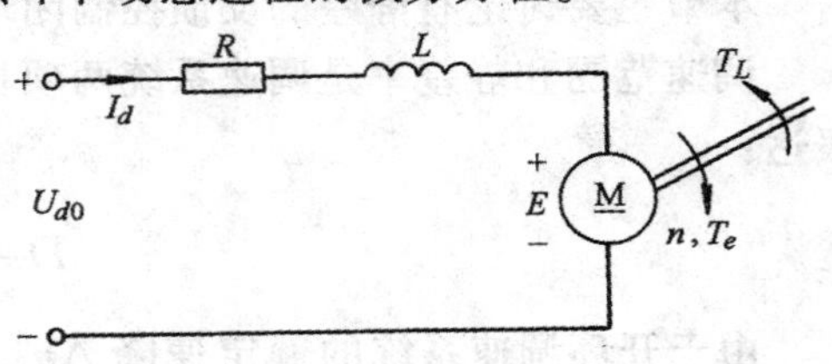

图 1－29　直流电动机等效电路

(一) 额定励磁下的直流电动机

图 1－29 绘出了额定励磁下他励直流电动机

的等效电路，其中电枢回路电阻 R 和电感 L 包含整流装置内阻和平波电抗器电阻与电感在内，规定的正方向如图所示。

由图 1－29 可列出微分方程如下：

$$U_{d0}=RI_d+L\frac{\mathrm{d}I_d}{\mathrm{d}t}+E$$（主电路，假定电流连续）

$$E=C_en$$（额定励磁下的感应电动势）

$$T_e-T_L=\frac{GD^2}{375}\cdot\frac{\mathrm{d}n}{\mathrm{d}t}$$（牛顿动力学定律，忽略粘性摩擦）

$$T_e=C_mI_d$$（额定励磁下的电磁转矩）

式中 T_L——包括电机空载转矩在内的负载转矩，单位为 Nm；

GD^2——电力拖动系统运动部分折算到电机轴上的飞轮力矩，单位为 Nm^2；

$C_m=\frac{30}{\pi}C_e$——电动机额定励磁下的转矩电流比，单位为 Nm/A。

定义下列时间常数：

$T_l=\frac{L}{R}$ ——电枢回路电磁时间常数，单位为 s；

$T_m=\frac{GD^2R}{375C_eC_m}$ ——电力拖动系统机电时间常数，单位为 s。

代入微分方程，并整理后得

$$U_{d0}-E=R(I_d+T_l\frac{\mathrm{d}I_d}{\mathrm{d}t})$$

$$I_d-I_{dL}=\frac{T_m}{R}\cdot\frac{\mathrm{d}E}{\mathrm{d}t}$$

式中 $I_{dL}=T_L/C_m$——负载电流。

在零初始条件下，取等式两侧的拉氏变换，得电压与电流间的传递函数

$$\frac{I_d(s)}{U_{d0}(s)-E(s)}=\frac{1/R}{T_ls+1} \tag{1-30}$$

电流与电动势间的传递函数为

$$\frac{E(s)}{I_d(s)-I_{dL}(s)}=\frac{R}{T_ms} \tag{1-31}$$

式（1－30）和（1－31）的结构图分别画在图 1－30a 和 b 中。将它们合在一起，并考虑到 $n=E/C_e$，即得额定励磁下直流电动机的动态结构图，如图 1－30c。

由图 1－30c 可以看出，直流电动机有两个输入量，一个是理想空载整流电压 U_{d_0}，另一个是负载电流 I_{dL}；前者是控制输入量，后者是扰动输入量。如果不需要在结构图中把电流 I_d 表现出来，可将扰动量 I_{dL} 的综合点移前，并进行等效变换，得图 1－31a。如果是理想空载，则 $I_{dL}=0$，结构图即简化成图 1－31b。

（二）晶闸管触发和整流装置

要控制晶闸管整流装置总离不开触发电路，因此在分析系统时往往把它们当作一个环节来看待。这一环节的输入量是触发电路的控制电压 U_{ct}，输出量是理想空载整流电压 U_{d_0}。如果把它们之间的放大系数 K_s 看成常数，则晶闸管触发与整流装置可以看成是一个具有纯滞后的放大环节，其滞后作用是由晶闸管装置的失控时间引起的。众所周知，晶闸管一旦导通后，

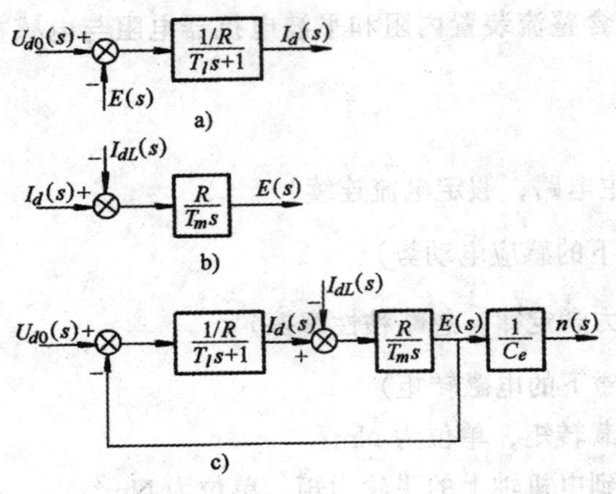

图 1-30　额定励磁下直流电动机的动态结构图
a）式（1-30）的结构图　b）式（1-31）的结构图
c）整个直流电动机的动态结构图

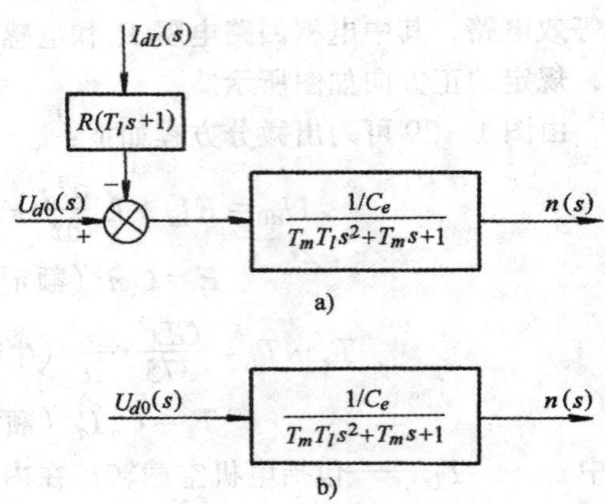

图 1-31　直流电动机动态结构图的变换和简化
a）$I_{dL}\neq 0$　b）$I_{dL}=0$

控制电压的变化对它就不再起作用，直到该元件承受反压关断后为止，因此造成整流电压滞后于控制电压的状况。

下面以单相全波纯电阻负载整流电路为例来讨论滞后作用以及滞后时间的大小(图 1-32)。假设在 t_1 时刻某一对晶闸管触发导通，控制角为 α_1；如果控制电压 U_{ct} 在 t_2 时刻发生变化，如图由 U_{ct1} 突降到 U_{ct2}，但由于晶闸管已经导通，U_{ct} 的改变对它已不起作用，平均整流电压 $U_{d_{01}}$ 并不会立即产生反应，必须等到 t_3 时刻该元件关断以后，触发脉冲才有可能控制另外一对晶闸管。设 U_{ct2} 对应的控制角为 α_2，则另一对晶闸管在 t_4 时刻才导通，平均整流电压变成 $U_{d_{02}}$。假设平均整流电压是在自然换相点变化的，则从 U_{ct} 发生变化到 U_{d0} 发生变化之间的时间 T_s 便是失控时间。

显然，失控时间 T_s 是随机的，它的大小随 U_{ct} 发生变化的时刻而改变，最大可能的失控时间就是两个自然换相点之间的时间，与交流电源频率和整流电路形式有关，由下式确定

$$T_{s\max}=\frac{1}{mf} \tag{1-32}$$

式中　f——交流电源频率；

m——一周内整流电压的波头数。

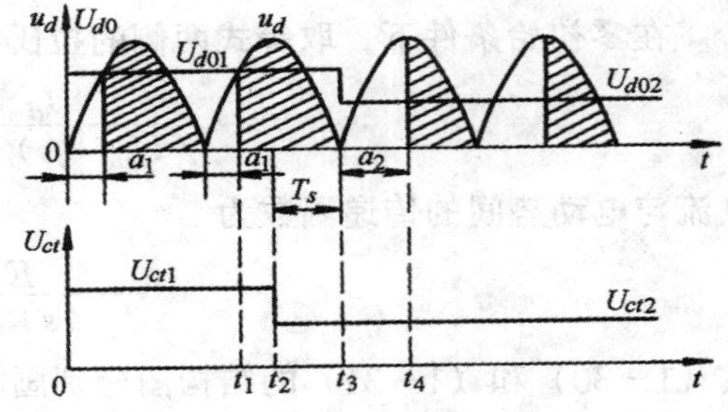

图 1-32　晶闸管触发和整流装置的失控时间

相对于整个系统的响应时间来说，T_s 是不大的，在一般情况下，可取其统计平均值 $T_s=\frac{1}{2}T_{s\max}$，并认为是常数。表 1-2 列出了不同整流电路的平均失控时间。

表 1-2　各种整流电路的平均失控时间（$f=50$Hz）

整　流　电　路　形　式	平均失控时间 T_s/ms
单相半波	10
单相桥式（全波）	5
三相半波	3.33
三相桥式，六相半波	1.67

用单位阶跃函数来表示滞后，则晶闸管触发和整流装置的输入输出关系为

$$U_{d0}=K_sU_{ct}\cdot 1(t-T_s)$$

按拉氏变换的位移定理，则传递函数为

$$\frac{U_{d0}(s)}{U_{ct}(s)}=K_s\mathrm{e}^{-T_ss} \tag{1-33}$$

由于式(1-33)中包含指数函数 e^{-T_ss}，它使系统成为非最小相位系统，分析和设计都比较麻烦。为了简化，先将 e^{-T_ss} 按台劳级数展开，则式（1-33）变成

$$\frac{U_{d0}(s)}{U_{ct}(s)}=K_s\mathrm{e}^{-T_sS}=\frac{K_s}{\mathrm{e}^{T_sS}}=\frac{K_s}{1+T_sS+\frac{1}{2!}T_s^2s^2+\frac{1}{3!}T_s^3s^3+\cdots}$$

考虑到 T_s 很小，忽略其高次项，则晶闸管触发和整流装置的传递函数可近似成一阶惯性环节

$$\frac{U_{d0}(s)}{U_{ct}(s)}\approx\frac{K_s}{T_ss+1} \tag{1-34}$$

其动态结构图如图 1-33 所示。

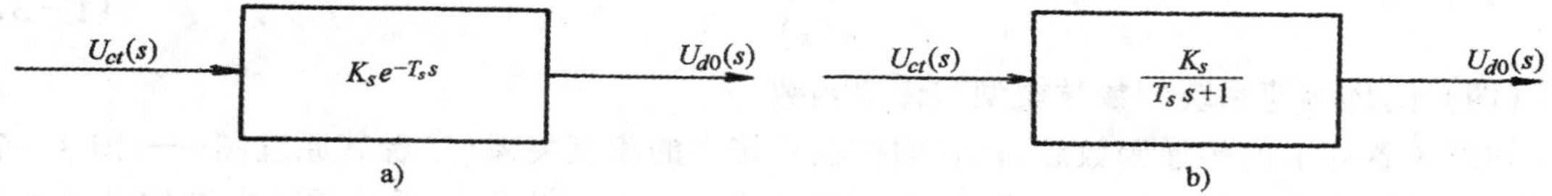

图 1-33　晶闸管触发和整流装置动态结构图

a）准确的　b）近似的

能够将式（1-33）近似成式（1-34）的具体条件是什么？这是在工程实际中必须明确回答的问题。从台劳级数展开式可见，只要 $T_ss\ll 1$，式（1-34）便成立了，然而 s 本身是个复变量，这个近似条件并不明确。

按照自动控制原理，将传递函数中的 s 换成 $\mathrm{j}\omega$，便得到相应的幅相频率特性。于是

$$\frac{U_{d0}(\mathrm{j}\omega)}{U_{ct}(\mathrm{j}\omega)}=K_s\mathrm{e}^{-\mathrm{j}\omega T_s}=$$

$$\frac{K_s}{\left(1-\frac{1}{2}T_s^2\omega^2+\frac{1}{24}T_s^4\omega^4-\cdots\right)+\mathrm{j}\left(T_s\omega-\frac{1}{6}T_s^3\omega^3+\cdots\right)}$$

显然，上式近似成 $K_s/(1+\mathrm{j}T_s\omega)$ 的条件是

$$\begin{cases}\frac{1}{2}T_s^2\omega^2\ll 1\\ \frac{1}{6}T_s^3\omega^3\ll T_s\omega\end{cases}$$

而后者是包含在前者之中的。因此，将晶闸管装置近似成一阶惯性环节，即式（1-34）成立的条件是

$$\frac{1}{2}T_s^2\omega^2\ll 1$$

从工程观点上看，只要$\frac{1}{2}T_s^2\omega^2 \leqslant \frac{1}{10}$，就可以认为是≪1了，于是

$$\omega \leqslant \sqrt{\frac{1}{5}} \cdot \frac{1}{T_s} = \frac{1}{2.24T_s}$$

这意味着闭环控制系统的频带 ω_b 应小于 $1/2.24T_s$。

通常绘出的是闭环系统的开环频率特性，而开环频率特性的截止频率 ω_c 一般略低于闭环频率特性的频带 ω_b，作为近似条件，可以粗略地取

$$\omega_c \leqslant \frac{1}{3T_s} \tag{1-35}$$

这就是将晶闸管装置看成一阶惯性环节的工程近似条件。

（三）比例放大器和测速发电机

比例放大器和测速发电机的响应都可以认为是瞬时的，因此它们的放大系数也就是它们的传递函数，即

$$\frac{U_{ct}(s)}{\Delta U_n(s)} = K_p \tag{1-36}$$

$$\frac{U_n(s)}{n(s)} = \alpha \tag{1-37}$$

（四）闭环调速系统的数学模型和传递函数

知道了各环节的传递函数后，把它们按在系统中的相互关系（参看其原理图——图1－15和图1－23以及稳态结构图——图1－16a）组合起来，就可以画出系统的动态结构图，如图1－34所示。由图可见，将晶闸管装置按一阶惯性环节近似处理后，带比例放大器的闭环调速系统可以看作是一个三阶线性系统。

反馈控制闭环调速系统的开环传递函数为

$$W(s) = \frac{K}{(T_s s+1)(T_m T_l s^2 + T_m s + 1)} \tag{1-38}$$

式中　$K = K_p K_s \alpha / C_e$。

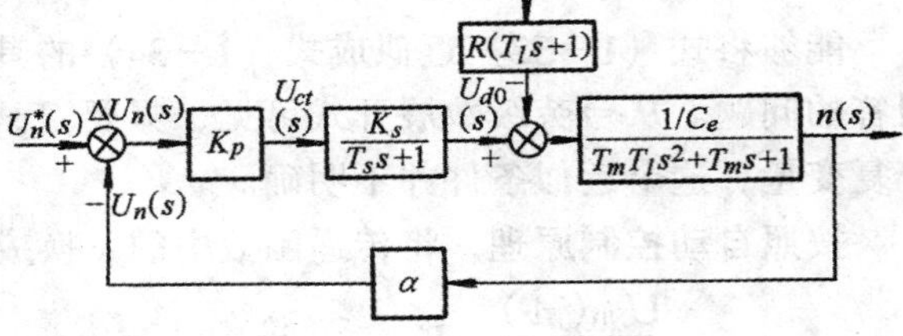

图1－34　反馈控制闭环调速系统的动态结构图

设 $I_{dL}=0$，从给定输入作用上看，闭环调速系统的闭环传递函数为

$$Wcl(s) = \frac{\dfrac{K_p K_s / C_e}{(T_s s+1)(T_m T_l s^2 + T_m s + 1)}}{1 + \dfrac{K_p K_s \alpha / C_e}{(T_s s+1)(T_m T_l s^2 + T_m s + 1)}} =$$

$$\frac{K_p K_s / C_e}{(T_s+1)(T_m T_l s^2 + T_m s + 1) + K} =$$

$$\frac{\dfrac{K_p K_s / C_e}{1+K}}{\dfrac{T_m T_l T_s}{1+K}s^3 + \dfrac{T_m(T_l + T_s)}{1+K}s^2 + \dfrac{T_m + T_s}{1+K}s + 1} \tag{1-39}$$

二、稳定条件

由式（1－39）可知，反馈控制闭环调速系统的特征方程为

$$\frac{T_m T_l T_s}{1+K}s^3+\frac{T_m(T_l+T_s)}{1+K}s^2+\frac{T_m+T_s}{1+K}s+1=0 \tag{1-40}$$

它的一般表达式为

$$\alpha_0 s^3+\alpha_1 s^2+\alpha_2 s+\alpha_3=0$$

根据三阶系统的劳斯－古尔维茨判据，系统稳定的充要条件为

$$\alpha_0>0,\ \alpha_1>0,\ \alpha_2>0,\ \alpha_3>0,$$

$$\alpha_1\alpha_2-\alpha_0\alpha_3>0$$

式（1－40）的各项系数显然都是大于零的，因此稳定条件就只有

$$\frac{T_m(T_l+T_s)}{1+K}\cdot\frac{T_m+T_s}{1+K}-\frac{T_m T_l T_s}{1+K}>0,$$

或

$$(T_l+T_s)(T_m+T_s)>(1+K)T_l T_s$$

整理后得

$$K<\frac{T_m(T_l+T_s)+T_s^2}{T_l T_s} \tag{1-41}$$

式（1－41）右边称作系统的临界放大系数 K_{cr}，K 超出此值，系统将不稳定。对于一个自动控制系统来说，稳定性是它能否正常工作的首要条件，是必须保证的。

仍采用§1－3中稳态参数计算所用的例题，已知 $R=1.0\Omega$，$K_s=44$，$C_e=0.1925\text{V}\cdot\text{min/r}$，根据稳态性能指标 $D=10$，$s\leqslant5\%$计算，系统的开环放大系数应有 $K\geqslant53.3$。试分析此系统能否稳定。

已知系统运动部分的飞轮力矩 $GD^2=10\text{Nm}^2$。按保证最小电流 $I_{d\min}=10\% I_{d\text{nom}}$时电流连续的条件〔式（1－9）〕计算电枢回路电感量，由于 $E_2=E_{2l}/\sqrt{3}=230/\sqrt{3}\text{V}=132.8\text{V}$，则

$$L=0.693\frac{E_2}{I_{d\min}}=0.693\times\frac{132.8}{10\%\times55}\text{mH}=16.73\text{mH}$$

取　$L=17\text{mH}=0.017\text{H}$。

计算系统各时间常数：

$$T_l=\frac{L}{R}=\frac{0.017}{1.0}\text{s}=0.017\text{s}$$

$$T_m=\frac{GD^2R}{375C_eC_m}=\frac{10\times0.1}{375\times0.1925\times0.1925\times30/\pi}\text{s}=0.075\text{s}$$

$$T_s=0.00167\text{s}\ (\text{三相桥式电路})$$

为保证系统稳定，开环放大系数应有〔式（1－41）〕

$$K<\frac{T_m\ (T_l+T_s)\ +T_s^2}{T_l T_s}$$

代入具体数值并计算后得 $K<49.4$。

实际上，动态稳定性不仅必须保证，而且还要有一定裕度，以备参数变化和一些未计入因素的影响，也就是说，K 应该比它的临界值 49.4 更小些。

然而，根据稳态性能指标计算，应该是：$K\geqslant53.3$，可见稳态精度和动态稳定性在这里是矛盾的。一般的闭环调速系统大都如此。

既要保证稳定和稳定裕度，又要满足稳态性能指标，就必须再设计合适的校正装置，以改造系统，才能圆满地达到要求。下一小节就要解决这个问题。

三、动态校正——PI调节器设计

设计一个反馈控制的闭环调速系统时，首先应进行总体设计、基本部件选择和稳态参数计算，这样就形成了基本的闭环控制系统，或称原始系统。然后，应该建立原始系统的动态数学模型，检查它的稳定性和其它动态性能。如果原始系统不稳定或动态性能不好，就必须配置合适的校正装置，使校正后的系统能够全面地满足要求。

校正的方式很多，而且对于一个系统来说，能够符合要求的校正方案也不是唯一的。在电力拖动调速系统中，最常用的是串联校正和反馈校正，其中串联校正比较简单，可以很容易地利用运算放大器构成的有源校正调节器来实现，只要动态性能要求不是很高，一般都能达到。因此本节先考虑串联校正方案。

（一）控制系统对开环对数频率特性的一般要求

在进行调速系统校正装置的设计中，主要的研究工具是伯德图（Bode Diagram），即开环对数频率特性的渐近线。它的绘制方法简便，可以确切地提供稳定性和稳定裕度的信息，而且还能大致衡量闭环系统稳态和动态的各种性能。正因为如此，伯德图是在控制系统的设计和应用中普遍使用的一种方法。

在伯德图上，用来衡量最小相位系统稳定程度（即相对稳定性）的指标是相角裕度 γ 和以分贝表示的增益裕度 GM[2,7]。一般要求

$$\gamma = 30^\circ \sim 60^\circ,\ GM > 6\text{dB}$$

保留适当的相角裕度和增益裕度，是考虑到实际系统各元件参数发生变化后不致使系统不稳定。在一般情况下，稳定裕度也能间接地反映系统动态过程的平稳性，稳定裕度大意味着振荡弱、超调小。

在定性地分析控制系统的性能时，通常将伯德图分成高、中、低三个频段，频段的分割界限只是大致的，而且不同文献上分割的方法也不尽相同，这并不影响对系统性能的定性分析。图1－35绘出了一种典型伯德图的对数幅频特性，从其中三个频段的特征可以判断控制系统的性能。

反映系统性能的伯德图特征有下列四个方面：

（1）中频段以 -20dB/dec 的斜率穿越零分贝线，而且这一斜率占有足够的频带宽度，则系统的稳定性好。

（2）截止频率（或称剪切频率）ω_c 越高，则系统的快速性越好。

（3）低频段的斜率陡、增益高，表示系统的稳态精度好(即静差率小、调速范围宽)。

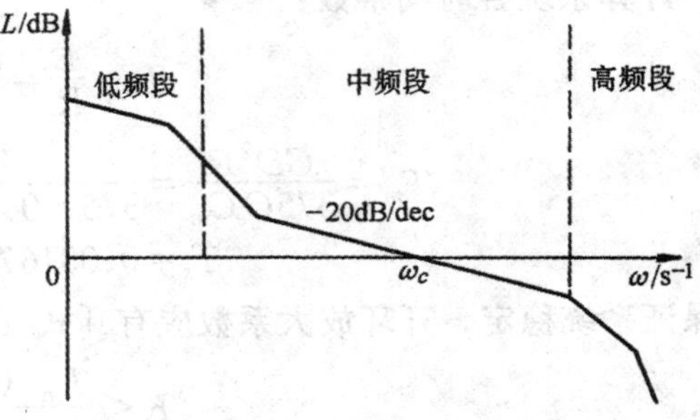

图1－35　典型的控制系统伯德图

（4）高频段衰减得越快，即高频特性负分贝值越低，说明系统抗高频噪声干扰的能力越强。

以上四个方面常常是互相矛盾的。对稳态精度要求很高可能使系统不稳定，加上校正装置后系统稳定了，又可能要牺牲快速性，提高截止频率可以加快系统的响应又容易引入高频

干扰，如此等等。设计时往往须用多种手段，反复试凑，才能获得比较满意的结果。微型计算机获得普遍应用后，控制器的结构不一定是固定的，可以视具体条件切换到不同的结构，情况就好多了。

（二）原始系统的开环对数频率特性

在上一小节的实例中已经看出，仅按稳态性能指标设计的闭环调速系统可能是不稳定的。现在再用开环对数频率特性来分析一下。

式（1－38）已给出闭环调速系统的开环传递函数，现在再写在这里。

$$W(s)=\frac{K}{(T_s s+1)(T_m T_l s^2+T_m s+1)}$$

在一般情况下，$T_m>4T_l$，因此$(T_m T_l s^2+T_m s+1)$项有两个负实根，令其为$-1/T_1$和$-1/T_2$。也就是说，可将该项分解成两个因式

$$T_m T_l s^2+T_m s+1=(T_1 s+1)(T_2 s+1)$$

于是开环传递函数变成

$$W(s)=\frac{K}{(T_s s+1)(T_1 s+1)(T_2 s+1)} \tag{1-42}$$

应该指出，这样做只是符合多数实际情况，并不是必要的。即使 $T_m<4T_l$，也同样可以分析，只是绘制伯德图麻烦一些罢了。

还用上节中的例子，$T_l=0.017\text{s}$，$T_m=0.075\text{s}$，$T_s=0.00167\text{s}$，在这里，$T_m>4T_l$ 是成立的。代入上式并分解因式，得

$$\begin{aligned}T_m T_l s^2+T_m s+1&=0.001275s^2+0.075s+1\\&=(0.049s+1)(0.026s+1)\end{aligned}$$

根据稳态参数计算的结果，闭环系统的开环放大系数已取为

$$K=K_p K_s \alpha/C_e=\frac{21\times 44\times 0.01158}{0.1925}=55.58$$

于是闭环系统的开环传递函数为

$$W(s)=\frac{55.58}{(0.049s+1)(0.026s+1)(0.00167s+1)}$$

相应的开环对数幅频及相频特性绘于图 1－36，其中三个转折频率（或称交接频率）分别为

$$\omega_1=\frac{1}{T_1}=\frac{1}{0.049}\text{s}^{-1}=20.4\text{s}^{-1}$$

$$\omega_2=\frac{1}{T_2}=\frac{1}{0.026}\text{s}^{-1}=38.5\text{s}^{-1}$$

$$\omega_3=\frac{1}{T_s}=\frac{1}{0.00167}\text{s}^{-1}=600\text{s}^{-1}$$

而
$$20\lg K=20\lg 55.58=34.9\text{dB}$$

由图 1－36 可见，相角裕度 γ 和增益裕度 GM 都是负值，所以闭环系统不稳定。这和以前用代数判据得到的结论是一致的。

（三）PI 调节器串联校正设计

前已述及，在闭环调速系统中，常优先考虑串联校正方案。用运算放大器实现的串联校正装置可有比例微分（PD）、比例积分（PI）和比例积分微分（PID）三类调节器：由 PD 调节器构成的超前校正，可提高稳定裕度并获得足够的快速性，但稳态精度可能受到影响；由 PI 调节器构成的滞后校正，可以保证稳态精度，却是以对快速性的限制来换取系统稳定的；用 PID 调节器实现的滞后－超前校正则兼有二者的优点，可以全面提高系统的控制性能，但线路及其调试要复杂一些。一般的调速系统要求以稳和准为主，对快速性要求不高，所以常用 PI 调节器；在随动系统中快速性是主要要求，常用 PD 或 PID 调节器。

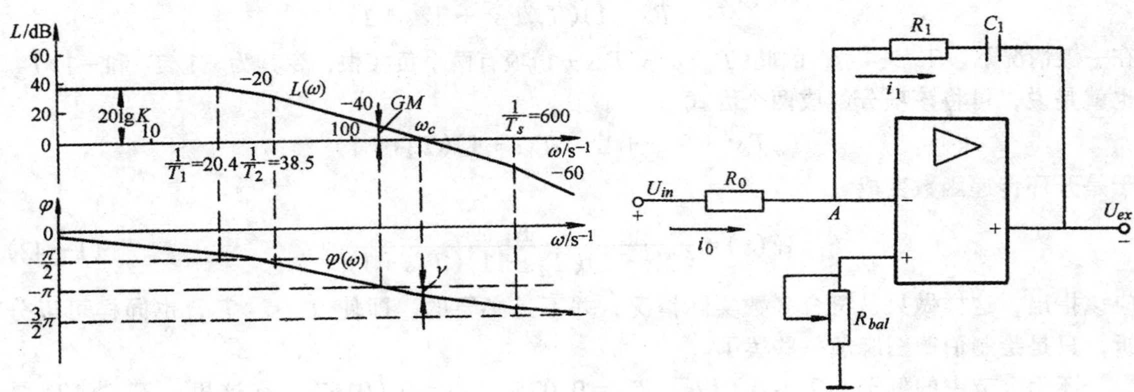

图 1－36　原始闭环调速系统的开环对数频率特性　　图 1－37　比例积分（PI）调节器

采用运算放大器的 PI 调节器线路如图 1－37 所示。由于 A 点是“虚地”，可以写出下列关系

$$U_{in}=i_0R_0$$

$$U_{ex}=i_1R_1+\frac{1}{C_1}\int i_1\mathrm{d}t$$

$$i_0=i_1$$

其中 U_{in}、U_{ex} 的极性如图所示。将三式整理后，可得

$$U_{ex}=\frac{R_1}{R_0}U_{in}+\frac{1}{R_0C_1}\int U_{in}\mathrm{d}t=K_{pi}U_{in}+\frac{1}{\tau}\int U_{in}\mathrm{d}t$$

由此可见，PI 调节器的输出电压 U_{ex} 由比例和积分两个部分相加而成，

其中　$K_{pi}=\dfrac{R_1}{R}$—— PI 调节器比例部分的放大系数；

$\tau=R_0C_1$—— PI 调节器的积分时间常数。

初始条件为零时，取上式两侧的拉氏变换，移项后，得 PI 调节器的传递函数

$$W_{pi}(s)=\frac{U_{cx}(s)}{U_{in}(s)}=K_{pi}+\frac{1}{\tau s}=\frac{K_{pi}\tau s+1}{\tau s} \tag{1-43}$$

令 $\tau_1=K_{pi}\tau$，则此传递函数也可以写成如下的形式

$$W_{pi}(s)=\frac{\tau_1 s+1}{\tau s}=K_{pi}\frac{\tau_1 s+1}{\tau_1 s} \tag{1-44}$$

式中　$\tau_1=K_{pi}\tau=R_1C_1$ —— PI 调节器的超前时间常数。

在零初始状态和阶跃输入下，PI 调节器输出电压的时间特性示于图 1-38。由图可以看出比例积分作用的物理意义。突加输入电压 U_{in}时，输出电压突跳到 $K_{pi}U_{in}$，以保证一定的快速控制作用。但 K_{pi}是小于稳态性能指标所要求的比例放大系数 K_p 的，因此快速性被压低了，换来对稳定性的保证。如果只是这样，即只有比例部分，稳态精度必然要受到影响，但现在还有积分部分。在过渡过程中，电容 C_1 逐渐被充电，实现积分作用，使 U_{ex}不断地线性增长，相当于在动态中放大系数逐渐提高，最后满足稳态精度的要求。

如果输入电压 U_{in}一直存在，电容 C_1 就不断充电，直到输出电压 U_{ex}达到运算放大器的限幅值 U_{exm}时，才不再增长，称作运算放大器饱和。为了保证运算放大器的线性特性并保护调速系统的各个部件，设置输出电压的限幅是非常必要的。输出电压限幅电路有外限幅和内限幅两类。图 1-39 是利用二极管钳位的外限幅电路，或称输出限幅电路，其中二极管 VD_1 和电位器 RP_1 提供正电压限幅，VD_2 和 RP_2 提供负电压限幅，电阻 R_{lim}是限幅时的限流电阻。正限幅电压 $U_{exm}^{+}=U_M+\Delta U_D$，负限幅电压 $|U_{exm}^{-}|=|U_N|+\Delta U_D$，其中 U_M 和 U_N 分别表示电位器滑动端 M 点和 N 点的电位，ΔU_D 是二极管正向压降。调节电位器 RP_1 和 RP_2 可以任意改变正、负限幅值。外限幅电路只保证对外输出限幅，对集成电路本身的输出电压（C 点电压）并没有限住，只是把多余的电压降在电阻 R_{lim}上罢了。这样，输出限幅时，PI 调节器电容 C_1 上的电压仍继续上升，直到集成电路内的输出级晶体管饱和为止。一旦控制系统需要运算放大器的输出电压从限幅值降低下来，电容上的多余电压还需要一段放电时间，将影响系统的动态过程。这是外限幅电路的缺点。

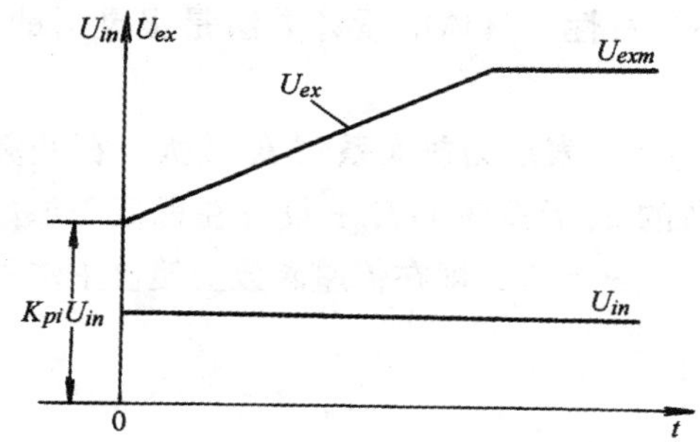

图 1-38　阶跃输入时 PI 调节器的输出特性

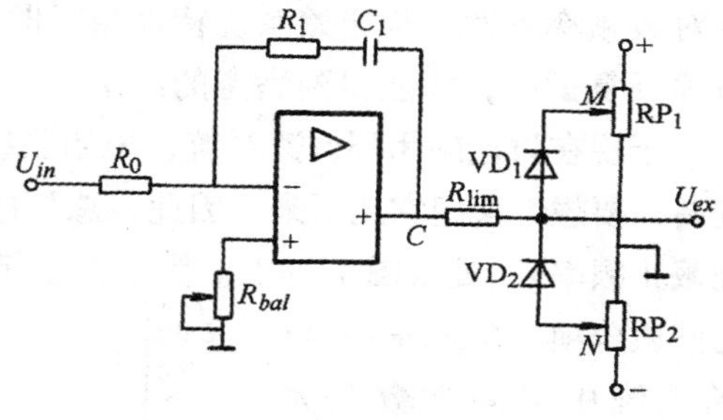

图 1-39　二极管钳位的外限幅电路

要避免上述缺点可采用内限幅电路，或称反馈限幅电路。最简单的内限幅电路是利用两个对接稳压管的电路，如图 1-40 所示。正限幅电压 U_{exm}^{+}等于稳压管 VST_1 的稳压值，负限幅电压 U_{exm}^{-}等于 VST_2 的稳压值。如果输出电压 U_{ex}要超过限幅值，当即击穿该方向的稳压管，对运算放大器产生强烈的反馈作用，使 U_{ex} 回到限幅值。稳压管限幅电路虽然简单，但要调整限幅值时必须更换稳压管，是其不足之处。为了克服这个缺点，也可以采用二极管或晶体三极管钳位的内限幅电路，用电位器调整限幅电压[1]。

在具体设计 PI 调节器时，须先绘出其对数频率特性。考虑到原始系统中已包含了放大系数为 K_p 的比例调节器，现在换成 PI 调节器，则在原始系统上新添加部分的传递函数应为

$$\frac{1}{K_p}W_{pi}(s)=\frac{K_{pi}\tau s+1}{K_p\tau s} \tag{1-45}$$

相应的对数频率特性绘于图 1-41 中。鉴于 $K_{pi}<K_p$，则 $1/K_p\tau<1/K_{pi}\tau$，低频部分斜率首先是积分环节的 -20dB/dec，在频率为 $1/K_p\tau$ 处穿越零分贝线，然后起作用的才是比例微分环节，在 $1/K_{pi}\tau$ 处向上转折，斜率变成 0dB/dec。与此相应，也可以画出对数相频特性。

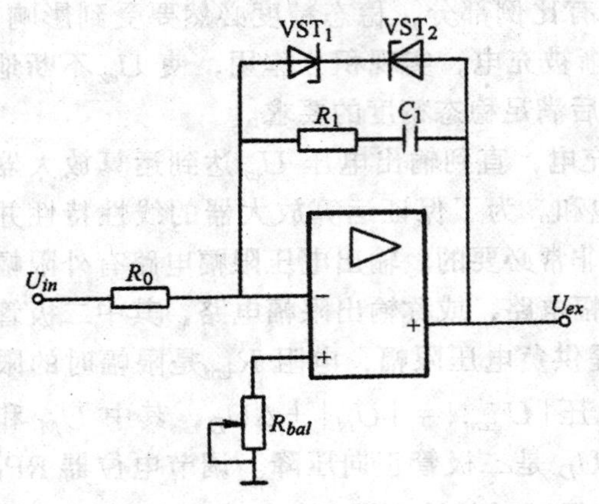

图 1-40　稳压管钳位的内限幅电路

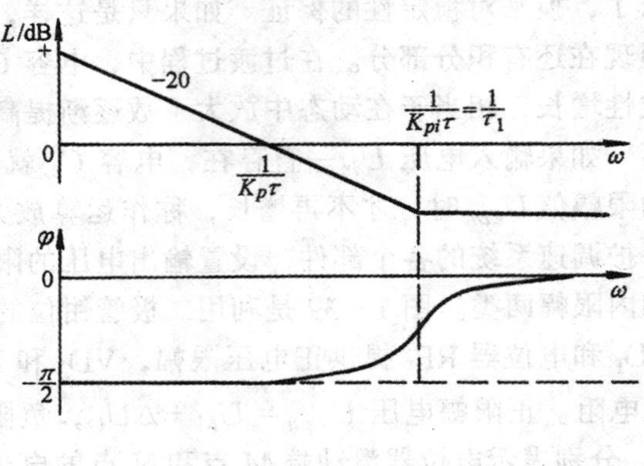

图 1-41　PI 校正装置在原始系统上添加部分的对数频率特性

只要将图 1-41 和图 1-36 画在同一张坐标纸上，然后相加，即得校正后系统的开环对数频率特性。问题是必须确定 K_{pi} 和 τ 值后，才能把图 1-41 的校正部分对数频率特性具体地画出来。实际设计时一般根据工艺要求的动态性能或系统的稳定裕度先确定校正后系统预期的对数频率特性，与原始系统特性相减即为校正环节特性。具体的设计方法是很灵活的，有时须反复试凑，才能得到满意的结果。

对于现在讨论的闭环调速系统，原始系统一般不稳定，表现为放大系数 K 较大，截止频率较高，要想办法把它压下来。因此，总是把校正环节的转折频率 $1/K_{pi}\tau$ 设置在远低于原始系统截止频率 ω_{c1} 处（图 1-42）。为了方便起见，可令 $K_{pi}\tau=T_1$，即在传递函数上使校正装置的比例微分项（$K_{pi}\tau s+1$）与原始系统中时间常数最大的惯性环节 $1/(T_1s+1)$ 对消(并非必须如此)，这样就可以选定校正环节的转折频率。其次，为了使校正后的系统具有足够的稳定裕度，它的对数幅频特性应以 -20dB/dec 的斜率穿越零分贝线，必须把原始系统特性（图 1-42 中的特性①）压下来，使校正后特性③的截止频率 $\omega_{c2}<1/T_2$。在 ω_{c2} 处，原始系统的 L_1 与校正环节添

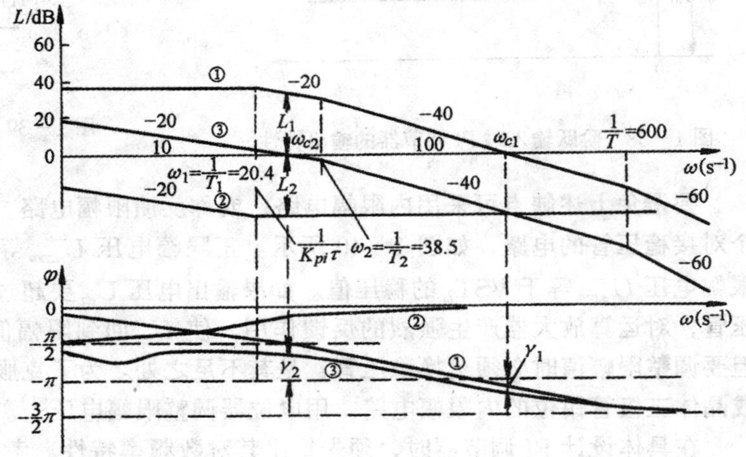

图 1-42　闭环调速系统的 PI 调节器（串联滞后）校正

①原始系统的对数幅频和相频特性　②校正环节添加部分的对数幅频和相频特性　③校正后系统的对数幅频和相频特性

加部分的 L_2 恰好正负相抵，则 $L_3=0\text{dB}$。现在 L_1 是已知的，所以 $L_2=-L_1$，校正环节添加部分的对数幅频特性②就可以确定下来了。再画出相应的对数相频特性，用以检验稳定裕度。以上介绍的方法比较简单，当然这并不是唯一的方法。

图 1－42 是按照前述的实例绘制的，其中特性①就是图 1－36 的原始系统对数幅频和相频特性，由图可知：

$$20\lg K=20\lg\frac{\omega_2}{\omega_1}+40\lg\frac{\omega_{c1}}{\omega_2}=20\lg\frac{\omega_2}{\omega_1}\left(\frac{\omega_{c1}}{\omega_2}\right)^2=20\lg\frac{\omega_{c1}^2}{\omega_1\omega_2}$$

因此

$$\omega_{c1}=\sqrt{K\omega_1\omega_2}$$

代入已知数据，得

$$\omega_{c1}=\sqrt{55.58\times20.4\times38.5}\text{s}^{-1}=208.9\text{s}^{-1}$$

按上述方法，取 $K_{pi}\tau=T_1=0.049\text{s}$，并使 $\omega_{c2}<1/T_2=38.5\text{s}^{-1}$，取 $\omega_{c2}=30\text{s}^{-1}$，在特性①上查得相应的 $L_1=31.5\text{dB}$，因而 $L_2=-31.5\text{dB}$。

从图上的特性②可以看出（参看图 1－41）：

$$L_2=-20\lg\frac{1/K_{pi}\tau}{1/K_p\tau}=-20\lg\frac{K_p}{K_{pi}}$$

$$\therefore\qquad 20\lg\frac{K_p}{K_{pi}}=31.5\text{dB},\ \lg\frac{K_p}{K_{pi}}=1.575\text{dB},\ \frac{K_p}{K_{pi}}=37.58$$

已知 $K_p=21$，因此 $K_{pi}=\dfrac{21}{37.58}=0.559$

而

$$\tau=\frac{T_1}{K_{pi}}=\frac{0.049\text{s}}{0.559}=0.088\text{s}$$

PI 调节器的传递函数为

$$W_{pi}(s)=\frac{0.049s+1}{0.088s}$$

最后，选择 PI 调节器的参数。已知 $R_0=40\text{k}\Omega$，
则 $R_1=K_{pi}R_0=0.559\times40\text{k}\Omega=22.36\text{k}\Omega$，取 $R_1=22\text{k}\Omega$。

$$C_1=\frac{\tau}{R_0}=\frac{0.088}{40}\times10^3\mu\text{F}=2.20\mu\text{F}，取\ C_1=2.2\mu\text{F}$$

应该指出，这样的设计结果决不是唯一的，从图上可以看出，校正后系统的相角稳定裕度 γ_2 已变成正值，而且相当大，增益裕度 GM 也变成正值，而截止频率从 $\omega_{c1}=208.9\text{s}^{-1}$ 降到 $\omega_{c2}=30/\text{s}^{-1}$，快速性被压低了许多，显然这是一个比较稳定的方案。

最后，还应该校验一下将晶闸管触发和整流装置的传递函数近似成一阶惯性环节的条件是否成立。按式（1－35），这个条件是：$\omega_c\leqslant\dfrac{1}{3T_s}$。现在，校正后系统的截止频率 $\omega_{c2}=30\text{s}^{-1}$，而

$$\frac{1}{3T_s}=\frac{1}{3\times0.00167\text{s}}=200\text{s}^{-1}$$

显然，上述近似条件是成立的，设计有效。

四、小结

本节主要研究基本的反馈控制闭环调速系统的动态数学模型、稳定条件和动态校正设计。

根据系统中各环节的物理规律，求出其传递函数，可以组成闭环系统的动态结构图。

直流电动机本身是一个带有电动势（或转速）负反馈的闭环系统。在理想空载的情况下，它的传递函数可写成

$$\frac{n(s)}{U_{d0}(s)}=\frac{1/C_e}{T_mT_ls^2+T_ms+1}$$

晶闸管触发和整流装置放在一起的传递函数为

$$\frac{U_{d0}(s)}{U_{ct}(s)}=K_se^{-T_ss}$$

当系统的截止频率满足 $\omega_c\leqslant1/3T_s$ 的条件时，可近似看成

$$\frac{U_{d0}(s)}{U_{ct}(s)}\approx\frac{K_s}{T_ss+1}$$

因此，具有比例放大器的闭环调速系统可以看作是一个三阶线性系统，系统的开环传递函数为

$$W(s)=\frac{K}{(T_ss+1)(T_mT_ls^2+T_ms+1)}$$

其中 $K=K_pK_s\alpha/C_e$。

这个系统的稳定条件为

$$K<\frac{T_m\ (T_l+T_s)\ +T_s^2}{T_lT_s}$$

满足给定稳态精度要求（调速范围和静差率）的闭环调速系统经常不能稳定，因此还须加动态校正环节。经常使用的校正环节是 PI 调节器——串联滞后校正。

校正环节的设计方法很多，而且是很灵活的。伯德图——开环对数幅频和相频特性是在设计中最常使用的工具，因为它的绘制方法简便，而且可以提供许多有关系统性能的信息，例如：中频段有足够宽的 −20dB/dec 斜率段，表示稳定性好；截止频率高，表示快速性好；低频特性陡，增益高，表示稳态精度好；高频衰减快，说明抗高频干扰能力强。

根据原始的带比例放大器闭环系统的伯德图和期望的校正后系统伯德图可以设计出 PI 调节器。PI 调节器的传递函数有以下几种表达形式

$$W_{pi}(s)=\frac{K_{pi}\tau s+1}{\tau s}=\frac{\tau_1s+1}{\tau s}=K_{pi}\frac{\tau_1s+1}{\tau_1s}$$

§1－5　无静差调速系统和积分、比例积分控制规律

前节指出，采用比例放大器的闭环调速系统按满足稳态精度指标设计时，在动态中可能不稳定，因而根本就达不到稳态，也就谈不上稳态指标是否满足。用比例积分调节器代替比例放大器后，可使系统稳定，还有足够的稳定裕度，这个问题就解决了。从本节分析中将看出，PI 调节器不仅能使系统稳定，从而使系统能够真正达到稳态，还可以进一步更加提高稳态性能。我们已经知道，带比例放大器的闭环控制系统本质上是一个有静差的系统，增大其放大系数，只能减小稳态速差，却永远不能消除它。现在我们将要看到，换成 PI 调节器以后，理论上完全能够消除稳态速差，实现无静差的调速系统。

一、积分调节器和积分控制规律

图 1－43 绘出了用线性集成电路运算放大器构成的积分调节器（简称I调节器）的原理图、

输出时间特性和伯德图。由虚地点 A 的假设可以很容易地推导出

$$U_{ex}=\frac{1}{C}\int i\mathrm{d}t=\frac{1}{R_0C}\int U_{in}\mathrm{d}t=\frac{1}{\tau}\int U_{in}\mathrm{d}t \tag{1-46}$$

式中　$\tau=R_0C$——积分时间常数。

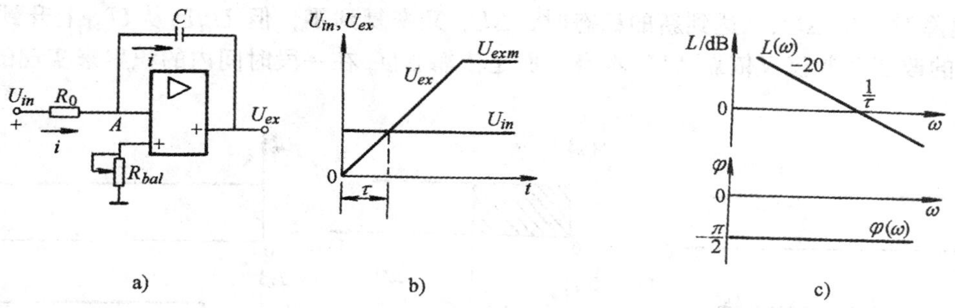

图 1－43　积分调节器

a）原理图　b）阶跃输入时的输出特性　c）伯德图

当 U_{ex}的初始值为零时，在阶跃输入作用下，对式（1－46）进行积分运算，得积分调节器的输出时间特性（图 1－43b）

$$U_{ex}=\frac{U_{in}}{\tau}t \tag{1-47}$$

而积分调节器的传递函数为

$$W_i(s)=\frac{U_{ex}(s)}{U_{in}(s)}=\frac{1}{\tau s} \tag{1-48}$$

其伯德图绘于图 1－43c。

在采用比例调节器的调速系统中，调节器的输出是晶闸管装置的控制电压 U_{ct}，且 $U_{ct}=K_p\Delta U_n$。只要电动机在运行，就必须有 U_{ct}，也就必须有调节器的输入偏差电压 ΔU_n，这是此类调速系统有静差的根本原因。有静差调速系统当负载转矩由 T_{L1}突增到 T_{L2}时 n、ΔU 和 U_{ct}的变化过程示于图 1－44。

如果采用积分调节器，则输出电压 U_{ct}是输入的积分，按照式（1－46），应有

$$U_{ct}=\frac{1}{\tau}\int\Delta U_n\mathrm{d}t$$

如果 ΔU_n 是阶跃函数，则 U_{ct}按线性增长，每一时刻 U_{ct}的大小和 ΔU_n 与横轴所包围的面积成正比，如图 1－45a 所示。如果 $\Delta U_n=f(t)$ 是象图 1－45b 所示的那样（当负载变化时的偏差电压即为此波形），同样按照 ΔU_n 与横轴所包面积成正比的关系可求出相应的 $U_{ct}=f(t)$ 曲线，图中 ΔU_n 的最大值对应于 $U_{ct}=f(t)$ 的拐点。以上都是 U_{ct}的初始值为零的情况，若初始值不是零，还应加上初始电压 U_{ct0}则积分式变成

$$U_{ct}=\frac{1}{\tau}\int_0^t\Delta U_n\mathrm{d}t+U_{ct0}$$

动态过程曲线也有相应的变化。

由图 1－45b 可见，在动态过程中，由于转速变化而使 ΔU_n变化时，只要其极性不变，也就是说，只要仍是 $U_n^*>U_n$，积分调节器输出电压 U_{ct}便一直增长；只有到达 $\Delta U_n=0$ 时，U_{ct}才停止上升；不到 ΔU_n 变负，U_{ct}不会下降。在这里，值得特别强调的是，当 $\Delta U_n=0$ 时，

U_{ct}并不是零，而是一个恒定的终值 U_{ctf}，这是积分控制和比例控制有明显区别的地方。正因为这样，积分控制可以使系统在偏差电压为零时保持恒速运行，从而得到无静差调速。无静差调速系统当负载突增时的动态过程曲线示于图 1-46。由图可见，在稳态运行时，偏差电压 ΔU_n 必为零，因为，若 $\Delta U_n \neq 0$，则 U_{ct}将继续变化，就不会稳定运行。在突加负载引起动态速降时产生 ΔU_n，达到新的稳态时，ΔU_n 又恢复到零，但 U_{ct}已从 U_{ct1}上升到 U_{ct2}，这里 U_{ct}的改变并非仅仅依靠 ΔU_n 本身，而是依靠 ΔU_n 在一段时间内的积累来实现的。

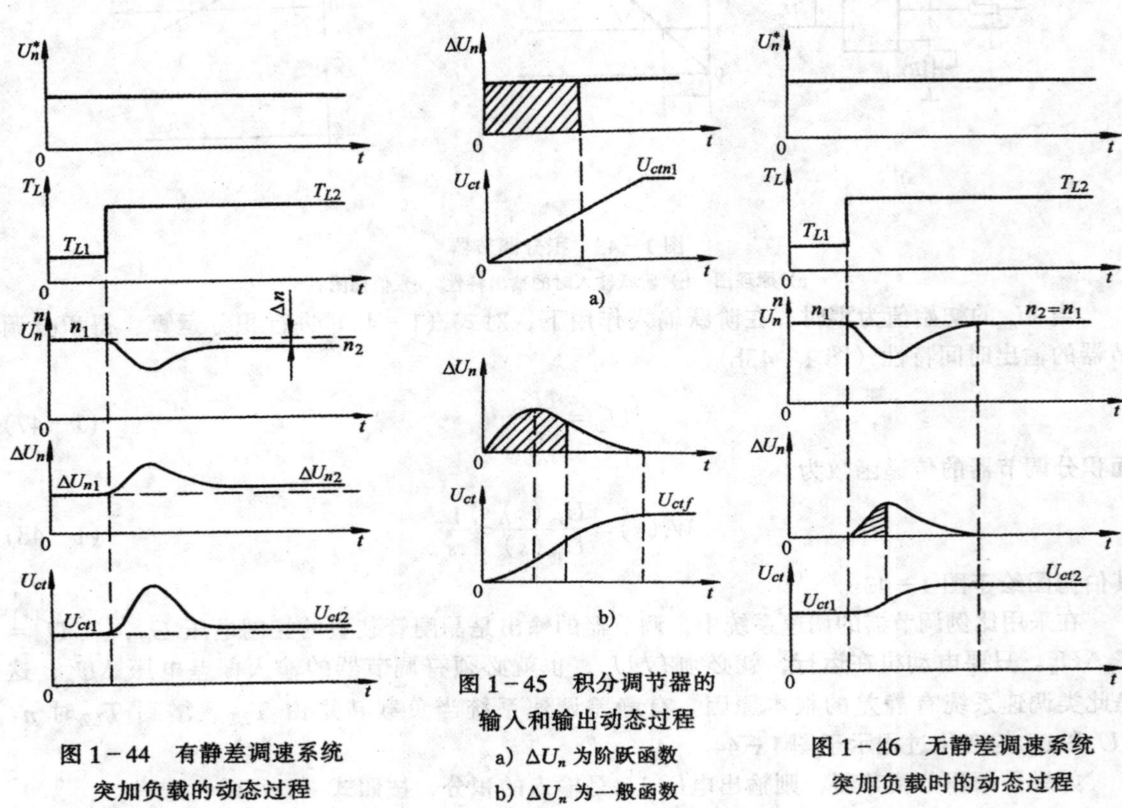

图 1-44 有静差调速系统突加负载的动态过程

图 1-45 积分调节器的输入和输出动态过程
a) ΔU_n 为阶跃函数
b) ΔU_n 为一般函数

图 1-46 无静差调速系统突加负载时的动态过程

将以上的分析归纳起来，可以得到下面的论断：比例调节器的输出只取决于输入偏差量的现状，而积分调节器的输出则包含了输入偏差量的全部历史，虽然现在 $\Delta U_n = 0$，只要历史上有过 ΔU_n，其积分有一定数值，就能产生足够的控制电压 U_{ct}，保证新的稳态运行。比例控制规律和积分控制规律的根本区别就在于此。

二、比例积分控制规律

上面为了分析无静差调速系统，突出说明了积分控制优于比例控制的地方，但是另一方面，在控制的快速性上，积分控制却又不如比例控制。譬如说，同样在阶跃输入作用之下，比例调节器输出可以立即响应，而积分调节器的输出却只能逐渐地变化（图 1-43b）。那么，如果既要稳态精度高，又要动态响应快，该怎么办呢？只要把两种控制规律结合起来就行了，这便是比例积分控制。

在§1-4 中已经分析过比例积分调节器及其作用，得到的结论是，它的输出是由比例和积分两个部分相加而成的。在图 1-37 上可以看出，突加输入信号时，由于电容 C_1 两端电压不能突变，相当于两端瞬时短路，在运算放大器反馈回路中只剩下电阻 R_1，相当于一个放大系数为 K_{pi} 的比例调节器，在输出端立即呈现电压 $K_{pi}U_{in}$，实现快速控制，发挥了比例控制的长处。此后，随着电容 C_1 被充电，输出电压 U_{ex} 开始积分，其数值不断增长，直到稳态。稳态时，C_1 两端电压等于 U_{ex}，R_1 已不起作用，又和积分调节器一样了，这时又能发挥积分控制的长处，实现稳态无静差。

由此可见，比例积分控制综合了比例控制和积分控制两种规律的优点，又克服了各自的缺点，扬长避短，互相补充。比例部分能迅速响应控制作用，积分部分则最终消除稳态偏差。

图 1－47 绘出了比例积分调节器的输入和输出动态过程。假设输入偏差电压 ΔU_n 的波形如图所示，则输出波形中比例部分①和 ΔU_n 成正比，积分部分②是 ΔU_n 的积分曲线（与图 1－45b 的曲线相同），PI 调节器输出电压 U_{ct} 是这两部分之和①＋②。可见，U_{ct} 既具有快速响应性能，又足以消除调速系统的静差。

作为控制器，比例积分调节器兼顾了快速响应和消除静差两方面的要求；作为校正装置，它又能提高系统的稳定性。正因为如此，PI 调节器在调速系统和其它控制系统中获得了广泛的应用。

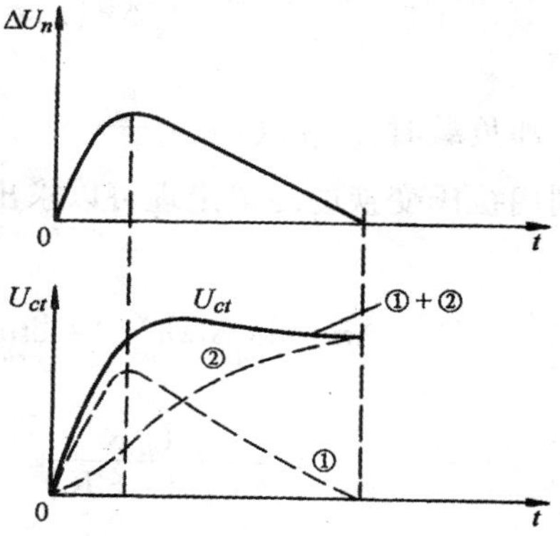

图 1－47　比例积分调节器的输入和输入动态过程

三、稳态抗扰误差分析

以上从原理上定性地分析了比例控制、积分控制和比例积分控制的规律，现在再用误差分析的方法定量地讨论有静差和无静差问题。

（一）比例控制时的稳态抗扰误差

采用比例调节器的闭环控制有静差调速系统的动态结构图示于图 1－48a。当 $U_n^*=0$ 时，只有扰动输入量 I_{dL}，这时的输出量即为负载扰动引起的转速偏差（即动态速降）Δn，可将动态结构图改画成图 1－48b 的形式。

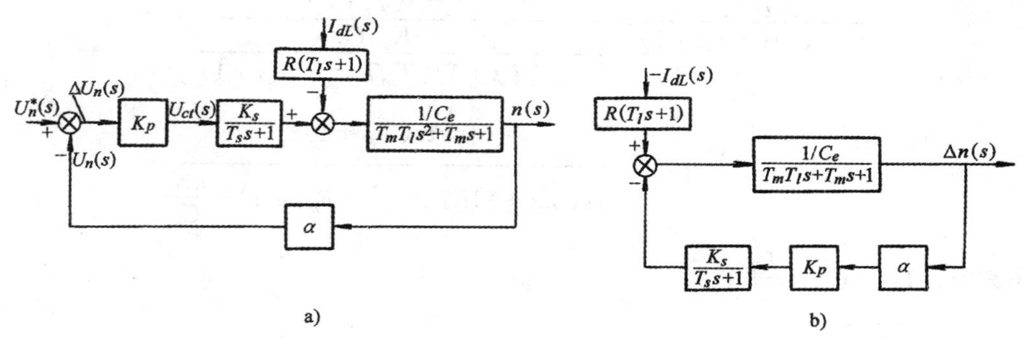

图 1－48　采用比例调节器的闭环有静差调速系统结构图

a）一般情况　b）$U_n^*=0$ 时

利用反馈连接等效变换法则，可得

$$\frac{\Delta n(s)}{-I_{dL}(s)R(T_l s+1)}=\frac{\dfrac{1/C_e}{T_m T_l s^2+T_m s+1}}{1+\dfrac{K}{(T_s s+1)(T_m T_l s^2+T_m s+1)}}=$$

$$\frac{\dfrac{1}{C_e}(T_s s+1)}{(T_s s+1)(T_m T_l s^2+T_m s+1)+K}$$

于是

$$\Delta n(s)=\frac{-I_{dL}(s)\dfrac{R}{C_e}(T_s s+1)(T_l s+1)}{(T_s s+1)(T_m T_l s^2+T_m s+1)+K}$$

突加负载时，$I_{dL}(s)=\dfrac{I_{dL}}{s}$

利用拉氏变换的终值定理可以求出负载扰动引起的稳态速差：

$$\Delta n=\lim_{s\to 0}s\Delta n(s)=\lim_{s\to 0}\frac{-\dfrac{I_{dL}R}{C_e}(T_s s+1)(T_l s+1)}{(T_s s+1)(T_m T_l s^2+T_m s+1)+K}$$

$$=-\frac{I_{dL}R}{C_e(1+K)}$$

这和静特性分析的结果是完全一致的。

（二）积分控制时的稳态抗扰误差

将比例调节器换成积分调节器，则图1-48b结构图变成图1-49所示。

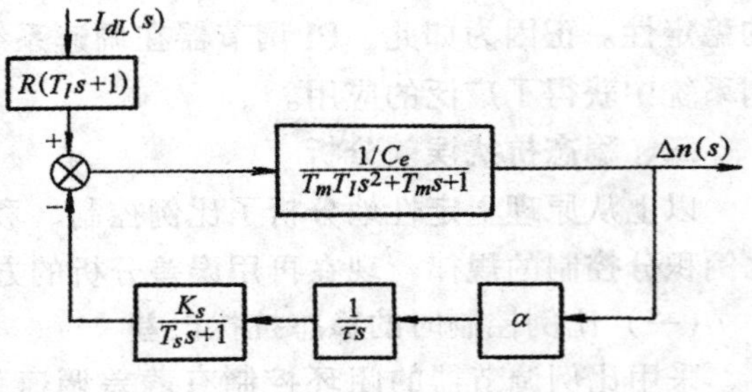

图1-49 采用积分调节器的闭环调速系统结构图（$U_n^*=0$）

同前，利用反馈连接等效变换法则，有

$$\frac{\Delta n(s)}{-I_{dL}(s)R(T_l s+1)}=\frac{\dfrac{1/C_e}{T_m T_l s^2+T_m s+1}}{1+\dfrac{\alpha K_s/C_e}{\tau s(T_s s+1)(T_m T_l s^2+T_m s+1)}}=$$

$$\frac{\dfrac{1}{C_e}\tau s(T_s s+1)}{\tau s(T_s s+1)(T_m T_l s^2+T_m s+1)+\dfrac{\alpha K_s}{C_e}}$$

突加负载时，$I_{dL}(s)=\dfrac{I_{dL}}{s}$

于是

$$\Delta n(s)=\frac{-\dfrac{I_{dL}R}{C_e}\cdot\tau(T_s s+1)(T_l s+1)}{\tau s(T_s s+1)(T_m T_l s^2+T_m s+1)+\dfrac{\alpha K_s}{C_e}}$$

负载扰动引起的稳态速差为

$$\Delta n \quad \lim_{s\to 0} s\Delta n(s)=\lim_{s\to 0}\frac{-\dfrac{I_{dL}R}{C_e}\tau s(T_s s+1)(T_l s+1)}{\tau s(T_s s+1)(T_m T_l s^2+T_m s+1)+\dfrac{\alpha K_s}{C_e}}=0$$

可见，积分控制的调速系统是无静差的。

（三）比例积分控制时的稳态抗扰误差

用比例积分调节器控制的闭环调速系统当 $U_n^*=0$ 时的动态结构图示于图 1－50。和前面的推导方法相同，在这里，

$$\Delta n(s)=\frac{-\dfrac{I_{dL}R}{C_e}\tau(T_s s+1)(T_l s+1)}{\tau s(T_s s+1)(T_m T_l s^2+T_m s+1)+\dfrac{\alpha K_s}{C_e}(K_{pi}\tau s+1)}$$

则稳态速差为

$$\Delta n=\lim_{s\to 0} s\Delta n(s)=\lim_{s\to 0}\frac{-\dfrac{I_{dL}R}{C_e}\tau s(T_s s+1)(T_l s+1)}{\tau s(T_s s+1)(T_m T_l s^2+T_m s+1)+\dfrac{\alpha K_s}{C_e}(K_{pi}\tau s+1)}=0$$

因此，比例积分控制的系统也是无静差调速系统。

（四）稳态抗扰误差与系统结构的关系

上述分析表明，就稳态抗扰性能来说，比例控制系统有静差，而积分控制和比例积分控制系统都没有静差。显然，只要调节器中有积分成份，系统就是无静差的。

再仔细考查一下上述三种情况的分析过程，并比较图 1－48、图 1－49 和图 1－50，不难证明，只要在控制系统的前向通道上在扰动作用点以前含有积分环节，这个扰动便不会引起稳态误差。这里所说的扰动，均指恒值扰动。

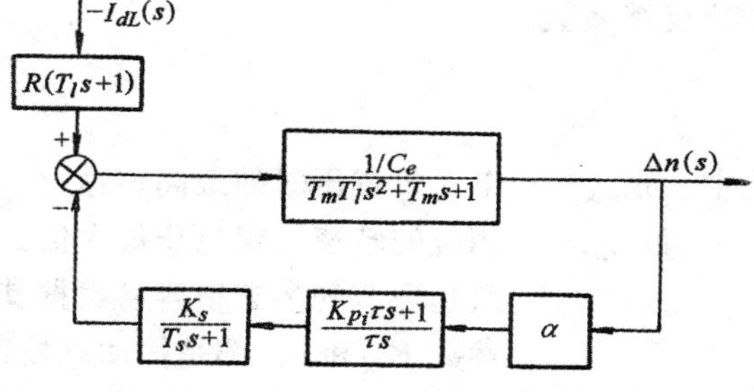

图 1－50　比例积分调节器控制的闭环调速系统结构图（$U_n^*=0$）

如果积分环节出现在扰动作用点以后，它对消除静差是无能为力的。因为这时积分环节所带来的因子 s 不会出现在 Δn（s）式的分子上，当取 $s\to 0$ 极限时，就不能使 Δn 变成零了。

四、无静差调速系统举例及稳态参数计算

图 1－51 是一个无静差调速系统的例子，其中采用比例积分调节器以实现无静差，并采用电流截止负反馈以限制动态过程的冲击电流。TA 为检测电流的交流互感器，经整流后得到电流反馈信号 U_i。当电流超过截止电流 I_{dcr} 时，U_i 高于稳压管 VST 的击穿电压，使晶体三极管 VT 导通，则 PI 调节器的输出电压 U_{ct} 接近于零，晶闸管整流器输出电压急剧下降，达到限制电流的目的。

当电动机电流低于其截止值时，上述系统的稳态结构图示于图 1－52，其中代表 PI 调节

器的方框中无法用放大系数表示，一般画出它的输出特性，以表明是比例积分作用。

上述无静差系统理想的静特性如图 1-53 所示。当 $I_d < I_{dcr}$ 时，系统无静差，静特性是不同转速的一族水平线。当 $I_d \geqslant I_{dcr}$ 时，电流截止负反馈起作用，静特性急剧下降。整个静特性呈方形。

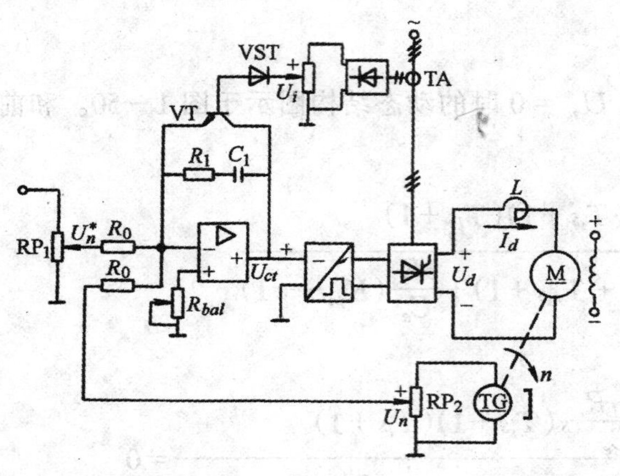

图 1-51　无静差调速系统举例

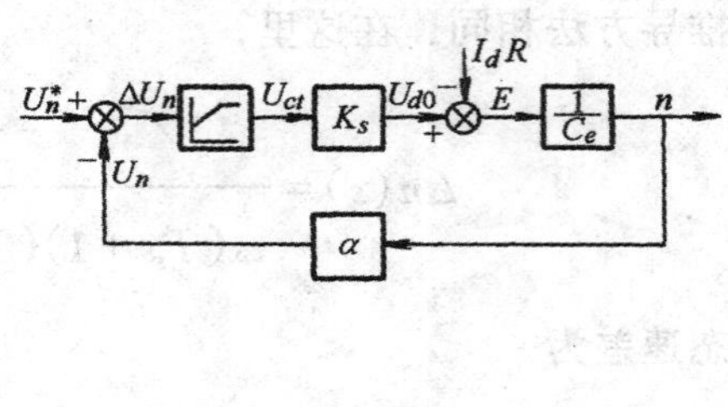

图 1-52　无静差调速系统稳态结构图（$I_d < I_{dcr}$）

由于系统无静差，象有静差调速系统那样根据稳态调速指标来计算参数是不可能的。由于稳态时 PI 调节器的输入电压 $\Delta U_n = 0$，给定电压与反馈电压相等，因此可以按下式计算转速反馈系数

$$\alpha = \frac{U_{n\max}^*}{n_{\max}} \tag{1-49}$$

式中　$n_{\max}$——电动机调压时的最高转速；

$U_{n\max}$——相应的转速给定电压最大值，根据运算放大器和稳压电源的情况选定。电流截止环节的参数很容易根据其电路和截止电流 I_{dcr} 值算出，至于 PI 调节器的参数 K_{pi} 和 τ，都是按动态校正的要求来计算的。

严格来说，“无静差”只是理论上的，因为积分或比例积分调节器在稳态时电容两端电压不变，相当于开路，运算放大器的放大系数理论上为无穷大，所以才能在输入电压 $\Delta U_n = 0$ 时，使输出电压 U_{ct} 成为任意所需值。实际上，这时的放大系数是运算放大器本身的开环放大系数，其数值虽大，还是有限的，因此仍存在着很小的 ΔU_n，也就是说，仍有很小的静差 Δn，只是在一般精度要求下可以忽略不计而已。有时为了避免运算放大器长期工作时的零点漂移，故意将其放大系数压低一些，在 R_1—C_1 两端再并接一个电阻 R'_1，其值一般为若干 MΩ，这样就形成近似的 PI 调节器，或称“准 PI 调节器”（图 1-54）。这时，调节器的稳态放大系数更低于无穷大，为

$$K'_p = \frac{R'_1}{R_0} \tag{1-50}$$

系统也只是一个近似的无静差调速系统。如果需要的话，可以利用 K'_p 来计算系统实际存在的静差率。

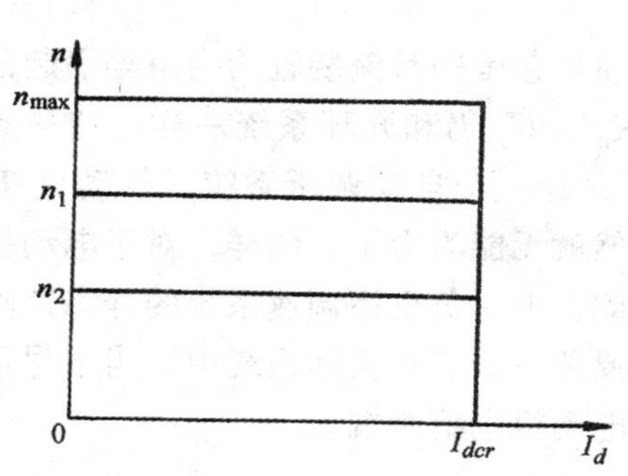

图 1-53　带电流截止环节的无静差调速系统的静特性

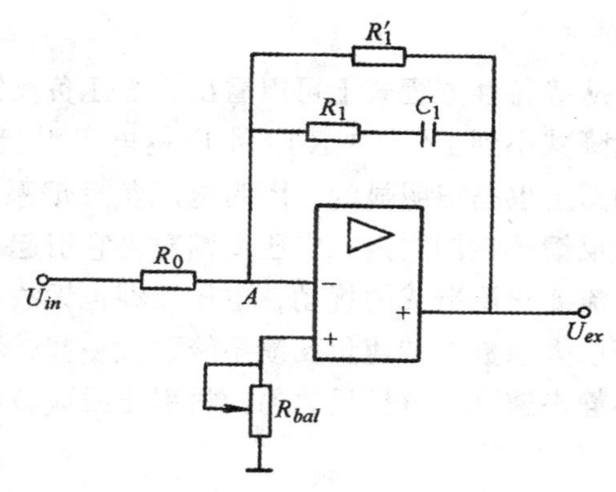

图 1-54　近似比例积分调节器

§1-6　电压反馈电流补偿控制的调速系统

被调量的负反馈是闭环控制系统的基本反馈形式，对调速系统来说，就是要用转速负反馈，再采用前面所述的控制与校正方法，以获得比较满意的静、动态性能。但是，要实现转速负反馈必须有转速检测装置，在模拟控制中就是用测速发电机。安装测速发电机时，必须使它的轴和主电动机的轴严格同心，使它们能平稳地同轴运转，比较麻烦，对于维护工作也增添不少负担。此外，测速反馈信号中含有各种交流纹波，还会给调试和运行带来麻烦。因此，人们自然会想到，对于调速指标要求不高的系统来说，能不能考虑省掉测速发电机而代之以其他更方便的反馈方式呢？电压反馈和电流补偿控制正是用来解决这个问题的。

一、电压负反馈调速系统

如果忽略电枢压降，则直流电动机的转速近似与电枢两端电压成正比，所以电压负反馈基本上能够代替转速负反馈的作用。采用电压负反馈的调速系统，其原理图如图 1-55 所示。在这里，作为反馈检测元件的只是一个起分压作用的电位器，当然比测速发电机要简单得多。电压反馈信号 $U_u=\gamma U_d$，γ 称作电压反馈系数。

图 1-56a 是电压负反馈调速系统的稳态结构图，它和图 1-16a 的转速负反馈系统结构图不同的地方仅在于负反馈信号的取出处。电压负反馈取自电枢端电压 U_d，为了在结构图上把 U_d 显示出来，须把电阻 R 分成两个部分，即

$$R=R_{rec}+R_a$$

式中　R_{rec}——晶闸管整流装置的内阻（含平波电抗器电阻）；

　　　R_a——电动机电枢电阻。

因而

$$U_{d0}-I_dR_{rec}=U_d$$

$$U_d-I_dR_a=E$$

这些关系都反映在结构图上面了。

利用结构图运算规则，可将图 1-56a 分解为 b、c、d 三个部分，先分别求出每部分的输入输出关系，再叠加起来，即得电压负反馈调速系统的静特性方程式

$$n=\frac{K_pK_sU_n^*}{C_e(1+K)}-\frac{R_{rec}I_d}{C_e(1+K)}-\frac{R_aI_d}{C_e}\tag{1-51}$$

式中
$$K = \gamma K_p K_s \tag{1-52}$$

从静特性方程式上可以看出，电压负反馈把被反馈环包围的整流装置的内阻等引起的静态速降减小到1/（1+K），由电枢电阻引起的速降 $R_a I_d / C_e$ 仍和开环系统一样。这一点在结构图上也是很明显的。因为电压负反馈系统实际上只是一个自动调压系统，扰动量 $I_d R_a$ 不在反馈环包围之内，电压反馈对由它引起的速降当然就无能为力了。同样，对于电动机励磁电流变化所造成的扰动，电压反馈也无法克服。因此，电压负反馈调速系统的静态速降比同等放大系数的转速负反馈系统要大一些，稳态性能要差一些。在实际系统中，为了尽可能减小静态速降，电压反馈的两根引出线应该尽量靠近电动机电枢两端。

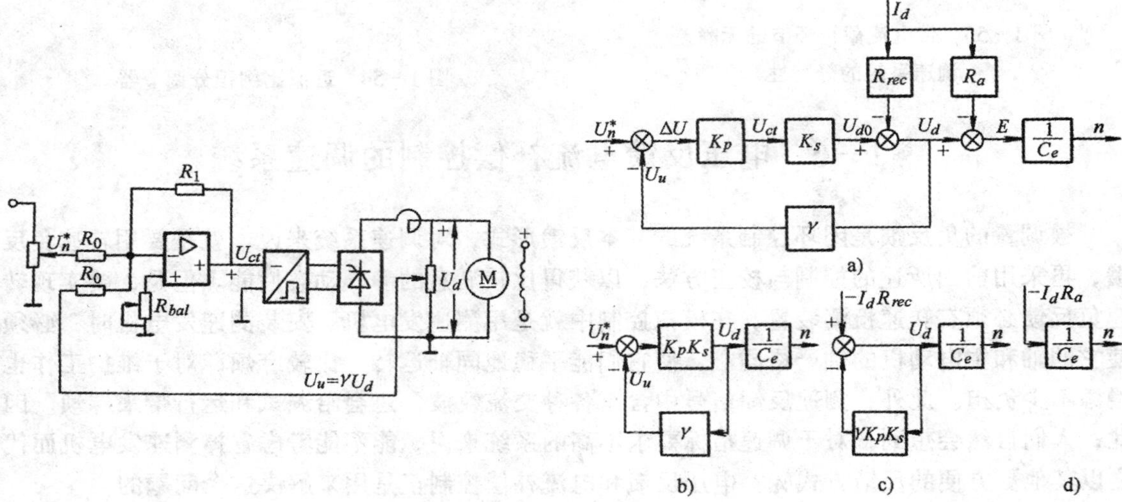

图1－55　电压负反馈调速系统原理图　　图1－56　电压负反馈调速系统稳态结构图

晶闸管整流器的输出电压中除了直流分量外，还含有交流分量。把交流分量引到运算放大器输入端，不仅不起正常的调节作用，反而会产生干扰，严重时会造成放大器局部饱和，从而破坏了它的正常工作。因此，电压反馈信号一般都应经过滤波，这一点在图1－55中并没有表示出来。

需要指出，在图1－55所示的系统中，反馈电压直接取自接在电动机电枢两端的电位器上，这种方式虽然简单，却把主电路的高电压和控制电路的低电压串在一起了，从安全角度上看是不合适的。对于小容量调速系统还可以将就，对于电压较高、电机容量较大的系统，通常应在反馈回路中加入电压隔离变换器[1,6]，使主电路和控制电路之间没有直接电的联系。

二、电流正反馈和补偿控制规律

仅采用电压负反馈的调速系统固然可以省去一台测速发电机，但是由于它不能弥补电枢压降所造成的转速降落，调速性能不如转速负反馈系统。在采用电压负反馈的基础上，再增加一些简单的措施，使系统能够接近转速反馈系统的性能是完全可以的，电流正反馈便是这样的一种措施。

图1－57是附加电流正反馈的电压负反馈调速系统原理图。图中电压负反馈系统部分与图1－55相同，在主电路中串入取样电阻 R_s，由 $I_d R_s$ 取电流正反馈信号。要注意串接 R_s 的位置

须使 I_dR_s 的极性与转速给定信号 U_n^* 的极性一致，而与电压反馈信号 $U_u=\gamma U_d$ 的极性相反。在运算放大器的输入端，转速给定和电压负反馈的输入回路电阻都是 R_0，电流正反馈输入回路的电阻是 R_2，以便获得适当的电流反馈系数 β，其定义为

$$\beta=\frac{R_0}{R_2}R_s \tag{1-53}$$

当负载增大使静态速降增加时，电流正反馈信号也增大，通过运算放大器使晶闸管整流装置控制电压随之增加，从而补偿了转速的降落。因此，电流正反馈的作用又称作电流补偿控制。具体的补偿作用有多少，由系统各环节的参数决定。

根据原理图可以绘出带电流正反馈的电压负反馈调速系统静态结构图，如图 1-58 所示。再利用结构图运算规则，可以直接写出系统的静特性方程式。

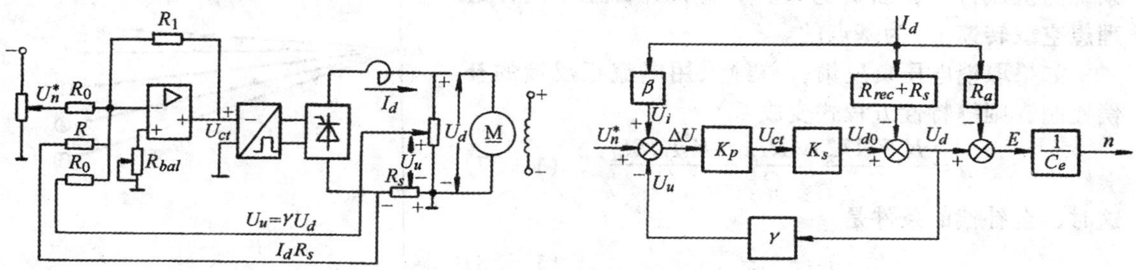

图 1-57　带电流正反馈的电压负反馈调速系统原理图

图 1-58　带电流正反馈的电压负反馈调速系统静态结构图

$$n=\frac{K_pK_sU_n^*}{C_e(1+K)}-\frac{(R_{rec}+R_s)I_d}{C_e(1+K)}+\frac{K_pK_s\beta I_d}{C_e(1+K)}-\frac{R_aI_d}{C_e} \tag{1-54}$$

式中　$K=\gamma K_pK_s$。

由式（1-54）可见，表示电流正反馈作用的一项$\frac{K_pK_s\beta I_d}{C_e(1+K)}$能够补偿另两项静态速降，当然就可以减少静差了。

这样看来，只要加大电流反馈系数β就能够减少静差，那么，把β加大到一定程度，岂不是可以做到无静差了吗？是不是电流正反馈控制比电压或转速负反馈控制都优越呢？实际未必！

首先应该指出，电流正反馈和电压负反馈（或转速负反馈）是性质完全不同的两种控制作用。电压（转速）负反馈属于被调量的负反馈，是§1-3 中提出的“反馈控制”，具有反馈控制规律，在采用比例放大器时总是有静差的。放大系数 K 值越大，则静差越小，但总还是“有”。电流正反馈在调速系统中的作用不是这样。从静特性方程式上看，它不是用 $(1+K)$ 去除 Δn 项以减小静差，而是用一个正项去抵消原系统中负的速降项。从这个特点上看，电流正反馈不属于“反馈控制”，而称做“补偿控制”。由于电流的大小反映了负载扰动，又叫做扰动量的补偿控制。

补偿控制的参数配合得恰到好处时，可使静差为零，叫做全补偿。由式（1-54）的静特性方程式可以求出全补偿的条件。令

$$n_0=\frac{K_pK_sU_n^*}{C_e(1+K)}$$

$$R=R_{rec}+R_s+R_a$$

代入式（1-54），并整理后可得

$$n=n_0-[R+KR_a-K_pK_s\beta]\frac{I_d}{C_e(1+K)} \tag{1-55}$$

因此全补偿的条件是

$$R+KR_a-K_pK_s\beta=0$$

或

$$\beta=\frac{R+KR_a}{K_pK_s}=\beta_{cr} \tag{1-56}$$

其中 β_{cr} 叫做全补偿的临界电流反馈系数。

如果 $\beta<\beta_{cr}$，则仍旧有一些静差，叫做欠补偿；如果 $\beta>\beta_{cr}$，则静特性上翘，叫做过补偿。不同补偿条件下的静特性绘于图 1－59 中，图中还绘出了电压负反馈系统的静特性和开环系统的机械特性，以资比较。所有特性都是以同样的理想空载转速 n_0 为基点的。

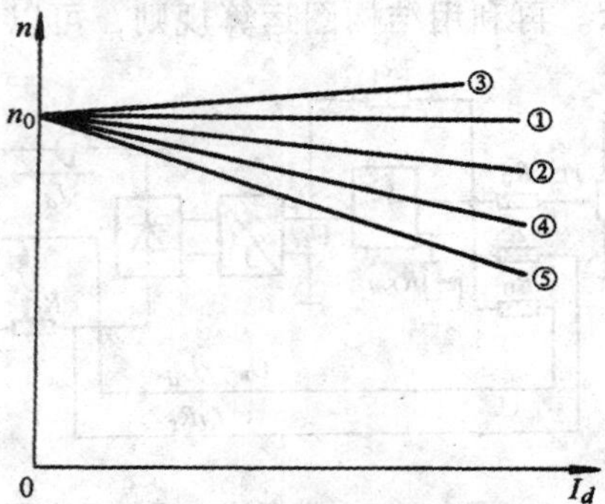

图 1－59　补偿控制和反馈控制的静特性
①电压负反馈加电流正反馈，全补偿
②同上，欠补偿　③同上，过补偿
④只有电压负反馈　⑤开环系统

如果取消电压负反馈，单纯采用电流正反馈的补偿控制，则静特性方程式变成

$$n=\frac{K_pK_sU_n^*}{C_e}-\frac{RI_d}{C_e}+\frac{K_pK_s\beta I_d}{C_e} \tag{1-57}$$

这时，全补偿的条件是

$$\beta=\frac{R}{K_pK_s} \tag{1-58}$$

可见，无论有没有其它负反馈，只用电流正反馈就足以把静差补偿到零。

反馈控制只能使静差尽量减小，补偿控制却能把静差完全消除，这似乎是补偿控制的优点。但是，反馈控制无论环境怎么变化都能可靠地减小静差，而补偿控制则完全依赖于参数的配合。当参数受温度等因素的影响而发生变化时，全补偿的条件就不可能永远保持不变了。再进一步看，反馈控制对一切包在负反馈环内前向通道上的扰动都起抑制作用，而补偿控制只是针对一种扰动而言的。电流正反馈只能补偿负载扰动，对于电网电压波动那样的扰动，它所起的反而是坏作用。因此全面地看，补偿控制是不及反馈控制的。

在实际调速系统中，很少单独使用电流正反馈补偿控制，只是在电压（或转速）负反馈系统的基础上，加上电流正反馈的补偿作用，作为进一步减少静态速降的补充措施。此外，决不会用到全补偿这种临界状态，因为如果参数变化，偏到过补偿的情况，不仅静特性上翘，还会出现动态不稳定（详见下一小节）。

有一种特殊的欠补偿状态。当参数配合适当，使电流正反馈作用恰好抵消掉电枢电阻产生的一部分速降，即

$$K_pK_s\beta=KR_a \tag{1-59}$$

时，则式（1－55）变成

$$n=\frac{K_pK_sU_n^*}{C_e(1+K)}-\frac{RI_d}{C_e(1+K)} \tag{1-60}$$

带电流补偿控制的电压负反馈系统静特性方程和转速负反馈系统的静特性方程〔式（1－17)〕就完全一样了。这时的电压负反馈加电流正反馈与转速负反馈完全相当。一般把这样的电压负反馈加电流正反馈叫做电动势负反馈。但是，这只是参数的一种巧妙的配合，系统的本质并未改变。虽然可以认为电动势是正比于转速的，但是这样的“电动势负反馈”调速系统决不是真正的转速负反馈调速系统。

三、电流补偿控制调速系统的数学模型和稳定条件

单纯从静态上看，电流正反馈代表了对负载扰动的补偿控制，这一点在前一小节中已经充分说明了。但是从动态上看，电流（代表转矩）包含了动态电流和负载电流两部分，电流正反馈就不纯粹是负载扰动的补偿作用了。那么，电流正反馈究竟在动态中起什么作用，必须分析系统的动态数学模型才能说明这个问题。

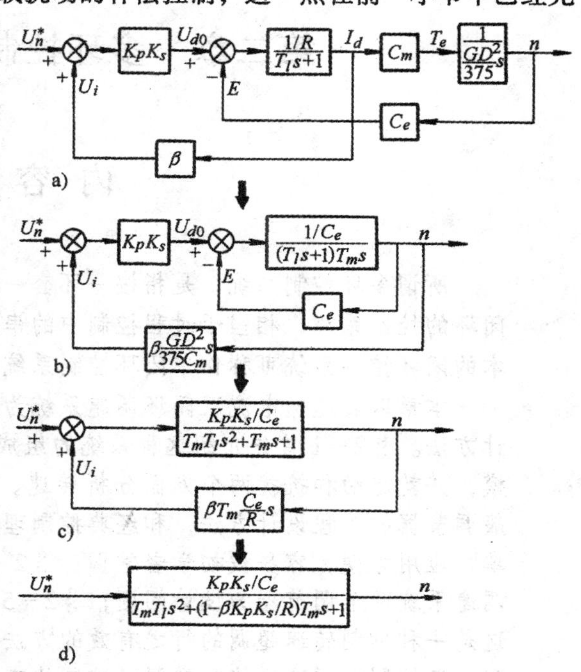

图 1－60　只有电流正反馈的 V－M 系统动态结构图及其等效变换

假定条件：①忽略 T_s　②$T_L=0$

为了突出主要矛盾，先分析一下只有电流正反馈的调速系统。图 1－60a 是只有电流正反馈的 V－M 系统的动态结构图，图中忽略了晶闸管整流器的滞后时间常数 T_s（考虑 T_s 时，只是多了一个极点 $-1/T_s$，推导麻烦些，并不影响下面的结论），并认为 $T_L=0$。

将图 1－60a 中电流反馈的引出点移到外边转速 n 处，化简后得图 1－60b；把图中小闭环等效变换成一个环节并与前面的环节 K_pK_s 合并，得图 1－60c；再利用反馈连接的等效变换，最后得到图 1－60d，方框内即为整个系统的闭环传递函数

$$W_{cl}(s)=\frac{K_pK_s/C_e}{T_mT_ls^2+(1-\beta K_pK_s/R)T_ms+1} \tag{1-61}$$

显然，

$$1-\beta K_pK_s/R=0$$

或

$$\beta K_pK_s=R \tag{1-62}$$

是该系统的临界稳定条件。比较式（1－62）和式（1－58），不难看出，只有电流正反馈的调速系统的临界稳定条件正是其静特性的全补偿条件。如果过补偿，系统便不稳定了。

对于带电压负反馈和电流正反馈的调速系统也可以得出临界稳定条件就是全补偿条件这个同样的结论，只不过推导过程麻烦一些罢了。总之，电流正反馈可以用来补偿一部分静差，提高调速系统的稳态性能。但是，不能指望靠电流正反馈实现无静差，因为这时系统已经达到稳定的边缘了。

第二章　多环控制的直流调速系统

内 容 提 要

所谓多环控制系统，是指按一环套一环的嵌套结构组成的具有两个或两个以上闭环的控制系统，相当于过程控制中的串级控制系统。与此对应，第一章所述的基本的闭环控制系统可称作单闭环控制系统。

本章以转速、电流双闭环调速系统为重点阐明多环控制的特点、控制规律和设计方法。§2－1首先介绍这种系统的组成及其静特性；§2－2阐述它的动态数学模，并就起动和抗扰两个方面分析转速、电流两个调节器的作用；§2－3介绍一般调节器的工程设计方法，和经典控制理论的动态校正方法相比，这种方法计算简单，应用方便，容易被初学者掌握；§2－4应用上述的工程设计方法解决双闭环调速系统两个调节器的设计问题；§2－5专门介绍转速微分负反馈环节及其作用，这是一种抑制转速超调的行之有效的方法。§2－6和§2－7将多环控制规律推广到三环控制的调速系统和带弱磁控制的直流调速系统。

§2－1　转速、电流双闭环调速系统及其静特性

一、问题的提出

第一章中已经表明，采用转速负反馈和PI调节器的单闭环调速系统可以在保证系统稳定的条件下实现转速无静差。如果对系统的动态性能要求较高，例如要求快速起制动、突加负载动态速降小等等，单闭环系统就难以满足需要。这主要是因为在单闭环系统中不能完全按照需要来控制动态过程的电流或转矩。

在单闭环调速系统中，只有电流截止负反馈环节是专门用来控制电流的，但它只是在超过临界电流 I_{dcr} 值以后，靠强烈的负反馈作用限制电流的冲击，并不能很理想地控制电流的动态波形。带电流截止负反馈的单闭环调速系统起动时的电流和转速波形如图2－1a所示。当

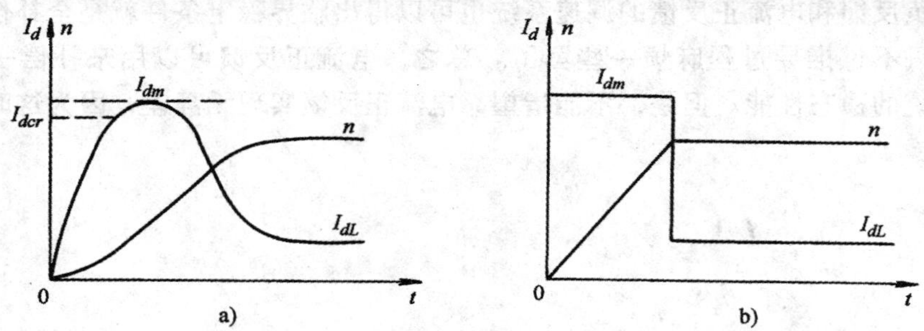

图2－1　调速系统起动过程的电流和转速波形

a）带电流截止负反馈的单闭环调速系统起动过程　b）理想快速起动过程

电流从最大值降低下来以后，电机转矩也随之减小，因而加速过程必然拖长。

对于象龙门刨床、可逆轧钢机那样的经常正反转运行的调速系统，尽量缩短起制动过程的时间是提高生产率的重要因素。为此，在电机最大电流（转矩）受限的条件下，希望充分利用电机的允许过载能力，最好是在过渡过程中始终保持电流（转矩）为允许的最大值，使电力拖动系统尽可能用最大的加速度起动，到达稳态转速后，又让电流立即降低下来，使转矩马上与负载相平衡，从而转入稳态运行。这样的理想起动过程波形示于图 2－1b，这时，起动电流呈方形波，而转速是线性增长的。这是在最大电流（转矩）受限制的条件下调速系统所能得到的最快的起动过程。

实际上，由于主电路电感的作用，电流不能突跳，图 2－1b 所示的理想波形只能得到近似的逼近，不能完全实现。为了实现在允许条件下最快起动，关键是要获得一段使电流保持为最大值 I_{dm} 的恒流过程，按照反馈控制规律，采用某个物理量的负反馈就可以保持该量基本不变，那么采用电流负反馈就应该能得到近似的恒流过程。问题是希望在起动过程中只有电流负反馈，而不能让它和转速负反馈同时加到一个调节器的输入端，到达稳态转速后，又希望只要转速负反馈,不再靠电流负反馈发挥主要的作用。怎样才能做到这种既存在转速和电流两种负反馈作用,又使它们只能分别在不同的阶段起作用呢？双闭环调速系统正是用来解决这个问题的。

二、转速、电流双闭环调速系统的组成

为了实现转速和电流两种负反馈分别起作用，在系统中设置了两个调节器，分别调节转速和电流，二者之间实行串级联接，如图 2－2 所示。这就是说，把转速调节器的输出当作电流调节器的输入，再用电流调节器的输出去控制晶闸管整流器的触发装置。从闭环结构上看，电流调节环在里面，叫做内环；转速调节环在外边，叫做外环。这样就形成了转速、电流双闭环调速系统。

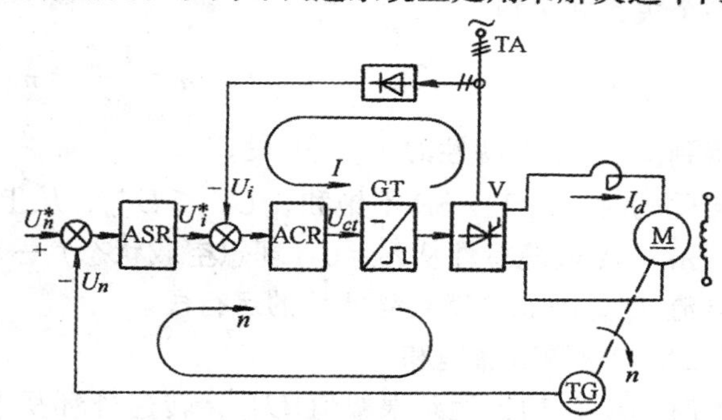

图 2－2　转速、电流双闭环调速系统
ASR—转速调节器　ACR—电流调节器　TG—测速发电机
TA—电流互感器　GT—触发装置　U_n^*、U_n—转速给定电压和转速反馈电压　U_i^*、U_i—电流给定电压和电流反馈电压

为了获得良好的静、动态性能，双闭环调速系统的两个调节器一般都采用 PI 调节器，其原理图示于图 2－3。在图上标出了两个调节器输入输出电压的实际极性，它们是按照触发装置 GT 的控制电压 U_{ct} 为正电压的情况标出的，并考虑到运算放大器的倒相作用。图中还表示出，

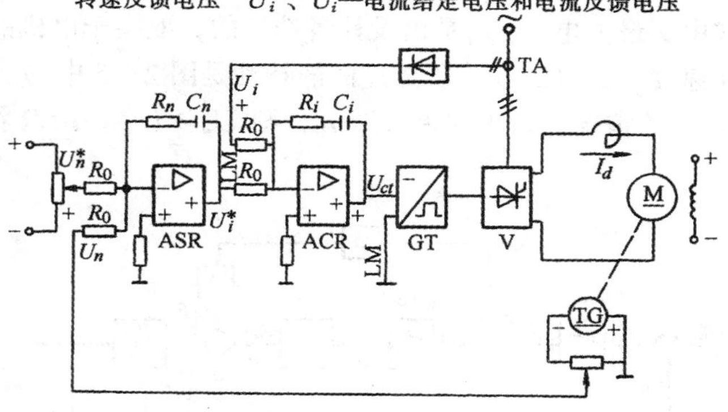

图 2－3　双闭环调速系统电路原理图 表示限幅作用

两个调节器的输出都是带限幅的，转速调节器 ASR 的输出限幅（饱和）电压是 U_{im}^*，它决定了电流调节器给定电压的最大值；电流调节器 ACR 的输出限幅电压是 U_{ctm}，它限制了晶闸管整流器输出电压的最大值。

三、稳态结构图和静特性

为了分析双闭环调速系统的静特性，必须先绘出它的稳态结构图，如图 2－4。它可以很方便地根据图 2－3 的原理图画出来，只要注意用带限幅的输出特性表示 PI 调节器就可以了。分析静特性的关键是掌握这样的 PI 调节器的稳态特征。一般存在两种状况：饱和——输出达到限幅值；不饱和——输出未达到限幅值。当调节器饱和时，输出为恒值，输入量的变化不再影响输出，除非有反向的输入信号使调节器退出饱和；换句话说，饱和的调节器暂时隔断了输入和输出间的联系，相当于使该调节环开环。当调节器不饱和时，正如§1－5中所阐明的那样，PI 作用使输入偏差电压 ΔU 在稳态时总是零。

实际上，在正常运行时，电流调节器是不会达到饱和状态的。因此，对于静特性来说，只有转速调节器饱和与不饱和两种情况。

（一）转速调节器不饱和

这时，两个调节器都不饱和，稳态时，它们的输入偏差电压都是零。因此

$$U_n^* = U_n = \alpha n$$

和

$$U_i^* = U_i = \beta I_d$$

由第一个关系式可得

$$n = \frac{U_n^*}{\alpha} = n_0 \qquad (2-1)$$

从而得到图 2－5 静特性的 $n_0 - A$ 段。

与此同时，由于 ASR 不饱和，$U_i^* < U_{im}^*$，从上述第二个关系式可知：$I_d < I_{dm}$。这就是说，$n_0 - A$ 段静特性从 $I_d = 0$（理想空载状态）一直延续到 $I_d = I_{dm}$，而 I_{dm} 一般都是大于额定电流 I_{dnom} 的。这就是静特性的运行段。

（二）转速调节器饱和

这时，ASR 输出达到限幅值 U_{im}^*，转速外环呈开环状态，转速的变化对系统不再产生影响。双闭环系统变成一个电流无静差的单闭环系统。稳态时

$$I_d = \frac{U_{im}^*}{\beta} = I_{dm} \qquad (2-2)$$

式中，最大电流 I_{dm} 是由设计者选定的，取决于电机的容许过载能力和拖动系统允许的最大加速度。式（2－2）所描述的静特性是图 2－5 中的 $A - B$ 段。这样的下垂特性只适合于 $n < n_0$ 的情况。因为如果 $n \geqslant n_0$，则 $U_n \geqslant U_n^*$，ASR 将退出饱和状态。

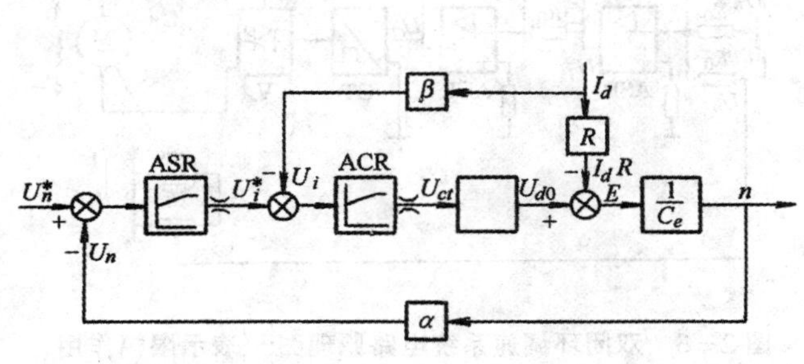

图 2－4 双闭环调速系统稳态结构图

α—转速反馈系数 β—电流反馈系数

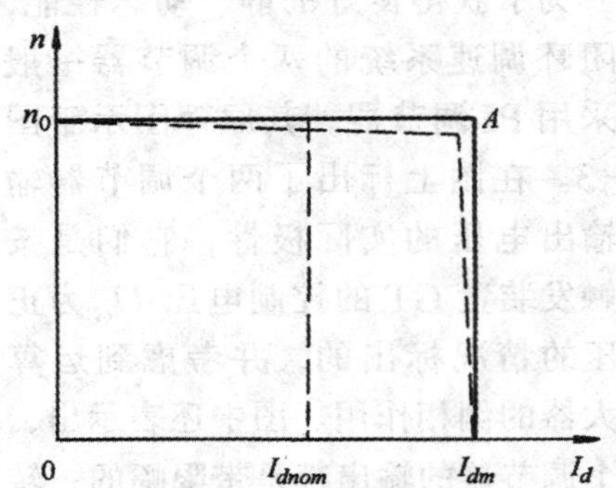

图 2－5 双闭环调速系统的静特性

双闭环调速系统的静特性在负载电流小于I_{dm}时表现为转速无静差，这时，转速负反馈起主要调节作用。当负载电流达到I_{dm}后，转速调节器饱和，电流调节器起主要调节作用，系统表现为电流无静差，得到过电流的自动保护。这就是采用了两个PI调节器分别形成内、外两个闭环的效果。这样的静特性显然比带电流截止负反馈的单闭环系统静特性好。然而实际上运算放大器的开环放大系数并不是无穷大、特别是为了避免零点飘移而采用图1-54那样的“准PI调节器”时，静特性的两段实际上都略有很小的静差，如图2-5中虚线所示。

四、各变量的稳态工作点和稳态参数计算

由图2-4可以看出，双闭环调速系统在稳态工作中，当两个调节器都不饱和时，各变量之间有下列关系

$$U_n^* = U_n = \alpha n = \alpha n_0 \tag{2-3}$$

$$U_i^* = U_i = \beta I_d = \beta I_{dL} \tag{2-4}$$

$$U_{ct} = \frac{U_{d0}}{K_s} = \frac{C_e n + I_d R}{K_s} = \frac{C_e U_n^* / \alpha + I_{dL} R}{K_s} \tag{2-5}$$

上述关系表明，在稳态工作点上，转速n是由给定电压U_n^*决定的，ASR的输出量U_i^*是由负载电流I_{dL}决定的，而控制电压U_{ct}的大小则同时取决于n和I_d，或者说，同时取决于U_n^*和I_{dL}。这些关系反映了PI调节器不同于P调节器的特点。比例环节的输出量总是正比于其输入量，而PI调节器则不然，其输出量的稳态值与输入无关，而是由它后面环节的需要决定的。后面需要PI调节器提供多么大的输出值，它就能提供多少，直到饱和为止。

鉴于这一特点，双闭环调速系统的稳态参数计算与单闭环有静差系统完全不同，而是和无静差系统的稳态计算相似，即根据各调节器的给定与反馈值计算有关的反馈系数：

转速反馈系数
$$\alpha = \frac{U_{nm}^*}{n_{\max}} \tag{2-6}$$

电流反馈系数
$$\beta = \frac{U_{im}^*}{I_{dm}} \tag{2-7}$$

两个给定电压的最大值U_{nm}^*和U_{im}^*是受运算放大器的允许输入电压限制的。

§2-2 双闭环调速系统的动态性能

一、动态数学模型

在单闭环调速系统动态数学模型(图1-34)的基础上，考虑双闭环控制的结构(图2-3)，即可绘出双闭环调速系统的动态结构图，如图2-6所示。图中$W_{ASR}(s)$和$W_{ACR}(s)$分别表

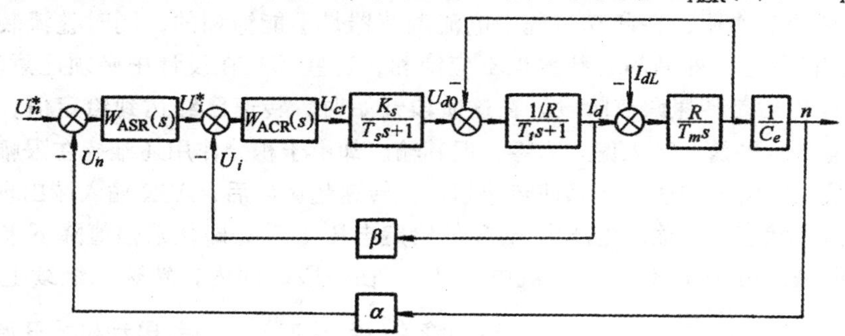

图2-6 双闭环调速系统的动态结构图

示转速和电流调节器的传递函数。为了引出电流反馈，电动机的动态结构图中必须把电枢电流 I_d 显露出来。

二、起动过程分析

前面已经指出，设置双闭环控制的一个重要目的就是要获得接近于理想的起动过程（图 2-1b），因此在分析双闭环调速系统的动态性能时，有必要首先探讨它的起动过程。双闭环调速系统突加给定电压 U_n^* 由静止状态起动时，转速和电流的过渡过程示于图 2-7。由于在起动过程中转速调节器 ASR 经历了不饱和、饱和、退饱和三个阶段，整个过渡过程也就分成三段，在图中分别标以Ⅰ、Ⅱ和Ⅲ。

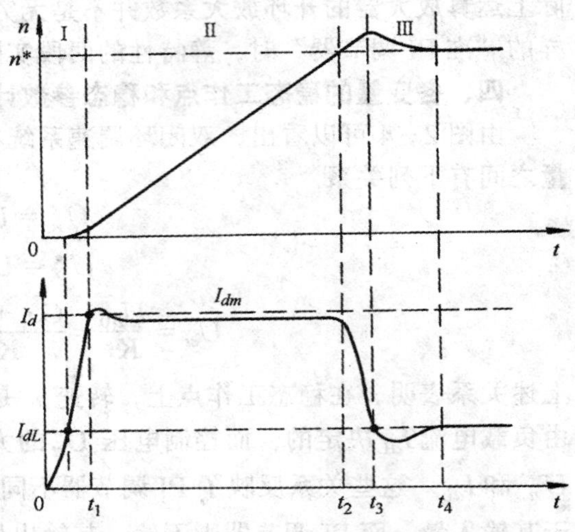

图 2-7　双闭环调速系统起动时的转速和电流波形

第Ⅰ阶段 $0\sim t_1$ 是电流上升的阶段。突加给定电压 U_n^* 后，通过两个调节器的控制作用，使 U_{ct}、U_{d0}、I_d 都上升，当 $I_d \geqslant I_{dL}$ 后，电动机开始转动。由于机电惯性的作用，转速的增长不会很快，因而转速调节器 ASR 的输入偏差电压 $\Delta U_n = U_n^* - U_n$ 数值较大，其输出很快达到限幅值 U_{im}^*，强迫电流 I_d 迅速上升。当 $I_d \approx I_{dm}$ 时，$U_i \approx U_{im}^*$，电流调节器的作用使 I_d 不再迅猛增长，标志着这一阶段的结束。在这一阶段中，ASR 由不饱和很快达到饱和，而 ACR 一般应该不饱和，以保证电流环的调节作用。

第Ⅱ阶段 $t_1\sim t_2$ 是恒流升速阶段。从电流升到最大值 I_{dm} 开始，到转速升到给定值 n^*（即静特性上的 n_0）为止，属于恒流升速阶段，是起动过程中的主要阶段。在这个阶段中，ASR 一直是饱和的，转速环相当于开环状态，系统表现为在恒值电流给定 U_{im}^* 作用下的电流调节系统，基本上保持电流 I_d 恒定（电流可能超调，也可能不超调，取决于电流调节器的结构和参数），因而拖动系统的加速度恒定，转速呈线性增长（图 2-7）。与此同时，电动机的反电动势 E 也按线性增长。对电流调节系统来说，这个反电动势是一个线性渐增的扰动量（图 2-6），为了克服这个扰动，U_{d0} 和 U_{ct} 也必须基本上按线性增长，才能保持 I_d 恒定。由于电流调节器 ACR 是 PI 调节器，要使它的输出量按线性增长，其输入偏差电压 $\Delta U_i = U_{im}^* - U_i$ 必须维持一定的恒值，也就是说，I_d 应略低于 I_{dm}。此外还应指出，为了保证电流环的这种调节作用，在起动过程中电流调节器是不能饱和的，同时整流装置的最大电压 U_{d0m} 也须留有余地，即晶闸管装置也不应饱和，这些都是在设计中必须注意的。

第Ⅲ阶段 t_2 以后是转速调节阶段。在这阶段开始时，转速已经达到给定值，转速调节器的给定与反馈电压相平衡，输入偏差为零，但其输出却由于积分作用还维持在限幅值 U_{im}^*，所以电动机仍在最大电流下加速，必然使转速超调。转速超调以后，ASR 输入端出现负的偏差电压，使它退出饱和状态，其输出电压即 ACR 的给定电压 U_i^* 立即从限幅值降下来，主电流 I_d 也因而下降。但是，由于 I_d 仍大于负载电流 I_{dL}，在一段时间内，转速仍继续上升。到 $I_d = I_{dL}$ 时，转矩 $T_e = T_L$，则 $\frac{\mathrm{d}n}{\mathrm{d}t}=0$，转速 n 达到峰值（$t = t_3$ 时）。此后，电动机才开始在负载的阻力下减速，与此相应，电流 I_d 也出现一段小于 I_{dL} 的过程，直到稳定（设调节器参数已调整好）。在这最后的转速调节阶段内，ASR 与 ACR 都不饱和，同时起调节作用。由于转速调节在外环，ASR 处于主导地位，而 ACR 的作用则是力图使 I_d 尽快地跟随 ASR 的输出量 U_i^*，或者说，电流内环是一个电流随动子系统。

综上所述，双闭环调速系统的起动过程有三个特点：

（一）饱和非线性控制

随着 ASR 的饱和与不饱和，整个系统处于完全不同的两种状态。当 ASR 饱和时，转速环开环，系统表现为恒值电流调节的单闭环系统；当 ASR 不饱和时，转速环闭环，整个系统是一个无静差调速系统，而电流内环则表现为电流随动系统。在不同情况下表现为不同结构的线性系统，这就是饱和非线性控制的特征。决不能简单地应用线性控制理论来分析和设计这样的系统，可以采用分段线性化的方法来处理。分析过渡过程时，还必须注意初始状态，前一阶段的终了状态就是后一阶段的初始状态。如果初始状态不同，即使控制系统的结构和参数都不变，过渡过程还是不一样的。

（二）准时间最优控制

起动过程中主要的阶段是第Ⅱ阶段，即恒流升速阶段，它的特征是电流保持恒定，一般选择为允许的最大值，以便充分发挥电机的过载能力，使起动过程尽可能最快。这个阶段属于电流受限制条件下的最短时间控制，或称“时间最优控制”。但整个起动过程与图 2－1b 的理想快速起动过程相比还有一些差距，主要表现在第Ⅰ、Ⅲ两段电流不是突变。不过这两段的时间只占全部起动时间中很小的成份，已无伤大局，所以双闭环调速系统的起动过程可以称为“准时间最优控制”过程。如果一定要追求严格最优控制，控制结构要复杂得多，所取得的效果则有限，并不值得。

采用饱和非线性控制方法实现准时间最优控制是一种很有实用价值的控制策略，在各种多环控制系统中普遍地得到应用。

（三）转速超调

由于采用了饱和非线性控制，起动过程结束进入第Ⅲ段即转速调节阶段后，必须使转速调节器退出饱和状态。按照 PI 调节器的特性，只有使转速超调，ASR 的输入偏差电压 ΔU_n 为负值，才能使 ASR 退出饱和。这就是说，采用 PI 调节器的双闭环调速系统的转速动态响应必然有超调。在一般情况下，转速略有超调对实际运行影响不大。如果工艺上不允许超调，就必须采取另外的控制措施（详见§2－5）。

最后，应该指出，晶闸管整流器的输出电流是单方向的，不可能在制动时产生负的回馈制动转矩。因此，不可逆的双闭环调速系统虽然有很快的起动过程，但在制动时，当电流下降到零以后，就只好自由停车。如果必须加快制动，只能采用电阻能耗制动或电磁抱闸。同样，减速时也有这种情况。类似的问题还可能在空载起动时出现。这时，在起动的第Ⅲ阶段内，电流很快下降到零而不可能变负，于是造成断续的动态电流（见图 2－8），从而加剧了转速的振荡，使过渡过程拖长，这是又一种非线性因素造成的。

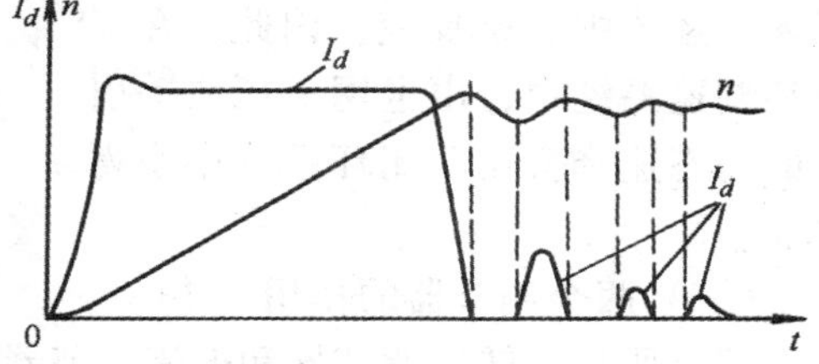

图 2－8　双闭环调速系统空载起动的断续电流波形

三、动态性能和两个调节器的作用

一般来说，双闭环调速系统具有比较满意的动态性能。

（一）动态跟随性能

如上所述，双闭环调速系统在起动和升速过程中，能够在电流受电机过载能力约束的条件下，表现出很快的动态跟随性能。在减速过程中，由于主电路电流的不可逆性，跟随性能变差。对于电流内环来说，在设计调节器时应强调有良好的跟随性能。

（二）动态抗扰性能

1. 抗负载扰动

由图 2-6 动态结构图中可以看出，负载扰动作用在电流环之后，只能靠转速调节器来产生抗扰作用。因此，在突加（减）负载时，必然会引起动态速降（升）。为了减少动态速降（升），必须在设计 ASR 时，要求系统具有较好的抗扰性能指标。对于 ACR 的设计来说，只要电流环具有良好的跟随性能就可以了。

2. 抗电网电压扰动

电网电压扰动和负载扰动在系统动态结构图中作用的位置不同，系统对它的动态抗扰效果也不一样。例如图 2-9a 的单闭环调速系统中，电网电压扰动 ΔU_d 和负载电流扰动 I_{dL} 都作用在被负反馈环包围的前向通道上，仅就静特性而言，系统对它们的抗扰效果是一样的。但是从动态性能上看，由于扰动作用的位置不同，还存在着及时调节上的差别。负载扰动 I_{dL} 作用在被调量 n 的前面，它的变化经积分后就可被转速检测出来，从而在调节器 ASR 上得到反映。电网电压扰动的作用点则离被调量更远，它的波动先要受到电磁惯性的阻挠后影响到电枢电流，再经过机电惯性的滞后才能反映到转速上来，等到转速反馈产生调节作用，已经嫌晚。在双闭环调速系统中，由于增设了电流内环（图 2-9b)，这个问题便大有好转。由于电网电压扰动被包围在电流环之内，当电压波动时，可以通过电流反馈得到及时的调节，不必等到影响到转速后才在系统中有所反应。因此，在双闭环调速系统中，由电网电压波动引起的动态速降会比单闭环系统中小得多。

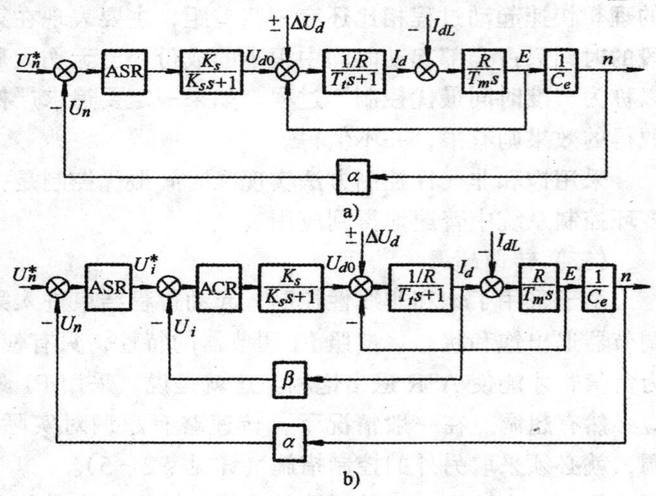

图 2-9 调速系统的动态抗扰作用

a）单闭环调速系统 b）双闭环调速系统

ΔU_d—电网电压波动在整流电压上的反映

（三）两个调节器的作用

综上所述，转速调节器和电流调节器在双闭环调速系统中的作用可以归纳如下：

1. 转速调节器的作用

（1）使转速 n 跟随给定电压 U_m^* 变化，稳态无静差。

（2）对负载变化起抗扰作用。

(3) 其输出限幅值决定允许的最大电流。

2. 电流调节器的作用

(1) 对电网电压波动起及时抗扰作用。

(2) 起动时保证获得允许的最大电流。

(3) 在转速调节过程中，使电流跟随其给定电压 U_i^* 变化。

(4) 当电机过载甚至于堵转时，限制电枢电流的最大值，从而起到快速的安全保护作用。如果故障消失，系统能够自动恢复正常。

四、调节器的设计问题

在转速、电流双闭环调速系统的设计中，电动机、晶闸管整流器及其触发装置都可按负载的工艺要求来选择和设计，转速和电流反馈系数可以通过稳态参数计算得到，所剩下的转速和电流调节器的结构与参数则应在满足稳态精度的前提下，按照动态校正的方法确定。

和前章所述的单闭环调速系统动态校正一样，每个控制环的调节器都可藉助伯德图按串联校正的方法设计。问题是，转速和电流两个控制环套在一起，应该如何解决？对于这样的多环控制系统，一般的方法是：先设计内环，后设计外环。也就是说，先设计好内环的调节器，然后把整个内环当作外环中的一个环节，再设计外环的调节器，如此一环一环地逐步向外扩展，把所有调节器都设计出来。具体对双闭环调速系统来说，就是先设计电流调节器，然后把整个电流环当作转速调节系统中的一个环节，再设计转速调节器。

在设计每个调节器时，都应先求出该闭环的原始系统开环对数频率特性和根据性能指标确定的预期特性，经过反复试凑，决定校正环节的特性，从而选定调节器的结构并计算其参数。然而，如果每个多环控制系统都这样设计，做起来就太麻烦了。在多年实践的基础上，对于一般的自动控制系统，已经整理出更为简便实用的工程设计方法，经验表明，效果是很好的。对于比较复杂的控制系统，如果简单的工程设计方法不能适用，还可以用计算机辅助设计。

五、小结

由转速、电流双闭环调速系统的电路原理图可以绘出它的动态结构图，即数学模型，其中转速调节器 ASR 和电流调节器 ACR 都常用 PI 调节器。

双闭环调速系统起动过程的电流和转速波形是接近理想快速起动过程波形的。按照转速调节器在起动过程中的饱和与不饱和状况，可将起动过程分为三个阶段，即电流上升阶段；恒流升速阶段；转速调节阶段。从起动时间上看，第Ⅱ段恒流升速是主要的阶段，因此双闭环系统基本上实现了在电流受限制下的快速起动，利用了饱和非线性控制方法，达到“准时间最优控制”。带 PI 调节器的双闭环调速系统还有一个特点，就是起动过程中载速一定有超调。

由于主电路的不可逆性质，简单的双闭环调速系统不能实现快速回馈制动。

在双闭环调速系统中，转速调节器的作用是对转速的抗扰调节并使之在稳态时无静差，其输出限幅值决定允许的最大电流。电流调节器的作用是电流跟随，过流自动保护和及时抑制电压扰动。

系统设计的顺序是先内环后外环，调节器的结构和参数取决于稳态精度和动态校正的要求。

§2-3 调节器的工程设计方法

前已指出，用经典的动态校正方法设计调节器须同时解决稳、准、快、抗干扰等各方面相互有矛盾的静、动态性能要求，需要设计者具有扎实的理论基础、丰富的实际经验和熟练的设计技巧，这样，初学者往往不易掌握，在工程中应用也不很方便。于是便产生建立更简便实用的工程设计方法的必要性。

现代的电力拖动自动控制系统，除电动机外，都是由惯性很小的晶闸管、电力晶体管或其它电力电子器件以及集成电路调节器等组成的。经过合理的简化处理，整个系统一般都可以用低阶系统近似。而以运算放大器为核心的有源校正网络（调节器），和由 R、C 等元件构成的无源校正网络相比，又可以实现更为精确的比例、微分、积分控制规律，于是就有可能将多种多样的控制系统简化和近似成少数典型的低阶系统结构。如果事先对这些典型系统作比较深入的研究，把它们的开环对数频率特性当作预期的特性，弄清楚它们的参数和系统性能指标的关系，写成简单的公式或制成简明的图表，则在设计实际系统时，只要能把它校正或简化成典型系统的形式，就可以利用现成的公式和图表来进行参数计算，设计过程就要简便得多。这样，就有了建立工程设计方法的可能性。

有了必要性和可能性，各类工程设计方法便创造出来了。其中有西德西门子公司提出的“调节器最佳整定”，传入我国后，习惯上称作“二阶最佳”（模最佳）和“三阶最佳”（对称最佳）参数设计法[11、12、15、16]，这一方法目前仍在欧洲、日本等处普遍应用[3、5]，在我国，由于其公式简明好记，受到了工程技术人员的欢迎，但经过实践和一些争论，也发现了它存在的问题[1、14、17、18]。其次，有在随动系统设计中常用的“振荡指标法”[1、19]，其理论证明虽然比较麻烦，但所得结论却很简单，有其独到之处，将它引入电力拖动控制系统工程设计后，获得了良好的效果[17、20]。还有我国学者提出的“模型系统法”[14]，作者在探讨上述方法的基础上，作了深入细致的分析，提出了“三变数原则”，即用 a（中频宽度）、b（中衰宽度）、和 c（控制信号滤波时间常数相对值）三个变数来概括系统中各参数的变化，得到了比较完整的结果，还编制成多种计算机辅助分析和辅助设计程序，以利应用。

在本节中，笔者在已有工作的基础上[1、17]，尽可能综合各方面的成就，取长补短，归纳出调节器的工程设计方法。建立这个工程设计方法所遵循的原则是：

(1) 理论上概念清楚、易懂。

(2) 计算公式简明、好记，尽量避免繁琐。

(3) 不仅给出参数计算公式，而且指明参数调整趋向。

(4) 除线性系统外，也能考虑饱和非线性情况；同样给出简单的计算公式。

(5) 对于一般的调速系统、随动系统以及类似的反馈控制系统都能适用。

对动态性能要求更精确时，可参考“模型系统法”[14]。对于更复杂的系统，则应采用高阶或多变量系统的计算机辅助分析和设计，本节暂不涉及。

一、工程设计方法的基本思路

作为工程设计方法，首先要使问题简化，突出主要矛盾。简化的基本思路是，把调节器的设计过程分作两步：

第一步，先选择调节器的结构，以确保系统稳定，同时满足所需要的稳态精度。

第二步，再选择调节器的参数，以满足动态性能指标。

这样做，就把稳、准、快、抗干扰之间互相交叉的矛盾问题分成两步来解决，第一步先解决主要矛盾——动态稳定性和稳态精度，然后在第二步中再进一步满足其它动态性能指标。

在选择调节器结构时，只采用少量的典型系统，它的参数与系统性能指标的关系都已事先找到，具体选择参数时只须按现成的公式和表格中的数据计算一下就可以了。这样就使设计方法规范化，大大减少了设计工作量。

二、典型系统

一般来说，许多控制系统的开环传递函数都可用式（2-8）来表示

$$W(s)=\frac{K(\tau_1 s+1)(\tau_2 s+1)}{s^r(T_1 s+1)(T_2 s+1)} \tag{2-8}$$

其中分子和分母上都可能含有复数零点和复数极点诸项。分母中的 s^r 项表示系统在原点处有 r 重极点，或者说，系统含有 r 个积分环节。根据 $r=0，1，2，\cdots$等不同数值，分别称为0型、Ⅰ型、Ⅱ型、……系统。自动控制理论证明，0型系统在稳态时是有差的，而Ⅲ型和Ⅲ型以上的系统很难稳定。因此，通常为了保证稳定性和一定的稳态精度，多用Ⅰ型和Ⅱ型系统[2、7]。

Ⅰ型和Ⅱ型系统的结构还是多种多样的，我们只在其中各选一种作为典型。

（一）典型Ⅰ型系统

作为典型Ⅰ型系统，其开环传递函数选择为

$$W(s)=\frac{K}{s(Ts+1)} \tag{2-9}$$

它的闭环系统结构图示于图2-10a，而图2-10b表示它的开环对数频率特性。选择它作为典型系统不仅因为其结构简单，而且对数幅频特性的中频段以-20dB/dec的斜率穿越零分贝线，只要参数的选择能保证足够的中频带宽度，系统就一定是稳定的，且有足够的稳定余量。显然，要做到这一点，应有

$$\omega_c<\frac{1}{T}$$

或

$$\omega_c T<1$$

$$\mathrm{tg}^{-1}\omega_c T<45^\circ$$

则相角稳定裕度 $\gamma=180^\circ-90^\circ-\mathrm{tg}^{-1}\omega_c T=90^\circ-\mathrm{tg}^{-1}\omega_c T>45^\circ$。

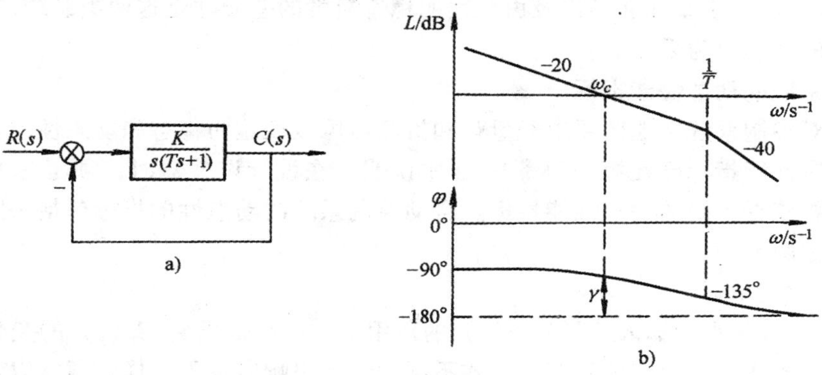

图2-10 典型Ⅰ型系统

a）闭环系统结构图 b）开环对数频率特性

（二）典型Ⅱ型系统

在Ⅱ型系统中，选择一种最简单而稳定的结构作为典型的Ⅱ型系统。其开环传递函数为

$$W(s)=\frac{K(\tau s+1)}{s^2(Ts+1)} \tag{2-10}$$

它的闭环系统结构图和开环对数频率特性示于图 2－11，其中频段也是以－20dB/dec 的斜率穿越零分贝线。由于分母中已经有 s^2，对应的相频特性是－180°，后面还有一个惯性环节（这是实际系统必定有的），如果在分子上不添上一个比例微分环节（$\tau s+1$），就无法把相频特性抬到－180°线以上去，也就无法保证系统稳定。要实现图 2－11b 这样的特性，显然应有

$$\frac{1}{\tau}<\omega_c<\frac{1}{T}$$

或

$$\tau>T$$

而相角稳定裕度为

$$\gamma=180^\circ-180^\circ+\mathrm{tg}^{-1}\omega_c\tau-\mathrm{tg}^{-1}\omega_cT=\mathrm{tg}^{-1}\omega_c\tau-\mathrm{tg}^{-1}\omega_cT$$

τ 比 T 大得越多，则稳定裕度越大。

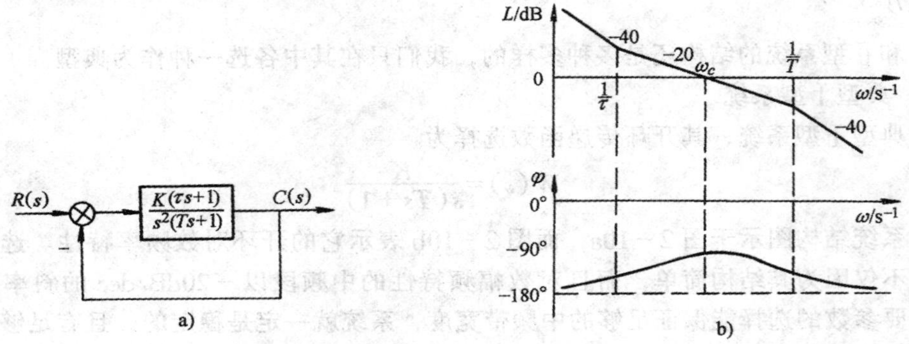

图 2－11　典型Ⅱ型系统

a）闭环系统结构图　b）开环对数频率特性

典型Ⅰ型系统与典型Ⅱ型系统的结构形式和西门子方法中的“二阶最佳系统”与“三阶最佳系统”是一样的，只是名称上的提法不同。然而，阶数上的三阶或二阶只是表面现象，并不是区别一类系统的本质，因为经过降阶近似处理，高阶系统也可以降为低阶（后面还要详细讨论这个问题）。Ⅰ型和Ⅱ型以及由此表明稳态精度的差异才是这两类系统的基本区别。所以采用现在的命名更为妥当。

三、控制系统的动态性能指标

生产工艺对控制系统性能的要求经量化和折算后可以表达为稳态和动态性能指标。关于调速系统的稳态性能指标已在第一章§1－3 中说明，在设计调节器时，须考虑其动态校正作用，因此还要依据系统的动态性能指标。自动控制系统的动态性能指标包括跟随性能指标和抗扰性能指标两类。

（一）跟随性能指标

在给定信号(或称参考输入信号)$R(t)$ 的作用下，系统输出量 $C(t)$ 的变化情况可用跟随性能指标来描述。当给定信号变化方式不同时，输出响应也不一样。通常以输出量的初始值为零、给定信号阶跃变化下的过渡过程作为典型的跟随过程，这时的动态响应又称作阶

跃响应。一般希望在阶跃响应中输出量 $C(t)$ 与其稳态值 C_∞ 的偏差越小越好，达到 C_∞ 的时间越快越好。具体的跟随性能指标有下列各项：

1. 上升时间 t_r

在典型的阶跃响应跟随过程中，输出量从零起第一次上升到稳态值 C_∞ 所经过的时间称为上升时间，它表示动态响应的快速性，见图 2－12。在调速系统中采用这个定义就可以了，在一般控制系统中还有更为严格的定义，参看文献〔2〕。

2. 超调量 σ

在典型的阶跃响应跟随过程中，输出量超出稳态值的最大偏离量与稳态值之比，用百分数表示，叫做超调量：

$$\sigma=\frac{C_{max}-C_\infty}{C_\infty}\times 100\% \tag{2-11}$$

超调量反映系统的相对稳定性。超调量越小，则相对稳定性越好，即动态响应比较平稳。

3. 调节时间 t_s

调节时间又称过渡过程时间，它衡量系统整个调节过程的快慢。原则上它应该是从给定量阶跃变化起到输出量完全稳定下来为止的时间，对于线性控制系统来说，理论上要到 $t=\infty$ 才真正稳定，但是实际系统由于存在非线性等因素并不是这样。因此，一般在阶跃响应曲线的稳态值附近，取±5%（或±2%）的范围作为允许误差带，以响应曲线达到并不再超出该误差带所需的最短时间，定义为调节时间，见图 2－12。

（二）抗扰性能指标

控制系统在稳态运行中，如果受到扰动，经历一段动态过程后，总能达到新的稳态。除了稳态误差以外，在动态过程中输出量变化有多少？在多么长的时间内能恢复稳定运行？这些问题标志着控制系统抵抗扰动的能力。一般以系统稳定运行中突加一个使输出量降低的负扰动 N 以后的过渡过程作为典型的抗扰过程，见图 2－13。抗扰性能指标定义如下：

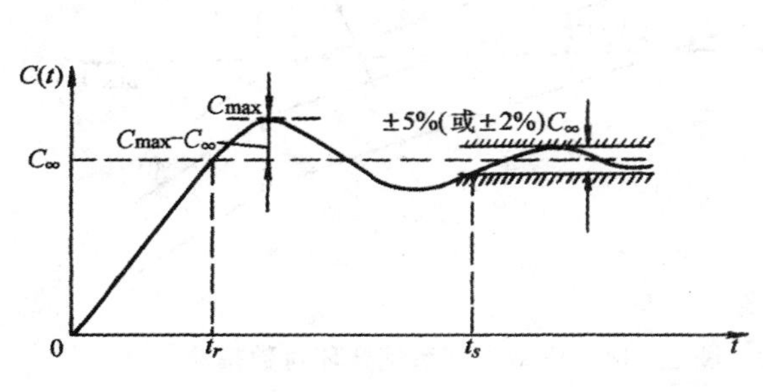

图 2－12　典型阶跃响应曲线和跟随性能指标

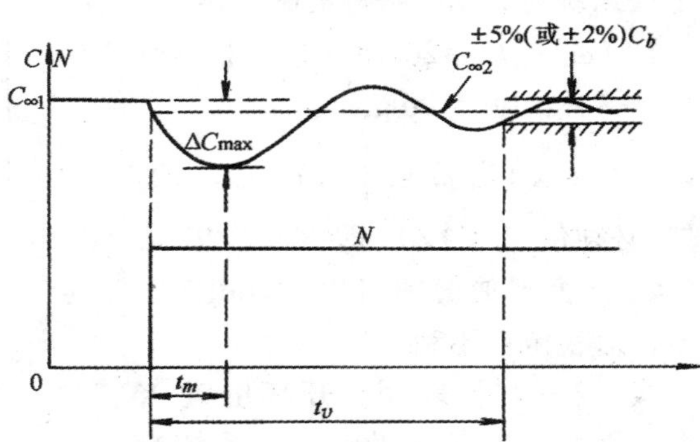

图 2－13　突加扰动的动态过程和抗扰性能指标

1. 动态降落 $\Delta C_{max}\%$

系统稳定运行时，突加一个约定的标准的负扰动量，在过渡过程中所引起的输出量最大降落值 ΔC_{max} 叫做动态降落，用输出量原稳态值 $C_{\infty1}$ 的百分数来表示。输出量在动态降落后逐渐恢复，达到新的稳态值 $C_{\infty2}$，$(C_{\infty1}-C_{\infty2})$ 是系统在该扰动作用下的稳态降落。动态降落一般都大于稳态降落（即静差）。调速系统突加额定负载扰动时的动态降落称作运态速降

$\Delta n_{max}\%$。

2. 恢复时间 t_v

从阶跃扰动作用开始，到输出量基本上恢复稳态，距新稳态值 $C_{\infty 2}$之差进入某基准量 C_b 的 ±5%（或 ±2%）范围之内所需的时间，定义为恢复时间 t_v（图 2－13)，其中 C_b 称为抗扰指标中输出量的基准值，视具体情况选定。〔见式（2－29）和式（2－40)〕为什么不用稳态值作为基准呢？这是因为动态降落本身就很小，倘若动态降落小于 5%，则按进入 ± 5%C_∞范围来定义的恢复时间只能为零，就没有什么意义了。

实际控制系统对于各种动态指标的要求各有不同。例如，可逆轧机需要连续正反向轧制许多道次，因而对转速的动态跟随性能和抗扰性能要求都较高，而一般的不可逆调速系统则主要要求一定的转速抗扰性能，其跟随性能好坏问题不大。工业机器人和数控机床用的位置随动系统要有较严格的跟随性能，而大型天线随动系统则对抗扰性能也有一定的要求。多机架的连轧机是要求高抗扰性能的调速系统，如果 $\Delta n_{max}\%$ 和 t_v 较大，会产生拉钢或堆钢现象，严重影响产品质量，甚至造成事故；至于转速的跟随性能，只希望没有超调，过渡过程慢些没有什么关系，有时还故意限制加速度，使起、制动过程更加平缓。总之，一般来说，调速系统的动态指标以抗扰性能为主，而随动系统的动态指标则以跟随性能为主。

四、典型Ⅰ型系统参数和性能指标的关系

确定了典型系统的结构（如典型Ⅰ型和Ⅱ型系统）以后，需要先找出系统参数与性能指标的关系，也就是说，导出参数计算公式并制出参数与性能指标关系的表格，以便工程设计时应用。

现在先讨论典型Ⅰ型系统，它的开环传递函数中有两个参数：开环增益 K 和时间常数 T。实际上，时间常数 T 往往是控制对象本身固有的，能够由调节器改变的只有开环增益 K。换句话说，K 是唯一的待定参数，需要找出性能指标与 K 值的关系。

如图 2－14 所示，在 $\omega=1$ 处，典型Ⅰ型系统对数幅频特性的幅值是

$$L(\omega)|_{\omega=1}=20\lg K=20(\lg\omega_c-\lg 1)=20\lg\omega_c$$

所以 $K=\omega_c$(当 $\omega_c<\frac{1}{T}$时)　(2－12)

显然，必须使 $\omega_c<1/T$，即 $K<1/T$，或 $KT<1$，否则伯德图将以 -40dB/dec 过零，对稳定性不利。

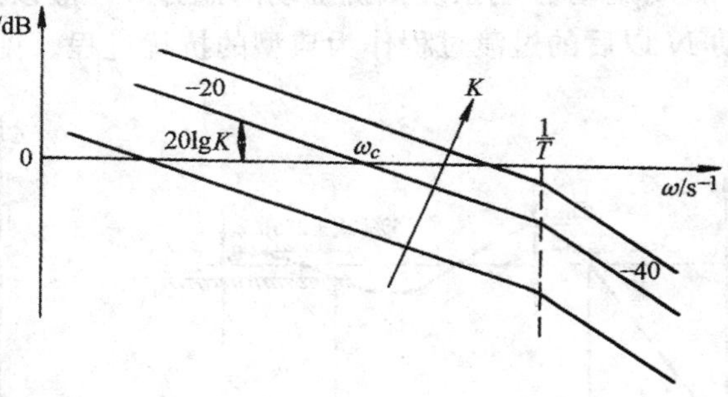

图 2－14　典型Ⅰ型系统开环对数幅频特性与参数 K 值的关系

式（2－12）表明，开环增益 K 越大、则截止频率 ω_c 也越大，系统响应越快。前已导出，典型Ⅰ型系统的相角稳定裕度是：$\gamma=90°-\mathrm{tg}^{-1}\omega_c T$。由此可见，当 ω_c 增大时，γ 将降低，这也说明快速性与稳定性之间的矛盾。在具体选择参数时，须在二者之间折衷。图 2－14 表明典型Ⅰ型系统开环对数幅频特性随着 K 值的变化而上下平移的现象，下面还将用数字定量地表明 K 值与各项性能指标的关系。

（一）典型Ⅰ型系统跟随性能指标与参数的关系

1. 稳态跟随性能指标

典型Ⅰ型系统的稳态跟随性能指标可用不同输入信号作用下的稳态误差来表示，自动控制理论中已经给出这些关系，如表2-1[2、7]。

表2-1　Ⅰ型系统在不同输入信号作用下的稳态误差

输　入　信　号	阶跃输入 $R(t)=R_0$	斜坡输入 $R(t)=v_0t$	加速度输入 $R(t)=\frac{a_0t^2}{2}$
稳　态　误　差	0	$\frac{v_0}{K}$	∞

值得注意的是，一般说，在阶跃输入下Ⅰ型系统在稳态时是无差的，这里所谓"无差"指的是没有跟随阶跃输入的误差。但在斜坡输入下则有恒值稳态误差，且与 K 值成反比，在加速度输入下稳态误差是∞。因此，Ⅰ型系统不能用于具有加速度输入的随动系统。

2．动态跟随性能指标

典型Ⅰ型系统是一种二阶系统，关于二阶系统的动态跟随性能，在自动控制理论中已经给出它们和系统参数之间准确的解析关系，不过这些关系都是从系统的闭环传递函数推导出来的，其一般形式为[2、7]

$$W_{cl}(s)=\frac{C(s)}{R(s)}=\frac{\omega_n^2}{s^2+2\zeta\omega_n s+\omega_n^2} \tag{2-13}$$

式中　ω_n——无阻尼时的自然振荡角频率，或称固有角频率；

ζ——阻尼比，或称衰减系数。

现在我们只知道典型Ⅰ型系统的开环传递函数，如式（2-9）所示。应该由式（2-9）求出闭环传递函数，和式（2-13）的标准形式相比较，找出参数 K、T 与标准形式中的参数 ω_n、ζ 之间的换算关系，就可以利用自动控制理论中给出的动态跟随性能指标与 ω_n、ζ 的解析关系，求得这些指标与参数 K、T 的关系。

由式（2-9）可求出典型Ⅰ型系统的闭环传递函数为

$$W_{cl}(s)=\frac{W(s)}{1+W(s)}=\frac{\dfrac{K}{s(Ts+1)}}{1+\dfrac{K}{s(Ts+1)}}=\frac{\dfrac{K}{T}}{s^2+\dfrac{1}{T}s+\dfrac{K}{T}} \tag{2-14}$$

比较式（2-13）和式（2-14），可得参数换算关系如下

$$\omega_n=\sqrt{\frac{K}{T}} \tag{2-15}$$

$$\zeta=\frac{1}{2}\sqrt{\frac{1}{KT}} \tag{2-16}$$

且
$$\zeta\omega_n=\frac{1}{2T} \tag{2-17}$$

前已指出，在典型Ⅰ型系统中 $KT<1$，所以 $\zeta>0.5$。

由二阶系统的性质可知，当 $\zeta<1$ 时，系统的动态响应是欠阻尼的振荡特性；当 $\zeta>1$ 时，是过阻尼状态，当 $\zeta=1$ 时，是临界阻尼。由于过阻尼的动态响应较慢，所以一般常把系统设计成欠阻尼状态。因此在典型Ⅰ型系统中，取

$$0.5<\zeta<1 \tag{2-18}$$

下面列出几个在基础课程中学过的欠阻尼二阶系统在零初始条件下的阶跃响应动态指标计算公式（见附录Ⅰ）[2,7]

超调量：

$$\sigma\% = e^{\frac{-\zeta\pi}{\sqrt{1-\zeta^2}}} \times 100\% \tag{2-19}$$

上升时间：

$$t_r = \frac{2\zeta T}{\sqrt{1-\zeta^2}}\ (\pi - \cos^{-1}\zeta) \tag{2-20}$$

调节时间 t_s 与 ζ 的关系比较复杂，如果要求不很精确，允许误差带为 ±5% 的调节时间可用下式近似估算

$$t_s \approx \frac{3}{\zeta\omega_n} = 6T \quad (\text{当}\ \zeta < 0.9\ \text{时}) \tag{2-21}$$

对 0.5～1 之间几个 ζ 值的计算结果列于表 2-2。

表 2-2 典型Ⅰ型系统动态跟随性能指标和频域指标与参数的关系〔ζ 与 KT 的关系服从于式(2-16)〕

参数关系 KT	0.25	0.39	0.5	0.69	1.0
阻尼比 ζ	1.0	0.8	0.707	0.6	0.5
超调量 $\sigma\%$	0	1.5%	4.3%	9.5%	16.3%
上升时间 t_r	∞	$6.67T$	$4.72T$	$3.34T$	$2.41T$
相角稳定裕度 γ	76.3°	69.9°	65.5°	59.2°	51.8°
截止频率 ω_c	$0.243/T$	$0.367/T$	$0.455/T$	$0.596/T$	$0.786/T$

同一表中还列出了频域指标与参数的关系，其中 ω_c 的计算不用由近似对数幅频特性得到的式（2-12），而用下面的更为精确的公式（见附录Ⅰ）。

$$\omega_c = \omega_n\left[\sqrt{4\zeta^4+1} - 2\zeta^2\right]^{\frac{1}{2}} \tag{2-22}$$

ω_n 用式（2-17）代入，得

$$\omega_c = \frac{\left[\sqrt{4\zeta^4+1} - 2\zeta^2\right]^{\frac{1}{2}}}{2\zeta T} \tag{2-23}$$

因此，相角稳定裕度为

$$\gamma = 90° - \mathrm{tg}^{-1}\omega_c T = \mathrm{tg}^{-1}\frac{1}{\omega_c T} = \mathrm{tg}^{-1}\frac{2\zeta}{\left[\sqrt{4\zeta^4+1} - 2\zeta^2\right]^{\frac{1}{2}}} \tag{2-24}$$

具体选择参数时，如果主要要求动态响应快，可取 $\zeta=0.5$～0.6，则 KT 值较大；如果主要要求超调小，可取 $\zeta=0.8$～1.0，即 KT 值较小；如果要求无超调，可取 $\zeta=1.0$，$KT=0.25$；无特殊要求时，一般用折衷值，即 $KT=0.5$，$\zeta=0.707$，此时动态响应略有超调（$\sigma\%=4.3\%$）。也可能出现这种情况；无论怎样选择参数，总是顾此失彼，总有一项性能指标不能满足，这时典型Ⅰ型系统就不能适用了，需要采用别的控制规律。

（二）典型Ⅰ型系统抗扰性能指标与参数的关系

图 2-15a 是在扰动 N 作用下的典型Ⅰ型系统。在扰动作用点前面这部分系统的传递函数是 $W_1(s)$，后面一部分是 $W_2(s)$，而且

$$W_1(s)W_2(s)=W(s)=\frac{K}{s(Ts+1)} \tag{2-25}$$

只讨论抗扰性能时，可令输入作用 $R=0$，这时输出可写成其变化量 ΔC 再将扰动作用 $N(s)$ 前移到输入作用点上，得图 2－15b 所示的等效结构图。显然，虚线框中部分就是闭环的典型Ⅰ型系统。

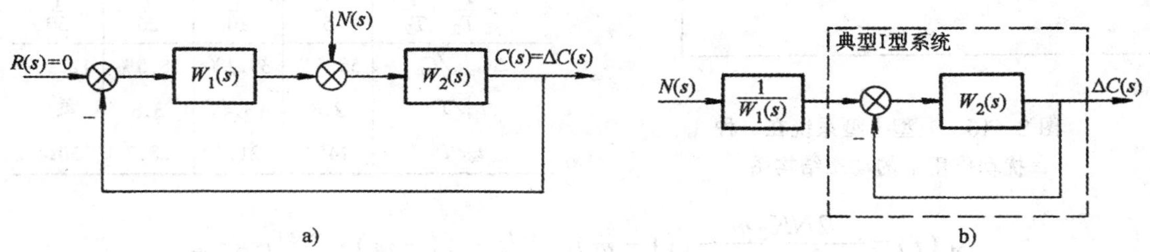

图 2－15 扰动作用下的典型Ⅰ型系统

由图可得，在扰动作用下的输出变化量象函数为

$$\Delta C(s)=\frac{N(s)}{W_1(s)}\cdot\frac{W(s)}{1+W(s)} \tag{2-26}$$

显然，从图 2－15b 的虚线框内看，系统的抗扰性能与其结构直接有关，因而抗扰性能为坏与跟随性能的好坏有一致的一面；然而，抗扰性能还和扰动作用点以前的传递函数 $W_1(s)$ 有关，所以抗扰性能又有其特殊之处，只靠典型系统总的传递函数并不能象分析跟随性能那样唯一地确定抗扰性能指标。在这里，扰动作用点是一个重要的因素，某种定量的抗扰性能指标只适用于一种特定的扰动作用点。这就无疑增加了分析抗扰性能的复杂性。

如果要求对各种控制系统都能适用，就得分析许多类型扰动作用点下的动态过程，可参阅文献〔14〕。本书只针对常用的调速系统，分析图 2－16 所示的一种情况，掌握了这种情况下的分析方法，再遇到其它情况也可以仿此处理。图中扰动作用点前、后两部分传递函数 $W_1(s)$ 和 $W_2(s)$ 各选择一种特定的形式，两部分的增益分别为 K_1 和 K_2，而 $K_1K_2=K$，两部分的固有时间常数分别为 T_1 和 T_2，且 $T_2>T_1=T$。为了把系统校正成典型Ⅰ型系统，在 $W_1(s)$ 中的调节器部分设置了比例微分环节 (T_2s+1)，以便与 $W_2(s)$ 中控制对象传递函数分母中的 (T_2s+1) 对消。显然，系统总的传递函数是符合式（2－25）的。

在阶跃扰动下，$N(s)=N/s$，代入式（2－26）得

$$\Delta C(s)=\frac{N}{s}\cdot\frac{s(Ts+1)}{K_1(T_2s+1)}\cdot\frac{\dfrac{K}{s(Ts+1)}}{1+\dfrac{K}{s(Ts+1)}}=\frac{NK_2(Ts+1)}{(T_2s+1)(Ts^2+s+K)}$$

如果调节器参数已经先按跟随性能指标选定为：$KT=0.5$，或 $K=K_1K_2=1/2T$，则

$$\Delta C(s)=\frac{2NK_2T(Ts+1)}{(T_2s+1)(2T^2s^2+2Ts+1)} \tag{2-27}$$

利用部分分式法分解式（2－27），再求拉氏反变换，可得阶跃扰动后输出变化量过渡过程的时间函数如下：

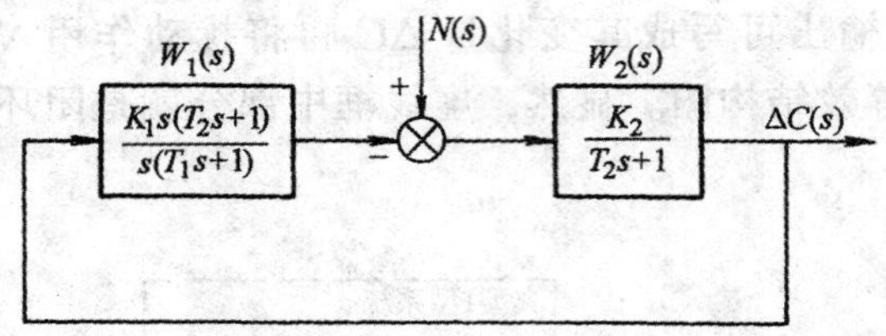

图 2－16 典型Ⅰ型系统在一种扰动作用下的动态结构图

表 2－3 典型Ⅰ型系统动态抗扰性能指标与参数的关系（控制结构和阶跃扰动作用点如图 2－16，参数选择 $KT=0.5$）

$m=\frac{T_1}{T_2}=\frac{T}{T_2}$	$\frac{1}{5}$	$\frac{1}{10}$	$\frac{1}{20}$	$\frac{1}{30}$
$\Delta C_{max}/C_b$	55.5%	33.2%	18.5%	12.9%
t_m/T	2.8	3.4	3.8	4.0
t_v/T	14.7	21.7	28.7	30.4

$$\Delta c(t)=\frac{2NK_2 m}{2m^2-2m+1}\left[(1-m)e^{-t/T_2}-(1-m)e^{-t/2T}\cos\frac{t}{2T}\right.$$
$$\left.+me^{-t/2T}\sin\frac{t}{2T}\right] \tag{2-28}$$

式中 $m=\frac{T_1}{T_2}$——表示控制对象中两个时间常数的比值，它的值是小于 1 的。

取不同 m 值，可计算出相应的 $\Delta c(t)=f(t)$ 动态过程曲线，从而求得输出量的最大动态降落 ΔC_{max}（用基准值 c_b 的百分数来表示）和对应的时间 t_m（用 T 的倍数表示），以及允许误差带为 $\pm5\%C_b$ 时的恢复时间 t_v（用 T 的倍数表示）。计算结果列于表 2－3 中。

在计算中，为了使 $\Delta C_{max}/C_b$ 和 t_v/T 的数值都落在合理的范围内，将基准值 C_b 取为

$$C_b=\frac{1}{2}K_2 N \tag{2-29}$$

由表 2－3 中数据可以看出，当控制对象的两个时间常数相距较大时；动态降落减小，但恢复时间却拖得较长。

五、典型Ⅱ型系统参数和性能指标的关系

在典型Ⅱ型系统的开环传递函数〔式（2－10）〕中，与典型Ⅰ型系统相仿，时间常数 T 是控制对象固有的。所不同的是，有两个参数 K 和 τ 待确定，这就增加了选择参数工作的复杂性。

为了分析方便起见，引入一个新的变量 h（图 2－17），令

$$h=\frac{\tau}{T}=\frac{\omega_2}{\omega_1} \tag{2-30}$$

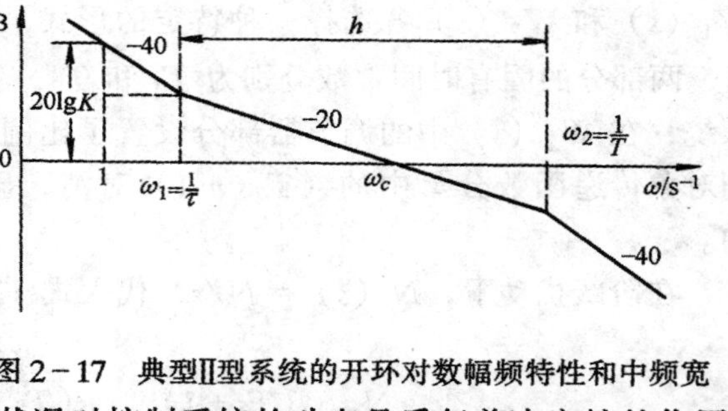

图 2－17 典型Ⅱ型系统的开环对数幅频特性和中频宽

h 是斜率为 －20dB/dec 的中频段的宽度（对数坐标），称作“中频宽”。由于中频段的状况对控制系统的动态品质起着决定性的作用，因此 h 值是一个很关键的参数。

不失一般性，设 $\omega=1$ 点处在 －40dB/dec 特性段，由图 2－17 可以看出

$$20\lg K=40\lg\omega_1+20\lg\frac{\omega_c}{\omega_1}=20\lg\omega_1\omega_c$$

因此

$$K=\omega_1\omega_c \tag{2-31}$$

从频率特性上还可看出，由于 T 一定，改变 τ 就等于改变了中频宽 h；在 τ 确定以后，再改变 K 相当于使开环对数幅频特性上下平移，从而改变了截止频率 ω_c。因此在设计调节器时，选择两个参数 h 和 ω_c，就相当于选择参数 τ 和 K。

在工程设计中，如果两个参数都任意选择，就需要比较多的图表和数据，这样做虽然可以针对不同情况来选择参数，以便获得比较理想的动态性能，但终究是不太方便的。因此，如果能够在两个参数之间找到某种对动态性能有利的关系，选择其中一个参数就可以计算出另一个参数，那么双参数的设计问题就可以蜕化成单参数设计，使用起来自然就方便多了。当然，这样做对于照顾不同要求、优化动态性能来说，多少是要作出一些牺牲的。

现在采用“振荡指标法”中所用的闭环幅频特性峰值 M_r 最小准则，来找出 h 和 ω_c 两个参数之间较好的配合关系。可以证明（见附表Ⅱ）[1,2,19]，对于一定的 h 值，只有一个确定的 ω_c（或 K），可以得到最小的闭环幅频特性峰值 $M_{r\min}$，这时 ω_c 和 ω_1、ω_2 之间的关系是

$$\frac{\omega_2}{\omega_c}=\frac{2h}{h+1} \tag{2-32}$$

$$\frac{\omega_c}{\omega_1}=\frac{h+1}{2} \tag{2-33}$$

而

$$\omega_1+\omega_2=\frac{2\omega_c}{h+1}+\frac{2h\omega_c}{h+1}=2\omega_c$$

因此

$$\omega_c=\frac{1}{2}(\omega_1+\omega_2)=\frac{1}{2}(\frac{1}{\tau}+\frac{1}{T}) \tag{2-34}$$

对应的最小 M 峰值是

$$M_{r\min}=\frac{h+1}{h-1} \tag{2-35}$$

表 2－4 列出了不同 h 值时由式（2－32）～（2－35）计算出来的 $M_{r\min}$值和对应的频率比。

表 2－4　不同中频宽 h 时的 $M_{r\min}$ 值和频率比

h	3	4	5	6	7	8	9	10
$M_{r\min}$	2	1.67	1.5	1.4	133	1.29	1.25	1.22
ω_2/ω_c	1.5	1.6	1.67	1.71	1.75	1.78	1.80	1.82
ω_c/ω_1	2.0	2.5	3.0	3.5	4.0	4.5	5.0	5.5

经验表明，M_r 在 1.2～1.5 之间，系统的动态性能较好，有时也允许达到 1.8～2.0，所以 h 可在 3～10 之间选择，h 更大时，对降低 $M_{r\min}$的效果就不显著了。

确定了 h 和 ω_c 之后，可以很容易地计算 τ 和 K。由 h 的定义可知

$$\tau=hT \tag{2-36}$$

再由式（2－31）和式（2－33），

$$K=\omega_1\omega_c=\omega_1^2\cdot\frac{h+1}{2}=(\frac{1}{hT})^2\cdot\frac{h+1}{2}=\frac{h+1}{2h^2T^2} \tag{2-37}$$

式（2－36）和式（2－37）是工程设计方法中计算典型Ⅱ型系统参数的公式。只要按动态性能指标的要求确定了 h 值，就可以代入这两个公式来计算调节器参数。

下面分别讨论跟随和抗扰性能指标和 h 值的关系，作为确定 h 值的依据。

（一）典型Ⅱ型系统跟随性能指标与参数的关系

1．稳态跟随性能指标

自动控制理论给出的Ⅱ型系统在不同输入信号下的稳态误差列于表 2－5 中[2,7]。

表 2-5 Ⅱ型系统在不同输入信号作用下的稳态误差

输 入 信 号	阶跃输入 $R(t)=R_0$	斜坡输入 $R(t)=v_0t$	加速度输入 $R(t)=\frac{a_0t^2}{2}$
稳 态 误 差	0	0	a_0/K

由表 2-5 可见，在阶跃输入和斜坡输入下，Ⅱ型系统在稳态时都是无差的。在加速度输入下，稳态误差的大小与开环增益 K 成反比。

2. 动态跟随性能指标

按 M_r 最小准则确定调节器参数时，若要求出系统的动态跟随过程，可先将式 (2-36) 和 (2-37) 代入典型Ⅱ型系统的开环传递函数，得

$$W(s)=\frac{K(\tau s+1)}{s^2(Ts+1)}=\left(\frac{h+1}{2h^2T^2}\right)\frac{hTs+1}{s^2(Ts+1)}$$

然后求系统的闭环传递函数为

$$W_{cl}(s)=\frac{W(s)}{1+W(s)}=\frac{\frac{h+1}{2h^2T^2}(hTs+1)}{s^2(Ts+1)+\frac{h+1}{2h^2T^2}(hTs+1)}$$

$$=\frac{hTs+1}{\frac{2h^2T^2}{h+1}s^2(Ts+1)+(hTs+1)}$$

$$=\frac{hTs+1}{\frac{2h^2}{h+1}T^3s^3+\frac{2h^2}{h+1}T^2s^2+hTs+1}$$

而 $W_{cl}(s)=C(s)/R(s)$，单位阶跃输入时，$R(s)=\frac{1}{s}$，因此

$$C(s)=\frac{hTs+1}{s\left[\frac{2h^2}{h+1}R^3s^3+\frac{2h^2}{h+1}T^2s^2+hTs+1\right]} \tag{2-38}$$

以 T 为时间基准，对于具体的 h 值，可由式 (2-38) 求出对应的单位阶跃响应函数 $C(t/T)$，从而计算出超调量 $\sigma\%$、上升时间 t_r/T、调节时间 t_s/T 和振荡次数 κ。采用数字仿真计算的结果列于表 2-6 中。

表 2-6 典型Ⅱ型系统阶跃输入跟随性能指标（按 $M_{r\min}$ 准则确定参数关系时）

h	3	4	5	6	7	8	9	10
$\sigma\%$	52.6%	43.6%	37.6%	33.2%	29.8%	27.2%	25.0%	23.3%
t_r/T	2.4	2.65	2.85	3.0	3.1	3.2	3.3	3.35
t_sT	12.15	11.65	9.55	10.45	11.30	12.25	13.25	14.20
κ	3	2	2	1	1	1	1	1

由于过渡过程的衰减振荡性质，调节时间随 h 的变化不是单调的，以 $h=5$ 时的调节时间为最短。此外，h 愈大则超调量愈小，如果要使 $\sigma\%\leqslant25\%$，中频宽就得选择 $h\geqslant9$ 才行，

但中频宽过大会使扰动作用下的恢复时间拖长（见下段），须视具体工艺要求来决定取舍。总的说来，典型Ⅱ型系统的超调量都比典型Ⅰ型系统大。

（二）典型Ⅱ型系统抗扰性能指标与参数的关系

如前所述，控制系统的动态抗扰性能指标是因系统结构、扰动作用点和作用函数而异的。对于典型Ⅰ型系统，曾选择图2－16的一种情况来分析，现在针对典型Ⅱ型系统，也选择调速系统常遇到的一种扰动作用点，见图2－18，以分析其抗扰性能指标与参数的关系。

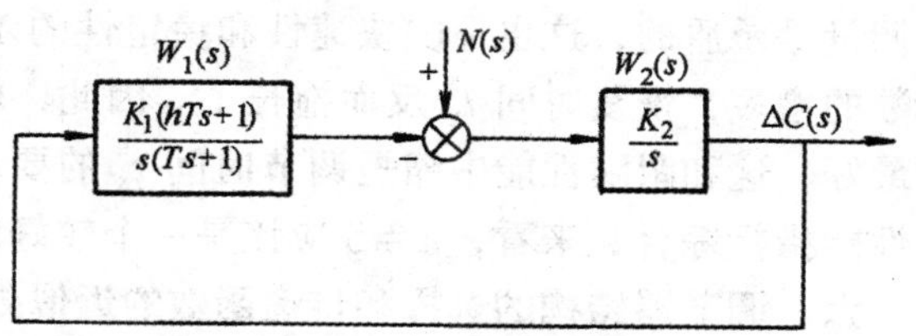

图2－18　典型Ⅱ型系统在一种扰动作用下的动态结构图

$K_1K_2=K=\frac{h+1}{2h^2T^2}$

如果已经按 M_r 最小准则确定参数关系，即 $K=K_1K_2=\frac{h+1}{2h^2T^2}$，则图2－18所示系统在这类扰动作用下的闭环传递函数为

$$\frac{\Delta C(s)}{N(s)}=\frac{\frac{K_2}{s}}{1+\frac{K_1K_2(hTs+1)}{s^2(Ts+1)}}=\frac{K_2s(Ts+1)}{s^2(Ts+1)+K_1K_2(hTs+1)}=$$

$$\frac{\frac{2h^2T^2}{h+1}K_2s(Ts+1)}{\frac{2h^2}{h+1}T^3s^3+\frac{2h^2}{h+1}T^2s^2+hTs+1}$$

对于阶跃扰动，$N(s)=\frac{N}{s}$，则

$$\Delta C(s)=\frac{\frac{2h^2T^2}{h+1}K_2N(Ts+1)}{\frac{2h^2}{h+1}T^3s^3+\frac{2h^2}{h+1}T^2s^2+hTs+1}\tag{2-39}$$

由上式可以计算出对应于不同 h 值的动态抗扰过程曲线 $\Delta C(t)$，从而求出各项动态抗扰性能指标，列于表2－7中。设计时根据所要求的性能指标可从表中查出应选择的 h 值。在计算中，为了使各项指标都落在合理的范围内，取输出量基准值为

$$C_b=2K_2TN\tag{2-40}$$

式（2－40）中 C_b 的表达式与典型Ⅰ型系统中的式（2－29）不同，除了由于两处 K_2 量纲的不同而产生的差异外，系数上的差别完全是为了使各项指标都具有合理的数值。

表2－7　典型Ⅱ型系统动态抗扰性能指标与参数的关系（控制结构和阶跃扰动作用点如图2－18，参数关系符合最小 M_r 准则）

h	3	4	5	6	7	8	9	10
$\Delta C_{max}/C_b$	72.2%	77.5%	81.2%	84.0%	86.3%	88.1%	89.6%	90.8%
t_m/T	2.45	2.70	2.85	3.00	3.15	3.25	3.30	3.40
t_v/T	13.60	10.45	8.80	12.95	16.85	19.80	22.80	25.85

表2－7中恢复时间 t_v 是 ΔC 衰减到 C_b 的 $\pm 5\%$ 以内的时间。从表中数据可见，一般来说，h 值越小，则 $\Delta C_{\max}$ 小，t_m 和 t_v 都短，因而抗扰性能越好，这个趋势与跟随性能中的超调量是矛盾的，这也反映快速性和稳定性的矛盾。但是，当 $h<5$ 时，h 再小，由于振荡次数的增多，恢复时间 t_v 反而拖长了。因此，就抗扰性能中缩短恢复时间 t_v 而言是以 $h=5$ 为最好，这和跟随性能中缩短调节时间 t_s 的要求是一致的。把典型Ⅱ型系统跟随与抗扰所有性能指标综合起来看，$h=5$ 应该是一个较好的选择。

六、调节器结构的选择和传递函数的近似处理——非典型系统的典型化

上面讨论了两类典型系统及其参数与性能指标的关系。在电力拖动自动控制系统中，大部分控制对象配以适当的调节器，就可以校正成典型系统。当然任何典型都不能包罗万象，总有一些实际系统不可能简单地校正成典型系统的形式，这就须先经过近似的处理，才能使用前述的工程设计方法。本节首先概括一下调节器结构的选择方法，然后着重讨论各种近似处理问题。

（一）调节器结构的选择

采用工程设计方法选择调节器时，应先根据控制系统的要求，确定要校正成哪一类典型系统。为此，应该清楚地掌握两类典型系统的主要特征和它们在性能上的区别。两类典型系统的名称本身说明了它们的基本区别——Ⅰ型和Ⅱ型，分别适合于不同情况的稳态精度要求。除此以外，典型Ⅰ型系统在动态跟随性能上可以做到超调小，但抗扰性能稍差；而典型Ⅱ型系统的超调量相对地说要大一些，抗扰性能却比较好。如果控制系统既要抗扰能力强，又要阶跃响应超调小，从表2－2～表2－7的数字上看，似乎是矛盾的。实际上，在大多数情况下，在突加阶跃给定后的相当一段时间内，转速调节器的输出是饱和的，这样就超出了当初所假定的线性条件，表中所列的超调量数字就不适用了。也就是说，考虑到调节器饱和的因素，实际系统的超调量并没有按线性系统计算出来的那样大，应该另行计算，下面在§2－4中还要专门讨论这个问题。

确定了要采用哪一种典型系统之后，选择调节器的方法就是利用传递函数的近似处理将控制对象与调节器的传递函数配成典型系统的形式。现在举两个例子来说明这个问题。

1．设控制对象是双惯性型的，见图2－19，其传递函数为

$$W_{abj}(s)=\frac{K_2}{(T_1s+1)(T_2s+1)}$$

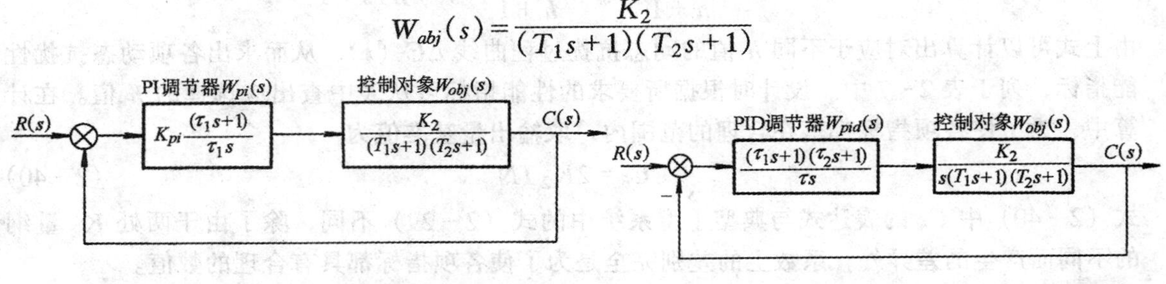

图2－19　用PI调节器把双惯性型控制对象校正成典型Ⅰ型系统

图2－20　用PID调节器将积分－双惯性型对象校正成典型Ⅱ型系统

其中 $T_1>T_2$，K_2 为控制对象的放大系数。若要校正成典型Ⅰ型系统，调节器必须具有一个积分环节，并带有一个比例微分环节，以便对消掉控制对象中的一个惯性环节，一般都是对消掉大惯性环节，使校正后的系统响应更快些。这样，就应选择PI调节器，采用式（1－44）的

传递函数形式

$$W_{pi}(s)=K_{pi}\frac{\tau_1 s+1}{\tau_1 s}$$

校正后系统的开环传递函数变成

$$W(s)=W_{pi}(s)\cdot W_{obj}(s)=K_{pi}\frac{\tau_1 s+1}{\tau_1 s}\cdot\frac{K_2}{(T_1 s+1)(T_2 s+1)}$$

取 $\tau_1=T_1$，使两个环节对消，并令 $K_{pi}K_2/\tau_1=K$，则

$$W(s)=\frac{K}{s(T_2 s+1)}$$

这就是典型Ⅰ型系统。

2. 设控制对象为积分一双惯性型，如图 2－20，其传递函数为

$$W_{obj}(s)=\frac{K_2}{s(T_1 s+1)(T_2 s+1)}$$

且 T_1 和 T_2 大小相仿。设计的任务是校正成典型Ⅱ型系统。这时，采用 PI 调节器就不行了，可用 PID 调节器，其传递函数为

$$W_{pid}(s)=\frac{(\tau_1 s+1)(\tau_2 s+1)}{\tau s} \tag{2-41}$$

令 $\tau_1=T_1$，则（$\tau_1 s+1$）与 $1/$（$T_1 s+1$）对消。校正后系统的开环传递函数成为典型Ⅱ型系统的形式。

$$W(s)=W_{pid}(s)W_{obj}(s)=\frac{\frac{K_2}{\tau}(\tau_2 s+1)}{s^2(T_2 s+1)}$$

几种校正成典型Ⅰ型系统和典型Ⅱ型系统的控制对象和调节器结构列于表 2－8 和表 2－9 中。值得指出的是，有时仅靠 P、I、PI、PID 以及 PD 几种调节器还难以满足要求，就不得不作一些近似处理，或者采用更复杂些的控制规律。

表 2－8　校正成典型Ⅰ型系统时几种调节器选择

对象	$\frac{K_2}{(T_1 s+1)(T_2 s+1)}$ $T_1>T_2$	$\frac{K_2}{Ts+1}$	$\frac{K_2}{s(Ts+1)}$	$\frac{K_2}{(T_1 s+1)(T_2 s+1)(T_3 s+1)}$ T_1、T_2、T_3 差不多大，或 T_3 略小	$\frac{K_2}{(T_1 s+1)(T_2 s+1)(T_3 s+1)}$ $T_1\gg T_2$ 和 T_3
调节器	$K_{pi}\frac{\tau_1 s+1}{\tau_1 s}$	$\frac{K_i}{s}$	K_p	$\frac{(\tau_1 s+1)(\tau_2 s+1)}{\tau s}$	$K_{pi}\frac{\tau_1 s+1}{\tau_1 s}$
参数配合	$\tau_1=T_1$			$\tau_1=T_1$、$\tau_2=T_2$	$\tau_1=T_1$、$T_\Sigma=T_2+T_3$

表 2－9　校正成典型Ⅱ型系统时几种调节器选择

对象	$\frac{K_2}{s(Ts+1)}$	$\frac{K_2}{(T_1 s+1)(T_2 s+1)}$ $T_1\gg T_2$	$\frac{K_2}{s(T_1 s+1)(T_2 s+1)}$ T_1、T_2 相近	$\frac{K_2}{s(T_1 s+1)(T_2 s+1)}$ T_1、T_2 都较小	$\frac{K_2}{(T_1 s+1)(T_2 s+1)(T_3 s+1)}$ $T_1\gg T_2$ 和 T_3
调节器	$K_{pi}\frac{\tau_1 s+1}{\tau_1 s}$	$K_{pi}\frac{\tau_1 s+1}{\tau_1 s}$	$\frac{(\tau_1 s+1)(\tau_2 s+1)}{\tau s}$	$K_{pi}\frac{\tau_1 s+1}{\tau_1 s}$	$K_{pi}\frac{\tau_1 s+1}{\tau_1 s}$
参数配合	$\tau_1=hT$	$\tau_1=hT_2$ 认为 $\frac{1}{T_1 s+1}\approx\frac{1}{T_1 s}$	$\tau_1=hT_1$（或 hT_2） $\tau_2=T_2$（或 T_1）	$\tau_1=h(T_1+T_2)$	$\tau_1=h(T_2+T_3)$ 认为 $\frac{1}{T_1 s+1}\approx\frac{1}{T_1 s}$

(二) 小惯性环节的近似处理

实际系统中往往有一些小时间常数的惯性环节，例如晶闸管整流装置的滞后时间常数、电流和转速检测的滤波时间常数等等。它们的倒数都处于对数频率特性的高频段(图 2-21)，对它们作近似处理不会显著地影响系统的动态性能。例如，若系统的开环传递函数为

$$W(s)=\frac{K(\tau s+1)}{s(T_1s+1)(T_2s+1)(T_3s+1)}$$

其中 T_2、T_3 都是小时间常数，即 $T_1 \gg T_2$ 和 T_3，且 $T_1>\tau$，系统的开环对数幅频特性如图 2-21 所示。

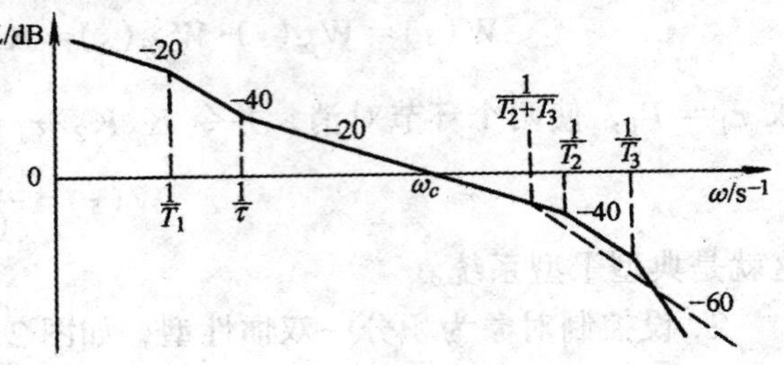

图 2-21 高频段小惯性环节近似处理对频率特性的影响

小惯性环节的频率特性为

$$\frac{1}{(j\omega T_2+1)(j\omega T_3+1)}=\frac{1}{(1-T_2T_3\omega^2)+j\omega(T_2+T_3)}\approx$$

$$\frac{1}{1+j\omega(T_2+T_3)}$$

近似的条件是

$$T_2T_3\omega^2 \ll 1$$

工程计算中一般允许 10%以内的误差,因此近似条件可以写成

$$T_2T_3\omega^2 \leqslant \frac{1}{10}$$

或允许频带为

$$\omega \leqslant \sqrt{\frac{1}{10T_2T_3}}$$

考虑到开环频率特性的截止频率 ω_c 与闭环频率特性的通频带 ω_b 一般比较接近,而上式中 $\sqrt{10}=3.16$,可以认为近似处理的条件是

$$\omega_c \leqslant \frac{1}{3}\sqrt{\frac{1}{T_2T_3}} \tag{2-42}$$

在此条件下，

$$\frac{1}{(T_2s+1)(T_3s+1)} \approx \frac{1}{(T_2+T_3)s+1} \tag{2-43}$$

简化后的对数幅频特性如图 2-21 中虚线所示。

同理，如果有三个小惯性环节，可以证明，近似处理的办法是

$$\frac{1}{(T_2s+1)(T_3s+1)(T_4s+1)} \approx \frac{1}{\sum_{i=2}^{4}T_is+1} \tag{2-44}$$

近似条件为

$$\omega_c \leqslant \frac{1}{3}\sqrt{\frac{1}{T_2T_3+T_3T_4+T_4T_2}} \tag{2-45}$$

由此可得下述结论：当系统有多个小惯性环节时，在一定的条件下，可以将它们近似地看成是一个小惯性环节，其时间常数等于原系统各小时间常数之和。

（三）高阶系统的降阶处理

上述小惯性环节的近似处理实际上是一种特殊的降阶处理，把多阶小惯性环节降为一阶小惯性环节。现在讨论更一般的情况，即如何能忽略特征方程的高次项。原则上说，当高次项的系数小到一定程度就可以忽略不计。现以三阶系统为例，设

$$W(s)=\frac{K}{as^3+bs^2+cs+1} \tag{2-46}$$

其中 a、b、c 都是正的系数，且 $bc>a$，即系统是稳定的。若能忽略高次项，可得近似的一阶传递函数

$$W(s)\approx\frac{K}{cs+1} \tag{2-47}$$

近似的条件也可以从频率特性导出

$$\frac{K}{a(\mathrm{j}\omega)^3+b(\mathrm{j}\omega)^2+c(\mathrm{j}\omega)+1}=\frac{K}{(1-b\omega^2)+\mathrm{j}\omega(c-a\omega^2)}\approx\frac{K}{1+\mathrm{j}\omega c}$$

条件是

$$\begin{cases} b\omega^2\leqslant\dfrac{1}{10} \\ a\omega^2\leqslant\dfrac{c}{10} \end{cases}$$

仿照前述的方法，近似条件可以写成

$$\left.\begin{aligned} &\omega_c\leqslant\frac{1}{3}\min\left(\sqrt{\frac{1}{b}},\ \sqrt{\frac{c}{a}}\right) \\ &bc>a \end{aligned}\right\} \tag{2-48}$$

（四）大惯性环节的近似处理

表 2-9 中已经指出，当系统中存在着一个时间常数特别大的惯性环节 $\frac{1}{Ts+1}$ 时，可以近似地将它看成是积分环节 $\frac{1}{Ts}$。现在来分析一下这种近似处理的存在条件。

大惯性环节的频率特性为

$$\frac{1}{\mathrm{j}\omega T+1}=\frac{1}{\sqrt{\omega^2T^2+1}}\underline{\left|-\mathrm{tg}^{-1}\omega T\right.}$$

若将它近似成一个积分环节，其幅值应近似为

$$\frac{1}{\sqrt{\omega^2T^2+1}}\approx\frac{1}{\omega T}$$

条件是：$\omega^2T^2\gg1$，或按工程惯例，$\omega T\geqslant\sqrt{10}$。和前面一样，将 ω 换成 ω_c，并取整数，得

$$\omega_c\geqslant\frac{3}{T} \tag{2-49}$$

而相角的近似关系是：$\mathrm{tg}^{-1}\omega T\approx90°$；当 $\omega T=\sqrt{10}$ 时，$\mathrm{tg}^{-1}\omega T=\mathrm{tg}^{-1}\sqrt{10}=72.45°$，似

乎误差较大。实际上，将这个惯性环节近似成积分环节后，相角滞后得更多，相当于稳定裕度更小。这就是说，实际系统的稳定裕度比近似系统更大，按近似系统设计好以后，实际系统的稳定性应该更强。

再研究一下系统的开环对数幅频特性。举例来说，若系统 a 的开环传递函数为

$$W_a(s)=\frac{K(\tau s+1)}{s(T_1 s+1)(T_2 s+1)}$$

其中 $T_1>\tau>T_2$，而且 $1/T_1$ 远低于截止频率 ω_c（见图 2－22），是处于频率特性的低频段。如果把大惯性环节$\frac{1}{T_1 s+1}$改成积分环节$\frac{1}{T_1 s}$，则开环传递函数变成

$$W_b(s)=\frac{K(\tau s+1)}{T_1 s^2(T_2 s+1)}$$

从图 2－22 的开环对数幅频特性上看，相当于把特性 a 近似看成特性 b。它们之间的差别只在低频段，这样的近似对系统的动态性能影响不大。

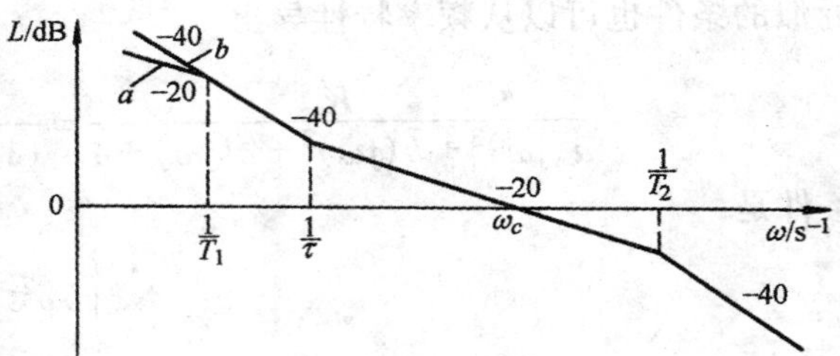

图 2－22　低频段大惯性环节近似处理对频率特性的影响

但是，从稳态性能上看，这样的近似处理相当于把系统的型别人为地提高了一级，如果原来是Ⅰ型系统，近似处理后就变成了Ⅱ型系统，这当然是虚假的。所以这样的近似只适用于动态性能的分析和设计，当考虑稳态精度时，仍应采用原来的传递函数 $W_a(s)$。

七、调节器最佳整定设计法[11、12、15、16]

早在 50 年代后期联邦德国西门子公司就提出了调节器最佳整定的工程设计方法，作为其工程技术人员设计和调试时的准则。这个方法简单好记，至今仍沿用甚广，本书提出的典型系统工程设计法也借鉴了该方法的许多长处。因此，有必要在教材中予以介绍、对比和评价。

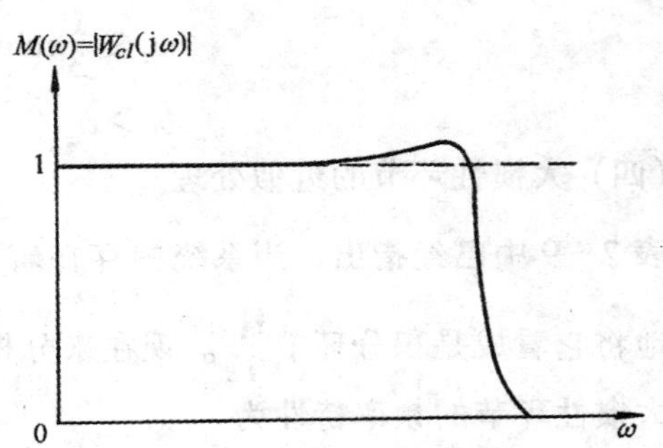

图 2－23　闭环系统的幅频特性

------理想的最佳特性　——实际特性

与前述的典型Ⅰ型系统和典型Ⅱ型系统相对应，在最佳整定方法中也分成二阶最佳（又称“模最佳”）和三阶最佳（又称“对称最佳”）两类。所谓“最佳”在德文原文中的含义是调节器的最佳参数整定，切勿与控制理论中的“最佳（最优）调节”相混淆。

（一）模最佳整定（二阶最佳）

“模最佳”的概念就是闭环系统幅频特性的模 M（ω）恒等于 1，即

$$M(\omega)=|W_{cl}(j\omega)|\equiv 1 \tag{2-50}$$

这时，输出$C(t)$与输入 R（t）相等，动态误差为零，跟随性能当然是最佳的。然而实际系统总有某种惯性或滞后，不可能在零至无穷大频率范围内都满足这个条件，最多只能在一定

频带内满足该条件。从图 2－23 可见，在输入阶跃信号开始的一小段时间内，即输入信号频谱中出现频率较高的时刻，输出量是不能精确地复现输入量的。当过渡过程在时间 t 稍大于零以后，频谱上进入了较低的频率区域，式（2－50）就可以近似地满足了。所以调节器的“模最佳整定”实际上只能是闭环系统幅频特性的模趋近于 1。

对于标准的二阶系统，闭环传递函数为〔见式（2－13）〕

$$W_{cl}(s)=\frac{C(s)}{R(s)}=\frac{\omega_n^2}{s^2+2\zeta\omega_n s+\omega_n^2}$$

则

$$M(\omega)=|W_{cl}(\mathrm{j}\omega)|=\frac{\omega_n^2}{\sqrt{(\omega_n^2-\omega^2)^2+4\zeta^2\omega_n^2\omega^2}}=$$

$$\frac{\omega_n^2}{\sqrt{\omega_n^4+(4\zeta^2-2)\omega^2\omega_n^2+\omega^4}}=$$

$$\frac{1}{\sqrt{1+(4\zeta^2-2)\frac{\omega^2}{\omega_n^2}+\frac{\omega^4}{\omega_n^4}}}$$

显然，$M(\omega)$ 在一定频带范围内趋近于 1 的条件是：$\omega\ll\omega_n$，$4\zeta^2-2=0$，即

$$\zeta=\frac{1}{\sqrt{2}}=0.707 \tag{2-51}$$

这就是调节器参数的模最佳（二阶最佳）整定值。

从以上推导过程看来，式（2－51）似乎是一种最佳的参数整定。但是只要和典型Ⅰ型系统的表 2－2 对比一下，便可看出，式（2－51）不过是常用的折衷的参数关系，并不一定是唯一“最佳”的选择。什么样的参数更好，还要看控制对象的工艺要求。例如，如果系统主要要求响应快，而超调量大小是无所谓的，就应选 $\zeta=0.5$（见表 2－2）；如果系统要求无超调，则应选 $\zeta=1.0$。总之，应该按工艺要求来掌握参数整定的趋向，而不是一成不变地拘泥于某种“最佳”的参数。显然，典型Ⅰ型系统的参数选择方法比模最佳（二阶最佳）参数整定更为全面。此外，在西门子的方法中只考虑了跟随性能，没有考虑到系统的抗扰性能。

（二）对称最佳整定（三阶最佳）

对于一般的三阶系统，其闭环传递函数可写成

$$W_{cl}(s)=\frac{b_0 s+b_1}{a_0 s^3+a_1 s^2+a_2 s+a_3}$$

仍考虑使闭环幅频特性的模等于 1，可令 $b_1=a_3$，$b_0=a_2$，则

$$W_{cl}(s)=\frac{a_2 s+a_3}{a_0 s^3+a_1 s^2+a_2 s+a_3} \tag{2-52}$$

于是：

$$M(\omega)=|W_{cl}(\mathrm{j}\omega)|=\sqrt{\frac{a_3^2+a_2^2\omega^2}{(a_3-a_1\omega^2)^2+\omega^2(a_2-a_0\omega^2)^2}}$$

$$=\sqrt{\frac{a_3^2+a_2^2\omega^2}{a_3^2+(a_2^2-2a_1a_3)\omega^2+(a_1^2-2a_0a_2)\omega^4+a_0^2\omega^6}}$$

为了使它趋近于1，须忽略分子中的 $a_2^2\omega^2$ 项和分母中的 $a_0^2\omega^6$ 项（这显然是不得已的），并满足下列条件。

$$\left.\begin{aligned}a_2^2-2a_1a_3=0\\a_1^2-2a_0a_2=0\end{aligned}\right\}\qquad(2-53)$$

于是式（2－53）便成为“三阶最佳”的参数整定条件。

这样看来，“三阶最佳”仍是一种“模最佳”，为什么又叫做“对称最佳”呢？这个名称是从它的伯德图上得到的。为了找到系统的伯德图，先得求出它的开环传递函数。我们知道，对于单位反馈系统，其开环传递函数为

$$W(s)=\frac{W_{cl}(s)}{1-W_{cl}(s)}$$

将式（2－52）代入此式，得

$$W(s)=\frac{a_2s+a_3}{a_0s^3+a_1s^2}=\frac{\dfrac{a_3}{a_1}(\dfrac{a_2}{a_3}s+1)}{s^2(\dfrac{a_0}{a_1}s+1)}=\frac{K(\tau s+1)}{s^2(Ts+1)}\qquad(2-54)$$

式中　$K=\dfrac{a_3}{a_1}$；$\tau=\dfrac{a_2}{a_3}$；$T=\dfrac{a_0}{a_1}$。

比较式（2－54）和式（2－10），可以看出，这里所考虑的标准三阶系统与前面的典型Ⅱ型系统是一致的。将式（2－53）中各系数用 K、τ、T 的关系代入，即得等效的三阶最佳条件

$$\left.\begin{aligned}\tau=4T\\K=\frac{1}{8T^2}\end{aligned}\right\}\qquad(2-55)$$

图2－24中给出了式（2－54）所表示的系统的伯德图，其中对应于 ω_c 处的相角与－180°线之差即相角稳定裕度 γ。由式（2－54）可求出

$$\gamma=180^\circ-180^\circ+\mathrm{tg}^{-1}\omega_c\tau-\mathrm{tg}^{-1}\omega_cT=\mathrm{tg}^{-1}\omega_c\tau-\mathrm{tg}^{-1}\omega_cT\qquad(2-56)$$

考查式（2－54）、（2－56）以及图2－24可以发现，改变开环增益 K 时，对数幅频特性上下平移，从而增大或减小 ω_c，但相频特性不变。当 K 为某值时，γ 达到其最大值 $\gamma_{\max}$（图中所示位置），令式（2－56）对 ω_c 的导数等于零，可求得 $\gamma_{\max}$的条件

$$\frac{\mathrm{d}\gamma}{\mathrm{d}\omega_c}=\frac{\mathrm{d}}{\mathrm{d}\omega_c}[\mathrm{tg}^{-1}\omega_c\tau-\mathrm{tg}^{-1}\omega_cT]=\frac{\tau}{1+\omega_c^2\tau^2}-\frac{T}{1+\omega_c^2T^2}=0$$

解之得

$$\omega_c^2\tau T=1$$

或

$$\omega_c=\sqrt{\frac{1}{\tau T}}\qquad(2-57)$$

取对数，

$$\lg\omega_c=\frac{1}{2}\left(\lg\frac{1}{\tau}+\lg\frac{1}{T}\right)\qquad(2-58)$$

式(2－58)表明，最大相角稳定裕度的系统其 ω_c 恰好位于角频率 $\omega_1=\dfrac{1}{\tau}$ 和 $\omega_2=\dfrac{1}{T}$ 的中点，这

时两个拐点在 ω_c 的左右对称，所以按 γ_{max}的参数整定叫做“对称最佳整定”。从式（2－55）的三阶最佳条件出发，并考虑到 $K=\omega_1\omega_c$〔见式(2－31)〕，经过简单的推导，同样可以得到式（2－57）的关系。由此可见，三阶最佳参数整定就是对称最佳整定。

式（2－54）表示的三阶系统的闭环传递函数是

$$W_{cl}(s)=\frac{W(s)}{1+W(s)}=\frac{K(\tau s+1)}{Ts^3+s^2+K\tau s+K}$$

按三阶最佳整定参数时，$\tau=4T, K=\dfrac{1}{8T^2}$，则

$$W_{cl}(s)=\frac{4Ts+1}{8T^3s^3+8T^2s^2+4Ts+1}$$

由它计算出来的阶跃响应跟随性能是：超调量 $\sigma\%=43.4\%$，上升时间 $t_r=3.1T$[11、12]，这样的超调量显然太大。在西门子方法中，为了减少超调量，在闭环系统前面再串接一个给定滤波环节，如图 2－25 所示。

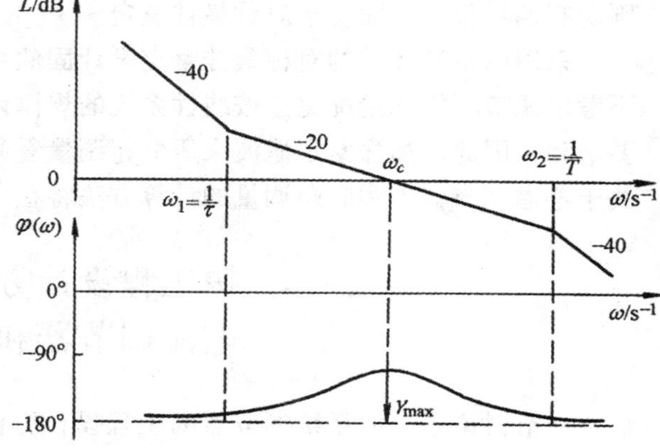

图 2－24　标准三阶系统（典型Ⅱ型系统）的伯德图

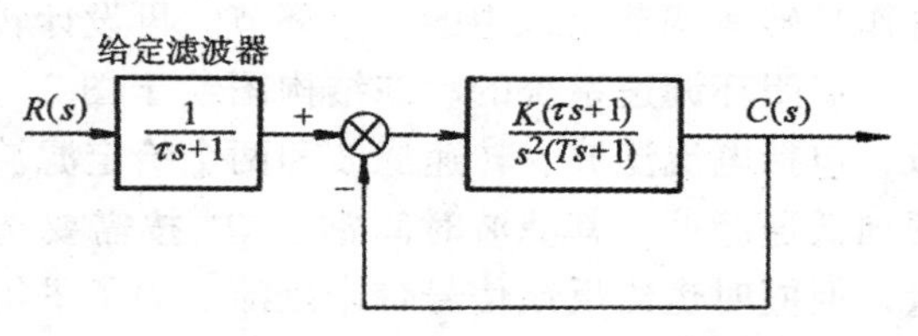

图 2－25　带给定滤波器的三阶系统

给定滤波器的传递函数是

$$\frac{1}{\tau s+1}=\frac{1}{4Ts+1}$$

接入此环节后恰好把原系统分子上的比例微分项消掉，因而减慢了过渡过程，降低了超调量。可以算出，带给定滤波器后三阶系统的跟随性能指标是：超调量 $\sigma\%=8.1\%$，上升时间 $t_r=7.6T$[11、12]。

把这种对称最佳整定方法和前述的典型Ⅱ型系统参数选择方法比较一下，不难发现，二者所采用的系统结构是相同的，不同之处仅在于选择参数的原则。在典型Ⅱ型系统工程设计中，按照 M_r 最小的准则来确定 K（或 ω_c）和 h（或 τ）的关系，在表 2－6 和表 2－7 中给出不同 h 值下的跟随性能指标与一种控制结构下的抗扰性能指标，可以按照不同的工艺要求来选择参数。对称最佳整定方法实际上只取 $h=\tau/T=4$，再按 γ 最大的准则来确定 K 和 τ 的关系，能够照顾不同工艺要求的灵活性较小。把两种方法的动态性能指标列在表 2－10 中加以比较，其中典型Ⅱ型系统的数据取自表 2－6 和表 2－7，对称最佳整定的数据是采用同一数学模型计算出来的。

表 2－10　典型Ⅱ型系统与“对称最佳整定”动态性能比较

设计方法			典型Ⅱ型系统		对称最佳整定
参数选择的准则			$M_{r\min}$		γ_{max}
中频宽			$h=5$	$h=4$	$h=4$
动态性能指标	跟随性能	σ	37.6%	43.6%	43.4%
		t_r/T	2.85	2.65	3.1
	抗扰性能	$\dfrac{\Delta C_{max}}{C_b}$	81.2%	77.5%	88.5%
		t_v/T	8.80	10.45	13.5

由上表可以看出，如果都用 $h=4$，则典型Ⅱ型系统按 $M_{r\min}$选择参数时，除 $\sigma\%$一项略大于对称最佳整定外，其余三项指标都比对称最佳整定好。如果典型Ⅱ型系统采用 $h=5$，则所有四项指标全面优于对称最佳整定。

采用给定滤波器的对称最佳整定设计固然可以大大压低超调量（$\sigma=8.1\%$），但这是在不考虑调节器饱和情况完全按线性系统的规律计算出来的。实际系统在阶跃响应中调节器总要饱和，因此用加强给定滤波来压低超调量看起来似乎有效，实际上并没有什么实际意义。关于考虑调节器饱和时超调量的计算方法将在§2-4中详细讨论。

§2-4 按工程设计方法设计双闭环系统的电流调节器和转速调节器

上节讨论了一般系统调节器的工程设计方法，现在应用这一方法具体地设计双闭环调速系统的两个调节器。前已指出，设计多环控制系统的一般原则是：从内环开始，一环一环地逐步向外扩展。在这里是：先从电流环入手，首先设计好电流调节器，然后把整个电流环看作是转速调节系统中的一个环节，再设计转速调节器。

双闭环调速系统的动态结构图绘于图2-26，它与图2-6不同之处在于增加了滤波环节，包括电流滤波、转速滤波和两个给定滤波环节。由于电流检测信号中常含有交流分量，须加低通滤波，其滤波时间常数 T_{oi}按需要选定。滤波环节可以抑制反馈信号中的交流分量，但同时也给反馈信号带来延滞。为了平衡这一延滞作用，在给定信号通道中加入一个相同时间常数的惯性环节，称作给定滤波环节。其意义是：让给定信号和反馈信号经过同样的延滞，使二者在时间上得到恰当的配合，从而带来设计上的方便（见下面结构图变换）。

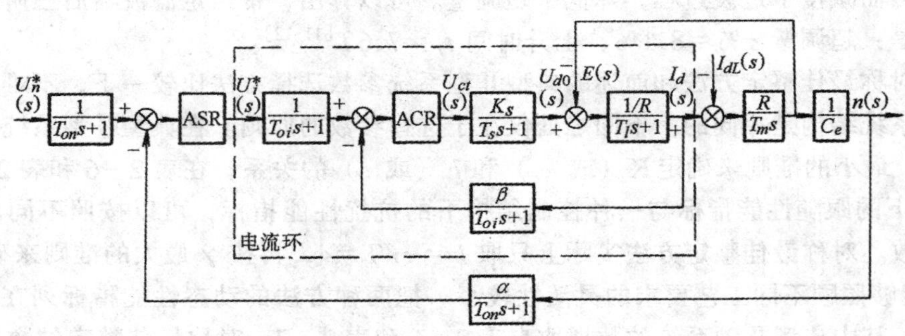

图2-26 双闭环调速系统的动态结构图

T_{oi}—电流反馈滤波时间常数 T_{on}—转速反馈滤波时间常数

由测速发电机得到的转速反馈电压含有电机的换向纹波，因此也需要滤波，滤波时间常数用 T_{on}表示。根据和电流环一样的道理，在转速给定通道中也配上时间常数为 T_{on}的给定滤波环节。

一、电流调节器的设计

（一）电流环结构图的简化

图2-26虚线框内就是电流环的结构图。把电流环单独拿出来设计时首先遇到的问题是反电动势产生的交叉反馈作用，它代表转速环输出量对电流环的影响。现在还没有轮到设计转

速环，要考虑它的影响自然是比较困难的。好在实际系统中的电磁时间常数 T_l 一般都远小于机电时间常数 T_m，因而电流的调节过程往往比转速的变化过程快得多，也就是说，比反电动势 E 的变化快得多。反电动势对电流环来说只是一个变化缓慢的扰动作用，在电流调节器的调节过程中可以近似地认为 E 基本不变，即 $\Delta E\approx 0$。这样，在设计电流环时，可以暂不考虑反电动势变化的动态作用，而将电动势反馈作用断开，从而得到忽略电动势影响的电流环近似结构图，如图 2－27a 所示。再把给定滤波和反馈滤波两个环节等效地移到环内，得图 2－27b（这就是两个时间常数取值相等的方便之处）。最后，T_s 和 T_{oi} 一般都比 T_l 小得多，可以当作小惯性环节处理，看成一个惯性环节，取

$$T_{\sum i}=T_s+T_{oi} \tag{2-59}$$

则电流环结构图最终简化成图 2－27c。

当然，这样的化简都是有条件的。先考虑近似处理小惯性环节的条件，按式（2－42），并以具体时间常数代进去，则近似条件是

$$\omega_{ci}\leqslant\frac{1}{3}\sqrt{\frac{1}{T_sT_{oi}}} \tag{2-60}$$

式中　ω_{ci}——电流环的截止频率。

现在研究一下忽略反电动势对电流环影响的条件。电流环中包含反电动势部分的结构图示于图 2－28a。为了简单起见，假定为理想空载，即 $I_{dL}=0$，再将反馈引出点移到电流环内，得结构图如图 2－28b。利用反馈连接等效变换，最后得到图 2－28c。

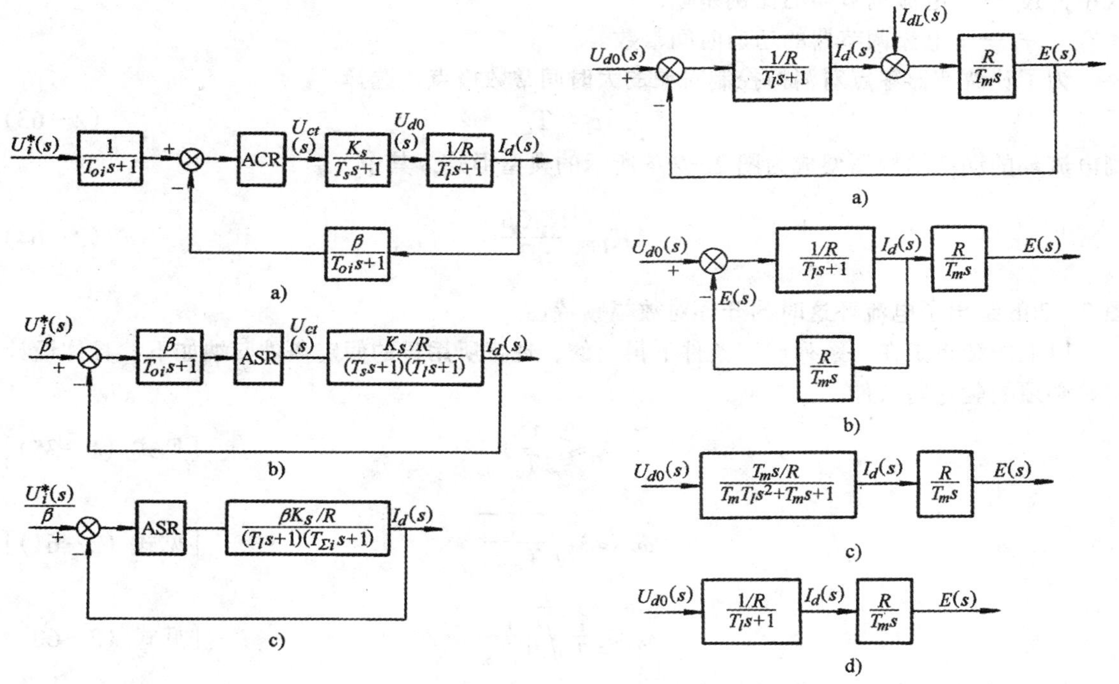

图 2－27　电流环的动态结构图及其化简　　图 2－28　反电动势作用结构图的等效变换（$I_{dL}=0$）

当 $T_m T_l \omega^2 \gg 1$ 时，图 2－28c 中第一个方框内的传递函数可近似为

$$\frac{T_m s/R}{T_m T_l s^2 + T_m s + 1} \approx \frac{T_m s/R}{T_m T_l s^2 + T_m s} = \frac{1/R}{T_l s + 1}$$

这就是图 2－26 中忽略反电动势作用的情况。近似条件可转化为

$$\omega_{ci} \geqslant 3\sqrt{\frac{1}{T_m T_l}} \tag{2-61}$$

（二）电流调节器结构的选择

首先应决定要把电流环校正成哪一类典型系统。电流环的一项重要作用就是保持电枢电流在动态过程中不超过允许值，因而在突加控制作用时不希望有超调，或者超调量越小越好。从这个观点出发，应该把电流环校正成典型Ⅰ型系统。可是电流环还有另一个对电网电压波动及时调节的作用，为了提高其抗扰性能，又希望把电流环校正成典型Ⅱ型系统。究竟应该如何选择，要根据实际系统的具体要求来决定取舍。在一般情况下，当控制对象的两个时间常数之比 $T_l/T_{\Sigma i} \leqslant 10$ 时，由表 2－3 的数据可以看出，典型Ⅰ型系统的抗扰恢复时间还是可以接受的，因此一般多按典型Ⅰ型系统来设计电流环，下面就考虑这种情况。如果要按典型Ⅱ型系统设计，其方法也是类似的，可以留待读者自己考虑。

图 2－27c 表明，电流环的控制对象是双惯性型的。要校正成典型Ⅰ型系统，显然应该采用 PI 调节器，其传递函数可以写成

$$W_{ACR}(s) = K_i \frac{\tau_i s + 1}{\tau_i s} \tag{2-62}$$

式中 K_i ——电流调节器的比例系数；

τ_i ——电流调节器的超前时间常数。

为了让调节器零点对消掉控制对象的大时间常数极点，选择

$$\tau_i = T_l \tag{2-63}$$

则电流环的动态结构图便成为图 2－29a 所示的典型形式，其中

$$K_I = \frac{K_i K_s \beta}{\tau_i R} \tag{2-64}$$

图 2－29b 绘出了电流环这时的开环对数幅频特性。

以上的结果是在一系列假定条件下得出的，现将所用过的假定条件归纳如下，具体设计时，必须校验这些条件。

$$\omega_{ci} \leqslant \frac{1}{3T_s} \qquad [见式 (1-35)]$$

$$\omega_{ci} \geqslant 3\sqrt{\frac{1}{T_m T_l}} \qquad [见式 (2-61)]$$

$$\omega_{ci} \leqslant \frac{1}{3}\sqrt{\frac{1}{T_s T_{oi}}} \qquad [见式 (2-60)]$$

（三）电流调节器参数的选择

电流调节器的参数包括 K_i 和 τ_i。

时间常数 τ_i 已选定为 $\tau_i = T_l$〔见式（2－63）〕

比例系数 K_i 取决于所需的 ω_{ci} 和动态性能指标。在一般情况下，希望超调量 $\sigma\%\leqslant5\%$ 时，由表 2－2，可取阻尼比 $\zeta=0.707$，$K_I T_{\Sigma i}=0.5$，因此

$$K_I=\omega_{ci}=\frac{1}{2T_{\Sigma i}} \tag{2-65}$$

再利用式（2－64）和（2－63）得到

$$K_i=\frac{T_l R}{2K_s\beta T_{\Sigma i}}=0.5\frac{R}{K_s\beta}\left(\frac{T_l}{T_{\Sigma i}}\right) \tag{2-66}$$

如果实际系统要求不同的跟随性能指标，式（2－65）、（2－66）当然应作相应的改变。此外，如果对电流环的抗扰性能有具体的要求，还得再校验一下抗扰性能指标。

（四）电流调节器的实现

含给定滤波和反馈滤波的 PI 型电流调节器原理图示于图 2－30。图中 U_i^* 为电流调节器的给定电压，$-\beta I_d$ 为电流负反馈电压，调节器的输出就是触发装置的控制电压 U_{ct}。

要推导这类调节器的传递函数，先考虑一下图 2－31 的输入等效电路。图中 A 点是虚地，可以认为它和电容 C_{oi} 的接地端是连在一起的。

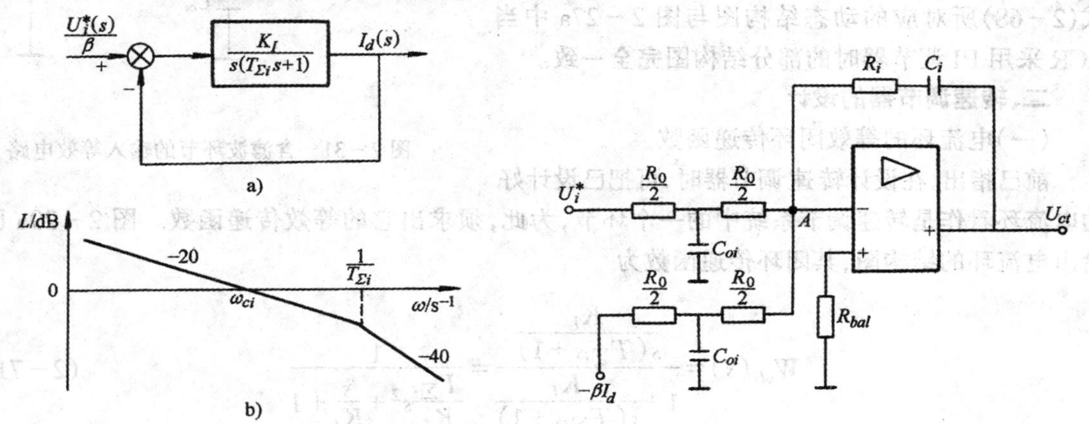

图 2－29　校正成典型Ⅰ型系统的电流环

a）动态结构图　b）开环对数幅频特性

图 2－30　含给定滤波与反馈滤波的 PI 型电流调节器

用拉氏变换式表示，流入 A 点的电流 i_a 为

$$i_a(s)=\frac{U_{in}(s)}{\dfrac{R_0}{2}+\dfrac{\dfrac{R_0}{2}\cdot\dfrac{1}{C_{oi}s}}{\dfrac{R_0}{2}+\dfrac{1}{C_{oi}s}}}\cdot\frac{\dfrac{1}{C_{oi}s}}{\dfrac{R_0}{2}+\dfrac{1}{C_{oi}s}}=$$

$$\frac{U_{in}(s)}{\dfrac{R_0}{2}+\dfrac{\dfrac{R_0}{2}}{\dfrac{R_0}{2}C_{oi}s+1}}\frac{1}{\dfrac{R_0}{2}C_{oi}s+1}=$$

$$\frac{U_{in}(s)}{\dfrac{R_0^2}{4}C_{oi}s+\dfrac{R_0}{2}+\dfrac{R_0}{2}}=\frac{U_{in}(s)}{R_0\left(\dfrac{R_0}{4}C_{oi}s+1\right)}=\frac{U_{in}(s)}{R_0(T_{oi}s+1)}$$

式中定义了电流滤波时间常数

$$T_{oi}=\frac{1}{4}R_0C_{oi} \tag{2-67}$$

于是，图 2－30 中虚地点 A 处的电流平衡方程为

$$\frac{U_i^*(s)}{R_0(T_{oi}s+1)}-\frac{\beta I_d(s)}{R_0(T_{oi}s+1)}=\frac{U_{ct}(s)}{R_i+\frac{1}{C_is}}$$

或

$$\frac{U_i^*(s)}{T_{oi}s+1}-\frac{\beta I_d(s)}{T_{oi}s+1}=\frac{U_{ct}(s)}{K_i\frac{\tau_is+1}{\tau_is}} \tag{2-68}$$

式中

$$K_i=\frac{R_i}{R_0} \tag{2-69}$$

$$\tau_i=R_iC_i \tag{2-70}$$

式(2－68)所对应的动态结构图与图 2－27a 中当 ACR 采用 PI 调节器时的部分结构图完全一致。

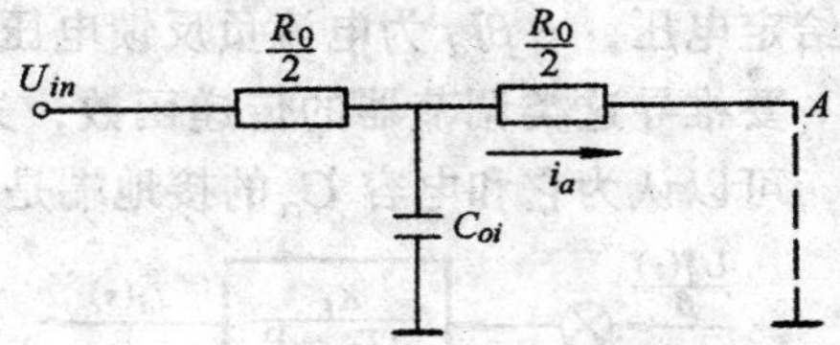

图 2－31　含滤波环节的输入等效电路

二、转速调节器的设计

(一)电流环的等效闭环传递函数

前已指出，在设计转速调节器时，可把已设计好的电流环看作是转速调节系统中的一个环节，为此，须求出它的等效传递函数。图 2－29a 已给出电流环的结构图，其闭环传递函数为

$$W_{oli}(s)=\frac{\frac{K_I}{s(T_{\Sigma i}s+1)}}{1+\frac{K_I}{s(T_{\Sigma i}s+1)}}=\frac{1}{\frac{T_{\Sigma i}}{K_I}s^2+\frac{s}{K_I}+1} \tag{2-71}$$

转速环的截止频率 ω_{cn} 一般较低，因此 W_{cli} （s）可降阶近似为

$$W_{cli}(s)\approx\frac{1}{\frac{1}{K_I}s+1} \tag{2-72}$$

近似条件可由式（2－48）求出：

$$\omega_{cn}\leqslant\frac{1}{3}\sqrt{\frac{K_I}{T_{\Sigma i}}} \tag{2-73}$$

若按 $\zeta=0.707$，$K_IT_{\Sigma i}=0.5$ 选择参数，则

$$W_{cli}(s)=\frac{1}{2T_{\Sigma i}{}^2s^2+2T_{\Sigma i}s+1}\approx\frac{1}{2T_{\Sigma i}s+1} \tag{2-74}$$

近似条件为

$$\omega_{cn}\leqslant\frac{1}{3\sqrt{2}T_{\Sigma i}}=\frac{1}{4.24T_{\Sigma i}}$$

取整数，

$$\omega_{cn} \leqslant \frac{1}{5T_{\Sigma i}} \tag{2-75}$$

这种近似处理的概念可用图 2－32 中的对数幅频特性来表示。按照式（2－74），电流环原来是一个二阶振荡环节，其阻尼比 $\zeta = 0.707$，无阻尼自然振荡周期为$\sqrt{2}\,T_{\Sigma i}$，对数幅频特性渐近线为图 2－32 的特性 A。近似为一阶惯性环节后得到特性 B。当转速环截止频率 ω_{cn} 较低时，对于转速环的频率特性来说，原系统和近似系统只在高频段有一些差别。

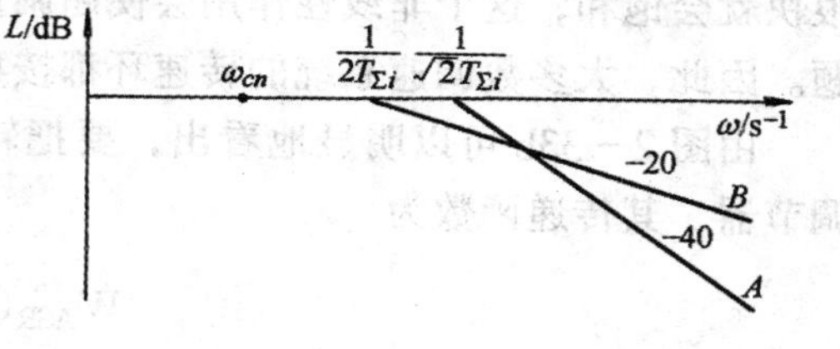

最后，由于图 2－29a 的输入信号是 $U_i^*(s)/\beta$，因而上面求出来的电流闭环传递函数为

$$W_{cli}(s) = \frac{I_d(s)}{U_i^*(s)/\beta}$$

接在转速环内，其输入信号应该是 U_i^*，因此电流环的等效环节应相应地改成

图 2－32　电流环及其近似环节的对数幅频特性

A—原二阶振荡环节　B—近似一阶环节

$$\frac{I_d(s)}{U_i^*(s)} = \frac{W_{cli}(s)}{\beta} \approx \frac{1/\beta}{2T_{\Sigma i}s+1} \tag{2-76}$$

应该注意的是，如果电流调节器参数选得不是这样，时间常数 $2T_{\Sigma i}$ 的大小也要作相应的改变。

顺便指出，原来电流环的控制对象可以近似看成是个双惯性环节（见图 2－27c），其时间常数是 T_l 和 $T_{\Sigma i}$，闭环后，整个电流环等效为一个无阻尼自然振荡周期为$\sqrt{2}\,T_{\Sigma i}$的二阶振荡环节，或者近似为只有小时间常数 $2T_{\Sigma i}$ 的一阶惯性环节。这就表明，电流闭环后，改造了控制对象，加快了电流跟随作用。这是一个很重要的概念，说明了多环控制系统中局部闭环（内环）的一个重要的功能。在§2－2 中讨论电流调节器的作用时还没有条件涉及这一点，现在予以补充。

（二）转速调节器结构的选择

用电流环的等效环节代替图 2－26 中的电流闭环后，整个转速调节系统的动态结构图便如图 2－33a 所示。

和前面一样，把给定滤波和反馈滤波环节等效地移到环内，同时将给定信号改为 $U_n^*(s)/\alpha$；再把时间常数为 T_{on} 和 $2T_{\Sigma i}$ 的两个小惯性环节合并起来，近似成一个时间常数为 $T_{\Sigma n}$ 的惯性环节，且

$$T_{\Sigma n} = T_{on} + 2T_{\Sigma i} \tag{2-77}$$

则转速环结构图可简化成图 2－33b。

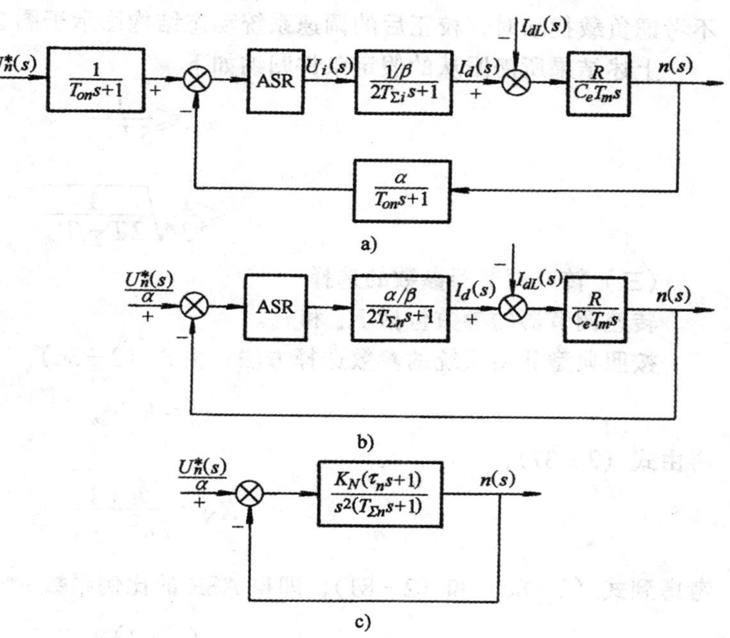

图 2－33　转速环的动态结构图及其近似处理

转速环应该校正成典型Ⅱ型系统是比较明确的，这首先是基于稳态无静差的要求。由图2－33b可以看出，在负载扰动作用点以后已经有了一个积分环节。为了实现转速无静差，还必须在扰动作用点以前设置一个积分环节，因此需要Ⅱ型系统。再从动态性能上看，调速系统首先需要有较好的抗扰性能，典型Ⅱ型系统恰好能满足这个要求。至于典型Ⅱ型系统阶跃响应超调量大的问题，那是线性条件下的计算数据，实际系统的转速调节器在突加给定后很快就会饱和，这个非线性作用会使超调量大大降低，下面在第三小节中再详细讨论这个问题。因此，大多数调速系统的转速环都按典型Ⅱ型系统进行设计。

由图2－33b可以明显地看出，要把转速环校正成典型Ⅱ型系统，ASR也应该采用PI调节器，其传递函数为

$$W_{ASR}(s)=K_n\frac{\tau_n s+1}{\tau_n s} \tag{2-78}$$

式中 K_n ——转速调节器的比例系数；

τ_n ——转速调节器的超前时间常数。

这样，调速系统的开环传递函数为

$$W_n(s)=\frac{K_n\alpha R(\tau_n s+1)}{\tau_n\beta C_e T_m s^2(T_{\sum n}s+1)}=\frac{K_N(\tau_n s+1)}{s^2(T_{\sum n}s+1)} \tag{2-79}$$

其中，转速环开环增益

$$K_N=\frac{K_n\alpha R}{\tau_n\beta C_e T_m} \tag{2-80}$$

不考虑负载扰动时，校正后的调速系统动态结构图示于图2－33c。

上述结果所需服从的假定条件归纳如下

$$\omega_{cn}\leqslant\frac{1}{5T_{\sum i}}$$ ［见式（2－75）］

$$\omega_{cn}\leqslant\frac{1}{3}\sqrt{\frac{1}{2T_{\sum i}T_{on}}}$$ ［见式（2－42）、（2－77）］

（三）转速调节器参数的选择

转速调节器的参数包括 K_n 和 τ_n。

按照典型Ⅱ型系统的参数选择方法，由式（2－36），

$$\tau_n=hT_{\sum n} \tag{2-81}$$

再由式（2－37），

$$K_N=\frac{h+1}{2h^2T_{\sum n}{}^2} \tag{2-82}$$

考虑到式（2－80）和（2－81），即得ASR的比例系数

$$K_n=\frac{(h+1)\beta C_e T_m}{2h\alpha RT_{\sum n}} \tag{2-83}$$

至于中频宽 h 应选择多大,要看系统对动态性能的要求来决定。如无特殊表示,由表2-6和表2-7的数据可见,一般以选择 $h=5$ 为好。

(四) 转速调节器的实现

含给定滤波和反馈滤波的PI型转速调节器原理图示于图2-34,图中 U_n^* 为转速给定电压,$-\alpha n$ 为转速负反馈电压,调节器的输出是电流调节器的给定电压 U_i^*。

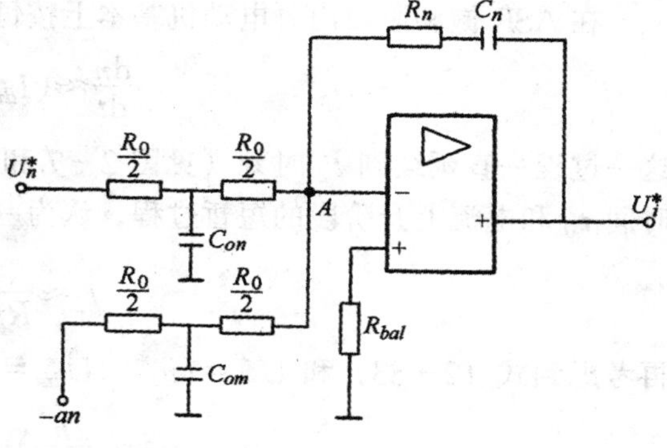

图2-34 含给定滤波与反馈滤波的PI型转速调节器

与电流调节器相似,转速调节器参数与电阻、电容值的关系为[参看式(2-69)、(2-70)、(2-67)]

$$K_n = \frac{R_n}{R_0} \quad (2-84)$$

$$\tau_n = R_n C_n \quad (2-85)$$

$$T_{on} = \frac{1}{4} R_0 C_{on} \quad (2-86)$$

三、转速调节器退饱和时转速超调量的计算

如果转速调节器没有饱和限幅的约束，可以在很大范围内线性工作，那么，双闭环调速系统起动时的转速过渡过程就会如图2-35a所示那样，超调量是不会很小的。实际上，突加给定电压后不久，转速调节器就进入饱和状态，输出恒定的电压 U_{im}^*，使电动机在恒流条件下起动，起动电流 $I_d \approx I_{dm} = U_{im}^*/\beta$，而转速 n 则按线性规律增长（图2-35b）。虽然这时的起动过程要比调节器没有限幅时慢得多，但是为了保证电流不超过允许值，这是必需的。

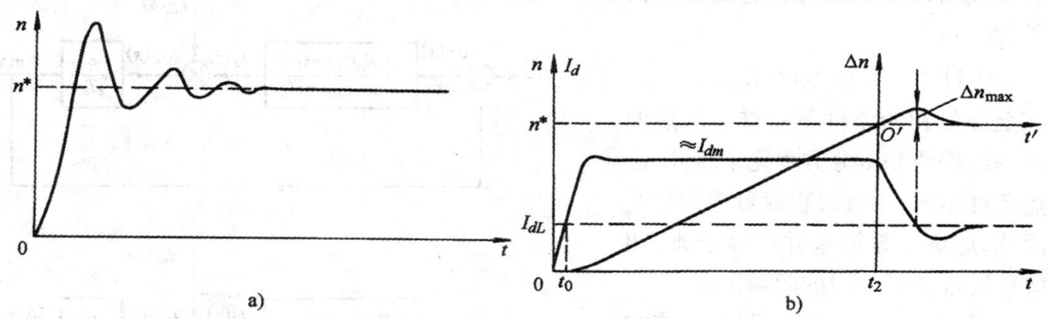

图2-35 转速环按典型Ⅱ型系统设计的调速系统起动过程
a) ASR不饱和 b) ASR饱和

转速调节器一旦饱和后，只有当转速上升到给定电压 U_n^* 所对应的稳态值 n^* 时（图2-35b中的0′点），反馈电压才与给定电压平衡，此后，当前者超过后者时，转速偏差开始出现负值，才使PI调节器退出饱和。ASR刚刚退出饱和后，由于电动机电流 I_d 仍大于负载电流 I_{dL}，电动机仍继续加速，直到 $I_d \leqslant I_{dL}$ 时，转速才降低下来，因此在起动过程中转速必然超调。但是，这已经不是按线性系统规律的超调，而是经历了饱和非线性区域之后产生的超调，可以称作“退饱和超调”。

退饱和超调的超调量显然会小于线性系统的超调量，但究竟是多少，要分析带饱和非线性的动态过程才能知道。对于这一类非线性问题，可采用分段线性化的方法，按照饱和与退饱和两段，分别用线性系统的规律分析。

在 ASR 饱和阶段内，电动机基本上按恒加速起动，其加速度为

$$\frac{\mathrm{d}n}{\mathrm{d}t}\approx(I_{dm}-I_{dL})\frac{R}{C_eT_m} \tag{2-87}$$

这一过程一直延续到 t_2 时刻（见图 2－7 和图 2－35b）$n=n^*$ 时为止。如果忽略起动延迟时间 t_0 和电流上升阶段的短暂过程，认为一开始就按恒加速起动，则

$$t_2\approx\frac{C_eT_mn^*}{R(I_{dm}-I_{dL})}$$

再考虑到式（2－83）和 $U_n^*=\alpha n^*$，$U_{im}^*=\beta I_{dm}$，则

$$t_2\approx\left(\frac{2h}{h+1}\right)\frac{K_nU_n^*}{(U_{im}^*-\beta I_{dL})}T_{\Sigma n} \tag{2-88}$$

这一阶段终了时，$I_d\approx I_{dm}$，$n=n^*$。

在 ASR 退饱和阶段内，调速系统恢复到转速闭环系统线性范围内运行，其结构图如图 2－33b 所示。描述系统的微分方程和前面会析线性系统跟随性能时完全一样，只是初始条件不同了。分析线性跟随性能时，初始条件为

$$n(0)=0, I_d(0)=0$$

现在讨论退饱和超调时，饱和阶段的终了状态应该就是退饱和阶段的初始状态，只要把时间坐标的“0”移到从 t_2 时刻开始就可以了。这样，退饱和的初始条件为

$$n(0)=n^*, I_d(0)=I_{dm}$$

显然和上面的初始条件不一样。虽然两种情况的结构图和微分方程完全相同，由于初始条件不同，过渡过程就可能大相径庭。因此，退饱和超调量并不等于典型Ⅱ型系统跟随性能指标中的超调量。

要计算退饱和超调量，照理应该在新的初始条件下求解过渡过程。但是，对比一下同一系统在负载扰动作用下的过渡过程，不难发现二者之间的相似之处，于是就可找到一条计算退饱和超调量的捷径。

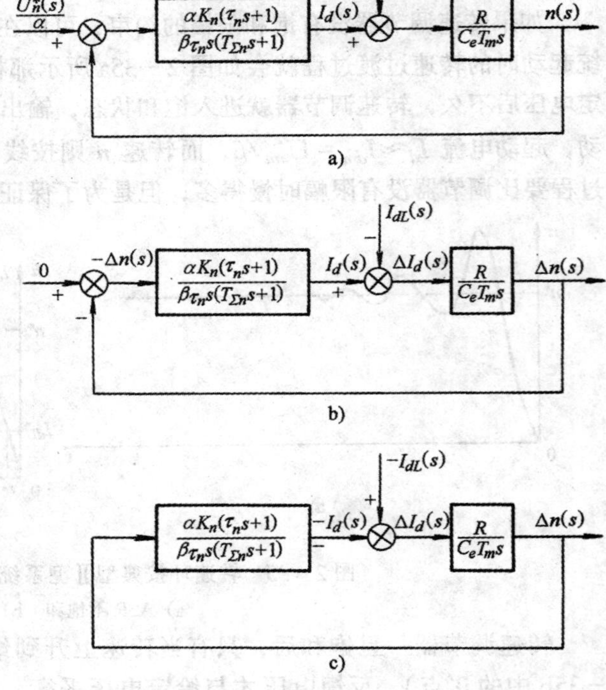

图 2－36　转速环的等效动态结构图

a）以转速 n 为输出量　b）以转速超调 Δn 为输出量　c）图 b）的等效变换

当 ASR 选用 PI 调节器时，图 2－33b 所示的调速系统结构图可绘成图 2－36a。由于我们感兴趣的只是在稳态转速以上的超调部分，可以把图 2－35b 上的坐标原点从 0 点移到 0′，即只考虑实际转速与给定的差值 $\Delta n=n-n^*$，相应的动态结构图变为图 3－36b，初始条件则转化为

$$\Delta n(0)=0, I_d(0)=I_{dm}$$

由于图 2－36b 的给定信号为零，可将其略去，而把 Δn 的负反馈作用反映到主通道第一个环节的输出量上来，即将 I_d 改成 $-I_d$，相应地将负载电流 I_{dL} 改为 $-I_{dL}$，又为了维持 $\Delta I_d=I_d-I_{dL}$ 的关系，把扰动作用点的负反馈作用＋、－号也倒一下，得图 2－36c。

将图 2－36c 和讨论典型Ⅱ型系统抗扰过程所用的结构图（图 2－18）比较一下，不难看出，它们是完全相当的。因此，如果初始条件一样时，分析图 2－18 的过渡过程所得的结果，如表 2－7，便可适用于分析退饱和超调过程 $\Delta n=f(t')$ 了。怎样得到和退饱和过程相同的初始条件呢？可以想象，对于图 2－18 的系统，如果它原来带着相当于 I_{dm} 那么大的负载稳定运行，突然将负载由 I_{dm} 降到 I_{dL}，转速会产生一个动态升高与恢复的过程，描述这一动态速升过程的微分方程仍是同一系统的微分方程，而初始条件则是

$$\Delta n(0)=0, I_d(0)=I_{dm}$$

与前述退饱和超调的初始条件完全一样。那么，这样的突卸负载速升过程 $\Delta n=f(t)$ 也就是退饱和超调过程 $\Delta n=f(t')$ 了。

表 2－7 所给出的抗扰性能指标习惯用于计算突加负载的动态速降，而突卸负载的动态速升与突加同一负载（$I_{dm}-I_{dL}$）的动态速降大小相等符号相反，所以表中数据完全适用于计算退饱和超调，只要注意正确计算 Δn 的基准值就行。在抗扰指标中，ΔC 的基准值是

$$C_b=2K_2TN \qquad \text{［见式（2－40）］}$$

在这里，对比图 2－18 和图 2－36c 可知，

$$K_2=\frac{R}{C_eT_m}$$

$$T=T_{\Sigma n}$$

而

$$N=I_{dm}-I_{dL}$$

所以 Δn 的基准值应该是

$$\Delta n_b=\frac{2RT_{\Sigma n}(I_{dm}-I_{dL})}{C_eT_m} \tag{2-89}$$

令　λ——电机允许过载倍数，$I_{dm}=\lambda I_{dnom}$；

z——负载系数，$I_{dL}=zI_{dnom}$；

Δn_{nom}——调速系统开环机械特性的额定稳态速降，$\Delta n_{nom}=I_{dnom}R/C_e$，

则

$$\Delta n_b=2(\lambda-z)\Delta n_{nom}\cdot\frac{T_{\Sigma n}}{T_m} \tag{2-90}$$

而超调量 $\sigma\%$ 的基准值是 n^*，因此退饱和超调量可以由表 2－7 所给出的 $\Delta C_{max}/C_b$ 数据经过基准值的换算后求出，它是

$$\sigma\%=\left(\frac{\Delta C_{max}}{C_b}\%\right)\frac{\Delta n_b}{n^*}=\left(\frac{\Delta C_{max}}{C_b}\%\right)\cdot 2(\lambda-z)\frac{\Delta n_{nom}}{n^*}\cdot\frac{T_{\Sigma n}}{T_m} \tag{2-91}$$

举例来说，设 $\lambda=1.5$，$z=0$（理想空载起动），$\Delta n_{nom}=0.3n_{nom}$，$T_{\Sigma n}/T_m=0.1$，则

$$\Delta n_b=2\times1.5\times0.3n_{nom}\times0.1=0.09n_{nom}$$

当选择 $h=5$，并且起动到额定转速 $n^*=n_{nom}$ 时，退饱和超调量为

$$\sigma=81.2\%\times0.09=7.3\%$$

可见，退饱和超调量要比线性系统的超调量指标小得多。

式（2-91）表明，退饱和超调量的大小和转速环时间常数的比值 $T_{\sum n}/T_m$、开环机械特性的斜率、过载倍数 λ、负载大小等都有关系，特别是还与给定稳态转速 n^* 有关。在上述具体例子中，如果只起动到 $0.2n_{nom}$ 低速运行，由于 $\Delta n_{\max}$ 增量值未变，则超调量变成

$$\sigma\Big|_{0.2n_{nom}}=\frac{\Delta n_{\max}}{n^*}=\frac{\Delta n_{\max}}{0.2n_{nom}}=\frac{7.3\%}{0.2}=36.5\%$$

其数值就比起动到额定转速时大得多了。

实际系统的超调量，有时比按上述方法计算的结果还要小，这往往是反电动势局部负反馈作用所致。在设计电流环时，曾在 $\omega_{ci}\geqslant3\sqrt{1/T_mT_l}$ 的条件下忽略了反电动势的作用。电流环设计好以后，将它等效为转速环中的一个一阶惯性环节，进而设计转速环时，就没有再考虑反电动势的影响。其实，和电流环调节作用比，反电动势的变化固然较慢，和转速环调节作用相比，就未必如此了，应该再校验一下是否能满足新的条件

$$\omega_{cn}\geqslant3\sqrt{\frac{1}{T_mT_l}} \tag{2-92}$$

一般 $\omega_{cn}<\omega_{ci}$，所以式（2-92）这一条件未必能满足，这就带来了误差。

如果需要考虑反电动势对转速环的影响，只好放弃求电流环等效环节的做法，在设计好ACR之后，回到图2-26的结构图上去设计ASR。由于这个结构图包含交叉反馈作用，难以简化成典型系统，只好利用数字仿真求出既考虑反电动势作用又考虑ASR饱和时的动态过程，从而找出动态性能指标。一般按工程设计方法设计时，无法这样做，但考虑到反电动势的影响总是使实际超调量减小的，把它当作一个设计余量看待，也就可以了。

最后，从这一节的分析计算还可得到一条重要的结论，那就是，退饱和超调量的大小与动态速降的大小是一致的。也就是说，考虑ASR饱和非线性后，调速系统的跟随性能与抗扰性能并不矛盾，而是一致的。

四、设计举例

某晶闸管供电的双闭环直流调速系统，整流装置采用三相桥式电路，基本数据如下

直流电动机：220V、136A、1460r/min，$C_e=0.132$Vmin/r，允许过载倍数 $\lambda=1.5$。

晶闸管装置放大系数：$K_s=40$。

电枢回路总电阻：$R=0.5\Omega$。

时间常数：$T_l=0.03$s，$T_m=0.18$s。

电流反馈系数：$\beta=0.05$V/A（≈10V/$1.5I_{nom}$）

转速反馈系数：$\alpha=0.007$Vmin/r（≈10V/n_{nom}）。

设计要求：

稳态指标：无静差；

动态指标：电流超调量 $\sigma_i\leqslant5\%$；空载起动到额定转速时的转速超调量 $\sigma_n\%\leqslant10\%$。

（一）电流环的设计

1. 确定时间常数

（1）整流装置滞后时间常数 T_s。

按表1－2，三相桥式电路的平均失控时间 $T_s=0.0017s$。

(2) 电流滤波时间常数 T_{oi}

三相桥式电路每个波头的时间是3.33ms，为了基本滤平波头，应有(1～2) $T_{oi}=3.33ms$，因此取 $T_{oi}=2ms=0.002s$。

(3) 电流环小时间常数 $T_{\Sigma i}$

按小时间常数近似处理，取 $T_{\Sigma i}=T_s+T_{oi}=0.0037s$。

2. 选择电流调节器结构

根据设计要求：$\sigma_l\leqslant 5\%$，而且

$$\frac{T_l}{T_{\Sigma i}}=\frac{0.03}{0.0037}=8.11<10$$

因此可按典型Ⅰ型系统设计。电流调节器选用PI型，其传递函数为

$$W_{ACR}(s)=K_i\frac{\tau_i s+1}{\tau_i s}$$

3. 选择电流调节器参数

ACR超前时间常数：$\tau_i=T_l=0.03s$。

电流环开环增益：要求 $\sigma_i\leqslant 5\%$ 时，应取 $K_I T_{\Sigma i}=0.5$（见表2－2），因此

$$K_I=\frac{0.5}{T_{\Sigma i}}=\frac{0.5}{0.0037}=135.1 1/s$$

于是，ACR的比例系数为

$$K_i=K_I\cdot\frac{\tau_i R}{\beta K_s}=135.1\times\frac{0.03\times 0.5}{0.05\times 40}=1.013$$

4. 校验近似条件

电流环截止频率 $\omega_{ci}=K_I=135.1 1/s$

(1) 晶闸管装置传递函数近似条件：$\omega_{ci}\leqslant\frac{1}{3T_s}$

现在，$\frac{1}{3T_s}=\frac{1}{3\times 0.0017s}=196.1\ 1/s>\omega_{ci}$，满足近似条件。

(2) 忽略反电动势对电流环影响的条件：$\omega_{ci}\geqslant 3\sqrt{\frac{1}{T_m T_l}}$

现在，

$$3\sqrt{\frac{1}{T_m T_l}}=3\times\sqrt{\frac{1}{0.18\times 0.03}}\frac{1}{s}=40.82\ 1/s<\omega_{ci}$$

满足近似条件。

(3) 小时间常数近似处理条件：$\omega_{ci}\leqslant\frac{1}{3}\sqrt{\frac{1}{T_s T_{oi}}}$。

现在

$$\frac{1}{3}\sqrt{\frac{1}{T_s T_{oi}}}=\frac{1}{3}\times\sqrt{\frac{1}{0.0017\times 0.002}}\frac{1}{s}=180.8\ 1/s>\omega_{oi}$$

满足近似条件。

5. 计算调节器电阻和电容

电流调节器原理图如图 2－30，按所用运算放大器取 $R_0=40\text{k}\Omega$，各电阻和电容值计算如下

$$R_i=K_iR_o=1.013\times40\text{k}\Omega=40.52\text{k}\Omega,\qquad \text{取 }40\text{k}\Omega$$

$$C_i=\frac{\tau_i}{R_i}=\frac{0.03}{40\times10^3}\times10^6\mu\text{F}=0.75\mu\text{F},\qquad \text{取 }0.75\mu\text{F}$$

$$C_{oi}=\frac{4T_{oi}}{R_o}=\frac{4\times0.002}{40\times10^3}\times10^6\mu\text{F}=0.2\mu\text{F},\qquad \text{取 }0.2\mu\text{F}$$

按照上述参数，电流环可以达到的动态指标为：$\sigma_i\%=4.3\%<5\%$（见表 2－2），满足设计要求。

（二）转速环的设计

1. 确定时间常数

(1) 电流环等效时间常数为 $2T_{\sum i}=0.0074\text{s}$。

(2) 转速滤波时间常数 T_{on}

根据所用测速发电机纹波情况，取 $T_{on}=0.01\text{s}$

(3) 转速环小时间常数 $T_{\sum n}$

按小时间常数近似处理，取 $T_{\sum n}=2T_{\sum i}+T_{on}=0.0174\text{s}$

2. 选择转速调节器结构

由于设计要求无静差，转速调节器必须含有积分环节；又根据动态要求，应按典型Ⅱ型系统设计转速环。故 ASR 选用 PI 调节器，其传递函数为

$$W_{\text{ASR}}(s)=K_n\frac{\tau_ns+1}{\tau_ns}$$

3. 选择转速调节器参数

按跟随和抗扰性能都较好的原则，取 $h=5$，则 ASR 的超前时间常数为

$$\tau_n=hT_{\sum n}=5\times0.0174\text{s}=0.087\text{s}$$

转速环开环增益

$$K_N=\frac{h+1}{2h^2T_{\sum n}{}^2}=\frac{6}{2\times25\times0.0174^2}1/\text{s}^2=396.4\text{s}^{-2}$$

于是，ASR 的比例系数［由式（2－83）］为

$$K_n=\frac{(h+1)\beta C_eT_m}{2h\alpha RT_{\sum n}}=\frac{6\times0.05\times0.132\times0.18}{2\times5\times0.007\times0.5\times0.0174}=11.7$$

4. 校验近似条件

由式（2－31），转速环截止频率为

$$\omega_{cn}=\frac{K_N}{\omega_1}=K_N\tau_n=396.4\times0.087\frac{1}{s}=34.5\text{s}^{-1}$$

(1) 电流环传递函数简化条件： $\omega_{cn}\leqslant\dfrac{1}{5T_{\sum i}}$

现在

$$\frac{1}{5T_{\sum i}}=\frac{1}{5\times0.0037}1/\text{s}=54.1\ 1/\text{s}>\omega_{cn},$$

满足简化条件。

（2）小时间常数近似处理条件：$\omega_{cn} \leqslant \frac{1}{3}\sqrt{\frac{1}{2T_{\Sigma i}T_{on}}}$

现在，

$$\frac{1}{3}\sqrt{\frac{1}{2T_{\Sigma i}T_{on}}}=\frac{1}{3}\times\sqrt{\frac{1}{2\times0.0037\times0.01}}=38.75>\omega_{on}$$

满足近似条件。

5．计算调节器电阻和电容

转速调节器原理图如图 2－34，取 $R_0=40\text{k}\Omega$，则

$$R_n=K_nR_0=11.7\times40\text{k}\Omega=468\text{k}\Omega,\qquad \text{取 } 470\ \text{k}\Omega$$

$$C_n=\frac{\tau_n}{R_n}=\frac{0.087}{470\times10^3}\times10^6\mu\text{F}=0.185\mu\text{F},\ \text{取 } 0.2\mu\text{F}$$

$$C_{on}=\frac{4T_{on}}{R_0}=\frac{4\times0.01}{40\times10^3}\times10^6\mu\text{F}=1\mu\text{F},\ \text{取 } 1\mu\text{F}$$

6．校核转速超调量

由式（2－91），

$$\sigma_n\%=\left(\frac{\Delta C_{\max}}{C_b}\%\right)\cdot2\ (\lambda-z)\ \frac{\Delta n_{nom}}{n^*}\cdot\frac{T_{\Sigma_n}}{T_m}$$

当 $h=5$ 时，$\frac{\Delta C_{\max}}{C_b}\%=81.2\%$；而 $\Delta n_{nom}=\frac{I_{dnom}R}{C_e}=\frac{136\times0.5}{0.132}\text{r/min}=515.2\text{r/min}$，因此

$$\sigma_n=81.2\%\times2\times1.5\times\frac{515.2}{1460}\times\frac{0.0174}{0.18}=8.31\%<10\%$$

能满足设计要求。

（三）两个值得注意的问题

到此，双闭环调速系统的两个调节器都设计出来了，下面讨论两个值得注意的问题。

1．从转速环看，能不能忽略反电动势

在设计电流环时已经算出：$\omega_{ci}=135.1\ 1/\text{s}$，而 $3\sqrt{\frac{1}{T_mT_l}}=40.82\text{s}^{-1}<\omega_{ci}$，所以反电动势对于电流环来说可以忽略。但是，$\omega_{cn}=34.5\text{s}^{-1}\ngtr3\sqrt{\frac{1}{T_mT_l}}$，因而对于转速环来说，忽略反电动势的条件就不成立了。

实际上，考虑到反电动势的影响，转速超调量将比上面的计算值更小，更能满足设计要求。

2．内、外环开环对数幅频特性的比较

图 2－37 把电流环和转速环的开环对数幅频特性画在一张图上，其中各转折频率和截止频率依次为

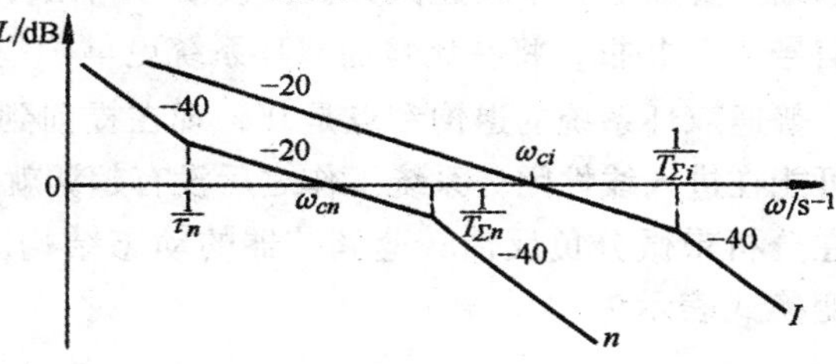

图 2－37　双闭环系统内环和外环的开环对数幅频特性

I—电流内环　n—转速外环

$$\frac{1}{T_{\Sigma i}}=\frac{1}{0.0037}\mathrm{s}^{-1}=270.3\mathrm{s}^{-1},$$

$$\omega_{ci}=135.1\mathrm{s}^{-1},$$

$$\frac{1}{T_{\Sigma n}}=\frac{1}{0.0174}\mathrm{s}^{-1}=57.5\mathrm{s}^{-1},$$

$$\omega_{cn}=34.5\mathrm{s}^{-1},$$

$$\frac{1}{\tau_n}=\frac{1}{0.087}\mathrm{s}^{-1}=11.5\mathrm{s}^{-1}$$

以上频率一个比一个小，从计算过程可以看出，这是必然的规律。因此，这样设计的双环系统，外环一定比内环慢。一般来说，$\omega_{ci}=100\sim150\mathrm{s}^{-1}$，$\omega_{cn}=20\sim50\mathrm{s}^{-1}$。

外环的响应速度受到限制，这是按上述方法设计多环控制系统时的缺点。然而，这样一来，每个环本身都是稳定的，对系统的组成和调试工作非常有利。总之，多环系统的设计思想是：以稳为主，稳中求快。如果主要追求的目标是快速响应，那还不如采用单闭环系统，只要用别的措施解决限流保护等问题就可以了。

§2－5　转速超调的抑制——转速微分负反馈[22]

一、问题的提出

双闭环调速系统具有良好的稳态和动态性能，结构简单，工作可靠，设计也很方便，实践证明，它是一种应用最广的调速系统。然而，其动态性能的不足之处就是转速必然超调，而且抗扰性能的提高也受到一定限制。在某些不允许转速超调，或对动态抗扰性能要求特别严格的地方，仅仅采用两个 PI 调节器的双闭环系统就显得有些力不从心了。

解决这个问题的一个简单有效的办法就是在转速调节器上引入转速微分负反馈，加入这一环节可以抑制转速超调直到消灭超调，同时可以大大降低动态速降。可以证明，采用带微分负反馈的 PI 型转速调节器在结构上符合现代控制理论中的“全状态反馈的最优控制”[23,24]因而可以获得实际可行的最优动态性能。

二、带转速微分负反馈双闭环调速系统的基本原理

带转速微分负反馈的双闭环系统与普通双环系统的区别仅在转速调节器上，这时转速调节器的原理图示于图2－38。和普通转速调节器相比，增加了电容 C_{dn}和电阻 R_{dn}，即在转速负反馈的基础上叠加上一个转速微分负反馈信号。在转速变化过程中（图2－39)，两个信号一起与给定信号 U_n^* 相抵，将在比普通双环系统更早一些的时刻达到平衡，开始退饱和。由图2－39可见，普通双环系统的退饱和点是0′，现在提前到 T 点。T 点所对应的转速 n_t 比 n^* 低，因而有可能在进入线性闭环系统工作之后没有超调就趋于稳定，如图2－39中曲线2所示。

在分析带微分负反馈转速调节器的动态结构时，先看一下微分反馈支路的电流 i_{dn}，用拉氏变换式表示为

$$i_{dn}(s)=\frac{\alpha n(s)}{R_{dn}+\frac{1}{C_{dn}s}}=\frac{\alpha C_{dn}sn(s)}{R_{dn}C_{dn}s+1}$$

因此，图2－38 虚地点 A 的电流平衡方程为

$$\frac{U_n^*(s)}{R_o(T_{on}s+1)}-\frac{\alpha n(s)}{R_o(T_{on}s+1)}-\frac{\alpha C_{dn}sn(s)}{R_{dn}C_{dn}s+1}=\frac{U_i^*(s)}{R_n+\frac{1}{C_ns}}$$

整理后得

$$\frac{U_n^*(s)}{T_{on}s+1}-\frac{\alpha n(s)}{T_{on}s+1}-\frac{\alpha\tau_{dn}sn(s)}{T_{odn}s+1}=\frac{U_i^*(s)}{K_n\frac{\tau_ns+1}{\tau_ns}} \tag{2-93}$$

式中 $\tau_{dn}=R_oC_{dn}$——转速微分时间常数；

$T_{odn}=R_{dn}C_{dn}$——转速微分滤波时间常数。

根据式（2-93）可以绘出带转速微分负反馈的转速环动态结构图，如图2-40a所示。可以看出，C_{dn}的作用主要是对转速信号进行微分，因此称作微分电容；而R_{dn}的主要作用是滤去微分后带来的高频噪声，可以叫做滤波电阻。

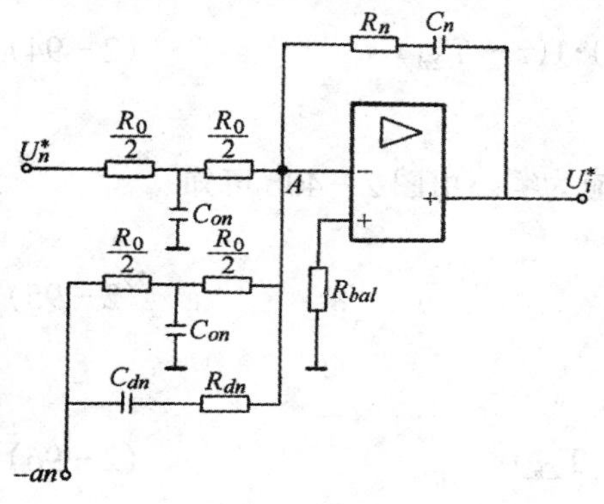

图2-38 带微分负反馈的转速调节器

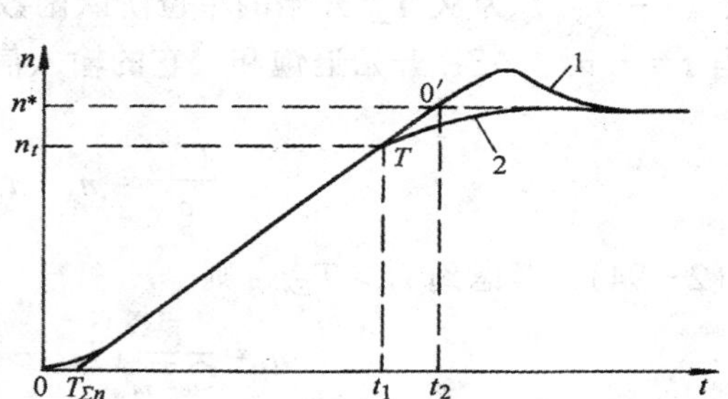

图2-39 转速微分负反馈对起动过程的影响
1—普通双闭环系统 2—带微分负反馈的系统

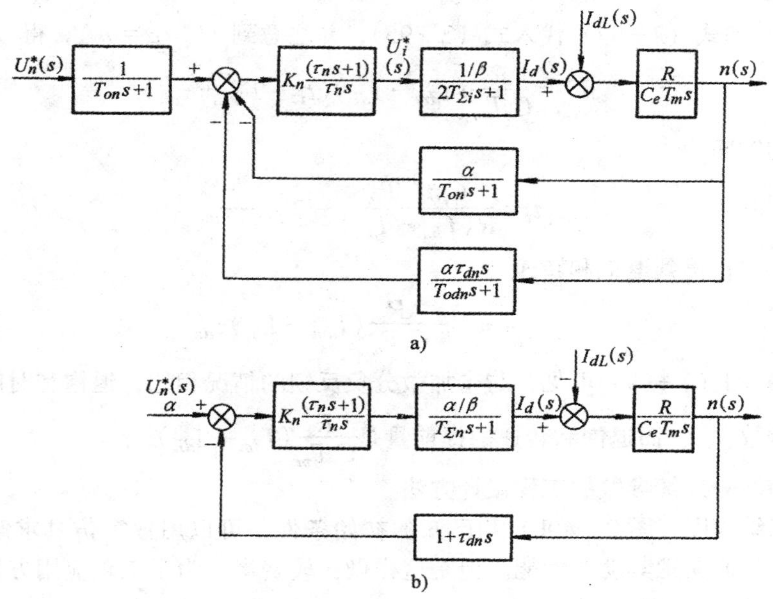

图2-40 带转速微分负反馈的转速环动态结构图
a）原始结构图 b）简化后的结构图

为了分析方便起见，取 $T_{odn}=T_{on}$；再将滤波环节都移到转速环内，并按小惯性近似方法，令 $T_{\Sigma n}=T_{on}+2T_{\Sigma i}$，得简化后的结构图如图 2－40b 所示。和图 2－33b 的普通双闭环系统相比，只是在反馈通道中增加了微分项 $\tau_{dn}s$。

三、退饱和时间和退饱和转速

前已指出，引入转速微分负反馈后，其所以能够抑制超调，主要是由于转速调节器的退饱和时间提前了。退饱和以后，系统的动态性能取决于转速环进入线性状态后的过渡过程，其初始条件就是退饱和点（图 2－39 中的 T 点）的转速和电流。T 点的电流当然还是 I_{dm}，其转速 n_t 则要通过退饱和时间 t_t 来计算。

当 $t\leqslant t_t$ 时，ASR 仍饱和，$I_d=I_{dm}$，转速则按线性规律增长。如果将小时间常数 $T_{\Sigma n}$ 的影响近似看成是转速开始升高时的纯滞后作用，此后便不再影响转速的增长率，如图 2－59 中折线 $O-T_{\Sigma n}-T$ 所示，则转速上升过程可用下式描述

$$n(t)=\frac{R}{C_eT_m}(I_{dm}-I_{dL})(t-T_{\Sigma n})\cdot 1(t-T_{\Sigma n}) \tag{2-94}$$

其中 $1(t-T_{\Sigma n})$ 为从 $T_{\Sigma n}$ 开始的单位阶跃函数。

当 $t=t_t$ 时，ASR 开始退饱和，它的输入信号之和应为零。由图 2－40b 可知

$$\frac{U_n^*}{\alpha}=n_t+\tau_{dn}\frac{dn}{dt}\bigg|_{t=t_1} \tag{2-95}$$

由式（2－94），考虑到 $t_t>T_{\Sigma n}$，则

$$n_t=\frac{R}{C_eT_m}(I_{dm}-I_{dL})(t_t-T_{\Sigma n}) \tag{2-96}$$

且

$$\frac{\mathrm{d}n}{\mathrm{d}t}\bigg|_{t=t_1}=\frac{R}{C_eT_m}(I_{dm}-I_{dL}) \tag{2-97}$$

将式（2－96）和式（2－97）代入式（2－95），并注意到 $U_n^*/\alpha=n^*$，得

$$n^*=\frac{R}{C_eT_m}(I_{dm}-I_{dL})(t_t-T_{\Sigma n}+\tau_{dn})$$

因此，退饱和时间为

$$t_t=\frac{C_en^*T_m}{R(I_{dm}-I_{dL})}+T_{\Sigma n}-\tau_{dn} \tag{2-98}$$

代入式（2－96），得到退饱和转速

$$n_t=n^*-\frac{R}{C_eT_m}(I_{dm}-I_{dL})\tau_{dn} \tag{2-99}$$

由式（2－98）和（2－99）可见，与未加微分负反馈的情况相比，退饱和时间的提前量恰好是微分时间常数 τ_{dn}，而退饱和转速的提前量是 $\frac{R}{C_eT_m}(I_{dm}-I_{dL})\tau_{dn}$。

四、转速微分反馈参数的工程设计方法

根据动态结构图（图 2－40b）和已知的初始条件，可以用数字仿真求解退饱和后系统的过渡过程，从而获悉其动态性能。但是这样做比较费事，为了工程应用方便起见，最好能找到一种简单的近似计算方法。

对于按典型Ⅱ型系统设计未加微分反馈的转速调节器，已知 $h=\tau_n/T_{\Sigma n}$，参考文献〔22〕

中推导了微分反馈时间常数 τ_{dn} 的近似工程计算公式

$$\tau_{dn}=\frac{4h+2}{h+1}T_{\Sigma n}-2\sigma T_m\cdot\frac{n^*}{(\lambda-z)\Delta n_{nom}} \tag{2-100}$$

式中　σ——用小数表示的允许超调量。

如果要求无超调，则 $\sigma=0$，式（2－100）中第一项即为所需的 τ_{dn} 值。如果 τ_{dn} 大于此值，过渡过程更慢，仍为无超调，这时用式（2－100）计算出来的 σ 为负值，这是不对的，因为推导过程中所作的假定条件已经不成立了[22]。因此，无超调时的微分时间常数应该是

$$\tau_{dn}\big|_{\sigma=0}\geqslant\frac{4h+2}{h+1}T_{\Sigma n} \tag{2-101}$$

五、带转速微分负反馈双闭环调速系统的抗扰性能

带转速微分负反馈的双闭环调速系统在受到负载扰动时其结构图可以绘成图 2－41。图中

$$K_1=\frac{\alpha K_n}{\beta\tau_n}$$

$$K_2=\frac{R}{C_eT_m}$$

且

$$K_1K_2=K_N=\frac{h+1}{2h^2T_{\Sigma n}^2}$$

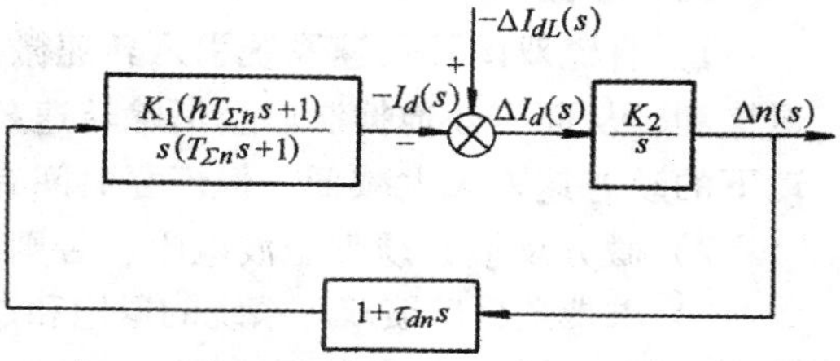

图 2－41　带转速微分负反馈双闭环调速系统在负载扰动下的结构图

令　$\Delta n_b=2K_2T_{\Sigma n}\Delta I_{dL}$

$$\delta=\frac{\tau_{dn}}{T_{\Sigma n}}$$

则

$$\frac{\dfrac{\Delta n(s)}{\Delta n_b}}{\dfrac{\Delta I_{dL}}{s}}=\frac{1}{2K_2T_{\Sigma n}\Delta I_{dL}}\frac{\dfrac{K_2}{s}}{1+\dfrac{K_1K_2(hT_{\Sigma n}s+1)(\tau_{dn}s+1)}{s^2(T_{\Sigma n}s+1)}}$$

$$=\frac{\dfrac{1}{2}s(T_{\Sigma n}s+1)}{\Delta I_{dL}[T_{\Sigma n}s^2(T_{\Sigma n}s+1)+K_1K_2T_{\Sigma n}(hT_{\Sigma n}s+1)(\tau_{dn}s+1)]}$$

$$\frac{\Delta n(s)}{\Delta n_b}=\frac{0.5T_{\Sigma n}(T_{\Sigma n}s+1)}{T_{\Sigma n}^3s^3+(1+\dfrac{h+1}{2h}\delta)T_{\Sigma n}^2s^2+\dfrac{h+1}{2h^2}(h+\delta)T_{\Sigma n}s+\dfrac{h+1}{2h^2}} \tag{2-102}$$

若取 $h=5$，则式（2－102）成为

$$\frac{\Delta n(s)}{\Delta n_b}=\frac{0.5T_{\Sigma n}(T_{\Sigma n}s+1)}{T_{\Sigma n}^3s^2+(1+0.6\delta)T_{\Sigma n}^2s^2+0.6(1+0.2\delta)T_{\Sigma n}s+0.12} \tag{2-103}$$

对于不同的 δ 值，解式（2－103），得带转速微分负反馈的双闭环系统抗扰性能指标，列于表 2－11 中。

表 2-11　带转速微分负反馈的双闭环调速系统抗扰性能指标（未加转速微分负反馈前，按典型Ⅱ型系统设计转速环，取 $h=5$）

$\delta=\tau_{dn}/T_{\Sigma n}$	0	0.5	1.0	2.0	3.0	4.0	5.0
$\Delta r_{max}/\Delta nb$	81.2%	67.7%	58.3%	46.3%	39.1%	34.3%	30.7%
$t_m/T_{\Sigma n}$	2.85	2.95	3.00	3.45	4.00	4.45	4.90
$t_v/T_{\Sigma n}$	8.80	11.20	12.80	15.25	17.30	19.10	20.70

表中恢复时间 t_v 系指 $\Delta n/\Delta n_b$ 衰减到 ±5% 以内的时间。从表 2-11 的数据可以看出，引入转速微分负反馈后，动态速降大大降低，τ_{dn}越大，动态速降越低，但恢复时间拖长了，其物理意义是很明显的。

六、小结

1）直流双闭环调速系统引入转速微分负反馈后，可使突加给定起动时转速调节器提早退饱和，从而有效地抑制以至消除转速超调。同时也增强了调速系统的抗扰能力，在负载扰动下的动态速降大大减低，但恢复时间有所延长。

2）微分反馈必须带滤波电阻，否则将引入新的干扰。

3）求带微分反馈双环系统的退饱和过渡过程不能象普通双环系统那样借助于系统的抗扰性能曲线，因为初始条件不一致。只能以退饱和点为初始条件求解带微分负反馈系统的微分方程。式（2-98）和式（2-99）给出了作为退饱和过程初始点的退饱和时间和退饱和转速。

4）作为调节器工程设计方法的延伸，本节中给出了微分反馈时间常数的近似计算公式[式（2-100）和（2-101）]。表 2-11 给出了在指定条件下不同 τ_{dn}值所对应的抗扰性能指标。

§2-6　三环调速系统

本章前几节着重分析了转速、电流双闭环调速系统的基本原理、控制规律和设计方法，其中许多方面都代表着多环控制系统的一般规律，现在再来推广到其它多环控制系统。然而，实际的多环控制系统种类繁多，不可能在此一一述及，本节先分析两类三环调速系统，即带电流变化率内环和带电压内环的三环调速系统，作为如何推广多环控制规律的范例。

从双闭环调速系统原理可以看出，外环——转速环是决定调速系统主要性质的基本控制环，但内环——电流环也有其不可湮灭的重要贡献。归纳起来，内环的作用有以下三点。

(1) 对本环的被调量实行限制和保护。

(2) 对环内的扰动实行及时的调节。

(3) 改造本环所包围的控制对象，使它更有利于外环控制。

这三点作用对于任何多环控制系统的内环来说都是适用的，只是不同系统各有其侧重的方面罢了。

一、带电流变化率内环的三环调速系统

在双闭环调速系统中，为了提高系统的快速性，希望电流环具有尽量快的响应特性，除了在图 2-7 的第Ⅱ阶段保持恒流控制以外，在第Ⅰ和第Ⅲ段都希望电流尽快地上升或下降，也就是说，希望电流变化率较大，使整个系统更接近理想的动态波形（图 2-1b）。

采用机组供电的调速系统时，由于发电机励磁惯性的作用，无论怎么控制，电枢电流的变化率都是能够容许的，只恨它不够快。用晶闸管整流装置取代机组以后，整流装置本身的惯性降低了几个数量级，电枢电流的快速变化能力便能充分发挥出来，电流变化率的瞬时值甚至高达 $100\sim200I_{nom}/s$ 以上。这样一来，快速性是满意了，却出现了另外的问题。这样高的电流变化率会使直流电动机产生很高的换向电动势，使换向器上出现不能容许的火花等级。电机容量越大，问题越严重，有时不得不为此而设计专用的电机。但是，即使电机的问题解决了，过高的电流变化率还伴随着很大的转矩变化率，会在机械传动机构中产生很强的冲击，从而加快其磨损，缩短了设备的检修周期甚至使用寿命。如果单纯延缓电流环的跟随作用以压低电流变化率，又会影响系统的快速性。最好是在电流变化过程中保持容许的最大变化率，以充分发挥其效益，这恰好是前面总结的内环的一种作用。因此，在电流环内再设置一个电流变化率环，构成了转速、电流、电流变化率三环调速系统，如图 2－42 所示。

在带电流变化率内环的三环调速系统中，ASR 的输出仍是 ACR 的给定信号，并用其限幅值 U_{im}^* 限制最大电流；ACR 的输出不是直接控制触发电路，而是作为电流变化率调节器 ADR 的给定输入，ADR 的负反馈信号由电流检测通过微分环节 CD 得到，ACR 的输出限幅值 U_{dim}^* 则限制最大的电流变化率。最后，由第三个调节器 ADR 的输出限幅值 U_{ctm} 决定触发脉冲的最小控制角 $\alpha_{\min}$。

简单的电流变化率调节器示于图 2－43，一般采用积分调节器，C_d 是调节器的积分电容，积分时间常数的大小靠分压比 ρ 来调节。电流检测信号 $\beta_{di}I_d$ 通过微分电容 C_{di} 和微分反馈滤波电阻 R_{di} 为 ADR 提供电流变化率反馈信号，反馈系数 β_{di} 与电流反馈系数 β 可以不同。

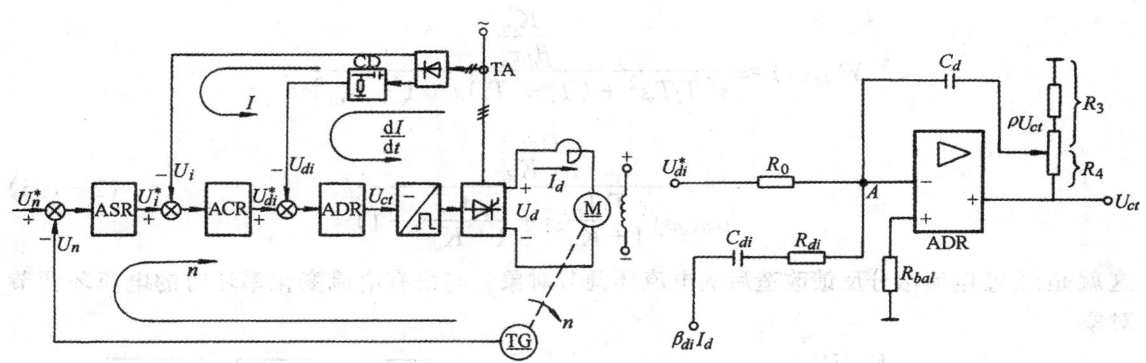

图 2－42　带电流变化率内环的三环调速系统

ADR—电流变化率调节器　CD—电流微分环节

图 2－43　电流变化率调节器

令　$\tau_d = R_oC_d$ —— ADR 的积分时间常数；

$\rho=\dfrac{R_3}{R_3+R_4}$ —— ADR 时间常数调整器的分压比；

$\tau_{di} = R_oC_{di}$ ——电流微分时间常数；

$T_{odi} = R_{di}C_{di}$ ——电流微分滤波时间常数。

在虚地点 A 处的电流平衡方程式为

$$\frac{U_{di}^{*}(s)}{R_o}-\frac{\beta_{di}I_d(s)}{R_{di}+\frac{1}{C_{di}s}}=\frac{\rho U_{ct}(s)}{\frac{1}{C_d s}}$$

$$U_{di}^{*}(s)-\frac{\beta_{di}\tau_{di}sI_d(s)}{T_{odi}s+1}=\rho\tau_d sU_{ct}(s) \tag{2-104}$$

式（2－104）所对应的电流变化率环动态结构图示于图2－44。和双闭环系统一样，在这里也暂先忽略 E 的影响。

电流变化率环的闭环传递函数为

$$W_{cld}(s)=\frac{\frac{\frac{K_s}{\rho\tau_d R}}{s(T_s s+1)(T_l s+1)}}{1+\frac{\frac{K_s\beta_{di}\tau_{di}}{\rho\tau_d R}}{(T_{odi}s+1)(T_s s+1)(T_l s+1)}}=\frac{\frac{K_{di}}{\beta_{di}\tau_{di}}(T_{odi}s+1)}{s[(T_{odi}s+1)(T_s s+1)(T_l s+1)+K_{di}]}$$

式中 $K_{di}=\frac{K_s\beta_{di}\tau_{di}}{\rho\tau_d R}$。

一般 T_{odi} 很小，暂且忽略它的影响（或者在 U_{di}^{*} 后面加入以 T_{odi} 为时间常数的给定滤波，而将它并到小时间常数中去，则

$$W_{cld}(s)\approx\frac{\frac{K_{di}}{\beta_{di}\tau_{di}}}{s[T_lT_s s^2+(T_l+T_s)s+1+K_{di}]}=\frac{\frac{K_{di}}{1+K_{di}}}{\beta_{di}\tau_{di}s\left(\frac{T_lT_s}{1+K_{di}}s^2+\frac{T_l+T_s}{1+K_{di}}s+1\right)} \tag{2-105}$$

这就是经过电流微分反馈改造后的电流环调节对象，与没有电流变化率环时的电流环调节对象

$$\frac{K_s/R}{T_lT_s s^2+(T_l+T_s)s+1}$$

相比，当 K_{di} 足够大时，二阶惯性环节部分的时间常数被大大缩小了，因而提高了电流控制的快速性，而且这些参数变化的影响也明显地受到了抑制。

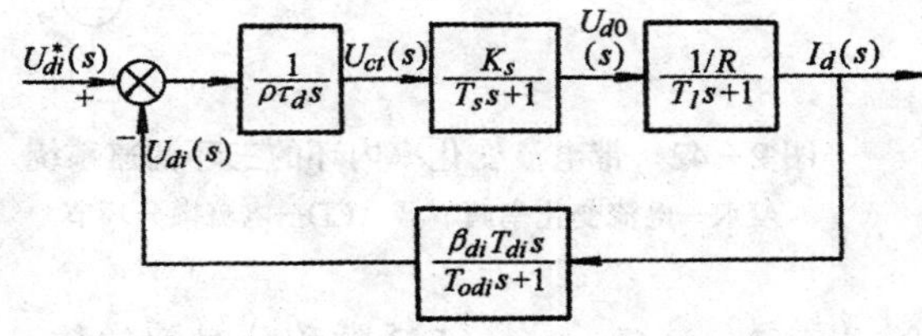

图2－44　电流变化率环动态结构图

二、带电压内环的三环调速系统

在实际调整系统中，特别是大容量的对动态性能要求较高的调速系统中，出现了转速、电流、电压三环控制的结构形式，其结构原理示于图2－45。作为多环控制系统，前面阐明的多环控制规律在这里都适用，读者可以仿照前述方法自行分析。现在着重讨论电压环的作用。

既然电流变化率内环的主要作用是利用饱和非线性控制规律使动态电流按最大容许变化率来变化，那么电压内环就应该是保证在最大容许电压下的变化。可是，这一作用显然是没有意义的，因为电压的最大值取决于电源电压，而且已经有了触发装置的最小控制角 α_{min}保护，没有必要再施加控制。

其次，再分析一下电压环在改造控制对象加快调节上的作用。和电流变化率调节器相仿，电压调节器一般也采用积分调节器，其传递函数为

$$W_{AVR}(s)=\frac{1}{\rho\tau_v s} \tag{2-106}$$

式中 τ_v —— AVR的积分时间常数；

ρ —— AVR时间常数调整器的分压比。

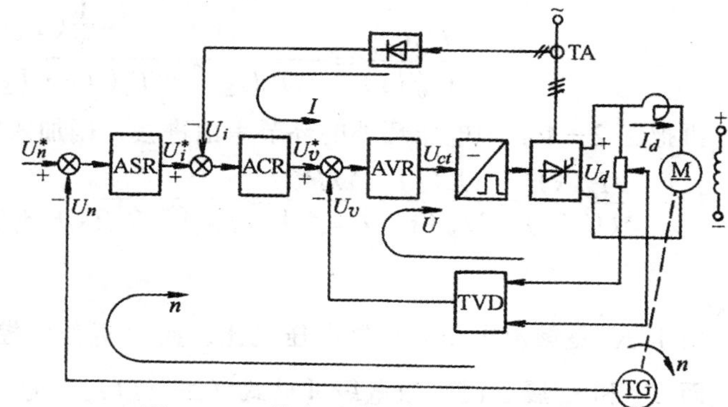

图 2-45 带电压内环的三环调速系统

AVR—电压调节器 TVD—直流电压隔离变换器

至于电压环动态结构图（图 2-46a）的推导却要麻烦些。由于电压反馈信号取自晶闸管整流器的输出端，不得不把整流装置的内阻 R_{rec}和电枢回路其余部分（包括平波电抗器）的电阻 R_a 分开处理，这时主电路电压平衡方程式可写成

$$U_{do}-I_dR_{rec}=U_d=I_dR_a+L\frac{dI_d}{dt}+E \tag{2-107}$$

和以前一样，暂先忽略反电动势变化的影响，或者说，用微偏法取式（2-107）中各量的微偏量，并认为 $\Delta E\approx 0$，则式（2-107）变成

$$\Delta U_{do}-R_{rec}(\Delta I_d)=\Delta U_d\approx R_a(\Delta I_d)+L\frac{d(\Delta I_d)}{dt}$$

对上式取零初始条件下的拉氏变换，并令 $T_l=\frac{L}{R}$，$T_{la}=\frac{L}{R_a}$，$R=R_{rec}+R_a$，化简并略去“△”符号，得

$$\frac{I_d(s)}{U_d(s)}=\frac{1/R_a}{T_{la}s+1} \tag{2-108}$$

$$\frac{U_d(s)}{U_{do}(s)}=\frac{R_a(T_{la}s+1)}{R(T_ls+1)} \tag{2-109}$$

图 2-46a 绘出了电压环和系统主电路部分的动态结构图，其中主电路部分的传递函数如式（2-108）和式（2-109），γ 是电压反馈系数，T_{ov}是电压反馈和给定滤波时间常数。

将滤波环节等效地移至环内，并对小时间常数作近似处理，取 $T_{\Sigma v}=T_s+T_{ov}$，则结构图可简化成图 2-46b。由图不难求出电压环的闭环传递函数

$$W_{clv}(s)=\frac{U_d(s)}{\frac{1}{\gamma}U_v^*(s)}=\frac{T_{la}s+1}{\frac{\rho\tau_vR}{\gamma K_sR_a}s(T_{\Sigma v}s+1)(T_ls+1)+(T_{la}s+1)}$$

或

$$\frac{U_d(s)}{U_v^*(s)}=\frac{\frac{1}{\gamma}(T_{la}s+1)}{\frac{\rho\tau_vR}{\gamma K_sR_a}s(T_{\Sigma v}s+1)(T_ls+1)+(T_{la}s+1)} \tag{2-110}$$

令
$$T_v=\frac{R}{\gamma K_s R_a}\rho\tau_v \tag{2-111}$$
称作电压调节器的等效时间常数，则
$$\frac{U_d(s)}{U_v^*(s)}=\frac{\frac{1}{\gamma}(T_{la}s+1)}{T_l T_v U_{\Sigma v}s^3+T_v(T_l+T_{\Sigma v})s^2+(T_v+T_{la})s+1} \tag{2-112}$$
再把图2-46b中电压环外的环节考虑进去，则加入电压环后电流调节环的控制对象变成
$$\frac{I_d(s)}{U_v^*(s)}=\frac{U_d(s)}{U_v^*(s)}\cdot\frac{1/R_a}{T_{la}s+1}=\frac{1}{\gamma R_a[T_l T_v T_{\Sigma v}s^3+T_v(T_l+T_{\Sigma v})s^2+(T_v+T_{la})s+1]} \tag{2-113}$$
由于 K_s 是整流电压和控制电压之比，而 γ 近似为控制电压和整流电压之比，则$\frac{1}{\gamma}\approx K_s$，因而 T_v 和 τ_v 属于同一数量级〔见式（2-111)〕，为了不降低系统的快速性，它们都应该远小于 T_{la} 和 T_l，因此，式（2-113）可以粗略地看成
$$\frac{I_d(s)}{U_v^*(s)}\approx\frac{K_s/R_a}{(T_l s+1)(T_v s+1)(T_{\Sigma v}s+1)}$$
未加入电压环时的电流环控制对象是
$$\frac{K_s/R}{(T_l s+1)(T_s s+1)}$$
以上二式相比，并没有本质上的差别。所以电压环在改造控制对象的作用上也是不明显的。

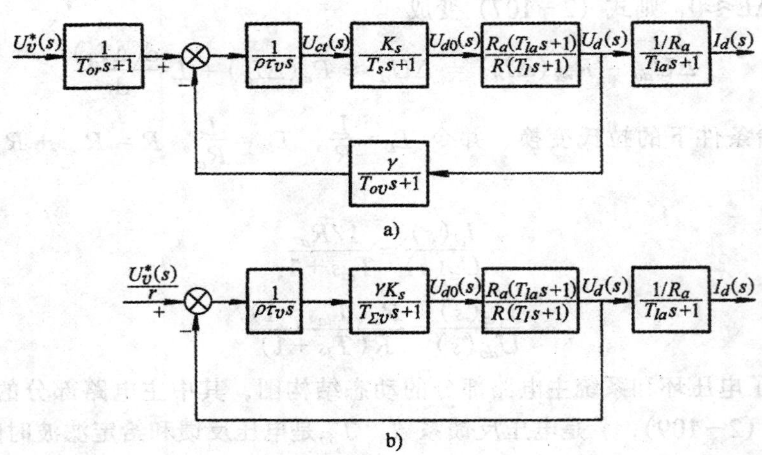

图2-46 电压环动态结构图及其化简

电压环还有一个重要的缺点是：电压反馈信号中所含谐波分量往往较大，然而为了保证系统的动态性能，电压反馈滤波时间常数又不能太大。这样，常常给调节系统带来谐波干扰，严重时甚至造成系统振荡，只有用选频滤波的方法才能解决。

当然，在抗扰作用上，电压环是有其优越性的。因为对电网电压波动来说，电压环比电流环的调节更为及时。

§2-7 弱磁控制的直流调速系统

一、电枢电压与励磁配合控制

在他激直流电动机的调速方法中，除了调节电枢电压外，改变励磁电流也能获得平滑的无级调速。调压调速是从基速（额定转速）往下调，在不同转速下容许的输出转矩恒定，称作恒转矩调速方法。弱磁调速是从基速往上调，不同转速时容许输出功率基本相同，称作恒功率调速方法，这时转速越高容许转矩越小。对于恒转矩性质的负载，例如矿井卷扬机，为了充分利用电动机，当然应该采用恒转矩调速方案；对于恒功率性质的负载，例如机床的主传动，一般更适于采用恒功率调速方案。但是，由于弱磁调速的允许调速范围有限，一般不超过1:2，特殊调速电机也不过是1:3或1:4，当负载要求的调速范围超过这个数值的时候，就不得不采用调压和弱磁配合控制的方案，即在基速以下保持额定磁通不变，只调节电枢电压，而在基速以上保持电压为额定值，减弱磁通升速。这样的配合控制特性示于图2-47。

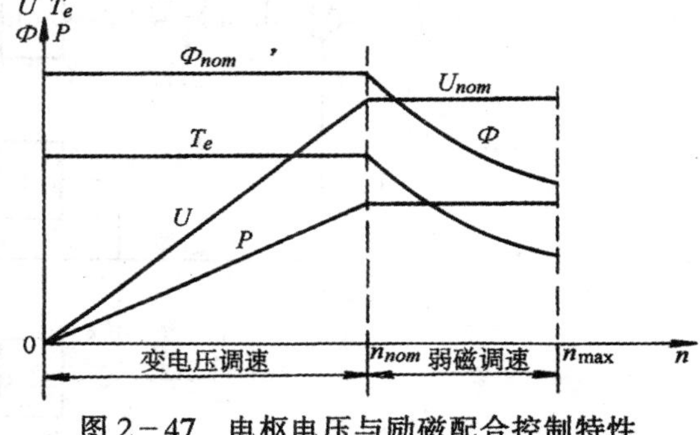

图2-47 电枢电压与励磁配合控制特性

从图2-47可以看出，起动时不宜采用弱磁方式，而应在额定磁通下升压起动，才能得到大的起动转矩。当电压达到额定值以后，才可减弱磁通继续升速。

二、非独立控制励磁的调速系统

在调压调速系统中要进行弱磁调速，可以在原有的调压调速给定电位器之外再单独设置一个调磁电位器，通过励磁电流调节器来控制电动机磁通，这叫做独立控制励磁的调速系统。实际调速时，必须先保证把调磁电位器放在满磁位置不动，调节调压电位器；只有在电枢电压和转速达到额定值时，才允许减少调磁电位器给出的电压，实行弱磁升速。这样的操作显然很不方便，因此独立控制励磁系统已经很少应用。

图2-48所示为常用的非独立控制励磁的调速系统。在这里调压和弱磁调速用同一个电位器或其它给定装置操作，弱磁升速靠系统内部的信号自动进行。图中，电枢电压控制仍采用典型的转速、电流双闭环调节方式；在励磁控制系统中也有两个控制环：电动势环和励磁电流环。电动势调节器AER和励磁电流调节器AFR一般都采用PI调节器。由于很难直接检测电动机的反电动势 E，采用由 U_d 和 I_d 的检测信号 U_v 与 U_i，通过电动势运算器AE，获得反电动势信号 U_e，与由基速电动势给定电位器 RP_e 给出的电动势给定信号 U_e^* 比较后，经过AER，得到励磁电流给定信号 U_{if}^*。再与励磁电流检测信号 U_{if}比较，经过AFR，控制电动机的励磁。

采用电动势调节器来提供励磁电流给定信号是自动实现电枢电压与励磁的配合控制所需要的，因为直流电动机感应电动势的规律是 $E=K_e\Phi_n$，当磁通 Φ 减弱而转速 n 上升时，反电动势 E 应维持不变，采用PI型的电动势调节器恰好能保证电动势无静差的控制要求。

下面按基速以下和基速以上两个区域来分析调速时整个系统的工作情况。

（1）基速以下改变电枢电压调速，同时保持励磁为额定值不变。

电动势调节器AER的给定电压 U_c^* 设置为相当于95%（或90%）U_{nom}的电动势信号 U_c 值，

而其输出限幅值 $U_{i\,fm}^*$则相当于额定励磁。在基速以下，只要 $n<95\%$（或 90%）n_o，因而 $E<95\%$（或 90%）U_{nom}，经过电动势运算器 AE 得到的电动势反馈信号 U_e 就低于U_e^*，使 AER 一直处于饱和状态，相当于电动势环开环，AER 的输出电压一直保持在限幅值 $U_{i\,fm}^*$上，通过 AFR 的调节作用，保证额定的励磁电流不变。这样，在基速以下完全靠转速、电流双闭环系统调节电枢电压来控制转速。

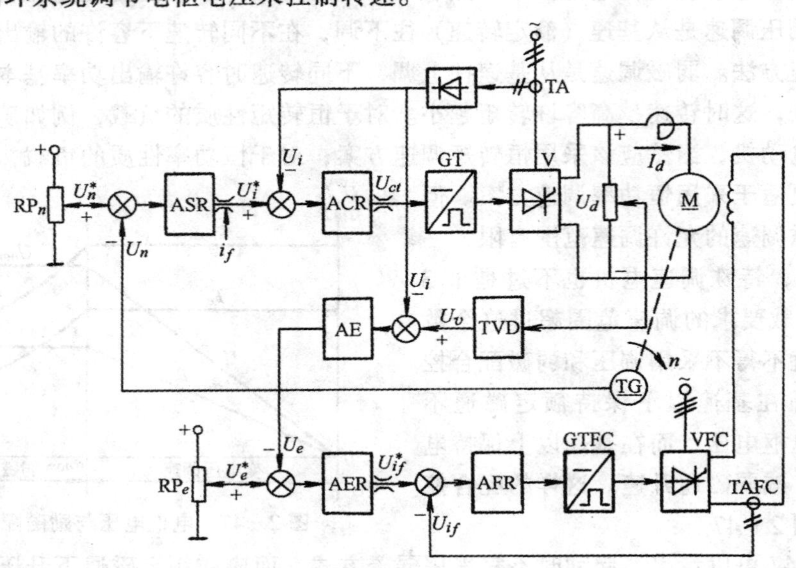

图 2-48　非独立控制励磁的调速系统

RP_n—调速电位器　RP_e—基速电动势给定电位器　AE—电动势运算器　AER—电动势调节器　AFR—励磁电流调节器　VFC—励磁电流可控整流装置

（2）基速以上弱磁升速，保持电枢反电动势恒定。

当转速上升到 95%（或 90%）n_o 以上时，电动势反馈信号 U_e 超过了 U_e^*，使 AER 退出饱和，从而使励磁电流给定值 $U_{i\,f}^*$降低，通过 AFR 实现弱磁调速。在弱磁调速区域内，转速给定信号 U_n^* 高于额定转速所对应的反馈信号，只要实际转速还没有达到给定值，则 $U_n<U_n^*$，电枢电压仍处于 U_{ctm}所决定的最大值，这时电动势信号 U_e 就企图上升，经过 AER、AFR 使励磁电流继续减小，因而转速继续升高，直到 $U_n=U_n^*$ 为止，达到所需转速稳定运行。稳态时，$U_e=U_e^*$，反电动势维持恒定。这样，在基速以上，ASR 仍起转速调节作用，ACR 的输出限幅值限制了最大电枢电压，由于反电动势维持恒定，而电流受到 ACR 的调节，仅管转速在上升，电枢电压却不会再升高。AER 和 AFR 则在维持反电动势不变的条件下控制励磁电流。

电动势运算器 AE 应该按照下面的动态电压方程来重构反电动势信号

$$E=U_d-I_dR_a-L\frac{\mathrm{d}I_d}{\mathrm{d}t} \tag{2-114}$$

为此，可以利用一个由运算放大器组成的模拟计算电路，如图 2-49 所示。按照运算放大器的电路原理，其输出电压 $U_e(s)$ 可以写成

$$U_e(s)=\frac{R_1}{R_{ov}(T_{ov}s+1)}U_v(s)-\frac{R_1}{R_{oi}}U_i(s)$$

式中 $T_{ov}=\frac{1}{4}R_{ov}C_{ov}$

考虑到 $U_v=\gamma U_d$，$U_i=\beta I_d$，并取 $T_{ov}=T_{la}=\frac{L}{R_a}$，则

$$U_e(s)=\frac{\frac{R_1}{R_{ov}}\gamma U_d(s)}{T_{la}s+1}-\frac{R_1}{R_{oi}}\beta I_d(s)$$

$$=\frac{R_1}{R_{ov}}\gamma\cdot\frac{U_d(s)-\frac{R_{ov}}{R_{oi}}\cdot\frac{\beta}{\gamma}I_d(s)(T_{la}s+1)}{T_{la}s+1}$$

在设计电动势运算器时，取$\frac{R_{ov}}{R_{oi}}\cdot\frac{\beta}{\gamma}=R_a$，则上式右过的分子部分就是式（2－114）的拉氏变换式 E（s）。因此

$$U_e(s)=\frac{R_1}{R_{ov}}\gamma\cdot\frac{E(s)}{T_{la}s+1} \quad (2-115)$$

可见，图 2－49 的电动势运算器 AE 在复现反电动势时是带滞后的，滞后时间常数就是电枢电路的时间常数，也就是电压信号滤波的时间常数。

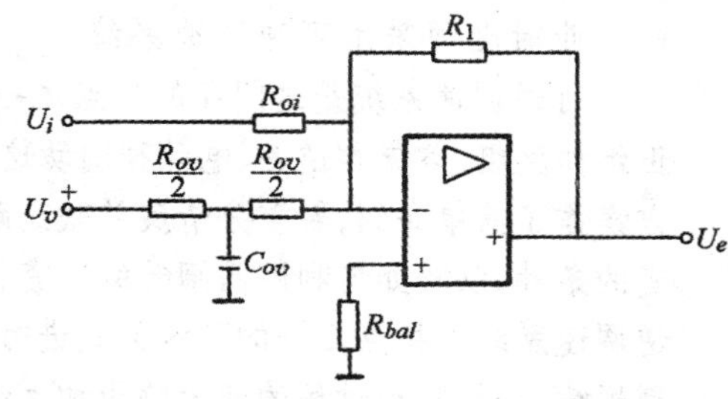

图 2－49 电动势运算器模拟电路

第三章　可逆调速系统

内 容 提 要

在前两章所讨论的由一组晶闸管装置供电的单闭环和多环调速系统中，电动机都只是朝着一个方向旋转的，因此只能获得单象限的运行（见图 1－5a)，然而有许多生产机械却要求电动机既能正、反转，又能快速制动，需要四象限运行的特性，此时必须采用可逆调速系统。

可逆调速系统是这门课的难点之一。本章围绕可逆调速系统中出现的正转和反转、正组和反组、整流和逆变、电动和制动这几对矛盾展开讨论。§3－1 首先对可逆调速系统方案作了简单介绍,着重分清反并联线路中正组和反组的关系。§3－2 分析了整流和逆变的条件,以及如何利用晶闸管的逆变状态实现电动机的发电回馈制动。§3－3 针对可逆调速系统的特点之一的环流问题进行分析。§3－4 介绍有环流系统,着重总结配合控制规律,分析制动过程的两大阶段和反组制动的三个子阶段,利用能量流程说明各阶段的特征。§3－5 介绍了无环流系统,着重对逻辑控制和错位控制无环流系统控制方法的原理和实际问题进行分析,对应用广泛的逻辑控制系统的具体电路作了简单介绍。

§3－1　晶闸管－电动机系统的可逆线路

在可逆调速系统中，对电动机的最基本要求是能改变其旋转方向。而要改变电动机的旋转方向，就必须改变电动机电磁转矩的方向。由直流电动机的转矩公式 $T_e = C_m \Phi I_d$ 可知，改变转矩 T_e 的方向有两种方法，一是改变电动机电枢电流的方向，实际上是改变电动机电枢电压的极性，二是改变电动机励磁磁通的方向，即改变励磁电流的方向。与此对应，晶闸管——电动机系统的可逆线路就有两种方式，即电枢反接可逆线路和励磁反接可逆线路。

一、电枢反接可逆线路

电枢反接可逆线路的形式是多种多样的，不同的生产机械可根据各自的要求去选择。对于经常处于单方向运行偶而才需要反转的生产机械（例如地铁列车的倒车），可以用通常的晶闸管－电动机系统，这种线路只要用一组晶闸管整流装置给电动机电枢供电，再用接触器切换加在电动机上整流电压的极性就可以了，见图 3－1（图中电动机的励磁绕组略去未画，下同）。由图可见，晶闸管整流装置的输出电压 U_d 极性不变，总是上“＋”下“－”，当正向接触器 KMF 吸合时，电动机端电压为 A（＋)、B（－)，电动机正转；如果反向接触器 KMR 吸合，电动机端电压变成 A（－)、B（＋)，则电动机反转。

这种方案比较简单、经济，但是，如果接触器频繁切换，其动作噪声较大，寿命较低，而且需要零点几秒的动作时间，所以只适用于不经常正反转的生产机械。

为了避免有触点电器的缺点，也可以采用无触点的晶闸管开关代替接触器，如图 3－2 所示。当 VT_1、VT_4 晶闸管开关导通时，电动机正转；当 VT_2、VT_3 晶闸管开关导通时，电动机反转。

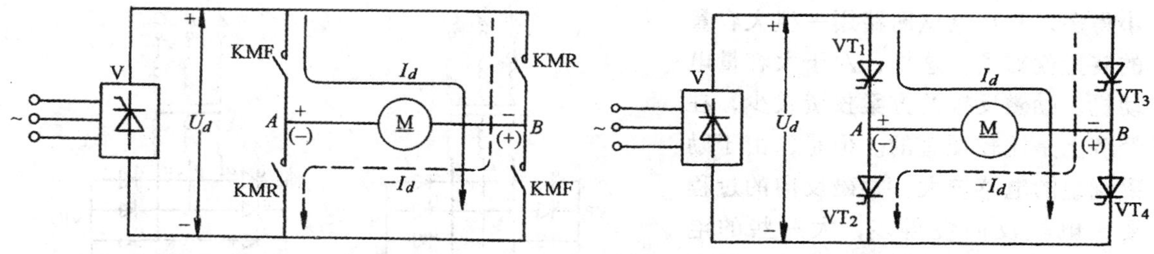

图 3－1　用接触器切换的可逆线路

图 3－2　用晶闸管开关切换的可逆线路

这种方案的线路比较简单，工作可靠性也比较高，在有些中小容量的可逆拖动中经常采用。但是此方案中除原有的一套晶闸管装置外，还需要当作开关用的四个晶闸管，对其耐压和电流容量的要求比较高，与下面讨论的采用两组晶闸管装置供电的可逆线路比较，在经济上并不节省多少。

在要求频繁正反转的生产机械上，经常采用的是两组晶闸管装置反并联的可逆线路，见图 3－3a。电动机正转时，由正组晶闸管装置 VF 供电；反转时，由反组晶闸管装置 VR 供电。正、反向运行时拖动系统工作在第一、三两个象限中，如图 3－3b。两组晶闸管分别由两套触发装置控制，都能灵活地控制电动机的起、制动和升、降速。但在一般情况下不允许让两组晶闸管同时都处于整流状态，否则将造成电源短路，因此，这种线路对控制电路提出了严格的要求，这是反并联可逆线路的一个极重要的问题。

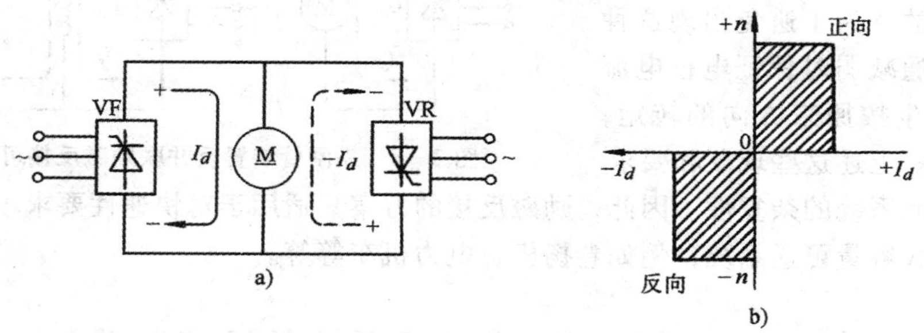

图 3－3　两组晶闸管装置反并联可逆线路

a）可逆线路　b）运行范围

在上述的反并联线路中，两组晶闸管的电源是共同的。如果有两台独立的整流变压器、或者一台整流变压器有两套二次绕组，还可以组成交叉连接的可逆线路。图 3－4 中画出了三相桥式反并联线路（图 a）和交叉连接线路（图 b），以资比较。

二、励磁反接可逆线路

要使直流电动机反转，除了改变电枢电压的极性之外，改变励磁磁通的方向也能得到同样的效果，因此又有励磁反接的可逆线路，见图 3－5。这时，电动机电枢只要用一组晶闸管装置供电并调速，而励磁绕组则由另外的晶闸管装置供电，象电枢反接可逆线路一样，可以采用接触器切换、晶闸管开关切换、反并联或交叉连接线路中任意一种方案来改变其励磁电流的方向。图 3－5 中只画了两组晶闸管装置反并联提供励磁电流的方案，其工作原理读者可以自行分析。

由于励磁功率只占电动机额定功率的1～5%，显然反接励磁所需的晶闸管装置容量要小得多，只在电枢回路用一组大容量的装置就够了，这样，对于大容量电动机，励磁反接的方案投资较少，在经济上是比较便宜的。但是，由于励磁绕组的电感较大，励磁反向的过程要比电枢反向慢得多，大一些的电机，其励磁时间常数可达几秒的数量级，如果听任励磁电流自然地衰减或增大，那么电流反向就可能需要10s以上的时间。为了尽可能快地反向，常采用“强迫励磁”的方法，即在励磁反向过程中加2～5倍的反向励磁电压，迫使励磁电流迅速改变，当达到所需数值时立即将励磁电压降到正常值。此外，在反向过程中，当励磁电流由额定值下降到零这段时间里，如果电枢电流依然存在，电动机将会出现弱磁升速的现象，这在生产工艺上是不能容许的。为了避免出现这种情况，应在磁通减弱时保证电枢电流为零，以免产生按原来方向的转矩，阻碍电机反向。上述这些现象和要求无疑增加了控制系统的杂复性。因此，励磁反接的方案只适用于对快速性要求不高，正、反转不太频繁的大容量可逆系统，例如卷扬机、电力机车等等。

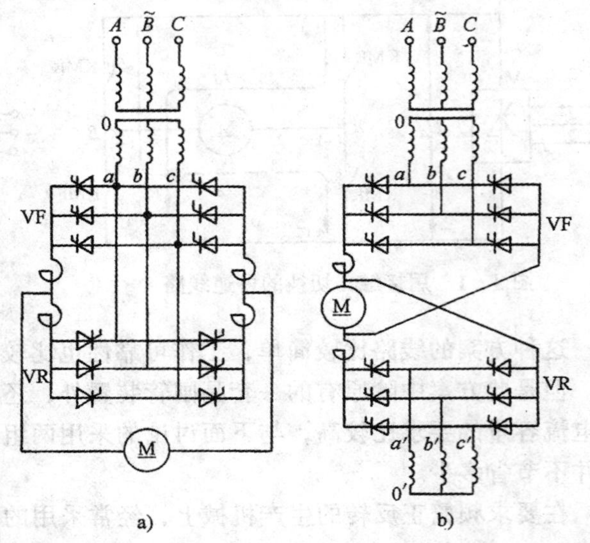

图3－4　三相桥式可逆线路

a）反并联线路　b）交叉连接线路

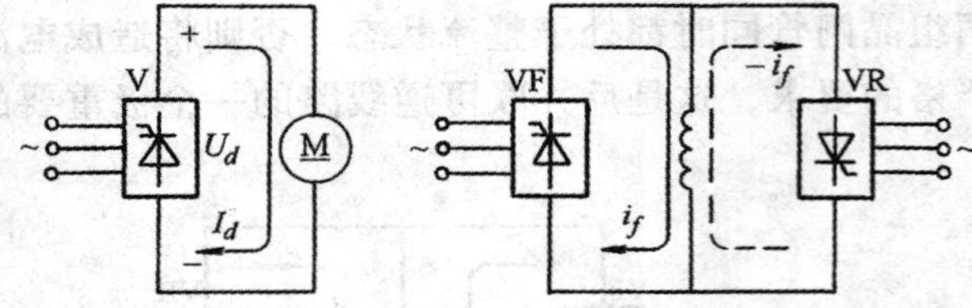

图3－5　晶闸管装置反并联励磁反接可逆线路

§3－2　晶闸管－电动机系统的回馈制动

一、晶闸管装置的整流和逆变状态

前已述及，在由单组晶闸管装置供电的V－M系统中，晶闸管装置通常是工作在整流状态，为电动机的电动运行提供能量，只有当直流电动机带位势性负载（如起重机吊放重物）时，才允许电动机工作在反转制动状态，这时晶闸管装置工作在逆变状态，如图3－6所示。

在先修课“半导体变流技术”中讲授了晶闸管的整流和逆变两种工作状态。组在V－M系统后，晶闸管的这两种工作状态如何实现呢？我们不妨用一个具体的例子剖析一下。在由单组晶闸管组成的全控整流电路中，如果电动机带的是位势性负载（图3－6），当控制角$\alpha<90°$时，晶闸管装置直流侧输出的平均电压为正值，且其理想空载值$U_{d0}>E$，所以能输出整流电流I_d，使电动机产生转矩而将重物提升，如图3－6a所示。这时电能从交流电网经晶闸管装置

输送给电动机，晶闸管装置工作于整流状态。若要求电动机下放重物，必须将控制角 α 移到 90°以上，这时晶闸管装置直流侧输出平均电压的极性便倒了过来，理想空载值变成负值 $-U_{d0}$，将无法输出电能。但在重物的作用下，电动机将被拉向反转（如果电动机的负载是阻抗性的，电动机将被迫停止旋转），并感生反向的电动势 $-E$，其极性示于图 3－6b。当 $|E|>|U_{d0}|$ 时，又将产生电流和转矩，它们的方向仍和提升重物时一样，由于此时电动机是下放重物，所以这个方向的转矩能阻止重物下降得太快而避免发生事故。这时电动机相当于一台由重物拖动的发电机，将重物的位能转化成电能，通过晶闸管装置输送到交流电网，晶闸管装置本身则工作于逆变状态。

由此可见，在单组晶闸管装置供电的 V－M 系统带位势性负载时，同一套晶闸管装置既可以工作在整流状态，也可以工作在逆变状态。两种状态中电流方向不变，而晶闸管装置直流侧输出的平均电压的极性相反。因此能在整流状态中输出电能，而在逆变状态中吸收电能。通过上面分析时采用的典型实例，可以归纳出晶闸管装置产生逆变状态时普遍适用的两个必要条件：

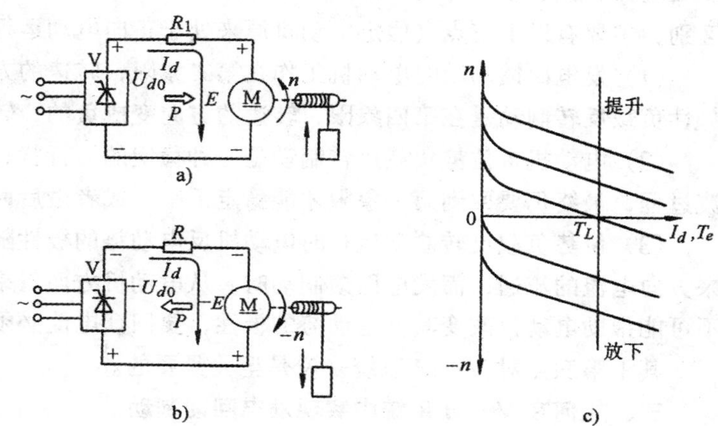

图 3－6 单组 V－M 系统带位势性负载时的整流和逆变状态
a）整流状态（提升） b）逆变状态（放下） c）机械特性

（1）内部条件：控制角 $\alpha>90°$，使晶闸管装置直流侧产生一个负的平均电压 $-U_d$，这是装置内部的条件。

（2）外部条件：外电路必须要有一个直流电源，且其极性须与 $-U_d$ 的极性相同，其数值应稍大于 $|U_{d0}|$，以产生和维持逆变电流，这是装置外部的条件。

晶闸管装置在上述条件下产生的逆变状态称作“有源逆变”。

在电流连续的情况下，无论是整流还是逆变状态，平均理想空载输出电压 U_{d0} 与控制角 α 之间都存在着同一个余弦函数关系〔见式（1－4）〕，可写成

$$U_{d0}=U_{d0\max}\cos\alpha \tag{3-1}$$

整流状态时，$0<\alpha<90°$，U_{d0} 为正值；逆变状态时，$90°<\alpha<180°$，U_{d0} 为负值，为了避免 α 的角度值过大，定义了逆变角 β，令

$$\alpha+\beta=180° \tag{3-2}$$

则逆变工作时，输出电压平均值公式可改写为

$$U_{d0}=-U_{d0\max}\cos\beta \tag{3-3}$$

逆变状态时其平均负值电压之所以能够存在，是靠晶闸管电路不断地触发换相，使每相晶闸管大部分时间在电源电压负半周内导通，才得以实现的。如果触发脉冲丢失或延迟，或者逆变角 β 太小（α 太接近 180°）而来不及换相，原来处于导通状态的晶闸管尚未完全关断，而电源电压已经越过零点到达正半波，这时就会造成晶闸管逆变失败（或称逆变颠覆）。为了

保证晶闸管安全换相，不致造成逆变颠覆，要考虑晶闸管换相时实际存在的换相间隔时间和晶闸管本身的关断时间，不能让 β 角太接近 0°，而应对其最小值留有余量，一般取 $\beta_{min}=30°$左右，应在控制电路中设法加以限制，称作 β_{min}保护。

二、电动机的发电回馈制动

有不少生产机械在运行过程中需要快速地减速或停车，最经济的办法就是采用发电回馈制动，让电动机工作在第二象限的机械特性上，将制动期间释放出来的能量送回电网。

电动机的发电回馈制动和第一小节所讨论的电动机带位势性负载反转制动状态相比，从表面现象看似乎是一样的，都是将电能通过晶闸管装置送回电网，但两者之间有着本质上的区别，主要有以下三点（假定电动机原来处于正向电动运行状态）：

(1) 发电回馈制动时电动机工作在第二象限，转速的方向还是正的，转矩变负；而带位势性负载反转制动是在第四象限，转速的方向变成负的，转矩未变。

(2) 电动机带位势负载反转制动是一种稳定的运行状态，而发电回馈制动一般是一个过渡过程，最终仍要回到第一象限才能稳定下来，或者最后回到零点而停止运行。

(3) 位势负载反转制动运行时电动机反电动势的极性随着转速而改变其方向，以维持原来方向电流的流通；而发电回馈制动时，从电动机方面看来，任何负载在减速制动过程中都不可能帮助电动机改变其反电动势的极性，要回馈电能必须设法使电流反向。

其中第三点对 V－M 系统来说是至关紧要的。

三、如何在 V－M 系统中实现发电回馈制动

第一小节中已经表明，晶闸管有整流和逆变两种工作状态，要通过晶闸管装置回馈能量，必须让他工作在逆变状态。而电动机在发电回馈制动时恰恰需要回馈能量，因此必须利用晶闸管装置的逆变状态。

但在第二小节的分析中又指明了至关重要的一点，即电动机在发电回馈制动时要求电流反向。可是在单组晶闸管装置供电的 V－M 系统中电流却不能反向，因此用原来这组晶闸管就不可能实现发电回馈制动。这个难题迫使我们去找两组晶闸管装置组成的可逆线路。正组晶闸管电流不能反向，可以利用反组晶闸管的逆变状态来实现电动机的发电回馈制动。以图 3－7 的反并联线路为例，我们不难从中找到答案。

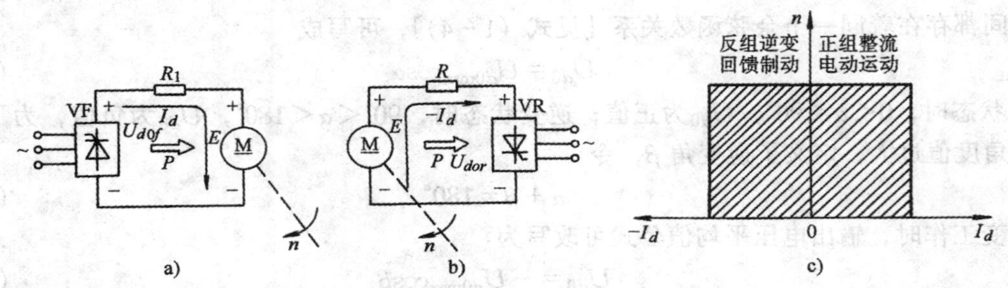

图 3－7　V－M 系统正组整流电动运行和反组逆变回馈制动

a) 正组整流、电动运行（$U_{d0f}>E$）　b) 反组逆变、回馈制动（$|U_{d0r}|<E$）　c) 运行范围

图 3－7a 表示正组晶闸管 VF 给电动机供电，晶闸管装置处于整流状态，输出上（+）下（－）的整流电压 U_{dof}，电动机吸收能量作电动运行。当需要发电回馈制动时，可利用控制电

路切换到反组晶闸管 VR（图 3－7b），并使它工作在逆变状态，输出一个上（+）下（－）的逆变电压 U_{d0r}，这时电动机的反电动势虽然未改变，但当 $|U_{d0r}|<E$ 时，便将产生反向电流 $-I_d$，电动机输出能量实现回馈制动。图 3－7c 绘出了电动运行和回馈制动的运行范围。

由此可见，即使是不可逆系统，电动机并不要求反转，只要是需要快速回馈制动，也应有两组反并联（或交叉连接）的晶闸管装置，正组作为整流供电，反组提供逆变制动。这时反组晶闸管只在短时间内给电动机提供制动电流，并不提供稳态运行电流，因而实际容量可以用得小一些。对于用两组晶闸管的可逆系统来说，在正转运行时可利用反组晶闸管实现回馈制动，反转运行时同样可以利用正组晶闸管实现回馈制动，正反转和制动的装置合而为一，两组晶闸管的容量自然就没有区别了。把可逆线路正反转时晶闸管装置和电动机的工作状态归纳起来，可列成表 3－1。

表 3－1　V－M 系统反并联可逆线路的工作状态

V－M 系统的工作状态	正向运行	正向制动	反向运行	反向制动
电枢端电压极性	+	+	－	－
电枢电流极性	+	－	－	+
电动机旋转方向	+	+	－	－
电动机运行状态	电动	回馈发电	电动	回馈发电
晶闸管工作的组别和状态	正组、整流	反组、逆变	反组、整流	正组、逆变
机械特性所在象限	一	二	三	四

注：表中各量的极性均以正向电动运行时为“+”。

§3－3　两组晶闸管可逆线路中的环流

一、环流及其种类

采用两组晶闸管反并联或交叉连接是可逆系统中比较典型的线路，它解决了电动机频繁正反转运行和回馈制动中电能的回馈通道，但接踵而来的是影响系统安全工作并决定可逆系统性质的一个重要问题——环流问题。所谓环流，是指不流过电动机或其它负载，而直接在两组晶闸管之间流通的短路电流，如图 3－8 中所示反并联线路中的电流 I_c。环流的存在会显著地加重晶闸管和变压器的负担，消耗无用的功率，环流太大时甚至会导致晶闸管损坏，因此必须予以抑制。但环流也并非一无是处，只要控制得好，保证晶闸管安全工作，可以利用环流作为流过晶闸管的基本负载电流，即使在电动机空载或轻载时也可使晶闸管装置工作在电流连续区，避免了电流断续引起的非线性现象对系统静、动态性能的影响。而且在可逆系统中存在少量环流，可以保证电流的无间断反向，加快反向时的过渡过程。在实际系统中要充分利用环流的有利方面而避免它的不利方面，为此，有必要对环流作一些基本的分析。

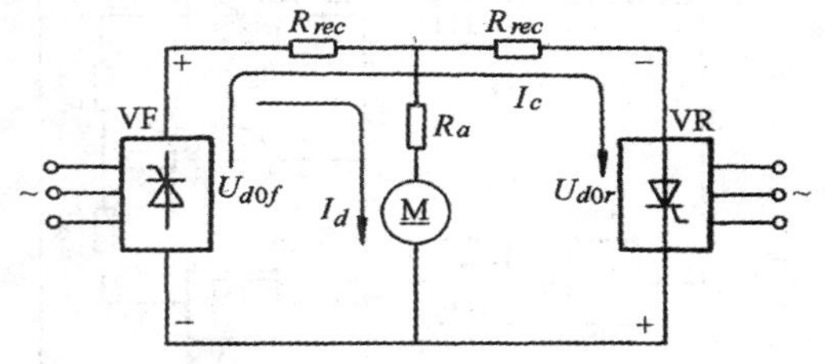

图 3－8　反并联可逆线路中的环流

I_d—负载电流　I_c—环流　R_{rec}—整流装置内阻

环流可以分为两大类：

静态环流——当可逆线路在一定的控制角下稳定工作时，所出现的环流叫做静态环流。静态环流又可分作：直流平均环流和瞬时脉动环流。关于这两类环流的性质下面再具体分析。

动态环流——稳态运行时并不存在，只在

系统处于过渡过程中出现的环流，叫做动态环流。

下面以反并联线路为例，先分析静态环流。至于动态环流，将留待介绍具体可逆系统遇到它时再讨论。

二、直流平均环流与配合控制

由图 3－8 的反并联可逆线路可以看出，如果让正组晶闸管 VF 和反组晶闸管 VR 都处于整流状态，正组整流电压 U_{d0f}和反组整流电压 U_{d0r}正负相连，将造成电源短路，此短路电流即为直流平均环流。为了防止产生直流平均环流，最好的解决办法是当正组晶闸管 VF 处于整流状态时，其整流电压 $U_{d0f}=+$，这时应该让反组晶闸管 VR 处于逆变状态，输出一个逆变电压把它顶住，即让 $U_{d0r}=-$，而且幅值与 U_{d0f}相等，于是

$$U_{d0f}=-U_{d0r}$$

由式（3－1）

$$U_{d0f}=U_{d0\max}\cos\alpha_f$$

$$U_{d0r}=U_{d0\max}\cos\alpha_r$$

其中 α_f 和 α_r 分别为正组晶闸管 VF 和反组晶闸管 VR 的控制角；又由于两组装置完全相同，$U_{d0f\max}=U_{d0r\max}=U_{d0\max}$。由此可知，在上述要求下

$$\cos\alpha_f=-\cos\alpha_r$$

或

$$\alpha_f+\alpha_r=180° \tag{3-4}$$

再根据逆变角的定义可得

$$\alpha_f=\beta_r \tag{3-5}$$

按照这样的条件来控制两组晶闸管，就可以消除直流平均环流。这叫做 $\alpha=\beta$ 工作制配合控制。当然，如果使 $\alpha_f>\beta_r$，则 $\cos\alpha_f<\cos\beta_r$，这样更能消除直流平均环流，因此消除直流平均环流的条件应该是

$$\alpha_f\geqslant\beta_r \tag{3-6}$$

实现 $\alpha=\beta$ 工作制配合控制是比较容易的。只要将两组晶闸管装置触发脉冲的零位都定在 90°，即当控制电压 $U_{ct}=0$ 时，使 $\alpha_{f0}=\alpha_{r0}=\beta_{r0}=90°$，则 $U_{d0f}=U_{d0r}=0$，电动机处于停止状态；增大控制电压 U_{ct}移相时，只要使两组触发装置的控制电压大小相等符号相反就可以了。这样的触发控制电路示于图 3－9，它用同一个控制电压 U_{ct}去控制两组触发装置，正组触发装置 GTF 由 U_{ct}直接控制，而反组触发装置 GTR 由 $\overline{U}_{ct}$控制，$\overline{U}_{ct}=-U_{ct}$，是经过放大系数为－1 的反号器 AR 后得到的。

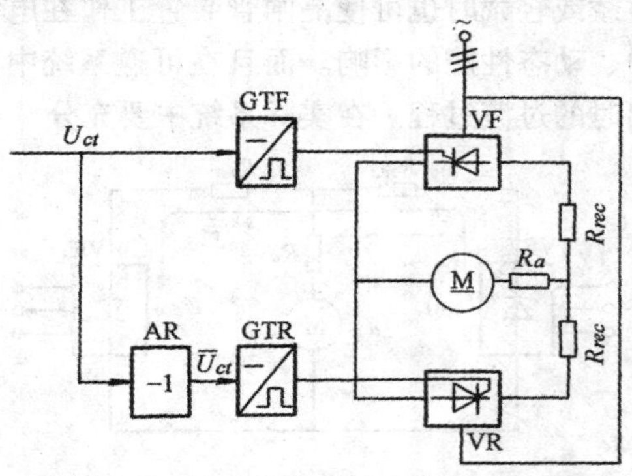

图 3－9 $\alpha=\beta$ 工作制配合控制的可逆线路

GTF—正组触发装置 GTR—反组触发装置 AR—反号器

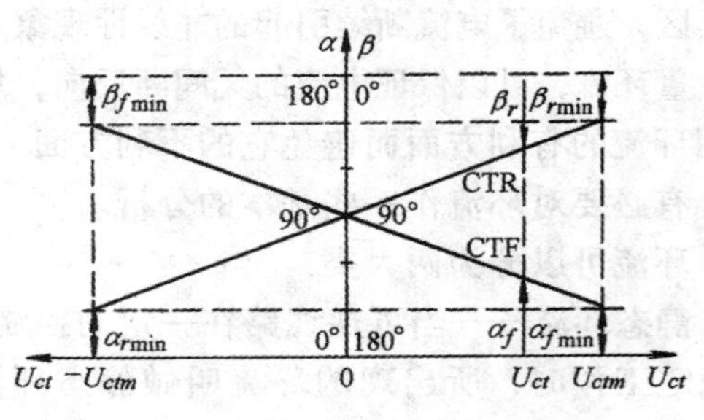

图 3－10 触发装置的移相控制特性

当触发装置的同步信号为锯齿波时，两组触发装置的移相控制特性示于图 3－10。其中，当控制电压 $U_{ct}=0$ 时，两组触发装置的控制角 α_f 和 α_r 都调整在 90°；U_{ct}增大时，正组控制角 α_f 减小，正组晶闸管进入整流状态，整流电压 U_{d_0f}增大，反组控制角 α_r 增大，或逆变角 β_r 减小，反组进入逆变状态，逆变电压 U_{d_0r}增大。因为 $\overline{U}_{ct}=-U_{ct}$，所以在 U_{ct}增大移相过程中，始终保持了 $\alpha_f=\beta_r$，$U_{d_0f}=-U_{d_0r}$。为了防止晶闸管在逆变状态工作时因逆变角 β 太小，发生换流失败，出现“逆变颠覆”现象，必须在控制电路中设有限制最小逆变角 β_{min}的保护环节。如果只限制 β_{min}，而对 α_{min}不加限制，那么处于 β_{min}的时候，系统将会发生 $\alpha<\beta$ 的情况，从而出现$|U_{d_0f}|>U_{d_0r}$，又将产生直流平均环流。为了严格保持配合控制，对 α_{min}也要加以限制，并应使 $\alpha_{min}=\beta_{min}$。根据 $U_{d_0}=f$（α）这一函数关系，α_{min}的限制也就决定了晶闸管装置的最大输出电压 U_{d_0max}。对 β_{min}和 α_{min}的限制方法，一般是在前级放大器上采取措施（例如在电流调节器 ACR 和反号器 AR 上），使其正负输出都具有限幅。限幅值 U_{ctm}可按需要选取，通常取 $\alpha_{min}=\beta_{min}=30°$，可视晶闸管元件的阻断时间等因素决定。

由以上分析可知，只要实行了 $\alpha\geqslant\beta$ 配合控制，就能保证消除直流平均环流。一般来说，应该尽量避免直流平均环流，但是只要控制得恰到好处，有少量直流平均环流并不可怕，如前所述，它还能起到改善系统静、动态性能的作用。

三、瞬时脉动环流及其抑制

在 $\alpha=\beta$ 工作制配合控制的条件下，整流电压与逆变电压始终是相等的，因而没有直流平均环流，但这只是就电压的平均值而言的。然而晶闸管装置输出的电压是脉动的，正组整流电压 U_{d0f}和反组逆变电压 U_{d0r}的瞬时值并不相同，当整流电压瞬时值 u_{d0f}大于逆变电压瞬时值u_{d0r}时，便产生正向瞬时电压差 Δu_{d0}，从而产生瞬时环流。控制角不同时，瞬时电压差和瞬时环流也不同。图 3－11 画出了三相零式反并联可逆线路当 $\alpha_r=\beta_r=60°$（即 $\alpha_r=120°$）时的情况，图 3－11b 是正组瞬时整流电压 u_{d0f}的波形，图 3－11c 是反组瞬时逆变电压 u_{d0r}的波形。图中打阴影线的部分是 a 相整流和 b 相逆变时的电压，，显然其瞬时值并不相等，而其平均值却相同。瞬时电压差 $\Delta u_{d0}=u_{d0f}-u_{d0r}$，其波形绘于图 3－11d。由于这个瞬时电压差的存在，便在两组晶闸管之间产生了瞬时脉动环流 i_{cp}。图 3－11a 中绘出了 a 相整流和 b 相逆变时的瞬时环流回路，由于晶闸管装置的内阻 R_{rec}是很小的，环流回路的阻抗主要是电感，所以 i_{cp}不能突变，并且落后于 Δu_{d0}；又由于晶闸管的单向导电性，i_{cp}只能在一个方向脉动，所以称作瞬时脉动环流。但这个瞬时脉动环流存在直流分量 I_{cp}，显然 I_{cp}和平均电压差所产生的直流平均环流是有根本区别的。

直流平均环流可以用 $\alpha\geqslant\beta$ 配合控制消除，而瞬时脉动环流却始终存在（用改变零位的方法消除瞬时脉动环流将在以后讨论），必须设法加以抑制，不能让它太大。抑制瞬时脉动环流的办法是在环流回路中串入电抗器，叫做环流电抗器或称均衡电抗器（图 3－11a 中的 L_{c1}和 L_{c2}），一般要求把瞬时脉动环流中的直流分量 I_{cp}限制在负载额定电流的 5%～10% 之间。

环流电抗器的电感量及其接法因整流电路而异，可参看有关晶闸管电路的书籍或手册。环流电抗器并不是在任何时刻都能起作用的，所以在三相零式可逆线路中（图 3－11a）正、反两个回路各设一个环流电抗器，它们在环流回路中是串联的，但是其中总有一个电抗器因流过直流负载电流而饱和。例如图 3－11a 中正组整流时，L_{c1}流过的负载电流 I_d 使它饱和，因而电感值大为降低，失去了限制环流的作用。只有在逆变回路中的电抗器 L_{c2}由于没有负载电流通过才真正起限制瞬时脉动环流的作用。三相零式反并联可逆线路在运行时总有一组晶闸管装置是处于整流状态的，因此必须设置两个环流电抗器。同理，在三相桥式反并联可逆线路中，由于每一组桥又有两条并联的环流通道，总共要设置四个环流电抗器，见图 3-12。若采用交叉连接的可逆线路，环流电抗器的个数可以减少一半（见图 3-4b)。

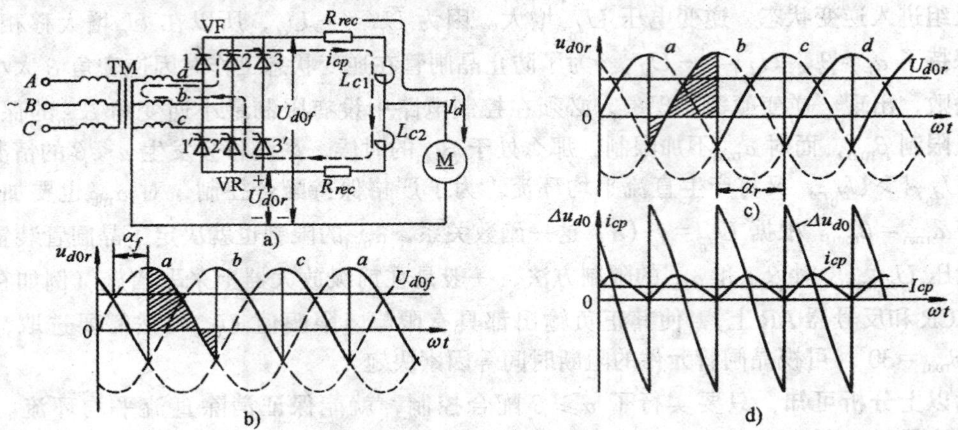

图 3-11　配合控制的三相零式反并联可逆线路在 $\alpha_f=\beta_r=60°$ 时的瞬时脉动环流

a）三相零式可逆线路和瞬时脉动环流回路　b）$\alpha_f=60°$ 时整流电压 u_{d0f} 的波形，自然换相点是正半波两相电压的交点　c）$\beta_r=60°$，即 $\alpha_r=120°$ 时逆变电压 u_{d0r} 的波形，自然换相点是负半波两相电压的交点　d）瞬时电压差 Δu_{d0} 和瞬时脉动环流 i_{cp} 的波形

§3-4　有环流可逆调速系统

一、$\alpha=\beta$ 配合控制的有环流可逆调速系统

通过上节分析可以表明，在 $\alpha=\beta$ 工作制配合控制下，可逆线路中虽然可以消除直流平均环流，但一定有瞬时脉动环流存在，所以这样的系统称作有环流可逆调速系统。如果在这种系统中不施加其它的控制，则这个瞬时脉动环流是自然存在的，因此又称作自然环流系统。其原理框图示于图 3-12，图中主电路采用两组三相桥式晶闸管装置反并联的线路，因为有二条并联的环流通路，所以要用四个环流电抗器。由于环流电抗器流过较大的负载电流就要饱和，因此在电枢回路中还要另设一个体积较大的平波电抗器 L_d。控制线路采用典型的转速、电流双闭环系统，速度调节器 ASR 和电流调节器 ACR 都设置了双向输出限幅，以限制最大动态电流和最小控制角 α_{min} 与最小逆变角 β_{min}。为了在任何控制角时都保持 $\alpha_f+\alpha_r=180°$ 的配合关系，应始终保持控制电压 $\overline{U}_{ct}=-U_{ct}$，在 GTR 之前加放大倍数为 1 的反号器 AR 可以满足这一要求。根据可逆系统正反向运行的需要，给定电压 U_n^* 应有正负极性，可由继电器 KF 和 KR 来切换，调节器输出电压对此能作出相应的极性变化。为保证转速和电流的负反馈，必须使反馈信号也能反映出相应的极性。测速发电机产生的电压是能随电动机转向变化而改变极性的。值得注意的是电流反馈，简单地采用一套交流互感器或直流互感器都不能反

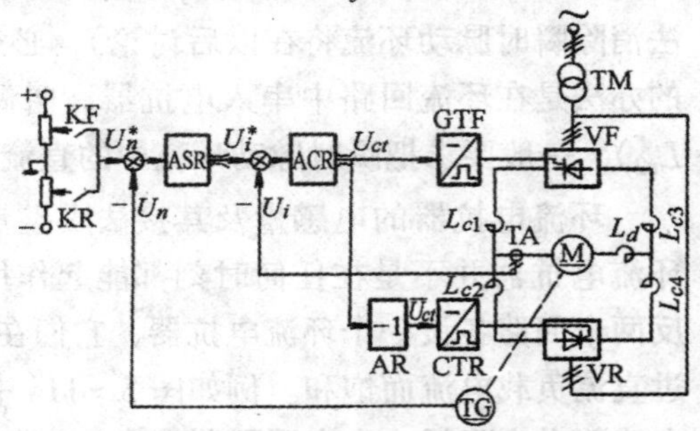

图 3-12　$\alpha=\beta$ 工作制配合控制的有环流可逆调速系统原理框图

映极性，要得到反映电流极性的反馈方案有多种，图 3－12 中绘出的是直接检测直流电流的方法，例如用霍尔电流变换器。

$\alpha=\beta$ 工作制配合控制系统的触发移相特性如图 3－10 所示。在进行触发移相时，当一组晶闸管装置处于整流状态时，另一组便处于逆变状态，这是指控制角的工作状态而言的。实际上，这时逆变组除环流外并不流过负载电流，也就没有电能回馈电网，确切地说，它是处于“待逆变状态”，表示该组晶闸管装置是在逆变角控制下等待工作。当需要制动时，只要改变控制角，同时降低 U_{d0f} 和 U_{d0r}，一旦电动机的反电动势 $E>|U_{d0r}|=|U_{d0f}|$ 时，整流组电流将被截止，逆变组才能真正投入逆变状态，使电动机产生回馈制动，将能量回馈电网。同样，当逆变组回馈电能时，另一组也是在等待着整流，可称作处于“待整流状态”。所以，在这种 $\alpha=\beta$ 配合控制下，负载电流可以很方便地按正反两个方向平滑过渡，在任何时候，实际上只有一组晶闸管装置在工作，另一组则处于等待工作的状态。

尽管 $\alpha=\beta$ 配合控制有很多优点，但是在实际系统中，由于参数的变化，元件的老化或其它干扰作用，控制角可能偏离 $\alpha=\beta$ 的关系。一旦变成 $\alpha<\beta$，此时整流电压大于逆变电压，即使这个电压差别很小，但由于均衡电抗器对直流不起作用，仍将产生较大的直流平均环流，如果没有有效的控制作用，将是危险的。为了避免这种危险，在整定零位时应留出一定的裕度，使 α 略大于 β，例如 $\alpha=\beta+\varphi$，零位应整定为

$$\alpha_{f0}=\alpha_{r0}=90^\circ+\frac{1}{2}\varphi$$

则

$$\beta_{f0}=\beta_{r0}=90^\circ-\frac{1}{2}\varphi$$

这样，使任何时候整流电压均小于逆变电压，可以保证不产生直流平均环流，当然由瞬时电压差产生的瞬时脉动环流也降低了。只是 φ 值不应过大，否则将产生两个问题。一是显著地缩小了移相范围，因为 β_{min} 是整定好的，而现在 α_{min} 必须大于 β_{min}，所以 α_{min} 比原来更大了，使晶闸管的容量得不到充分利用；二是造成明显的控制死区，例如在起动时，α 从零位 $\alpha_0=90^\circ+\frac{1}{2}\varphi$ 移到 $\alpha=90^\circ$ 这一段时间内，整流电压一直为零。

二、制动过程分析

上述可逆调速系统的起动过程和第二章讨论的不可逆转速、电流双闭环系统没有什么区别，只是制动过程有它的特点，而反转过程则是正向制动过程和反向起动过程的衔接，所以只要着重分析一下它的制动过程就可以了。下面分析 $\alpha=\beta$ 工作制配合控制有环流可逆系统的正向制动过程，其中一些问题在各种可逆系统中均有普遍的意义。

整个正向制动过程可按电流方向的不同分成两个主要阶段。在第一阶段中，电流 I_d 由正向负载电流 $+I_{dL}$ 下降到零，其方向未变，只能仍通过正组晶闸管装置 VF 流通，下面所作的分析将表明，这时正组处于逆变状态，所以称作“本组逆变阶段”。在第二阶段里，电流方向变负，由零变到负向最大电流 $-I_{dm}$，维持一段时间后再衰减到负向负载电流 $-I_{dL}$，这时电流流过反组晶闸管装置 VR，在允许的最大制动电流（$-I_{dm}$）下转速迅速降低，所以这个阶段称为“它组制动阶段”。在本组逆变阶段中主要是电流降落，而在它组制动阶段中主要是转速降落。下面对每个阶段作进一步的分析。

（一）本组逆变阶段

系统正向运行时各主要部位的电位极性示于图 3－13a。其中转速给定电压 U_n^* 为正，转速反馈电压 U_n 为负，ASR 的输入偏差电压 $\Delta U_n=(U_n^*-U_n)$ 为正。由于 ASR 的倒相作用，其输出 U_i^* 为负，电流反馈 U_i 为正，ACR 的输入偏差电压 $\Delta U_i=(U_i^*-U_i)$ 为负。再经 ACR 倒相，得控制电压 U_{ct} 为正，$\overline{U}_{ct}$ 为负。根据图 3－10 的触发移相特性可知，此时 $\alpha_f<90°$，正组整流，而 $\alpha_r>90°$，所以反组待逆变。主电路画成等效电路的形式，并忽略环流电抗器对负载电流变化的影响，主电路中用粗箭头表示能量的流向，其中双线箭头表示电能主要由正组晶闸管 VF 输送给电动机。

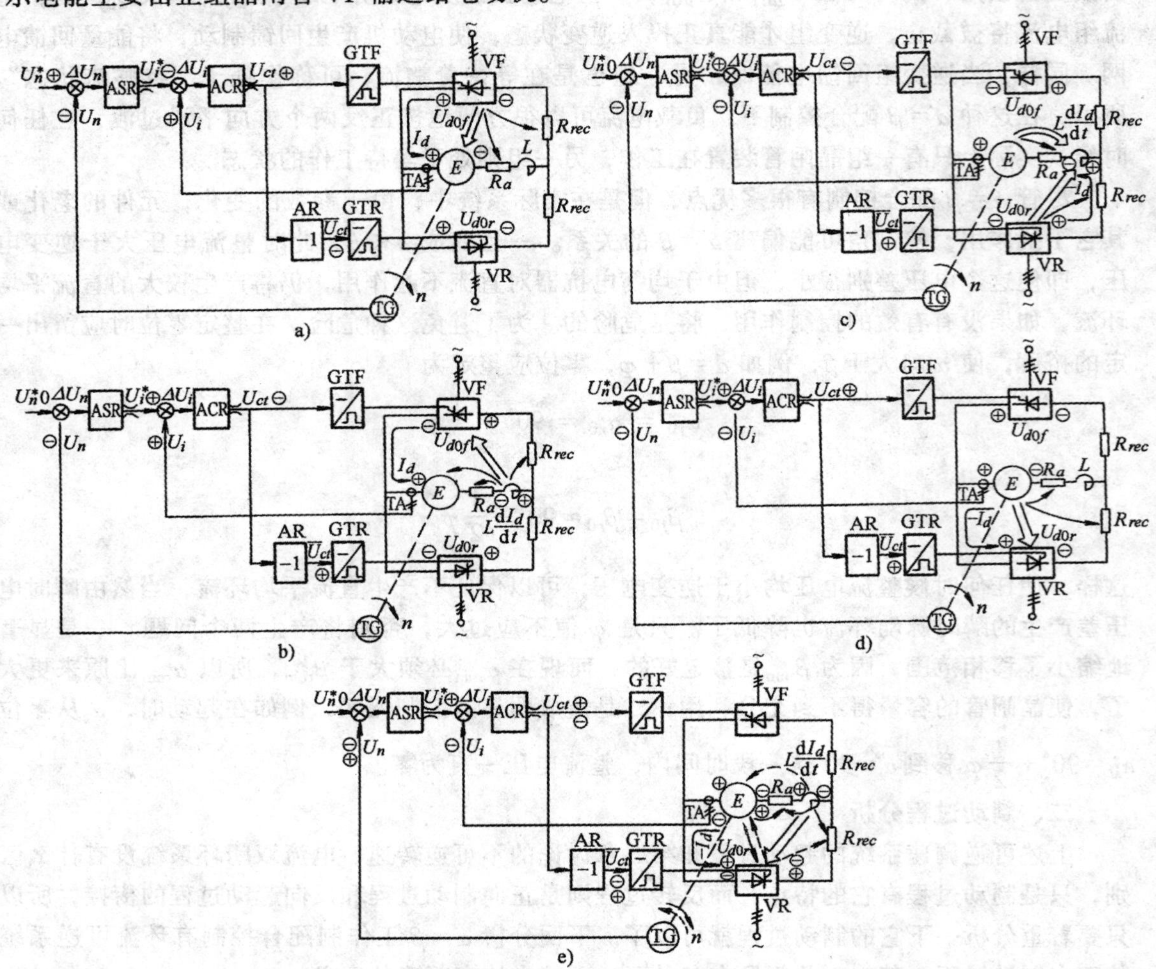

图 3－13　$\alpha=\beta$ 工作制配合控制有环流可逆系统正向制动各阶段中各处电位的极性和能量流向

a）正向运行，正组整流，反组待逆变　b）本组逆变阶段，正组逆变，反组待整流　c）它组建流子阶段，反组整流，正组待逆变，电机反接制动　d）它组逆变子阶段，反组逆变，正组待整流，电机回馈制动　e）反向减流子阶段，反组逆变（或有一段整流），电机停车

发出停车(或反向)指令后，转速给定电压 U_n^* 突变为零(或负)。由于转速反馈电压 U_n 极性仍为负，所以 ΔU_n 为负，则 ASR 输出 U_i^* 跃变到正限幅值 U_{im}^*。这时电枢电流方向还没有来得及改变，电流反馈电压 U_i 的极性仍为正，在($U_{im}^*+U_i$)合成信号的作用下，ACR 的输出电压 U_{ct} 跃变成负的限幅值 $-U_{ctm}$，使正组 VF 由整流状态很快变成 $\beta_f=\beta_{\min}$ 的逆变状态，同时反组 VR 由待逆变状态转变成待整流状态。图 3－13b 中标出了这时调速系统各处电位的极性

和主电路中能量的流向。在负载电流回路中，由于正组晶闸管由整流变成逆变，U_{d0f}的极性反过来了，而电动机反电动势 E 的极性未变，迫使 I_d 迅速下降，在主电路总电感 L 两端感应出很大的电压 $L\frac{\mathrm{d}I_d}{\mathrm{d}t}$，其极性示于图 3－13b 中。这时

$$L\frac{\mathrm{d}I_d}{\mathrm{d}t}-E>U_{d0f}=U_{d0r}$$

由电感 L 释放的磁场能量维持正向电流，大部分能量通过 VF 回馈电网，而反组 VR 并不能真正输出整流电流。由于在这一阶段中投入逆变工作的仍是原来处于整流状态工作的一组装置，所以称作本组逆变阶段。由于电流的迅速下降，这个阶段所占时间很短，转速来不及产生明显的变化，其波形图绘于图 3－14 图中本组逆变阶段标作阶段 Ⅰ。

（二）它组制动阶段

当主回路电流 I_d 下降过零时，本组逆变终止，转到反组 VR 工作。从这时起，直到制动过程结束，称为它组制动阶段。它组制动过程中能量流向的变化要复杂一些，又可分成下述三个子阶段，在图 3－14 的波形图中分别标以Ⅱ$_1$、Ⅱ$_2$ 和Ⅱ$_3$。

1. 它组建流子阶段（Ⅱ$_1$）

当 I_d 过零并反向，直到达到 $-I_{dm}$ 以前，U_i 为负，但其数值小于 U_{im}^*，$\Delta U_i>0$，因此 ACR 仍处于饱和状态，其输出电压 U_{ct} 仍为 $-U_{ctm}$，U_{d0f}和 U_{d0r}都和本组逆变阶段一样。但由于 $L\frac{\mathrm{d}I_d}{\mathrm{d}t}$的数值略减，使

$$L\frac{\mathrm{d}I_d}{\mathrm{d}t}-E<U_{d0f}=U_{d0r}$$

反组 VR 由待整流进入整流，在整流电压 U_{d0r}和电动机反电动势 E 的共同作用下，反向电流很快增长，电动机处于反接制动状态，开始减速。在这个子阶段中，VR 将交流电能转变为直流电能，同时电动机也将机械能转变为电能，除去电阻上消耗的电能外，大部分转变成磁能储存在电感中。图 3－13c 绘出了这一阶段各处电位极性和能量流向。

2. 它组逆变子阶段（Ⅱ$_2$）

当反向电流达到 $-I_{dm}$ 并略有超调时，ACR 输入偏差信号 ΔU_i 变负，输出电压 U_{ct}从饱和值 U_{ctm}退出，其数值很快减小，又由负变正，然后再增大，使 VR 回到逆变状态，而 VF 变成待整流状态。此后，在电流调节器的作用下，力图维持接近最大反向电流 $-I_{dm}$，使电动机在恒减速条件下回馈制动，把动能转换成电能，其中大部分通过 VR 逆变回馈电网。由于电流恒定，电感中磁能基本不变。这一阶段各处电位极性和能量流向绘于图 3－13d。从图 3－14 不难看出，它组逆变回馈制动是制动过程中的主要阶段，所占时间最长。

3. 反向减流子阶段（Ⅱ$_3$）

在它组逆变阶段中，电压 U_{ct}、U_{d0r}、反电动势 E 和转速 n 这几个量是同步线性衰减的（见图 3－14），由于要克服 R_{rec} 和 R_a 上的压降，总是 $E>U_{d0r}$，才能维持 $-I_{dm}$ 基本恒定。当 $U_{d0r}=0$ 时，E 仍继续下降，这时就无法维持 $-I_{dm}$ 不变了，于是电流立即衰减，开始了反向减流子阶段。

在电流衰减过程中，电感 L 上的感应电压 $L\frac{\mathrm{d}I_d}{\mathrm{d}t}$ 支持着反向电流，并释放出储存的磁能，和电动机释放出来的动能一起通过 VR 逆变回馈电网，如图 3－13e 中粗实线箭头所代表的能量流向。如果电机很快停止，整个制动过程便到此结束。如果由于各种可能的因素，电

机并未立即停止，可能在最后一小段时间里出现一些变化。其一是：$U_{ct}=0$ 后可能反向，则 U_{d0r} 也反向，反组又变成整流；其二是：$n=0$ 后可能反向，U_n 也反向，才使 ASR 退出饱和。图 3－13e 中用虚线箭头来表示这些变化时所伴随的能量流向，在图 3－14 的波形图中也用虚线表示了这些变化。

从上述分析和波形图可以看出，正向制动过程主要是通过反组逆变回馈制动，这时电机的转速在最大减度下衰减到零，只在制动的开始和末尾经历一些不同的状态。如果制动后紧接着反向起动，只要将 $I_d=-I_{dm}$ 的时间再延长下去，直到反向转速稳定为止。制动和起动过程完全衔接起来，没有任何间断或死区，这是有环流可逆系统的突出优点，对于要求快速正反转的系统特别合适。其缺点是需要添置环流电抗器，而且晶闸管等元件都要负担负载电流加上环流，因此只适用于中、小容量的系统。

三、可控环流的可逆调速系统

为了更充分利用有环流可逆系统制动和反向过程的平滑性和连续性，最好能有电流波形连续的环流。当主回路电流可能断续时，采用 $\alpha<\beta$ 的控制方式，有意提供一个附加的直流平均环流，使电流连续；一旦主回路负载电流连续了，则设法形成 $\alpha>\beta$ 的控制方式，遏制环流至零。这样根据实际情况来控制环流的大小和有无，扬环流之长而避其短，称为可控环流的可逆调速系统。

图 3－15 是可控环流可逆调速系统的原理图。主电路常采用两组晶闸管交叉连接线路。控制线路仍为典型的转速、电流双闭环系统，但电流互感器和电流调节器都用了两套，分别组成正反向各自独立的电流闭环，并在正、反组电流调节器 1ACR、2ACR 输入端分别加上了控制环流的环节。控制环流的环节包括环流给定电压 $-U_c^*$ 和由二极管 VD、电容 C、电阻 R 组成的环流抑制电路。为了使 1ACR 和 2ACR 的给定信号极性相反，U_i^* 经过放大系数为 1 的反号器 AR 输出 $\overline{U}_i^*$，作为 2ACR 的电流给定。这样，当一组整流时，另一组就可作为控制环流来用。

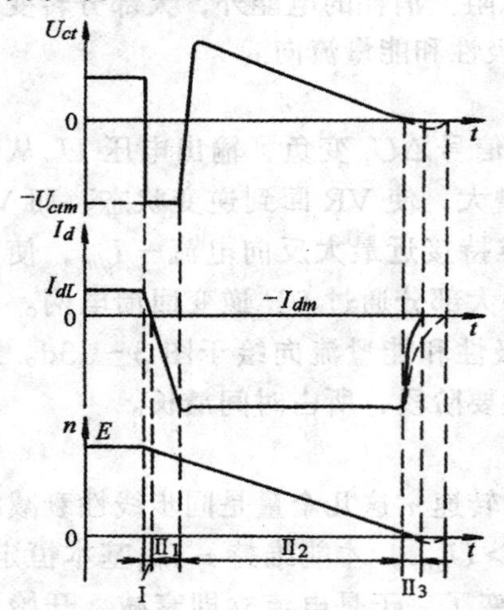

图 3－14　$\alpha=\beta$ 工作制配合控制有环流可逆系统正向制动过程波形

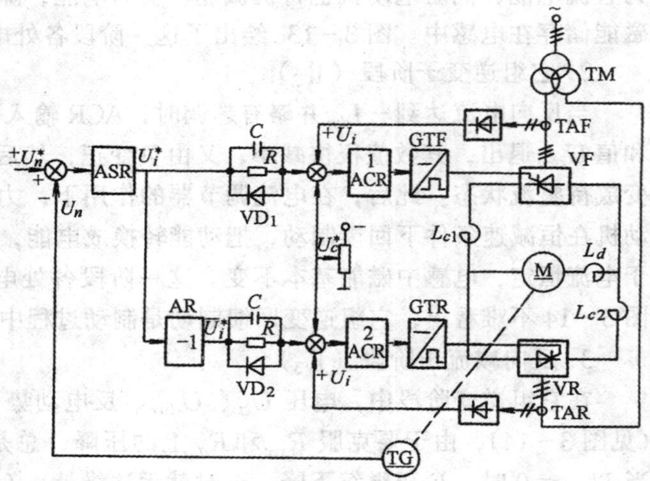

图 3－15　可控环流可逆调速系统原理图

下面着重分析一下可控环流环节。

当速度给定电压 $U_n^*=0$ 时，ASR 输出电压 $U_i^*=0$，则 1ACR 和 2ACR 仅依靠环流给定电压 $-U_c^*$（其值可根据实际情况整定），使两组晶闸管同时处于微微导通的整流状态，输出相

等的电流 $I_f=I_r=I_c^*$（给定环流），在原有的瞬时脉动环流之外，又加上恒定的直流平均环流，其大小可控制在额定电流的 5%～10%，而电动机的电枢电流为 $I_d=I_f-I_r=0$。正向运行时，U_i^* 为负，二极管 VD_1 导通，负的 U_i^* 加在正组电流调节器 1ACR 上，使正组控制角 α_f 更小，输出电压 U_{d0f} 升高，正组流过的电流 I_f 也增大；与此同时，反组的电流给定 $\overline{U}_i^*$ 为正电压，二极管 VD_2 截止，正电压 $\overline{U}_i^*$ 通过与 VD 并联的电阻 R 加到反组电流调节器 2ACR 上，$\overline{U}_i^*$ 抵消了环流给定电压 $-U_c^*$ 的作用，抵消的程度取决于电流给定信号的大小。稳态时，电流给定信号基本上和负载电流成正比，因此，当负载电流小时，正的 $\overline{U}_i^*$ 不足以抵消 $-U_c^*$，所以反组有很小的环流电流流过，电枢电流 $I_d=I_f-I_r$；随着负载电流的增大，正的 $\overline{U}_i^*$ 继续增大，抵消 $-U_c^*$ 的程度增大，当负载电流大到一定程度时，$\overline{U}_i^*-|U_c^*|$，环流就完全被遏制住了。这时正组流过负载电流，反组则无电流通过。与 R、VD_2 并联的电容 C 则是对遏制环流的过渡过程起加快作用的。反向运行时，反组提供负载电流，正组控制环流。

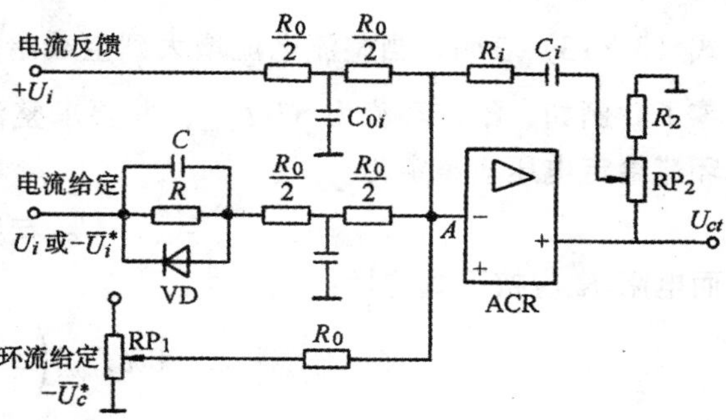

图 3－16　可控环流系统的电流调节器

可控环流的大小可以按实际需要来确定，其定量计算方法如下。图 3－16 为可控环流系统的电流调节器信号综合情况。假定输入回路电阻都是 R_0，通过虚地点 A 输入的电流应该基本上是零，当电动机处于正向稳态运行时，对 1ACR、2ACR 可分别列出下列方程式。

对于正组电流调节器 1ACR，$U_i^*=-$，VD_1 导通

$$\frac{U_{if}}{R_0}-\frac{U_i^*}{R_0}-\frac{U_c^*}{R_0}=0$$

$$\therefore \qquad U_{if}=U_i^*+U_c^* \tag{3-7}$$

对于反组电流调节器 2ACR，$\overline{U}_i^*=+$，VD_2 截止

$$\frac{U_{ir}}{R_0}+\frac{U_i^*}{R_0+R}-\frac{U_c^*}{R_0}=0$$

$$\therefore \qquad U_{ir}=U_c^*-\frac{R_0}{R_0+R}U_i^* \tag{3-8}$$

设两组的电流反馈系数都是 β，则

$$U_{if}=\beta I_f, \qquad U_{ir}=\beta I_r$$

式（3－7）和（3－8）可改写为

$$\beta I_f=U_i^*+U_c^* \tag{3-9}$$

$$\beta I_r=U_c^*-\frac{R_0}{R_0+R}U_i^* \tag{3-10}$$

电机停止时，$U_i^*=0$，则

$$I_{f0}=I_{r0}=\frac{1}{\beta}U_c{}^*=I_c{}^* \tag{3-11}$$

这就是环流给定值。

当电机正向运行，负载电流增大到一定程度时，环流被完全遏制住，$I_r=0$，由式(3－10)可知，这时的电流给定信号为

$$U_i{}^*\big|_{I_c=0}=\frac{R_0+R}{R_0}U_c{}^* \tag{3-12}$$

代入式（3－9），则得

$$I_f=\frac{1}{\beta}\left(\frac{R_0+R}{R_0}U_c{}^*+U_c{}^*\right)=\left(2+\frac{R}{R_0}\right)\frac{1}{\beta}U_c{}^*=\left(2+\frac{R}{R_0}\right)I_c{}^* \qquad (3-13)$$

式（3－13）表明，当整流电流增大到空载给定环流的$\left(2+\dfrac{R}{R_0}\right)$倍时，直流平均环流就等于零了。例如，给定环流为 $5\%I_{nom}$，并要求整流电流增大到 $20\%I_{nom}$ 时将环流遏制到零，则环流给定电压应整定为

$$U_c{}^*=5\%\beta I_{nom}$$

而电阻 R 应按下式选择：

$$20\%I_{nom}\left(2+\frac{R}{R_0}\right)5\%I_{nom}$$

则

$$R=2R_0$$

可控环流系统的主电路一般都采用交叉连接线路，将变压器的二次绕组一组接成丫形，另一组接成△形，使两组装置电源电压的相位差 30°。这样可使系统处于零位时（$U_n{}^*=0$）避开瞬时脉动环流的峰值，从而可使均衡电抗器大为减小，甚至可以不用。

由上分析可知，可控环流系统充分利用了环流的有利一面，避开了电流断续区，使系统在正反向过渡过程中没有死区，提高了快速性；同时又克服了环流不利的一面，减少了环流的损耗。所以在各种对快速性要求较高的可逆调速系统和随动系统中得到了日益广泛的应用。

§3－5　无环流可逆调速系统

上节分析的有环流系统虽然具有反向快、过渡平滑等优点，但设置几个环流电抗器终究是个累赘。因此，当工艺过程对系统过渡特性的平滑性要求不高时，特别是对于大容量的系统，从生产可靠性要求出发，常采用既没有直流平均环流又没有瞬时脉动环流的无环流可逆系统。可按实现无环流原理的不同而分为两大类：逻辑控制无环流系统和错位控制无环流系统。

当一组晶闸管工作时，用逻辑电路封锁另一组晶闸管的触发脉冲，使它完全处于阻断状态，确保两组晶闸管不同时工作，从根本上切断了环流的通路，这就是逻辑控制的无环流可逆系统。

实现无环流的另一种办法是采用配合控制的原理，当一组晶闸管整流时，让另一组晶闸管处在待逆变状态，但是两组触发脉冲的零位错开得比较远，彻底杜绝了瞬时脉动环流的产生，这就是错位控制的无环流可逆系统。

一、逻辑控制的无环流可逆调速系统

（一）系统的组成和工作原理

逻辑控制的无环流可逆调速系统（以下简称“逻辑无环流系统”）是目前在生产中应用最为广泛的可逆系统，其原理框图如图 3－17 所示。主电路采用两组晶闸管装置反并联线路，由于没有环流，不用再设置环流电抗器，但为了保证稳定运行时电流波形的连续，仍应保留平波电抗器 L_d。控制线路采用典型的转速、电流双闭环系统，只是电流环分设两个电流调节器（并非必须如此），1ACR 用来控制正组触发装置 GTF，2ACR 控制反组触发装置 GTR，1ACR

的给定信号 U_i^* 经反号器 AR 作为 2ACR 的给定信号 $\overline{U}_i^*$，这样可使电流反馈信号 U_i 的极性在正、反转时都不必改变，从而可采用不反映极性的电流检测器，如图 3－17 中所画的交流互感器和整流器。由于主电路不设均衡电抗器，一旦出现环流将造成严重的短路事故，所以对工作时的可靠性要求特别高，为此在逻辑无环流系统中设置了无环流逻辑控制器 DLC，这是系统中的关键部件，必须保证可靠工作。它按照系统的工作状态，指挥系统进行自动切换，或者允许正组发出触发脉冲而封锁反组，或者允许反组发出触发脉冲而封锁正组。在任何情况下，决不容许两组晶闸管同时开放，确保主电路没有产生环流的可能。

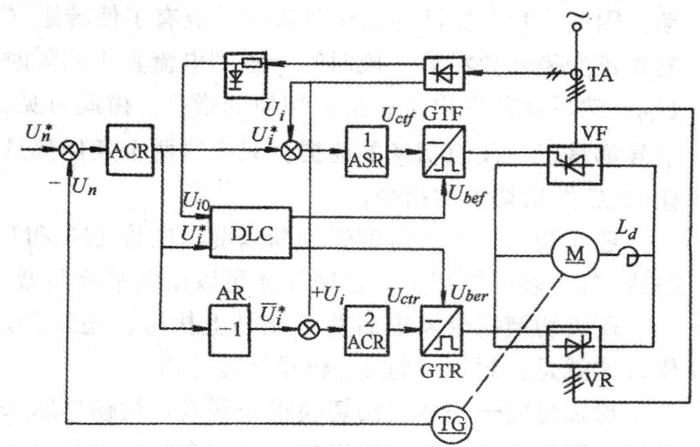

图 3－17　逻辑控制的无环流可逆调速系统
DLC—无环流逻辑控制器

触发脉冲的零位仍整定在 $\alpha_{f0}=\alpha_{r0}=90°$，工作时移相方法仍和 $\alpha=\beta$ 工作制一样，只是用了 DLC 来控制两组触发脉冲的封锁和开放，除此之外，系统其它的工作原理和自然环流系统没有多大区别。下面着重分析无环流逻辑控制器。

（二）可逆系统对无环流逻辑控制器的要求

无环流逻辑控制器的任务是：在正组晶闸管 VF 工作时封锁反组脉冲，在反组晶闸管 VR 工作时封锁正组脉冲。通常采用数字逻辑电路，使其输出信号 U_{blf} 和 U_{blr} 以“0”和“1”的数字信号形式来执行两种封锁与开放的作用，“0”表示封锁，“1”表示开放，二者不能同时为“1”，以确保两组不会同时开放。

应该根据什么信息来指挥逻辑控制器动作呢？粗看起来，根据转速给定信号 U_n^* 的极性来决定脉冲封锁信号的取舍似乎是可以的，但是仔细分析一下，就知道这样做是不行的。在§3－4 中已经讨论过，系统反转时固然应该开放反组晶闸管，当系统正转制动（或减速）时，也要利用反组晶闸管的逆变状态来实现回馈制动。在这两种情况下都要开放反组，封锁正组，而 U_n^* 的极性在反转时为负，正转制动（或减速）时为零（或正），显然不能用作逻辑切换的指令。作为逻辑切换的指令，必须找出上述两种情况的共同特征。从电动机的运行状态看，反转运行和正转制动（或减速）的共同特征是：要求电动机产生负的转矩、在励磁恒定时，也就是要求有负的电流。再考察图 3－13 的可逆系统框图，不难发现，由 ASR 输出的电流给定信号 U_i^* 恰好可以担当这个任务。在反转运行时，U_i^* 应为正，在正转制动时，U_i^* 也为正；U_i^* 的极性恰好反映了系统要产生负转矩（电流）的意图，可以用作逻辑切换的指令信号。由此可见，DLC 首先应该鉴别电流给定信号 U_i^* 的极性；当 U_i^* 由负变正时，先去封锁正组，就是使 $U_{blf}=0$，然后去开放反组，也就是使 $U_{blr}=1$；反之，当 U_i^* 由正变负时，则应先封锁反组（$U_{blr}=0$）而后开放正组（$U_{blf}=1$）。

然而，仅用电流给定信号 U_i^* 去控制 DLC 还是不够的。因为 U_i^* 极性的变化只是逻辑切换的必要条件，而不是充分的条件。在自然环流系统制动过程的分析中已经说明了这一点。例如，当系统正向运行需要制动时，U_i^* 由负变正固然可以标志着制动过程的开始，但当实际电流尚未反向以前，仍须保持正组开放，以便进行本组逆变。只有在实际电流降到零的时候，才应该给 DLC 发出命令，封锁正组，开放反组，然后电流得以反向，通过反组进行回馈制动。因此，U_i^* 极性的变化只表明系统有了使转矩（电流）反向的意图，转矩（电流）极性的真正变换还要滞后一段时间。等到电流真正到零时，应该再发出一个“零电流检测”信号 U_{i0}，然后才能发出正、反组切换的指令。由此可见，电流给定极性鉴别信号和零电流检测信号都是正、反组切换的前提，只有这两个条件都具备，并经过必要的逻辑判断后，才可以让 DLC 发出切换的指令。

还应指出，在进行逻辑判断以前，应将 U_i^* 和 U_{i0}这两个连续变化的模拟量转变在“0”态或“1”态的数字量，这项任务可以由电平检测器来担当。

逻辑切换指令发出后并不能马上执行，还须经过两段延时时间，以确保系统的可靠工作，这就是：封锁延时 t_{dbl}和开放延时t_{dt}。

封锁延时——从发出切换指令到真正封锁掉原来工作的那组脉冲之间应该留出来的等待时间。因为电流未降到零以前，其所含的脉动分量是时高时低的，如图 3－18 所示。而检测零电流的电平检测器总有一个最小动作电流 I_0，如果脉动的电流瞬时低于 I_0 而实际上仍在连续变化时，就将检测到的零电流信号发出去，封锁本组脉冲，这时本组正处在逆变状态，势必会造成逆变颠覆。设置封锁延时之后，检测到的零电流信号等待一段时间 t_{dbl}（对三相桥式电路来说，约取 2～3ms，大约相当于半个到一个脉波的时间），仍不见超过 I_0，说明电流确已断开，这时再封锁本组脉冲就没有什么问题了。

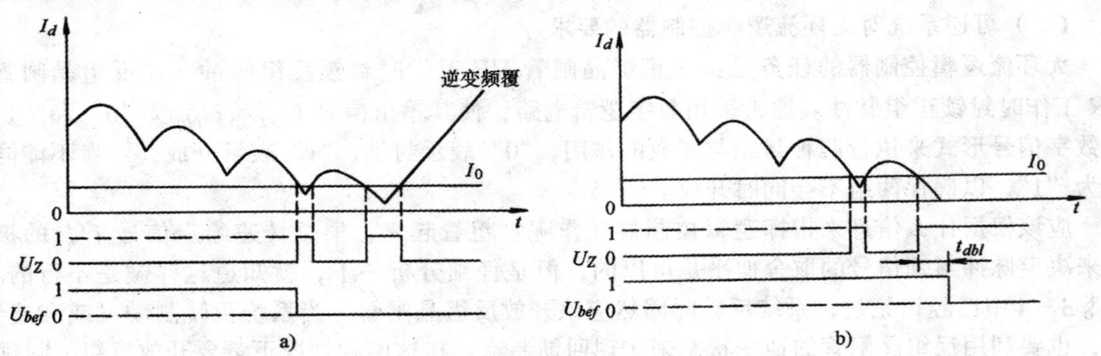

图 3－18　零电流检测和封锁延时的作用

a）无封锁延时，造成逆变颠覆　b）设置封锁延时，保证安全

I_0—零电流检测器最小动作电流　U_Z—零电流检测器输出信号

U_{bef}—封锁正组脉冲信号　t_{dbl}—封锁延时时间

开放延时——从封锁原工作组脉冲到开放另一组脉冲之间的等待时间。为什么开放另一组又要等待一段时间呢？因为在封锁原工作组脉冲时，已被触发的晶闸管要到电流过零时才真正关断，而且在关断之后还要过一段时间才能恢复阻断能力，如果在这之前就开放另一组晶闸管，仍可能造成两组晶闸管同时导通，使电源短路。为了防止产生这种事故，在发出封锁本组脉冲信号后，必须等待一段时间 t_{dt}（对于三相桥式电路，常取 5～7ms，一般应大于一个波头的时间），才允许开放另一组脉冲。

最后，在 DLC 中还必须设置联锁保护电路，使其输出信号 U_{blf}和 U_{blr}不可能同时出现“1”态，以确保两组晶闸管的触发脉冲不可能同时开放。

综上所述，对无环流逻辑控制器的要求可归纳如下：

(1) 由电流给定信号 U_i^* 的极性和零电流检测信号 U_{io} 共同发出逻辑切换指令。当 U_i^* 改变极性，且零电流检测器发出“零电流”信号时，允许封锁原工作组，开放另一组。

(2) 发出切换指令后，须经过封锁延时时间 t_{dbl} 才能封锁原导通组脉冲；再经过开放延时时间 t_{dt} 后，才能开放另一组脉冲。

(3) 无论在任何情况下，两组晶闸管绝对不允许同时加触发脉冲，当一组工作时，另一组的触发脉冲必须被封锁住。

（三）无环流逻辑控制器的实现

根据上述分析，得出逻辑控制器的功能和输入输出信号如图 3－19 所示。其输入为电流给定或转矩极性鉴别和零电流检测信号，输出是封锁正组和反组脉冲的信号。可由电平检测，逻辑判断，延时电路和联锁保护四个基本环节组成。

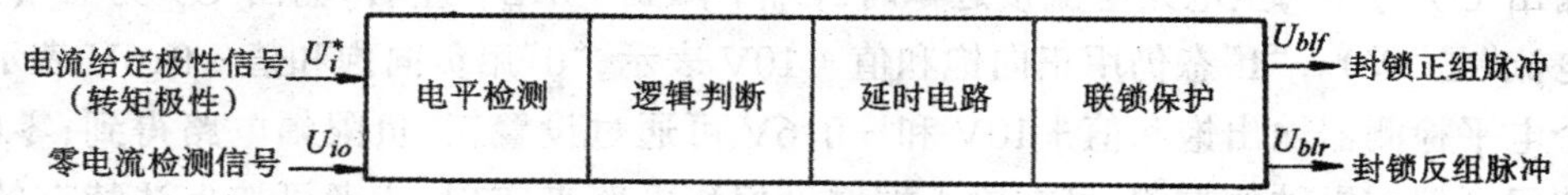

图 3－19　无环流逻辑控制器 DLC 的功能及输入输出信号

1．电平检测器

电平检测的任务是将控制系统中连续变化的模拟量转换成“1”或“0”两种状态的数字量，实际上是一个模数转换器。一般可用带正反馈的运算放大器组成，具有一定要求的继电特性即可，其原理、结构及继电特性图如图 3－20 所示。

从 3－20b 的结构图可得电平检测器的闭环放大倍数

$$K_{cl}=\frac{U_{ex}}{U_{in}}=\frac{K}{1-KK_v}$$

式中　K ——运算放大器开环放大倍数；

K_v ——正反馈系数。

当 K 一定时，若 $KK_v>1$，则放大器工作在继电状态，其输入输出特性会出现回环，如图 3－20c 所示。回环的计算公式为

$$U=U_{in1}-U_{in2}=K_v(U_{exm1}-U_{exm2}) \tag{3-14}$$

式中　U_{exm1}、U_{exm2} ——正向和负向饱和输出电压；

U_{in1}、U_{in2} ——输出由正翻到负和由负翻到正所需的最小输入电压。

$$K_v=\frac{R_0}{R_1+R_0}$$

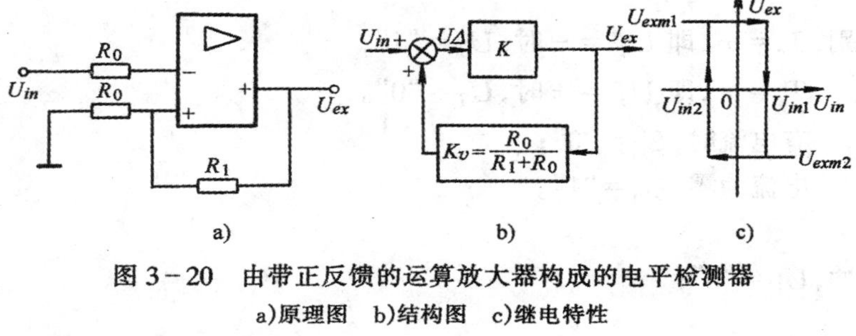

a)　　b)　　c)

图 3－20　由带正反馈的运算放大器构成的电平检测器

a)原理图　b)结构图　c)继电特性

显然，R_1 越小，K_v 越大，正反馈作用越强，回环宽度越大。回环太宽，切换时动作迟钝，容易产生超调；回环太小，降低了抗干扰能力，容易产生误动作。回环宽度一般取 0.2～0.3V。

无环流逻辑控制器中应设立“转矩极性鉴别”和“零电流检测”两个电平检测器。分别将电流给定的极性和电流“是零”或“非零”转换成相应的“1”或“0”数字量，供逻辑判断使用。

图 3-21a 为转矩极性鉴别器 DPT 的输入输出特性。其输入信号为速度调节器的输出 U_i^*，它是左右对称的；其输出则为转矩极性信号 U_T，为给出“1”和“0”的数字量，输出应是上下不对称的，“1”态表示正向转矩，用正向饱和值 +10V 表示，“0”态表示负向转矩，用负饱和值 -0.6V 表示。

图 3-21b 为零电流检测器 DPZ 的输入输出特性。其输入信号是电流互感器输出的零电流信号 U_{i0}，主电路有电流时 U_{i0} 约为 +0.6V（由电流检测电路串接二极管两端引出），零电流检测器输出 U_Z 为“0”；主电路电流接近零时，U_{i0} 下降到 +0.2V 左右，输出 U_Z 为“1”（这样可以突出电流“是”零）。“1”态仍用正向饱和值 +10V 表示，“0”用负向饱和值 -0.6V 表示。

两个电平检测器输出饱和值 +10V 和 -0.6V 可通过设置正、负限幅电路得到；零电流检测器特性回环偏在纵轴的右侧，可在输入端增设偏移电路来实现，读者可按上述特有的规律，自行设计出符合要求的电平检测器。

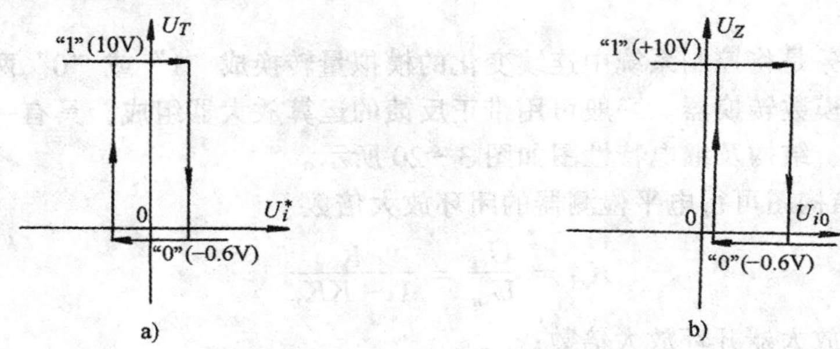

图 3-21 电平检测器的输入输出特性

a)转矩极性鉴别器 DPT 输入输出特性 b)零电流检测器 DPZ 输入输出特性

2. 逻辑判断电路

逻辑判断的任务是根据两个电平检测器的输出信号 U_T 和 U_Z 经运算后，正确地发出切换信号 U_F 和 U_R（即封锁原来工作组的脉冲、开放另一组脉冲的指令信号）。U_F 和 U_R 均有“1”和“0”两种状态，究竟用“1”态还是“0”态表示封锁触发脉冲，取决于触发电路的结构。现假定该指令信号为“1”态时开放脉冲，“0”态时封锁脉冲。归纳各种情况下逻辑判断电路的输入输出状态如下

输入信号：

转矩极性鉴别，$T_e = +$，即 $U_i^* = -$ 时，$U_T =$“1”；

$T_e = -$，即 $U_i^* = +$ 时，$U_T =$“0”。

零电流检测，　有电流时，$U_1 =$“0”；

电流为零，$U_1 =$“1”。

输出信号：

封锁正组脉冲，$U_F =$“0”；

开放正组脉冲，U_F=“1”；

封锁反组脉冲，U_B=“0”；

开放反组脉冲，U_R=“1”。

根据可逆系统电动机运行状态的情况，列出逻辑判断电路各量之间的逻辑关系于表 3－2 中。

表 3－2　逻辑判断电路各量之间的逻辑关系

运行状态	转矩(电流给定)极性		电枢电流	逻辑电路输入		逻辑电路输出	
	T_e	U_i^*		U_T	U_Z	U_F	U_R
正向起动	+	−	0	1	1	1	0
	+	−	有	1	0	1	0
正向运行	+	−	有	1	0	1	0
正向制动	−	+	有	0	0	1	0
	−	+	0	0	1	0	1
	−	+	有(制动电流)	0	0	0	1
反向起动	−	+	0	0	1	0	1
	−	+	有	0	0	0	1
反向运行	−	+	有	0	0	0	1
反向制动	+	−	有	1	0	0	1
	+	−	0	1	1	1	0
	+	−	有(制动电流)	1	0	1	0

删去上表中的重复项，可得逻辑判断电路真值表，如表 3－3。

表 3－3　逻辑判断电路真值表

U_T	U_Z	U_F	U_R	U_T	U_Z	U_F	U_R
1	1	1	0	0	1	0	1
1	0	1	0	0	0	0	1
0	0	1	0	1	0	0	1

根据真值表，按脉冲封锁条件可列出下列逻辑代数式：

$$\overline{U}_F = U_R(\overline{U}_T U_Z + \overline{U}_T \overline{U}_Z + U_T \overline{U}_Z) =$$
$$U_R[\overline{U}_T(U_Z + \overline{U}_Z) + U_T \overline{U}_Z] =$$
$$U_R(\overline{U}_T + U_T \overline{U}_Z) = U_R(\overline{U}_T + \overline{U}_Z)$$

若用与非门实现，可变换成　$U_F = \overline{U_R \cdot (\overline{U}_T + \overline{U}_Z)} = \overline{U_R \cdot \overline{(U_T \cdot U_Z)}}$　(3－15)

$$\overline{U}_R = U_F(U_T U_Z + U_T \overline{U}_Z + \overline{U}_T \overline{U}_Z) = U_F(U_T + \overline{U}_Z)$$

同样可变换成　$U_R = \overline{U_F \cdot (U_T + \overline{U}_Z)} = \overline{U_F \cdot \overline{(\overline{U}_T \cdot U_Z)}} =$

$$\overline{U_F \cdot \overline{(U_T \cdot U_Z + \overline{U}_Z \cdot U_Z)}} =$$

$$\overline{U_F \cdot \overline{[(U_T + \overline{U}_Z) \cdot U_Z]}} = \overline{U_F \cdot \overline{[\overline{(U_T \cdot U_Z)} \cdot U_Z]}} \qquad (3-16)$$

根据式（3－15）和式（3－16）可以采用具有高抗干扰能力的 HTL 单与非门组成逻辑判断电路，如图 3－22 所示。

3. 延时电路

在逻辑判断电路发出切换指令 U_F、U_R 之后，必须经过封锁延时 t_{dbl} 和开放延时 t_{dt}，才能执行切换指令，因此，无环流逻辑控制器中必须设置相应的延时电路。

在 HTL 与非门的输入端加接二极管 VD 和电容 C，如图 3－22 所示，就可以使得与非门的输出由“1”态变到“0”态时的动作获得延时，因为这时当输入由“0”变到“1”时，必须先使电容充电，待电容端电压充到开门电平时，输出才由“1”变“0”，电容充电到开门电平的时间则为延时的时间，改变电容的大小就可以得到不同的延时。

阻容电路的充电时间

$$t = RC\ln\frac{U}{U - U_C} \tag{3-17}$$

式中 R——充电回路电阻（HTL 与非门的内阻，图中未表示）；

C——外接电容；

U——电源电压，HTL 与非门用 $U = 15\text{V}$；

U_C——电容端电压。

根据所需延时时间可计算出相应的电容值

$$C = \frac{t}{R\ln\dfrac{U}{U - U_C}}$$

图 3－22 中 VD_1、C_1 组成封锁延时电路；VD_2、C_2 组成开放延时电路。

4. 联锁保护电路

在正常工作时，逻辑判断与延时电路的两个输出 U_F' 和 U_R' 总是一个为“1”态而另一个为“0”态。一旦电路发生故障，两个输出 U_F' 和 U_R' 如果同时为“1”态，将造成两组晶闸管同时开放而导致电源短路。为了避免这种事故，在无环流逻辑控制器的最后部分设置了多“1”联锁保护电路，如图 3－22 所示，其工作原理如下：正常工作时，U_F' 和 U_R' 总是一个为“1”而另一个为“0”，这时联锁保护环节的与非门输出 A 点电位始终为“1”态，则实际的脉冲封锁信号 U_{blf} 和 U_{blr} 与 U_F' 和 U_R' 的状态完全相同，总能封锁一组脉冲。当发生 U_F' 和 U_R' 同时为“1”的故障时，联锁保护环节中的与非门输出 A 点电位立即变为“0”态，将 U_{blf} 和 U_{blr} 都拉到“0”，使两组脉冲同时封锁。这样就可避免两组晶闸管同时处于整流状态而造成短路的事故。

到此，图 3－22 所示的无环流逻辑控制器中各环节的工作原理都已分析过了，读者可结合图 3－17 的逻辑控制无环流可逆系统原理框图自行分析系统在各种运行状态下的工作过程。

（四）逻辑无环流系统的优缺点和改进措施

通过上述分析，可以看出逻辑控制无环流可逆调速系统具有的优点是：可省去环流电抗器，没有附加的环流损耗，从而可节省变压器和晶闸管装置的附加设备容量。和有环流系统相比，因换流失败而造成的事故率大为降低。其缺点是由于延时造成了电流换向死区，影响过渡过程的快速性（如图 3－23）。

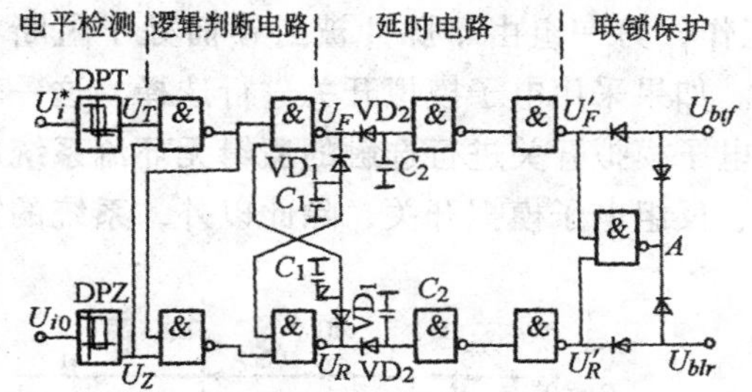

图 3－22　无环流逻辑控制器 DLC 原理图

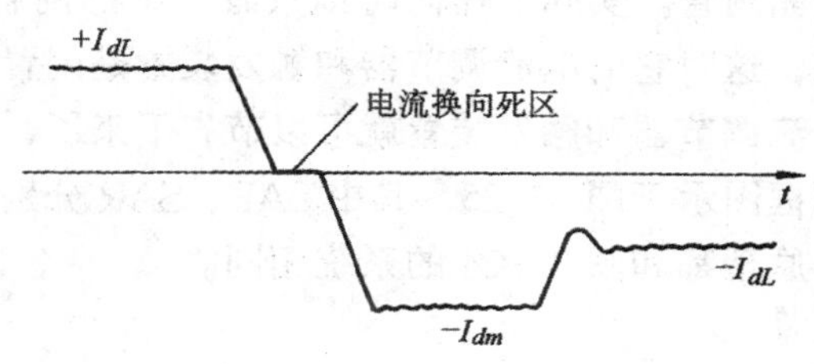

图 3－23　逻辑无环流可逆系统的电流换向死区

普通的逻辑无环流系统在电流换向后有时会有较大的反向冲击电流，这是由于待工作组投入时电流反馈 U_i 的值尚小，负的电流给定值起决定作用，经电流调节器输出正的触发移相信号，晶闸管处于整流状态，使电动机进入反接制动子阶段所造成的。正是这个冲击电流的反馈作用，才把这一组从整流状态推到逆变状态。为了避免换向后产生的冲击电流，可以利用逻辑切换的机会，人为地在投入组电流调节器输入端暂时加上一个与 U_i 极性相同的信号 U_β（见图 3－24 中的 $U_{\beta f}$和 $U_{\beta r}$），把投入组的逆变角一下子推到 $\beta_{\min}$，使它组制动阶段一开始就进入它组逆变子阶段，避开了反接制动，冲击电流自然就小得多了。U_β 信号可由 DLC 发出，俗称“推 β”信号。在图 3－24 中所标的是正向制动时各处电位的极性。当正组整流工作时，$U_{\beta f}$为“0”态，并不影响 1ACR 的工作；而 $U_{\beta r}$为“1”态，即正电压，使 2ACR 输出为负限幅值，把待逆变组的控制角推到 $\beta_{\min}$处，但此时反组的触发脉冲仍被 U_{blr}封锁着，并未被触发。当 DLC 发出切换指令后，U_{blr}为“1”（见图 3－24），反组才被开放，而 $U_{\beta r}$由“1”变到“0”，但由于它接有阻容电路，F 点电位便由“1”延时变到“0”，这样就使反组开放时的控制角仍在 $\beta_{\min}$处。电容放电后，β 角往前移，反组待逆变电压减小，当它低于电机反电动势后，才真正开始逆变，电动机实现回馈制动。这样反组一开始制动就是逆变回馈制动，从而避免了由于反接制动造成的冲击电流。

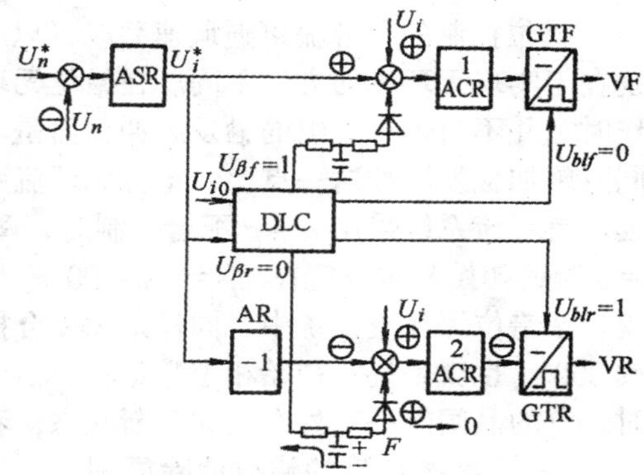

图 3－24　具有“推 β”信号的逻辑无环流系统

（各处所标电位极性是正向制动切换后的情况）

加入“推 β”信号后，冲击电流没有了，但却加大了电流换向死区。因为由电机切换前转速所决定的反电动势一般都低于 $\beta_{\min}$所对应的最大逆变电压，所以切换后并不能立即实现回馈制动，必须等 β 角移到所对应的逆变电压低于电动机反电动势以后，才能产生制动电流。移动 β 角的时间是由“推 β”信号的阻容参数决定的，有时长达几十甚至一百多毫秒，大大延长了电流换向死区。如果想要减小电流换向死区，可采用“有切换准备”的逻辑无环流系统。其基本方法是：让待逆变组的 β 角在切换前不是等在 $\beta_{\min}$处，而是等在与原整流组的 α 角基本相等的地方，即等在与电机反电动势相适应的电角度处。当待逆变组投入时，其逆变电压的大小和电机反电动势基本相等，很快就能产生回馈制动。这种系统的电流换向死区就只剩下封锁与开放的延时时间了，仅 10ms 左右。关于有切换准备的具体线路可参看文献〔25〕。

在上述两种逻辑无环流系统中都采用了两个电流调节器和两套触发装置分别控制正、反组晶闸管。实际上任何时刻只有一组晶闸管在工作，另一组由于脉冲被封锁而处于阻断状态，这时它的电流调节器和触发装置是闲置着的。如果采用电子模拟开关进行选择，这一套电流调节器和触发装置就可以节省下来了，利用电子模拟开关进行选触的逻辑无环流系统原理框图示于图 3－25，其中 SAF、SAR 分别是正、反组电子模拟开关，除此以外，系统的工作原理都和图 3－24 的系统相同。

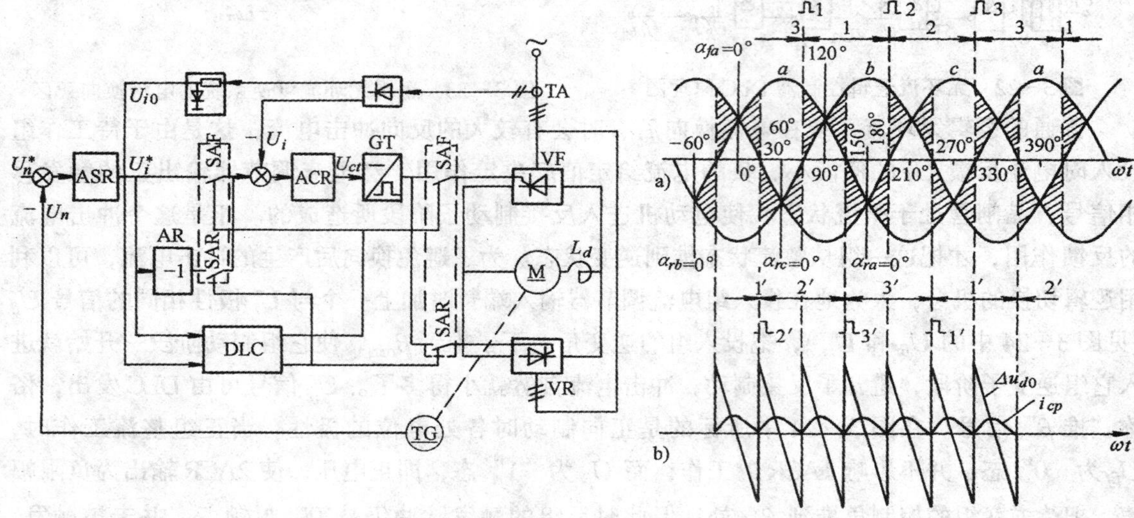

图 3－25 逻辑选触无环流系统
SAF—正组电子模拟开关 SAR—反组电子模拟开关

图 3－26 $\alpha_{f0}=\alpha_{r0}=90°$时各相脉冲位置与环流
（阴影部分表示产生环流的区间）

二、错位控制的无环流可逆调速系统

错位控制的无环流可逆调速系统（以下简称“错位无环流系统”）与逻辑无环流系统的区别在于实现无环流的方法不同。在错位无环流系统中，不用设置复杂的逻辑控制器，当一组工作时，并不封锁另一组的触发脉冲，而是巧妙地借助于触发脉冲的错开来实现无环流。在两组同时施加触发脉冲这一点上，错位无环流系统是和有环流系统一样的，只是脉冲的相位错开较远。有环流系统采用 $\alpha=\beta$ 配合控制时，两组脉冲的关系是 $\alpha_f+\alpha_r=180°$〔见式（3－4）〕，$U_{ct}=0$ 时的初始相位整定在 $\alpha_{f0}=\alpha_{r0}=90°$，因而可以消除直流平均环流，但仍然存在瞬时脉动环流。在错位无环流系统中，同样采用配合控制的移相方法，但两组脉冲的关系是 $\alpha_f+\alpha_r=300°$ 或 360°。也就是说，初始相位整定在 $\alpha_{f0}=\alpha_{r0}=150°$或 180°。因而当待逆变组的触发脉冲来到时，它的晶闸管一直处在反向阻断状态，不可能导通，当然也就不会产生静态环流了。

（一）静态环流的错位消除原理

为了阐述静态环流的错位消除原理，仍以图 3－11a 所示的三相零式反并联可逆线路为例来说明触发脉冲初始相位与环流之间的关系，所得结论同样适用于三相桥式反并联线路。图 3－26 中再次绘出自然环流系统的情况，初始相位整定在 $\alpha_{f0}=\alpha_{r0}=90°$，这时 VF 和 VR 两组晶闸管的触发脉冲相位在图中用⎍$_1$、⎍$_2$、⎍$_3$ 和⎍$_1'$⎍$_2'$⎍$_3'$来表示（在讨论环流时，脉冲宽度可假设为 120°）。以 VF 组 a 相自然换相点为 0°，则 1 号晶闸管从 90°开始导通，到 210°时由 2 号晶闸管代替，再到 330°时由 3 号晶闸管代替，依次循环导通。对于 VR 组来说，b 相的自然换相点是 −60°，则 2′号晶闸管从 −60°＋90°＝30°处开始触发导通，到 150°时让位给 3′号晶闸管，再到 270°时让位给 1′号晶闸管。

根据 VF、VR 两组晶闸管被轮流触发导通的顺序，首先看由电源变压器 a 相到 b 相的环流通路、由于晶闸管的单向导电性，只有出现正向瞬时电压差，即 $u_a > u_b$、而且 1 号和 2′号晶闸管都处于触发导通状态时，才有可能产生 a、b 相间的瞬时脉动环流。这个环流一旦产生，由于电感造成的电流连续性，可以使它再延续到 $u_a < u_b$ 的一段。按照上述条件，不难从图 3－26 中看出，在 90°～120°间产生 a、b 相间环流，然后延续到 $u_a < u_b$ 的 120°～150°段，在图 3－26a 中这两部分用阴影线表示。图 3－26b 绘出了瞬时电压差 Δu_{d0} 和瞬时脉动环流 i_{cp} 的波形。同理，在 150°～210°段应有 a、c 相间环流，在 210°～270°段有 b、c 相间环流，在 270°～330°段有 b、a 相间环流，在 330°～390°（30°）段有 c、a 相间环流，在 30°～90°段有 c、b 相间环流，……。总之，按照 $\alpha_{f0} = \alpha_{r0} = 90°$ 来整定零位并进行移相时，系统中始终存在瞬时脉动环流，见图 3－11 和图 3－26。

如果将零位整定在 $\alpha_{f0} = \alpha_{r0} = 120°$，这样在移相时（$\alpha_f$ 往前移，α_r 往后移）两组脉冲的相位可以错开得远一些，仍用上述分析方法，可以看出，在零位时恰好没有环流，因为在所有晶闸管导通区间都是 $\Delta u_{d0} \leqslant 0$，不符合环流产生的条件。但移相后，例如 $\alpha_f = 90°$，$\alpha_r = 150°$，则在 90°～150°、210°～270°、330°～390°（30°）各段又有了 a、b 相间，b、c 相间、c、a 相间环流。如果再将零位移到 $\alpha_{f0} = \alpha_{r0} = 150°$，无论两组脉冲移到哪里，只要还是配合控制，就都没有环流了[6]。

深入地研究图 3－26 上环流区间的特点，可以发现，在 0°～120°区间，都是 $u_a > u_b$、只要 1 号和 2′号晶闸管的脉冲都出现在 120°线的左侧，就一定会产生 a、b 相间的环流。换句话说，只要 $\alpha_{fa} < 120°$，同时 $\alpha_{rb} < 180°$，必定有 a、b 相间环流。同理，在 0°～180°区间，都是 $u_a > u_c$，只要 $\alpha_{fa} < 180°$、同时 $\alpha_{rc} < 120°$（见图 3－26a，$a_{rc} = 0$ 线在 60°处，它距 180°线为 120°），必定有 a、c 相间环流。对于其它任意两相间的环流，b、c 间和 c、a 间的情况与 a、b 间一样，b、a 间和 c、b 间的情况与 a、c 间一样。归纳起来，实行配合控制时，移相过程只要符合下列任何一种条件

$$\begin{cases}\alpha_f < 120° \\ \alpha_r < 180°\end{cases} \quad 或 \begin{cases}\alpha_f < 180° \\ \alpha_r < 120°\end{cases}$$

就一定会产生静态环流。如果是在这两种条件之外，就可以没有静态环流了。

可以用图 3－27 来表示上述关系，在两组控制角的配合特性平面上画出有、无静态环流的分界线。图中阴影区以内为有环流区，阴影区之外是无环流区。对于配合控制的有环流系统，触发脉冲的零位整定在 $\alpha_{f0} = \alpha_{r0} = 90°$，即图 3－27 中的 O_1 点，调速时 α_f 和 α_r 的关系按线性变化，则控制角的配合特性为 $\alpha_f + \alpha_r = 180°$，即图中的直线 AO_1B，可见，这种系统在整个调节范围内都是有环流的。如果既要消除静态环流，又想保持配合控制的关系，即 $\alpha_f + \alpha_r =$ 常值，应将配合特性平行上移到无环流区去。由图可见，无环流的临界状况是 CO_2D 线，此时零位在 O_2 点，相当于 $\alpha_{f0} = \alpha_{r0} = 150°$，配合特性 CO_2D 线的方程式为

$$\alpha_f + \alpha_r = 300°$$

可是这种临界状态并不可靠，万一参数变化，使控制角减小，就会在某些范围内又出现环流。为了确保不产生环流，实际系统常将零位定在 $\alpha_{f0} = \alpha_{r0} = 180°$（$O_3$ 点），其配合特性为图 3－27 中的直线 EO_3F，方程式为

$$\alpha_f + \alpha_r = 360°$$

这种整定方法，不仅安全可靠，而且调整也比较方便。

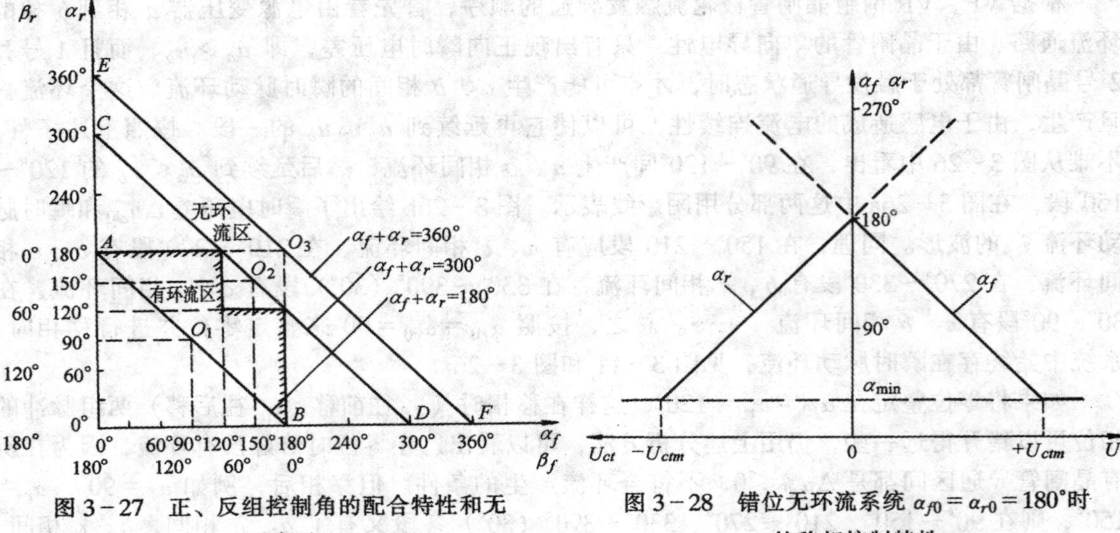

图 3-27 正、反组控制角的配合特性和无环流区

图 3-28 错位无环流系统 $\alpha_{f0}=\alpha_{r0}=180°$ 时的移相控制特性

当错位控制的零位整定在 180°时，触发装置的移相控制特性示于图 3-28。这时，如果一组脉冲控制角小于 180°，另一组脉冲控制角一定大于 180°。而大于 180°的脉冲对系统是无用的，因此常常只让它停留在 180°处，或使大于 180°后停发脉冲。图中控制角超过 180°的部分用虚线表示。

（二）带电压内环的错位无环流系统

带电压内环的错位无环流控制系统的原理框图如图 3-29 所示。从整个系统的结构形式来看，除了增设电压内环和去掉环流电抗器外，与图 3-12 所示的配合控制有环流可逆系统没有什么区别。它们之间的主要区别在于零位的整定值，而这一关键点在系统原理框图上是看不出来的。

在错位无环流系统中，采用电压内环（或用电流变化率内环）是很普遍的，也是必不可少的，因为它担负了下列重要作用[1,4,6]：

(1) 缩小反向时的电压死区，加快系统的切换过程。

(2) 抑制电流断续等非线性因素的影响，提高系统的动、静态性能。

(3) 防止动态环流，保证电流安全换向。

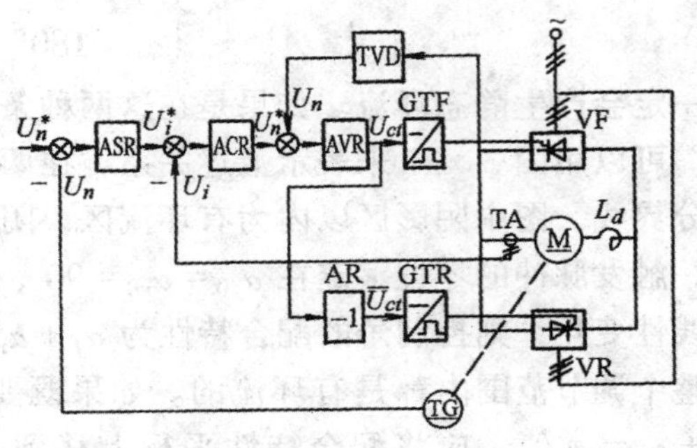

图 3-29 错位控制的无环流可逆调速系统原理框图

错位无环流系统的零位定在 180°时，两组的移相控制特性恰好分在纵轴的左右两侧、因此两组晶闸管的工作范围可按 U_{ct} 的极性来划分、U_{ct} 为正时正组工作，U_{ct} 为负时反组工作。利用这一特点，还可以省掉一套触发装置，对 U_{ct} 的极性进行鉴别后，再通过电子开关选择触发正组还是反组，从而组成错位选触无环流系统。

第四章　直流脉宽调速系统

内容提要

采用门极可关断晶闸管GTO、全控电力晶体管GTR、P-MOSFET等全控式电力电子器件组成的直流脉冲宽度调制（PWM）型的调速系统近年来已发展成熟，用途越来越广，与V-M系统相比，在很多方面具有较大的优越性：(1) 主电路线路简单，需用的功率元件少；(2) 开关频率高，电流容易连续，谐波少，电机损耗和发热都较小；(3) 低速性能好，稳速精度高，因而调速范围宽；(4) 系统频带宽，快速响应性能好，动态抗扰能力强；(5) 主电路元件工作在开关状态，导通损耗小，装置效率较高；(6) 直流电源采用不控三相整流时，电网功率因数高。为此，本书专辟一章讨论这类系统。

脉宽调速系统和前几章讨论的晶闸管相控整流装置供电的直流调速系统之间的区别主要在主电路和PWM控制电路，至于闭环控制系统以及静、动态分析和设计，基本上都是一样的，不必重复论述。因此本章§4-1首先介绍脉宽调制变换器的典型电路及其分析；§4-2分析直流脉宽调速系统的开环机械特性；§4-3阐述脉宽调速系统的控制电路；最后在§4-4中提出脉宽调速的几个特殊问题，包括电力晶体管的开关过程和安全保护问题。

直流脉宽调速系统中包括一个具有继电特性的脉宽调制变换器，它在本质上是一个开关控制系统。这类系统所特有的非线性振荡问题是一个专门问题，未列入本课范围。

§4-1　脉宽调制变换器

脉宽调速系统的主电路采用脉宽调制式变换器，简称PWM变换器。如第一章§1-1中所述，脉宽调制变换器就是采用脉冲宽度调制的一种直流斩波器。直流斩波调速最早是用在直流供电的电动车辆和机车中，取代变电阻调速，从而获得显著的节能效果。但在一般工业应用中，晶闸管-电动机调速系统由于它的明显优点一直占据着主要的地位，然而它也存在几个很难克服的固有问题：

(1) 存在电流的谐波分量，因而在深调速时转矩脉动大，限制了调速范围。

(2) 深调速时功率因数低，也限制了调速范围。

(3) 要克服上述困难，就得加大平波电抗器的电感，但电感大又限制了系统的快速性。

自从全控式电力电子器件问世以后，使得脉宽调速更容易实现，而且性能便好，因此，将脉宽调速推广到一般工业中取代晶闸管相控式整流器调速有着广阔的前景。只是由于器件容量的限制，目前直流PWM调速还只限于中、小功率的系统。随着器件的发展，它的应用领域必然会日益扩大，例如门极可关断晶闸管的生产水平已经达到 4500V、2500A，组成 PWM 变换器，可以用来驱动上千 kW 的电动机。

PWM 变换器有不可逆和可逆两类，可逆变换器又有双极式、单极式和受限单极式等多种电路。下面分别介绍它们的工作原理和特性。

一、不可逆 PWM 变换器

图 4－1a 是简单的不可逆 PWM 变换器的主电路原理图，不难看出，它实际上就是图 1－6a 所示的直流斩波器，只是采用了全控式的电力晶体管，以代替必须进行强迫关断的晶闸管，开关频率可达 1～4kHz，比晶闸管差不多提高了一个数量级。电源电压 U_s 一般由不可控整流电源提供，采用大电容 C 滤波，二极管 VD 在晶体管 VT 关断时为电枢回路提供释放电感储能的续流回路。

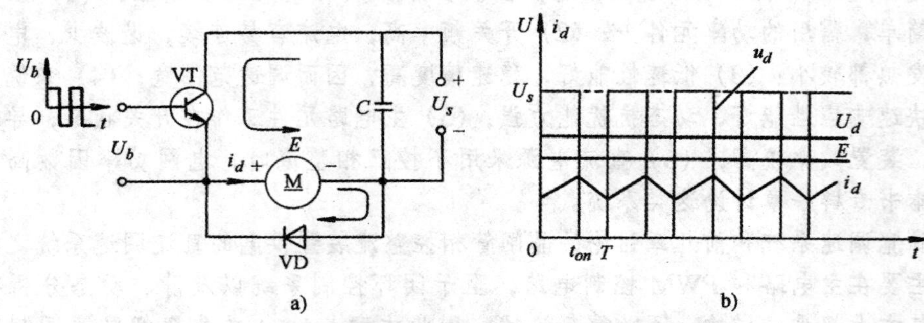

图 4－1　简单的不可逆 PWM 变换器（直流斩波器）电路

a）原理图　b）电压和电流波形

电力晶体管 VT 的基极由脉宽可调的脉冲电压 U_b 驱动。在一个开关周期内，当 $0 \leqslant t < t_{on}$时，U_b 为正，VT 饱和导通，电源电压通过 VT 加到电动机电枢两端。当 $t_{on} \leqslant t < T$ 时，U_b 为负，VT 截止，电枢失去电源，经二极管 VD 续流。电动机得到的平均端电压为

$$U_d = \frac{t_{on}}{T} U_s = \rho U_s \tag{4-1}$$

式中　$\rho = t_{on}/T = U_d/U_s$ —— PWM 电压的占空比。改变 ρ（$0 \leqslant \rho \leqslant 1$）即可调速。

图 4－1b 中绘出了稳态时电枢的脉冲端电压 u_d、电枢平均电压 U_d 和电枢电流 i_d 的波形。由图可见，稳态电流 i_d 是脉动的，其平均值等于负载电流 $I_{dL} = T_L/C_m$。

由于 VT 在一个周期内具有开和关两种状态，电路电压的平衡方程式也分为两个阶段。在 $0 \leqslant t < t_{on}$期间

$$U_s = Ri_d + L\frac{\mathrm{d}i_d}{\mathrm{d}t} + E \tag{4-2}$$

在 $i_{on} \leqslant t < T$ 期间

$$0 = Ri_d + L\frac{\mathrm{d}i_d}{\mathrm{d}t} + E \tag{4-3}$$

式中　R、L ——电枢电路的电阻和电感；

　　　E——电机反电动势。

由于开关频率较高，电流脉动的幅值不会很大，再影响到转速 n 和反电动势 E 的波动就更小，为了突出主要问题，可先忽略不计，而视 n 和 E 为恒值，下面在§4－4 中对此再作详

细的分析。

图 4－1 所示的简单不可逆电路中电流 i_d 不能反向，因此不能产生制动作用，只能作单象限运行。需要制动时必须具有反向电流 $-i_d$ 的通路，因此应该设置控制反向通路的第二个电力晶体管，形成两个晶体管 VT_1 和 VT_2 交替开关的电路，如图 4－2a 所示。这种电路组成的 PWM 调速系统可在一、二两个象限中运行。

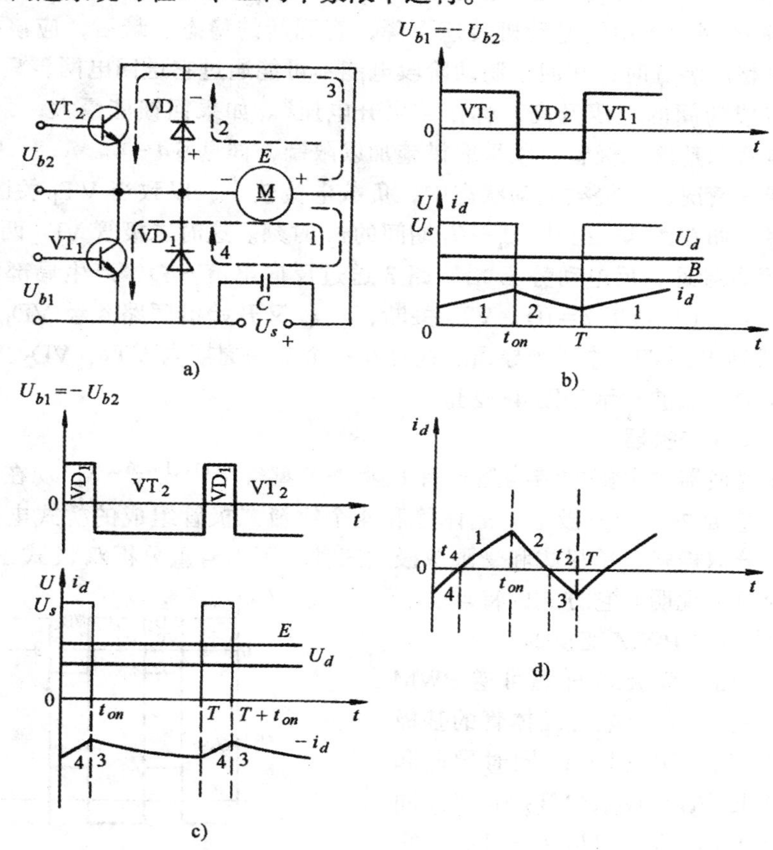

图 4－2 有制动电流通路的不可逆 PWM 变换器电路

a) 原理图 b) 电动状态的电压、电流波形 c) 制动状态的电压、电流波形 d) 轻载电动状态的电压、电流波形

VT_1 和 VT_2 的驱动电压大小相等、方向相反，即 $U_{b1}=-U_{b2}$。当电机在电动状态下运行时，平均电流应为正值，一个周期内分两段变化。在 $0\leqslant t<t_{on}$ 期间（t_{on} 为 VT_1 导通时间），U_{b1} 为正，VT_1 饱和导通；U_{b2} 为负，VT_2 截止。此时，电源电压 U_s 加到电枢两端，电流 i_d 沿图中的回路 1 流通。在 $t_{on}\leqslant t<T$ 期间，U_{b1} 和 U_{b2} 都变换极性，VT_1 截止，但 VT_2 却不能导通，因为 i_d 沿回路 2 经二极管 VD_2 续流，在 VD_2 两端产生的压降（其极性示于图 4－2a）给 VT_2 施加反压，使它失去导通的可能。因此，实际上是 VT_1、VD_2 交替导通，而 VT_2 始终不通，其电压和电流波形如图 4－2b 所示。虽然多了一个晶体管 VT_2，但它并没有被用上，波形和图 4－1 的情况完全一样。

如果在电动运行中要降低转速，则应先减小控制电压，使 U_{b1} 的正脉冲变窄，负脉冲变宽，从而使平均电枢电压 U_d 降低，但由于惯性的作用，转速和反电动势还来不及立刻变化，

造成 $E>U_d$ 的局面。这时就希望 VT_2 能在使电机制动中发挥作用。现在先分析 $t_{on}\leqslant t<T$ 这一阶段，由于 U_{b2}变正，VT_2 导通，$E-U_d$ 产生的反向电流 $-i_d$ 沿回路 3 通过 VT_2 流通，产生能耗制动，直到 $t=T$ 为止。在 $T\leqslant t<T+t_{on}$（也就是 $0\leqslant t<t_{on}$）期间，VT_2 截止，$-i_d$ 沿回路 4 通过 VD_1 续流，对电源回馈制动，同时在 VD_1 上的压降使 VT_1 不能导通。在整个制动状态中，VT_2、VD_1 轮流导通，而 VT_1 始终截止，电压和电流波形示于图 4－2c。反向电流的制动作用使电动机转速下降，直到新的稳态。最后，应该指出，当直流电源采用半导体整流装置时，在回馈制动阶段电能不可能通过它送回电网，只能向滤波电容 C 充电，从而造成瞬间的电压升高，称作“泵升电压”。如果回馈能量大，泵升电压太高，将危及电力晶体管和整流二极管，须采取措施加以限制，详见§4－4。

还有一种特殊情况，在轻载电动状态中，负载电流较小，以致当 VT_1 关断后 i_d 的续流很快就衰减到零，如在图 4－2d 中 $t_{on}\sim T$ 期间的 t_2 时刻。这时二极管 VD_2 两端的压降也降为零，使 VT_2 得以导通，反电动势 E 沿回路 3 送过反向电流 $-i_d$，产生局部时间的能耗制动作用。到了 $t=T$（相当于 $t=0$），VT_2 关断，$-i_d$ 又开始沿回路 4 经 VD_1 续流，直到 $t=t_4$ 时 $-i_d$ 衰减到零，VT_1 才开始导通。这种在一个开关周期内 VT_1、VD_2、VT_2、VD_1 四个管子轮流导通的电流波形示于图 4－2d。

二、可逆 PWM 变换器

可逆 PWM 变换器主电路的结构型式有 H 型、T 型等类[12、13、26、27]，现在主要讨论常用的 H 型变换器，它是由 4 个三极电力晶体管和 4 个续流二极管组成的桥式电路。H 型变换器在控制方式上分双极式、单极式和受限单极式三种。下面着重分析双极式 H 型 PWM 变换器，然后再简要地说明其它方式的特点。

（一）双极式可逆 PWM 变换器

图 4－3 中绘出了双极式 H 型可逆 PWM 变换器的电路原理图。4 个电力晶体管的基极驱动电压分为两组。VT_1 和 VT_4 同时导通和关断，其驱动电压 $U_{b1}=U_{b4}$；VT_2 和 VT_3 同时动作，其驱动电压 $U_{b2}=U_{b3}=-U_{b1}$。它们的波形示于图 4－4。

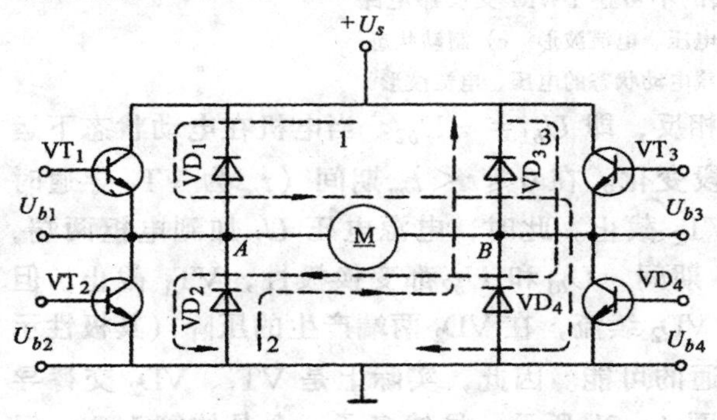

图 4－3　双极式 H 型 PWM 变换器电路

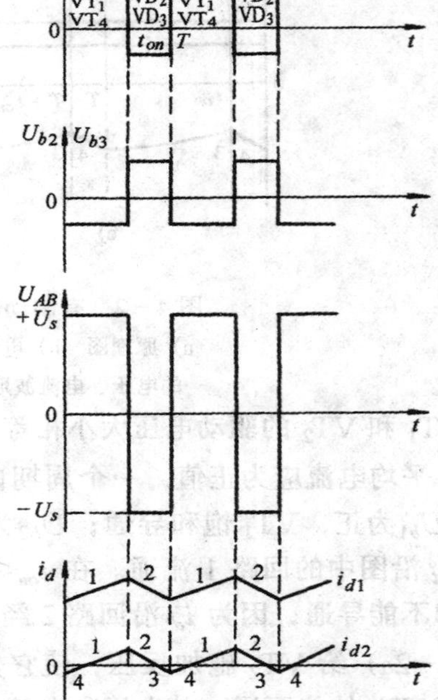

图 4－4　双极式 PWM 变换器电压和电流波形

在一个开关周期内，当 $0\leqslant t<t_{on}$ 时，U_{b1} 和 U_{b4} 为正，晶体管 VT_1 和 VT_4 饱和导通；而 U_{b2} 和 U_{b3} 为负，VT_2 和 VT_3 截止。这时，$+U_s$ 加在电枢 AB 两端，$U_{AB}=U_s$，电枢电流 i_d 沿回路 1 流通。

当 $t_{on} \leqslant t < T$ 时，U_{b1}和 U_{b4}变负，VT_1 和 VT_4 截止；U_{b2}、U_{b3}变正，但 VT_2、VT_3 并不能立即导通，因为在电枢电感释放储能的作用下，i_d 沿回路 2 经 VD_2、VD_3 续流，在 VD_2、VD_3 上的压降使 VT_2 和 VT_3 $c-e$ 极承受着反压，这时，$U_{AB}=-U_s$。U_{AB}在一个周期内正负相间，这是双极式 PWM 变换器的特征，其电压、电流波形示于图 4-4。

由于电压 U_{AB}的正、负变化，使电流波形存在两种情况，如图 4-4 中的 i_{d1}和 i_{d2}。i_{d1}相当于电动机负载较重的情况，这时平均负载电流大，在续流阶段电流仍维持正方向，电机始终工作在第一象限的电动状态。i_{d2}相当于负载很轻的情况，平均电流小，在续流阶段电流很快衰减到零，于是 VT_2 和 VT_3 $c-e$ 极两端失去反压，在负的电源电压（$-U_s$）和电枢反电动势的合成作用下导通，电枢电流反向，沿回路 3 流通，电机处于制动状态。与此相仿，在 $0 \leqslant t < t_{on}$期间，当负载轻时，电流也有一次倒向。

这样看来，双极式可逆 PWM 变换器的电流波形和不可逆但有制动电流通路的 PWM 变换器也差不多，怎样才能反映出“可逆”的作用呢？这要视正、负脉冲电压的宽窄而定。当正脉冲较宽时，$t_{on} > T/2$，则电枢两端的平均电压为正，在电动运行时电动机正转。当正脉冲较窄时，$t_{on} < T/2$，平均电压为负，电动机反转。如果正、负脉冲宽度相等，$t_{on}=T/2$，平均电压为零，则电动机停止。图 4-4 所示的电压、电流波形都是在电动机正转时的情况。

双极式可逆 PWM 变换器电枢平均端电压用公式表示为

$$U_d=\frac{t_{on}}{T}U_s-\frac{T-t_{on}}{T}U_s=\left(\frac{2t_{on}}{T}-1\right)U_s \tag{4-4}$$

仍以 $\rho=U_d/U_s$ 来定义 PWM 电压的占空比，则 ρ 与 t_{on}的关系与前面不同了，现在

$$\rho=\frac{2t_{on}}{T}-1 \tag{4-5}$$

调速时，ρ 的变化范围变成 $-1 \leqslant \rho \leqslant 1$。当 ρ 为正值时，电动机正转；ρ 为负值时，电动机反转；$\rho=0$ 时，电动机停止。在 $\rho=0$ 时，虽然电机不动，电枢两端的瞬时电压和瞬时电流却都不是零，而是交变的。这个交变电流平均值为零，不产生平均转矩，徒然增大电机的损耗。但它的好处是使电机带有高频的微振，起着所谓“动力润滑”的作用，消除正、反向时的静摩擦死区。

双极式 PWM 变换器的优点如下：（1）电流一定连续；（2）可使电动机在四象限中运行；（3）电机停止时有微振电流，能消除静摩擦死区；（4）低速时，每个晶体管的驱动脉冲仍较宽，有利于保证晶体管可靠导通；（5）低速平稳性好，调速范围可达 20000 左右。

双极式 PWM 变换器的缺点是：在工作过程中，4 个电力晶体管都处于开关状态，开关损耗大，而且容易发生上、下两管直通（即同时导通）的事故，降低了装置的可靠性。为了防止上、下两管直通，在一管关断和另一管导通的驱动脉冲之间，应设置逻辑延时。

（二）单极式可逆 PWM 变换器

为了克服双极式变换器的上述缺点，对于静、动态性能要求低一些的系统，可采用单极式 PWM 变换器。其电路图仍和双极式的一样（图 4-3），不同之处仅在于驱动脉冲信号。在单极式变换器中，左边两个管子的驱动脉冲 $U_{b1}=-U_{b2}$，具有和双极式一样的正负交替的脉冲波形，使 VT_1 和 VT_2 交替导通。右边两管 VT_3 和 VT_4 的驱动信号就不同了，改成因电机的转向而施加不同的直流控制信号。当电机正转时，使 U_{b3}恒为负，U_{b4}恒为正，则 VT_3 截止而 VT_4 常通。希望电机反转时，则 U_{b3}恒为正而 U_{b4}恒为负，使 VT_3 常通而 VT_4 截止。这种驱动信号的

变化显然会使不同阶段各晶体管的开关情况和电流流通的回路与双极式变换器相比有所不同。当负载较重因而电流方向连续不变时各管的开关情况和电枢电压的状况列于表4-1中，同时列出双极式变换器的情况以资比较。负载较轻时，电流在一个周期内也会来回变向，这时各管导通和截止的变化还要多些，读者可以自行分析。

表4-1中单极式变换器的 U_{AB} 一栏表明，在电动机朝一个方向旋转时，PWM变换器只在一个阶段中输出某一极性的脉冲电压，在另一阶段中 $U_{AB}=0$，这是它所以称作"单极式"变换器的原因。正因为如此，它的输出电压波形和占空比的公式又和不可逆变换器一样了，见图4-2b和式（4-1）。

表4-1　双极式和单极式可逆PWM变换器的比较（当负载较重时）

控制方式	电机转向	$0\leqslant t<t_{on}$		$t_{on}\leqslant t<T$		占空比调节范围
		开关状况	U_{AB}	开关状况	U_{AB}	
双极式	正　转	VT_1、VT_4 导通 VT_2、VT_3 截止	$+U_s$	VT_1、VT_4 截止 VD_2、VD_3 续流	$-U_s$	$0\leqslant\rho\leqslant1$
	反　转	VD_1、VD_4 续流 VT_2、VT_3 截止	$+U_s$	VT_1、VT_4 截止 VT_2、VT_3 导通	$-U_s$	$-1\leqslant\rho\leqslant0$
单极式	正　转	VT_1、VT_4 导通 VT_2、VT_3 截止	$+U_s$	VT_4 导通、VD_2 续流 VT_1、VT_3 截止， VT_2 不通	0	$0\leqslant\rho\leqslant1$
	反　转	VT_3 导通、VD_1 续流 VT_2、VT_4 截止 VT_1 不通	0	VT_2、VT_3 导通 VT_1、VT_4 截止	$-U_s$	$-1\leqslant\rho\leqslant0$

由于单极式变换器的电力晶体管 VT_3 和 VT_4 二者之中总有一个常通，一个常截止，运行中无须频繁交替导通，因此和双极式变换器相比开关损耗可以减少，装置的可靠性有所提高。

（三）受限单极式可逆PWM变换器

单极式变换器在减少开关损耗和提高可靠性方面要比双极式变换器好，但还是有一对晶体管 VT_1 和 VT_2 交替导通和关断，仍有电源直通的危险。再研究一下表4-1中各晶体管的开关状况，可以发现，当电机正转时，在 $0\leqslant t\leqslant t_{on}$ 期间，VT_2 是截止的，在 $t_{on}\leqslant t<T$ 期间，由于经过 VD_2 续流，VT_2 也不通。既然如此，不如让 U_{b2} 恒为负，使 VT_2 一直截止。同样，当电动机反转时，让 U_{b1} 恒为负，VT_1 一直截止。这样，就不会产生 VT_1、VT_2 直通的故障了。这种控制方式称作受限单极式。

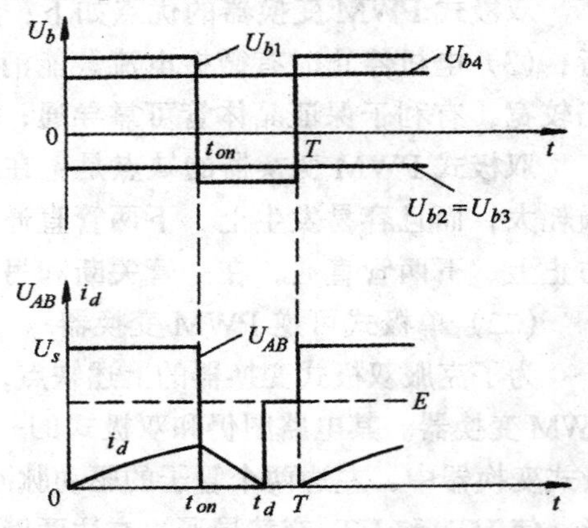

图4-5　受限单极式PWM调速系统轻载时的电压、电流波形

受限单极式可逆变换器在电机正转时 U_{b2} 恒为负，VT_2 一直截止，在电机反转时，U_{b1} 恒为负，VT_1 一直截止，其它驱动信号都和一般单极式变换器相同。如果负载较重，电流 i_d 在一个方向内连续变化，所有的电压、电流波形都和一般单极式变换器一样。但是，当负载较轻时，由于有两个晶体管一直处于截止状态，不可能导通，因而不会出现电流变向的情况，在

续流期间电流衰减到零时（$t=t_d$），波形便中断了，这时电枢两端电压跳变到 $U_{AB}=E$，如图 4－5 所示。这种轻载电流断续的现象将使变换器的外特性变软，和 V－M 系统中的情况十分相似。它使 PWM 调速系统的静、动态性能变差，换来的好处则是可靠性的提高。

电流断续时，电枢电压的提高把平均电压也抬高了，成为

$$U_d = \rho U_s + \frac{T - t_d}{T}E$$

令 $E \approx U_d$，则 $U_d \approx \left(\frac{T}{t_d}\right)\rho U_s = \rho' U_s$

由此求出新的负载电压系数

$$\rho' = \frac{T}{t_d}\rho \tag{4-6}$$

由于 $T \geqslant t_d$，因而 $\rho' \geqslant \rho$，但 ρ' 之值仍在 $-1 \sim +1$ 之间变化。

§4－2　脉宽调速系统的开环机械特性

在稳态情况下，脉宽调速系统中电动机所承受的电压仍为脉冲电压，因此尽管有高频电感的平波作用，电枢电流和转速还是脉动的。所谓稳态，只是指电机的平均电磁转矩与负载转矩相平衡的状态，电枢电流实际上是周期性变化的，只能算作是“准稳态”。脉宽调速系统在准稳态下的机械特性是其平均转速与平均转矩（电流）的关系。

前节分析表明，不论是带制动电流通路的不可逆 PWM 电路，还是双极式和单极式的可逆 PWM 电路，其准稳态的电压、电流波形都是相似的。由于电路中具有反向电流通路，在同一转向下电流可正可负，无论是重载还是轻载，电流波形都是连续的，这就使机械特性的关系式简单得多。只有受限单极式可逆电路例外，后面将单独讨论。

对于带制动作用的不可逆电路和单极式可逆电路，其电压方程已如式（4－2）、式（4－3）所述，现再重述如下

$$U_s = Ri_d + L\frac{\mathrm{d}i_d}{\mathrm{d}t} + E \qquad (0 \leqslant t < t_{on})$$

$$0 = Ri_d + L\frac{\mathrm{d}i_d}{\mathrm{d}t} + E \qquad (t_{on} \leqslant t < T)$$

对于双极式可逆电路，只有第二个方程中的电源电压改为 $-U_s$，其余不变。

$$U_s = Ri_d + L\frac{\mathrm{d}i_d}{\mathrm{d}t} + E \qquad (0 \leqslant t < t_{on}) \tag{4-7}$$

$$-U_s = Ri_d + L\frac{\mathrm{d}i_d}{\mathrm{d}t} + E \qquad (t_{on} \leqslant t < T) \tag{4-8}$$

无论是上述哪一种情况，一个周期内电枢两端的平均电压都是 $U_d=\rho U_s$（只是 ρ 值与 t_{on} 和 T 的关系不同，分别如式（4－1）和式（4－5）所示），平均电流用 I_d 表示，平均电磁转矩为 $T_{eav}=C_m I_d$，而电枢回路电感两端电压 $L\frac{\mathrm{d}i_d}{\mathrm{d}t}$ 的平均值为零。于是，式（4－2）、（4－3）或式（4－7）、（4－8）的平均值方程都可写成

$$\rho U_s = RI_d + E = RI_d + C_e n \tag{4-9}$$

则机械特性方程式为

$$n=\frac{\rho U_s}{C_e}-\frac{R}{C_e}I_d=n_0-\frac{R}{C_e}I_d \tag{4-10}$$

或用转矩表示，

$$n=\frac{\rho U_s}{C_e}-\frac{R}{C_eC_m}T_{eav}=n_0-\frac{R}{C_eC_m}T_{eav} \tag{4-11}$$

其中理想空载转速 $n_0=\rho U_s/C_e$，与占空比 ρ 成正比。图 4－6 绘出了第一、二象限的机械特性，它适用于带制动作用的不可逆电路。可逆电路的机械特性与此相仿，只是扩展到第三、四象限而已。

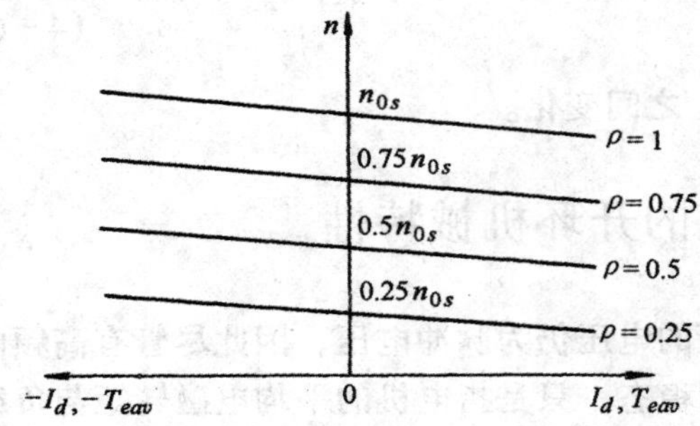

图 4－6　脉宽调速系统的机械特性（电流连续）$n_{0s}=U_s/C_e$

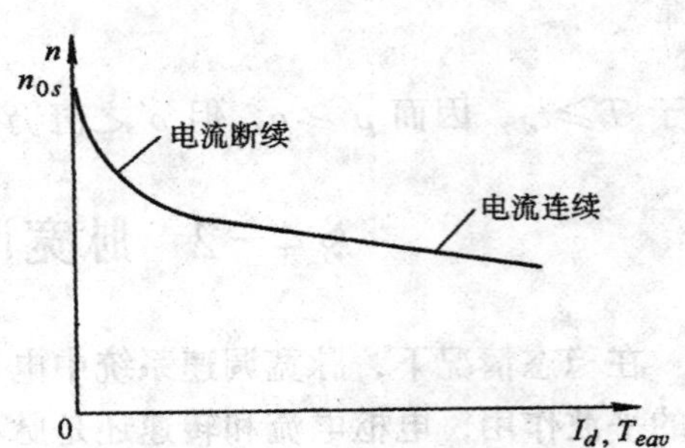

图 4－7　受限单极式 PWM 调速系统的机械特性（电机正转时）

对于受限单极式可逆电路，电机在同一旋转方向下电流不能反向，轻载时将出现电流断续情况，平均电压方程式（4－9）便不能成立，机械特性方程要复杂得多。本书对此不拟作详细的分析，可参看文献〔27、29〕。但是，由图 4－5 的电压波形可以定性地看出，当占空比一定时，负载越轻，即平均电流越小，则电流中断（此时 $U_{AB}=E$）的时间越长。照此趋势，在理想空载时，$I_d=0$，只有转速升高到使 $E=U_s$ 才行。因此不论 ρ 为何值，理想空载转速都会上翘到 $n_{0s}=U_s/C_e$，如图 4－7 所示。从图中还可看出，轻载时，电流断续，机械特性是一段非线性的曲线；当负载大到一定程度时，电流开始连续，才具有式（4－10）或式（4－11）的线性特性。

§4－3　脉宽调速系统的控制电路

一般动、静态性能较好的调速系统都采用转速、电流双闭环控制方案，脉宽调速也不例外。双闭环脉宽调速系统的原理框图如图 4－8 所示，其中属于脉宽调速系统特有的部分是脉宽调制器 UPW、调制波发生器 GM、逻辑延时环节 DLD 和电力晶体管基极的驱动器 GD。其中最关键的部件是脉宽调制器。

一、脉宽调制器

脉宽调制器是一个电压——脉冲变换装置，由电流调节器 ACR 输出的控制电压 U_c 进行控制，为 PWM 装置提供所需的脉冲信号，其脉冲宽度与 U_c 成正比。常用的脉宽调制器有以下几种：

（1）用锯齿波作调制信号的脉宽调制器；

（2）用三角波作调制信号的脉宽调制器；

（3）用多谐振荡器和单稳态触发器组成的脉宽调制器；

（4）数字式脉宽调制器。

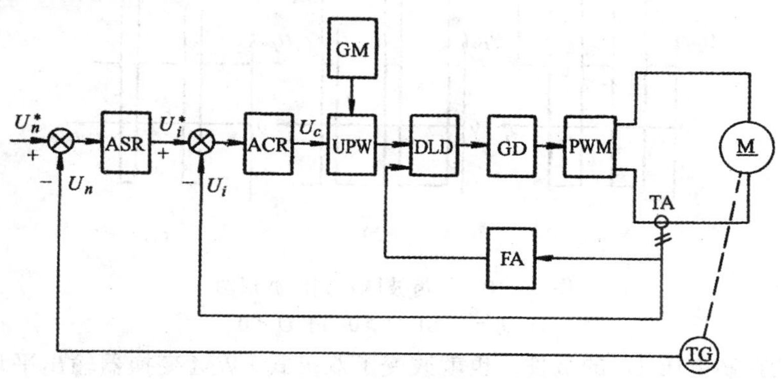

图 4－8　双闭环控制的脉宽调速系统原理框图
UPW—脉宽调制器　GM—调制波发生器　DLD—逻辑延时环节　GD—基极驱动器　PWM—脉宽调制变换器　FA—瞬时动作的限流保护

下面以一种锯齿波脉宽调制器为例来说明脉宽调制原理。

脉宽调制器本身是一个由运算放大器和几个输入信号组成的电压比较器（图 4－9）。运算放大器工作在开环状态，稍微有一点输入信号就可使其输出电压达到饱和值，当输入电压极性改变时，输出电压就在正、负饱和值之间变化，这样就完成了把连续电压变成脉冲电压的转换作用。加在运算放大器反相输入端上的有三个输入信号。一个输入信号是锯齿波调制信号 U_{sa}，由锯齿波发生器提供，其频率是主电路所需的开关调制频率，一般为 1～4kHz。另一个输入信号是控制电压 U_c，其极性与大小随时可变，与 U_{sa} 相减，从而在运算放大器的输出端得到周期不变、脉冲宽度可变的调制输出电压 U_{pw}。如前所述，不同控制方式的 PWM 变换器对调制脉冲电压 U_{pw} 的要求是不一样的。拿双极式可逆变换器来说，要求当输出平均电压 $U_d=0$ 时，U_{pw} 的正负脉冲宽度相等，这时希望控制电压 U_c 也恰好是零。为此，在运算放大器的输入端引入第三个输入信号——负偏移电压 U_b，其值为

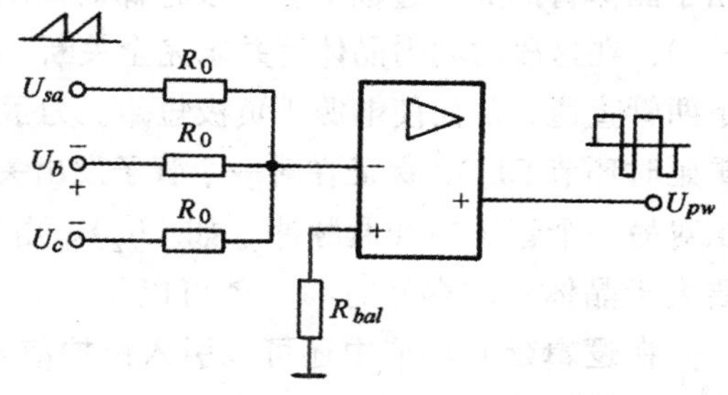

图 4－9　锯齿波脉宽调制器（UPW）

$$U_b = -\frac{1}{2}U_{sa\max} \tag{4-12}$$

这时 U_{pw} 的波形示于图 4－10a。

当 $U_c>0$ 时，$+U_c$ 的作用和 $-U_b$ 相减（即与 U_{sa} 相加），则在运算放大器输入端三个信号合成电压为正的宽度增大，经运算放大器倒相后，输出脉冲电压 U_{pw} 的正半波变窄，见图 4－10b。

当 $U_c<0$ 时，$-U_c$ 与 $-U_b$ 的作用相加，则情况相反，输出 U_{pw} 的正半波增宽，如图 4－10c。

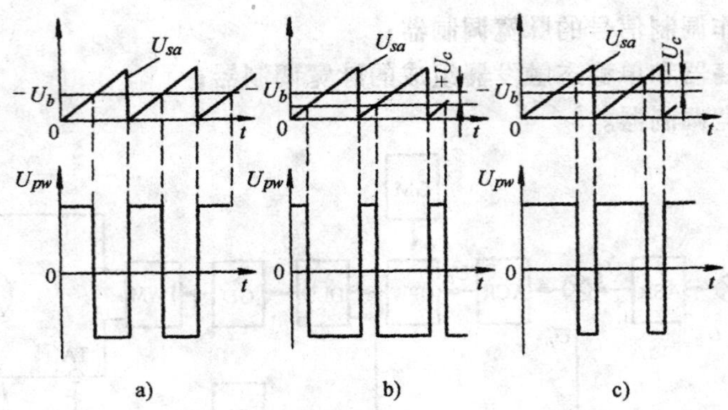

图 4－10　锯齿波脉宽调制波形图

a）$U_c=0$　b）$U_c>0$　c）$U_c<0$

这样，改变控制电压 U_c 的极性，也就改变了双极式 PWM 变换器输出平均电压的极性，因而改变了电动机的转向。改变 U_c 的大小，则调节了输出脉冲电压的宽度，从而调节电动机的转速。只要锯齿波的线性度足够好，输出脉冲的宽度是和控制电压 U_c 的大小成正比的。

其它类型脉宽调制器的原理都与此相仿[26、28]。

二、逻辑延时环节

在可逆 PWM 变换器中，跨接在电源两端的上、下两个晶体管经常交替工作（见图 4－3）。由于晶体管的关断过程中有一段存储时间 t_s 和电流下降时间 t_f，总称关断时间 t_{off}（详见§4－4），在这段时间内晶体管并未完全关断。如果在此期间另一个晶体管已经导通，则将造成上下两管直通，从而使电源正负极短路。为了避免发生这种情况，设置了由 R、C 电路构成的逻辑延时环节 DLD，保证在对一个管子发出关闭脉冲后（如图 4－11 中的 U_{b1}），延时 t_{ld} 后再发出对另一个管子的开通脉冲（如 U_{b2}）。由于晶体管导通时也存在开通时间，延时时间 t_{ld} 只要大于晶体管的存储时间 t_s 就可以了。

在逻辑延时环节中还可以引入保护信号，例如瞬时动作的限流保护信号（见图 4－8 中的 FA），一旦桥臂电流超过允许最大电流值时，使 VT_1、VT_4（或 VT_2、VT_3）两管同时封锁，以保护电力晶体管。

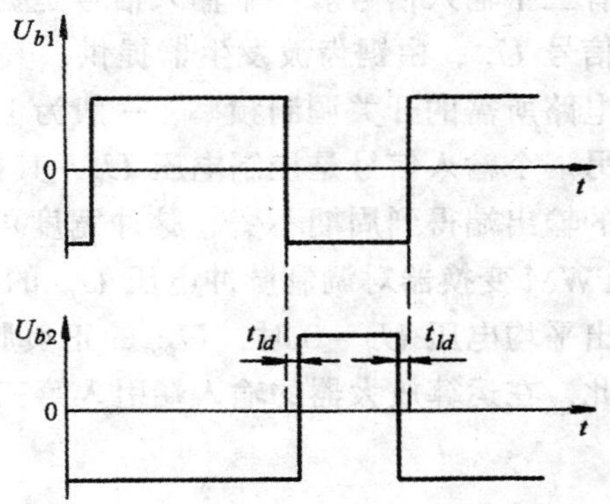

图 4－11　考虑开通延时的基极脉冲电压信号

三、基极驱动器

脉宽调制器输出的脉冲信号经过信号分配和逻辑延时后，送给基极驱动器作功率放大，以驱动主电路的电力晶体管，每个晶体管应有独立的基极驱动器。为了确保晶体管在开通时能迅速达到饱和导通，关断时能迅速截止，正确设计基极驱动器是非常重要的。

首先，由于各驱动器是独立的，但控制电路共用，因此必须使控制电路与驱动器电路互相隔离，常用光电耦合管实现这一隔离作用。

其次，正确的驱动电流波形如图 4－12 所示，每一个开关过程包含三个阶段，即开通、饱和导通和关断。

1. 开通阶段

为了使晶体管在任何情况下开通时都能充分饱和导通，应根据电动机的起制动电流和晶体管的电流放大系数 β 值来确定所需的基极电流 I_{b1}。此外，由于晶体管（例如图 4－3 中的 VT_1）开通瞬间还要承担与其串联的续流二极管（例如 VD_2）关断时反向恢复电流的冲击，有可能使晶体管在开通瞬间因基流不足而退出饱和区，导致正向击穿。为了防止出现这种情况，必须引入加速开通电路，即在基极电流 I_{b1}的基础上再增加一个强迫驱动分量 ΔI_{b1}（图 4－12），强迫驱动的时间取决于续流二极管的反向恢复时间。

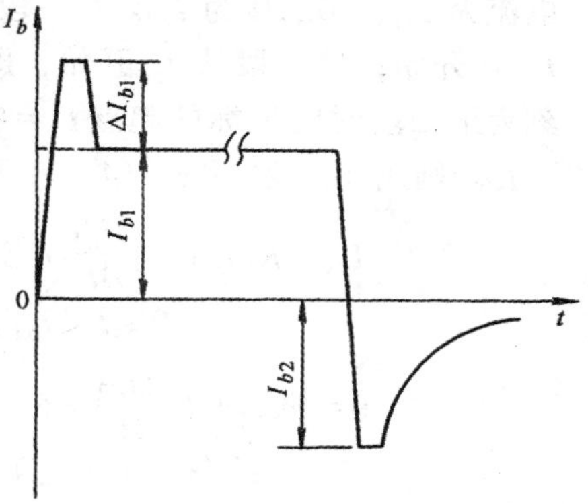

图 4－12　开关晶体管要求的基极电流波形

2. 饱和导通阶段

饱和导通阶段的基极电流 I_{b1}主要决定于在输出最大集电极电流时能够饱和导通，只要比这时的临界饱和基极电流大一些就可以了。

3. 关断阶段

由于晶体管导能时处于饱和状态，因此在关断时有大量存贮电荷，导致关断时间延长。为了加速关断过程，必须在基极加上负的偏压，以便抽出基区剩余电荷，这样就形成负的基极电流 $-I_{b2}$。在晶体管关断后，负偏压能使它可靠地截止，但负偏压也不宜过大，以形成最佳的$\frac{dI_{b2}}{dt}$为宜。

具体的基极驱动电路可按图 4－12 的波形设计，由功放三极管、门电路和延时环节组成。

§4－4　晶体管脉宽调速系统的特殊问题

脉宽调速系统和相位控制的晶闸管—电动机系统相比，只是主电路和控制（触发）电路不同，其反馈控制方案和系统结构都是一样的，因此静、动态分析与设计方法也都相同，不必重述。本节只讨论脉宽调速系统的几个特殊问题，凡涉及到主电路开关器件本身时，只限于讨论电力晶体管，暂不考虑其它器件。

一、电流脉动量和转速脉动量

在§4－2 中分析脉宽调速系统机械特性时处理的是电流（转矩）平均值和转速平均值之间的关系，实际上电流和转速都是周期性脉动变化的。人们自然要关心它们的脉动量究竟有多少，会不会影响调速系统稳态运行的均匀性。

分析时先作如下的假定：

(1) 认为电力晶体管是无惯性元件，即忽略它的开通时间和关断时间。

(2) 忽略 PWM 变换器内阻的变化，认为在不同开关状态下电枢回路电阻 R 是常值。

(3) 脉冲开关频率足够高，因而开关周期 T 远小于系统的机电时间常数 T_m，在分析电流的周期性变化时可以认为转速 n 和反电动势 E 都不变。

（一）电流脉动量

首先考虑不可逆电路或单极式可逆电路电流在正方向连续变化时的情况。系统的电压、电流波形示于图 4-2b。一个周期内两段电压平衡方程式为式（4-2）和式（4-3）。

为了解微分方程方便起见，令第一段的电流为 i_{d1}，第二段为 i_{d2}。第一段的时间从 $t=0$ 开始；第二段从 t_{on} 开始，即以 t_{on} 时刻为第二段时间坐标的起点 $t'=0$，见图 4-13。则式（4-2）和式（4-3）可以写成

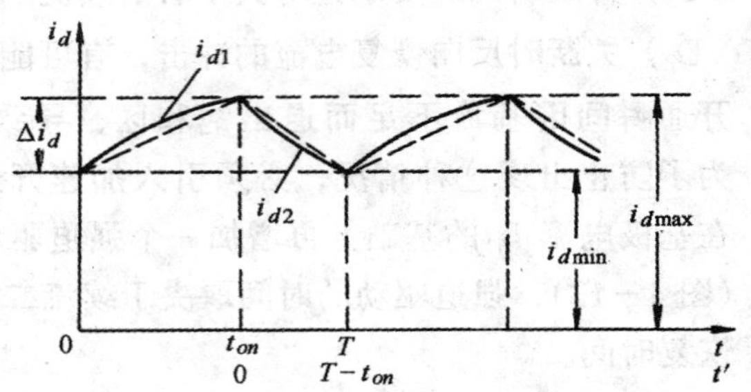

图 4-13 脉宽调速系统电枢电流变化波形

$$U_s = Ri_{d1} + L\frac{\mathrm{d}i_{d1}}{\mathrm{d}t} + E \quad [0\leqslant t< t_{on}] \tag{4-13}$$

$$0 = Ri_{d2} + L\frac{\mathrm{d}i_{d2}}{\mathrm{d}t'} + E \quad [0\leqslant t'<(T-t_{on})] \tag{4-14}$$

稳态时，第一段的终了值就是第二段的起始值，即 $i_{d1}(t_{on}) = i_{d2}(0)$。第二段的终了值又是第一段的起始值，即 $i_{d2}(T-t_{on}) = i_{d1}(0)$。在这样的初始条件下，方程式（4-13）和（4-14）的解分别为[27、28]。

$$i_{d1}(t) = I_1 - I_s\left[\frac{1-e^{-(T-t_{on})/T_l}}{1-e^{T/T_l}}\right]e^{-t/T_l} \quad [0\leqslant t< t_{on}] \tag{4-15}$$

$$i_{d2}(t') = I_s\left[\frac{1-e^{-t_{on}/T_l}}{1-e^{-T/T_l}}\right]e^{-t'/T} - I_2 \quad [0\leqslant t'<(T-t_{on})] \tag{4-16}$$

式中 $I_1 = \dfrac{U_s - E}{R}$——平均负载电流；

$I_2 = \dfrac{E}{R}$——电枢回路短接时的平均制动电流；

$I_s = \dfrac{U_s}{R} = I_1 + I_2$——电源短路电流；

$T_l = \dfrac{L}{R}$——电枢回路电磁时间常数。

图 4-13 中绘出了式（4-15）和式（4-16）所表达的电流波形。

波形表明，电流脉动时的最大值为

$$i_{d\max} = i_{d1}(t_{on}) = i_{d2}(0) \tag{4-17}$$

最小值为

$$i_{d\min} = i_{d1}(0) = i_{d2}(T-t_{on}) \tag{4-18}$$

在式（4-16）中令 $t'=0$，并代入式（4-17），得

$$i_{d\max} = I_s\left[\frac{1-e^{-t_{on}/T_l}}{1-e^{-T/T_l}}\right] - I_2 \tag{4-19}$$

若令 $t'=T-t_{on}$，并代入式（4-18），则得

$$i_{d\min} = I_s\left[\frac{(1-e^{-t_{on}/T})\ e^{-(T-t_{on})/T_l}}{1-e^{-T/T_l}}\right] - I_2 \tag{4-20}$$

二式相减，得电枢电流脉动量

$$\Delta i_d = i_{d\max} - i_{d\min} = I_s\left[\frac{(1-e^{-t_{on}/T_l})(1-e^{-(T-t_{on})/T_l})}{1-e^{-T/T_l}}\right] \tag{4-21}$$

这是电流脉动量的精确公式，由于它含有多个指数项，计算和分析都比较麻烦。当开关频率较高，因而 $T \ll T_l$ 时，可将指数项展开成台劳级数并忽略高次项，即认为

$$e^{-x} = 1 - x + \frac{1}{2\,!}x^2 - \frac{1}{3\,!}x^3 + \cdots \approx 1 - x \quad （当 x 很小时）$$

于是式（4－21）可简化成

$$\Delta i_d \approx I_s\left[\frac{\frac{t_{on}}{T_l}\cdot\frac{(T-t_{on})}{T_l}}{\frac{T}{T_l}}\right] = \frac{\rho(1-\rho)T}{T_l}I_s = \frac{\rho(1-\rho)U_sT}{L} \tag{4-22}$$

式中　$\rho = t_{on}/T$。

式（4－22）的近似电流脉动量公式也可以用另一种方法求得[27、28]，即当开关频率较高时忽略一个周期内电阻压降 Ri_d 的变化，用平均端电压 $U_d = RI_d + E$ 代替 $Ri_d + E$，则式（4－13）和（4－14）可近似为

$$L\frac{\mathrm{d}i_{d1}}{\mathrm{d}t} = U_s - U_d = (1-\rho)U_s \quad [0 \leqslant t < t_{on}] \tag{4-23}$$

$$L\frac{\mathrm{d}i_{d2}}{\mathrm{d}t'} = -U_d = -\rho U_s \quad [0 \leqslant t' < (T-t_{on})] \tag{4-24}$$

这时，$\frac{\mathrm{d}i_{d1}}{\mathrm{d}t}$和$\frac{\mathrm{d}i_{d2}}{\mathrm{d}t}$都近似成常数，相当于图4－13中用虚线画出的直线段代替原来的指数曲线。对式（4－23）和式（4－24）求解，同样可得式（4－22）的近似 Δi_d 公式。

式（4－22）表明，电流脉动量的大小是随占空比 ρ 值而变化的。若令$\frac{\mathrm{d}\ (\Delta i_d)}{\mathrm{d}\rho}=0$，可得 $\rho = 0.5$。也就是说，当 $\rho = 0.5$ 时，电流脉动量达到其最大值。以 $\rho = 0.5$ 代入式（4－22），可求出最大的电流脉动量

$$\Delta i_{d\max} = \frac{T}{4T_l}I_s = \frac{TU_s}{4L} = \frac{U_s}{4fL} \tag{4-25}$$

上式表明，电枢电流的最大脉动量与电源电压 U_s 成正比，与电枢电感 L 和开关频率 $f=\frac{1}{T}$ 成反比，其物理意义是很明显的。

举例来说，若 $U_s = 200\mathrm{V}$，$R = 2\Omega$，$T_l = 5\mathrm{ms}$，开关频率 $f = 2000\mathrm{Hz}$，即 $T = 0.5\mathrm{ms}$，则

$$I_s = \frac{U_s}{R} = \frac{200}{2}\mathrm{A} = 100\mathrm{A},$$

$$\Delta i_{d\max} = \frac{T}{4T_l}I_s = \frac{0.5}{4\times 5}\times 100\mathrm{A} = 2.5\mathrm{A}$$

如果电动机额定电流为 $I_{dnom} = 15\mathrm{A}$，该脉宽调速系统的最大电流脉动量占额定电流的16.7%。

对于双极式可逆电路，式（4－13）和（4－14）应改为

$$U_s = Ri_{d1} + L\frac{\mathrm{d}i_{d1}}{\mathrm{d}t} + E \quad [0 \leqslant t < t_{on}] \tag{4-26}$$

$$-U_s = Ri_{d2} + L\frac{\mathrm{d}i_{d2}}{\mathrm{d}t'} + E \quad [0 \leqslant t' < (T - t_{on})] \tag{4-27}$$

和前面相比，求解过程完全相同，只是 I_s 应换成 $2I_s$，I_2 应换成 $I_s + I_2$，因而电流脉动量成为

$$\Delta i_d = 2I_s\left[\frac{(1 - e^{-t_{on}/T_l})(1 - e^{-(T - t_{on})/T_l})}{1 - e^{-T/T_l}}\right] \tag{4-28}$$

或

$$\Delta i_d \approx 2I_s\frac{t_{on}(T - t_{on})}{TT_l} \tag{4-29}$$

由式（4－5），双极式电路的占空比为 $\rho = \frac{2t_{on}}{T} - 1 = \frac{2t_{on} - T}{T}$，可以求出

$$1 - \rho^2 = \frac{4t_{on}(T - t_{on})}{T^2}$$

代入式（4－29），得

$$\Delta i_d \approx \frac{(1 - \rho^2)T}{2T_l}I_s \tag{4-30}$$

令 $\frac{\mathrm{d}\ (\Delta i_d)}{\mathrm{d}\rho} = 0$，得 $\rho = 0$，则最大电流脉动量为

$$\Delta i_{d\max} = \frac{T}{2T_l}I_s = \frac{TU_s}{2L} \tag{4-31}$$

可见双极式的 $\Delta i_{d\max}$ 比单极式的 $\Delta i_{d\max}$（见式（4－25））大一倍，但对比同一 ρ 值下两种控制方式的 Δi_d［比较式（4－22）和（4－30）］，却并非差一倍。

（二）转速脉动量

仍先考虑不可逆或单极式可逆电路，假设电流按线性变化，由式（4－23）可得电流上升段的表达式

$$i_{d1}(t) = i_{d\min} + \frac{(1 - \rho)U_s}{L}t \quad [0 \leqslant t < t_{on}] \tag{4-32}$$

同样，由式（4－24）可得电流下降段表达式

$$i_{d2}(t') = i_{d\max} - \frac{\rho U_s}{L}t' \quad [0 \leqslant t' < (T - t_{on})] \tag{4-33}$$

将式（4－22）的 Δi_d 表达式代入式（4－32）和（4－33），整理后得

$$i_{d1}(t) = i_{d\min} + \frac{\Delta i_d}{t_{on}}t \quad [0 \leqslant t < t_{on}] \tag{4-34}$$

$$i_{d2}(t') = i_{d\max} - \frac{\Delta i_d}{T - t_{on}}t' \quad [0 \leqslant t' < (T - t_{on})] \tag{4-35}$$

电动机转矩平衡方程式分别为

$$J\frac{\mathrm{d}\omega_1}{\mathrm{d}t} = C_m i_{d1}(t) - T_L \quad [0 \leqslant t < t_{on}] \tag{4-36}$$

$$J\frac{\mathrm{d}\omega_2}{\mathrm{d}t'} = C_m i_{d2}(t') - T_L \quad [0 \leqslant t' < (T - t_{on})] \tag{4-37}$$

式中　ω_1、ω_2——电流上升段和下降段的角转速。

将式（4－34）代入式（4－36），式（4－35）代入式（4－37），得

$$J\frac{\mathrm{d}\omega_1}{\mathrm{d}t}=C_m i_{d\min}+C_m\frac{\Delta i_d}{t_{on}}t-T_L \quad [0\leqslant t<t_{on}] \tag{4-38}$$

$$J\frac{\mathrm{d}\omega_2}{\mathrm{d}t'}=C_m i_{d\max}-C_m\frac{\Delta i_d}{T-t_{on}}t'-T_L \quad [0\leqslant t'<(T-t_{on})] \tag{4-39}$$

在准稳态下电动机的平均电磁转矩 C_mI_d 与负载转矩 T_L 相平衡，即 $T_L=C_mI_d$。此外，由于已把电流看成是按线性变化的，则 $i_{d\min}-I_d=-\frac{1}{2}\Delta i_d$，$i_{d\max}-I_d=\frac{1}{2}\Delta i_d$，将这些关系代入式（4-38）和（4-39），得

$$\frac{\mathrm{d}\omega_1}{\mathrm{d}t}=\frac{C_m}{J}\left[\frac{t}{t_{on}}-\frac{1}{2}\right]\Delta i_d \quad [0\leqslant t<t_{on}] \tag{4-40}$$

$$\frac{\mathrm{d}\omega_2}{\mathrm{d}t}=\frac{C_m}{J}\left[\frac{1}{2}-\frac{t'}{T-t_{on}}\right]\Delta i_d \quad [0\leqslant t'<(T-t_{on})] \tag{4-41}$$

积分后，得角转速表达式

$$\omega_1(t)=\frac{C_m}{2J}\left[\frac{t^2}{t_{on}}-t\right]\Delta i_d+C_1 \quad [0\leqslant t<t_{on}] \tag{4-42}$$

$$\omega_2(t')=\frac{C_m}{2J}\left[t'-\frac{t'^2}{T-t_{on}}\right]\Delta i_d+C_2 \quad [0\leqslant t'<(T-t_{on})] \tag{4-43}$$

在准稳态下，转速也是周期性变化的，因此，$\omega_1(t_{on})=\omega_2(0)$，$\omega_2(T-t_{on})=\omega_1(0)$。又由式(4-42)，$\omega_1(0)=\omega_1(t_{on})=C_1$；由式（4-43），$\omega_2(0)=\omega_2(T-t_{on})=C_2$。因此积分常数 C_1、C_2 相等，而且等于每一段 ω 的初始值和终了值，这样，式（4-42）和（4-43）所描述的 ω 变化波形便如图 4-14 所示。

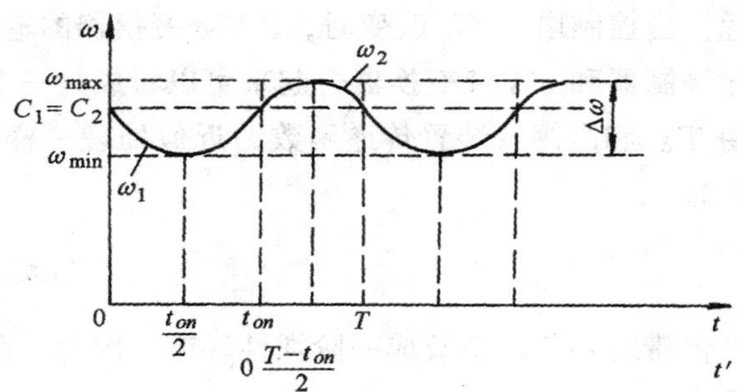

图 4-14 电枢电流线性变化时的角转速波形

令$\frac{\mathrm{d}\omega_1}{\mathrm{d}t}=0$和$\frac{\mathrm{d}\omega_2}{\mathrm{d}t'}=0$，可求出转速最小和最大的时间分别为 $t=\frac{1}{2}t_{on}$和 $t'=\frac{1}{2}(T-t_{on})$。把它们分别代入式（4-42）和式（4-43），得

$$\omega_{\min}=-\frac{C_m}{8J}\Delta i_d t_{on}+C_1 \tag{4-44}$$

$$\omega_{\max}=\frac{C_m}{8J}\Delta i_d(T-t_{on})+C_2 \tag{4-45}$$

将上述二式相减，得角转速的脉动量

$$\Delta\omega=\omega_{\max}-\omega_{\min}=\frac{C_m}{8J}\Delta i_d T \tag{4-46}$$

把式（4-22）代入式（4-46），并考虑到 $U_s=C'_e\omega_{0s}$，则

$$\Delta\omega=\frac{\rho(1-\rho)T^2\omega_{0s}}{8T_mT_l} \tag{4-47}$$

式中 $\omega_{0s}=\frac{U_s}{C'_e}$——电动机的最高理想空载角转速；

$T_m=\frac{JR}{C'_eC_m}$——机电时间常数。

式（4－47）表明，当电枢电流近似看成按线性变化时，角转速的脉动量正比于最高理想空载角转速 ω_{0s}，反比于系统的时间常数 T_m 和 T_l，而且还正比于开关周期的平方（或反比于开关频率的平方）。

取 $\frac{\mathrm{d}(\Delta\omega)}{\mathrm{d}\rho}=0$，则 $\Delta\omega$ 为最大值时 $\rho=0.5$，此时角转速的最大脉动量为

$$\Delta\omega_{\max}=\frac{T^2\omega_{0s}}{32T_mT_l} \tag{4-48}$$

例如，当 $T_m=50\text{ms}$，$T_l=4\text{ms}$，$f=2000\text{Hz}$，即 $T=0.5\text{ms}$ 时，

$$\Delta\omega_{\max}=\frac{0.5^2\omega_{0s}}{32\times50\times4}=0.000039\omega_{0s}=0.0039\%\omega_{0s}$$

可见，当开关频率足够高时，转速脉动量很小。也就是说，电枢 PWM 电压的交变分量对转速的影响是极其微小的。

二、脉宽调制器和 PWM 变换器的传递函数

脉宽调速系统的控制规律和动态数学模型与晶闸管整流装置—直流电动机系统相比没有什么不同，唯一特殊的地方就是脉宽调制器和 PWM 变换器本身的传递函数。根据其工作原理，当控制电压 U_c 改变时，PWM 变换器的输出电压要到下一个周期方能改变。因此，脉宽调制器和 PWM 变换器合起来可以看成是一个滞后环节，它的延时最大不超过一个开关周期 T。和晶闸管装置传递函数的近似处理一样，当整个系统开环频率特性截止频率满足下式时

$$\omega_c\leqslant\frac{1}{3T} \tag{4-49}$$

可将滞后环节近似看成一阶惯性环节。因此，脉宽调制器和 PWM 变换器的传递函数可近似看成

$$W_{\text{PWM}}(s)=\frac{K_{\text{PWM}}}{Ts+1} \tag{4-50}$$

式中　$K_{\text{PWM}}=\frac{U_d}{U_c}$——脉宽调制器和 PWM 变换器的放大系数；

U_d—— PWM 变换器的输出电压；

U_c——脉宽调制器的控制电压。

三、电力晶体管的安全工作区和缓冲电路[27、28]

（一）晶体管的工作区

PWM 变换器中的电力晶体管工作在开关状态，即在晶体管的饱和区或截止区。但在开关过程中，晶体管的工作点由饱和区过渡到截止区或由截止区过渡到饱和区，在两种过渡过程中，都要经过放大区，如果出现事故，就要落入击穿区。因此在分析和设计 PWM 变换器时，特别是选择功率元件和设计保护电路时，必须熟悉晶体管各工作区的特点和安全工作条件。晶体管的伏安特性曲线和它的 4 个工作区域都表示在图 4－15 中。各工作区的特点列在表 4－2 内。

表 4-2 晶体管各工作区的条件和特点

工作区	条件	特点
截止区	$U_b \leqslant U_e$，$U_b < U_c$	$I_b \leqslant 0$，反向漏电流 $I_{c0} \approx I_{b0}$，且随温度升高而按指数规律加大
饱和区	$U_b > U_e$，$U_b > U_c$	$I_b \geqslant \frac{I_{cs}}{\beta} = \frac{U_s}{\beta R_c}$，$U_{ces} \approx 0.7V$
放大区	$U_b > U_e$，$U_b < U_c$	$I_c = \beta I_b$
击穿区	在截止状态，击穿电压取决于 U_{be} 和结温；在放大状态，击穿电压取决于 I_c 和结温	击穿电压与电路形式有关

击穿电压是晶体管安全工作的重要参数，其具体数值与电路形式及工作状态都有关系。以基极开路时的击穿电压最低，因此在设计时应防止基极开路，至少应有电阻与发射极相连。在截止状态下，集电极的击穿电压 BV_{ce} 取决于截止偏压 U_{be} 与结温，截止负偏压越大时，击穿电压越高，如图 4-16 中曲线 1 和 2 所示。在放大状态下，击穿电压取决于集电极电流和结温，集电极电流增大时击穿电压降低，结温升高时击穿电压也降低。

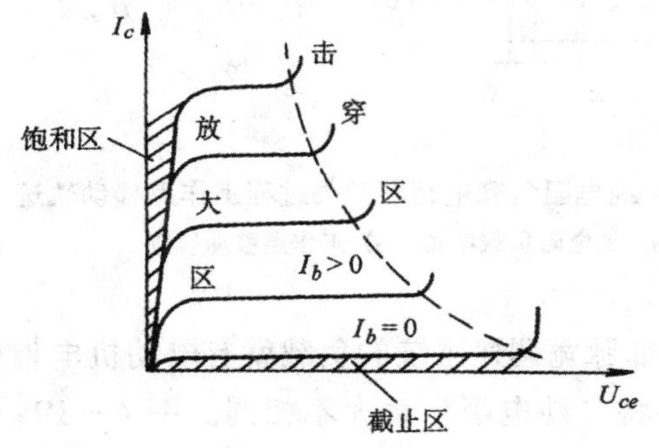

图 4-15 晶体管的伏安特性和工作区

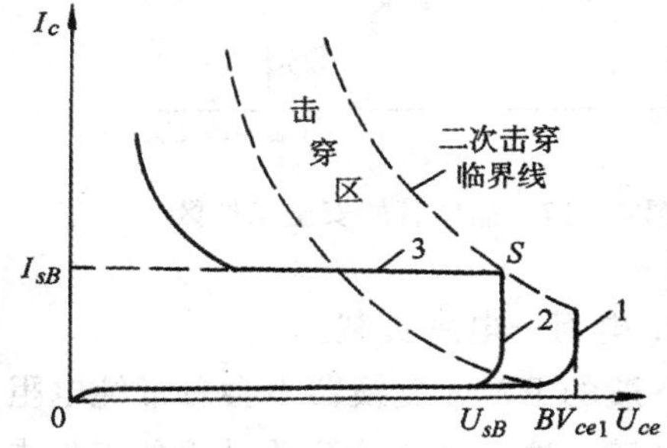

图 4-16 晶体管的击穿特性

1—$I_b<0$ 2—$I_b=0$ 3—二次击穿

一般的击穿属于雪崩击穿。在基极截止负偏压不太大的情况下，晶体管即使发生雪崩击穿，只要能把集电极电流限制在安全值以内，电压降低后仍能恢复正常工作。然而雪崩击穿能使管耗显著增大，以致局部过热而影响它的特性和寿命，因此一般并不希望击穿。设计时应使击穿电压比工作中承受的最大电压高 40% ~50% 。

（二）二次击穿

如果晶体管的工作点进入雪崩击穿区后，集电极电流未被限制住而继续增大到某一临界值后（图 4-16 中 S 点），U_{ce} 会突然降低到一个较小的数值，然后 I_c 迅速增大，出现所谓“二次击穿”（Secondary Breakdown），用 SB 表示，如图 4-16 中曲线 3 所示。S 点所对应的集电极电压和电流分别称作二次击穿临界电压 U_{sB} 和临界电流 I_{sB}。随着基极截止偏压的加强，二次击穿的临界电流显著降低，这就给工作在开关状态的晶体管造成很大的危险。特别是电力晶体管在出现二次击穿后会被立即烧坏。

（三）安全工作区

晶体三极管的最大功耗 P_{cm} 是正常工作时晶体管允许的最大功率，由 I_c 与 U_{ce} 的乘积决定，在 I_c-U_{ce} 坐标平面上用一条等功率线表示（图 4-17）。二次击穿临界电流 I_{sB} 和临界电压 U_{sB} 的

乘积 P_{sB}叫做二次击穿临界功率，它是一条不等功率线。P_{sB}线与 P_{cm} 线相交，在两条线以下晶体管才能安全工作，再加上最大集电极电流 I_{cm} 和最大集电极电压 U_{cemax} 的限制，决定了晶体管的安全工作区（Safe Operation Area，简称 SOA），即图 4－17 中用阴影线勾画出来的区域。

（四）工作点在开关过程中的移动轨迹

1．纯电阻负载

在图 4－18a 所示的共射极电路中，如果所带负载是纯电阻 R_c，则负载线 MN 如图 4－18b 所示，其中 N 点为饱和状态工作点，M 点为截止状态工作点。在晶体管开关过程中，工作点在伏安特性曲线上沿负载线 MN 移动。只要 M、N 两点都在安全工作区内，开关过程就不会超出安全工作区。

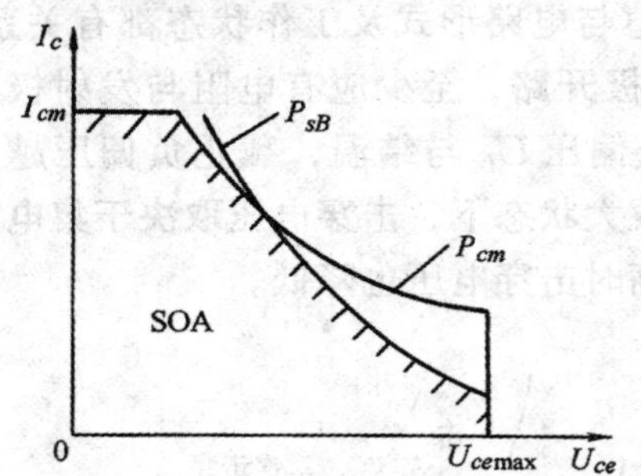

图 4－17　晶体管的安全工作区

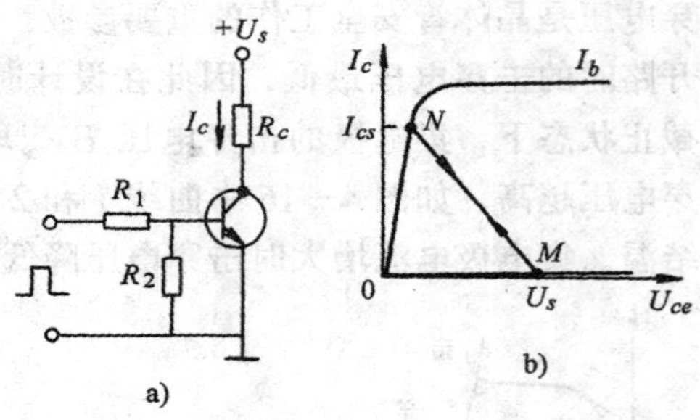

图 4－18　纯电阻负载电路和开关过程工作点移动轨迹
a）纯电阻负载电路　b）工作点移动轨迹

2．电阻—电感负载

一般的 PWM 变换器不会总带纯电阻负载，例如脉宽调速系统的负载就有电动机电枢电阻和电感，这时晶体管开关过程的工作点移动轨迹将与纯电阻负载大不相同。图 4－19a 是晶体管带电阻—电感负载时的电路图，负载电路的时间常数 $T_l = T_c / R_c$。当 $T_l \gg T$（晶体管的开关周期）时，电流 I_c 可能是连续的；当 T_l 和 T 的数值比较接近时，I_c 可能是断续的。下面先分析电流断续的情况。

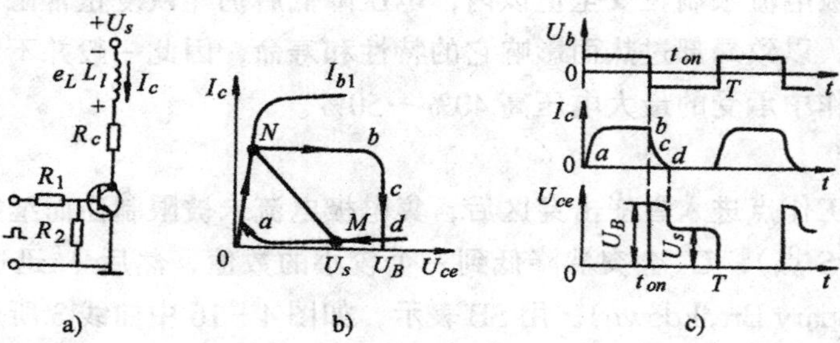

图 4－19　电阻—电感负载电路和开关过程工作点移动轨迹（T_l 与 T 接近）
a）电阻—电感负载电路　b）工作点移动轨迹　c）电流、电压波形

若晶体管原来处于截止状态，其工作点位于伏安特性上的 M 点，如图 4－19b 所示。当基极加入脉冲驱动电流 I_{b1}使晶体管饱和时，集电极电压很快降到饱和压降值，而集电极电流 I_c 则只能按指数规律(时间常数 T_l)，逐渐增加（图 4－19c），因此工作点不可能沿负载线 MN 移

动，而是沿着曲线 MaN 移向 N 点。

当基极电流由正的 I_{b1} 突然变为负的 I_{b2} 时，晶体管关断，但因负载电流减小而在 L_c 上产生的自感电动势 e_L 又把晶体管击穿，从而维持 I_c 继续导通，其间的间隔时间极短，可以认为工作点由饱和区很快沿 I_c 恒定的曲线进入击穿区，即由 N 点立即移到 b 点，当 I_c 减小时，工作点一直位于击穿区，U_{ce} 一直等于晶体管的击穿电压 U_B（$U_B > U_s$），被击穿的晶体管可以等效成一个理想的放电电阻，工作点沿 bcd 曲线到达截止区，最后当 $I_c = 0$ 时，$U_{ce} = U_s$，工作点回到 M 点，如图 4－19b、c 所示。

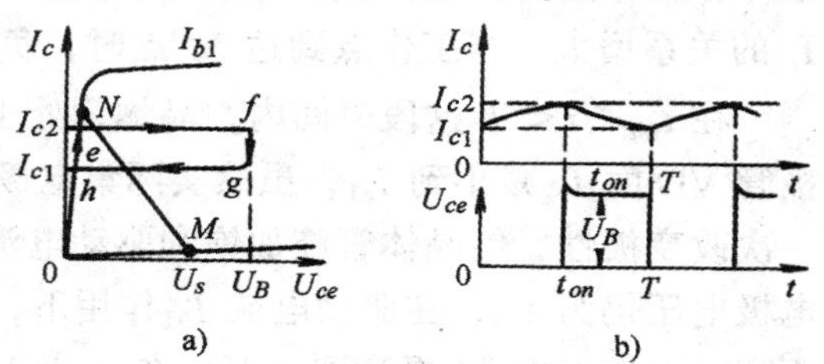

图 4－20　电阻—电感负载开关过程工作点移动轨迹与波形（$T_l \gg T$）

a）工作点移动轨迹　b）电流、电压波形

当 T_l 较大而使 I_c 连续时，晶体管的工作点在开关过程中将沿着图 4－20a 中的 e、f、g、h 回线移动，电流在 I_{c1} 和 I_{c2} 间变化，既达不到饱和工作点 N，也回不到截止工作点 M。在晶体管关断期间，工作点一直位于击穿区，$U_{ce} = U_B$，见图 4－20a 和 b。

以上分析表明，当晶体管带 $R-L$ 负载时，不论电流 I_c 是连续的还是断续的，晶体管的工作点都会进入击穿区，甚至可能超出安全工作区，这对晶体管的安全运行是非常不利的，必须设法避免。

3. 带续流二极管的电阻－电感负载

为了保证带 $R-L$ 负载的晶体管安全工作，必须消除负载电感中的自感电动势击穿晶体管的可能性，常用的方法是在负载两端并联续流二极管 VD，如图 4－21a 所示。当晶体管关断时，自感电动势 e_L 使二极管 VD 正向导通，给负载电流提供一个续流回路，同时将晶体管的集电极钳位于 U_s，从而避免了被击穿。下面分析负载电流连续时一个开关周期内工作点的移动轨迹和电流、电压波形。

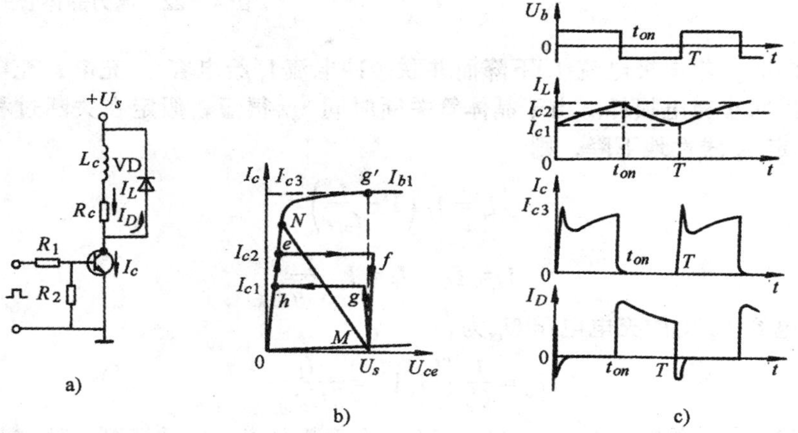

图 4－21　带续流二极管的电阻—电感负载电路和开关过程工作点移动轨迹

a）带续流二极管的电阻—电感负载电路　b）工作点移动轨迹　c）电流、电压波形

在 $0 < t < t_{on}$ 期间（图 4－21c），驱动电流 I_{b1} 使晶体管处于饱和状态，集电极电流 I_c 和负载电流 I_L 按指数规律从 I_{c1} 增加到 I_{c2}，工作点在伏安特性上沿饱和线从 h 点移到 e 点，如图 4－21b 所示。这时电感 L_c 中的自感电动势与电源电压反向，阻止 $I_L = I_c$ 增长。当 $t = t_{on}$ 时，基

极电压改变极性给晶体管施加截止驱动电流，集电极电流开始减小，L_c 中自感电动势反向。当反向电动势大于 R_c 上压降和二极管正向压降时，二极管 VD 导通，集电极被钳位在电源电压 U_s 上。这时，工作点基本上是瞬时地由 e 点过渡到 f 点，接着集电极电流下降到接近于零，工作点由 f 点降到 M 点（图 4－21b）。与此同时，二极管 VD 中的电流按 $I_D=I_L-I_c$ 的关系增大，当工作点到达 M 点时，负载电流 I_L 全部转移到二极管回路。

在 $t_{on}<t<T$ 这段时间内，晶体管处于截止状态，工作点位于 M 点，负载电流 I_L 经二极管 VD 由 I_{c2}减小到 I_{c1}，虽然实际集电极电流 I_c 几乎为零。当 $t=T$ 时，基极控制电压再一次改变极性，给晶体管施加饱和驱动电流 I_{b1}。开始时，因 VD 已处于正向导通状态，集电极电压仍为 U_s，在驱动电流 I_{b1}作用下，I_c 增长，I_D 按 $I_D=I_L-I_c$ 的关系减小，I_L 基本不变，工作点由 M 提高到 g 点。在 g 点上，$I_c=I_{c1}=I_L$，$I_D=0$。由于二极管 VD 截止时有反向恢复电流（见图 4－21c），晶体管为提供这一附加电流可能短时间"冲"到 g'点，因而 I_c 冲到 I_{s3}。恢复电流中止后，工作点再回到 g 点，随后立即跳到 h 点而进入饱和状态。

（五）缓冲电路

续流二极管虽然能在开关过程中把 U_{ce}限制在电源电压 U_s 上，但由于在开关瞬间 I_c 不变，工作点仍有冲出安全工作区的危险。为了保证电力晶体管的安全工作，常设置缓冲电路（Snubber Circuit）。缓冲电路的形式很多，图 4－22 所示是最基本的一种，图中，L 和 R 是负载电感和电阻，VD 是续流二极管，C 是电源滤波电容。缓冲电路部分由电感 L_s、电容 C_s、电阻 R_s 和二极管 VD_s 组成。其中 L_s 是串联缓冲电感，用以限制晶体管 VT 开通时的电流上升率；C_s、R_s、VD_s 构成并联缓冲器，主要在 VT 关断时限制 U_{ce}的上升率，以便使工作点轨迹远离安全工作区的边界。

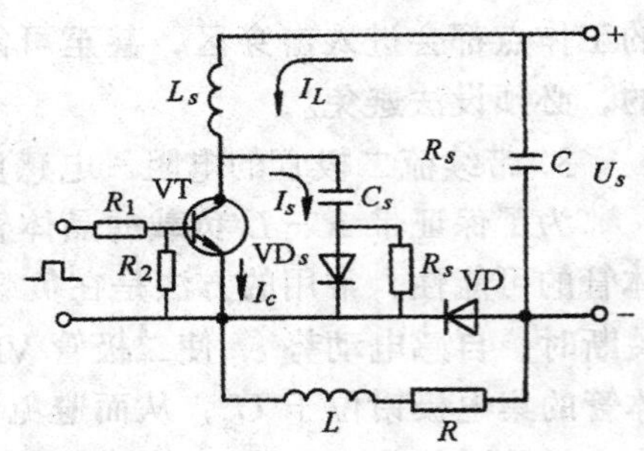

图 4－22 电力晶体管的基本缓冲电路

当 VT 关断时，集电极电流 I_c 下降而并联缓冲电流 I_s 给电容 C_s 充电，充电电流经二极管 VD 流通，以减小充电损耗。由于晶体管关断时间 t_{off}很短，假定在关断过程中负载电流 I_L 不变，并假定 I_c 线性地下降，则

$$I_c=I_L\left(1-\frac{t}{t_{off}}\right) \tag{4-51}$$

而

$$I_s=I_L-I_c=I_L\frac{t}{t_{off}} \tag{4-52}$$

在这段时间内电容 C_s 上的充电电压 U_{cs}为

$$U_{cs}=\frac{1}{C_s}\int_0^t I_s\mathrm{d}t=\frac{I_L}{2C_st_{off}}t^2 \tag{4-53}$$

当 $t=t_{off}$时，VT 完全关断，$I_c=0$，$U_{cs}=U_s$，且负载电流全部转移到续流二极管 VD 回路中，因此

$$U_s=\frac{I_Lt_{off}}{2C_s}$$

$$C_s=\frac{I_Lt_{off}}{2U_s} \tag{4-54}$$

这便是电容 C_s 的计算公式。

图 4－23a 中绘出了式（4－51）表达的 $I_c=f(t)$ 和式（4－53）表达的 $U_{cs}=f(t)$。如果忽略 VD_s 上的正向压降，则在晶体管关断过程中其集电极电压 $U_{ce}\approx U_{cs}$。可见由于有了缓冲电路，关断过程中的 U_{ce} 是逐渐上升的。将式（4－51）和式（4－53）联立消去时间变量 t，并整理后得 VT 关断过程的工作点移动轨迹

$$U_{ce}\approx U_{cs}=\frac{(I_L-I_c)^2t_{off}}{2C_sI_L} \tag{4-55}$$

把式（4－55）的关系画在伏安特性上（图 4－23b），可以看出，此轨迹是很安全的。

上述最基本的缓冲电路在 VT 关断后，由于 L_s、C_s 形成的振荡电路，C_s 将继续被充电，$U_{cs}\approx U_{ce}$ 将进一步升高，最高几乎可达 $2U_s$，这样晶体管的耐压就得按高于 $2U_s$ 来选择。为了减小这个电压负担，还要再附加一些放电电路。

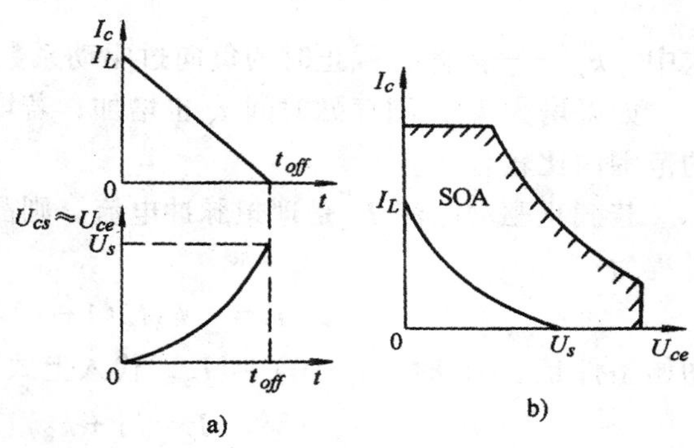

图 4－23 有缓冲电路时晶体管的关断过程和工作点轨迹

a）关断过程 I_c 和 U_{ce} 的变化曲线 b）工作点移动轨迹

四、电力晶体管的开关过程、开关损耗和最佳开关频率

（一）开关过程

晶体管开关状态的转换，具有其内部电荷的建立和复合过程，即使是纯电阻负载电路，也需要一定的时间，图 4－24 是典型的晶体管开关过程波形。

1. 开通时间

从发射结开始正偏置，基极电压变正开始，到电流 I_c 达到饱和值 $I_{cs}\approx U_s/R_c$ 的时间称作晶体管的开通时间 t_{on}。开通时间包括延迟时间 t_d 和上升时间 t_r，即 $t_{on}=t_d+t_r$。一般 t_d 很小，可忽略不计，在上升时间内 I_c 按指数规律增长，即

$$I_c=k_1I_{cs}(1-e^{-t/T_{ce}}) \tag{4-56}$$

式中 $T_{ce}=\dfrac{1}{2\pi f_\beta}$——晶体管放大区的时间常数；

f_β——共发射极电路的截止频率；

k_1——晶体管导通时的过饱和驱动系数；

I_{cs}——晶体管饱和时的集电极电流。

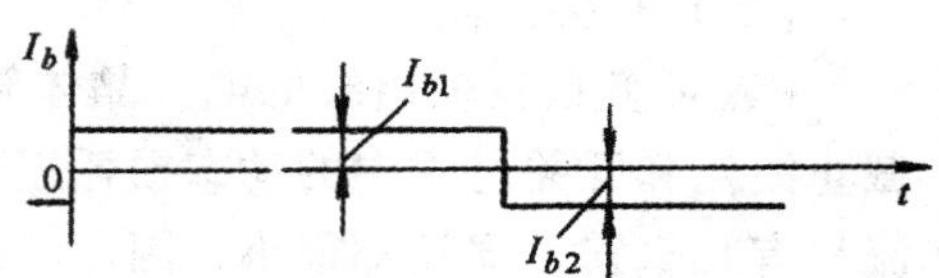

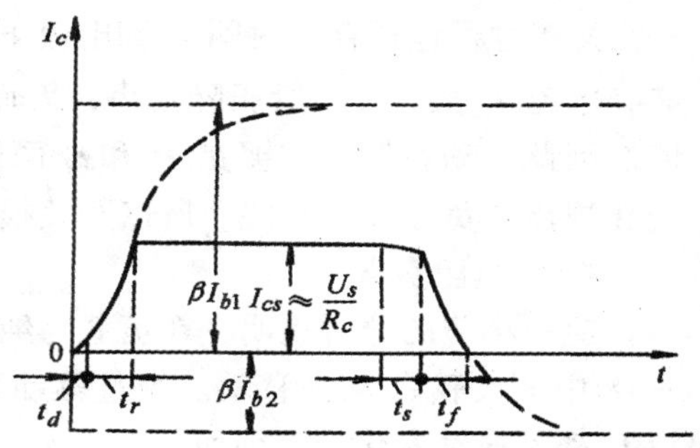

图 4－24 纯电阻负载时晶体管的开关过程时间曲线

当 $t=t_r$ 时，I_c 接近它的饱和值 I_{cs}，以后不会再有明显的增加。将 $t=t_r$，$I_c=0.95I_{cs}$ 代入式（4－56），得上升时间为

$$t_r = T_{ce}\ln\frac{k_1}{k_1-0.95} \tag{4-57}$$

一般 k_1 选择在 1.5～2 之间比较合适，$k_1>2$ 对降低 t_r 的好处不大。

2. 关断时间

从基极电压变负开始，到 I_c 衰减到零、晶体管完全截止的时间称作关断时间 t_{off}。关断时间包括存贮时间 t_s 和下降时间 t_f，即 $t_{off}=t_s+t_f$。

在存贮时间内，由于基区存有少数载流子，发射结仍处于正偏置、晶体管的工作点一直位于饱和区，I_c 没有明显的减小。存贮时间 t_s 可用下式计算

$$t_s = T_{ce}\ln\frac{k_1+k_2}{1+k_2} \tag{4-58}$$

式中　k_2——晶体管截止时的负向过驱动系数。

如果增大 k_1，则存贮时间 t_s 也增加；若增大 k_2，则导致 t_s 减小。一般 k_2 选择在 1～2 的范围内比较合适。

若截止驱动电流 I_{b2} 是理想脉冲电流，则晶体管退出饱和区后关断时集电极电流的下降过程为

$$I_c = -k_2 I_{cs}(1-e^{-t/T_{ce}}) + I_c(0)e^{-t/T_{ce}} \tag{4-59}$$

初始条件是 $t=0$ 时，$I_c\ (0)\approx I_{cs}$，代入上式得

$$I_c = (1+k_2)I_{cs}e^{-t/T_{ce}} - k_2 I_{cs}$$

当 $t=t_f$ 时，$I_c\approx 0.05I_{cs}$，代入上式，得下降时间为

$$t_f = T_{ce}\ln\frac{1+k_2}{0.05+k_2} \tag{4-60}$$

如果增大 k_2，则下降时间减小，如果电流 I_{b2} 不是阶跃变化的，则下降时间增大。

（二）开关损耗

PWM 变换器输出级的电　晶体管工作在开关状态，其功率损耗应包括饱和导通损耗、截止损耗和开关过程中的动态损耗三部分。饱和导通时，管压降只有 0.7V，截止时，漏电流只有几毫安，损耗都很小，因此动态损耗是开关工作时的主要损耗。

晶体管的开关过程包括开通过程和关断过程。开通过程主要是集电极电流的上升时间 t_r，关断过程包括存贮时间 t_s 和电流下降时间 t_f。在存贮时间内，晶体管仍处于饱和导通状态，电流 I_{cs} 虽大，但管压降很小，因而功率损耗不大，和下降时间内的损耗相比也可以忽略。因此，动态损耗主要是 t_r 和 t_f 两段时间内的开关损耗。由于在开关过程中 I_c 和 U_{ce} 的变化规律与负载性质有关，所以开关损耗也因负载而异。

1. 纯电阻负载

前一小节的分析表明，在负载为纯电阻的情况下，晶体管工作点在开关过程中沿着图 4－18 中的负载线 MN 移动。当过驱动系数 k_1 和 k_2 大于 1.5 时，可以认为管压降 U_{ce} 和电流 I_c 都是线性变化的，因而

开通过程：
$$I_{cr} = I_{cs}\frac{t}{t_r},\ U_{cer} = U_s\left(1-\frac{t}{t_r}\right) \tag{4-61}$$

关断过程：
$$I_{cf} = I_{cs}\left(1-\frac{t}{t_f}\right),\ U_{cef} = U_s\frac{t}{t_f} \tag{4-62}$$

在一个周期内的动态开关损耗为

$$
\begin{aligned}
\Delta p_d &= \int_0^{t_r} I_{cr}U_{cer}\mathrm{d}t + \int_0^{t_f} I_{cf}U_{cef}\mathrm{d}t \\
&= \int_0^{t_r} I_{cs}U_s\frac{t}{t_r}\left(1-\frac{f}{t_r}\right)\mathrm{d}t + \int_0^{t_f} I_{cs}U_c\left(1-\frac{t}{t_f}\right)\frac{t}{t_f}\mathrm{d}t \\
&= \frac{1}{6}I_{cs}U_s(t_r+t_f)
\end{aligned} \tag{4-63}
$$

设开关频率为 f，即每秒开关 f 次，则每秒动态损耗共为

$$
\Delta P_d = \Delta p_d \cdot f = \frac{1}{6}I_{cs}U_s f(t_r+t_f) \tag{4-64}
$$

由上式可知，动态开关损耗除与开关时间有关外，还与开关频率成正比。晶体管能够容许的开关损耗是对开关频率的主要限制。

2. 带续流二极管的电阻－电感负载

如前所述，在这种情况下电流 I_c 的增大和减小都是在 $U_{ce}=U_s$ 的条件下进行的，如图 4－21 所示。当电流仍按线性规律变化时，一个开关周期内的动态损耗为

$$
\begin{aligned}
\Delta p_d &= \int_0^{t_r} U_sI_{cs}\frac{t}{t_r}\mathrm{d}t + \int_0^{t_f} U_sI_{cs}\left(1-\frac{t}{t_f}\right)\mathrm{d}t \\
&= \frac{1}{2}I_{cs}U_s(t_r+t_f)
\end{aligned} \tag{4-65}
$$

每秒动态损耗是

$$
\Delta P_d = \frac{1}{2}I_{cs}U_s f(t_r+t_f) \tag{4-66}
$$

动态开关损耗仍与开关频率和开关时间成正比，在 (t_r+t_f) 和 f 都相同的情况下，动态损耗是纯电阻负载时的三倍。

如果负载中除电阻和电感外，还有电动势 E，动态损耗并无变化。这是因为在开关过程中续流二极管 VD 将负载短接，晶体管的集电极电压仍为 U_s。

（三）最佳开关频率

由前面的分析表明，PWM 变换器的开关频率越高，则电枢电流的脉动越小，而且也容易连续，从而能提高调速系统低速运行的平稳性。同时，电流脉动小时，电动机的附加损耗也小。因此，从这些方面看来，PWM 变频器的开关频率越高越好。但从开关损耗上看，随着频率的提高，晶体管的动态开关损耗便会成正比增加。从 PWM 变换器传输效率最高的角度上看，能使总损耗最小的开关频率才是最佳开关频率。

参考文献［27、28］中给出，对于单极式变换器来说，使总损耗最小的最佳开关频率为

$$
f_{op} = 0.26\sqrt[3]{\frac{\alpha_s}{T_l^2(t_r+t_f)}} \tag{4-67}
$$

式中　$\alpha_s=\dfrac{I_s}{I_{nom}}$——电动机起动电流（即短路电流）与额定电流之比；

　　　$T_l=\dfrac{L}{R}$——电枢回路的电磁时间常数。

对于双极式变换器，最佳开关频率为

$$f_{op}=0.332\sqrt[3]{\frac{\alpha_s}{T_l^2(t_r+t_f)}} \tag{4-68}$$

在确定开关频率时，除必须考虑电流的连续性和总损耗最小等因素以外，最好能使开关频率比调速系统的最高工作频率（通频带）高出十倍左右，使 PWM 变换器的延迟时间 T $(=1/f)$ 对系统动特性的影响可以忽略不计。

五、泵升电压限制电路

当脉宽调速系统的电动机减速或停车时，贮存在电机和负载转动部分的动能将变成电能，并通过 PWM 变换器回馈给直流电源。一般直流电源由不可控的整流器供电，不可能回馈电能，只好对滤波电容器充电而使电源电压升高，称作“泵升电压”。如果要让电容器全部吸收回馈能量，将需要很大的电容量，或者迫使泵升电压很高而损坏元器件。在不希望使用大量电容器（在容量为几千瓦的调速系统中，电容至少要几千微法）从而大大增加调速装置的体积和重量时，可以采用由分流电阻 R_{par} 和开关管 VT_{par} 组成的泵升电压限制电路，如图 4－25 所示。

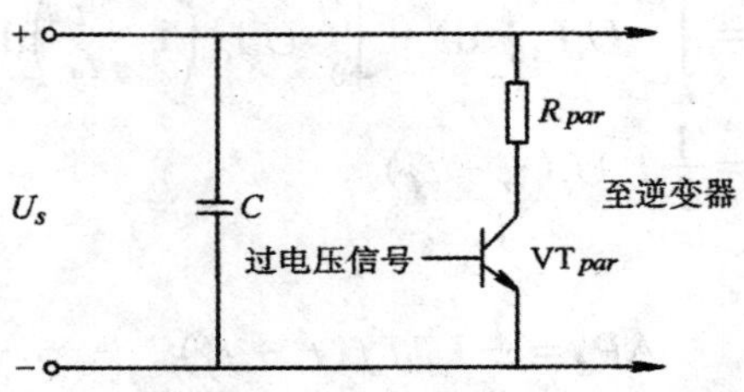

图 4－25　泵升电压限制电路

当滤波电容 C 的端电压超过规定的泵升电压允许数值时，VT_{par} 导通，接入分流电路，把回馈能量的一部分消耗在分流电阻中。对于更大功率的系统，为了提高效率，可以在分流电路中接入逆变器，把一部分能量回馈到电网中去。当然，这样一来，系统就更复杂了。

第五章　位置随动系统

内 容 提 要

前面四章所讨论的直流调速系统解决了直流电动机的调速问题，被调量一般都是转速。但在实际生产中，电动机带动生产机械运动的表现不一定都是转速，也可能是使生产机械产生一定的位置移动，这时需要控制的量就不再是转速，而是控制对象的角位移或线位移，此时必须采用位置随动系统才能满足控制要求。

本章仅对位置随动系统中有别于调速系统的地方进行分析。§5-1首先对位置随动系统的应用领域、基本组成及工作原理、与调速系统的区别及其分类等作简单介绍。§5-2鉴于位置随动系统与调速系统不同之处首先是位置检测，故专设一节介绍位置检测元件。§5-3通过对采用自整角机位置随动系统的剖析，介绍位置随动系统的组成及工作原理、动态数学模型的建立、稳态误差的分析计算、动态性能的特点及动态校正装置的设计等问题。

§5-1　位置随动系统概述

一、位置随动系统的应用

位置随动系统是应用领域非常广泛的一类系统，它的根本任务就是实现执行机构对位置指令（给定量）的准确跟踪，被控制量（输出量）一般是负载的空间位移，当给定量随机变化时，系统能使被控制量准确无误地跟随并复现给定量。在生产活动中，这样的例子是很多的。例如轧钢机压下装置的控制，在轧制钢材的过程中，必须使上下两根轧辊之间的距离能按工艺要求进行自动调整；数控机床的加工轨迹控制和仿形机床的跟踪控制；轮船上的自动操舵装置能使位于船体尾部的舵叶的偏转角模仿复制位于驾驶室的操舵手轮偏转角，以便按照航行要求来操纵船舶的航向；火炮群跟踪雷达天线或电子望远镜以瞄准目标的控制；以及机器人的动作控制。以上这些都是位置随动系统的具体应用。

位置随动系统中的位置指令（给定量）和被控制量一样也是位移（或代表位移的电量），当然可以是角位移，也可以是直线位移，所以位置随动系统必定是一个位置反馈控制系统。位置随动系统是狭义的随动系统，从广义来说随动系统的输出量不一定是位置，也可以是其它的量，例如第二章中的转速、电流双闭环调速系统中的电流环实际上可看成是一个电流随动系统，采用多电机拖动的多轴纺织机和造纸机可认为是速度的同步随动系统等等。随动系统一般也称为伺服系统。

二、位置随动系统的主要组成部件及其工作原理

下面通过一个简单的例子来说明位置随动系统的基本组成，其原理图如图5-1所示。这是一个电位器式位置随动系统，用来实现雷达天线的跟踪控制。这个系统由以下几个部分组成：

(1) 位置检测器　由电位器 RP1 和 RP2 组成位置（角度）检测器，其中电位器 RP1 的转轴与手轮相连，作为转角给定，电位器 RP2 的转轴通过机械机构与负载部件相连接，作为转角反馈，两个电位器均由同一个直流电源 U_s 供电，这样可将位置直接转换成电量输出。

(2) 电压比较放大器　由放大器 1A、2A 组成，其中放大器 1A 仅起倒相作用，2A 则起电压比较和放大作用，其输出信号作为下一级功率放大器的控制信号，并具备鉴别电压极性（正反相位）的能力。

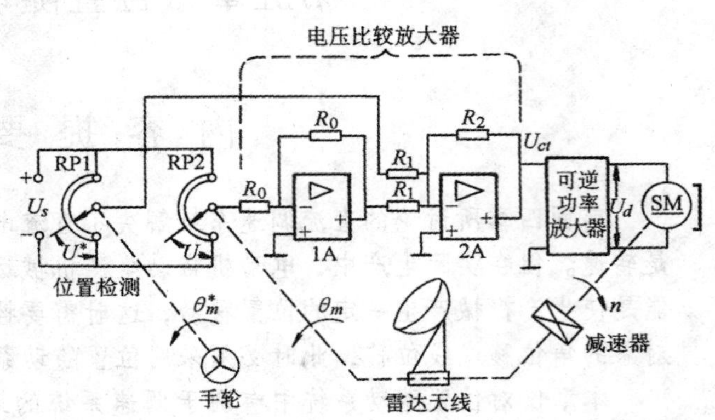

图 5-1　电位器式位置随动系统原理图

(3) 可逆功率放大器　为了推动随动系统的执行电动机，只有电压放大是不够的，还必须有功率放大，功率放大由晶闸管或大功率晶体管组成整流电路，由它输出一个足以驱动电动机 SM 的电压。

(4) 执行机构　永磁式直流伺服电动机 SM 作为带动负载运动的执行机构，这个系统中的雷达天线即为负载，电动机到负载之间还得通过减速器来匹配。

以上四部分是位置随动系统的基本组成中不能缺少的，仅在所采用的具体元件或装置上有所不同，例如可采用不同的位置检测器、直流或交流伺服电机等等。

仍以电位器式随动系统为例来分析位置随动系统的工作原理。由图 5-1 可以看出，当两个电位器 RP1 和 RP2 的转轴位置一样时，给定角 θ_m^* 与反馈角 θ_m 相等，所以角差 $\Delta\theta_m=\theta_m^*-\theta_m=0$，电位器输出电压 $U^*=U$，电压放大器的输出电压 $U_{ct}=0$，可逆功率放大器的输出电压 $U_d=0$，电动机的转速 $n=0$，系统处于静止状态。当转动手轮，使给定角 θ_m^* 增大，$\Delta\theta_m>0$，则 $U^*>U$，$U_{ct}>0$，$U_d>0$，电动机转速 $n>0$，经减速器带动雷达天线转动，雷达天线通过机械机构带动电位器 RP2 的转轴，使 θ_m 也增大。只要 $\theta_m<\theta_m^*$，电机就一直带动雷达天线朝着缩小偏差的方向运动，只有当 $\theta_m^*=\theta_m$，偏差角 $\Delta\theta_m=0$，$U_{ct}=v$，$U_d=0$，系统才会停止运动而处在新的稳定状态。如果给定角 θ_m^* 减小，则系统运动方向将和上述情况相反，读者可以自行分析，显而易见，这个系统完全能够实现被控制量 θ_m 准确跟踪给定量 θ_m^* 的要求。

三、位置随动系统与调速系统的比较

通过上面的分析，不难看出位置随动系统（以下简称随动系统）与调速系统的异同。随动系统和调速系统一样都是反馈控制系统，即通过对系统的输出量和给定量进行比较，组成闭环控制，因此两者的控制原理是相同的。

调速系统的给定量是恒值，不管外界扰动情况如何，希望输出量能够稳定，因此系统的抗扰性能往往显得十分重要。而位置随动系统中的位置指令是经常变化的，是一个随机变量，要求输出量准确跟随给定量的变化，输出响应的快速性、灵活性、准确性成了位置随动系统的主要特征。也就是说，系统的跟随性能成了主要指标。

从图 5-1 还可看出，随动系统可以在调速系统的基础上增加一个位置环，位置环是位置随动系统的主要结构特征。因此，随动系统在结构上往往要比调速系统复杂一些。

四、位置随动系统的分类

随着科学技术的发展，出现了各种类型的随动系统。由于位置随动系统的基本特征体现在位置环上，体现在位置给定信号和位置反馈信号及两个信号的综合比较方面，因此可根据这个特征将它划分为两个类型，一类是模拟式随动系统，另一类是数字式随动系统。

图 5－1 就是一个模拟式角位移随动系统的例子，这类系统的各种参量都是连续变化的模拟量，其位置检测器可用电位器，自整角机，旋转变压器，感应同步器等。典型的模拟式位置随动系统的原理图还可用图 5－2 来表示，一般是在调速系统的基础上外加一个位置环组成，它是最常见的，同时也是本章讨论的重点，其工作原理和图 5－1 的系统相似，这里不再重复。

采用靠模作为位置指令的仿形机床则是一个模拟式线位移随动系统的应用实例。

由于模拟式检测装置的精度受到制造上的限制，不可能做得很高，从而影响了整个模拟式随动系统的精度。若生产机械要求进一步提高控制精度，则必须采用数字式检测装置来组成数字式随动系统。在这类系统中，一般仍可采用模拟的电流环和速度环以保证系统的快速响应，但位置环是数字式的。数字式随动系统的基本类型有以下三种：

首先介绍数字式相位控制随动系统，如图 5－3 所示。这是数控机床上广泛采用的一种随动系统，实质上是一个相位闭环（又称锁相环）的反馈控制系统。其位置环由数字相位给定、数字相位反馈和数字相位比较三个部分组成，即图 5－3 中的数字给定、位置检测和鉴相器三个部件。数字给定装置的任务是将数字指令变换成脉冲的个数，然后再经脉冲相位数模变换（D/A），即一个指令脉冲的出现将使其输出方波电压的给定相位 ϕ^* 前移或后移一个脉冲当量，这个脉冲当量可以做得很小，以保证系统有很高的给定精度。一系列令指脉冲的出现将使方波电压的给定相位以一定速度前移或后移，其速度取决于指令脉冲的频率。位置检测部件产生相位反馈，其功能是将工作台的机械位移转换成与给定方波同频率的方波电压的相位移 ϕ，可以用感应同步器来实现这样的位移相位交换，其精度可达 ± 0.001mm，所以其相位能精确反映机械的实际位置。鉴相器的主要功能是进行给定相位 ϕ^* 和反馈相位 ϕ 的比较，将它们的偏差量 $\Delta\phi=\phi^*-\phi$ 转变成模拟量电压，此模拟量电压的极性应能反映相位差的极性。鉴相器的输出经变换处理后作为速度控制器的给定，经过功率放大，控制电机和机床工作台向消除偏差的方向移动，因而使 ϕ 不断地跟踪 ϕ^*，也就可以使工作台精确地按指令要求运动。鉴相器也可以做成数字式的。这样，系统的精度和分辨率可以达到更高的水平。相位闭环工作时，执行机构的位置受控于给定信号，致使反馈信号的相位被锁定在给定信号的一定相位范围里，因此，这种系统又称锁相环控制随动系统。尽管这种相位式数字随动系统实质上是按采样比较的原理工作的，但由于采样频率高（鉴相器的采样频率一般都在 1000Hz 以上，采样周期小于 1ms），其快速性并不亚于一般的模拟系统。

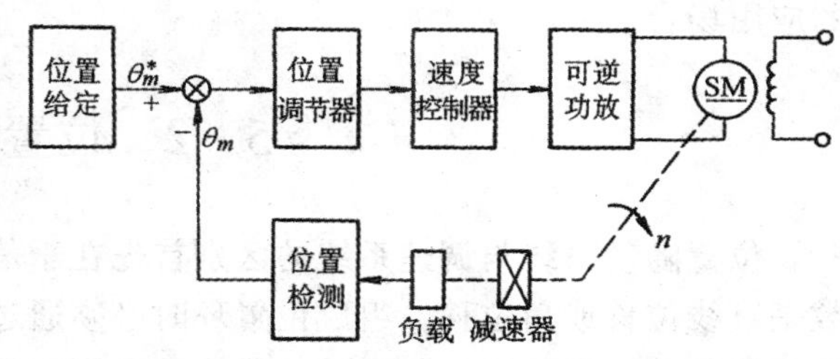

图 5－2　典型模拟式随动系统原理框图

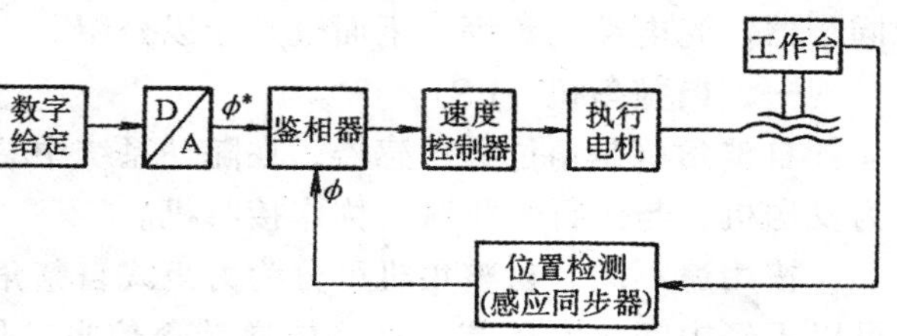

图 5－3　数字式相位控制随动系统原理框图

第二种为数字式脉冲控制随动系统，其原理框图如图 5－4 所示。

在数字式脉冲控制随动系统中，数字给定信号是指令脉冲数 D^*，作为位置检测用的光栅则发出位置反馈脉冲数 D，它们分别进入可逆计数器的加法端和减法端。经运算后得到脉冲的误差量 $\Delta D = D^* - D + D_0$，其中 D_0 是为了克服后级模拟放大器零漂影响而在计数器中预置的常数值。此误差信号经数模转换后，作为速度控制器的给定信号，再经功率放大，便使电机和机床工作台向消除偏差的方向运动。由于数字光栅的精度可以做得很高，从而能保证这种系统获得很高的控制精度。

最后介绍一种数字式编码控制随动系统，这种系统的原理图如图 5－5 所示。

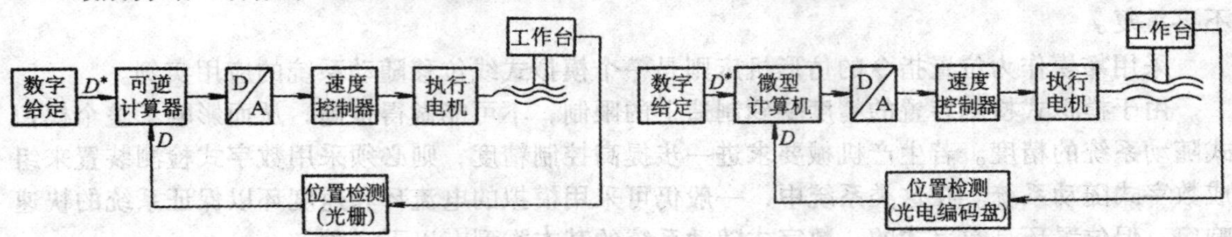

图 5－4　数字式脉冲控制随动系统原理框图　　图 5－5　数字式编码控制随动系统原理框图

在这种系统中，给定往往是二进制数字码信号。检测元件一般是光电编码盘或其它数字反馈发送器，借助于转换电路得到二进制码信号，二者联合构成“角度——数码”转换器或“线位移——数码”转换器。它的输出信号与数码信号同时送入计算机进行比较并确定误差，按一定控制规律运算后（如 PID 运算），构成数字形式的校正信号，再经数模转换变成电压信号，作为速度控制器的给定。采用计算机控制时，系统的控制规律可以很方便地通过软件来改变，大大增强了控制的灵活性。

不管是模拟式还是数字式的随动系统，其闭环结构都可以有不同的形式。除了较多采用的位置、速度、电流三环系统外、还可采用其它方案：或是只有位置环、速度环，而无电流环；或是只有位置环、电流环，而无速度环；或者只有一个位置环。不同方案各有自已特定的应用场合。

§5－2　位置信号的检测

位置随动系统与调速系统的区别首先在于信号的检测。由于位置随动系统要控制的量多数是直线位移或角位移，组成位置环时必须通过检测装置将它们转换成一定形式的电量，这就需要位移检测装置。位置随动系统中常用的位移检测装置有自整角机、旋转变压器、感应同步器、光电编码盘等，下面分别予以介绍。

一、自整角机（BS）

自整角机是角位移传感器，在随动系统中总是成对应用的。与指令轴相联的自整角机称为发送机，与执行轴相联的称作接收机。

按用途不同，自整角机可分为力矩式自整角机和控制式自整角机两类。力矩式自整角机可以不经中间放大环节，直接传递转角信息，使相距甚远而又无机械联系的两轴能同步旋转。力矩式自整角接收机的负载一般是仪表指针，属于微功率同步旋转系统。对功率较大的负载，力矩式自整角机带动不了，可采用控制式自整角机，将自整角接收机接成变压器状态，其输出电压通过中间放大环节带动负载，组成自整角机随动系统。下面着重分析控制式自整角机的工作原理和使用。

先看单相自整角机的结构和工作原理。图 5-6 是单相自整角机的结构原理图。它具有一个单相励磁绕组及一个三相整步绕组，单相励磁绕组安置在转子上，通过两个滑环引入交流励磁电流，励磁磁极通常做成隐极式（图中为了表示方便画成磁极），这样可使输入阻抗不随转子位置而变化。整步绕组是三相绕组，一般为分布绕组，安置在定子上，它们彼此在空间相隔 120°，并接成Y形。

控制式自整角机是作为转角电压变换器用的。使用时，将两台自整角机的定子绕组出线端用三根导线联接起来，发送机 BST 转子绕组接单相交流励磁电源，而接收机 BSR 转子绕组输出是反映角位移的信号电压 u_{bs}，如图 5-7 所示。

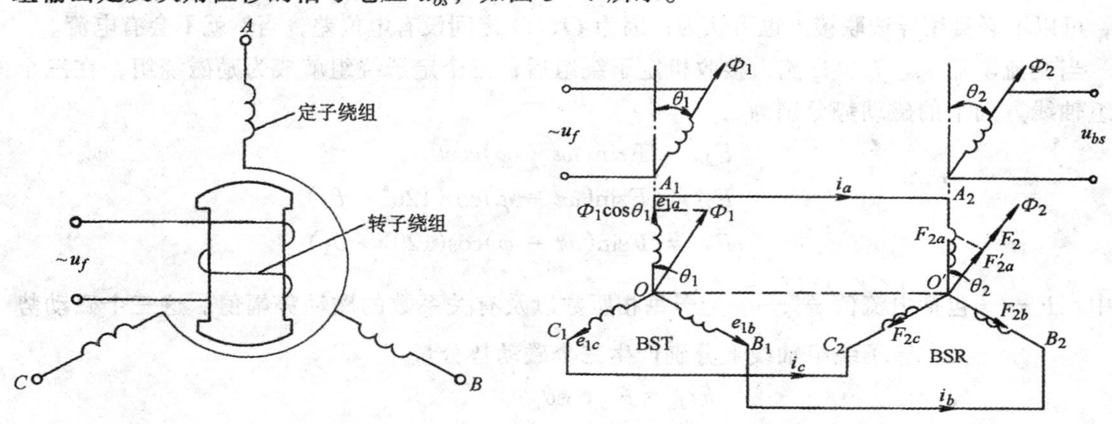

图 5-6　自整角机结构原理图　　　　图 5-7　控制式自整角机接线图

设发送机的单相交流励磁电压 u_f 的表达式为

$$u_f(t) = U_{fm}\sin\omega t$$

它所引起的电流在发送机铁心中产生脉动磁通 Φ_1，从而在定子的三个绕组 OA_1、OB_1、OC_1 中分别感应出电动势 e_{1a}、e_{1b}、e_{1c}。这些电动势在时间上都同相，其大小则分别与脉动磁通 Φ_1 在有关绕组轴线上的分量成正比，即与转子励磁绕组轴线和定子各绕组轴线间夹角的余弦成正比，若忽略发送机转子阻抗压降，并以定子 A_1 相绕组的轴线 OA_1 定为发送机的零位，当转子绕组轴线自零位转过 θ_1 角时，则发送机定子三相绕组的感应电动势为

$$e_{1a} = k_{bs}U_{fm}\sin\omega t\cos\theta_1$$
$$e_{1b} = k_{bs}U_{fm}\sin\omega t\cos(120° - \theta_1)$$
$$e_{1c} = k_{bs}U_{fm}\sin\omega t\cos(120° + \theta_1)$$

式中　k_{bs}——自整角机定子绕组电动势与转子绕组电动势之间的比例系数，与匝比等参量有关。

这三个感应电动势将在发送机和接收机的定子绕组回路中产生电流，因为三个绕组阻抗相同，所以三个交流电流时间上仍然同相，仅幅值大小不一样。图 5-7 中的三个电流分别为

$$i_a = \frac{k_{bs}U_{fm}}{|Z|}\sin(\omega t - \varphi)\cos\theta_1$$

$$i_b = \frac{k_{bs}U_{fm}}{|Z|}\sin(\omega t - \varphi)\cos(120° - \theta_1)$$

$$i_o = \frac{k_{bs}U_{fm}}{|Z|}\sin(\omega t - \varphi)\cos(120° + \theta_1)$$

式中　Z——发送机与接收机定子各相绕组阻抗之和，且 $Z=R+\mathrm{j}X$，其中

R——发送机和接收机定子每组绕组电阻之和；

X——发送机定子每相绕组漏抗和接收机定子每相绕组全电抗之和。

若阻抗角为 φ，则 $\varphi=\mathrm{arctg}\dfrac{X}{R}$。

当三个绕组匝数相等，仅空间互差120°时，三个绕组的阻抗 Z 彼此是相等的。

不难证明，流过 O、O'两点联线（图5－7中的虚线）中的电流为 $i_a+i_b+i_c=0$，实际上，可以不必真用导线联接。也可认为，因为 O、O'之间没有电位差，当然就不会有电流。

当交流电流 i_a、i_b、i_c 流入接收机定子绕组后，三个定子绕组就成为励磁绕组，在三个绕组轴线方向上的磁动势分别为

$$F_{2a} = F\sin(\omega t - \varphi)\cos\theta_1$$
$$F_{2b} = F\sin(\omega t - \varphi)\cos(120° - \theta_1)$$
$$F_{2c} = F\sin(\omega t - \varphi)\cos(120° + \theta_1)$$

式中　F——包括电流值$\dfrac{k_{bs}U_{fm}}{|Z|}$、定子每相匝数以及有关系数的磁动势幅值。这三个磁动势又在转子绕组轴线上分别产生三个磁动势分量

$$F'_{2a}=F_{2a}\cos\theta_2$$
$$F'_{2b}=F_{2b}\cos(120°-\theta_2)$$
$$F'_{2c}=F_{2c}\cos(120°+\theta_2)$$

则接收机转子绕组轴线上的合成磁动势为

$$\begin{aligned}F_2 &= F'_{2a}+F'_{2b}+F'_{2c}= \\ &F\sin(\omega t-\varphi)[\cos\theta_1\cos\theta_2+\cos(120°-\theta_1)\cos\times \\ &(120°-\theta_2)+\cos(120°+\theta_1)\cos(120°+\theta_2)]= \\ &\frac{3}{2}F\sin(\omega t-\varphi)\cos(\theta_1-\theta_2)\end{aligned}$$

由合成磁动势在接收机铁心中产生合成磁通 Φ_2，然后在接收机转子绕组中感应出电压 u_{bs}，这个电压在时间上领先磁通 Φ_2 90°，于是

$$u_{bs}=U_{bsm}\sin(\omega t-\varphi+90°)\cos(\theta_1-\theta_2) \tag{5-1}$$

式中　U_{bsm}——输出电压 u_{bs} 的最大值。

由式（5－1）可以看出：

（1）自整角机输出电压 u_{bs} 是角差的余弦函数，当 $\theta_1=\theta_2$ 时，$\cos(\theta_1-\theta_2)=1$，$|u_{bs}|$最大；

（2）u_{bs} 是一个单相交流电压，在时间上比发送机转子上的励磁电压 U_f 领先（$90°-\varphi$）。

但是第（1）条的关系在实用上有很大不便。首先，当角差 $\Delta\theta=\theta_1-\theta_2$ 为零时，输出电压幅值却最大，随着角差的增加，输出电压反而减小，而在控制系统的实际使用中，通常希望角差 $\Delta\theta$ 为零时，输出电压也应为零；其次，当 θ_2 超过 θ_1 时，角差 $\Delta\theta$ 为负，但由于$\cos(-\Delta\theta)=\cos\Delta\theta$，即输出电压 u_{bs} 的相位不能反映角差的极性。为此，当以发送机定子绕组 A_1 相轴线作

为发送机的零位时，将接收机转子绕组予先转过 90°，并以与定子 A_2 相绕组轴线垂直的位置改作接收机的零位，如图 5－8 所示。

图中 $\theta_1=0$ 为发送机零位，$\theta_2'=0$ 为接收机零位，则接收机原来的 $\theta_2=\theta_2'+90°$，将其代入式（5－1），则

$$u_{bs}=U_{bsm}\sin(\omega t-\varphi+90°)\cos(\theta_1-\theta_2'-90°)$$
$$=U_{bsm}\sin(\omega t-\varphi+90°)\sin(\theta_1-\theta_2')$$

也可写成

$$u_{bs}=U_{bsm}\sin\Delta\theta\sin(\omega t-\varphi+90°) \tag{5-2}$$

式中　$\Delta\theta$——失调角，$\Delta\theta=\theta_1-\theta_2'$。

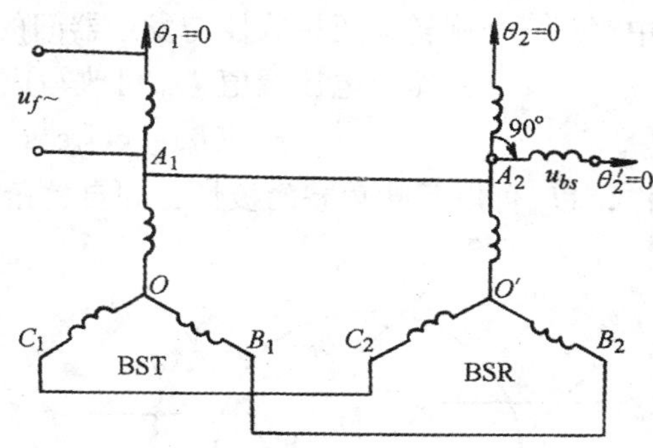

图 5－8　自整角机的零位

这样，当失调角为零时，输出电压也为零，正好符合实际需要。同时可以看出，输出电压 u_{bs} 的幅值与发送机或接收机本身的绝对位置无关，只与其相对的失调角 $\Delta\theta$ 的正弦成正比。

自整角机分为 1、2、3 三种精度等级，其最大误差在 0.25°～0.75°之间。

二、旋转变压器（BR）

旋转变压器实际上是一种特制的两相旋转电机，它有定子和转子两部分，在定子和转子上各有两套在空间上完全正交的绕组。当转子旋转时，定、转子绕组间的相对位置随之变化，使输出电压与转子转角呈一定的函数关系。在不同的自动控制系统中，旋转变压器有多种类型和用途，在随动系统中主要用作角度传感器。

图 5－9 是一个旋转变压器的原理图，两个定子绕组 S_1 和 S_2 分别由两个幅值相等、相位差 90°的正弦交流电压 u_1、u_2 励磁，即

$$u_1(t)=U_m\sin\omega_0 t$$
$$u_2(t)=U_m\cos\omega_0 t$$

为了保证旋转变压器的测角精度，要求两相励磁电流严格平衡，即大小相等，相位差 90°，因而在气隙中产生圆形旋转磁场。转子绕组 R_1 中产生的感应电压为

$$u_{br}(t)=m[u_1(t)\cos\theta+u_2(t)\sin\theta]=mU_m\sin(\omega_0 t+\theta) \tag{5-3}$$

式中　m——转子绕组与定子绕组的有效匝数比，忽略阻抗压降。转子绕组 R_2 可以不用。

从式（5－3）可以看出，旋转变压器输出电压 u_{br} 的幅值不随转角 θ 变化，而其相位却与 θ 相等，因此可以把它看作是一个角度——相位变换器。把这个调相电压作为反馈信号，可以构成相位控制随动系统。

如果要检测给定轴和执行轴的角差，可以和自整角机一样，采用一对旋转变压器，与给定轴相联的是旋转变压发送器 BRT，与执行轴相联的是旋转变压接收器 BRR。接线方法如图 5－10 所示。

在发送器任一转子绕组（例如 R_{2t}）上施加交流励磁电压 u_f，另一个绕组短接或接到一定的电阻上起补偿作用。励磁磁通 Φ_f 沿发送器定子绕组 S_{1t} 和 S_{2t} 方向的分量 Φ_{f1} 和 Φ_{f2} 在绕组中感应电动势，产生电流，流入接收器定子绕组 S_{1r} 和 S_{2r}。这两个电流又在接收器中产生相应的磁通 Φ_{r1} 和 Φ_{r2}，其合成磁通为 Φ_r。如果两个旋转变压器转子位置一致，则磁通 Φ_r 与接

收器转子绕组 R_{2r} 平行，在 R_{2r} 中感应的电动势最大，输出电压 u_{br} 也将最大。当 R_{2r} 与 Φ_r 方向存在角差 $\Delta\theta$ 时，输出电压与 $\cos\Delta\theta$ 成正比，此时输出为调幅波，电压幅值为

$$U_{br} = kU_f\cos\Delta\theta$$

式中　k ——旋转变压接收器与发送器间的变比。安装时，若预先把接收器转子转动 90°，则输出电压幅值 U_{br} 可改写成

$$U_{br} = kU_f\cos(\Delta\theta - 90°) = kU_f\sin\Delta\theta \tag{5-4}$$

这样，U_{br} 可以反映角差的极性，和自整角机的输出电压具有相似的关系式。

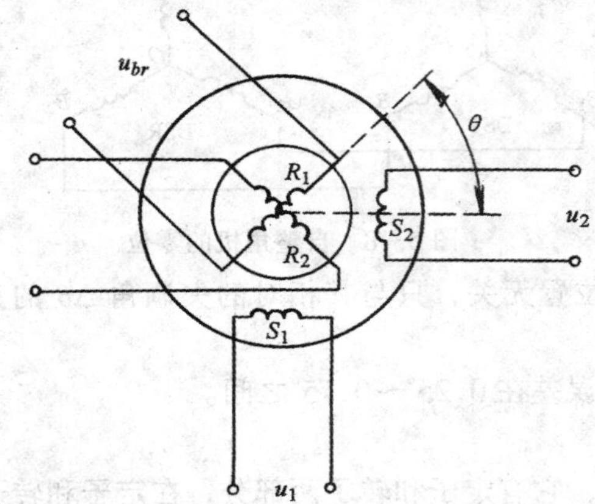

图 5－9　用作角度——相位变换器的旋转变压器

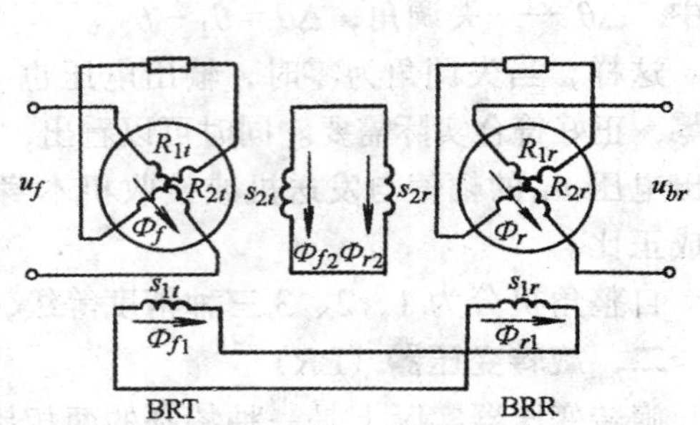

图 5－10　由旋转变压器构成的角差测量装置

旋转变压器的精度主要由函数误差和零位误差来衡量。函数误差表示输出电压波形和正弦曲线间的最大差值与电压幅值 kU_f 之比，旋转变压器的精度等级分 0、Ⅰ、Ⅱ、Ⅲ级，函数误差通常在 ±0.05% ～ ±0.34% 之间。零位误差表示理论上的零位与实际电压最小值位置之差，通常在 3′～18′之间。由以上数据可见，旋转变压器的精度高于自整角机，因此在高精度数字随动系统中常用它作为测角元件。如果要进一步提高检测精度，还可以采用粗一精测双通道测量原理来构成系统，可参看文献［1、28、59］。

三、感应同步器（BIS）

感应同步器的工作原理与旋转变压器一样。它具有两种结构形式，一种用来测角位移，叫圆形感应同步器，另一种用来测直线位移，称为直线式感应同步器。前者的典型应用是转台（如立式车床）的角度数字显示和精确定位，后者常安装在具有平移运动的机床上（如卧式车床)，用来测量刀架的位移并构成全闭环系统。下面仅对使用得比较多的直线式感应同步器的结构和特点作些介绍。

直线式感应同步器由两个感应耦合元件组成。一次侧称为滑尺，二次侧称为定尺，定尺和滑尺相当于旋转变压器的定子和转子。不同的是它们是面对面地平行安装，在通常情况下，定尺安装在机床床身或其它固定部件上，滑尺则安装在机床的工作台或其它运动部件上，它们之间只有很小的空气隙（0.25±0.05mm)，可作相对移动。定尺上用印刷电路的方法刻着一套绕组，相当于旋转变压器的输出绕组。滑尺上则刻有两套绕组，一套叫正弦绕组，另一套叫余弦绕组。当其中一个绕组与定尺绕组对正时，另一个就相差 1/4 节距，即相差 90°电角度，说明这两个绕组在平面上是正交的，图 5－11 所示。按工作状态，感应同步器可分为鉴相型和鉴幅型两类。

若使感应同步器工作在鉴相状态、只需对滑尺的两个励磁绕组提供幅值相等、频率相同，但相位相差90°的正弦励磁电压。这时，采用类似于旋转变压器的分析方法，可导出定尺绕组的感应电压为

$$U_{bis}(t)=mU_m\sin\left(\omega_0 t+\frac{2\pi x}{T}\right) \tag{5-5}$$

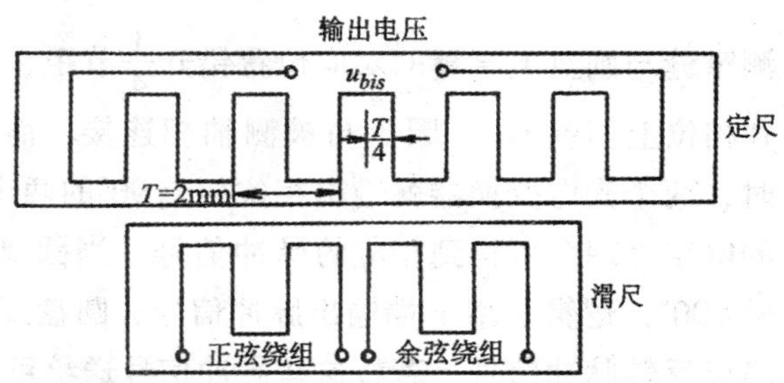

图 5-11 直线式感应同步器

式中 x——机械位移；T——绕组节距，其意义与一般电机绕组节距的意义相同，国产感应同步器的节距为2mm。

式（5-5）说明：感应同步器定尺上感应的输出电压幅值不随位移变化，只要励磁电压不变，其幅值就是常量，而相位则与滑尺的机械位移成正比，每隔一个节距重复一次。这种状态下的感应同步器实际上是一个位移——相位变换器。

若使感应同步器按鉴幅状态工作，则应在定尺绕组中提供励磁电压 $U_f\sin\omega_0 t$，这时在滑尺两相绕组中将分别产生感应电动势

$$u_A(t)=m'U_f\cos\frac{2\pi x}{T}\sin\omega_0 t$$

$$u_B(t)=m'U_f\sin\frac{2\pi x}{T}\sin\omega_0 t$$

将 u_A（t）接到正弦函数变换器上，使输出电压按给定位移 X 调制为 $m'U_f\cos\frac{2\pi X}{T}\sin\frac{2\pi X}{T}$。$\sin\omega_0 t$，再将 u_B（t）接到余弦函数变换器上，使其输出变为 $m'U_f\sin\frac{2\pi X}{T}\cos\frac{2\pi X}{T}\sin\omega_0 t$。然后将这两路信号相减后作为控制信号输出，则有

$$u'_{bis}(t)=m'U_f\sin\omega_0 t\left(\cos\frac{2\pi x}{T}\sin\frac{2\pi X}{T}-\sin\frac{2\pi x}{T}\cos\frac{2\pi X}{T}\right)=$$

$$m'U_f\sin\left[\frac{2\pi}{T}(X-x)\right]\sin\omega_0 t \tag{5-6}$$

从上式可见，输出电压的幅值按位移（$X-x$）进行了调幅，当系统运行到差值为0时（在差值对应的电角度小于 2π 范围里），输出电压也为0。

根据感应同步器的这两种工作状态所构成的随动系统，都能得到很高的精度，这是因为输出的感应电压是由定尺和滑尺的相对移动直接产生的，没有经过其它机械转换装置。因此，测量精度完全取决于感应同步器本身的精度。感应同步器一般采用激光刻制，在恒温条件下用专门设备进行精密感光腐蚀生产，使其位移量精度高达1μm，分辨力达到0.2μm。圆形感应同步器的精度为角秒级，在0.5″～1.2″之间，而旋转变压器只是角分级。

四、光电编码盘

光电编码盘可直接将角位移信号转换成数字信号，它是一种直接编码装置。和旋转变压器一样。它常用于数控机床中装在旋转轴上构成半闭环系统，按照编码原理划分，有增量式和绝对式两种光电编码盘。

（一）增量式码盘

增量式码盘实际上是一个光电脉冲发生器和一个可逆计数器。在光电脉冲发生器圆盘上刻有节距相等的窄缝，另外还有 a、b 两组检测窄缝群（图 5-12a），节距同前，但两组检测窄缝与圆盘上窄缝的对应位置错开 $\frac{1}{4}$ 节距，其目的是使 a、b 两个光电变换器的输出信号在相位上相差 90°。圆盘与被测轴相连接，而两组检测窄缝是静止不动的。当被测轴转动时，两个光电变换器就输出相位相差 90°的两个近似正弦波，如图 5-12b 所示。再经过简单的电路处理，可得到相应的脉冲信号。当圆盘正转（如图中箭头所示）时，信号 b 超前信号 a 90°，逻辑电路 f 端输出脉冲信号；圆盘反转时，信号 a 超前信号 b 90°，逻辑电路 g 端输出反转脉冲信号。若将这些脉冲信号送给可逆计数器进行累计，就可测出轴的旋转角度。

（二）绝对式码盘

绝对式码盘则是通过读取轴上码盘的图形来表示轴的位置，码制可选用二进制、二一十进制（BCD 码）或循环码等。

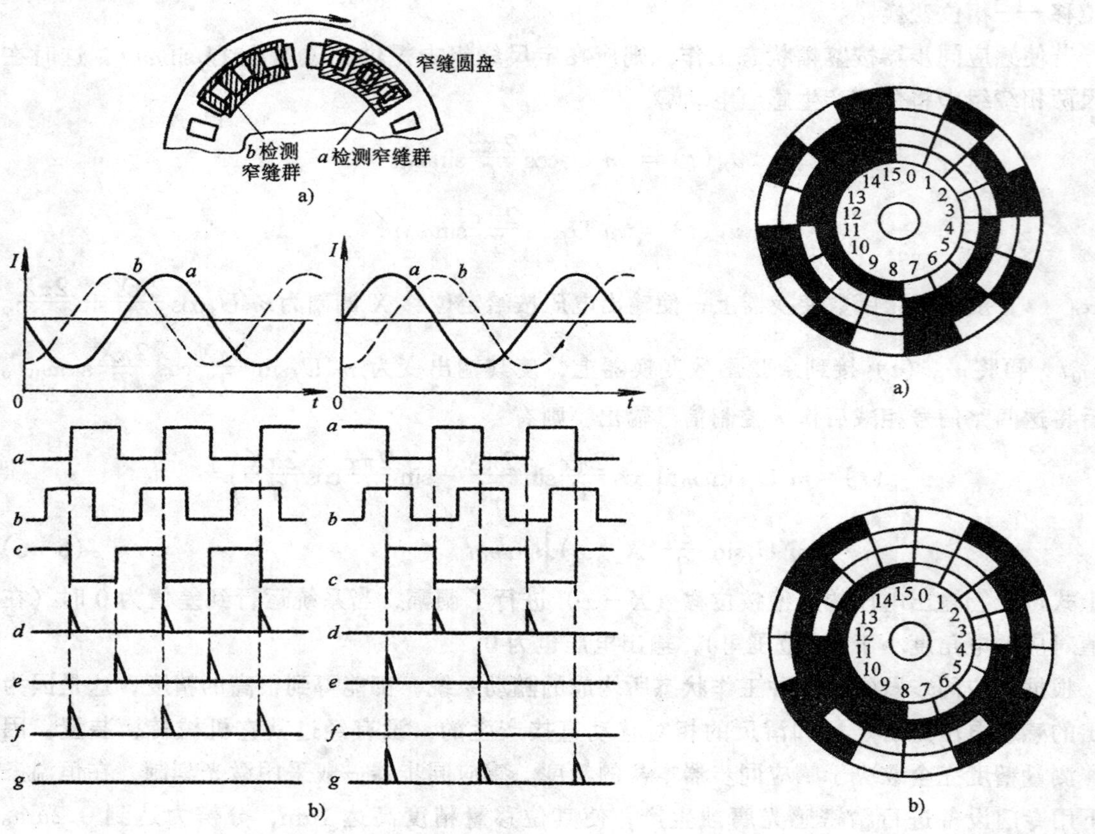

图 5-12　增量式光电编码盘的工作原理

a）结构原理　b）输出波形

图 5-13　绝对值光电编码盘

a）二进制编码盘　b）循环码编码盘

1. 二进制码盘

二进制码盘中，外层为最低位，里层为最高位。从外往里按二进制刻制，如图 5-13a 所示。轴位置和数码的对照表见表 5-1。在码盘移动时，可能出现二位以上的数字同时改变，导致“粗大误差”的产生。例如，当数码由0111（十进制7）变到1000（十进制8）时，由于光电管排列不齐或光电管特性不一致，就有可能导致高位偏移，本来是1000的数，变成了0000，相差为8。为克服这一缺点，在二进制或二一十进制码盘中，除最低位外，其余均由双排光电管组成双读出端，进行“选读”。当最低位由“1”转为“0”时，应当进位，读超前光电管；由“0”转为“1”时，不应进位，则读滞后光电管，这时除最低位外，对应于其它各位的读数不变。

2. 循环码盘（格雷码盘）

循环码盘的特点是在相邻二扇面之间只有一个码发生变化，因而当读数改变时，只可能有一个光电管处在交界面上。即使发生读错，也只有最低一位的误差，不可能产生“粗大误差”。此外，循环码表示最低位的区段宽度要比二进制码盘宽一倍，这也是它的优点。其缺点是不能直接实现二进制算术运算，在运算前必须先通过逻辑电路换成二进制码。循环码盘如图5－13b所示，轴位和数码的对照表也列于表5－1中。

表5－1　光电编码盘轴位和数码对照表

轴的位置	二进码	循环码	轴的位置	二进码	循环码
0	0000	0000	8	1000	1100
1	0001	0001	9	1001	1101
2	0010	0011	10	1010	1111
3	0011	0010	11	1011	1110
4	0100	0110	12	1100	1010
5	0101	0111	13	1101	1011
6	0110	0101	14	1110	1001
7	0111	0100	15	1111	1000

光电编码盘的分辨率为360/N，对增量码盘N是转一周的计数总和。对绝对值码盘，$N=2^n$，n是输出字的位数。粗精结合的码盘分辨率已能作到$\frac{1}{2^{20}}$，如果码盘制造非常精确，则编码精度可达到量化误差。可见光电编码盘用作位置检测可以大大提高测量精度。

§5－3　自整角机位置随动系统及其设计

在§5－1中，我们曾分析过一个以电位器作为转角传感器的位置随动系统。下面选择自整角机作为位置检测装置，以自整角机随动系统作为本章的典型，讨论位置随动系统的数学模型、稳态误差分析和动态校正设计。

一、自整角机位置随动系统的组成和数学模型

自整角机位置随动系统原理图如图5－14所示。由式（5－2）已知，自整角接收机输出的正弦交流电压幅值为

$$U_{bs}=U_{bsm}\sin(\theta_m^*-\theta_m) \tag{5-7}$$

式中　U_{bsm}——自整角接收机输出正弦电压的最大值；

θ_m^*——发送机机械转角；

θ_m——接收机机械转角。

当 $\theta_m^* > \theta_m$ 时，U_{bs}为正值；当 $\theta_m^* < \theta_m$ 时，U_{bs}为负值。

为了根据 U_{bs}的正负值来控制执行电机朝着消除角差的方向运动，自整角机输出电压首先要经过相敏整流放大器鉴别角差的极性，再经过功率放大环节将信号功率增强，以推动执行电机运转。此外，为了使系统稳定并保证所需的动态品质，在相敏放大器与功率放大器之间还应增设各种形式的串并联校正装置。在执行电机与负载之间还应有减速器，这样就得到了较完整的自整角机位置随动系统。

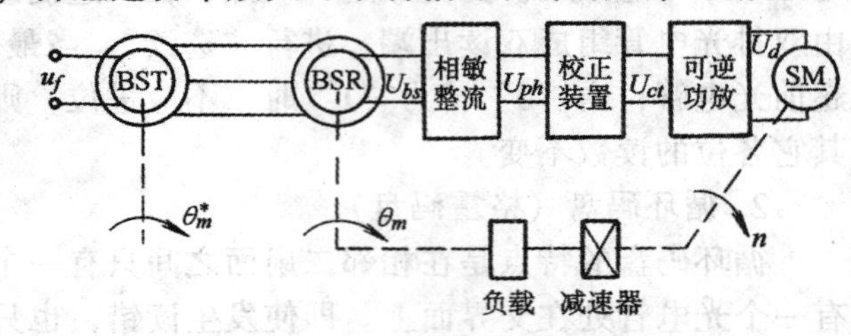

图 5－14　自整角机位置随动系统

下面简单分析系统中各部分的工作原理及传递函数。

1. 自整角机

关于作为发送信号和接收信号用的自整角机,其工作原理在§5－2中已有介绍，这里不再重复，现仅分析其传递函数。

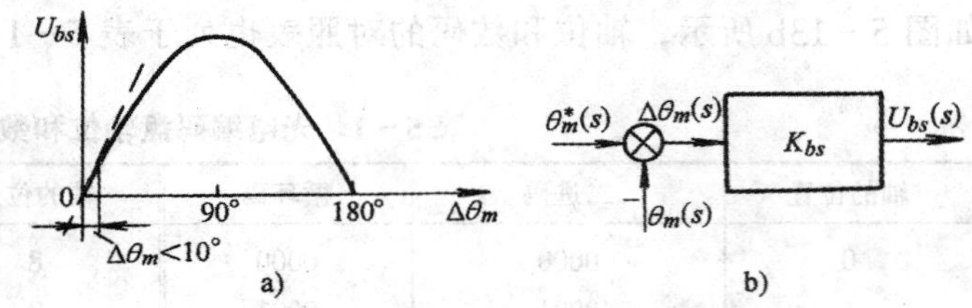

图 5－15　自整角机角差检测环节

a）输出电压与 $\Delta\theta_m$ 关系　b）自整角机动态结构图

由式（5－7），自整角机输出电压的幅值 $U_{bs}=U_{bsm}\sin\Delta\theta_m$ 这说明输出电压的幅值与角差 $\Delta\theta_m$ 成正弦函数关系。当$|\Delta\theta_m|\leqslant 10°$时，$\sin\Delta\theta_m \approx \Delta\theta_m \text{rad}$，所以其电压幅值可近似写成 $U_{bs}\approx U_{bsm}\Delta\theta_m$，即输出电压的幅值 U_{bs}近似与角差 $\Delta\theta_m$ 成正比，见图 5－15a。则其传递函数为比例环节（图 5－15b），放大系数为

$$K_{bs}=\frac{U_{bs}}{\Delta\theta_m}\approx U_{bsm}\mid_{|\Delta\theta_m|\leqslant 10°}\text{V/rad}=\frac{U_{bsm}}{57.3}\text{V/(°)} \tag{5-8}$$

通常在$|\Delta\theta_m|\leqslant 10°$的区间里，$K_{bs}$可认为是一个恒值，常用的自整角机 K_{bs}值约为 0.6～1.2V/（°）。

2. 相敏整流器（放大器）的工作原理及传递函数

相敏整流器的功能是将交流电压转换为与之成正比的直流电压，并使它的极性与输入的交流电压的相位相适应。现以最简单的二极管相敏整流器为例进行分析。二极管相敏整流器的电路图示于图 5－16a。图中输入信号 U_{bs}来自自整角机的输出，经变压器耦合，其二次侧电压为 U_{bs1}、U_{bs2}，辅助电源电压为 U_s，一般选择 U_s

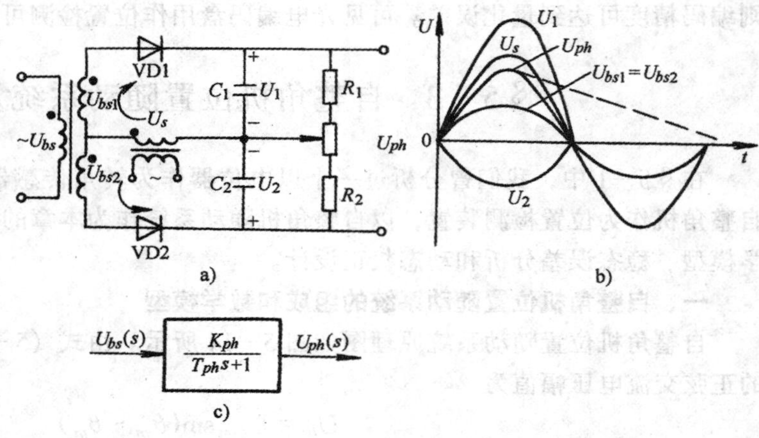

图 5－16　二极管相敏整流器

$R_1=R_2$，$C_1=C_2$

a）相敏整流器电路　b）电压波形　c）动态结构图

大于 U_{bs1}、U_{bs2}的最大值。U_s 与 U_{bs}同相位（或经 RC 移相后同相）。当角差 $\Delta\theta_m>0$ 时，U_{bs}为正值，在电压 U_s 和 U_{bs1}的正半波，电容 C_1 上的电压为二者之和，即

$$U_1 = U_s + U_{bs1}$$

而电容 C_2 上的电压为 U_s 与 U_{bs2}之差，即

$$U_2 = U_s - U_{bs2}$$

则相敏整流器的总输出为

$$U_{ph} = U_1 - U_2 = U_{bs1} + U_{bs2}$$

在电压的负半波，则靠 C_1 的放电来维持一定的 U_{ph}。所以输出电压 U_{ph}的极性上正下负，即 U_{ph}为正值。

当 $\Delta\theta_m<0$ 时，U_{bs}为负，还是 U_s 的正半波给电容充电，负半波电容放电。这时

$$U_1 = U_s - |U_{bs1}|$$

$$U_2 = U_s + |U_{bs2}|$$

$$U_{ph} = U_1 - U_2 = -(|U_{bs1}| + |U_{bs2}|)$$

式中的负号表示 U_{ph}的极性为上负下正。

由以上分析可见，相敏整流器的输出电压直流分量 U_{ph}与输入电压成正比，并能根据角差 $\Delta\theta_m$ 的极性来改变其极性。

相敏整流器传递函数的表达式示于图 5－16c

$$W_{URP}(s)=\frac{K_{ph}}{T_{ph}s+1} \tag{5-9}$$

式中 K_{ph}——相敏整流器的放大系数；

T_{ph}——电阻电容滤波的时间常数，$T_{ph}=R_1C_1$。

二极管相敏整流器的缺点是输出波形脉动较大，可改用全波相敏整流或三极管相敏整流电路，以降低脉动分量。

3．可逆功率放大器

对大功率随动系统，功率放大器多采用可逆的晶闸管可控整流器。对小功率随动系统，为了进一步提高系统的快速性，常采用晶体管脉冲调宽型（**PWM**）开关放大器。其具体电路都已学过，这里不再重复。若采用晶闸管整流电路，则其传递函数仍可近似表达为

$$\frac{K_s}{T_s s + 1}$$

4．执行机构

作为执行电机，可选用直流伺服电动机或交流两相异步电动机，在要求高性能时，可采用小惯量直流电动机或宽调速力矩电机。若采用直流伺服电机，则其传递函数仍可表达成一个二阶环节$\frac{1/C_e}{T_mT_ls^2+T_ms+1}$，由于在随动系统中一般不串联平波电抗器，因此电枢回路的电感很小，所以电磁时间常数 T_l 就很小，在一定条件下，可近似为一阶惯性环节，则传递函

数就成$\frac{1/C_e}{T_m s+1}$。

5．减速器

减速器对随动系统的工作有重大影响，减速器速比的选择和分配将影响到系统的惯性矩，并影响到快速性，详细讨论见〔1〕。

考虑到减速器的输入量为执行电机的转速 n，其单位一般为 r/min，而输出量应为机械转角 θ_m（°），若时间 t 以 s 为单位，则

$$\theta_m=\int \frac{n}{i}\cdot\frac{360}{60}\mathrm{d}t=\frac{6}{i}\int n\mathrm{d}t$$

取上式的拉氏变换，

$$\theta_m(s)=\frac{6}{is}n(s)$$

所以减速器的传递函数可表示为

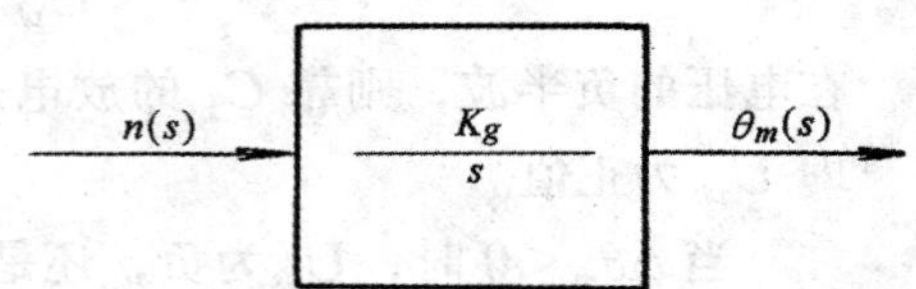

图 5－17　减速器的动态结构框图

$$W_g(s)=\frac{6}{is}=\frac{K_g}{s} \tag{5-10}$$

式中　$K_g=\frac{6}{i}$——减速器的放大系数。

这样，把转速与转角的关系包含在内，减速器可以当成一个积分环节，其动态结构框图示于图 5－17。

整个系统的动态结构图如图 5－18 所示，其中 APR 表示位置调节器，关于它的设计和参数选择将在后面讨论。

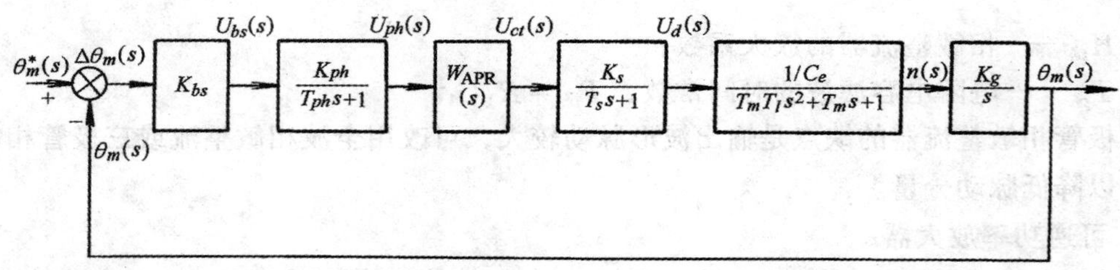

图 5－18　自整角机位置随动系统的动态结构图

二、位置随动系统的稳态误差分析及参数计算

位置随动系统稳态运行时，希望其输出量尽量复现输入量，即要求系统有一定的稳态精度，产生的位置误差越小越好。不同的生产机械对系统有不同的精度要求，例如轧制薄钢板的轧钢机压下装置随动系统的定位精度要求≤0.01mm；在高炮雷达随动系统中，要求高炮的瞄准精度≤2 密位（1 密位＝0.06°）。否则，轧钢机轧制出来的薄板将成废品，高炮将不能命中目标，贻误战机。所以，对随动系统进行稳态误差分析就显得十分重要。

影响随动系统稳态精度，导致系统产生稳态误差的因素有以下几点：由检测元件引起的检测误差；由系统的结构和输入信号引起的原理误差；负载扰动引起的扰动误差。下面分别讨论这三种误差。

（一）检测误差

检测误差取决于检测元件本身的精度，位置随动系统中常用的位置检测元件如自整角机、旋转变压器、感应同步器等都有一定的精度等级，系统的精度不可能高于所用位置检测元件的精度。检测误差是稳态误差的主要部分，这是系统无法克服的。现将各种检测元件的误差范围列于表5－2中，以便选择使用时参考。

（二）原理误差（又称系统误差）

原理误差是由系统自身的结构形式、系统特征参数和输入信号的形式决定的，这个道理不难通过以下的分析得到。

表5－2　各种检测元件的误差范围

检测元件	误差范围
电位器	几度（°）
自整角机	≤1度（°）
旋转变压器	几角分（′）
圆盘式感应同步器	几角秒（″）
直线式感应同步器	几微米（μm）
光电编码盘	$\frac{360}{N}$

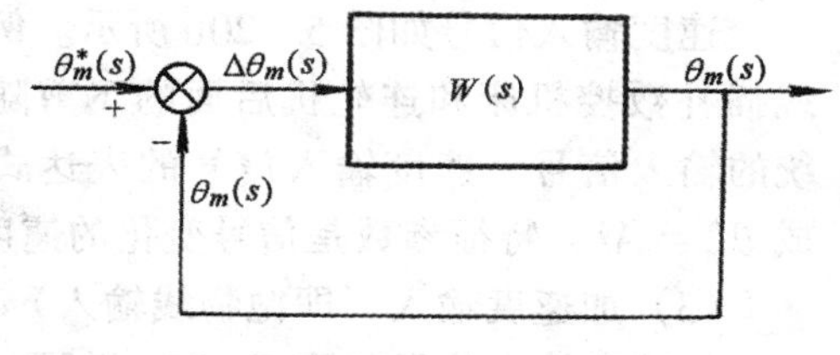

图5－19　随动系统的结构

由图5－18可以看出，自整角机位置随动系统的开环传递函数为

$$W(s)=\frac{K_{bs}K_{ph}K_sK_g/C_e}{s(T_{ph}s+1)(T_ss+1)(T_mT_ls^2+T_ms+1)}\cdot W_{APR}(s) \tag{5-11}$$

式中　W_{APR}（s）——位置调节器的传递函数。

随动系统的结构属于哪种类型，与位置调节器的选取有关。先将上述传递函数简写成如下形式

$$W(s)=\frac{K_{obj}}{SD(s)}W_{APR}(s)$$

若位置调节器选用P调节器，则

$$W(s)=\frac{KN(s)}{SD(s)}$$

式中　N（s）、D（s）——常数项为1的多项式。显然，W（s）是Ⅰ型系统。

若位置调节器选用PI或PID调节器时，则

$$W(s)=\frac{KN(s)}{S^2D(s)}$$

这时的 W（s）当属Ⅱ型系统。

这是位置随动系统中开环传递函数常用的二种结构形式，统一用图5－19表示它们构成闭环系统的情况。

原理误差用 $\Delta\theta_m$ 或 e_s 表示，则误差的拉氏变换为 E_s（s）

$$E_s(s)=\theta_m^*(s)-\theta_m(s)=$$

$$\theta_m^*(s)-\frac{W(s)}{1+W(s)}\cdot\theta_m^*(s)=$$

$$\theta_m^*(s)\cdot\frac{1}{1+W(s)} \tag{5-12}$$

式（5－12）清楚地表明了原理误差与输入信号 $\theta_m^*(s)$ 有关，同时也和系统本身的传递函数 $W(s)$ 即系统的结构形式有关。在系统结构已定的情况下，输入信号将是影响原理误差的主要方面。

1. 典型输入信号

比较常见的随动系统输入信号有以下三种形式：

（1）位置输入（即位置阶跃输入）

位置输入信号如图 5－20a 所示。点位控制的数控机床和轧钢机压下装置等随动系统的给定输入就是位置输入的典型例子。位置输入信号写成 $\theta_m^* = |\theta_m^*| \cdot 1(t)$ 的形式，其特征参数是信号的幅值。

（2）速度输入（又称斜坡输入）

速度输入信号如图 5－20b 所示。例如直线插补数控机床和连轧机后面的飞剪随动系统的输入信号。速度输入信号的表达式可写成 $\theta_m^* = At$，特征参数是信号变化的速度 A。

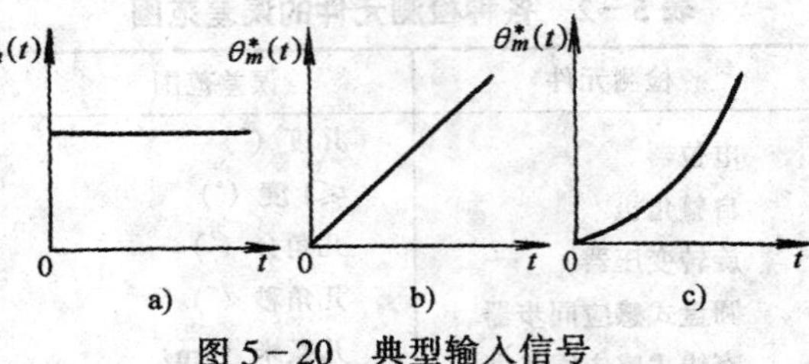

图 5－20　典型输入信号

a）位置输入　b）速度输入　c）加速度输入

（3）加速度输入（即抛物线输入）

加速度输入信号如图 5－20c 所示。火炮雷达随动系统跟踪飞越上空的目标时，输入信号可能接近于加速度输入。加速度输入信号的表达式可写成 $\theta_m^* = Bt^2$，特征参数是信号变化的加速度 B。

2. Ⅰ型系统的原理误差

下面分析在各种典型输入信号作用下Ⅰ型系统的原理误差。利用图 5－19，取Ⅰ型系统的传递函数为 $W(s) = \dfrac{KN(s)}{SD(s)}$。

（1）单位位置输入

单位位置输入信号的拉氏变换为

$$\theta_m^*(s) = \frac{1}{s}$$

其原理误差 $E_s(s) = \theta_m^*(s) \cdot \dfrac{1}{1+W(s)} =$

$$\frac{1}{s} \cdot \frac{1}{1 + \dfrac{KN(s)}{SD(s)}}$$

利用拉氏变换的终值定理，求得Ⅰ型系统的原理误差为

$$e_s = \lim_{s \to 0} sE_s(s) = \lim_{s \to 0} \frac{SD(s)}{SD(s) + KN(s)} = 0$$

上式说明：在位置输入下，Ⅰ型系统的稳态原理误差为零。其物理意义是，在随动系统中电机的转速到位移之间是一个积分环节，只要 $\Delta\theta_m \neq 0$，就有控制电压 U_{ct} 和整流电压 U_d，电机就要转动，当忽略电机轴上负载时，电机将一直转到偏差电压等于零时为止，因此稳态原理误差为零。

(2) 单位速度输入

单位速度输入信号的拉氏变换为

$$\theta_m^*(s)=\frac{1}{s^2}$$

其原理误差 $e_{sv}=\lim\limits_{s\to0}s\cdot\frac{1}{s^2}\cdot\frac{1}{1+W(s)}=$

$$\lim_{s\to0}\frac{D(s)}{SD(s)+KN(s)}=\frac{1}{K}$$

上式说明：在速度输入下，Ⅰ型系统的稳态原理误差等于开环增益的倒数，其物理意义是，在速度输入下，要实现准确跟踪，输出轴必须与输入轴同步旋转，因此电枢上必须有一定数值的电压 U_d。由于是Ⅰ型系统，控制对象中已有一个积分环节，则放大器只能是比例环节，要维持一定的电枢电压，放大器入口必须有一个偏差电压。若偏差 $\Delta\theta_m=0$，则 $U_{ct}=0$，$U_d=0$，电机就停止不转了。所以系统输入输出之间一定是有差的。显然，放大器增益愈大，稳态原理误差就愈小。

(3) 单位加速度输入

单位加速度输入信号的拉氏变换为

$$\theta_m^*(s)=\frac{1}{s^3}$$

稳态原理误差 $e_{sa}=\lim\limits_{s\to0}s\cdot\frac{1}{s^3}\cdot\frac{1}{1+W(s)}=$

$$\lim_{s\to0}\frac{1}{s^2}\cdot\frac{sD(s)}{sD(s)+KN(s)}=$$

$$\lim_{s\to0}\frac{D(s)}{s[sD(s)+KN(s)]}=\infty$$

上式表明：在加速度输入下，Ⅰ型系统的稳态原理误差为无穷大，即Ⅰ型系统不能在加速度输入下工作。其物理意义是，加速度输入相当于输入轴的速度不断增加，若要准确跟踪，输出轴的速度也应不断增加，电枢电压 U_d 也要不断增加。由于是比例放大器，其入口电压就必须不断增加，即角差 $\Delta\theta_m$ 不断增长，输出轴与输入轴的偏差与时俱增，导致稳态原理误差趋于无穷大。

综上所述，Ⅰ型系统只对位置输入是无静差的随动系统，有时又称为一阶无差系统。对速度输入是有静差的，静差的大小与开环增益成反比。对加速度输入则完全不能适应。

3. Ⅱ型系统的原理误差

仍利用图 5-19 的闭环系统来分析Ⅱ型系统的原理误差，其中传递函数 $W(s)=\frac{KN(s)}{s^2D(s)}$，分母上多了一个积分环节，这是由调节器来提供的。下面仍按三种典型输入来分析。

(1) 单位位置输入

$$\theta_m^*(s)=\frac{1}{s}$$

原理误差 $$e_s=\lim_{s\to 0} s\cdot\frac{1}{s}\cdot\frac{s^2D(s)}{s^2D(s)+KN(s)}=0$$

(2) 单位速度输入

$$\theta_m^*(s)=\frac{1}{s^2}$$

原理误差 $$e_{sv}=\lim_{s\to 0} s\cdot\frac{1}{s^2}\cdot\frac{s^2D(s)}{s^2D(s)+KN(s)}=0$$

(3) 单位加速度输入

$$\theta_m^*(s)=\frac{1}{s^3}$$

原理误差 $$e_{sa}=\lim_{s\to 0} s\cdot\frac{1}{s^3}\cdot\frac{s^2D(s)}{s^2D(s)+KN(s)}=\frac{1}{K}$$

由以上分析可以看出，Ⅱ型系统对于位置输入和速度输入都是无差随动系统，有时称它为二阶无差系统。对于加速度输入，Ⅱ型系统同样适用，稳态原理误差与开环增益成反比。若要保证随动系统稳态跟踪的精度，显然Ⅱ型系统是比较理想的结构。至于Ⅱ型系统在各种输入信号下原理误差的物理意义，读者可以自行分析。

4. 稳态品质因数

有时为了描述随动系统跟踪运动目标的能力，常用稳态品质因数这个概念，包括速度品质因数 K_v 和加速度品质因数 K_a。

速度品质因数 K_v 定义为系统输入信号的速度 $\dot{\theta}_m^*$ 和单位速度输入原理误差 e_{sv} 的比值，即

$$K_v=\frac{\dot{\theta}_m^*}{e_{sv}}$$

加速度品质因数 K_a 定义为系统输入信号的加速度 $\ddot{\theta}_m^*$ 和单位加速度输入原理误差 e_{sa} 的比值，即

$$K_a=\frac{\ddot{\theta}_m^*}{e_{sa}}$$

也可写成

$$e_{sv}=\frac{\dot{\theta}_m^*}{K_v}$$

$$e_{sa}=\frac{\ddot{\theta}_m^*}{K_a}$$

由此表明，品质因数愈大，稳态跟踪误差愈小，系统跟踪运动目标的能力愈强。

按照上述定义，在系统稳定的条件下，K_v 和 K_a 也可用下式计算。

$$K_v=\frac{\dot{\theta}_m^*}{\lim\limits_{s\to 0} s\cdot\frac{\dot{\theta}_m^*}{s^2}\cdot\frac{1}{1+W(s)}}=\lim_{s\to 0} s[1+W(s)]$$

$$K_a=\frac{\ddot{\theta}_m^*}{\lim\limits_{s\to 0}s\cdot\frac{\ddot{\theta}_m^*}{s^3}\cdot\frac{1}{1+W(s)}}=\lim_{s\to 0}s^2[1+W(s)]$$

设系统的开环增益为 K，则可得到下述关系

Ⅰ型系统：$K_v=K$，$K_a=0$

Ⅱ型系统：$K_v=\infty$，$K_a=K$

（三）扰动误差

在分析原理误差时，仅仅考虑了给定输入信号的影响，实际上随动系统所承受的各种扰动都会影响到系统的跟踪精度。最常见的扰动作用如图 5－21 所示。可以将这些扰动归为三类：第一类是负载扰动，例如轧辊压下时的阻力是对压下装置随动系统的恒值负载扰动；阵风对雷达天线则是一种随机性的负载扰动。第二类是系统参数发生变化时，如放大器零漂和元件老化所引起的增益变化，以及电源电压波动等。第三类是噪声干扰，通常各种噪声干扰大都是从检测装置经反馈通道混入系统中的，可看作是与给定输入一起加入系统。一般的噪声频谱多为高频成份，如果它的频谱与输入信号的频谱并不重叠，这时系统的闭环传递函数是比较容易选择的，只要使它的通频带与输入信号的频带重叠，则处于高频端的噪声信号将被完全滤除。实际情况往往更为复杂，例如测速发电机转子偏心造成的交流干扰，其频谱中不只有高频成份，还有较大的低频成份，要有效地抑制它就得压缩系统的通频带，结果就牺牲了系统的快速性和动态精度。所以选择高质量的检测装置对随动系统显得尤为重要。

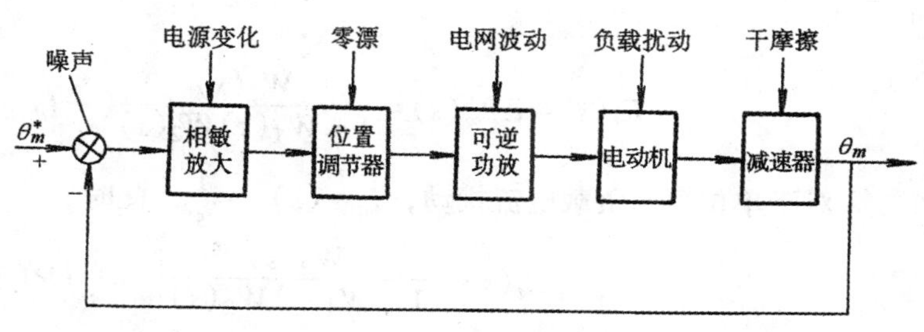

图 5－21　位置随动系统中的扰动

除噪声干扰外，无论是负载扰动，还是系统参数扰动，尽管扰动的形式不同，但它们都作用在系统的前向通道上，只是作用点不同而已，所以它们的影响是相似的。下面以恒值负载扰动为例来分析它对稳态误差的影响。

设作用在电动机轴上的负载转矩为 T_L，因为 $T_L=c_mI_{dL}$，它的影响在图 5－22 中通过负载电流 I_{dL} 体现出来。图中 $W_1(s)$ 表示在 I_{dL} 作用点以前的传递函数，$W_2(s)$ 表示在 I_{dL} 作用点以后的传递函数，其中包含一个积分环节。因此，对于Ⅰ型系统，$W_1(s)$ 中不会再有积分环节；对于Ⅱ型系统，$W_1(s)$ 中还有一个积分环节。

当 $\theta_m^*=0$ 时，只有负载扰动输入，则随动系统的输出量只剩下负载扰动误差 $\Delta\theta_m$，可将图 5－22 所示的动态结构图改画成图 5－23 的形式。

利用结构图的反馈连接等效变换，可得

$$\frac{\Delta\theta_m(s)}{-I_{dL}(s)R(T_ls+1)}=\frac{W_2(s)}{1+W_1(s)W_2(s)}$$

令 e_t 表示由负载转矩引起的扰动误差，则 $e_t=\Delta\theta_m$。取拉氏变换，则为 $E_t(s)=\Delta\theta_m(s)$，于是

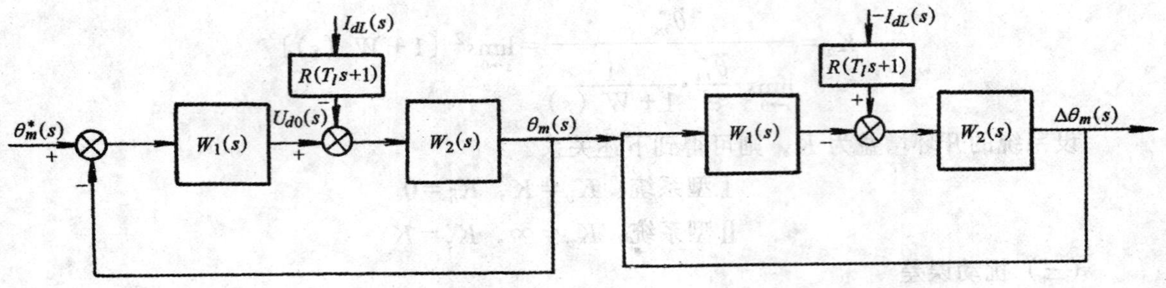

图 5－22　负载扰动对随动系统的影响　　　　图 5－23　负载扰动下的动态结构图

$$E_t(s)=\Delta\theta_m(s)=\frac{W_2(s)}{1+W_1(s)W_2(s)}[-I_{dL}(s)R(T_ls+1)]$$

对于单位恒值负载电流扰动，$I_{dL}(s)=\frac{1}{s}$，此时

$$E_t(s)=\frac{W_2(s)}{1+W_1(s)W_2(s)}\left[-\frac{1}{s}\cdot R(T_ls+1)\right]$$

当采用Ⅰ型系统时，可认为

$$W_1(s)=\frac{K_1N_1(s)}{D_1(s)},W_2(s)=\frac{K_2N_2(s)}{sD_2(s)}$$

于是扰动误差为

$$e_i=\lim_{s\to 0}sE_t(s)=\lim_{s\to 0}\frac{\frac{K_2N_2(s)}{sD_2(s)}}{1+\frac{K_1K_2N_1(s)N_2(s)}{sD_1(s)D_2(s)}}[-R(T_ls+1)]=-\frac{R}{K_1}\qquad(5-13)$$

对于实际负载扰动，$I_{dL}(s)=\frac{I_{dL}}{s}$，代入扰动误差计算公式，

则得
$$e_t=-\frac{I_{dL}R}{K_1}\qquad(5-14)$$

上式表明：恒值负载扰动会使Ⅰ型系统产生稳态误差，其大小与 K_1 成反比，而与 $I_{dL}R$ 成正比。

当采用Ⅱ型系统时，$W_2(s)$ 和Ⅰ型系统时一样，而

$$W_1(s)=\frac{K_1N_1(s)}{sD_1(s)}$$

这时的扰动误差
$$e_t=\lim_{s\to 0}[-R(T_ls+1)]\frac{\frac{K_2N_2(s)}{sD_2(s)}}{1+\frac{K_1K_2N_1(s)N_2(s)}{s^2D_1(s)D_2(s)}}=0$$

这表明，在Ⅱ型系统中，由于调节器中具有积分环节，使得恒值负载扰动不再产生扰动误差。

综上所述，可以得出以下的结论：在抵抗负载扰动的能力方面，Ⅱ型系统的结构也比Ⅰ型系统好。

（四）稳态误差的计算

通过一个例题来说明稳态误差的计算。

例题 5-1：

如图 5-14 所示的自整角机位置随动系统，原始数据如下：

伺服电机：S661 型，230W，110V，2.9A，2400r/min，$R_a=3.4\Omega$

电枢回路总电阻 $R=5.1\Omega$，减速器速比 $i=60$，

自整角机放大系数 $K_{bs}=1.25\text{V}/(°)$

相敏及功放的总增益 $K_{ph}K_s=200$

自整角机的检测误差 $e_d=0.5°$

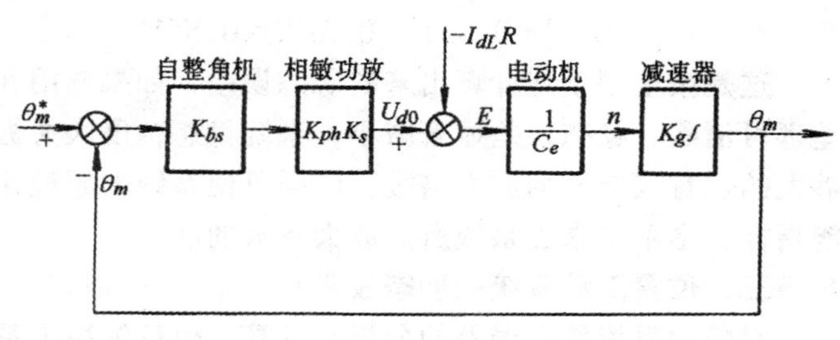

图 5-24　随动系统静态结构（未考虑校正装置）

求：输入轴最高转速，$\dot{\theta}_m^*=200\ (°)/\text{s}$，实际负载转矩为 20N·m 时，系统的稳态误差是多少？

解：电机电动势系数和转矩系数

$$C_e=\frac{U_{nom}-I_{nom}R_a}{n_{nom}}=\frac{110-2.9\times3.4}{2400}\text{V}/(\text{r}\cdot\text{min}^{-1})=0.0417\text{V}/(\text{r}\cdot\text{min}^{-1})$$

$$C_m=9.55C_e=9.55\times0.0417\text{N}\cdot\text{m/A}=0.398\text{N}\cdot\text{m/A}$$

负载转矩折算到电动机轴上的等效转矩值

$$T_L=\frac{20}{i}=\frac{20}{60}\text{N}\cdot\text{m}=0.333\text{N}\cdot\text{m}$$

对应的负载电流

$$I_{dL}=\frac{T_L}{C_m}=\frac{0.333}{0.398}\text{A}=0.838\text{A}$$

由图 5-24 的静态结构图得电枢回路电压平衡方程式

$$U_{d0}-I_{dL}R=E=E_en$$

则

$$U_{d0}=C_en+I_{dL}R$$

又有

$$U_{d0}=K_{bs}K_{ph}K_s\Delta\theta_m$$

∴

$$C_en+I_{dL}R=K_{bs}K_{ph}K_s\Delta\theta_m$$

误差

$$\Delta\theta_m=\frac{n}{K_{bs}K_{ph}K_s\dfrac{1}{C_e}}+\frac{I_{dL}R}{K_{bs}K_{ph}K_s}=\frac{\dot{\theta}_m^*}{K_{bs}K_{ph}K_sK_g\dfrac{1}{C_e}}+\frac{I_{dL}R}{K_{bs}K_{ph}K_s}$$

式中　$\dfrac{\dot{\theta}_m^*}{K_{bs}K_{ph}K_sK_g\dfrac{1}{C_e}}$——速度输入时系统的原理误差，即 e_{sv}；

$\dfrac{I_{dL}R}{K_{bs}K_{ph}K_s}$——由负载转矩 T_L 引起的扰动误差，即 e_t。整个系统的稳态误差为 e_d、e_{ev}、e_t 之和，即

稳态误差 $e = e_d + e_{sv} + e_t =$

$$0.5° + \left(\frac{200}{1.25\times200\times\dfrac{6}{60}\times\dfrac{1}{0.0417}}\right)° + \left(\frac{0.838\times5.1}{1.25\times200}\right)° =$$

$$0.5° + 0.334° + 0.017° = 0.851°$$

这是按Ⅰ型系统计算出来的稳态误差，如果选用Ⅱ型系统，则系统的原理误差和扰动误差都可消除，稳态误差显著减小，系统稳态精度大大提高。即使仍用Ⅰ型系统，只要选择足够大的位置调节器的放大倍数，同样可使系统的原理误差降为最小。如果给出系统的稳态性能指标，是不难求出系统所需放大系数的。

三、位置随动系统的动态校正

对随动系统稳态误差的分析与计算，仅仅解决了系统的稳态精度问题。当系统具有足够的开环放大倍数时可以保证所要求的稳态精度，但放大倍数的增大又会影响到系统的动态稳定性；另外，随动系统又有不同于调速系统的地方，即系统对快速跟随给定能力的要求很高，而系统中一些固有的小时间常数又限制着截止频率的提高，因而也限制了系统的快速跟随性能。因此，随动系统的动态校正便成为一个更为重要的任务。

随动系统可以在调速系统基础上外加位置环组成。在动态设计时，为了提高系统快速跟随能力，要求外环即位置环应有较高的截止频率，因为外环的截止频率表征了系统的快速性。如果原有调速系统是双闭环的，加一个位置调节器组成了位置、转速、电流三环随动系统。对于这样一个三环系统，按工程设计方法由内环到外环逐一设计，则系统的稳定性是有保证的，当速度环与电流环内部的某些参数发生变化或受到扰动时，电流反馈与速度反馈能对它们起到有效的抑制作用，因而对位置环的工作影响很小。由于每个环都按典型系统设计，计算简单，同时每个环都有自己的调节对象，分工明确，易于调整。但这种三环系统也有明显的缺点，对控制作用的响应较慢，这是因为每次由内环设计到外环时，都要采用内环的等效环节，而这种等效传递函数之所以能够成立，是以外环的截止频率远远低于内环为先决条件的。在一般调速系统中，电流环的截止频率 ω_{ct} 为 100～150l/s，速度环的截止频率 ω_{cn} 约在 20～30l/s 之间，照此推算，位置环的截止频率 ω_{cp} 大约在 10l/s 左右，位置环的截止频率被限制得太低，从而影响了系统的快速性。这种三环随动系统的结构只适用于对快速响应要求不高的地方，如点位控制的机床随动系统。

为了提高随动系统的快速性，应尽量避免采用多环结构，另外在动态校正方法上除了经常采用的串联校正——调节器校正外，还可采用并联校正——反馈校正，或者将前馈控制与反馈控制结合起来组成复合控制。

（一）串联校正（调节器校正）

对于小功率随动系统，电机的电枢电阻比较大，或者允许过载倍数比较高，可以不必过多限制过渡过程中的电流。为了提高系统的快速性，可以不设置转速环和电流环，而采用只有位置反馈的单环结构。其系统结构图示于图 5－25。

图中 $W_{\mathrm{APR}}(s)$ 为位置调节器传递函数。控制对象传递函数为

$$W_{obj}(s)=\frac{K_{obj}}{s(T_{ph}s+1)(T_s s+1)(T_mT_ls^2+T_ms+1)}$$

式中　$K_{obj}=K_{bs}K_{ph}\cdot K_s\cdot K_g\cdot\frac{1}{C_e}$——控制对象的总放大系数。

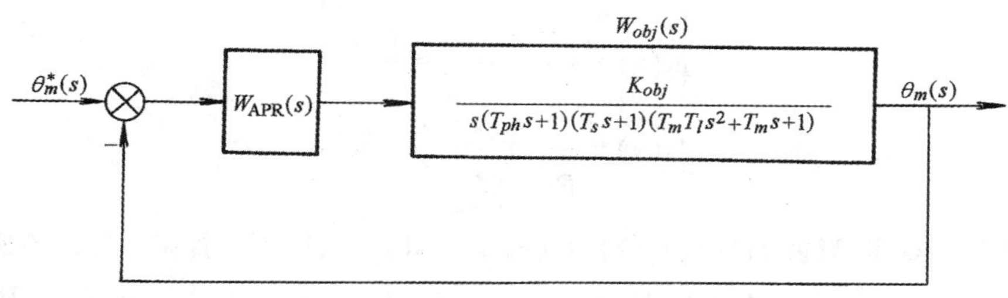

图 5－25　单个位置环随动系统结构图

由于在随动系统中，电枢回路是不串平波电抗器的，所使用的电动机电枢电阻又大，因此系统的电磁时间常数 T_l 一般很小，甚至可近似认为 $T_l\cong 0$。这时可将电动机的传递函数写为

$$\begin{aligned}T_mT_ls^2+T_ms+1&\cong T_mT_ls^2+(T_m+T_l)s+1\\&=(T_ms+1)(T_ls+1)\end{aligned}$$

近似条件为

$$T_l\leqslant\frac{1}{10}T_m$$

这样就可将 T_l 当作小时间常数看待，整个系统可进行降阶处理，则控制对象的传递函数改写成如下形式

$$W_{obj}(s)=\frac{K_{obj}}{s(T_\mu s+1)(T_ms+1)}\tag{5-15}$$

式中　T_μ——控制对象中小时间常数 T_{ph}、T_s、T_l 之和；

T_m——系统的机电时间常数，一般是比较大的。

对于这样一个控制对象，位置调节器可以选用 PID 调节器，利用其比例微分作用来抵消控制对象中的大惯性，把系统校正成Ⅱ型系统。

下面先介绍图 5－26a 所示的一种 PID 调节器线路及其传递函数的推导。

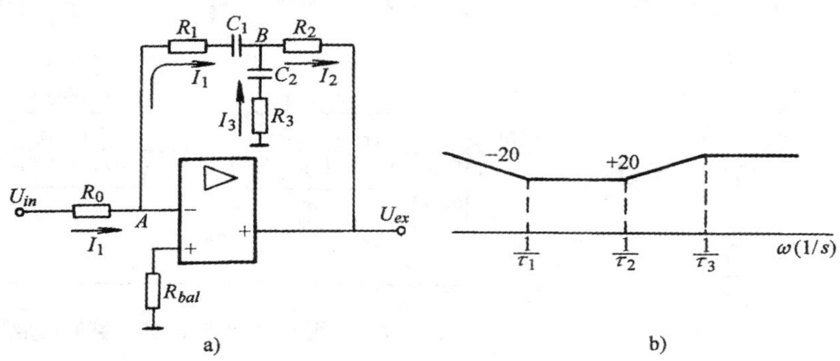

图 5－26　PID 调节器

a) PID 调节器线路　b) PID 调节器的对数幅频特性

图中 A 点为虚地。设节点 B 的电压为 U_B，则根据节点电流定律，在 B 点应有关系式

$$I_2(s)=I_1(s)+I_3(s)$$

其中

$$I_1(s)=\frac{U_{in}(s)}{R_0}=\frac{-U_B(s)}{R_1+\dfrac{1}{C_1s}}$$

$$I_2(s)=\frac{U_B(s)-U_{ex}(s)}{R_2}$$

$$I_3(s)=\frac{-U_B(s)}{R_3+\dfrac{1}{C_2s}}$$

将上述四式合并整理,消去 $I_1(s)$、$I_2(s)$、$I_3(s)$及 $U_B(s)$后,得到位置调节器的传递函数为

$$W_{\mathrm{APR}}(s)=\frac{-U_{er}(s)}{U_{ln}(s)}=\frac{(R_1R_2+R_2R_3+R_3R_1)C_1C_2s^2+[(R_1+R_2)C_1+(R_2+R_3)C_2]s+1}{R_0C_1s(R_3C_2s+1)}$$

若 $R_1R_2+R_2R_3+R_3R_1\gg R_2^2$，则 $R_1R_2+R_2R_3+R_3R_1$ 可用 $R_1R_2+R_2R_3+R_3R_1+R_2^2$ 近似，于是

$$W_{\mathrm{APR}}(s)\cong\frac{[(R_1+R_2)C_1s+1][(R_2+R_3)C_2s+1]}{R_0C_1s(R_3C_2s+1)}=$$

$$\frac{(\tau_1s+1)(\tau_2s+1)}{\tau_0s(\tau_3s+1)} \tag{5-16}$$

其中

$$\tau_0=R_0C_1$$

$$\tau_1=(R_1+R_2)\ C_1$$

$$\tau_2=(R_2+R_3)\ C_2$$

$$\tau_3=R_3C_2$$

实际上，当 $R_1\gg R_2>R_3$ 时，就能满足 $R_1R_2+R_2R_3+R_3R_1\gg R_2^2$ 的条件，因而 $\tau_1>\tau_2>\tau_3$。其对数幅频特性如图 5－26b 所示。

显然，这是一个滞后——超前校正网络。R_3 的作用是为了抑制高频噪声信号，在调节器中增加了一个波滤环节。

这样，采用 PID 调节器作为位置调节器的随动系统结构图如图 5－27 所示。

如果选 $\tau_1=T_m$，则调节器的零点 $s=\dfrac{-1}{\tau_1}$正好与控制对象的极点 $s=\dfrac{-1}{T_m}$对消。再令

$$T_\Sigma=T_\mu+\tau_3$$

$$K=\frac{K_{obj}}{\tau_0}$$

则随动系统的开环传递函数可以写成

$$W(s)=\frac{K(\tau_2s+1)}{s^2(T_\Sigma s+1)} \tag{5-17}$$

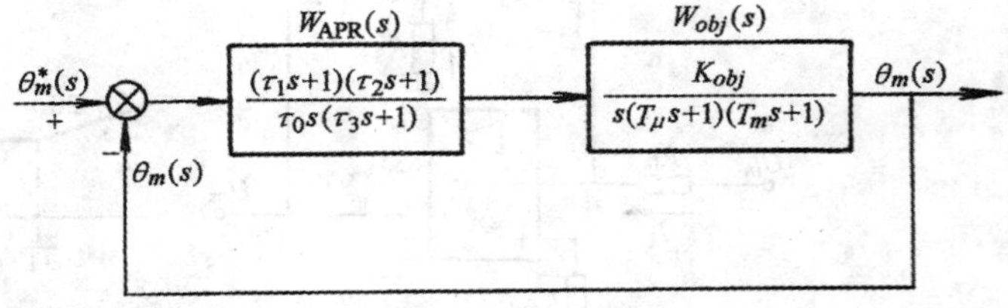

图 5－27　采用 PID 调节器校正的随动系统结构图

这是我们熟悉的典型Ⅱ型系统，完全可以按照工程设计方法中典型Ⅱ型系统的性能指标来选择参数。首先查表确定中频宽 h 值，则 PID 调节器的各有关参数即可选出。

$$\tau_1 = T_m$$
$$\tau_2 = hT_\Sigma$$
$$K = \frac{h+1}{2h^2T_\Sigma^2}$$

下面举例说明 PID 调节器的参数设计。

例题 5－2：已知图 5－14 的位置随动系统的固有传递函数 $W_{obj}(s)$ 为

$$W_{obj}(s) = \frac{K_{obj}}{s(T_l s+1)(T_m s+1)} = \frac{500}{s(0.007s+1)(0.9s+1)}$$

要求设计一个调节器，使系统满足下述性能指标

（1）加速度品质因数：$K_a \geqslant 250\text{s}^{-2}$

（2）阶跃响应动态指标：$\sigma\% \leqslant 30\%$，$t_s \leqslant 0.25s$

解：根据设计要求中的 $K_a \geqslant 250^2\text{s}^{-2}$，应把系统校正成典型Ⅱ型系统，其开环传递函数为

$$\frac{K(hT_2s+1)}{s^2(T_2s+1)}$$

位置调节器 APR 选用 PID 调节器，按式（5－16）

$$W_{\text{PID}}(s) = \frac{(\tau_1 s+1)(\tau_2 s+1)}{\tau_0 s(\tau_2 s+1)}$$

取 $\tau_1 = T_m = 0.9\text{s}$

$\tau_2 = hT_2$

$\tau_3 = 0.005\text{s}$（要求 $\tau_3 \ll \tau_1$）

则
$$T_2 = T_1 + \tau_3 = 0.007\text{s} + 0.005\text{s} = 0.012\text{s}$$

按动态指标 $\sigma\% \leqslant 30\%$，根据典型Ⅱ型系统跟随性能指标，应取 $h=7$（见表 2－6）．

∴
$$\tau_2 = hT_2 = 7\times 0.012\text{s} = 0.084\text{s}$$
$$K = \frac{h+1}{2h^2T_2^2} = \frac{8}{2\times 49\times 0.012^2}1/\text{s}^2 = 566.9\text{s}^{-2}$$

∵
$$K = \frac{K_{obj}}{\tau_0} = \frac{500}{\tau_0}$$

∴
$$\tau_0 = \frac{500}{K} = \frac{500}{566.9}\text{s} = 0.882\text{s}$$

以上是 PID 调节器的参数选择，能否满足设计要求，应通过校验。

加速度品质因数　$K_a = K = 566.9\text{s}^{-2} > 250\text{s}^{-2}$

超调量　$\sigma\% = 29.8\% < 30\%$（按 $h=7$ 查表 2－6）

过渡过程时间　$t_s = 11.3T_2 = 11.3\times 0.012\text{s} = 0.136\text{s} < 0.25\text{s}$

可见，所选参数均符合设计指标要求。

最后，计算调节器的电阻和电容值。按图 5－26，取调节器输入电阻 $R_0 = 40\text{k}\Omega$。

∵
$$\tau_0 = R_0C_1 = 0.882\text{s}$$

∴
$$C_1 = \frac{\tau_0}{R_0} = \frac{0.882\times 10^3}{40}\mu\text{F} = 22\mu\text{F}$$

又

$$\tau_1=(R_1+R_2)C_1=0.9\text{s}$$

$$\tau_2=(R_2+R_3)C_2=0.084\text{s}$$

$$\tau_3=R_3C_2=0.005\text{s}$$

三个方程式中含有四个未知数，其中

可先算出

$$R_1+R_2=\frac{\tau_1}{C_1}=\frac{0.9\times10^3}{22}\text{k}\Omega=40.9\text{k}\Omega$$

根据条件 $R_1\gg R_2>R_3$，任选 $R_3=250\Omega$，则

$$C_2=\frac{\tau_3}{R_3}=\frac{0.005\times10^3}{0.25}\mu\text{F}=20\mu\text{F}$$

因而

$$R_2+R_3=\frac{\tau_2}{C_2}=\frac{0.084\times10^3}{20}\text{k}\Omega=4.2\text{k}\Omega$$

∴ $$R_2=(4.2-0.25)\text{k}\Omega=3.95\text{k}\Omega\quad 取\ 4\text{k}\Omega$$

则 $$R_1=(40.9-4)\text{k}\Omega\cong37\text{k}\Omega$$

比较 R_1、R_2 和 R_3，显然符合 $R_1\gg R_2>R_3$ 的条件。

最后说明一下，采用 PID 校正的单位置环随动系统，可以得到较高的截止频率和对给定信号的快速响应，结构简单。由于不使用测速机，从而排除了测速机带来的干扰，但反过来又使摩擦，间隙等非线性因素不能很好地受到抑制。负载扰动也必须通过位置环进行调节，没有快速的电流环及时补偿而使动态误差增大。同时 PID 调节器是采用比例微分超前作用来对消调节对象中的大惯性，属于串联校正，常会因放大器的饱和而削弱微分信号的补偿强度，还会因控制对象参数变化而丧失零极点对消的效果。因此单位置环的随动系统仅适用于负载较轻，扰动不大，非线性因素不太突出的场合。

（二）并联校正

在调速系统中引人被调量的微分负反馈是一种很有效的并联校正，这种方法在随动系统中也经常采用，它有助于抑制振荡，减小超调，提高系统的快速性。随动系统中的被调量是位置，位置的微分是转速，因此，采用转速负反馈可以很方便地组成并联校正。

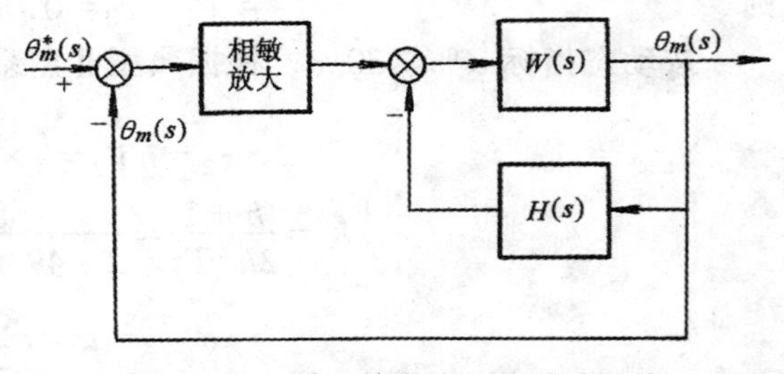

图 5-28 引入并联校正的随动系统

需要说明的是：在按单环结构设计的系统中，加入并联校正后自然就构成了一个内环，如图 5-28 所示。但其任务是改造单环结构，提高系统的动态性能，以满足设计指标的要求，而不象双闭环调速系统中的电流内环那样，为了限制起动电流和构成电流随动系统。

1. 转速负反馈并联校正

仍以图 5-14 所示的自整角机位置随动系统为例，通过测速机引人转速负反馈即位置微分反馈，其动态结构图如图 5-29 所示。

为了使问题简化，先不考虑小时间常数 T_{ph}、T_s、T_l 以及 T_{on} 的影响，并将图 5-29 的动态结构图变换成如图 5-28 的形式，示于图 5-30。这样被控对象的传递函数可以写成

$$W_{obj}(s)=\frac{K_{obj}}{s(T_ms+1)}\tag{5-18}$$

式中　$K_{obj}=\frac{K_s K_g}{C_e}$。

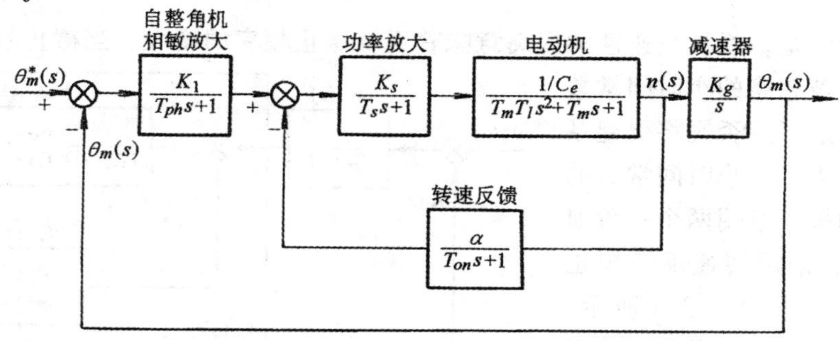

图 5－29　引入转速负反馈的随动系统动态结构图

转速反馈即位置微分反馈的传递函数为

$$W_c(s)=K_c s \tag{5-19}$$

式中　$K_c=\frac{\alpha}{K_g}$。

这样，就可以求出转速反馈的小闭环传递函数 W_{cl}（s）为

$$W_{cl}(s)=\frac{W_{obj}(s)}{1+W_{obj}(s)W_c(s)}=\frac{\dfrac{K_{obj}}{s(T_m s+1)}}{1+\dfrac{K_{obj}K_c}{T_m s+1}}=$$

$$\frac{K_{obj}}{s(T_m s+1+K_{obj}K_c)}=\frac{\dfrac{K_{obj}}{1+K_{obj}K_c}}{s\left(\dfrac{T_m}{1+K_{obj}K_c}s+1\right)}=$$

$$\frac{K_{cl}}{s(T_k s+1)} \tag{5-20}$$

其中，小闭环增益

$$K_{cl}=\frac{K_{obj}}{1+K_{obj}K_c}$$

时间常数

$$T_k=\frac{T_m}{1+K_{obj}K_c}$$

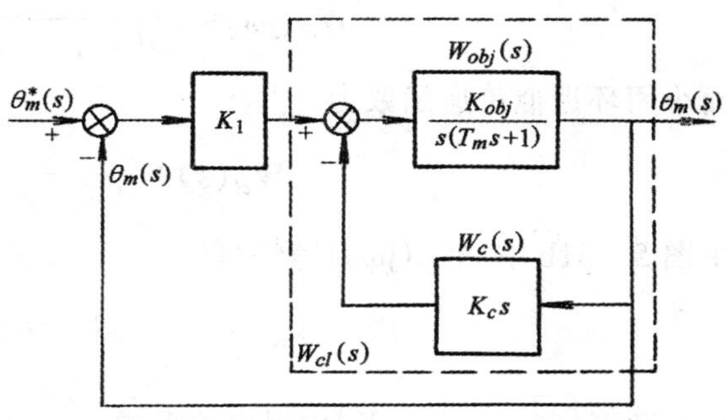

图 5－30　带转速反馈并经简化和变换后的随动系统结构图

从式（5－20）可以看出，引入转速反馈后的闭环传递函数 W_{cl}（s）与控制对象固有传递函数 W_{obj}（s）形式上完全一样，而增益和时间常数都减小了 $\frac{1}{1+K_{obj}K_c}$。增益的减小将导致系统的稳态精度降低，若要保持原有的稳态精度，只需将前级放大系数 $K_1=K_{bs}K_{ph}$ 增大（$1+K_{obj}K_c$）倍。而时间常数的减小却使系统的快速性得到了提高，这对于随动系统来说是求之不得的。这样就可以按典型Ⅰ型系统来选择参数。调整 K_c，可以决定系统的快速性

和稳定余量，有时为了保证一定的稳定余量不得不牺牲快速性和稳态精度，这可视具体指标要求来权衡。

需要注意的是，系统快速性的提高意味着系统截止频率的增大，当截止频率增大到一定程度时，原先被忽略的小时间常数就必须加以考虑了，否则将引起系统的不稳定。当考虑小时间常数的影响时（电动机环节用两个一阶惯性近似表示），采用转速反馈校正的动态结构图如图 5－31a 所示。若仍采用上述推导传递函数方法来分析小闭环传递函数就有点麻烦了。现采用对数幅频特性近似作图法，这是分析并联校正作用时经常使用的方法。

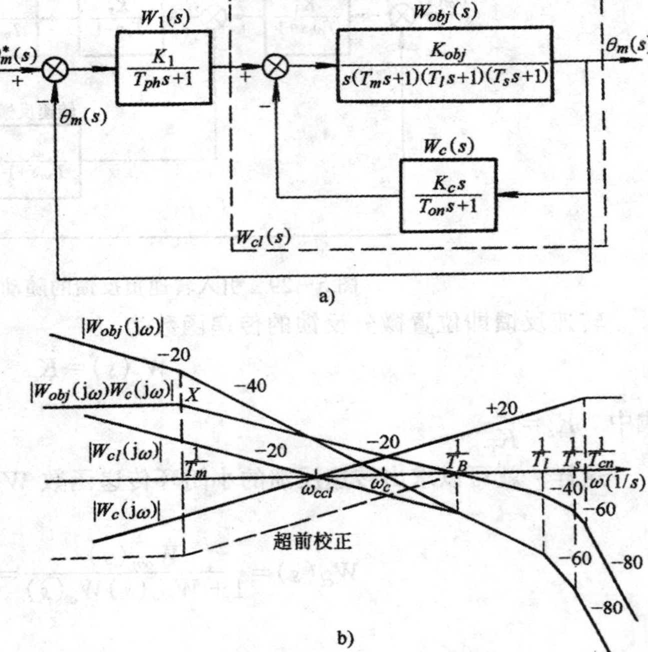

图 5－31　考虑小时间常数时随动系统的结构图及动态校正
a）动态结构图　b）对数幅频特性近似作图法

设小闭环的传递函数为

$$W_{cl}(s)=\frac{W_{obj}(s)}{1+W_{obj}(s)W_c(s)}$$

当 $|W_{obj}(j\omega)W_c(j\omega)|>1$ 时，取

$$W_{cl}(j\omega)\cong\frac{1}{W_c(j\omega)}$$

当 $|W_{obj}(j\omega)W_c(j\omega)|<1$ 时，取

$$W_{cl}(j\omega)\cong W_{obj}(j\omega)$$

从而可以求出 $W_{cl}(j\omega)$ 的近似对数幅频特性，如图 5－31b 所示。并由此写出小闭环 $W_{cl}(j\omega)$ 的近似频率特性为

$$W_{cl}(j\omega)\approx\frac{K_{cl}}{j\omega(T_k j\omega+1)(T_l j\omega+1)(T_s j\omega+1)}$$

而小闭环近似传递函数为

$$W_{cl}(s)\approx\frac{K_{cl}}{s(T_k s+1)(T_l s+1)(T_s+1)}$$

由图 5－31b 中 $|W_{cl}(j\omega)|$ 特性可知

$$K_{cl}=\omega_{col}=\frac{1}{K_c}$$

由三角形 $\left(\frac{1}{T_m}、\frac{1}{T_k}、X\right)$ 中得出关系式

$$20\lg K_{obj}K_c=20\left(\lg\frac{1}{T_k}-\lg\frac{1}{T_m}\right)$$

则

$$K_{obj}K_c=\frac{T_m}{T_k}$$

$$T_k = \frac{T_m}{K_{obj}K_c}$$

所以小闭环传递函数 $W_{cl}(s)$近似为

$$W_{cl}(s) \approx \frac{1/K_c}{s(T_k s+1)(T_l s+1)(T_s s+1)} \tag{5-21}$$

比较$W_{cl}(s)$和 $W_{obj}(s)$可以看出，采用转速反馈（考虑小时间常数作用）校正的结果，相当于在$W_{obj}(s)$前串联了一个超前校正环节$\frac{T_m s+1}{K_{obj}K_c(T_k s+1)}$，其对数幅频特性如图 5－31b 中虚线所示。从校正后的开环幅频特性$|W_{obj}(j\omega)\cdot W_c(j\omega)|$看出，在保证系统稳定的前提下，仍能使快速性在一定程度上得到提高，但是受到小时间常数的限制，截止频率不可能提高很多。同时由于放大系数减小，使稳态精度也相应降低。

分析整个系统的开环传递函数

$$W_1(s)W_{cl}(s) \approx \frac{K_1/K_c}{s(T_k s+1)(T_l s+1)(T_s s+1)(T_{ph} s+1)} \tag{5-22}$$

由式（5－22）看出，它仍属Ⅰ型系统，在保证稳定的前提下能获得较快的跟随性能。

综上所述，采用转速反馈校正可以改造系统的结构，减小系统固有部分的惯性作用，使系统的快速性提高，同时可以削弱被转速反馈包围的部分参数变化以及非线性影响，起到镇定特性和改善其线性度的作用。唯稳态精度略有降低，可以通过加大位置调节器的放大系数予以补偿，也可在小闭环中加串联的 PD 调节器，进一步提高系统的动态性能。

2．转速微分负反馈并联校正

为了克服由于采用转速负反馈而使系统稳态精度降低的缺点，可以改用转速微分负反馈进行并联校正，它不会影响系统的稳态精度。近似的转速微分反馈信号 U_n 可以从测速机输出端经过一个 $R-C$ 微分电路获得，如图 5－32 所示。

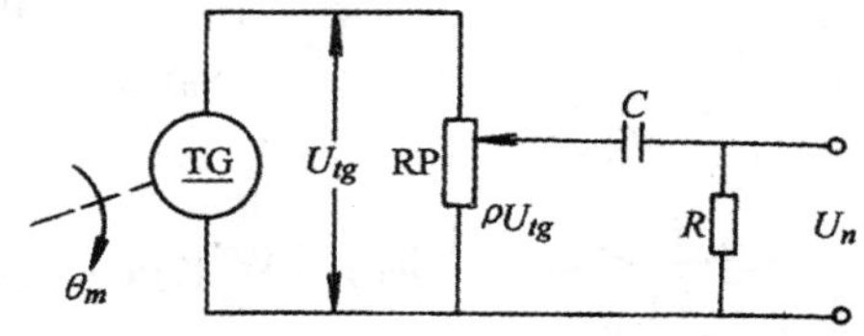

图 5－32　转速微分反馈电路

由图 5－32 很容易得到以下关系式。

$$\frac{U_n(s)}{U_{tg}(s)} = \rho\frac{R}{R+\frac{1}{Cs}} = \frac{\rho RCs}{RCs+1} = \frac{\rho T_c s}{T_c s+1} \tag{5-23}$$

式中　　$T_c = RC$——微分和滤波时间常数；

ρ——转速反馈电压分压比；

$U_{tg}(s) = K_c s\theta m(s)$——转速反馈电压的拉氏变换。

于是，转速微分反馈环节的传递函数 $W'_c(s)$ 为

$$W'_c(s) = \frac{U_n(s)}{\theta_m(s)} = \frac{\rho K_c T_c s^2}{T_c s+1} \tag{5-24}$$

这时随动系统的动态结构图可用图5－33a 表示。仍采用反馈校正近似作图法画出小闭环的对

数幅频特性$|W_{cl}(j\omega)|$如图 5－33b 所示。作图步骤如下：首先画出 W_{obf}、W'_c 的对数幅频特性。二者相加，得小闭环的开环幅频特性$|W_{obj}(j\omega)W'_c(j\omega)|$，其截止频率为$\frac{1}{T_1}$和 $\omega_k=\frac{1}{T_k}$（见图 5－33b）。

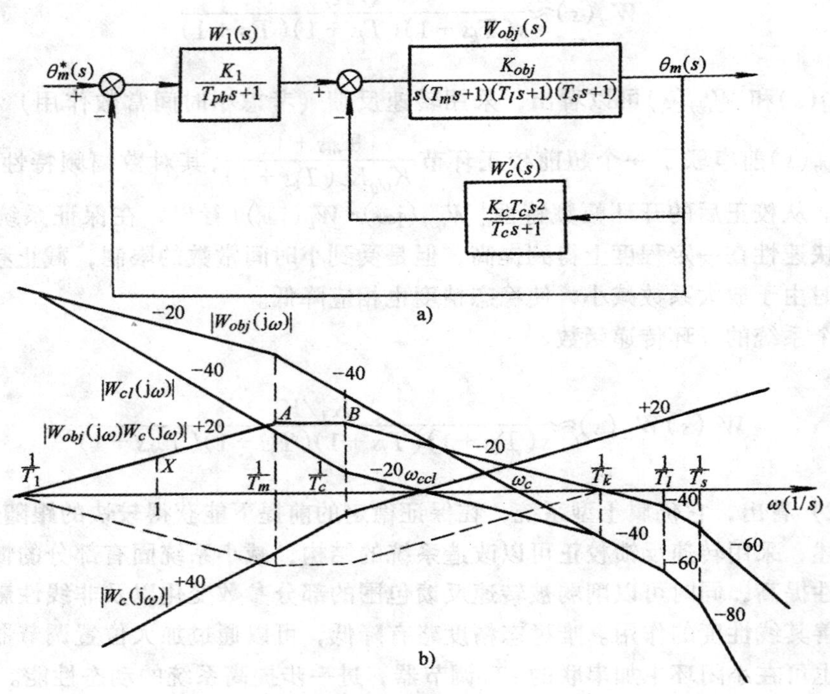

图 5－33　引入转速微分反馈校正的随动系统

a）动态结构图　b）对数幅频特性近似作图法

当$\frac{1}{T_1}<\omega<\frac{1}{T_k}$时，$|W'_c(j\omega)W_{obf}(j\omega)|>1$，取 $W_{cl}(j\omega)\cong\frac{1}{W'_c(j\omega)}$。

当 $\omega<\frac{1}{T_1}$和 $\omega>\frac{1}{T_k}$时，$|W'_c(j\omega)W_{obj}(j\omega)|<1$，取 $W_{cl}(j\omega)\cong W_{obf}(j\omega)$。

这样就分三段画出了近似的小闭环幅频特性$|W_{cl}(j\omega)|$，如图 5－33b 所示。根据特性$|W_{cl}(j\omega)|$的形状写出小闭环的近似传递函数为

$$W_{cl}(s)\approx\frac{W_{cl}(T_c s+1)}{s(T_1 s+1)(T_k s+1)(T_l s+1)(T_s s+1)} \tag{5-25}$$

式中，参数 K_{cl}、T_1、T_k 可按下面的公式计算：由于$|W_{cl}(j\omega)|$与$|W_{obj}(j\omega)|$的低频部分是重合的，所以

$$K_{cl}=K_{obj} \tag{5-26}$$

又根据对数幅频特性$|W'_c(j\omega)W_{obj}(j\omega)|$的性质，利用三角形$\left(\frac{1}{T_1}、1、X\right)$的关系

$$20\lg\rho K_{obj}K_cT_c = -20\lg\frac{1}{T_1} = 20\lg T_1$$

$$T_1 = \rho K_{obj}K_cT_c \tag{5-27}$$

再由 $\Delta\left(\frac{1}{T_1}、\frac{1}{T_m}、A\right)$ 和 $\Delta\left(\frac{1}{T_c}、\frac{1}{T_k}、B\right)$ 得到

$$\frac{\frac{1}{T_m}}{\frac{1}{T_1}} = \frac{\frac{1}{T_k}}{\frac{1}{T_o}}$$

即
$$T_k = \frac{T_mT_o}{T_l}$$

由(5-27)式可知
$$T_c = \frac{T_1}{\rho K_{obj}K_c}$$

代入即得
$$T_k = \frac{T_m}{\rho K_{obj}K_c} \tag{5-28}$$

整个随动系统的开环传递函数

$$W_1(s)W_{cl}(s) \approx \frac{K_1K_{cl}(T_cs+1)}{s(T_1s+1)(T_{ph}s+1)(T_ks+1)(T_ls+1)(T_ss+1)} \tag{5-29}$$

式（5-29）表明，采用转速微分反馈时，校正后的系统仍为Ⅰ型系统。比较转速微分反馈校正后的小闭环近似传递函数 W_{cl}（s）和固有传递函数 W_{obj}（s），可以发现，转速微分反馈并联校正相当于加进一个超前—滞后的串联校正环节，其等效传递函数为

$$\frac{(T_ms+1)(T_cs+1)}{(T_1s+1)(T_ks+1)}$$

也就是说，转速微分反馈的校正作用与 PID 调节器等价，即改善了系统的动态品质，又能保证稳态精度，不必增大前级放大系数了。而且它还优于串联的 PID 调节器，因为它具有反馈的性质，对被包围在反馈环内的固有系统参数变化和非线性影响都有一定的抑制作用。

再比较转速反馈和转速微分反馈两种并联校正方法，显然后者是优于前者的，因为它不用增大 K_1 就可以保证原有的稳态精度，而快速性同样可以得到一定程度的提高，只受到小时间常数及测速发电机信号中噪声干扰的限制。

例题 5-3：仍以图 5-14 的位置随动系统为例进行动态设计，采用转速微分反馈校正方法，如图 5-34 所示。

系统固有部分的传递函数分为 W_1（s）和 W_2（s）

$$W_1(s) = \frac{K_1}{T_{ph}s+1}, \text{其中 } T_{ph} = 0.007s$$

$$W_2(s) = \frac{K_2}{s(T_ms+1)}, \text{其中 } T_m = 0.9s$$

并联校正环节传递函数为

$$W'_c(s) = \frac{T_cT_cs^2}{T_cs+1}$$

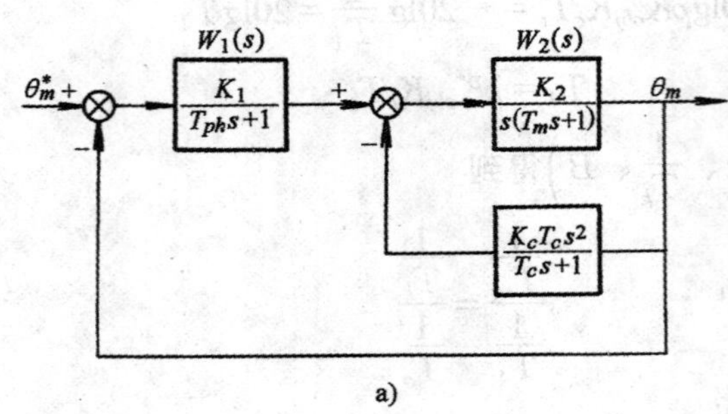

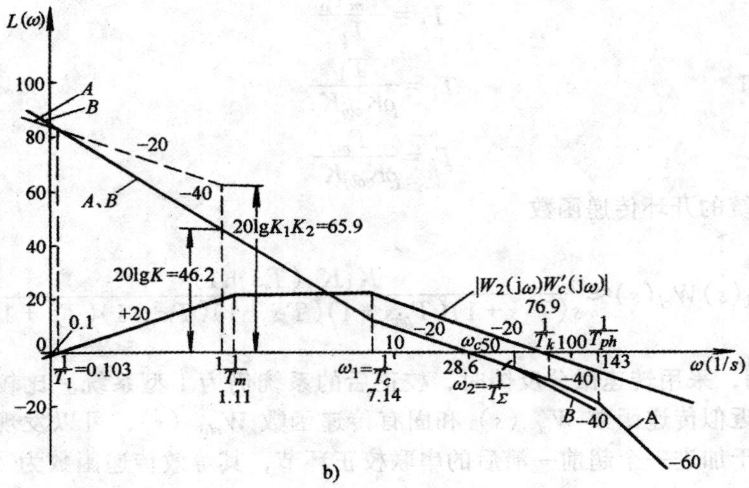

图 5－34　例题 5－3 的随动系统及其动态校正

a）动态结构图　b）对数幅频特性近似作图法

希望系统满足下列性能指标

速度品质因数 $K_v \geqslant 1000\mathrm{s}^{-1}$；

阶跃输入下的过渡过程时间 $t_s \leqslant 0.25\mathrm{s}$；

阶跃输入下的超调量 $\sigma \leqslant 30\%$。

要求确定并联校正参数 K_c 和 T_c，以及固有部分传递系数 K_1 和 K_2 的分配。

解：

第一步：求系统的开环传递函数并近似成典型系统。

先用近似作图法求小闭环的传递函数，按式（5－25）

$$W_{cl}(s)=\frac{K_{cl}(T_c s+1)}{s(T_1 s+1)(T_k s+1)}=\frac{K_2(T_c s+1)}{s(T_1 s+1)(T_k s+1)}$$

因而系统的开环传递函数为

$$W(s)=W_1(s)\cdot W_{cl}(s)=\frac{K_1 K_2(T_c s+1)}{s(T_1 s+1)(T_{ph} s+1)(T_k s+1)}$$

由于 $T_k \ll \dfrac{1}{\omega_c}$，$T_{ph} \ll \dfrac{1}{\omega_c}$，而 $T_1 \gg \dfrac{1}{\omega_c}$，可以将 T_k、T_{ph} 当作小时间常数，用 $T_\Sigma=$

$T_k + T_{ph}$代替，又假定$\frac{1}{T_1 s} \cong \frac{1}{T_1 s+1}$，则系统的开环传递函数可以简化成典型Ⅱ型系统的形式

$$W(s)=\frac{K_1 K_2(T_c s+1)}{T_1 s^2(T_\Sigma s+1)}$$

第二步：由给定品质指标计算参数。

由于要求 $\sigma\% \leqslant 30\%$，从表 2－6 典型Ⅱ型系统的性能指标可知，应选中频宽 $h=7$，且 $t_s=11.3T_\Sigma$。这时，典型系统的开环增益是

$$K=\frac{K_1 K_2}{T_1}=\frac{h+1}{2h^2 T_\Sigma^2}=\frac{8}{2\times 49 T_\Sigma^2}=\frac{0.0816}{T_\Sigma^2}$$

又由于要求过渡过程时间 $t_s \leqslant 0.25$s，因而

$$T_\Sigma \leqslant \frac{0.25}{11.3}\text{s}=0.0221\text{s},\text{取 } T_\Sigma=0.02\text{s}$$

则

$$T_k=T_\Sigma-T_{ph}=(0.02-0.007)\text{s}=0.013\text{s}$$

$$\omega_k=\frac{1}{T_k}=\frac{1}{0.013}\text{s}^{-1}=76.9\text{s}^{-1}$$

$$\omega_2=\frac{1}{T_\Sigma}=\frac{1}{0.02}\text{s}^{-1}=50\text{s}^{-1}$$

$$K=\frac{K_1 K_2}{T_1}=\frac{0.0816}{0.02^2}\text{s}^{-2}=204\text{s}^{-2}$$

$$T_c=hT_\Sigma=7\times 0.02\text{s}=0.14\text{s}$$

$$\omega_1=\frac{1}{T_c}=7.14\text{s}^{-1}$$

$$\omega_c=\frac{\omega_2}{\frac{2h}{h+1}}=\frac{50}{\frac{14}{8}}\text{s}^{-1}=28.6\text{s}^{-1}$$

由 K、ω_1、ω_2、ω_c 可以给出近似的典型Ⅱ型系统的对数幅频特性，如图 5－34b 中的特性 B。

又由式（5－28），

$$T_k=\frac{T_m}{K_2 K_c}$$

$$\therefore \quad K_2 K_c=\frac{T_m}{T_k}=\frac{0.9}{0.013}=69.2$$

再由式(5－27)，

$$T_1=K_2 K_c T_c=69.2\times 0.14\text{s}=9.69\text{s}$$

$$\frac{1}{T_1}=\frac{1}{9.69}s^{-1}=0.103\text{s}^{-1}$$

因而实际系统的开环增益 K_1K_2 可由 K 及 T_1 求出

$$K_1K_2 = K \cdot T_1 = 204 \times 9.69 s^{-1} = 1977 s^{-1}$$

K_c 是测速反馈系数，当测速机选定后，可以确定其具体数值，设 $K_c = 0.5 \times 10^{-3}$V·s/密位，则固有部分传递系数

$$K_2 = \frac{K_2K_c}{K_c} = \frac{69.2}{0.5 \times 10^{-3}}\text{密位/(V·s)} = 1.384 \times 10^5\text{ 密位/(V·s)}$$

$$K_1 = \frac{K_1K_2}{K_2} = \frac{1977}{1.384 \times 10^5}\text{V/密位} = 0.0143\text{V/密位}$$

计算后的结果归纳如下：

校正参数，$T_c = 0.14$s，$K_c = 0.5 \times 10^{-3}$V·s/密位传递系数，$K_1 = 0.0143$V/密位，$K_2 = 1.384 \times 10^5$ 密位/（V·s）。

实际系统的对数幅频特性如图 5－34b 中的特性 A。根据以上结果验证稳态精度：速度品质因数 $K_v = K_1K_2 = 1977\text{s}^{-1} > 1000\text{s}^{-1}$，能够满足给定要求。

第三步：校核小闭环的稳定性。

在按上述方法进行设计时，必须保证小闭环是稳定的。图 5－34b 中小闭环的开环对数幅频特性 $|W_2(j\omega)W_c(j\omega)|$ 表明，它分别以 +20dB/dec 和 −20dB/dec 的斜率通过零分贝线，所以小闭环系统是稳定的。若发现 $\omega_k = \dfrac{1}{T_k}$ 很大，以致超过了被忽略的小参数的频率范围，则应当将小闭环内被忽略的小参数考虑进来，重新校验稳定性。如果不稳定，还应增加调节器作串联校正，使小闭环稳定下来，或者降低 ω_k，牺牲一点快速性，以保证小闭环的稳定。

（三）复合控制

当随动系统输入信号的各阶导数可以测量或者可以实时计算时，利用输入信号的各阶导数进行前馈控制构成前馈控制（开环控制）和反馈控制（闭环控制）相结合的复合控制，也是一种提高系统稳态和动态品质指标的有效途径。复合控制系统的结构图如图 5－35 所示，图中，$F(s)$ 是前馈部分的传递函数，$W_1(s)$, $W_2(s)$ 是系统固有的传递函数。

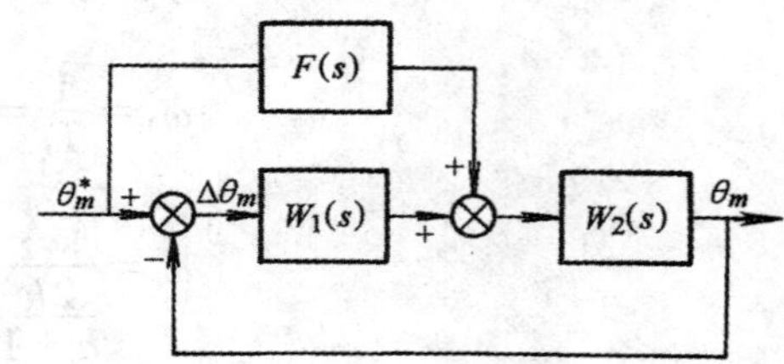

图 5－35　复合控制的随动系统结构图

下面着重分析复合控制的不变性原理和动态设计时的等效传递函数法。

1. 不变性原理

通过结构图变换，可以很容易地求出图 5－35 所示的复合控制系统的闭环传递函数

$$W_{\text{com}}(s) = \frac{\theta_m(s)}{\theta_m^*(s)} = \frac{W_1(s)W_2(s) + W_2(s)F(s)}{1 + W_1(s)W_2(s)} \tag{5-30}$$

从式（5－30）可见，若能选择

$$F(s) = \frac{1}{W_2(s)} \tag{5-31}$$

则 $W_{com}(s)=1$，这时系统的稳态原理误差和动态误差都没有了。这种情况称为对给定实现了完全不变性，而（5－31）式就是实现完全不变性的条件。

在一般情况下，$F(s)=\frac{1}{W_2(s)}$可以展开成 s 的幂级数

$$F(s)=\tau_1 s+\tau_2 s^2+\cdots\tau_n s^n$$

式中　n——$W(s)$分母的阶次。

由上式可以看出，要实现完全不变性，需要引入输入信号 θ_m^* 的一阶、二阶……以至高阶导数作为前馈控制信号，这显然是很难实现的。实际上比较容易获得的只是输入量的一阶导数信号(可在输入轴上安装测速发电机，以及输入量的近似二阶导数信号(测速机输出再经 $R-C$ 微分)，所以实际可行的只是部分不变性，而不能实现完全不变性。例如引入给定输入量一阶导数前馈信号可以补偿随动系统的速度误差，引入二阶导数前馈信号可以补偿加速度误差。因此，即使是部分不变性的复合控制，对提高系统的精度也是有好处的。

随动系统不加前馈时的闭环传递函数是

$$W_{cl}(s)=\frac{W_1(s)W_2(s)}{1+W_1(s)W_2(s)}$$

加前馈后复合控制系统的闭环传递函数 $W_{com}(s)$ 已导出，比较 $W_{cl}(s)$ 和 $W_{com}(s)$ 可以发现，它们的分母相同，即特征方程的根是相同的，所以增加前馈不影响原系统的稳定性，但却可以在不增大开环增益的情况下大大提高系统的稳态精度，动态性能也比较容易得到保证。为使前馈部分传递函数 $F(s)$ 具有较为简单的形式，通常设法将前馈信号加在靠近系统输出端的部位上（因为此时 $W_2 s$）的形式较为简单。但这样将要求前馈信号具有较大的功率，结果反而使前馈通道的结构变得复杂。为了达到控制效果，又不致使系统结构复杂，可将前馈信号直接加入到信号综合放大器的输入端，如图 5－36 所示。由于复合控制系统具有上述优良的控制性能，当其它动态校正方案不能奏效时，可借助于复合控制系统，一般都能得到满意的效果。

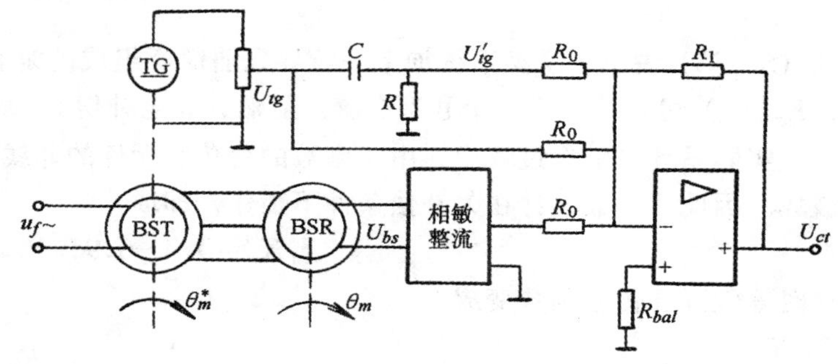

图 5－36　前馈信号接入放大器

2. 等效传递函数法

分析与设计复合控制系统，最简单的方法是等效传递函数法。这种方法的思路是这样的：已知复合控制系统的闭环传递函数为式（5－30），按一般反馈控制系统开环和闭环传递函数之间的关系，倒推出复合控制系统的等效开环传递函数，并根据这一开环传递函数对复合控制系统进行分析和设计。

为了讨论方便，令式(5－30)中 $W_1(s)=1$，$W_2(s)=W(s)$，则

$$W_{com}(s)=\frac{W(s)[1+F(s)]}{1+W(s)} \tag{5-32}$$

等效开环传递函数为

$$W_{op}(s)=\frac{W_{com}(s)}{1-W_{com}(s)}=\frac{W(s)[1+F(s)]}{1-F(s)W(s)} \tag{5-33}$$

设原系统为Ⅰ型系统，其开环传递函数为

$$W(s)=\frac{K_v}{s(T_1s+1)}$$

式中 K_v——原系统的速度品质因数；

T_1——系统中最大的时间常数。

只采用最大的惯性环节可以理解为 $W(s)$ 只表示原系统开环频率特性的低频部分。由于复合控制的作用主要是提高稳态精度，所以低频部分的特性正是我们最感兴趣的。

当给定为速度输入时，前馈部分可取一阶导数，令

$$F(s)=\tau_1 s$$

则等效开环传递函数变成

$$W_{op}(s)=\frac{K_v(\tau_1s+1)}{T_1s^2+(1-\tau_1K_v)s} \tag{5-34}$$

如果选择 $\tau_1K_v=1$，或 $\tau_1=\frac{1}{K_v}$，则有

$$W_{op}(s)=\frac{K_v(\tau_1s+1)}{T_1s^2} \tag{5-35}$$

式（5－35）说明，Ⅰ型系统加上一阶导数前馈所组成的复合控制系统在全补偿条件下（即 $\tau_1K_v=1$）可以等效为一个Ⅱ型系统。显然，完全补偿时，对速度输入的误差为零。

实际系统在工作过程中，由于参数的变化和元件的非线性，完全补偿的条件可能会遭到破坏。因此，一般设计在欠补偿条件下工作，即取

$$\tau_1K_v=0.9\sim0.95$$

这时等效开环传递函数变成

$$W_{op}(s)=\frac{K_v(\tau_1s+1)}{T_1s^2+(0.05\sim0.1)s}=\frac{\frac{K_v}{0.05\sim0.1}(\tau_1s+1)}{s\left(\frac{T_1}{0.05\sim0.1}s+1\right)} \tag{5-36}$$

由式（5－36）可见，在偏离完全补偿条件时，等效开环传递函数仍是Ⅰ型的，但速度品质因数却提高了10～20倍，因而使稳态精度得到了很大的改善。当然，原系统的参数愈稳定，线性度愈好，则补偿程度可以取得愈接近于1，复合控制系统的速度品质因数也就愈高。

现将无补偿、全补偿和欠补偿（90%～95%）三种情况的低频渐近线示于图5－37中，比较这些特性后可以看出，采用复合控制可以抬高低频特性，所以稳态精度得到了改善。

关于加速度输入的情况，读者可以用类似的方法自行分析。

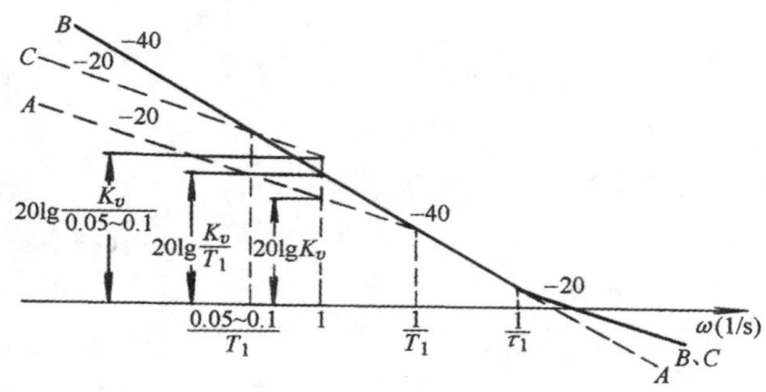

图 5－37　复合控制系统等效开环特性的低频渐近线

A—原系统　B—全补偿复合控制系统　C—90%～95%补偿系统

四、小结

本节以用自整角机检测位移量的系统为典型，讨论位置随动系统的数学模型，稳态误差分析和动态校正设计。

自整角机的角差输入和输出电压的关系是正弦函数，只有在角差很小(≤10°)的范围内才能近似地看成是一个线性环节。相敏整流放大器、可逆功率放大器和伺服电动机都可表示为一阶惯性环节，若考虑精确一些则电动机是一个二阶环节。把转速与转角位移的关系包含在内，减速器可以当作一个积分环节。

位置随动系统的稳态误差包括检测元件的检测误差、由系统结构和特征参数决定的原理误差（又称系统误差）和扰动误差。检测误差往往占稳态误差中的主要成份，因此要得到高精度的随动系统首先必须有高精度的检测元件。原理误差除了取决于系统本身的结构和特征参数外，还和输入信号的形式有关，因此有速度品质因数和加速度品质因数的概念。扰动误差包括负载扰动误差、各种参数变化引起的误差和检测元件中的噪声干扰误差，分析计算时常以负载扰动误差为代表。

对于随动系统动态性能的要求除了必须稳定以外，还要有快速跟随能力，动态校正问题往往比调速系统复杂得多，因而发展了多种动态校正方法。常用的动态校正方法有：(1) 串联校正——调节器校正，设计方法和调速系统中一样，为了解决快速与稳定的突出矛盾，常采用 PD 或 PID 调节器。(2) 并联校正——反馈校正，常用转速负反馈或转速微分负反馈。(3) 复合控制——在反馈控制的同时引入输入信号各阶导数的前馈控制。把稳态原理误差和动态误差全部抵消的复合控制原理称为不变性原理，实际上，完全不变性是不能实现的，现实可行的只是部分不变性，即部分地补偿误差。前馈控制的参数可以利用等效传递函数法进行设计。

第二篇　交流调速系统

直流电机拖动和交流电机拖动在19世纪中先后诞生。在20世纪的大部分年代里，约占整个电力拖动容量80%的不变速拖动系统都采用交流电机，而只占20%的高控制性能可调速拖动系统则采用直流电机，这似乎已经成为一种举世公认的格局。交流调速系统的方案虽然早已有多种发明并得到实际应用，但其性能却始终无法与直流调速系统相匹敌。直到本世纪70年代初叶，席卷世界先进工业国家的石油危机，迫使他们投入大量人力和财力去研究高效高性能的交流调速系统，期望用它来节约能源。经过十年左右的努力，到了80年代大见成效，一直被认为是天经地义的交直流拖动的分工格局被逐渐打破，高性能交流调速系统应用的比重逐年上升。在各工业部门中用可调速交流拖动取代直流拖动的形势已经指日可待了。

与此同时，在过去大量应用的所谓不变速拖动系统中，有相当一部分是风机、水泵等的拖动系统，这类负载约占工业电力拖动总量的一半。其中有些并不是真的不需要变速，只是过去交流电机都不调速，因而不得不依赖档板和阀门来调节流量，同时也消耗掉大量电功率。如果能够换成交流调速系统，则消耗在档板阀门上的功率就可以节省下来，每台约可节能20%以上，总起来的节能效果是很可观的。由于风机、水泵对调速性能要求不高，这类系统常称作低性能的节能调速系统，是交流调速系统的一个非常广阔的应用领域。

第六章　交流调速的基本类型和交流变压调速系统

内容提要

本章把交流调速的基本类型和闭环控制的交流变压调速系统合在一起，主要是因为这两部分内容篇幅都不大，不宜独立设章。§6-1首先分析交流调速的基本类型。交流调速主要有异步电动机（感应电动机）调速和同步电动机调速两大部分。在异步电动机调速系统中，为了提炼其基本规律，而不是停留在各种调速方法的罗列，按照电机中转差功率的处理分为三种类型，即转差功率消耗型调速系统、转差功率回馈型调速系统和转差功率不变型调速系统，三类系统的能量转换效率是依次提高的。对于同步电动机则主要是变频调速，分他控变频和自控变频两类。§6-2讨论闭环控制的交流变压调速系统，这是一个典型的转差功率消耗型调速系统。异步电机变压调速原理和方法已在电力拖动课中讲授，本节只简述几种交流变压方法和变压时的机械特性，然后着重分析为了扩大调速范围改善调速性能采用闭环控制的必要性，分析闭环系统静特性的性质，提出静态结构图和参数计算方法。最后从微偏线性化方法出发，导出忽略电磁惯性时的近似动态结构图。

§6-1 交流调速的基本类型

现有文献中介绍的异步电动机调速系统种类很多，常见的有：(1) 降电压调速；(2) 电磁转差离合器调速；(3) 绕线转子异步电机转子串电阻调速；(4) 绕线转子异步电机串级调速；(5) 变极对数调速；(6) 变频调速等等。在开发交流调速系统的时候，人们从多方面进行探索，其种类繁多是很自然的。现在交流调速的发展已接近成熟，为了深入地掌握其基本原理，就不能满足于这种表面形式的罗列，而要进一步探讨其内在规律，从更高的角度上认识交流调速的本质。

按照交流异步电动机的基本原理，从定子传入转子的电磁功率 P_m 可分为两部分：一部分 $P_2=(1-s)P_m$ 是拖动负载的有效功率，另一部分是转差功率 $P_s=sP_m$，与转差率 s 成正比。从能量转换的角度上看，转差功率是否增大，是消耗掉还是得到回收，显然是评价调速系统效率高低的一种标志。从这点出发，可以把异步电机的调速系统分成三大类：

1）转差功率消耗型调速系统——全部转差功率都转换成热能的形式而消耗掉。上述的第 (1)、(2)、(3) 三种调速方法都属于这一类。在三类之中，这类调速系统的效率最低，而且它是以增加转差功率的消耗来换取转速的降低（恒转矩负载时），越向下调速效率越低。可是这类系统结构最简单，所以还有一定的应用场合。

2）转差功率回馈型调速系统——转差功率的一部分消耗掉，大部分则通过变流装置回馈电网或者转化为机械能予以利用，转速越低时回收的功率也越多，上述第 (4) 种调速方法——串级调速属于这一类。这类调速系统的效率显然比第一类要高，但增设的交流装置总要多消耗一部分功率，因此还不及下一类。

3）转差功率不变型调速系统——转差功率中转子铜损部分的消耗是不可避免的，但在这类系统中无论转速高低，转差功率的消耗基本不变，因此效率最高。上述的第 (5)、(6) 两种调速方法属于此类。其中变极对数只能有级调速，应用场合有限。只有变频调速应用最广，可以构成高动态性能的交流调速系统，取代直流调速，最有发展前途。

异步电动机变频调速得到很快发展后，同步电动机的变频调速也就提到日程上来了。无论是异步电机还是同步电机，变频的结果都是改变旋转磁场的转速，对二者的效果是一样的。同步电动机变频调速主要分他控变频调速和自控变频调速两种，后者又称无换向器电机调速。

§6-2 闭环控制的交流变压调速系统——一种转差功率消耗型调速系统

当异步电动机电路参数不变时，在一定转速下，电动机的电磁转矩 T_e 与定子电压 U 的平方成正比。因此，改变定子外加电压就可以改变其机械特性的函数关系，从而改变电动机在一定输出转矩下的转速。

交流变压调速是一种比较简便的调速方法。过去主要是利用自耦变压器（小容量时）或饱和电抗器串在定子三相电路中调速，其原理图如图 6-1a 和 b 所示。自耦变压器 TU 的调压原理是不言自明的。饱和电抗器 LS 是带有直流励磁绕组的交流电抗器，改变直流励磁电流可以控制铁心的饱和程度，从而改变交流电抗值。铁心饱和时，交流电抗很小，因而电动机定子所得电压高；铁心不饱和时，交流电抗变大，因而定子电压降低，实现降压调速。

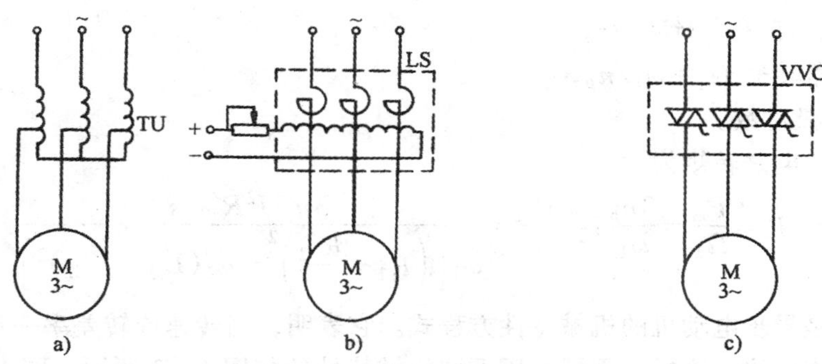

图 6-1　异步电动机变压调速原理图
TU—自耦变压器　LS—饱和电抗器　VVC—双向晶闸管交流调压器

自耦变压器和饱和电抗器的共同缺点是设备庞大笨重，自从电力电子技术发展起来后，它们就被晶闸管交流调压器取代了(图 6-1c)。采用三对反并联接的晶闸管或三个双向晶闸管分别串接在三相交流电源线路中，再接到电机定子绕组上，通过控制晶闸管的导通角，可以调节电动机的端电压，这就是晶闸管交流调压器。交流调压器与可控整流器一样都是利用相位控制，在工作原理上有其相似之处，只是在带交流电机负载的波形分析、双向晶闸管的触发控制等方面具有特殊的问题，可查阅参考文献〔10、12、31〕。

一、异步电动机改变电压时的机械特性

根据电机学原理，在下述假定条件下：(1) 忽略空间和时间谐波，(2) 忽略磁饱和，(3) 忽略铁损，异步电动机的稳态等效电路如图 6-2 所示。

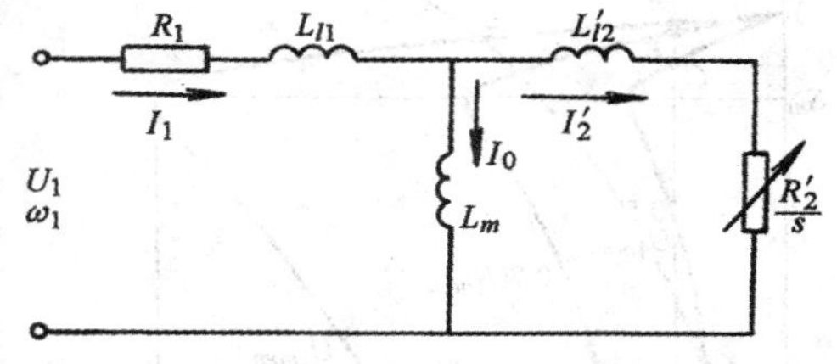

图 6-2　异步电动机的稳态等效电路

图 6-2 中各参量的定义如下：

R_1、R'_2 ——定子每相电阻和折合到定子侧的转子每相电阻；

L_{l1}、L'_{l2}——定子每相漏感和折合到定子侧的转子每相漏感；

L_m ——定子每相绕组产生气隙主磁通的等效电感，即励磁电感；

U_1、ω_1 ——电动机定子相电压和供电角频率；

s ——转差率。

由图可以导出，

$$I'_2=\frac{U_1}{\sqrt{\left(R_1+C_1\frac{R'_2}{s}\right)^2+\omega^2(L_{l1}+C_1L'_{l2})^2}} \tag{6-1}$$

式中　$C_1=1+\frac{R_1+j\omega_1L_{l1}}{j\omega_1L_m}\approx1+\frac{L_{l1}}{L_m}$。

在一般情况下，$L_m\gg L_{l1}$，则 $C_1\approx1$，这相当于将上述假定条件的第 (3) 条改为忽略铁损和励磁电流。这样，电流公式可简化成

$$I_1 = I'_2 = \frac{U_1}{\sqrt{\left(R_1 + \frac{R'_2}{s}\right)^2 + \omega_1^2 (L_{l1} + L'_{l2})^2}} \tag{6-2}$$

令电磁功率 $P_m = 3\ (I'_2)^2 R'_2 / s$，

同步机械角转速 $\Omega_1 = \omega_1 / n_p$，

其中　n_p ——极对数。

则异步电动机的电磁转矩为

$$T_e = \frac{P_m}{\Omega_1} = \frac{3n_p}{\omega_1} I_2'^2 \frac{R'_2}{s} = \frac{3n_p U_1^2 R'_2 / s}{\omega_1 \left[\left(R_1 + \frac{R'_2}{s}\right)^2 + \omega_1^2 (L_{l1} + L'_{l2})^2\right]} \tag{6-3}$$

式（6－3）就是异步电动机的机械特性方程式。它表明，当转速或转差率一定时，电磁转矩与电压的平方成正比。这样，不同电压下的机械特性便如图 6－3 所示，图中 u_{nom} 表示额定电压。

将式（6－3）对 s 求导，并令 $\mathrm{d}T_e/\mathrm{d}s = 0$，可求出产生最大转矩时的转差率 s_m

$$s_m = \frac{R'_2}{\sqrt{R_1^2 + \omega_1^2 (L_{l1} + L'_{l2})^2}} \tag{6-4}$$

和最大转矩 T_{emax}

$$T_{emax} = \frac{3n_p U_1^2}{2\omega_1 \left[R_1 + \sqrt{R_1^2 + \omega_1^2 (L_{l1} + L'_{l2})^2}\right]} \tag{6-5}$$

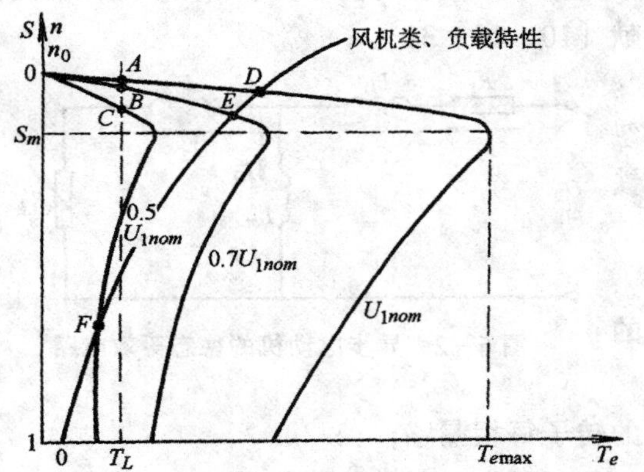

图 6－3　异步电动机在不同电压下的机械特性

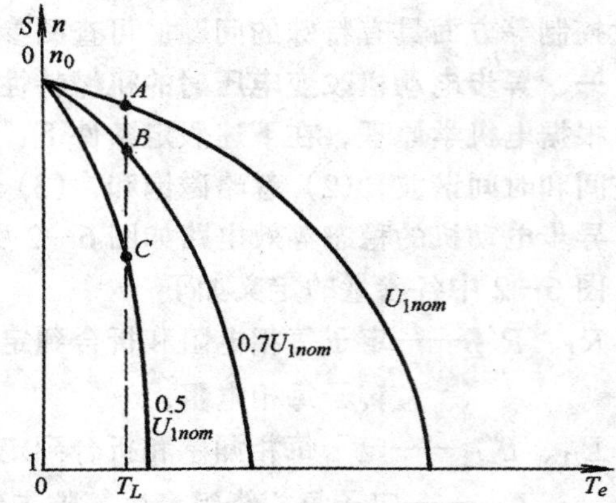

图 6－4　高转子电阻电动机在不同电压下的机械特性

由图 6－3 可见，带恒转矩负载 T_L 时，普通的笼型异步电动机变电压时的稳定工作点为 A、B、C，转差率的变化范围不会超过 $s = 0 \sim s_m$，调速范围很小。如果带风机类负载运行，则工作点为 D、E、F、调速范围可以大一些。为了能在恒转矩负载下扩大变压调速范围，须使电机在较低速下稳定运行而又不致过热，就要求电动机转子绕组有较高的电阻值。图 6－4 给出了高转子电阻电动机变电压时的机械特性，显然在恒转矩负载下的变压调速范围增大了，而且在堵转力矩下工作也不致烧坏电动机，因此这种电机又称作交流力矩电机。

二、闭环控制的变压调速系统及其静特性

异步电动机变电压调速时，采用普通电机的调速范围很窄，采用高转子电阻的力矩电机时，调速范围虽然可以大一些，但机械特性变软，负载变化时的静差率又太大了（见图 6-4）。开环控制很难解决这个矛盾。对于恒转矩性质的负载，调速范围要求在 $D=2$ 以上时，往往采用带转速负反馈的闭环控制系统（图 6-5a），要求不高时也有用定子电压反馈控制的。

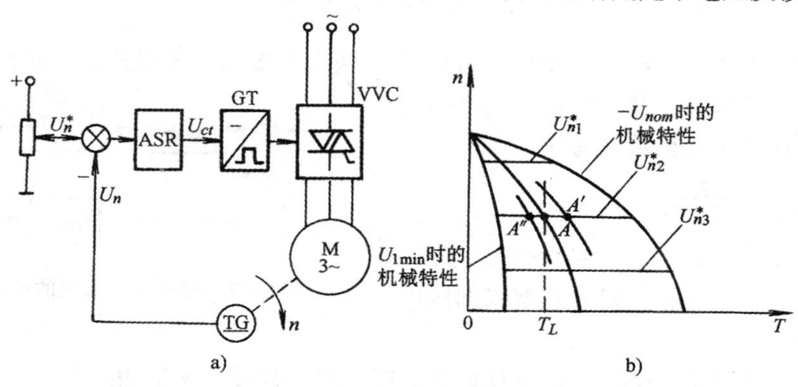

图 6-5　转速负反馈闭环控制的交流变压调速系统

a）原理图　b）静特性

图 6-5b 所示的是图 6-5a 闭环调速系统的静特性。如果该系统带负载 T_L 在 A 点运行，当负载增大引起转速下降时，反馈控制作用能提高定子电压，从而在新的一条机械特性上找到工作点 A'。同理，当负载降低时，也会得到定子电压低一些的新工作点 A''。按照反馈控制规律，将工作点 A''、A、A'联接起来便是闭环系统的静特性。尽管异步电机的开环机械特性和直流电机的开环特性差别很大，但在不同开环机械特性上各取一相应的工作点，联接起来便得到闭环系统静特性这样的分析方法是完全一致的。虽然交流异步力矩电机的机械特性很软，但由系统放大系数决定的闭环系统静特性却可以很硬。如果采用 PI 调节器，照样可以做到无静差。改变给定信号 U_n^*，则静特性平行地上下移动，达到调速的目的。

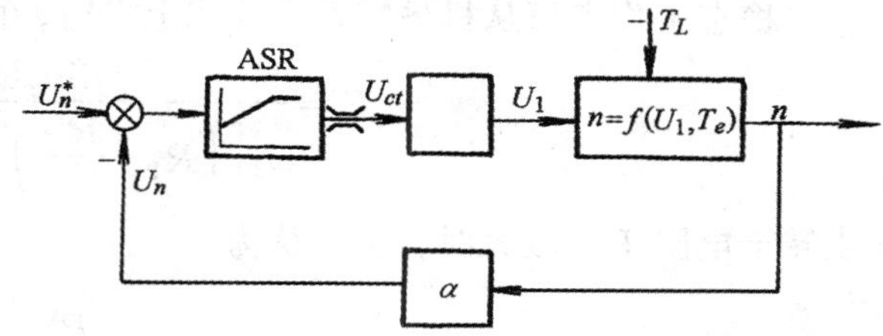

图 6-6　异步电动机变压调速系统的静态结构图

和直流变压调速系统不同的地方是：在额定电压 U_{1nom} 下的机械特性和最小输出电压 $U_{1\min}$ 下的机械特性是闭环系统静特性左右两边的极限，当负载变化达到两侧的极限时闭环系统便失去控制能力，回到开环机械特性上工作。

根据图 6-5a 所示的系统可以画出静态结构图，如图 6-6 所示。图中 $K_3=\dfrac{U}{U_{ct}}$ 为晶闸管交流调压器和触发装置的放大系数；$\alpha=\dfrac{U_n}{n}$ 为转速反馈系数；ASR 采用 PI 调节器。

$n=f(U_1、T_e)$ 是式(6-3)表达的异步电动机机械特性方程式，它是一个非线性函数。

稳态时，$U_n^*=U_n=\alpha n$，$T_e=T_L$，根据 U_n^*/α 和 T_L 可由式（6-3）计算或用机械特性图解求出所需的 U_1 以及相应的 U_{ct}。

三、近似的动态结构图

对系统进行动态分析和设计时，首先须绘出动态结构图。由系统的静态结构图（图6-6）

可以直接得到动态结构图如图 6－7 所示。图中有些环节的传递函数是可以直接写出来的。

(1) 转速调节器 ASR　常用 PI 调节器以消除静差并改善动态性能，其传递函数为

$$W_{ASR}(s)=K_n\frac{\tau_n s+1}{\tau_n s}$$

(2) 晶闸管交流调压器和触发装置 GT－V　假定其输入－输出关系是线性的，在动态中可以近似成一阶惯性环节，正如晶闸管触发与整流装置一样。传递函数可写成

$$W_{GTV}(s)=\frac{K_s}{T_s s+1}$$

近似条件同式（1－35）。对于三相全波丫接调压电路，可取 $T_s=3.3\text{ms}$，对其它型式调压电路须另行考虑。

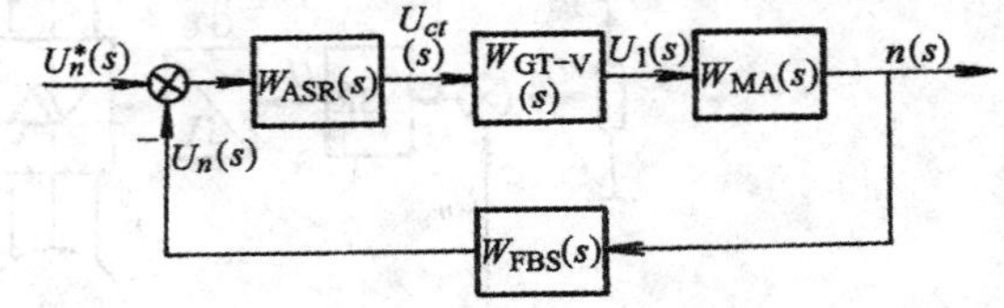

图 6－7　变压调速系统的近似动态结构图

(3) 测速反馈环节 FBS　考虑到反馈滤波的作用，其传递函数为

$$W_{FBS}(s)=\frac{\alpha}{T_{on}s+1}$$

(4) 异步电动机 MA　由于描述异步电动机动态过程的是一组非线性的微分方程，要用一个传递函数来准确地表示异步电动机在整个调速范围内的输入输出关系是不可能的。只有作出比较强的假定，并用稳态工作点附近微偏线性化的方法才能得到近似的传递函数。下面就来推导一下这个近似传递函数。

稳态工作点可从机械特性方程式上求得，由式（6－3）

$$T_e=\frac{3n_p U_1{}^2 R'_2/s}{\omega_1\left[\left(R_1+\frac{R'_2}{s}\right)^2+\omega_1^2(L_{l1}+L'_{l2})^2\right]}$$

当转子电阻 R'_2 较大时，可以认为

$$R_1\ll\frac{R'_2}{s}$$

且
$$\omega_1(L_{l1}+L'_{l2})\ll\frac{R'_2}{s}$$

后者相当于忽略异步电机的漏感电磁惯性。在此条件下，

$$T_e\approx\frac{3n_p}{\omega_1 R'_2}U_1^2 s \tag{6-6}$$

这是在上述条件下的近似线性机械特性。

设 A 为近似线性机械特性上的一个稳态工作点，则

$$T_{eA}\approx\frac{3n_p}{\omega_1 R'_2}U_{1A}^2 s_A \tag{6-7}$$

在 A 点附近有微小偏差时，$T_e=T_{eA}+\Delta T_e$，$U_1=U_{1A}+\Delta U_1$，$s=s_A+\Delta s$，代入式（6－6）得：

$$T_{eA}+\Delta T_e\approx\frac{3n_p}{\omega_1 R'_2}(U+\Delta U_1)^2(s_A+\Delta s)$$

将上式展开，并忽略两个以上微偏量的乘积，则

$$T_{eA}+\Delta T_e\approx\frac{3n_p}{\omega_1 R'_2}(U_{1A}^2 s_A+2U_{1A}s_A\Delta U_1+U_{1A}^2\Delta s) \tag{6-8}$$

从式（6－8）中减去式（6－7），得：

$$\Delta T_e \approx \frac{3n_p}{\omega_1 R'_2}(2U_{1A}s_A\Delta U_1 + U_{1A}{}^2\Delta s) \tag{6-9}$$

已知转差率 $s=1-\frac{n}{n_0}=1-\frac{\omega}{\omega_1}$，其中 ω_1 和 ω 是用电角度表示的同步角转速和转子实际角转速。于是，

$$\Delta S = -\frac{\Delta\omega}{\omega_1} \tag{6-10}$$

代入式（6－9），得

$$\Delta T_e = \frac{3n_p}{\omega_1 R'_2}\left(2U_{1A}s_A\Delta U_1 - \frac{U_{1A}^2}{\omega_1}\Delta\omega\right) \tag{6-11}$$

式（6－11）就是在稳态工作点附近微偏量 ΔT_e 与 ΔU_1、$\Delta\omega$ 间的关系。

带恒转矩负载时电力拖动系统的运动方程式为

$$T_e - T_L = \frac{J}{n_p}\cdot\frac{\mathrm{d}\omega}{\mathrm{d}t} \tag{6-12}$$

在稳态工作点 A 运行时，

$$T_{eA} - T_{LA} = \frac{J}{n_p}\cdot\frac{\mathrm{d}\omega_A}{\mathrm{d}t}$$

若在 A 点附近有微小偏差，则

$$T_{eA} + \Delta T_e - (T_{LA} + \Delta T_L) = \frac{J}{n_p}\cdot\frac{\mathrm{d}}{\mathrm{d}t}(\omega_A + \Delta\omega)$$

二式相减，得

$$\Delta T_e - \Delta T_L = \frac{J}{n_p}\cdot\frac{\mathrm{d}(\Delta\omega)}{\mathrm{d}t} \tag{6-13}$$

将式（6－11）和（6－13）的关系画在一起，即得异步电动机在忽略电磁惯性下的微偏线性化结构图，如图 6－8 所示。

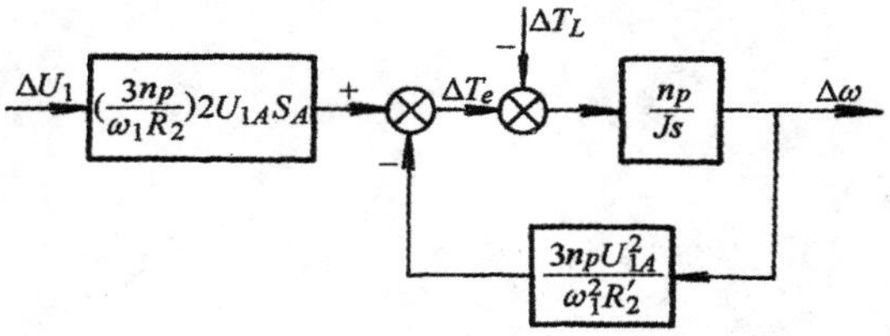

如果只考虑 ΔU_1 到 $\Delta\omega$ 之间的传递函数，可先令 $\Delta T_l=0$，图 6－8 中小闭环传递函数可变换成

$$\frac{\frac{n_p}{Js}}{1+\frac{3n_pU_{1A}^2}{\omega_1^2R'_2}\cdot\frac{n_p}{Js}} = \frac{1}{\frac{J}{n_p}s + \frac{3n_pU_{1A}^2}{\omega_1^2R'_2}}$$

图 6－8　异步电动机的微偏线性化近似动态结构图

于是异步电动机的近似线性化传递函数为

$$W_{MA}(s) = \frac{\Delta\omega(s)}{\Delta U_1(s)} = \left(\frac{3n_p}{\omega_1 R'_2}\right)2U_{1A}S_A\cdot\frac{1}{\frac{J}{n_p}s + \frac{3n_pU_{1A}^2}{\omega_1^2R'_2}} =$$

$$\frac{2s_A\omega_1}{U_{1A}}\cdot\frac{1}{\frac{J\omega_1^2R'_2}{3n_p^2U_{1A}^2}s+1} = \frac{K_{MA}}{T_m s+1} \tag{6-14}$$

式中　$K_{MA} = \frac{2s_A\omega_1}{U_{1A}} = \frac{2\ (\omega_1-\omega_A)}{U_{1A}}$——异步电动机的传递系数；

$$T_m=\frac{J\omega_1^2R'_2}{3n_p^2U_{1A}^2}$$——异步电动机拖动系统的机电时间常数。

由于忽略了电磁惯性，只剩下同轴旋转体的机电惯性，异步电动机便近似成一个一阶惯性的线性环节。

把上述四个环节的传递函数式写入图 6－7 各方框内，即得异步电动机变压调速系统微偏线性化的近似动态结构图。

最后，应该再强调一下，具体使用上面得出来的动态结构图时要注意下述两点：

（1）由于它是微偏线性化模型，只能用于机械特性线性段上工作点附近稳定性的判别和动态校正，不适用于大范围起制动时动态响应指标的计算。

（2）由于忽略了电机的电磁惯性，分析和计算结果是比较粗略的。

第七章　异步电动机变压变频调速系统（VVVF系统）——转差功率不变型的调速系统

内 容 提 要

异步电动机的变压变频调速系统一般简称变频调速系统。由于在调速时转差功率不变，在各种异步电机调速系统中效率最高，同时性能也最好，是交流调速的主要发展方向，因此是本篇的重点。

§7－1首先介绍变频调速的基本控制方式。在基频以下，为了维持磁通不变，须按比例地同时控制电压和频率，低频时还应抬高电压以补偿定子压降。在基频以上，由于电压无法再升高，只好仅提高频率而迫使磁通减弱。

变频装置是变频调速系统的主要设备，应属于《变流技术》课程的内容，为了课程间的衔接，§7－2扼要地介绍静止式变频装置的要点和特殊问题。§7－3专门讨论目前发展最快受到普遍重视的SPWM变频装置。

基频以下变频调速的特点是必须同时协调地控制电压和频率，这是掌握变频调速系统的一个关键。§7－4分析按不同规律进行电压、频率协调控制时的稳态机械特性，着重阐明按转子磁链 ψ_2 恒定原则进行协调控制，可以得到和直流他激电动机机械特性相似的线性硬特性，从而为下面论述高动态性能的矢量控制系统奠定基础。

从§7－5起分三个层次阐述变压变频调速的控制系统。§7－5首先讨论转速开环、恒压频比控制的变频调速系统；§7－6讨论转速闭环、转差频率控制的变频调速系统；最后在§7－8中讨论高动态性能的矢量控制系统。作为控制对象，交流电机的特征是高阶、非线性、多变量，可以看成是一个非线性的双输入（电压和频率）、双输出（转速和磁通）系统。但是§7－5和§7－6所介绍的系统都是从稳态磁通恒定的原则出发的，对于动态模型，都是在比较强的假定条件下，忽略非线性和多变量耦合的因素，硬改成线性单变量系统，得到近似的动态结构图，用它来进行设计，其结果当然与实际情况有一定距离，于是就提出了如何能够更确切地表达交流电机物理本质的问题。因而在§7－7中便顺理成章地引出非线性多变量的动态数学模型，并利用坐标变换加以简化，得到常用的二相旋转坐标系上的模型。§7－8以等效直流电机模型为媒介阐述交流电机矢量控制的基本概念，然后从多变量数学模型出发导出矢量控制方程和转子磁链观测方程。最后介绍磁链开环转差控制和磁链闭环控制的两种矢量控制系统。调节器设计仍沿用近似的单变量系统设计法而把应用现代控制理论的多变量系统解耦设计留待专题课程去解决。

§7－1　变频调速的基本控制方式

在电动机调速时，一个重要的因素是希望保持每极磁通量 Φ_m 为额定值不变。磁通太弱没有充分利用电机的铁心，是一种浪费；若要增大磁通，又会使铁心饱和，从而导致过大的励磁电流，严重时会因绕组过热而损坏电机。对于直流电机，励磁系统是独立的，只要对电枢反应的补偿合适，保持 Φ_m 不变是很容易做到的。在交流异步电机中，磁通是定子和转子磁势合成产生的，怎样才能保持磁通恒定呢？就需要认真研究了。

我们知道，三相异步电机定子每相电动势的有效值是：

$$E_g = 4.44 f_1 N_1 k_{N1} \Phi_m \tag{7-1}$$

式中 E_g ——气隙磁通在定子每相中感应电动势有效值，单位为 V；

f_1 ——定子频率，单位为 Hz；

N_1 ——定子每相绕组串联匝数；

k_{N1}——基波绕组系数；

Φ_m ——每极气隙磁通量，单位为 Wb。

由式（7－1）可知，只要控制好 E_g 和 f_1，便可达到控制磁通 Φ_m 的目的，对此，需要考虑基频（额定频率）以下和基频以上两种情况。

一、基频以下调速

由式(7－1)可知,要保持 Φ_m 不变,当频率 f_1 从额定值 f_{1n} 向下调节时,必须同时降低 E_g,使

$$\frac{E_g}{f_1} = 常值 \tag{7-2}$$

即采用恒定的电动势频率比的控制方式。

然而,绕组中的感应电动势是难以直接控制的,当电动势值较高时,可以忽略定子绕组的漏磁阻抗压降,而认为定子相电压 $U_1 \approx E_g$,则得

$$\frac{U_1}{f_1} = 常值 \tag{7-3}$$

这是恒压频比的控制方式。

低频时，U_1 和 E_g 都较小，定子阻抗压降所占的份量就比较显著，不再能忽略。这时，可以人为地把电压 U_1 抬高一些，以便近似地补偿定子压降。带定子压降补偿的恒压频比控制特性示于图 7－1 中的 b 线，无补偿的控制特性则为 a 线。

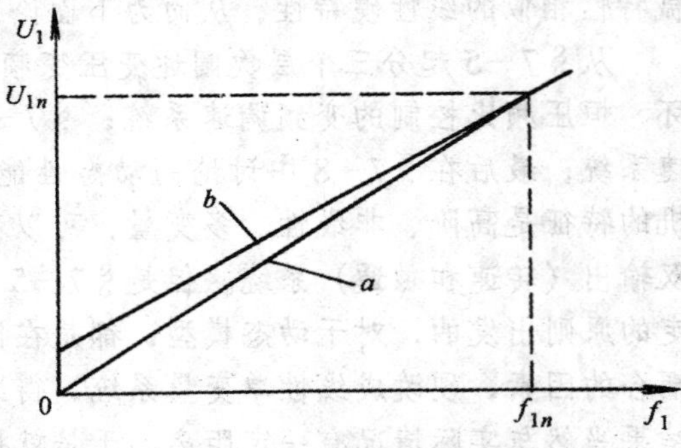

图 7－1 恒压频比控制特性

a—不带定子压降补偿 b—带定子压降补偿

二、基频以上调速

在基频以上调速时,频率可以从 f_{1n} 往上增高,但电压 U_1 却不能增加得比额定电压 U_{1n} 还要大,最多只能保持 $U_1 = U_{1n}$。由式(7－1)可知,这将迫使磁通与频率成反比地降低,相当于直流电机弱磁升速的情况。

把基频以下和基频以上两种情况合起来，可得图 7－2 所示的异步电动机变频调速控制特性。如果电动机在不同转

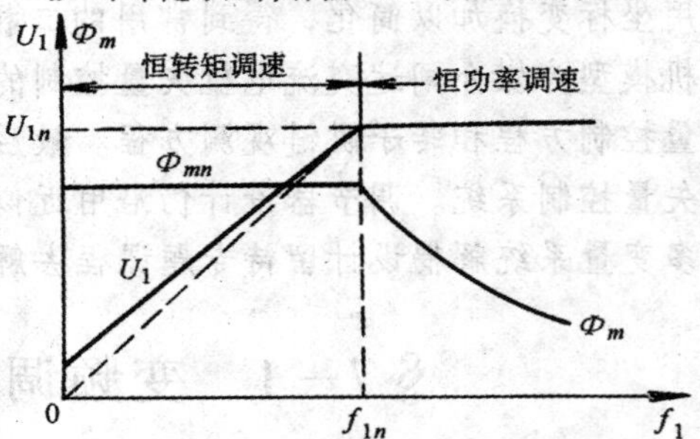

图 7－2 异步电动机变频调速控制特性

速下都具有额定电流，则电机都能在温升允许条件下长期运行，这时转矩基本上随磁通变化，按照电力拖动原理，在基频以下，属于“恒转矩调速”的性质，而在基频以上，基本上属于“恒功率调速”。

§7－2　静止式变频装置

上节讨论的控制方式表明，必须同时改变电源的电压和频率，才能满足变频调速的要求。现有的交流供电电源都是恒压恒频的。必须通过变频装置，以获得变压变频的电源，这样的装置通称变压变频（VVVF）装置，其中 VVVF 是英文 Variable Voltage Variable Frequency 的缩写。最早的 VVVF 装置是旋转变流机组，现在已经几乎无例外地让位给应用电力电子技术的静止式变频装置。

从结构上看，静止变频装置可分为间接变频和直接变频两类。间接变频装置先将工频交流电源通过整流器变成直流，然后再经过逆变器将直流变换为可控频率的交流，因此又称有中间直流环节的变频装置。直接变频装置则将工频交流一次变换成可控频率的交流，没有中间直流环节。目前应用较多的还是间接变频装置。

一、间接变频装置（交－直－交变频装置）

图 7－3 绘出了间接变频装置的主要构成环节。按照不同的控制方式，它又可分成图 7－4 中的 a、b、c 三种：

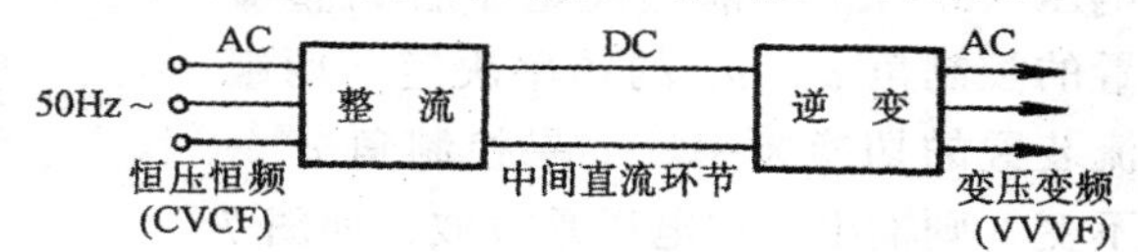

图 7－3　间接变频装置（交－直－交变频装置）

1．用可控整流器变压、用逆变器变频的交－直－交变频装置（图 7－4a）

调压和调频分别在两个环节上进行，两者要在控制电路上协调配合。这种装置结构简单、控制方便，但是，由于输入环节采用可控整流器，当电压和频率调得较低时，电网端的功率因数较小；输出环节多用由晶闸管组成的三相六拍逆变器（每周换流六次），输出的谐波较大。这就是这类变频装置的主要缺点。

2．用不控整流器整流、斩波器变压、逆变器变频的交－直－交变频装置（图 7－4b）

整流环节采用二极管不控整流器，再增设斩波器，用脉宽调压。这样虽然多了一个环节，但输入功率因数高，克服了图 7－4a 装置的第一个缺点。输出逆变环节不变，仍有

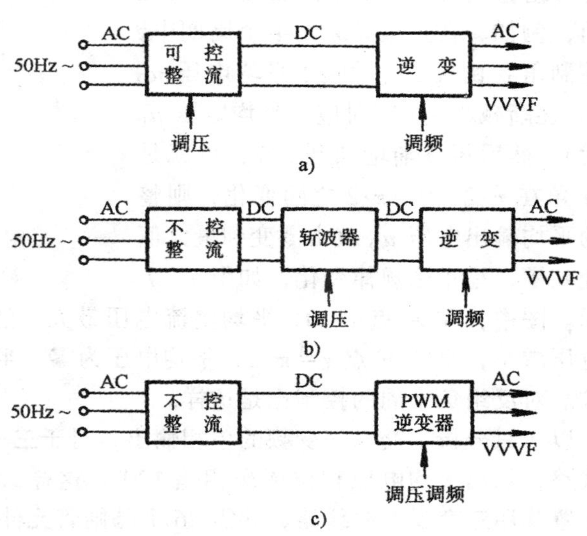

图 7－4　间接变频装置的各种结构形式
a）可控整流器变压、六拍逆变器变频　b）不控整流、斩波器变压、六拍逆变器变频　c）不控整流、PWM 逆变器变压变频

谐波较大的问题。

3. 用不控整流器整流、PWM 逆变器同时变压变频的交－直－交变频装置（图 7－4c）

用不控整流，则功率因数高；用 PWM 逆变，则谐波可以减少。这样，图 7－4a 装置的两个缺点都解决了。谐波能够减少的程度取决于并关频率，而开关频率则受器件开关时间的限制。如果仍采用普通晶闸管，开关频率比六拍逆变器也高不了多少，只有采用可控关断的全控式器件以后，开关频率才得以大大提高，输出波形几乎可以得到非常逼真的正弦波，因而又称正弦波脉宽调制（SPWM）逆变器，成为当前最有发展前途的一种结构形式。关于 SPWM（Sinusoidal PWM）逆变器的具体问题将在§7－3 中详述。

二、直接变频装置（交－交变频装置）

直接变频装置的结构示于图 7－5，它只用一个变换环节就可以把恒压恒频（CVCF）的交流电源变换成 VVVF 电源，因此又称交－交变频装置或周波变换器（Cycloconverter）。

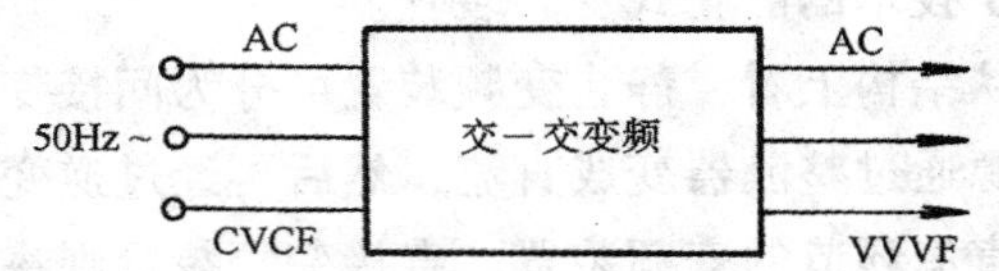

图 7－5　直接（交－交）变频装置

交－交变频装置输出的每一相都是一个两组晶闸管整流装置反并联的可逆线路（图 7－6a）。正、反两组按一定周期相互切换，在负载上就获得交变的输出电压 u_0。u_0 的幅值决定于各组整流装置的控制角 α，u_0 的频率决定于两组整流装置的切换频率。如果控制角 α 一直不变，则输出平均电压是方波，如图 7－6b 所示。要得到正弦波输出，就必须在每一组整流器导通期间不断改变其控制角，例如，在正组导通的半个周期中，使控制角 α 由 $\pi/2$（对应于平均电压 $u_0=0$）逐渐减小到 0（对应于平均电压 u_0 最大），然后再逐渐增加到 $\pi/2$，也就是使 α 角在 $\pi/2\sim0\sim\pi/2$ 之间变化，则整流的平均输出电压 u_0 就由零变到最大值再变到零，呈正弦规律变化，如图 7－7 所示。图中，在 A 点 $\alpha=0$，平均整流电压最大，然后在 B、C、D、E 点 α 逐渐增大，平均电压减小，直到 F 点 $\alpha=\pi/2$，平均电压为零。半周中平均输出电压为图中虚线所示的正弦波。对反组负半周的控制也是这样。

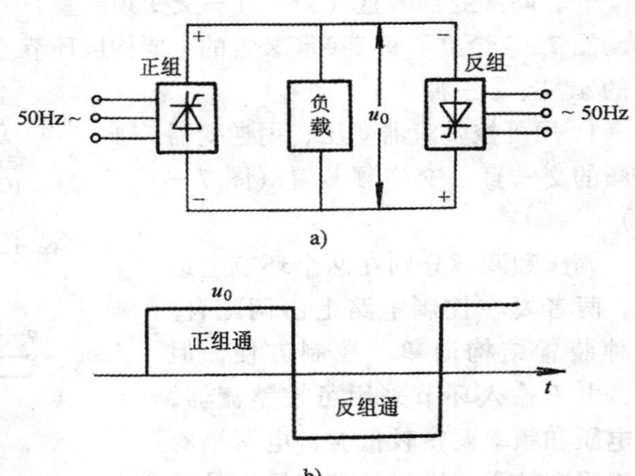

图 7－6　交－交变频装置一相电路及波形
a）电路原理图　b）方波型平均输出电压波形

以上只分析了交－交变频的单相输出，对于三相负载，其它两相也各用一套反并联的可逆线路，输出平均电压相位依次相差 120°。这样，如果每个整流器都用桥式电路，三相变频装置共用三套反并联线路，共需 36 个晶闸管元件（当每一桥臂只用一个元件时），若采用零式电路，也得要 18 个元件。因此，交－交变频装置虽然在结构上只有一个变换环节，省去中间直流环节，但所用元件数量更多，总设备相当庞大。不过这些设备都是直流调速系统中常用的可逆整流装置，在电源电压过零时自然换流，，技术已很成熟，对元件没有什么特殊要求。此外，由图 7－7 可知，电压反向时最快也只能沿着电源电压的正弦波形变化，所以最高输出频率不超过电网频率的 1/3～1/2（视整流相数而定），否则输出波形畸变太大，将影响变频调速系统的正常工作。鉴于上述的元件数量多、输出频率低两方面的原因，交－交变频一般只用于低转速、大容量的调速系统，如轧钢机、球磨机、水泥回转窑等。这类机械用交－交变频装置供电的低速电机直接传动，可以省去庞大的齿轮减速箱。而这种大容量的设备如果采用其它类型的变频装置，常常需要晶闸管并联工作才能满足输出功率的要求，元件的数量也不会少，采用交－交变频时，容量分别由三相可逆整流装置承担，在每个整流桥臂中可能就无须并联元件了。

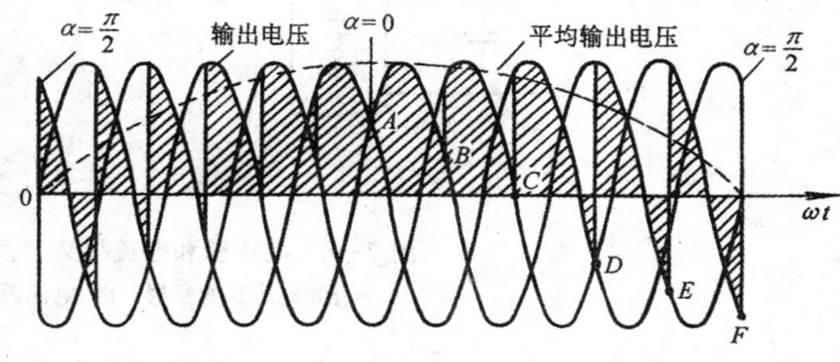

图 7－7 正弦波交－交变频装置的输出电压波形

为了更清楚地表明前述两类变频装置的特点，下面用表格的形式加以对比，如表 7－1 所示。

表 7－1 晶闸管交－直－交变频装置与交－交变频装置主要特点比较表

比较项目 \ 类别	交－直－交变频装置	交－交变频装置
换能形式	两次换能，效率略低	一次换能，效率较高
换流方式	强迫换流或负载谐振换流	电源电压换流
装置元件数量	元件数量较少	元件数量较多
调频范围	频率调节范围宽	一般情况下，输出最高频率为电网频率的 1/3～1/2
电网功率因数	用可控整流调压时，功率因数在低压时较低；用斩波器或 PWM 方式调压时，功率因数高	较低
适用场合	可用于各种电力拖动装置，稳频稳压电源和不停电电源	特别适用于低速大功率拖动

三、电压源和电流源变频器

从变频电源的性质上看，无论是交－交变频还是交－直－交变频，又都可分为电压源变频器和电流源变频器两大类。

（一）电压源变频器

对于交－直－交变频器，当中间直流环节主要采用大电容滤波时，直流电压波形比较平直，在理想情况下是一种内阻抗为零的恒压源，输出交流电压是矩形波或阶梯波，这叫做电压源变频器（图 7－8a），或称电压型变频器。一般的交—交变频器虽然没有滤波电容，但供电电源的低阻抗使它具有电压源的性质，也属于电压源变频器。

（二）电流源变频器

图 7－8　电压源和电流源交－直－交变频器

a）电压源变频器　b）电流源变频器

当交－直－交变频器的中间直流环节采用大电感滤波时，直流回路中的电流波形比较平直，对负载来说基本上是一个恒流源，输出交流电流是矩形波或阶梯波，这叫做电流源变频器（图 7－8b），或称电流型变频器。有的交－交变频器用电抗器将输出电流强制成矩形波或阶梯波，具有电流源的性质，也是电流源变频器。表 7－2 列出电压源和电流源交－直－交变频器主要特点的比较。

对于变频调速系统来说，由于异步电动机属感性负载，不论它处于电动还是发电状态，功率因数都不会等于 1.0，故在中间直流环节与电动机之间总存在无功功率的交换。由于逆变器中的电力电子开关无法贮能，所以无功能量只能靠直流环节中的贮能元件（电压源变频中的电容器或电流源变频中的电抗器）来缓冲，因此也可以说，电压源和电流源变频器的主要区别在于用什么贮能元件来缓冲无功能量。

表 7－2　电压源与电流源交－直－交变频器主要特点比较表

变频器类别 / 比较项目	电压源	电流源
直流回路滤波环节（无功功率缓冲环节）	电容器	电抗器
输出电压波形	矩形波	决定于负载，对异步电机负载近似为正弦波
输出电流波形	决定于负载的功率因数，有较大的谐波分量	矩形波
输出阻抗	小	大
回馈制动	须在电源侧设置反并联逆变器	方便，主回路不需附加设备
调速动态响应	较慢	快
对晶闸管的要求	关断时间要短，对耐压要求一般较低	耐压高，对关断时间无特殊要求
适用范围	多电机拖动，稳频稳压电源	单电机拖动，可逆拖动

§7－3　正弦波脉宽调制（SPWM）逆变器

如前所述，在一般的交－直－交变频器供电的变压变频调速系统中，为了获得变频调速所要求的电压频率协调控制，整流器必须是可控的，调速时须同时控制整流器 UR 和逆变器

UI（图 7－9），这样就带来了一系列的问题。主要是：（1）主电路有两个可控的功率环节，相对来说比较复杂；（2）由于中间直流环节有滤波电容或电抗器等大惯性元件存在，使系统的动态响应缓慢；（3）由于整流器是可控的，使供电电源的功率因数随变频装置输出频率的降低而变差，并产生高次谐波电流；（4）逆变器输出为六拍阶梯波交变电压（电流），在拖动电动机中形成较多的各次谐波，从而产生较大的脉动转矩，影响电机的稳定工作，低速时尤为严重。因此，由第一代电力电子器件所组成的变频装置已不能令人满意地适应近代交流调速系统对变频电源的需要。随着第二代电力电子器件（如 GTO、GTR、R－MOSFET 等）的出现以及微电子技术的发展，出现了解决这个问题的良好条件。

1964 年，德国的 A. Schönung 等率先提出了脉宽调制变频的思想，他们把通迅系统中的调制技术推广应用于交流变频。用这种技术构成的 PWM 变频器基本上解决了常规六拍阶梯波变频器中存在的问题，为近代交流调速系统开辟了新的发展领域。图 7－10 表示了 PWM 变频器的原理图，由图可知，这仍是一个交－直－交变频装置，只是整流器是不可控的，它的输出电压经电容滤波（附加小电感限流）后形成恒定幅值的直流电压，加在逆变器上。控制逆变器中的功率开关器件导通或断开，其输出端即获得一系列宽度不等的矩形脉冲波形，而决定开关器件动作顺序和时间分配规律的控制方法即称脉宽调制方法。在这里，通过改变矩形脉冲的宽度可以控制逆变器输出交流基波电压的幅值，通过改变调制周期可以控制其输出频率，从而在逆变器上可同时进行输出电压幅值与频率的控制，满足变频调速对电压与频率协调控制的要求。图 7－10 电路的主要特点是：（1）主电路只有一个可控的功率环节，简化了结构；（2）使用了不可控整流器，使电网功率因数与逆变器输出电压的大小无关而接近于 1；（3）逆变器在调频的同时实现调压，而与中间直流环节的元件参数无关，加快了系统的动态响应；（4）可获得比常规六拍阶梯波更好的输出电压波形，能抑制或消除低次谐波，使负载电机可在近似正弦波的交变电压下运行，转矩脉动小，大大扩展了拖动系统的调速范围，并提高了系统的性能。

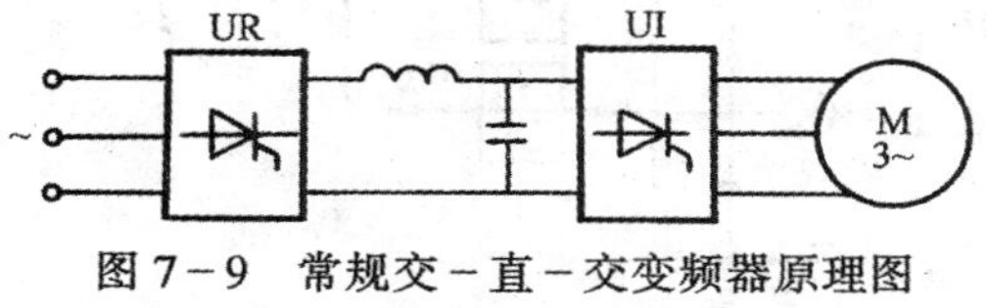

图 7－9　常规交－直－交变频器原理图

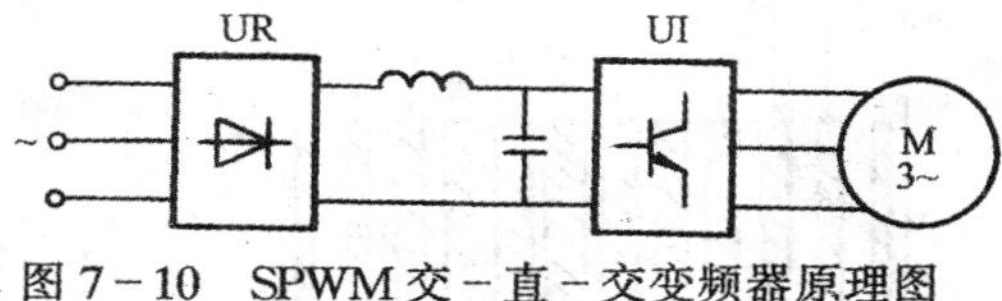

图 7－10　SPWM 交－直－交变频器原理图

一、SPWM 逆变器的工作原理

名为 SPWM 逆变器，就是期望其输出电压是纯粹的正弦波形，那么，可以把一个正弦半波分作 N 等分，如图 7－11a 所示（图中 $N=12$），然后把每一等分的正弦曲线与横轴所包围的面积都用一个与此面积相等的等高矩形脉冲来代替，矩形脉冲的中点与正弦波每一等分的中点重合（图 7－11b）。这样，由 N 个等幅而不等宽的矩形脉冲所组成的波形就与正弦的半周等效。同样，正弦波的负半周也可用相同的方法来等效。

图 7－11b 的一系列脉冲波形就是所期望的逆变器输出 SPWM 波形。可以看到，由于各脉冲的幅值相等，所以逆变器可由恒定的直流电源供电，也就是说，这种交－直－交变频器中的

整流器采用不可控的二极管整流器就可以了（见图 7－10）。逆变器输出脉冲的幅值就是整流器的输出电压。当逆变器各开关器件都是在理想状态下工作时，驱动相应开关器件的信号也应为与图 7－11b 形状相似的一系列脉冲波形，这是很容易推断出来的。

从理论上讲，这一系列脉冲波形的宽度可以严格地用计算方法求得，作为控制逆变器中各开关器件通断的依据。但较为实用的办法是引用通讯技术中的“调制”这一概念，以所期望的波形（在这里是正弦波）作为调制波（Modulatingwave），而受它调制的信号称为载波（Carrier wave）。在 SPWM 中常用等腰三角波作为载波，因为等腰三角波是上下宽度线性对称变化的波形，当它与任何一个光滑的曲线相交时，在交点的时刻控制开关器件的通断，即可得到一组等幅而脉冲宽度正比于该曲线函数值的矩形脉冲，这正是 SPWM 所需要的结果。

（一）工作原理

图 7－12a 是 SPWM 变频器的主电路，图中 $VT_1 \sim VT_6$ 是逆变器的六个功率开关器件（在这里画的是 GTR），各由一个续流二极管反并联接，整个逆变器由三相整流器提供的恒值直流电压 U_s 供电。图 7－12b 是它的控制电路，一组三相对称的正弦参考电压信号 u_{ra}、u_{rb}、u_{rc} 由参考信号发生器提供，其频率决定逆变器输出的基波频率，应在所要求的输出频率范围内可调。参考信号的幅值也可在一定范围内变化，以决定输出电压的大小。三角波载坡信号 u_t 是共用的，分别与每相参考电压比较后，给出“正”或“零”的饱和输出，产生 SPWM 脉冲序列波 u_{da}、u_{db}、u_{do}，作为逆变器功率开关器件的驱动控制信号。

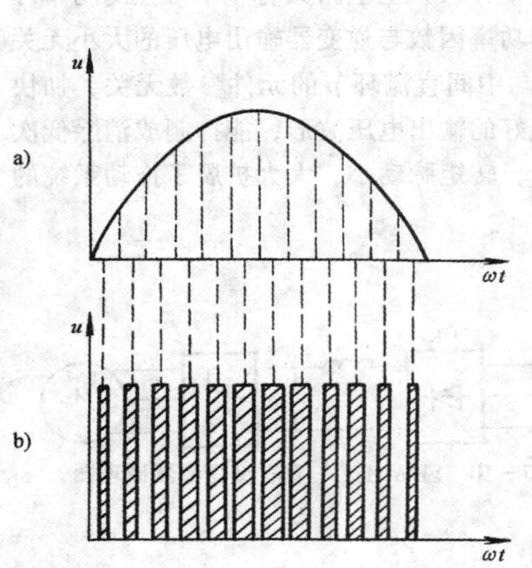

图 7－11　与正弦波等效的等幅矩形脉冲序列波
a）正弦波形　b）等效的 SPWM 波形

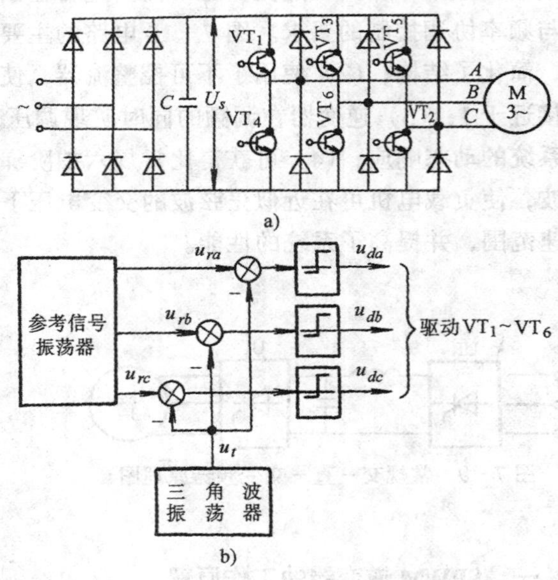

图 7－12　SPWM 变频器电路原理框图
a）主电路　b）控制电路框图

控制方式可以是单极式，也可以是双极式。采用单极式控制时在正弦波的半个周期内每相只有一个开关器件开通或关断，例如 A 相的 VT_1 反复通断，图 7－13 表示这时的调制情况。当参考电压 U_{ra} 高于三角波电压 U_t 时，相应比较器的输出电压 u_{da} 为“正”电平，反之则产生“零”电平。只要正弦调制波的最大值低于三角波的幅值，由图7－13a的调制结果必然形成

图 7－13b 所示的等幅不等宽而且两侧窄中间宽的 SPWM 脉宽调制波形 $u_{da}=f\ (t)$，负半周是用同样的方法调制后再倒相而成。

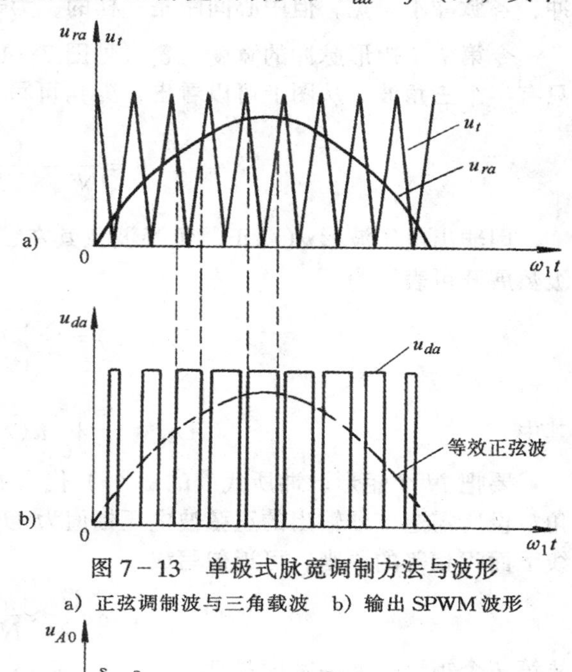

图 7－13 单极式脉宽调制方法与波形

a）正弦调制波与三角载波 b）输出 SPWM 波形

在图 7－12a 主电路中，比效器输出 u_{da}的"正"、"零"两种电平分别对应于功率开关器件 VT_1 的通和断两种状态。由于 VT_1 在正半周内反复通断，在逆变器的输出端可获得重现 u_{da}形状的 SPWM 相电压 $u_{A0}=f\ (t)$，脉冲的幅值为 $U_s/2$，脉冲的宽度按正弦规律变化，见图 7－14。与此同时，必然有 B 相或 C 相的负半周出现（VT_6 或 VT_2 导通），u_{B0}或 u_{c0}脉冲的幅值为 $-U_s/2$。$u_{A0}=f(t)$的负半波则由VT_4 的通和断来实现。其它两相同此，只是相位上分别相差 120°。

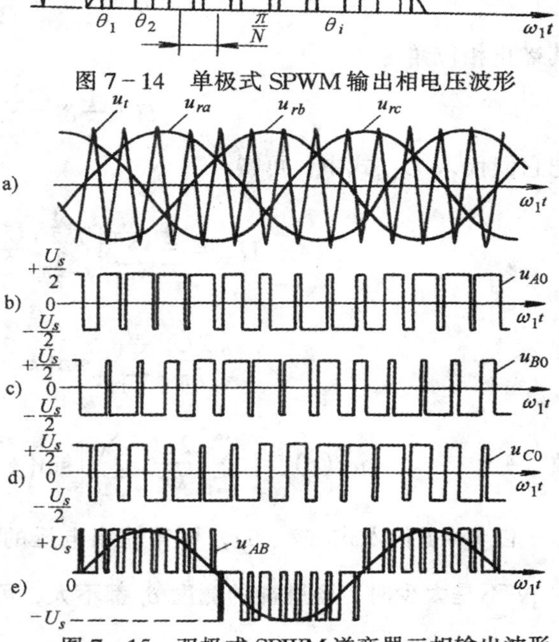

图 7－14 单极式 SPWM 输出相电压波形

图 7－15 绘出了三相 SPWM 逆变器工作在双极式控制方式时的输出电压波形。其调制方法和单极式相同，输出基波电压的大小和频率也是通过改变正弦参考信号的幅值和频率而改变的，只是功率开关器件通断的情况不一样。双极式控制时逆变器同一桥臂上下两个开关器件交替通断，处于互补的工作方式。例如图 7－15b 中，$u_{A0}=f(t)$是在 $+U_s/2$ 和 $-U_s/2$ 之间跳变的脉冲波形，当 $u_{ra}>u_T$ 时，VT_1 导通，$u_{A0}=+U_s/2$；当 $u_{ra}<u_T$ 时，VT_4 导通，$u_{A0}=-U_s/2$ 同理，图 7－15c 的 u_{B0}波形是 VT_3、VT_6 交替导通得到的；图 7－15d 的 u_{c0}波形是 VT_5、VT_2 交替导通得到的。在图 7－15e 中由 u_{A0}减 u_{B0}得到逆变器输出的线电压波形 $u_{AB}=f\ (t)$，脉冲幅值为 $+U_S$ 和 $-U_S$。

图 7－15 双极式 SPWM 逆变器三相输出波形

a）三相调制波与三角载波 b）$u_{A0}=f\ (t)$ c）$u_{B0}=f\ (t)$ d）$uc_0=f\ (t)$ e）线电压 $u_{AB}=f\ (t)$

（二）逆变器输出电压与脉宽的关系

在变频调速系统中，负载电机接受逆变器的输出电压而运转，对电机来说，有用的只是基波电压，所以要分析逆变器的输出电压波形。就图7－14 所示的单极式 SPWM 输出波形而言，其脉冲幅值为$U_S/2$。在半个周波内有 N 个脉冲，各脉冲不等宽，但中心间距是一样的，为$\frac{\pi}{N}$rad，等于三角载波的周期。

令第 i 个矩形脉冲的宽度为δ_i（见图 7－14），其中心点相位角为 θ_i，由于从原点开始只有半个三角波，从图上可以看出，θ_i 角可写作：

$$\theta_i=\frac{\pi}{N}i-\frac{1}{2}\frac{\pi}{N}=\frac{2i-1}{2N}\pi \tag{7-4}$$

因输出电压波形$u(t)$正、负半波及其左、右均对称，它是一个奇次周期函数，按傅氏级数展开可表示为

$$u(t)=\sum_{k=1}^{\infty}U_{km}\sin k\omega_1 t,\quad k=1、3、5\cdots\cdots$$

其中
$$U_{km}=\frac{2}{\pi}\int_0^{\pi}u(t)\sin k\omega_1 t\,\mathrm{d}(\omega_1 t)$$

要把 N 个矩形脉冲所代表的u（t）代入上式，必须先求得每个脉冲的起始与终止相位角。设所需逆变器输出的正弦波电压幅值为 U_m，则根据矩形脉冲的面积应与该区段正弦曲线下面积相等的原则，可近似写成

$$\delta_i\frac{U_s}{2}\approx\frac{\pi}{N}U_m\sin\theta_i$$

故第 i 个矩形脉冲的宽度δ_i 为

$$\delta_i\approx\frac{2}{U_s}\quad\frac{\pi}{N}U_m\sin\theta_i \tag{7-5}$$

第 i 个矩形脉冲的起始相位角为

$$\theta_i-\frac{1}{2}\delta_i=\frac{2_i-1}{2N}\pi-\frac{1}{2}\delta_i$$

其终止相位角为

$$\theta_i+\frac{1}{2}\delta_i=\frac{2_i-1}{2N}\pi+\frac{1}{2}\delta_i$$

把它们代入 U_{km}式中，可得

$$U_{km}=\frac{2}{\pi}\sum_{i=1}^{N}\int_{\theta_i-\frac{1}{2}\delta_i}^{\theta_i+\frac{1}{2}\delta_i}\frac{U_s}{2}\sin k\omega_1 t\,\mathrm{d}\ (\omega_1 t)\ =$$

$$\frac{2U_s}{k\pi}\sum_{i=1}^{N}\left[\sin\left(k\,\frac{2i-1}{2}\cdot\frac{\pi}{N}\right)\sin\frac{k}{2}\delta_i\right] \tag{7-6}$$

故
$$u\ (t)\ =\ \sum_{k=1}^{\infty}\frac{2U_s}{k\pi}\sum_{i=1}^{N}\left[\sin\left(k\,\frac{2i-1}{2}\cdot\frac{\pi}{N}\right)\sin\frac{k}{2}\delta_i\right]\cdot\sin k\omega_1 t \tag{7-7}$$

以 $k=1$ 代入式（7－6），可得输出电压的基波幅值，在这里，当半个周期内矩形脉冲数 N 不是太少时，各脉冲的宽度 δ_i 都不大，可以近似地认为 $\sin\frac{\delta_i}{2}\approx\frac{\delta_i}{2}$，因此

$$U_{1m}=\frac{2U_s}{\pi}\sum_{i=1}^{N}\left[\sin\left(\left(\frac{2i-1}{2}\cdot\frac{\pi}{N}\right)\right]\frac{\delta_i}{2}\right. \tag{7-8}$$

可见输出基波电压幅值 U_{1m} 与各项脉宽 δ_i 有正比的关系。这个结论很重要，它说明调节参考信号的幅值从而改变各个脉冲的宽度时，就实现了对逆变器输出电压基波幅值的平滑调节。

以式（7-4）、式（7-5）代入式（7-8），得

$$U_{1m}=\frac{2U_s}{\pi}\sum_{i=1}^{N}\left[\sin\frac{2i-1}{2N}\pi\right]\frac{\pi}{N}\frac{U_m}{U_s}\sin\frac{2i-1}{2N}\pi=$$

$$\frac{2U_m}{N}\sum_{i=1}^{N}\sin^2\left(\frac{2i-1}{2N}\pi\right)=\frac{2U_m}{N}\sum_{i=1}^{N}\frac{1}{2}\left[1-\cos(2i-1)\frac{\pi}{N}\right]=$$

$$U_m\left[1-\frac{1}{N}\sum_{i=1}^{N}\cos(2i-1)\frac{\pi}{N}\right] \tag{7-9}$$

可以证明,除 $N=1$ 以外,有限项三角级数

$$\sum_{i=1}^{N}\cos(2i-1)\frac{\pi}{N}=0$$

而 $N=1$ 是没有意义的，因此由式（7-9）可得

$$U_{1m}=U_m$$

也就是说，输出电压的基波正是调制时所要求的正弦波，当然这个结果是在作出前述的近似假定下得到的。计算结果还表明，这种 SPWM 逆变器能够有效地抑制 $k=2N-1$ 次以下的低次谐波，但存在高次谐波电压。

（三）对脉宽调制的制约条件

根据脉宽调制的特点，逆变器主电路的开关器件在其输出电压半周内要开关 N 次，而器件本身的开关能力与主电路的结构及其换流能力有关。所以把脉宽调制技术应用于交流调速系统必然受到一定条件的制约，主要有下列两点：

1．开关频率

逆变器各功率开关器件的开关损耗限制了脉宽调制逆变器的每秒脉冲数（即逆变器每个开关器件的每秒动作次数）。普通晶闸管的换流能力差，其开关频率一般不超过 300～500Hz，现在在 SPWM 逆变器中已很少使用。取而代之的是电力晶体管 GTR（开关频率可达 1～5kHz)、可关断晶闸管 GTO（开关频率为 1～2kHz)、功率场效应管 P-MOSFET（开关频率可达 20kHz 以上）。本节以后都以 GTR 作为开关器件。

2．调制度

为保证主电路开关器件的安全工作，必须使所调制的脉冲波有个最小脉宽与最小间隙的限制，以保证脉冲宽度大于开关器件的导通时间 t_{on} 与关断时间 t_{off}。这就要求参考信号的幅值不能超过三角载波峰值的某一百分数（称为临界百分数）。一般定义调制度（Modulation-Index）为

$$M=\frac{U_{rm}}{U_{tm}} \tag{7-10}$$

式中 U_{rm} 和 U_{tm} 分别为正弦调制波参考信号与三角载波的峰值。在理想情况下 M 可在 0～1 之间变化，以调节输出电压的幅值，实际上 M 总是小于 1 的。当调制度超过最小脉宽的限制时，可以改为按固定的最小脉宽工作，而不再遵守正常的脉宽调制规律。但这样会使逆变器输出电压的幅值不再是调制电压幅值的线性函数，而是偏低，并引起输出电压谐波的增大。

二、SPWM 逆变器的同步调制和异步调制

定义载波的频率 f_t 与调制波频率 f_r 之比为载波比 N，即 $N=f_t/f_r$。视载波比的变化与否有同步调制与异步调制之分。

（一）同步调制

在同步调制方式中，$N=$常数，变频时三角载波的频率与正弦调制波的频率同步变化，因而逆变器输出电压半波内的矩形脉冲数是固定不变的。如果取 N 等于 3 的倍数，则同步调制能保证逆变器输出波形的正、负半波始终保持对称，并能严格保证三相输出波形间具有互差 120°的对称关系。但是，当输出频率很低时，由于相邻两脉冲间的间距增大，谐波会显著增加，使负载电机产生较大的脉动转矩和较强的噪声，这是同步调制方式的主要缺点。

（二）异步调制

为了消除上述同步调制的缺点，可以采用异步调制方式。顾名思义，在异步调制中，在逆变器的整个变频范围内，载波比 N 是不等于常数的。一般在改变参考信号频率 f_r 时保持三角载波频率 f_t 不变，因而提高了低频时的载波比。这样逆变器输出电压半波内的矩形脉冲数可随输出频率的降低而增加，相应地可减少负载电机的转矩脉动与噪声，改善了低频工作的特性。

有一利必有一弊，异步调制在改善低频工作的同时，又会失去同步调制的优点。当载波比随着输出频率的降低而连续变化时，势必使逆变器输出电压的波形及其相位都发生变化，很难保持三相输出间的对称关系，因而引起电动机工作的不平稳。为了扬长避短，可将同步和异步两种调制方式结合起来，成为分段同步的调制方式。

（三）分段同步调制

在一定频率范围内，采用同步调制，保持输出波形对称的优点。当频率降低较多时，使载波比分段有级地增加，又采纳了异步调制的长处。这就是分段同步调制方式。具体地说，把逆变器整个变频范围划分成若干个频段，在每个频段内都维持载波比 N 恒定，对不同频段取不同的 N 值，频率低时取 N 值大些，一般按等比级数安排。表 7－3 给出一个实际系统的频段和载波比分配，以资参考。

表 7－3　分段同步调制的频段和载波比

逆变器输出频率 f_1 / Hz	载波比 N	开关频率 f_t / Hz
32～62	18	576～1116
16～31	36	576～1116
8～15	72	576～1080
4～7.5	144	576～1080

图 7－16 所示是相应的 f_t 与 f_1 的关系曲线。由图可见，在逆变器输出频率 f_1 的不同频段内，用不同的 N 值进行同步调制，而各频段载波频率的变化范围基本一致，以满足功率开关器件对开关频率的限制。图中最高开关频率为 1080～1116Hz，在 GTR 允许范围之内。

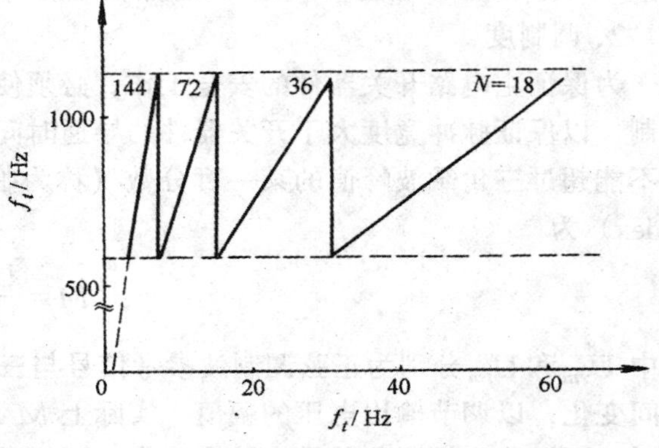

图 7－16　分段同步调制时 f_t 与 f_1 的关系曲线

载波比 N 值的选定与逆变器的输出频率、功率开关器件的允许工作频率以及所用的控制手段都有关系。为了使逆变器的输出

尽量接近正弦波，应尽可能增大载波比，但若从逆变器本身看，载波比又不能太大，应受到下述关系式的限制，即

$$N \leqslant \frac{\text{逆变器功率开关器件的允许开关频率}}{\text{频段内最高的正弦参考信号频率}}$$

分段同步调制虽然比较麻烦，但在微电子技术迅速发展的今天，这种调制方式是很容易实现的。当利用微机生成 SPWM 脉冲波形时，还应注意使三角载波的周期大于微机的采样计算周期。

三、SPWM 的控制模式及其实现

前已指出，SPWM 的控制就是根据三角载波与正弦调制波的交点来确定逆变器功率开关器件的开关时刻，可以用模拟电子电路、数字电子电路或专用的大规模集成电路芯片等硬件实现，也可以用微型计算机通过软件生成 SPWM 波形。开始应用 SPWM 技术时，多采用振荡器、比较器等模拟电路，由于所用元件多，控制线路比较复杂，控制精度也难以保证。在微电子技术迅速发展的今天，以微机为基础的数字控制方案日益被人们采纳，提出了多种 SPWM 波形的软件生成方法。本节将讨论其中最常用的几种方法。

（一）自然采样法（Natural sampling）

根据 SPWM 逆变器的工作原理，当载波比为 N 时，在逆变器输出的一个周期内，正弦调制波与三角载波应有 $2N$ 个交点。或者说，三角载波变化一个周期之间，它与正弦波相交两次，相应的逆变器功率器件导通与关断各一次。要准确地生成这样的 SPWM 波形，就得尽量精确地计算功率器件的导通时刻和关断时刻。功率器件导通的区间就是脉冲宽度，其关断区间就是脉冲的间隙时间。这些区间的大小在正弦波频率的不同频段下是不一样的，并随调制度而异。但对于微型计算机来说，时间的计算可由软件实现，时间的控制可通过定时器等来完成，是很方便的。

按照正弦波与三角波的交点进行脉冲宽度与间隙时间的采样，从而生成 SPWM 波形，叫做自然采样法，如图 7－17 所示。在图中截取了任意一段正弦调制波与三角载波一个周期的相交情况。交点 A 是发生脉冲的时刻，B 点是结束脉冲的时刻。在三角载波的一个周期时间 T_c 内，A 点和 B 点之间的时间 t_2 是逆变器功率开关器件导通工作的区间，称作脉宽时间。而其余的时间均为器件的关断工作区间，称为间隙时间，它在脉宽时间前后各有一段，分别用 t_1 和 t_3 来表示。显然，$T_c = t_1 + t_2 + t_3$。

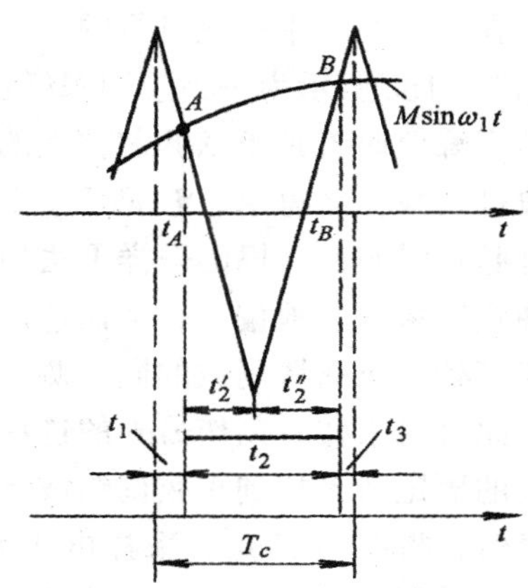

图 7－17 生成 SPWM 波形的自然采样法

在图 7－17 中若以单位量 1 表示三角载波的幅值 U_{tm}，则正弦调制波可写作

$$u_r = M\sin\omega_1 t$$

其中 ω_1 是正弦调制波的频率，即逆变器输出频率。

由于 A、B 两点对三角载波中心线的不对称性，须把脉宽时间 t_2 分成 t'_2 与 t''_2 两部分分别求解。按相似直角三角形的几何关系可知

$$\frac{2}{T_c/2}=\frac{1+M\sin\omega_1 t_A}{t'_2}$$

$$\frac{2}{T_c/2}=\frac{1+M\sin\omega_1 t_B}{t''_2}$$

经整理得

$$t_2=t'_2+t''_2=\frac{T_c}{2}\left[1+\frac{M}{2}(\sin\omega_1 t_A+\sin\omega_1 t_B)\right] \tag{7-11}$$

须注意，在式（7－11）中，除 T_c、M、ω_1 为已知外，t_A 与 t_B 都是未知数，此式是一个超越方程，难以求解，这是由于两波形交点的任意性造成的。此外，由于 SPWM 脉冲波形相对于三角载波并不对称，所以 $t_1\neq t_3$，这也增加了实时分别计算的困难。再则式（7－11）中有三角函数运算和多次乘法、加法运算，都需要计算机的运算时间。因此，自然采样法虽然能真实地反映脉冲产生与结束的时刻，却难以用于实时控制中。当然也可以事先把计算出的数据放入计算机内存中，控制时利用查表法进行查询，这样做，当调速系统频率变化范围较大、频率段数很多时，又将占用大量的内存空间，所以此法仅适用于有限调速范围的场合。

（二）规则采样法（Regular sampling）

为了弥补自然采样法的不足，人们一直在寻求工程实用的采样方法，力求采样效果尽量接近自然采样法，又不必花费过多的计算机运算时间，其中应用比较广泛的是规则采样法。这种方法的着眼点就是设法使 SPWM 波形的每一个脉冲都与三角载波的中心线对，于是式（7－11）就可以简化，而且两侧的间隙时间相等，即 $t_1=t_3$，从而使计算工作量大为减轻。

规则采样法的主要原则是这样的，在三角载波每一周期内的固定时刻，找到正弦调制波上的对应电压值，就用此值对三角载波进行采样，以决定功率开关元件的导通与关断时刻，而不管在采样点上正弦波与三角载波是否相交。这样做虽然会引起一定误差，但采取某些措施后，在工程实践中还是可行的。

图 7－18a 所示为一种规则采样法，姑且称之为规则采样Ⅰ法。它固定在三角载波每一周期的正峰值时找到正弦调制波上的对应点，即图中 D 点，求得电压值 u_{rd}。用此电压值对三角波进行采样，得 A、B 两点。就认为它们是 SPWM 波形中脉冲的生成时刻，A、B 之间就是脉宽时间 t_2。规则采样Ⅰ法的计算显然比自然采样法简单，但从图中可以看出，所得的脉冲宽度将明显地偏小，从而造成不小的控制误差。这是由于采样电压水平线与三角载波的交点都处于正弦调制波的同一侧造成的。

为此可对采样时刻作另外的选择，这就是图 7－18b 所示的规则采样Ⅱ法。图中仍在三角载波的固定时刻找到正弦调制波上的采样电压值，但所取的不是三角载波的正峰值，而是其负峰值，得图中 E 点，采样电压为 u_{re}。在三角载波上由 u_{re} 水平线截得 A、B 两点，从而确定了脉宽时间 t_2。这时，由于 A、B 两点座落在正弦调制波的两侧，因此减少了脉宽生成误差，所得的 SPWM 波形也就更准确了。

在规则采样法中，每个周期的采样时刻都是确定的，它所产生的 SPWM 脉冲宽度和位置都可预先计算出来。根据脉冲电压对三角载波的对称性，可得下面的计算公式

脉宽时间

$$t_2=\frac{T_c}{2}(1+M\sin\omega_1 t_e) \tag{7-12}$$

间隙时间

$$t_1=t_3=\frac{1}{2}(T_c-t_2) \tag{7-13}$$

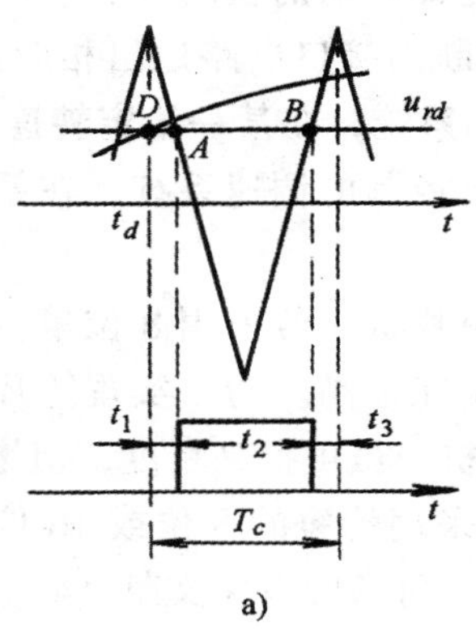

a)

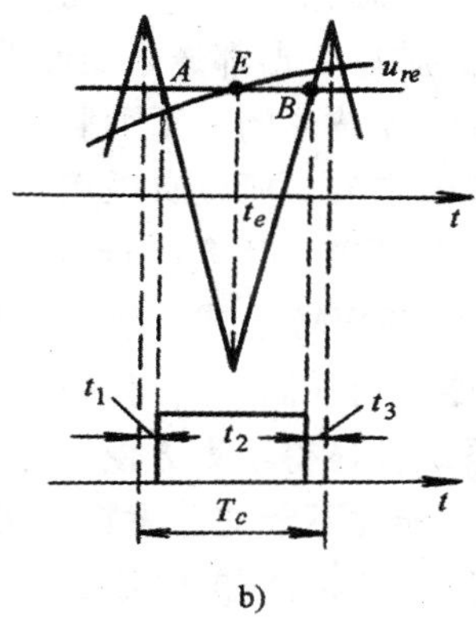

b)

图 7-18 生成 SPWM 波形的规则采样法

a）规则采样Ⅰ法 b）规则采样Ⅱ法

实用的逆变器多是三相的，因此还应形成三相的 SPWM 波形。三相正弦调制波在时间上互差 $2\pi/3$，而三角载波是共用的，这样就可在同一个三角载波周期内获得如图 7-19 所示的三相 SPWM 脉冲波形。

在图 7-19 中，每相的脉宽时间 t_{a2}、t_{b2}和 t_{c2}都可用式（7-12）计算，求三相脉宽时间的总和时，等式右边第一项相同，加起来是其三倍，第二项之和则为零，因此

$$t_{a2}+t_{b2}+t_{c2}=\frac{3}{2}T_c \tag{7-14}$$

三相间隙时间总和为

$$t_{a1}+t_{b1}+t_{c1}+t_{a3}+t_{b3}+t_{c3}=3T_c-(t_{a2}+t_{b2}+t_{c2})=\frac{3}{2}T_c$$

脉冲两侧的间隙时间相等，所以

$$t_{a1}+t_{b1}+t_{c1}=t_{a3}+t_{b3}+t_{c3}=\frac{3}{4}T_c \tag{7-15}$$

式中下角标 a、b、c 分别表示 A、B、C 三相。

利用式（7-12）～式（7-15）可以很快地计算出各相脉宽 t_2 与间隙时间 t_1、t_3。

在数字控制中用计算机实时产生 SPWM 波形正是基于上述的采样原理和计算公式。一般可以离线先在通用计算机上算出相应的脉宽 t_2 或 $\frac{T_c}{2}M\sin\omega_1 t_e$ 后写入 EPROM，然后由调速系统的微型机通过查表和加减运算求出各相脉宽时间和间隙时间，这就是所谓的查表法。也可以在

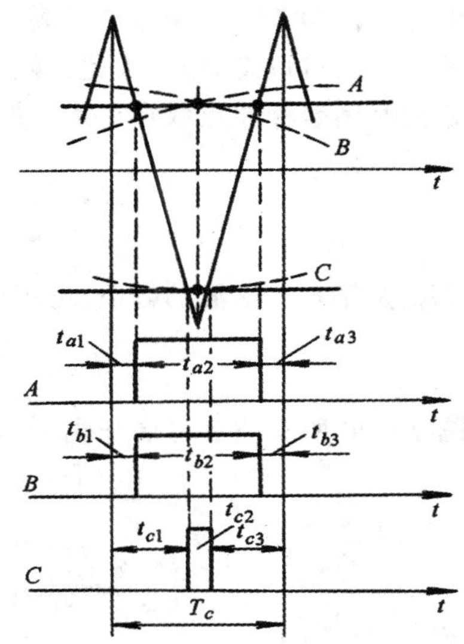

图 7-19 三相 SPWM 波形

内存中存贮正弦函数和 $T_c/2$ 值，控制时先取出正弦值与调速系统所需的调制度 M 作乘法运算，再根据给定的载波频率取出对应的 $T_c/2$ 值，与 $M\sin\omega_1 t_e$ 作乘法运算，然后运用加、减、移位即可算出脉宽时间 t_2 和间隙时间 t_1、t_3，此即所谓的实时计算法。按查表法或实时计算法所得的脉冲数据都送入定时器，利用定时中断向接口电路送出相应的高、低电平，以实时产生 SPWM 波形的一系列脉冲。对于开环控制系统，在某一给定转速下其调制度 M 与频率 ω_1 都有确定值，所以宜采用查表法。对于闭环控制的调速系统，在系统运行中调制度 M 值须随时被调节，用实时计算法更为适宜。

在所讨论的 SPWM 生成方法中可以用单板机或单片机。若采用 8 位单板机，由于受系统时钟和计算能力的限制，所得 SPWM 波形的精度不能很高。为了实现闭环控制，一般须组成多 CPU 系统，显得不太方便，若采用 16 位单板机，虽可提高精度，但增加了系统的成本，而微机的功能并不能充分发挥。近来日益趋向于采用价廉的 8 位或 16 位单片机或专用大规模集成电路芯片，诸如 4752LSI－SPWM 发生器，可参阅有关文献〔41〕。

（三）指定谐波消除法（Harmonic Elimination Method）

前面所讨论的 SPWM 逆变器控制模式并不是唯一的，多年来对 SPWM 的控制模式研究得很多，提出了不少方法，其中比较有意义的一种就是消除指定谐波的 SPWM 控制模式。

在这里，逆变器的输出电压仍是一组等幅不等宽的脉冲波，而且是半个周期对称的。但它们并非由三角载波与正弦调制波的交点形成，而是从消除某些指定次数的谐波出发，通过计算，来确定各个脉冲的开关时刻。以图 7－20 所示的简单电压波形为例，这是一个半周期内只有三个脉冲波的单极式 SPWM 波形。如要求逆变器输出的基波电压幅值为 U_{1m}，并要求消除五次和七次谐波电压（三相电动机无中线时，三次和三的倍数次谐波可以忽略）。为此，须适当地选取脉冲开关时刻 α_1、α_2 和 α_3。

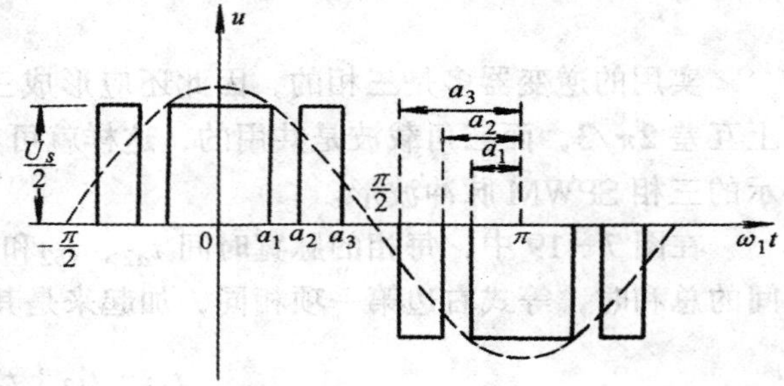

图 7－20　三脉冲波的单极式 SPWM 波形

如把时间坐标原点取在 1/4 周期处，则 SPWM 电压波形的傅氏级数可写作

$$u(\omega t)=\sum_{k=1}^{\infty} U_{km}\cos k\omega_1 t \tag{7-16}$$

式中 U_{km} 是第 k 次谐波的幅值，可表达为

$$U_{km}=\frac{2}{\pi}\int_0^{\pi} u(\omega t)\cos k\omega_1 t\,\mathrm{d}(\omega_1 t)$$

根据图 7－20 所示波形可展开成

$$U_{km}=\frac{U_s}{\pi}\Big[\int_0^{\alpha_1}\cos k\omega_1 t\,\mathrm{d}(\omega_1 t)+\int_{\alpha_2}^{\alpha_3}\cos k\omega_1 t\,\mathrm{d}(\omega_1 t)-$$

$$\int_{\pi-\alpha_3}^{\pi-\alpha_2}\cos k\omega_1 t\,\mathrm{d}(\omega_1 t)-\int_{\pi-\alpha_1}^{\pi}\cos k\omega_1 t\,\mathrm{d}(\omega_1 t)\Big]=$$

$$\frac{2U_s}{k\pi}[\sin k\alpha_1-\sin k\alpha_2+\sin k\alpha_3]$$

由于脉冲波形对称，不存在偶次谐波，故上式中的 k 为奇数。把 U_{km} 代入式（7－16），得

$$u(\omega t)=\frac{2U_s}{\pi}\sum_{k=1}^{\infty}\frac{1}{k}[\sin k\alpha_1-\sin k\alpha_2+\sin k\alpha_3]\cos k\omega_1 t=$$
$$\frac{2U_s}{\pi}(\sin\alpha_1-\sin\alpha_2+\sin\alpha_3)\cos\omega_1 t+$$
$$\frac{2U_s}{5\pi}(\sin5\alpha_1-\sin5\alpha_2+\sin5\alpha_3)\cos5\omega_1 t+$$
$$\frac{2U_s}{7\pi}(\sin7\alpha_1-\sin7\alpha_2+\sin7\alpha_3)\cos7\omega_1 t$$
$$+\cdots\cdots \tag{7-17}$$

根据前述条件，可由式(7－17)得出

$$U_{1m}=\frac{2U_s}{\pi}(\sin\alpha_1-\sin\alpha_2+\sin\alpha_3)$$
$$U_{5m}=\frac{2U_s}{5\pi}(\sin5\alpha_1-\sin5\alpha_2+\sin5\alpha_3)=0$$
$$U_{7m}=\frac{2U_s}{7\pi}(\sin7\alpha_1-\sin7\alpha_2+\sin7\alpha_3)=0$$

求解以上方程组即可得到为了消除五次和七次谐波所应有的各脉冲波开关时刻 α_1、α_2 和 α_3。当然，为了消除更高次谐波，就得用更多的方程来求解更多的开关时刻，也就是说要在一个周期内有更多的脉冲波才能更好地抑制与消除输出电压中的谐波成份。

应该说，利用指定谐波消除法来确定一系列脉冲波的开关时刻是能够有效地消除所指定次数的谐波的，但是指定次数以外的谐波却不一定能减少，有时甚至还会增大。不过它们已属高次谐波，对电机的工作影响不大。

在控制方式上，这种方法并不依赖于三角载波与正弦调制波的比较，因此实际上已经离开了脉宽调制的概念，只是由于其效果和脉宽调制一样，才列为 SPWM 控制模式的一类。上述三角函数方程组的求解困难，而且在不同输出频率下要求不同的脉冲开关角，因此难以实现实时控制。一般用离线的迭代计算法求出不同输出频率下各开关角的数值解，放入微机内存，以备控制时取用。

四、高开关频率的电流滞环（Hysteresis-band）控制 SPWM 逆变器

前面各小节讨论的 SPWM 逆变器都是电压源型的，中间直流环节一直被认为是恒压源，电流的大小则取决于负载电路，如果负载出现低阻抗或短路，将产生严重的冲击电流而损坏电力晶体管。解决这个问题的可靠方法是实行电流控制。由控制电路或微型机产生给定频率和幅值的正弦电流参考信号 i_{ref}，与实际相电流检测信号 i_s 相比较，其偏差经过具有滞环特性的高增益放大器，即滞环比较器 DHC，控制逆变器该相上下两个桥臂电力晶体管的通或断。逆变器一相电流滞环控制的原理框图示于图 7－21。

滞环比较器的环宽为 $2\Delta i_{max}$，其中 Δi_{max} 是设定的最大电流偏差。当实际相电流 i_s 超过给定电流 i_{ref}，且偏差达到 Δi_{max} 时（图 7－22），滞环比较器的输出使该相上桥臂的晶体管关断，经过必要的保护延时后，下桥臂晶体管导通，结果把该相输出电压由 $+U_s/2$ 切换到 $-U_s/2$，因而电流开始下降。当实际电流降到比给定值低 Δi_{max} 时，下桥臂晶体管关断，上桥臂晶体管导通，

电流再上升。如此上下两管反复通断，迫使实际电流不断跟踪给定电流的波形，仅在允许偏差范围内稍有波动，如图 7-22 所示。

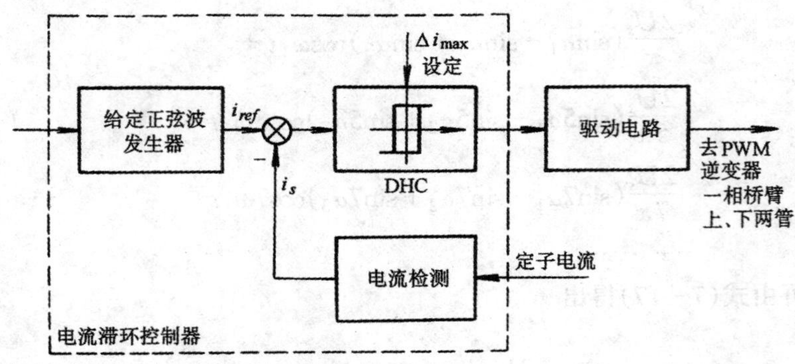

图 7-21　电流滞环控制 SPWM 逆变器一相电流控制原理框图 DHC—滞环比较器

电流偏差的允许范围可用下式表示

$$|i_s - i_{ref}| \leqslant \Delta i_{max}$$

或

$$-\Delta i_{max} \leqslant i_s - i_{ref} \leqslant \Delta i_{max}$$

实际的电流变化过程受到电动机感应电动势、绕组阻抗和续流二极管作用的制约。在一般情况下，如果忽略绕组电阻，则电流变化率为

$$\frac{di}{dt} = \frac{0.5U_s - E_{gm}\sin\omega_1 t}{L_l} \tag{7-18}$$

式中　$E_{gm}\sin\omega_1 t$ ——正弦变化的电动势；

L_l ——等效漏管。

由式（7-18）可知，若须电流变化快，必须保证较高的电源电压 U_s。

电流滞环控制逆变器的输出电压虽然仍是脉冲式的，但它已完全脱离了原有意义的正弦脉宽调制，其所以仍称作 SPWM，只是因为给定的电流参考信号是正弦波，从而使实际电流被限制在正弦波形周围脉动，基本上也是正弦波。当然，检测实际电流用的电流传感器必须是具有很宽通频带的高性能传感器，高灵敏度的霍尔效应传感器就能够胜任。调速时，只须改变电流给定信号的频率，无须调节逆变器的电压。此时，在电流控制环外边应有转速外环，才能视不同负载的需要自动控制给定电流的幅值。

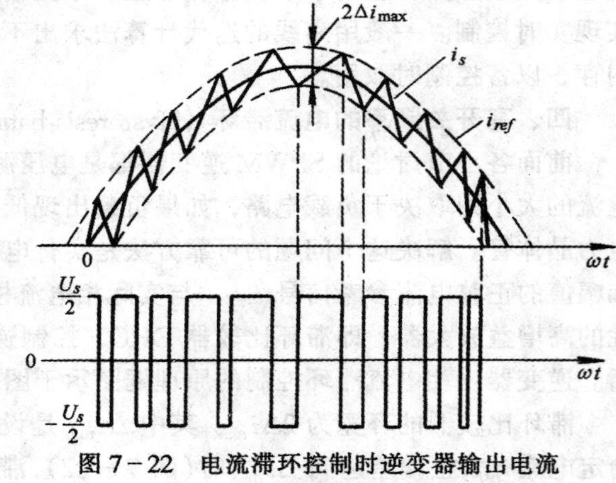

图 7-22　电流滞环控制时逆变器输出电流与电压波形

§7-4 异步电动机电压、频率协调控制的稳态机械特性

前已指出，异步电动机变频调速系统的基本控制方式是变压变频（VVVF），在基频以下采用恒压频比带定子压降补偿的控制方式，基本上保持磁通 Φ_m 在各级转速上都为恒值。本节将研究这种控制方式下的稳态机械特性，并进一步探讨电压和频率如何协调控制才能获得更为理想的稳态性能。

一、恒压恒频时异步电动机的机械特性

第六章式（6-3）已给出异步电动机的机械特性方程式。当定子电压 U_1 和角频率 ω_1 都为恒定值时，可以把它改写成如下的形式

$$T_e=3n_p\left(\frac{U_1}{\omega_1}\right)^2\frac{s\omega_1 R_2}{(sR_1+R'_2)^2+s^2\omega_1^2(L_{l1}+L'_{l2})^2} \tag{7-19}$$

当 s 很小时，可忽略上式分母中含 s 各项，则

$$T_e\approx 3n_p\left(\frac{U_1}{\omega_1}\right)^2\frac{s\omega_1}{R'_2}\propto s \tag{7-20}$$

即 s 很小时，转矩近似与 s 成正比，机械特性 $T_e=f(s)$ 是一段直线，见图 7-23。

当 s 接近于 1 时，可忽略式(7-19)分母中的 R'_2，则

$$T_e\approx 3n_p\left(\frac{U_1}{\omega_1}\right)^2\frac{\omega_1 R_2}{s[R_1^2+\omega_1^2(L_{l1}+L'_{l2})^2]}\propto\frac{1}{s} \tag{7-21}$$

即 s 接近于 1 时转矩近似与 s 成反比，这时，$T_e=f(s)$ 是对称于原点的一段双曲线。

当 s 为以上两段的中间数值时，机械特性从直线段逐渐过渡到双曲线段，如图 7-23 所示。

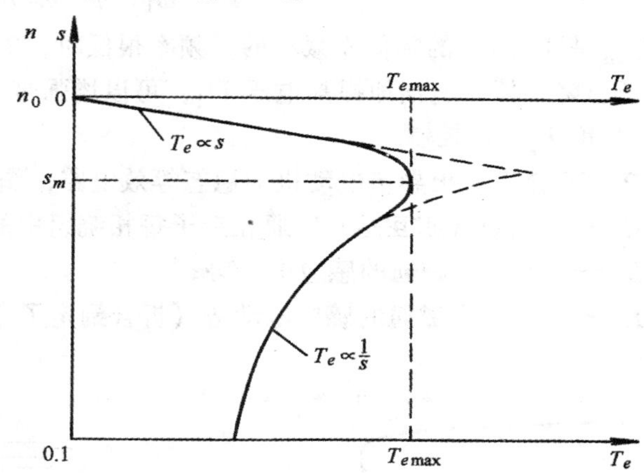

图 7-23 恒压恒频时异步电动机的机械特性

二、电压、频率协调控制下的机械特性

异步电动机带负载 T_L 稳定运行时，由式（7-19）可得

$$T_L=3n_p\left(\frac{U_1}{\omega_1}\right)^2\frac{s\omega_1 R'_2}{(sR_1+R'_2)^2+s^2\omega_1^2(L_{l1}+L'_{l2})^2}$$

此式表明，对于同一种负载要求，即以一定的转速 n_A（或转差率 s_A）在一定的负载转矩 T_{LA}下运行时，电压 U_1 和频率 ω_1 可以有多种配合。在电压和频率的不同配合下机械特性也是不一样的，因此可有不同方式的电压——频率协调控制。

（一）恒压频比控制（$U_1/\omega_1=$恒值）

在§7-1 中已经指出，为了近似地保持气隙磁通 Φ_m 不变，以便充分利用电机铁心，发挥电机产生转矩的能力，在基频以下须采用恒压频比控制。实行恒压频比控制时，同步转速自然也随着频率变化。

$$n_0 = \frac{60\omega_1}{2\pi n_p} \quad (\text{r/min}) \tag{7-22}$$

因此，带负载时的转速降落 Δn 为

$$\Delta n = sn_0 = \frac{60}{2\pi n_p} s\omega_1 \quad (\text{r/min}) \tag{7-23}$$

在式(7-20)所表示的机械特性的近似直线段上，可以导出

$$s\omega_1 \approx \frac{R'_2 T_e}{3n_p\left(\dfrac{U_1}{\omega_1}\right)^2} \tag{7-24}$$

由此可见，当 U_1/ω_1 为恒值时，对于同一转矩 T_e，$s\omega_1$ 是基本不变的，因而 Δn 也是基本不变的（见式（7-23））。这就是说，在恒压频比条件下改变频率时，机械特性基本上是平行下移的，见图 7-24。它们和直流他激电机变压调速时特性的变化情况相似，所不同的是，当转矩增大到最大值以后，转速再降低，特性就折回来了。而且频率越低时最大转矩越小，这可以从第六章式（6-5）得到证明。

对式（6-5）稍加整理便可看出 U_1/ω_1 = 恒值时最大转矩 T_{emax} 随角频率 ω_1 的变化关系为

$$T_{emax} = \frac{3}{2} n_p \left(\frac{U_1}{\omega_1}\right)^2 \frac{1}{\dfrac{R_1}{\omega_1} + \sqrt{\left(\dfrac{R_1}{\omega_1}\right)^2 + (L_{l1} + L'_{l2})^2}} \tag{7-25}$$

可见 T_{emax} 是随着 ω_1 的降低而减小的。频率很低时，T_{emax} 太小将限制调速系统的带载能力。采用定子压降补偿，适当地提高电压 U_1，可以增强带载能力，见图 7-24。

（二）恒 E_g/ω_1 控制

图 7-25 再次绘出异步电动机的稳态等效电路，图中几处感应电动势的意义如下：

E_g ——气隙（或互感）磁通在定子每相绕组中的感应电动势；

E_s ——定子全磁通的感应电动势；

E_r ——转子全磁通的感应电动势（折合到定子边）。

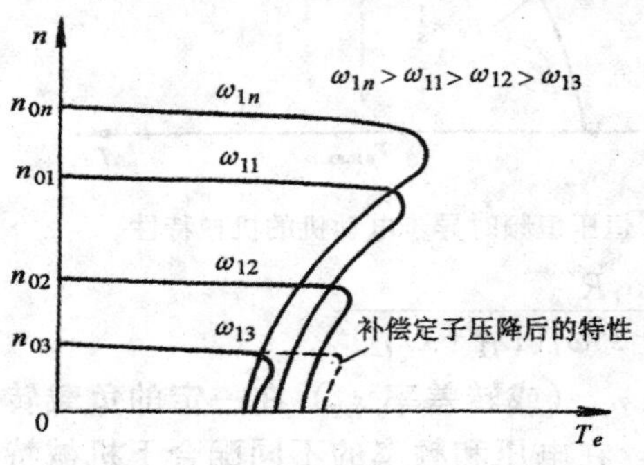

图 7-24 恒压频比控制时变频调速的机械特性

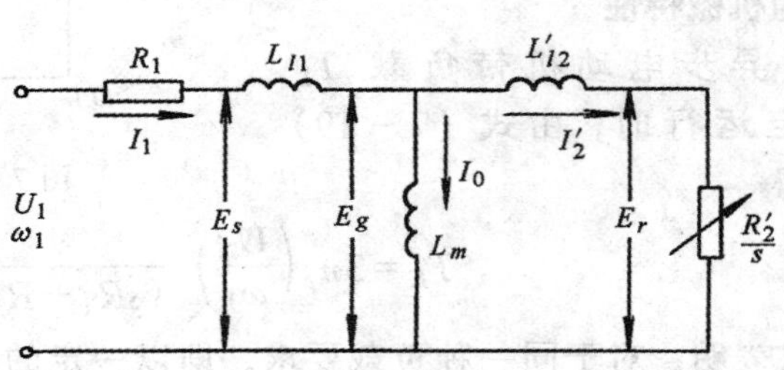

图 7-25 异步电动机稳态等效电路和感应电动势

如果在电压-频率协调控制中，恰当地提高电压 U_1 的份量，使它在克服定子压降以后，能维持 E_g/ω_1 为恒值（基频以下），则由式（7-1）可知，无论频率高低，每极磁通 Φ_m 均为常值。

下面推导恒 E_g/ω_1 控制时的机械特性。

由图 7－25 等效电路中可以看出

$$I'_2=\frac{E_g}{\sqrt{\left(\frac{R'_2}{s}\right)^2+\omega_1^2L_{l2}^{'2}}} \tag{7-26}$$

代入电磁转矩基本关系式，得

$$T_e=\frac{3n_p}{\omega_1}\cdot\frac{E_g^2}{\left(\frac{R'_2}{s}\right)^2+\omega_1^2L_{l2}^{'2}}\cdot\frac{R'_2}{s}=3n_p\left(\frac{E_g}{\omega_1}\right)^2\frac{s\omega_1R'_2}{R_1^{'2}+s^2\omega_1^2L_{l2}^{'2}} \tag{7-27}$$

这就是恒 E_g/ω_1 时的机械特性方程式。

利用和以前一样的分析方法，当 s 很小时，可忽略式（7－27）分母中含 s^2 项，则

$$T_e\approx3n_p\left(\frac{E_g}{\omega_1}\right)^2\frac{s\omega_1}{R'_2}\propto s \tag{7-28}$$

这表明机械特性的这一段近似为一条直线。当 s 接近 1 时，可忽略式（7－27）分母中的 $R_2^{'2}$ 项则

$$T_e\approx3n_p\left(\frac{E_g}{\omega_1}\right)^2\frac{R'_2}{s\omega_1L'_{l2}}\propto\frac{1}{s} \tag{7-29}$$

这时的机械特性是一段双曲线。

s 值为上述两处的中间值时，机械特性在直线和双曲线之间逐渐过渡，整条特性与恒压频比控制时的特性具有相同的性质。但是，对比式(7－27)和式（7－19）可以看出，恒 E_g/ω_1 控制的转矩公式分母中含 s 项要小于恒 U_1/ω_1 控制转矩公式中的同类项，也就是说，s 值要更大一些才能使含 s 项在分母中占有显著的份量，从而不能被忽略，因此恒 E_g/ω_1 控制机械特性线性段的范围会更宽一些。图 7－26 中同时绘出了不同协调控制方式的机械特性。

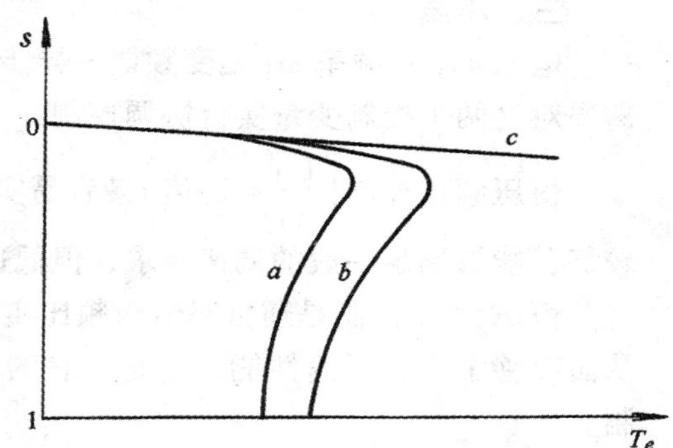

图 7－26　不同电压－频率协调控制方式的机械特性

a—恒 U_1/ω_1 控制　b—恒 E_g/ω_1 控制　c—恒 E_r/ω_1 控制

将式（7－27）对 s 求导，并令 $dT_e/ds=0$，可得恒 E_g/ω_1 控制发生最大转矩时的转差率

$$s_m=\frac{R'_2}{\omega_1L'_{l2}} \tag{7-30}$$

和最大转矩

$$T_{emax}=\frac{3}{2}n_p\left(\frac{E_g}{\omega_1}\right)^2\frac{1}{L'_{l2}} \tag{7-31}$$

值得注意的是，当 E_g/ω_1 为恒值时，T_{emax}值也恒定不变。由此可见，恒 E_g/ω_1 值控制的稳态性能是优于恒压频比控制的，它正是恒压频比控制时补偿定子压降所追求的目标。

（三）恒 E_r/ω_1 控制

如果把电压－频率协调控制中的电压 U_1 相对地再提高一些，把转子漏抗（见图 7－25）上的压降也抵消掉，就得到恒 E_r/ω_1 控制。这时，机械特性会怎样呢？

由图 7－25 可写出

$$I'_2=\frac{E_r}{R'_2/s} \tag{7-32}$$

代入电磁转矩基本关系式,得

$$T_e=\frac{3n_p}{\omega_1}\cdot\frac{E_r^2}{\left(\frac{R'_2}{s}\right)^2}\cdot\frac{R'_2}{s}=3n_p\left(\frac{E_r}{\omega_1}\right)^2\cdot\frac{s\omega_1}{R'_2} \tag{7-33}$$

不必再作任何近似就可得出，这时的机械特性 $T_e=f(s)$ 完全是一条直线，也把它画在图 7－26 上。显然，恒 E_r/ω_1 控制的稳态性能最好，可以获得和直流电机一样的线性机械特性。这才是高性能交流变频调速真正应该追求的目标。

问题是，怎样控制变频装置的电压和频率才能获得恒定的 E_r/ω_1 呢？

按照电动势和磁通的关系〔见式（7－1）〕，可以看出，气隙磁通幅值 Φ_m 是对应于它的旋转感应电动势 E_g 的；那么，转子全磁通的幅值 Φ_{rm} 就对应于 E_r

$$E_r=4.44f_1N_1k_{N1}\Phi_{rm} \tag{7-34}$$

由此可见，只要能够按照转子全磁通幅值 Φ_{rm}＝恒值进行控制，就可以获得恒定的 E_r/ω_1。这也就是矢量控制变频调速系统的目的，下面在§7－8 中将详细讨论。

三、小结

电压 U_1 和频率 ω_1 是变频器－异步电动机系统的两个独立的控制变量，在变频调速时需要对这两个控制变量实行协调控制。

恒压频比控制$\left(\frac{U_1}{\omega_1}=\text{恒值}\right)$最容易实现，它的变频机械特性基本上是平行下移，硬度也较好，能够满足一般的调速要求，但低速带载能力还差强人意，须对定子压降实行补偿。

恒 E_g/ω_1 控制是通常对恒压频比实行电压补偿的目标，可以在稳态时做到 Φ_m＝恒值，从而改善了稳态调速性能。但是，它的机械特性还是非线性的，产生转矩的能力仍受到限制。

恒 E_r/ω_1 控制可以得到和直流他励电动机一样的线性机械特性，从而具备了实现高性能调速的可能性。按照转子全磁通 Φ_{rm}＝恒值进行控制可以得到恒 E_r/ω_1 值。在稳态和动态都能保持 Φ_{rm} 恒定是矢量控制变频调速的目的，当然它的控制系统是比较复杂的。

以上几种电压－频率协调控制都是指基频以下的恒转矩调速范围而言的，在基频以上则一律都得采用电压不变只提高频率的恒功率弱磁调速。

§7－5　转速开环、恒压频比控制的变频调速系统

采用电压－频率协调控制时，异步电动机在不同频率下都能获得较硬的机械特性线性段。如果生产机械对调速系统的静、动态性能要求不高，可以采用转速开环恒压频比的控制系统，其结构最简单，成本也比较低，例如风机、水泵等的节能调速就经常采用这一方案。本节讨论由交－直－交电压源和电流源晶闸管变频器分别组成的两种转速开环调速系统，都采用恒压频比带低频电压补偿的协调控制。

一、转速开环的交－直－交电压源变频调速系统

图 7－27 是这一系统的结构原理图。图中，UR 是可控整流器，用电压控制环节控制它的输出直流电压；USI（Voltage Source Inverter）是电压源逆变器，用频率控制环节控制它的输出频率。电压和频率控制采用同一个控制信号 U_{abs}，以保证二者的协调。由于转速控制是开环的，不能让阶跃的转速给定信号 U_{ω}^{*} 直接加到电压和频率控制系统上，否则将产生很大的冲击电流而使电源跳闸。为了解决这个问题，在给定信号 U_{ω}^{*} 和电压、频率的控制信号 U_{abs} 之间设置了给定积分器 GI 和绝对值变换器 GAB。首先，用 GI 将阶跃信号 U_{ω}^{*} 转变成按设定的斜率逐渐变化的斜坡信号 U_{gi}，从而使电动机电压和转速都能平缓地升高或降低。其次，由于 U_{gi} 是可逆的，而电机的旋转方向取决于变频电压的相序，并不需要在电压和频率的控制信号上反映极性，因此用绝对值变换器 GAB 将 U_{gi} 变换成只输出其绝对值的信号 U_{abs}。

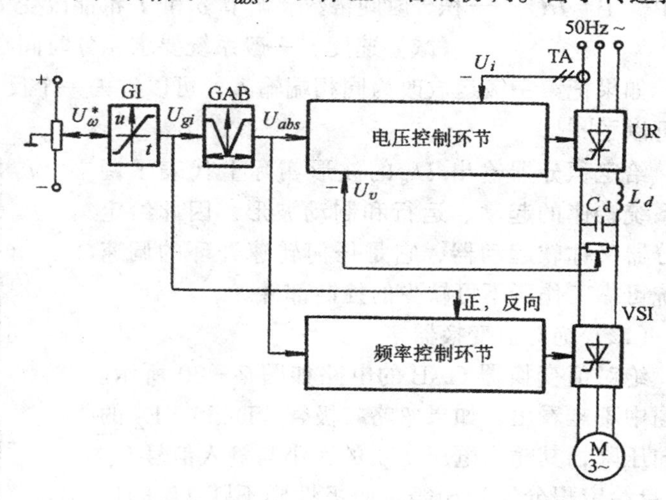

图 7－27　转速开环的交－直－交电压源变频调速系统

GI—给定积分器　GAB—绝对值变换器

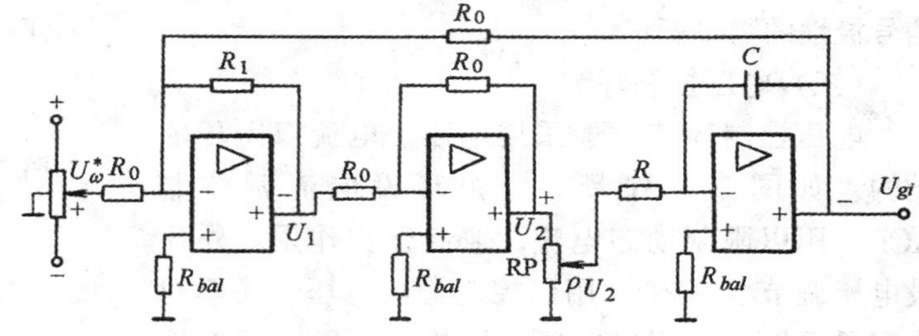

图 7－28　给定积分器原理图

（一）给定积分器

由模拟电子电路组成的给定积分器原理图如图 7－28 所示，它包含三级运算放大器。第一级是高放大倍数的极性鉴别器（$R_1 > 100R_0$），其输出电压 U_1 只取与给定电压 U_{ω}^{*} 相反的极性，不管 U_{ω}^{*} 大小如何，U_1 都是饱和值。第二级是反向器，使其输出电压 U_2 的极性再倒一下，变成与 U_{ω}^{*} 极性相同。第三级是积分器，经 RC 积分使输出电压 U_{gi} 成为斜坡信号，积分的变化率用电位器 RP 来调节。最后，再由 U_{gi} 引负反馈信号回到第一级，以决定积分的终止时刻。只要 U_{gi} 的绝对值小于 U_{ω}^{*}，则第一级输出 U_1 始终饱和，负反馈对它没有影响，直到 $|U_{gi}| = |U_{\omega}^{*}|$ 时，U_1、U_2 很快下降到零，积分终止，U_{gi} 保持恒值。

图 7－28 上标出了给定电压 U_{ω}^{*} 为正时各级运放的输出极性。这时，突加 U_{ω}^{*} 和突减 U_{ω}^{*} 后各处电压的波形示于图 7－29。积分器的积分时间可从其虚地点的电流平衡方程式推导出来

$$\frac{\rho U_{2m}}{R} = -\frac{U_{gi}}{\frac{1}{Cs}}$$

$$\therefore \qquad U_{gi}=-\frac{\rho U_{2m}}{RCs}=-\frac{U_{2m}}{\frac{1}{\rho}Ts} \qquad (7-35)$$

式中　$T=RC$——积分时间常数。调节 ρ 和 T 都能改变 U_{gi} 的斜率，从而改变调速系统的加（减）速度，一般系统要求积分时间在 5～50s 之间可调。

如果把第一级运放改为同相端输入，可以省去一个反号器，只要改变一下负反馈的接法就可以了[31]。

给定积分器输出 U_{gi} 的波形实际上代表了调速系统转速的起动、运行和制动波形，因此给定积分器又称软起动器，它是任何转速开环的调速系统可靠工作所不可缺少的控制部件。

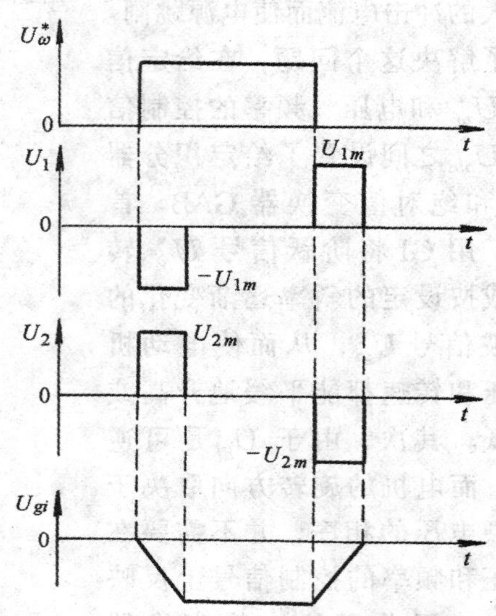

图 7－29　给定积分器各级输入，输出电压波形

（二）绝对值变换器

绝对值变换器 GAB 的电路如图 7－30 所示。从图中不难看出，如果忽略二极管 VD_1 和 VD_2 的正向压降，其输出电压 U_{abs} 的大小与输入信号 U_{gi}（来自给定积分器）相等，而极性则不随 U_{gi} 的极性变化，也就是说，$U_{abs}=|U_{gi}|$。图 7－30 中 U_{abs} 为负，也可以设计成正的极性，视系统对控制信号极性的需要而定。

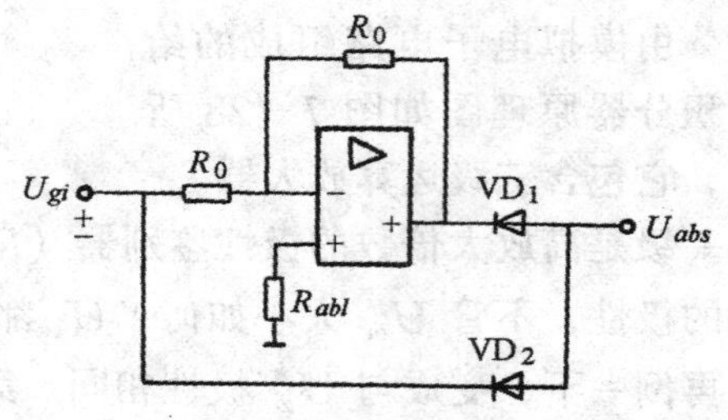

图 7－30　绝对值变换器

（三）电压控制环节

电压控制环节一般采用电压、电流双闭环的结构，如图 7－31 所示。内环设电流调节器 ACR，用以限制动态电流，兼起保护作用。外环设电压调节器 AVR，用以控制输出电压。简单的小容量系统也可用单电压环结构。电压－频率控制信号加到电压调节器上以前，应先通过函数发生器 GF，把电压给定信号 U_v^* 提高一些，以补偿定子阻抗压降，改善调速时（特别是低速时）的机械特性。

图 7－32a 中绘出了函数发生器 GF 的原理图，其输入信号为 U_{abs}，输出信号为 AVR 的给定电压 U_v^*（设 U_{abs} 极性为负，U_v^* 极性为正）。通过调节电位器 RP_1 和 RP_2 能够获得图 7－32b 所示的函数特性。

当 $U_{abs}=0$ 时，加在运算放大器上的只有偏压信号 $+U_b$，输出信号 U_v^* 为负值（A 点），可控整流器 UR 处在待逆变状态，无电压输出。当 U_{abs} 信号增大，U_v^* 逐渐变正，使 UR 进入整流区工作，但 U_v^* 的数值还不足以使二极管 VD 完全导通时，GF 的放大系数为 $K_{gf}=(R_1+R_2)/R_0$，输入输出特性是图 7－32b 中比较陡的 $\overline{AB}$ 段。在 B 点，$i_1R_1=0.7V$，VD 刚好完全导通，电阻 R 被短路，放大系数变成 $K'_{gf}=R_2/R_0$，特性斜率开始减小（实际上是平滑过渡的）。B 点对应于最低转速的工作点，此时压频控制电压为 U_{absmin}。在 $\overline{BC}$ 段，运算放大器虚地点的电流平衡方程式为

$$\frac{U_{abs}}{R_0}-\frac{U_b}{R_0}=\frac{U_v^*-0.7}{R_2}$$

式中　R_2——电位器 RP_2 的电阻值。

因此

$$U_v^*=\frac{R_2}{R_0}(U_{abs}-U_b)+0.7$$

这就是 GF 在变频调速时的工作特性，C 点对应于基频工作点。调节电位器 RP_2 可以改变工作特性的斜率，调节 RP_1 可以改变 GF 的偏压值，即改变工作特性的起始点。超过 C 点以后，利用运算放大器的限幅作用使 U_v^* 保持恒定，系统可进入恒压调频阶段，亦即弱磁升速阶段。

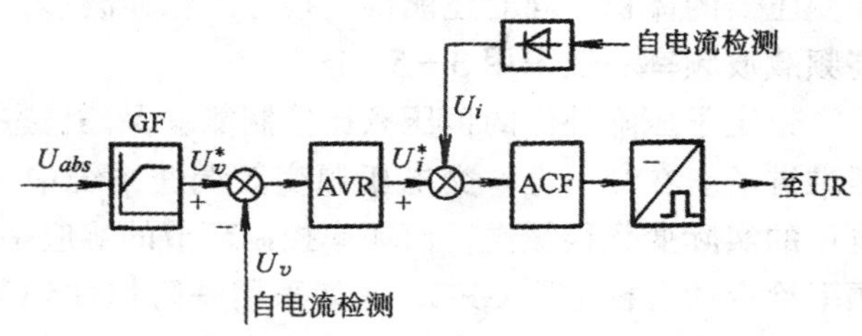

图 7-31　电压源变频调速系统的电压控制环节

(四) 频率控制环节

频率控制环节主要由压频变换器 GVF、环形分配器 DRC 和脉冲放大器 AP 三部分组成（图 7-33），将电压——频率控制信号 U_{abs} 转变成具有一定频率的脉冲列，再按六个脉冲一组依次分配给逆变器，分别触发桥臂上相应的六个晶闸管。

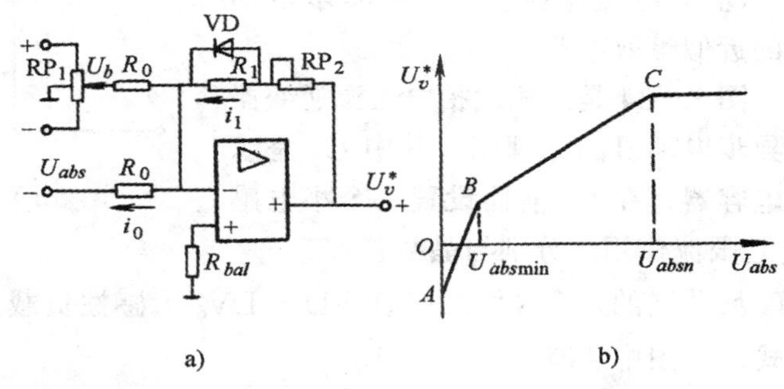

图 7-32　函数发生器 GF
a) 原理图　b) 输入输出特性

压频变换器 GVF 是一个由电压控制的振荡器（Voltage Controlled Oscillator，简称 VCO），它的作用是将电压信号转变成一系列脉冲信号，脉冲列的频率与控制电压的大小成正比，从而得到恒压频比的控制作用。如果逆变器输出的最高频率是 f_{max}，则压频变换器应能给出最高频率 $6f_{max}$，以便在逆变器的一个工作周期内发出六个触发脉冲，分别触发六个桥臂的晶闸管。变频调速系统对压频变换器的主要要求是：(1)有较好的电压-频率变化线性度；(2)有较好的频率稳定性；(3)能方便地改变参数来调节变频范

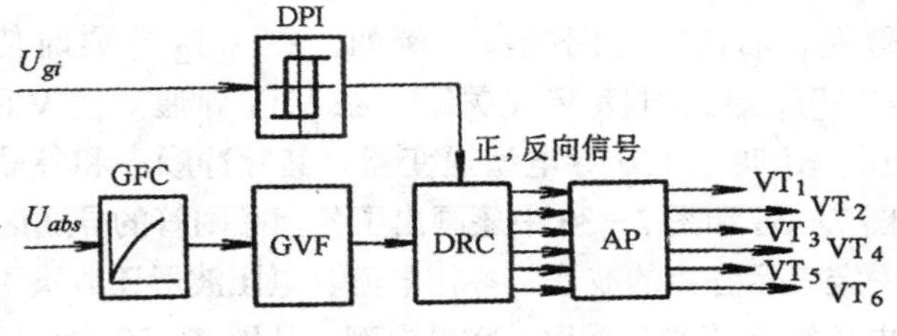

图 7-33　晶闸管逆变器的频率控制环节
GVF—电压频率变换器　DRC—环形分配器　DPI—极性鉴别器
AP-脉冲放大器　GFC-频率给定动态校正器

围。

环形分配器 DRC 是一个具有六分频作用的环形计数器，它将 GVF 输出的脉冲列分配成六个一组相互间隔 60°的具有一定宽度的脉冲信号。对于可逆调速系统，只要用改变晶闸管触发顺序的方法来改变输出电压的相序，就可改变电动机的转向，这时，采用可逆计数器就可以了。当计数器每一次做 +1 运算时，输出脉冲按 1→6 的顺序触发晶闸管，逆变器输出正相序电压；当计数器做 -1 运算时，按 6→1 的顺序触发晶闸管，得到负相序电压。加、减法运算由正、反向信号来控制，正、反向信号从 U_{gt} 经极性鉴别器 DPI 获得。

脉冲放大器 AP 的主要任务是脉冲功率的放大和触发脉冲宽度的保证。当逆变器输出频率在 50Hz 以上时，采用一般功放电路就可以了。当输出频率在 50Hz 以下时，为了减小脉冲变压器的体积，同时还能得到很好的脉冲波形，须对 DRC 送来的脉冲信号施加高频调制，高频载波频率一般采用 3-5kHz。

带定子压降补偿的恒压频比控制能够保证稳态磁通恒定，在动态过程中磁通是否不变就很难讲了。在交-直-交电压源变频调速系统中，由于中间直流回路存在大滤波电容 C_d，电压的实际变化很缓慢，而频率控制环节的响应是较快的，所以在压频变换器前面设置一个频率给定动态校正器 GFC，例如采用一阶惯性环节，让频率的变化也慢些，希望与电压在动态过程中一致起来。当然这样做是很粗糙的，GFC 的具体参数只能在调试中确定。

（五）电压源逆变器——异步电动机的近似等效电路

图 7-34 是三相六拍电压源逆变器带异步电动机的原理图，其中 C_d 是滤波电容器，在 C_d 前面设置一个小电感 L_d 起限流作用。分别与晶闸管 VT_1～VT_6 反并联的六个续流二极管 VD_1～DV_6 为感性负载无功电流提供通道，换流电路有多种形式，在图中从略。

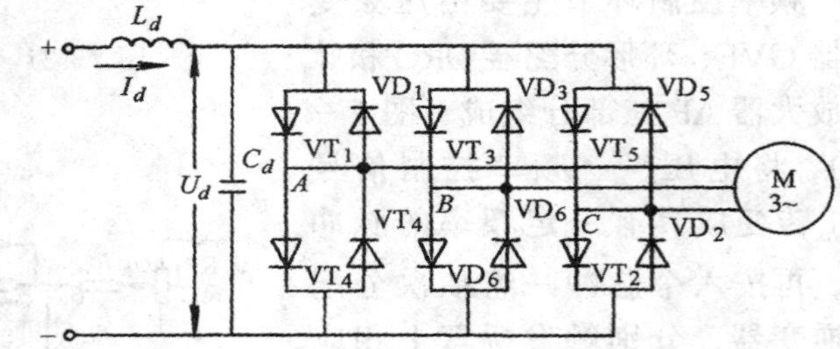

图 7-34　电压源逆变器—异步电动机

变频调速用逆变器中的晶闸管换流时一般多采用强迫换流方式。强迫换流的顺序有两种，一种是在桥臂上、下两管之间相互换流，例如，当 VT_4 导通时关断 VT_1，当 VT_6 导通时关断 VT_3，当 VT_2 导通时关断 VT_5 等等，这时每个晶闸管的导通区间是 180°，因此称作 180°导电型逆变器，其脉冲顺序和各晶闸管导通与关断情况示于图 7-35。另一种是在同一排桥臂左、右两管之间换流，例如，在 VT_3 导通时使 VT_1 关断，在 VT_5 导通时使 VT_3 关断，在 VT_1 导通时使 VT_5 关断，在 VT_4 导通时使 VT_2 关断，依此类推。每个晶闸管一次导通 120°，这叫做 120°导电型逆变器，其脉冲顺序和各晶闸管导通与关断情况示于图 7-36。

图 7-35 和图 7-36 中还画出了各相晶闸管的导通区间（图中打阴影线部分），但须注意，它并不一定表示各相的波形，各相电流、电压波形还取决于逆变器的类别和负载电路。

电压源逆变器常采用 180°导电型，从图 7-35 中可以看出，除换流期间外每一时刻总有三个晶闸管同时导通。例如，在第 3 和第 4 两个脉冲之间，上半桥的 VT_1 和 VT_3 与下半桥的 VT_2 同时导通；在第 4、第 5 两个脉冲之间，上半桥的 VT_3 与下半桥的 VT_2、VT_4 同时导通。无论哪种情况，载负电机的定子绕组都是两相并联后再和另一相串联，接到直流电源上。图 7-37 绘出

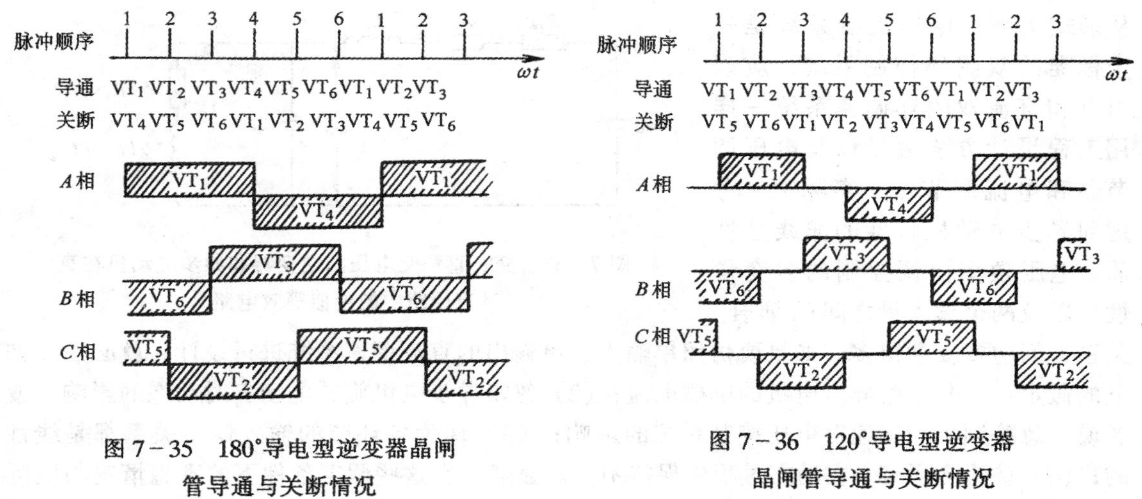

图 7－35　180°导电型逆变器晶闸管导通与关断情况

图 7－36　120°导电型逆变器晶闸管导通与关断情况

了其中的一种情况，图中 Z_A、Z_B、Z_C 表示电机绕组的三相等效阻抗，它们的数值是相等的。在此电路中，Z_A 与 Z_B 并联，等效阻抗值折半，因而直流电压 U_d 在各相绕组上的分配为

$$U_{A0}=U_{B0}=\frac{1}{3}U_d$$

$$U_{c0}=-U_{0c}=-\frac{2}{3}U_d$$

而线电压

$$U_{AB}=0$$

$$U_{BC}=+U_d$$

$$U_{CA}=-U_d$$

这是第 3、4 两个脉冲期间的电压值，持续时间是 60°。在一个周期的其它时间内，电压分配的规律与此相同，每相(线)电压的具体数值随着晶闸管的切换而变化。

在异步电动机的动态等效电路中，除了绕组的电阻和漏抗外，还应包括旋转电动势和励磁阻抗，而旋转电动势又和频率有关，要把这些因素都考虑进去，分析起来是比较复杂的。作为初步的分析，不得不做出比较大的近似，即：(1) 忽略异步电机中旋转电动势的影响；(2) 忽略异步电机的励磁电流。这样，异步电机的每相绕组仅用它的等效电阻 $R_1+R'_2$ 和等效漏感 $L_{l1}+L'_{l2}$ 来表示。鉴于电压源逆变器的负载电路在各种晶闸管导通期间都是两相并联再和另一相串联(图 7－37)，则中间直流回路的等效负载便是 $1.5(R_1+R'_2)$ 和 $1.5(L_{l1}+L'_{l2})$。这样，在中间直流回路中的近似等效电路便如图 7－38 所示。

在图 7－38 中，除上述参数外，R_{rec} 为可控整流装置 UR 的内阻，U_{d0} 是它的理想空载整流电压，R_d 是限流电抗器的电阻，L_d 是它的电感。

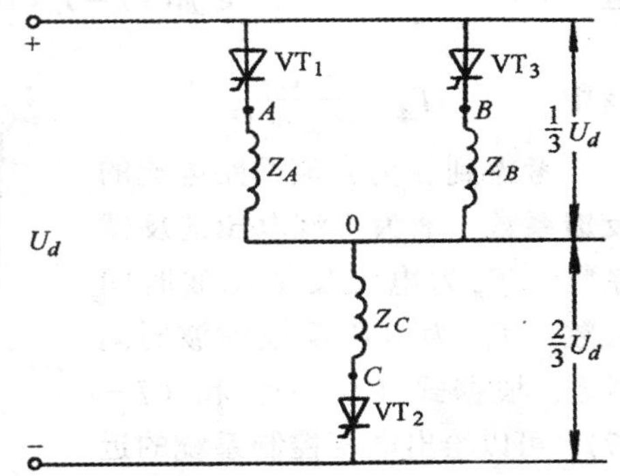

图 7－37　VT_1、VT_2、VT_3 同时导通时电压源逆变器和异步电机绕组的联接

（六）电压控制系统的近似动态结构图

从形式上看，电压控制系统是一个标准的双闭环控制系统，应该可以和直流双闭环调速系统一样用工程设计方法去设计其电压调节器和电流调节器。实际上，考虑到异步电动机特性的非线性性质、电压频率协调控制的多变量性质以及两个输入量之间的耦合关系，问题要复杂得多。如果要仿照单输入、单输出的直流调速系统进行设计，就必须作如下的假定：(1) 忽略异步电机的励磁电流；(2) 忽略异步电机旋转电动势对动态的影响，或者说，忽略频率和转速对电压控制系统的影响；(3) 认为各环节的输入输出关系都是线性的；(4) 认为磁通 Φ_m 在动态过程中保持不变。显然，在这些假定条件下的理想情况与实际情况距离很大，所得出的分析结果是极其粗略的。

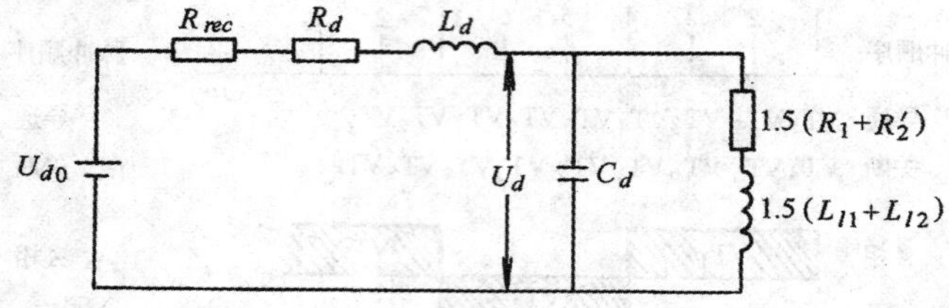

图 7－38　交－直－交电压源逆变器和异步电动机在直流回路中的近似等效电路

根据图 7－38 所示的近似等效电路，在零初始条件下，可列出如下的用拉氏变换式表示的电路方程

$$U_{d0}(s)=I_d(s)(R_{rec}+R_d+L_{ds})+U_d(s)$$

$$U_d(s)=I_d(s)\cdot\frac{[1.5(L_{l1}+L'_{l2})s+1.5(R_1+R'_2)]\dfrac{1}{C_ds}}{1.5(L_{l1}+L'_{l2})s+1.5(R_1+R'_2)+\dfrac{1}{C_ds}}=$$

$$I_d(s)\cdot\frac{1.5(L_{l1}+L'_{l2})s+1.5(R+R'_2)}{1.5(L_{l1}+L_{l2})C_ds^2+1.5(R_1+R'_2)C_ds+1}$$

令

$$R_k=1.5(R+R'_2)$$

$$T_l=\frac{L_{l1}+L_{l2}}{R_1+R'_2}$$

$$T_c=1.5(R_1+R'_2)C_d$$

则

$$U_d(s)=I_d(s)\cdot\frac{R_k(T_ls+1)}{T_cT_ls^2+T_cs+1}\tag{7-36}$$

且

$$U_{d0}(s)=I_d(s)(R_{rec}+R_d)(T_ds+1)+U_d(s)\tag{7-37}$$

其中　$T_d=\dfrac{L_d}{R_{rec}+R_d}$

考虑到 β 为直流回路电流的反馈系数，γ 为直流电压的反馈系数，T_{oi} 为电流反馈滤波时间常数，T_{0v} 为电压反馈滤波时间常数，根据式（7－36）和（7－37），可以绘出电压控制系统的近似动态结构图，如图 7－39 所示。

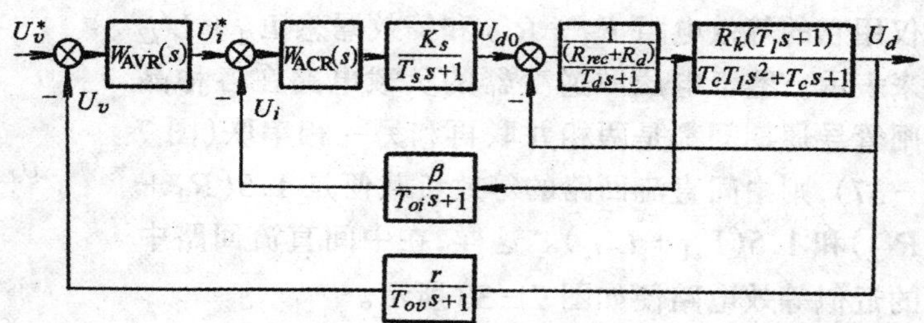

图 7－39　电压源变频调速系统中电压控制系统的近似动态结构图

和直流双环系统工程设计相仿，在设计电流调节器时，可以先忽略 U_d 变化对内环的影响，即将 U_d 对内环的反馈线断开，在允许条件下进行调节器结构和参数选择。这样做的物理意义是：考虑 C_d 是一个大的滤波电容，设计电流环时可先将 C_d 短路，忽略 U_d 变化对电流 i_d 过渡过程的影响。

二、转速开环的交－直－交电流源变频调速系统

图 7－40 是这一系统的结构原理图，和前节所述的电压源变频调速系统的主要区别在于采用了由大电感滤波的电流源逆变器（CurrentS ource Inverter 简称 CSI）。在控制系统上，两类系统基本相同，因为都是电压－频率协调控制。在这里，千万不要误认为电流源变频器就只要电流控制不要电压控制了。“电压源”和“电压控制”完全是两个不同的概念，是“电压源”还是“电流源”取决于滤波环节，而采用“电压控制”或“电流控制”则要看控制的目的。图 7－27 和图 7－40 都用电压控制系统，不同之处只是后者的电压反馈信号改从 CSI 的输出端引出，因为电流源变频器在回馈制动时直流回路电压要反向，而电压源变频器直流电压的极性是不变的。关于制动问题，下面再详细论述。

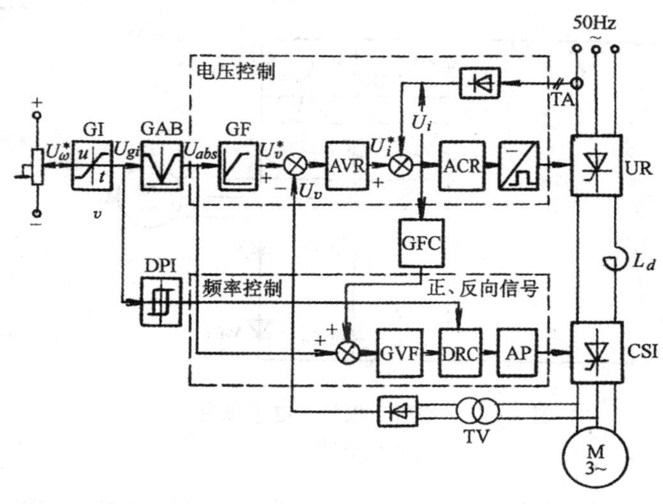

图 7－40 转速开环交－直－交电流源变频调速系统

GI—给定积分器 GAB—绝对值变换器 GF—函数发生器 AVR—电压调节器 ACR—电流调节器 GVF—压频率换器 DRC—环形分配器 AP—脉冲放大器 UR—可控整流器 TV—电压互感器 DPI—极性鉴别器 GFC—频率给定动态校正器

图 7－40 还有一个特点，就是电压－频率协调控制的动态校正方法与电压源变频调速系统中不同。在这里，由于不用电容滤波，实际电压的变化可能太快，因此用电流信号通过频率给定动态校正器 GFC 来加快频率控制，使它与电压变化一致起来。GFC 中一般采用微分校正，当然也可以用别的方法，或者只调整调节器的参数而不另加动态校正环节。

（一）电流源逆变器

电流源逆变器一般采用 120°导电型，图 7－41 是常用的串联二极管式电流源逆变器。图中，C_{13}、C_{35}、C_{51}、C_{46}、C_{62}、C_{24}是换流电容器，每个电容器承担与之相联两个晶闸管之间的强迫换流作用。二极管 $VD_1 \sim VD_6$ 在换流过程中起隔离作用，使电机绕组的感应电动势不致影响换流电容的放电过程，可参看〔10、31、32〕。

从图 7－36 的 120°导电型逆变器中晶闸管导通区段可以看出，在同一时刻（除换流过程外）只有两个晶闸管导通，如果负载电机绕组是 Y 联结，则只有两相导电，另一相悬空。例如，在第 2 和第 3 两个脉冲之间，只有 VT_1 和 VT_2 导通，则 A、C 两相导电，B 相悬空（若绕组为△联结，则三相都导电），如图 7－42 所示。这时，

$$i_A = + I_d$$
$$i_c = - I_d$$

$$i_B = 0$$

其它节拍的导通规律也是这样，各相电流不同，但总是$+I_d$、$-I_d$、0 的组合。

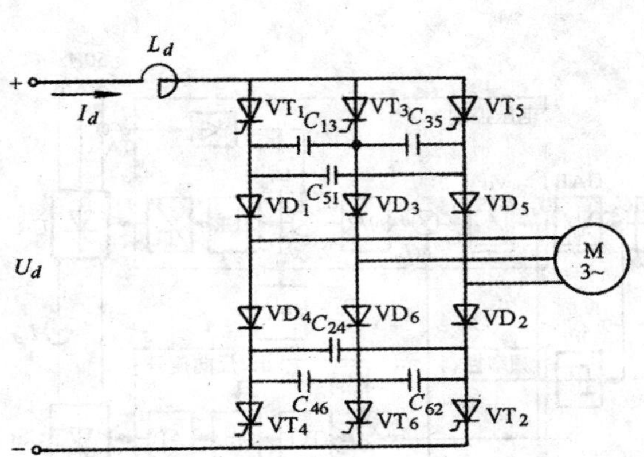

图 7-41 串联二极管式电流源逆变器主电路

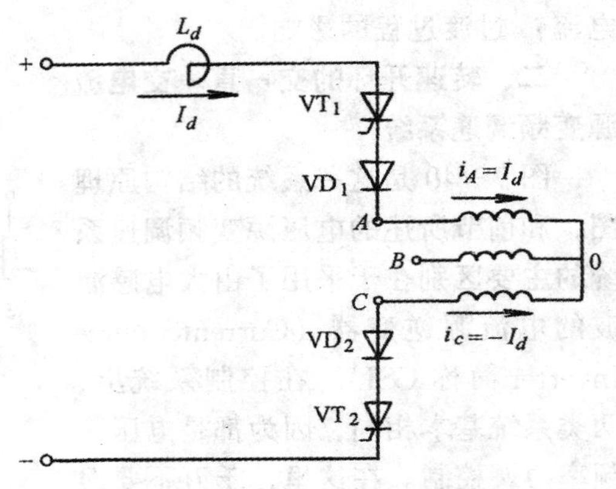

图 7-42 VT_1、VT_2 同时导通时电流源逆变器和异步电机绕组的联接

和前面一样，如果忽略异步电机的励磁电流和旋转电动势，则电流源逆变器和异步电动机动在中间直流回路中的近似等效电路可以绘成图 7-43。

（二）电压控制系统的近似动态结构图

和电压源变频调速系统分析中所作的假定相似，在分析电流源变频调速的电压控制系统时，也要作如下假定：(1) 忽略异步电机的励磁电流；(2) 忽略异步电机中旋转电动势对动态的影响；(3) 认为各环节的输入输出关系都是线性的，在这里，特别假定线电压与转速、电磁转矩与电流 I_d 间具有近似的线性关系，即：

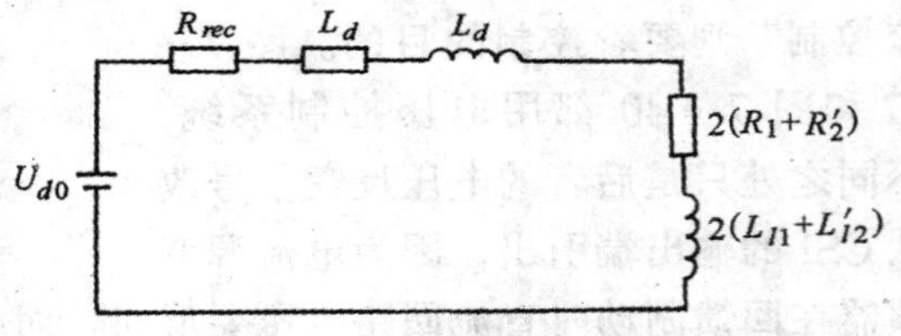

图 7-43 交-直-交电流源逆变器和异步电机在直流回路中的近似等效电路

线电压 $$U_{AB} \approx K_1 \omega \tag{7-38}$$

电磁转矩 $$T_e \approx K_2 I_d \tag{7-39}$$

(4) 认为磁通 Φ_m 在动态中保持不变。

根据图 7-43 所示的近似等效电路，令

$$R = R_{vec} + R_d + 2(R_1 + R'_2)$$

$$L = L_d + 2(L_{l1} + L'_{l2})$$

且 $$T_l = \frac{L}{R}$$

则 $$U_{d0}(s) = I_d(s) \cdot R(T_l s + 1) \tag{7-40}$$

根据基本运动方程式

$$T_e - T_L = \frac{J}{n_p} \frac{\mathrm{d}\omega}{\mathrm{d}t}$$

以式 (7-38)、式 (7-39) 代入上式，整理后得

$$(I_d - I_{dL})R = T_m s U_{AB} \tag{7-41}$$

式中

$$T_m = \frac{JR}{n_1 K K_2} \tag{7-42}$$

由式（7－40）、式（7－41）可以绘出所求的近似动态结构图（图7－44）。

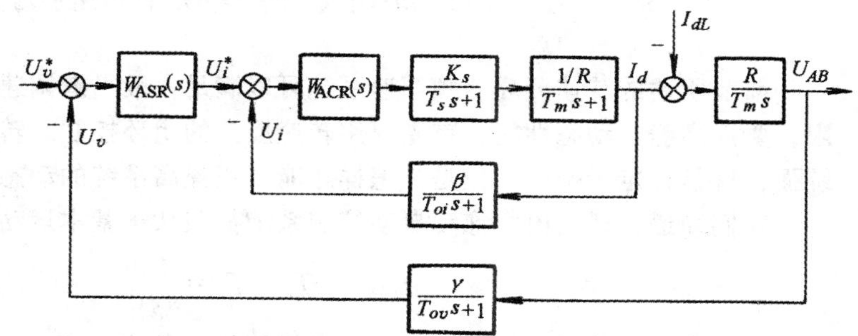

图7－44　电流源变频调速系统中电压控制系统的近似动态结构图

电压控制的电流源变频调速系统电压响应较快，但也容易发生振荡，有时是在局部频率范围和局部负载范围内的振荡，这往往是系统中的非线性因素和频率系统与电压系统之间的耦合关系引起的，在图7－44的近似动态结构图中很难完全反映出来。采用频率给定动态校正环节有助于抑制振荡，其参数只能在调试中试凑。采用工程设计方法设计图7－44所表示的电压控制系统时，如果按典型Ⅱ型系统设计电压调节器，则中频度 h 值应该比一般情况加大，例如选 $h=10\sim20$，尽量压低电压系统的截止频率，对稳定是有利的。

（三）回馈制动和四象限运行

电流源变频调速系统的显著特点是容易实现回馈制动，从而便于四象限运行，适用于需要制动和经常正、反转的机械。当电机在电动状态中运行时，变频器的可控整流器UR工作在整流状态（$\alpha<90°$），逆变器工作在逆变状态，如图7－45a所示。这时，直流回路电压 U_d 的极性为上正下负，电流由 U_d 的正端流入逆变器，电能由交流电网经变频器传送给电机，变频器的输出频率 $\omega_1>\omega$。如果降低变频器的输出频率，使 $\omega_1<\omega$，同时使可控整流器的控制角 $\alpha>90°$，则异步电机进入发电状态，直流回路电压 U_d 立即反向，而电流 I_d 方向不变（图7－45b）。这时，逆变器变成整流器，而可控整流器转入有源逆变状态，电能由电机回馈交流电网。

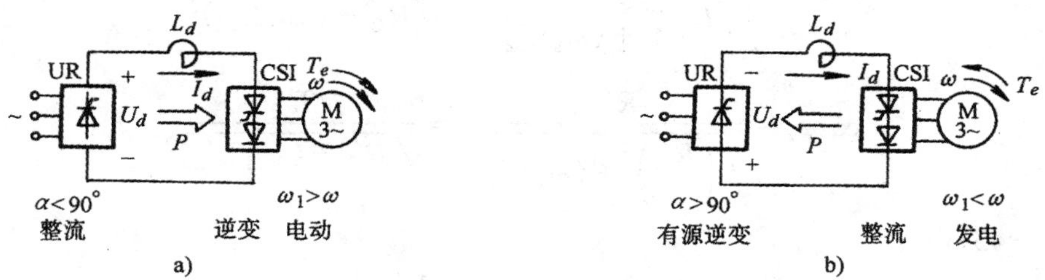

图7－45　电流源变频调速系统的两种运行状态

a）电动运行　b）回馈制动

改变频率控制环节的相序即可使电机反向，反向时同样有电动运行与回馈制动两种状态，与正向的电动和制动合在一起，实现了四象限运行。与此相反，有电压源的变频调速系统中要实现回馈制动和四象限运行却比较困难，因为其中间直流环节有大电容钳制着电压，使之不能迅速反向，而相控整流器的单向导电性又不能让电流反向，所以在原来的装置上无法实现回馈制动。必需制动时，常采用能耗制动，或与可控整流器反并联设置另一组反向整流器，工作在有源逆变状态，通过反向的制动电流。这样做，在设备上当然要复杂多了。

§7－6　转速闭环、转差频率控制的变频调速系统

前节所述的转速开环变频调速系统可以满足一般平滑调速的要求，但静、动态性能都有限，要提高静、动态性能，首先要用转速反馈的闭环控制。转速闭环系统的静特性比开环系统强，这是肯定无疑的，但是，怎样才能真正提高系统的动态性能呢？得进一步研究一下。

我们知道，任何电力拖动自动控制系统都服从于基本运动方程式

$$T_e - T_L = \frac{J}{n_p}\frac{\mathrm{d}\omega}{\mathrm{d}t}$$

要提高调速系统的动态性能，主要依靠控制转速的变化率 $\mathrm{d}\omega/\mathrm{d}t$，显然，控制转矩 T_e 就能控制 $\mathrm{d}\omega/\mathrm{d}t$。因此，归根结底，调速系统的动态性能就是控制其转矩的能力。

在异步电机变频调速系统中，需要控制的是电压（或电流）和频率。怎样才能通过控制电压（电流）和频率来控制转矩呢？这是寻求一个高动态性能的变频调速系统时首先应该解决的问题。

一、转差频率控制的基本概念

直流电机的转矩与电流成正比，控制电流就能控制转矩，问题比较简单。因此，直流双闭环调速系统转速调节器的输出信号 U_i^* 实际上就代表了转矩给定信号。

在交流异步电机中，影响转矩的因素很多，按照电机学原理中的转矩公式[42,43]

$$T_e = C_m \Phi_m I'_2 \cos\varphi_2 \tag{7-43}$$

式中 $C_m = \frac{3}{\sqrt{2}} n_p N_1 k_{N1}$。可以看出，气隙磁通、转子电流、转子功率因数都影响转矩，而这些量又都和转速有关，所以控制交流异步电机转矩的问题就复杂得多。下面仍从稳态气隙磁通不变这个条件出发来寻找控制转矩的规律。

由§7－4图7－25所示的稳态等效电路可知

$$I'_2 = \frac{E_g}{\sqrt{\left(\frac{R'_2}{s}\right)^2 + (\omega_1 L'_{l2})^2}} = \frac{sE_g}{\sqrt{R'^2_2 + (s\omega_1 L'_{l2})^2}}$$

$$\cos\varphi_2 = \frac{R'_2/s}{\sqrt{\left(\frac{R'_2}{s}\right)^2 + (\omega_1 L'_{l2})^2}} = \frac{R'_2}{\sqrt{R'^2_2 + (s\omega_1 L'_{l2})^2}}$$

代入式(7－43)得

$$T_e = C_m \Phi_m \frac{sE_g R'_2}{R'^2_2 + (s\omega_1 L'_{l2})^2} \tag{7-44}$$

又

$$E_g = 4.44 f_1 N_1 K_{N1} \Phi_m = \frac{4.44}{2\pi}\omega_1 N_1 K_{N1} \Phi_m = \frac{1}{\sqrt{2}}\omega_1 N_1 K_{N1} \Phi_m$$

则

$$T_e = \frac{1}{\sqrt{2}} C_m N_1 K_{N1} \Phi_m^2 \frac{s\omega_1 R_2}{R'^2_2 + (s\omega_1 L'_{l2})^2} \tag{7-45}$$

考虑到电机结构参数 C_m 与其它量的关系，式（7－45）和§7－4 中的式（7－27）实际上是一致的。

令 $\omega_s = s\omega_1$，并定义为转差角频率，则

$$T_e = K_m\Phi_m^2 \frac{\omega_s R'_2}{R'^2_2 + (\omega_s L'_{l2})^2} \tag{7-46}$$

式中 $K_m = \frac{1}{\sqrt{2}} C_m N_1 K_{N1} = \frac{3}{2} n_p N_1^2 K_{N1}^2$。

当电机稳定运行时，s 很小，因而 ω_s 很小，一般为 ω_1 的 2%～5%，可以认为 $\omega_s L'_{l2} \ll R'_2$，即得转矩的近似关系式

$$T_e \approx K_m\Phi_m^2 \frac{\omega_s}{R'_2} \tag{7-47}$$

式（7－47）表明，在 s 很小的范围内，只要能够维持气隙磁通 ϕ_m 不变，异步电机的转矩就近似与转差角频率 ω_s 成正比。这就是说，在异步电机中控制 ω_s，就和直流电机中控制电流一样，能够达到间接控制转矩的目的。控制转差频率就代表了控制转矩，这就是转差频率控制的基本概念。

二、转差频率控制规律

上面只是近似地找到转距与转差频率的正比关系，可以用它表明转差频率控制的基本概念。现在要推出具体的控制规律，还得回到比较准确的式(7－46)上去。前已指出，它实际上就是§7－4 中的式(7－27)，也就是恒气隙磁通控制（即恒 E_g/ω_1 控制）时的机械特性。现在再把它的一段画在图 7－46 上面。

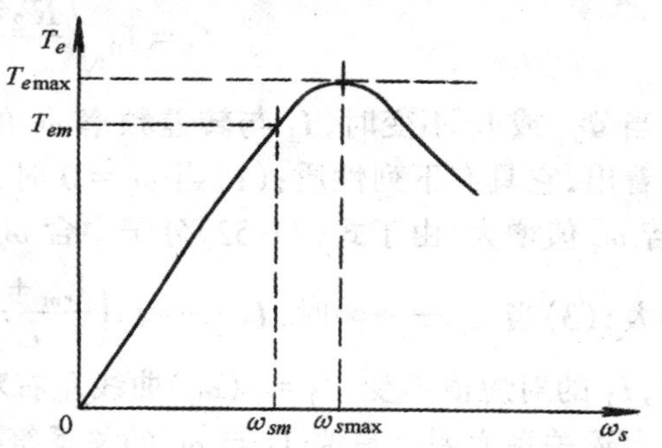

图 7－46　按恒 Φ_m 值控制的 $T_e = f(\omega_s)$ 特性

由图 7－46 可见，当 ω_s 较小时，转矩 T_e 基本上与 ω_s 成正比；当 $\omega_s = \omega_{smax}$ 时，$T_e = T_{emax}$。取 $dT_e/d\omega_s = 0$，可求出转矩的最大值为

$$T_{emax} = \frac{K_m\Phi_m^2}{2L'_{l2}} \tag{7-48}$$

而

$$\omega_{smax} = \frac{R'_2}{L'_{l2}} = \frac{R_2}{L_{l2}} \tag{7-49}$$

在转差频率控制系统中，只要给 ω_s 限幅，使其限幅值为

$$\omega_{sm} < \omega_{smax} = \frac{R_2}{L_{l2}} \tag{7-50}$$

就可以基本保持 T_e 与 ω_s 的正比关系，也就可以用转差频率控制来代表转矩控制。这是转差频率控制的基本规律之一。

上述规律是在保持 Φ_m 恒定的前提下成立的，于是问题又转化为，如何才能保持 Φ_m 恒定？可以从分析磁通与电流的关系来着手解决这个问题。

我们知道，当忽略饱和与铁损时，气隙磁通 Φ_m 与励磁电流 I_0 成正比，而相量 I_0 是定、转子电流相量 I_1、I'_2 之差（电流的正方向如图 7－25 所示），即

$$\dot{I}_1 = \dot{I}'_2 + \dot{I}_0 \tag{7-51}$$

由图 7－25 可知

$$\dot{I}_2' = \frac{\dot{E}_g}{\dfrac{R'_2}{s} + j\omega_1 L'_{l2}}$$

而

$$\dot{I}_0 = \frac{\dot{E}_g}{j\omega_1 L_m}$$

代入式（7－51），得

$$\dot{I} = \dot{E}_g\left[\frac{1}{\dfrac{R'_2}{s} + j\omega_1 L'_{l2}} + \frac{1}{j\omega_1 L_m}\right] = \dot{E}_g \cdot \frac{\dfrac{R_2}{s} + j\omega_1(L_m + L'_{l2})}{j\omega_1 L_m\left(\dfrac{R'_2}{s} + j\omega_1 L'_{l2}\right)} =$$

$$\dot{I}_0 \cdot \frac{\dfrac{R'_2}{s} + j\omega_1(L_m + L'_{l2})}{\dfrac{R'_2}{s} + j\omega_1 L'_{l2}} = \dot{I}_0 \cdot \frac{R'_2 + j\omega_s(L_m + L'_{l2})}{R'_2 + j\omega_s L'_{l2}}$$

取等式两侧相量的幅值相等，

$$I_1 = I_0\sqrt{\frac{R'^2_2 + \omega_s^2(L_m + L'_{l2})^2}{R'^2_2 + \omega_s^2 L'^2_{l2}}} \tag{7-52}$$

当 Φ_m 或 I_0 不变时，I_1 与转差频率 ω_s 的函数关系应如上式，画成曲线如图 7－47 所示。可以看出，它具有下列性质：(1)当 $\omega_s = 0$ 时，$I_1 = I_0$，在理想空载时定子电流等于励磁电流；(2)若 ω_s 值增大，由于式(7－52)分子中含 ω_s 项的系数大于分母中含 ω_s 项的系数，所以 I_1 也应增大；(3)当 $\omega_s \longrightarrow \infty$ 时，$I_1 \longrightarrow I_0\left(\dfrac{L_m + L'_{l2}}{L'_{l2}}\right)$，这是 $I_1 = f(\omega_s)$ 的渐近线；(4)ω_s 为正、负值时，I_1 的对应值不变，$I_1 = f(\omega_s)$ 曲线左右对称。

上述关系表明：只要 I_1 与 ω_s 的关系符合图 7－47 或式（7－52）的规律，就能保持 Φ_m 恒定。这样，用转差频率控制代表转矩控制的前提也就解决了。这是转差频率控制的基本规律之二。

总结起来，转差频率控制的规律是：

（1）在 $\omega_s \leqslant \omega_{sm}$ 的范围内，转矩 T_e 基本上与 ω_s 成正比，条件是气隙磁通不变。

（2）按式(7－52)或图 7－47 的 $I_1 = f(\omega_s)$ 函数关系控制定子电流，就能保持气隙磁通 $\Phi\phi_m$ 恒定。

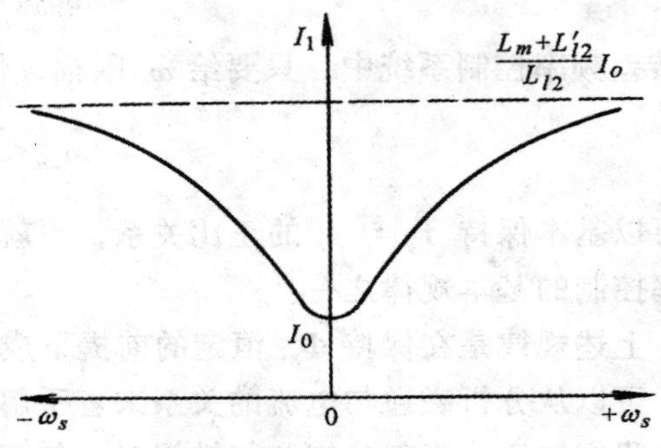

图 7－47　保持 Φ_m 恒定时的 $I_1 = f$（ω_s）函数曲线

三、转差频率控制的变频调速系统

实现上述转差频率控制规律的转速闭环变频调速系统结构原理图示于图 7－48。可以看出，该系统有以下特点：

（1）采用电流源变频器，使控制对象具有较好的动态响应，而且便于回馈制动，这是提高系统动态性能的基础。

(2) 和直流电机双闭环调速系统一样,外环是转速环,内环是电流环。转速调节器 ASR 的输出是转差频率给定值 $U_{\omega s}^*$,代表转矩给定。

(3) 转差频率 ω_s 分两路分别作用在可控整流器 UR 和逆变器 CSI 上。前者通过 $I_1 = f(\omega_s)$ 函数发生器 CF,按 $U_{\omega s}^*$ 的大小产生相应的 U_{i1}^* 信号,再通过电流调节器 ACR 控制定子电流,以保持 Φ_m 为恒值。另一路按 $\omega_s + \omega = \omega_1$ 的规律产生对应于定子频率 ω_1 的控制电压 $U_{\omega 1}$,决定逆变器的输出频率。这样就形成了在转速外环内的电流-频率协调控制。

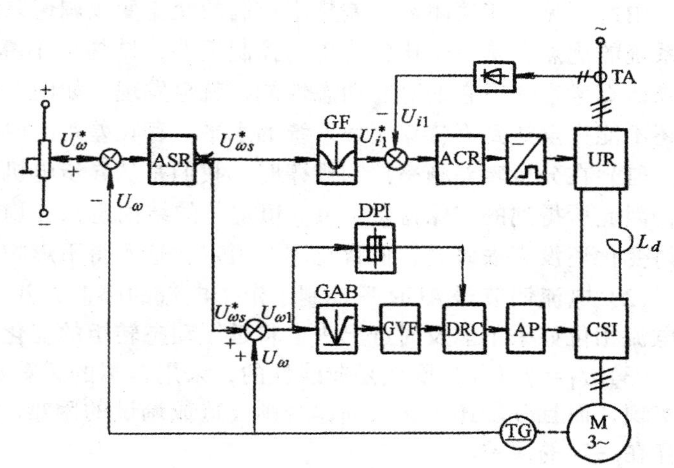

图 7-48 转差频率控制的变频调速系统结构原理图

(4) 转速给定信号 U_ω^* 反向时,$U_{\omega s}^*$、U_ω、$U_{\omega 1}$ 都反向。用极性鉴别器 DPI 判断 $U_{\omega 1}$ 的极性以决定环形分配器 DRC 的输出相序,而 $U_{\omega 1}$ 信号本身则经过绝对值变换器 GAB 决定输出频率的高低。这样就很方便地实现了可逆运行。

四、优点与不足

转差频率控制系统的突出优点就在于频率控制环节的输入是转差信号,而频率信号是由转差信号与实际转速信号相加后得到的,即 $U_{\omega 1} = U_\omega + U_{\omega s}^*$。这样,在转速变化过程中,实际频率 ω_1 随着实际转速 ω 同步地上升或下降。与转速开环系统中按电压成正比地直接产生频率给定信号相比,加、减速更为平滑,且容易使系统稳定。同时,由于在动态过程中转速调节器饱和,系统能以对应于 $\pm\omega_{sm}$ 的限幅转矩 T_{me} 进行控制,也保证了在允许条件下的快速性。由式(7-46)可知

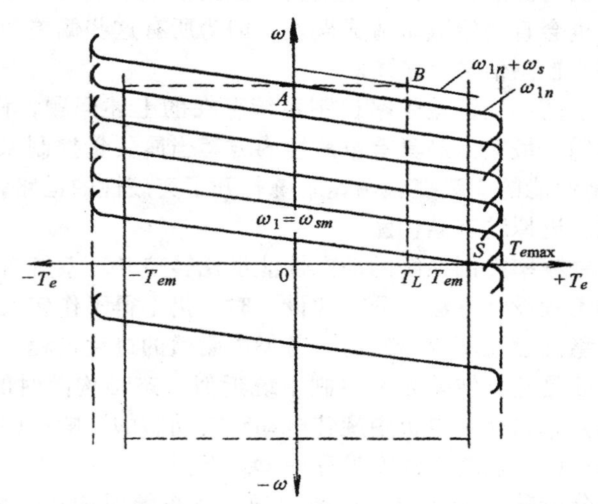

图 7-49 转差频率控制系统的四象限运行特性

$$T_{em} = K_m \Phi_m^2 \frac{\omega_{sm} R'_2}{R'^2_2 + (\omega_{sm} L'_{l2})^2} \tag{7-53}$$

上述优点可从图 7-49 中更清楚地看出来。当突加转速给定信号 U_ω^* 时,一开始实际转速 ω 还是零,因而 ASR 饱和,输出达限幅值 $U_{\omega sm}^*$,这时 $\omega_1 = \omega_{sm}$,而转矩 $T_e = T_{em}$,系统从图中 S 点起动。转速上升后,只要未达到给定值,ASR 就始终饱和,系统始终保持限幅转差 ω_{sm} 和限幅转矩 T_{em} 不变,工作点沿 T_{em} 直线上升,直到接近稳态。制动时与此相似,只是 $\omega_s = -\omega_{sm}$,

$T_e=-T_{em}$，工作点沿—T_{em}线下绛。

起动后，当频率上升到额定值 ω_{1n}时，如负载为理想空载，则 $\omega=\omega^*=\omega_{1n}$，$\omega_s=0$，$I_1=I_0$ 系统在图 7－49 中的 A 点稳定运行，此后若电机带上负载 T_L，而 ASR 是 PI 调节器，则稳定后 $\omega_s\neq0$，以保证电流调节器工作在 $I_1^*=I_{1L}$，而频率为 $\omega_1=\omega^*+\omega_s=\omega_{1n}+\omega_s$，这个提高了的频率把工作点抬到 B 点，使转速无静差。

由此可见，转速闭环转差频率控制的交流变频调速系统基本上具备了直流电机双闭环控制系统的优点，是一个比较优越的控制策略，结构也不算复杂，有广泛的应用价值。然而，如果认真考查一下它的静、动态性能，就会发现，如图 7－48 所示的基本型转差频率控制系统还不能完全达到直流双闭环系统的水平。存在差距的原因有以下几个方面。

(1) 在分析转差频率控制规律时，我们是从异步电机稳态等效电路和稳态转矩公式出发的，因此所得到的“保持磁通 Φ_m 恒定”的结论也只在稳态情况下才能成立。在动态中 Φ_m 如何变化还没有去研究，但肯定不会恒定，这不得不影响系统的实际动态性能。

(2) 电流调节器 ACR 只控制了定子电流的幅值，并没有控制到电流的相位，而在动态中电流相位如果不能及时赶上去，将延缓动态转矩的变化。

(3) $I_1=f(\omega_s)$ 函数是非线性的，采用模拟的运算放大器时，只能按分段线性化方式来实现，而且分段还不能很细，否则会造成调试的困难。因此，在函数发生器这个环节上，还存在一定的误差。

(4) 在频率控制环节中，取 $\omega_1=\omega_s+\omega$ 使频率ω_1 得以和转速 ω 同步升降，这本是转差频率控制的优点。然而，如果转速检测信号不准确或存在干扰的成分，例如测速发电机的纹波等，也会直接给频率造成误差，因为所有这些偏差和干扰都以正反馈的形式毫无衰减地传递到频率控制信号上来了。

签于基本型转差频率控制系统存在的上述问题，许多学者提出了各种改进方案，参看〔32、36〕。最突出最具有革命性的方案当属矢量控制系统，它从本质上解决了上述的多数问题，为高性能的交流变频调速系统打开了突破性的道路，这是本章后面几节将要着重探讨的。

五、近似动态结构图

转差频率控制系统的动态性能虽比转速开环系统有较大提高，但是在采用经典线性控制理论和工程设计方法来分析和设计时，仍不得不作较大的近似。特别是转差频率控制规律本身是从稳态磁通不变出发的，若考虑磁通的过渡过程，则控制规律就不一样了。

下面是建立转差频率控制系统近似动态结构图时的假定条件：(1) 忽略异步电机的铁损；(2) 忽略异步电机中旋转电动势对动态的影响；(3) 假设每个环节的输入输出关系都是线性的；(4) 认为在动态过程中 Φ_m 不变。

和分析转速开环的电流源变频调速系统时相比，假定条件中只有第 (1) 项有所放松，现在只忽略铁损，而励磁电流的效应是考虑进去了。

在上述假定条件下，参照电流源变频调速系统的近似动态结构图（图 7－44），可以绘出转差频率控制系统的近似动态结构图如图 7－50 所示，其中各参数的意义大部分均和电流源变频调速系统中相同，特殊的地方只有以下几处。

(1) 在电流反馈通道中，除一般的电流反馈系数外，还考虑了从直流环节电流 I_d 换算到交流定子电流 I_1 的系数$\sqrt{6}/\pi=0.78$。

(2) α 是转速反馈系数，$T_{o\omega}$是转速反馈时间常数。

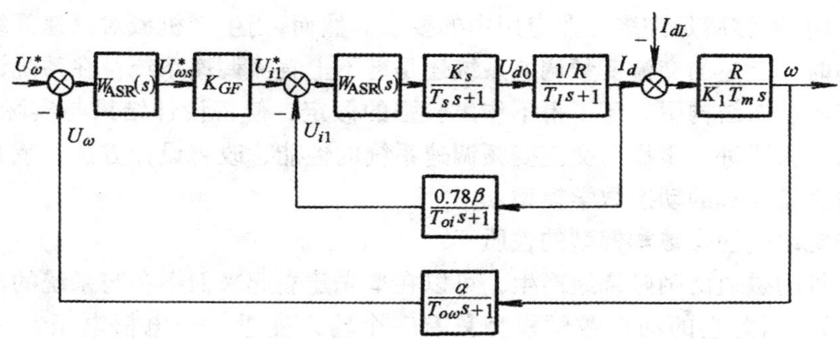

图 7－50 转速闭环、转差频率控制系统的近似动态结构图

(3) K_{GF}是函数发生器的传递系数，其数值须从 $I_1 = f(\omega_s)$函数经微偏线性化后求出。

由式 (7－52) 已知 $I_1 = f(\omega_s)$ 的函数表达式为

$$I_1 = I_0\sqrt{\frac{R_2'^2+\omega_s^2(L_m+L_{l2}')^2}{R_2'^2+\omega_s^2L_{l2}'^2}}$$

取等式两侧的平方值，得

$$I_1^2 = I_0^2\cdot\frac{R_2'^2+\omega_s^2(L_m+L_{l2}')^2}{R_2'^2+\omega_s^2L_{l2}'^2}$$

考虑到 $\omega_s^2L_{l2}'^2 \ll R_2'^2$，上式可近似视作

$$I_1^2 \approx I_0^2\left[1+\omega_s^2\left(\frac{L_m+L_{l2}'}{R_2'}\right)^2\right] = I_0^2[1+\omega_s^2T_2^2] \tag{7-54}$$

其中

$$T_2 = \frac{L_m+L'_{l2}}{R'_2} \tag{7-55}$$

定义为转子励磁时间常数，是异步电动机的一个重要参数。

在稳态工作点 A 上，定子电流为 I_{1A}，转差频率为 ω_{sA}，由式 (7－54)，

$$I_{1A}^2 = I_0^2[1+\omega_{sA}^2T_2^2] \tag{7-56}$$

在 A 点附近发生微小偏差 ΔI_1、$\Delta\omega_s$ 时，

$$(I_{1A}+\Delta I_1)^2 = I_0^2[1+(\omega_{sA}+\Delta\omega_s)^2T_2^2]$$

展开并忽略高阶小偏差，

$$I_{1A}^2 + 2I_{1A}\Delta I_1 = I_0^2 + I_0^2(\omega_{sA}^2 + 2\omega_{sA}\Delta\omega_s)T_2^2 \tag{7-57}$$

由式 (7－57) 中减去式 (7－56)，

$$2I_{1A}\Delta I_1 = 2I_0^2\omega_{sA}\Delta\omega_sT_2^2$$

最后得到函数发生器 GF 在工作点 A 处的比例系数

$$K_{GF} = \frac{\Delta I_1}{\Delta\omega_s} = \frac{I_0^2T_2^2\omega_{sA}}{I_{1A}} \tag{7-58}$$

§7－7 异步电动机的多变量数学模型和坐标变换

前两节中论述了转速开环、恒压频比控制和转速闭环、转差频率控制两类变频调速系统，解决了异步电机平滑调速的问题，特别是转差频率控制系统已经基本上起到了直流电机双闭环

调速系统的作用,能够满足许多工业应用中的要求。然而,当生产机械对调速系统的静、动态性能要求较高时，上述的交流变频调速系统还是赶不上直流调速系统；在系统设计时，为了得到一个近似的动态结构图，还不得不作出较强的假定，使得设计结果与实际有一定距离，不能令人满意。为了进一步提高交流变频调速系统的性能，改善设计方法，就必须首先从本质上彻底弄清交流电机的动态数学模型。

一、异步电动机动态数学模型的性质

直流电动机的磁通由励磁绕组产生，可以在事先建立起来而不参与系统的动态过程（弱磁调速时除外），因此它的动态数学模型只有一个输入变量——电枢电压、一个输出变量——转速，在控制对象中含有机电时间常数 T_m 和电枢回路电磁时间常数 T_l，如果把晶闸管可控整流装置也算进去，则还有晶闸管的滞后时间常数 T_s。在工程上能够允许的一些假定条件下，可以描述成单变量（单输入单输出）的三阶线性系统，完全可以应用经典的线性控制理论和由它发展出来的工程设计方法进行分析与设计。

但是，同样的理论和方法用来分析、设计交流调速系统时，就不那么方便了，必须在作出很强的假定后，得到近似的动态结构图，才能沿用，因为交流电动机的数学模型和直流电机模型相比有着本质上的区别。

（1）异步电动机变频调速时需要进行电压（或电流）和频率的协调控制，有电压（电流和频率两种独立的输入变量，如果考虑电压是三相的，实际的输入变量数目还要多。在输出变量中，除转速外，磁通也得算一个独立的输出变量。因为电机只有一个三相电源，磁通的建立和转速的变化是同时进行的，但为了获得良好的动态性能，还希望对磁通施加某种控制，使它在动态过程中尽量保持恒定，才能发挥出较大的转矩。由于这些原因，异步电动机是一个多变量（多输入多输出）系统，而电压（电流）、频率、磁通、转速之间又互相都有影响，所以是强耦合的多变量系统。在没有推导出详细的数学模型以前，可以先用图 7－51 来表示。

（2）在异步电动机中，磁通乘电流产生转矩，转速乘磁通得到旋转感应电动势，由于它们都是同时变化的，在数学模型中就含有两个变量的乘积项，这样一来，即使不考虑磁饱和等因素，数学模型也是非线性的。

（3）三相异步电动机定子有三个绕组，转子也可等效为三个绕组，每个绕组产生磁通时都有自己的电磁惯性，再加上运动系统的机电惯性，即使不考虑变频装置中的滞后因素，至少也是一个七阶系统。

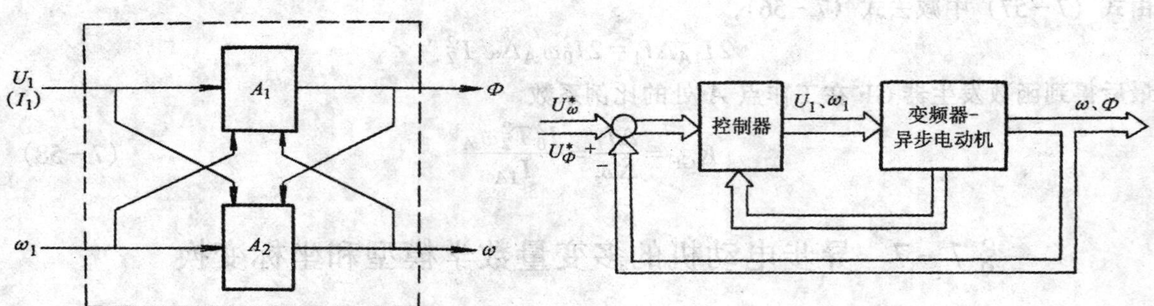

图 7－51　异步电动机的多变量控制结构　　图 7－52　多变量的异步电动机变频调速系统控制结构图

总起来说，异步电动机的数学模型是一个高阶、非线性、强耦合的多变量系统，以它为对象的变频调速系统可以用图 7－25 所示的多变量系统来表示。

二、三相异步电动机的多变量数学模型

在研究异步电动机的多变量数学模型时，常作如下的假设：(1) 忽略空间谐波。设三相绕组对称（在空间上互差 120°电角度），所产生的磁动势沿气隙圆周按正弦规律分布；(2) 忽略磁路饱和，各绕组的自感和互感都是恒定的；(3) 忽略铁芯损耗；(4) 不考虑频率和温度变化对绕组电阻的影响。无论电机转子是绕线式还是鼠笼式的，都将它等效成绕线转子，并折算到定子侧，折算后的每相匝数都相等，这样，实际电机绕组就被等效为图 7－53 所示的三相异步电机的物理模型。图中，定子三相绕组轴线 A、B、C 在空间是固定的，以 A 轴为参考坐标轴，转子绕组轴线 a、b、c 随转子旋转，转子 a 轴和定子 A 轴间的电角度 θ 为空间角位移变量。并规定各绕组电压、电流、磁链的正方向符合电动机惯例和右手螺旋定则。这时，异步电动机的数学模型由电压方程、磁链方程、转矩方程和运动方程组成。

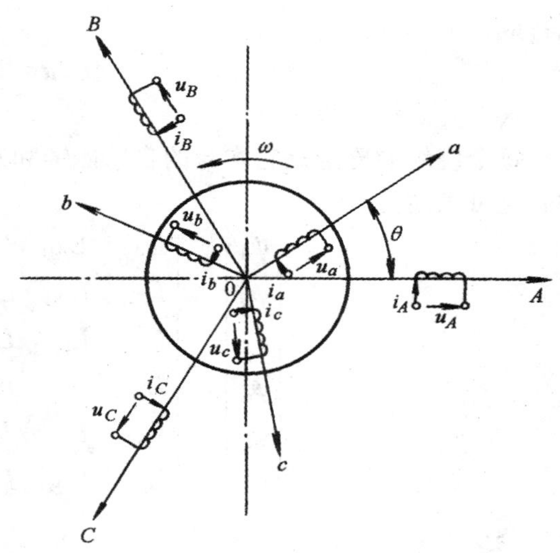

图 7－53　三相异步电机的物理模型

（一）电压方程

三相定子绕组的电压平衡方程为

$$u_A = i_A R_1 + \frac{\mathrm{d}\psi_A}{\mathrm{d}t}$$

$$u_B = i_B R_1 + \frac{\mathrm{d}\psi_B}{\mathrm{d}t}$$

$$u_C = i_C R_1 + \frac{\mathrm{d}\psi_C}{\mathrm{d}t}$$

相应地，三相转子绕组折算到定子侧后的电压方程为

$$u_a = i_a R_2 + \frac{d\psi_a}{\mathrm{d}t}$$

$$u_b = i_b R_2 \frac{d\psi_a}{\mathrm{d}t}$$

$$u_c = i_c R_2 + \frac{d\psi_c}{\mathrm{d}t}$$

式中　u_A，u_B，u_C，u_a，u_b，u_c——定子和转子相电压的瞬时值；

i_A，i_B，i_C，i_a，i_b，i_c——定子和转子相电流的瞬时值；

ψ_A，ψ_B，ψ_C，ψ_a，ψ_b，ψ_c——各相绕组的全磁链；

R_1，R_2——定子和转子绕组电阻。

上述各量都已折算到定子侧，为了简单起见，表示折算后的上角标“'”均省略，以下同此。

将电压方程写成矩阵形式，并以微分算子 p 代替微分符号 d/dt

$$\begin{bmatrix} u_A \\ u_B \\ u_C \\ u_a \\ u_b \\ u_c \end{bmatrix} = \begin{bmatrix} R_1 & 0 & 0 & 0 & 0 & 0 \\ 0 & R_1 & 0 & 0 & 0 & 0 \\ 0 & 0 & R_1 & 0 & 0 & 0 \\ 0 & 0 & 0 & R_2 & 0 & 0 \\ 0 & 0 & 0 & 0 & R_2 & 0 \\ 0 & 0 & 0 & 0 & 0 & R_2 \end{bmatrix} \begin{bmatrix} i_A \\ i_B \\ i_C \\ i_a \\ i_b \\ i_c \end{bmatrix} + p \begin{bmatrix} \psi_A \\ \psi_B \\ \psi_C \\ \psi_a \\ \psi_b \\ \psi_c \end{bmatrix} \tag{7-59}$$

或写成：

$$\boldsymbol{u} = \boldsymbol{R}i + p\boldsymbol{\psi} \tag{7-59a}$$

（二）磁链方程

每个绕组的磁链是它本身的自感磁链和其它绕组对它的互感磁链之和，因此，六个绕组的磁链可表达为

$$\begin{bmatrix} \psi_A \\ \psi_B \\ \psi_C \\ \psi_a \\ \psi_b \\ \psi_c \end{bmatrix} = \begin{bmatrix} L_{AA} & L_{AB} & L_{AC} & L_{Aa} & L_{Ab} & L_{Ac} \\ L_{BA} & L_{BB} & L_{BC} & L_{Ba} & L_{Bb} & L_{Bc} \\ L_{CA} & L_{CB} & L_{CC} & L_{Ca} & L_{Cb} & L_{Cc} \\ L_{aA} & L_{aB} & L_{aC} & L_{aa} & L_{ab} & L_{ac} \\ L_{bA} & L_{bB} & L_{bC} & L_{ba} & L_{bb} & L_{bc} \\ L_{cA} & L_{cB} & L_{cC} & L_{ca} & L_{cb} & L_{cc} \end{bmatrix} \begin{bmatrix} i_A \\ i_B \\ i_C \\ i_a \\ i_b \\ i_c \end{bmatrix} \tag{7-60}$$

或写成：

$$\boldsymbol{\psi} = \boldsymbol{L}i \tag{7-60a}$$

式中 $\boldsymbol{L}$ 是 6×6 电感矩阵，其中对角线元素 L_{AA}，L_{BB}，L_{CC}，L_{aa}，L_{bb}，L_{cc}是各有关绕组的自感，其余各项则是绕组间的互感。

实际上，与电机绕组交链的磁通主要有两类；一类是只与某一相绕组交链而不穿过气隙的漏磁通，另一类是穿过气隙的相间互感磁通，后者是主要的。定子各相漏磁通所对应的电感称作定子漏感 L_{l1}，由于各相的对称性，各相漏感值均相等；同样，转子各相漏磁通则对应于转子漏感 L_{l2}。与定子一相绕组交链的最大互感磁通对应于定子互感 L_{m1}，与转子一相绕组交链的最大互感磁通对应于转子互感 L_{m2}，由于折算后定、转子绕组匝数相等，且各绕组间互感磁通都通过气隙，磁阻相同，故可认为 $L_{m2}=L_{m1}$。

对于每一相绕组来说，它所交链的磁通是互感磁通与漏磁通之和，因此定子各相自感为

$$L_{AA} = L_{BB} = L_{CC} = L_{m1} + L_{l1} \tag{7-61}$$

转子各相自感为

$$L_{aa} = L_{bb} = L_{cc} = L_{m1} + L_{l2} \tag{7-62}$$

两相绕组之间只有互感。互感又分两类：（1）定子三相彼此之间和转子三相彼此之间位置都是固定的，故互感为常值，（2）定子任一相与转子任一相间的位置是变化的，互感是角位移 θ 的函数。现在先讨论第一类，由于三相绕组的轴线在空间的相位差是±120°。在假定气隙磁通为正弦分布的条件下，互感值为 $L_{m1}\cos 120° = L_{m1}\cos(-120°) = -\frac{1}{2}L_{m1}$，于是

$$L_{AB} = L_{BC} = L_{CA} = L_{BA} = L_{CB} = L_{AC} = -\frac{1}{2}L_{m1} \tag{7-63}$$

$$L_{ab}=L_{bc}=L_{ca}=L_{ba}=L_{cb}=L_{ac}=-\frac{1}{2}L_{m1} \tag{7-64}$$

至于第二类定、转子绕组间的互感，由于相互间位置的不同（见图 7－53），分别为

$$L_{Aa}=L_{aA}=L_{Bb}=L_{bB}=L_{Cc}=L_{cC}=L_{m1}\cos\theta \tag{7-65}$$

$$L_{Ab}=L_{bA}=L_{Bc}=L_{cB}=L_{Ca}=L_{aC}=L_{m1}\cos(\theta+120°) \tag{7-66}$$

$$L_{Ac}=L_{cA}=L_{Ba}=L_{aB}=L_{Cb}=L_{bC}=L_{m1}\cos(\theta-120°) \tag{7-67}$$

当定、转子两相绕组轴线一致时，两者之间的互感值最大，此互感就是每相最大互感 L_{m1}。

将式（7－61）、(7－62)、(7－63)、(7－64)、(7－65)、(7－66)、(7－67) 都代入式 (7－60)，即得完整的磁链方程，显然这个矩阵方程是很庞大的。为了方便起见，可以将它写成分块矩阵的形式

$$\begin{bmatrix}\boldsymbol{\psi}_s\\ \boldsymbol{\psi}_r\end{bmatrix}=\left[\begin{array}{c:c}\boldsymbol{L}_{ss} & \boldsymbol{L}_{sr}\\ \hdashline \boldsymbol{L}_{rs} & \boldsymbol{L}_{rr}\end{array}\right]\begin{bmatrix}\boldsymbol{i}_s\\ \boldsymbol{i}_r\end{bmatrix} \tag{7-68}$$

其中

$$\boldsymbol{\psi}_s=[\psi_A\ \psi_B\ \psi_C]^T,$$
$$\boldsymbol{\psi}_r=[\psi_a\ \psi_b\ \psi_c]^T,$$
$$\boldsymbol{i}_s=[i_A\ i_B\ i_C]^T,$$
$$\boldsymbol{i}_r=[i_a\ i_b\ i_c]^T,$$

$$\boldsymbol{L}_{ss}=\begin{bmatrix}L_{m1}+L_{l1} & -\frac{1}{2}L_{m1} & -\frac{1}{2}L_{m1}\\ -\frac{1}{2}L_{m1} & L_{m1}+L_{l1} & -\frac{1}{2}L_{m1}\\ -\frac{1}{2}L_{m1} & -\frac{1}{2}L_{m1} & L_{m1}+L_{l1}\end{bmatrix} \tag{7-69}$$

$$\boldsymbol{L}_{rr}\begin{bmatrix}L_{m1}+L_{l2} & -\frac{1}{2}L_{m1} & -\frac{1}{2}L_{m1}\\ -\frac{1}{2}L_{m1} & L_{m1}+L_{l2} & -\frac{1}{2}L_{m1}\\ -\frac{1}{2}L_{m1} & -\frac{1}{2}L_{m1} & L_{m1}+L_{l2}\end{bmatrix} \tag{7-70}$$

$$\boldsymbol{L}_{rs}=\boldsymbol{L}_{sr}^T=L_{m1}\begin{bmatrix}\cos\theta & \cos(\theta-120°) & \cos(\theta+120°)\\ \cos(\theta+120°) & \cos\theta & \cos(\theta-120°)\\ \cos(\theta-120°) & \cos(\theta+120°) & \cos\theta\end{bmatrix} \tag{7-71}$$

值得注意的是，$\boldsymbol{L}_{rs}$和$\boldsymbol{L}_{sr}$两个分块矩阵互为转置，且与转子位置 θ 有关，它们的元素是变参数，这是系统非线性的一个根源。为了把变参数转换成常参数须利用坐标变换，后面还将详细讨论。

如果把磁链方程即式（7－60a）代入电压方程即式（7－59a)，则得展开后的电压方程

$$\boldsymbol{u}=\boldsymbol{R}_i+p(\boldsymbol{L}\boldsymbol{i})=\boldsymbol{R}\boldsymbol{i}+\boldsymbol{L}\frac{\mathrm{d}\boldsymbol{i}}{\mathrm{d}t}+\frac{\mathrm{d}\boldsymbol{L}}{\mathrm{d}t}\boldsymbol{i}=$$
$$\boldsymbol{R}\boldsymbol{i}+\boldsymbol{L}\frac{\mathrm{d}\boldsymbol{i}}{\mathrm{d}t}+\frac{d\boldsymbol{L}}{\mathrm{d}\theta}\cdot\omega\boldsymbol{i} \tag{7-72}$$

式中 $L\dfrac{d\boldsymbol{i}}{dt}$项属于电磁感应电动势中的脉变电动势（或称变压器电动势），$\dfrac{d\boldsymbol{L}}{d\theta}\omega\boldsymbol{i}$ 项属于电磁感应电动势中与转速 ω 成正比的旋转电动势。

（三）运动方程

在一般情况下，电力拖动系统的运动方程式是

$$T_e = T_L + \frac{J}{n_p}\frac{d\omega}{dt} + \frac{D}{n_p}\omega + \frac{K}{n_p}\theta \tag{7-73}$$

式中 T_L——负载阻转矩；

J——机组的转动惯量；

D——与转速成正比的阻转矩阻尼系数；

K——扭转弹性转矩系数；

n_p——极对数。

对于恒转矩负载，$D=0$，$K=0$，则

$$T_e = T_L + \frac{J}{n_p}\frac{d\omega}{dt} \tag{7-74}$$

（四）转矩方程

根据机电能量转换原理，在多绕组电机中，磁场的储能为

$$W_m = \frac{1}{2}\boldsymbol{i}^T\psi = \frac{1}{2}\boldsymbol{i}^T\boldsymbol{L}\boldsymbol{i} \tag{7-75}$$

而电磁转矩等于电流不变只有机械位移变化时磁场储能对机械角位移 θ_m 的偏导数，且 $\theta_m = \theta/n_p$，因此

$$T_e = \left.\frac{\partial W_m}{\partial \theta_m}\right|_{i=\mathrm{const}} = n_p\left.\frac{\partial W_m}{\partial \theta}\right|_{i=\mathrm{const}} \tag{7-76}$$

以式（7－75）代入式（7－76），并考虑到电感的分块矩阵关系式（7－69）～（7－71）

$$T_e = \frac{1}{2}n_p\boldsymbol{i}^T\frac{\partial \boldsymbol{L}}{\partial \theta}\boldsymbol{i} = \frac{1}{2}n_p\boldsymbol{i}^T\begin{bmatrix} 0 & \frac{\partial}{\partial\theta}\boldsymbol{L}_{sr} \\ \frac{\partial}{\partial\theta}\boldsymbol{L}_{rs} & 0 \end{bmatrix}\boldsymbol{i} \tag{7-77}$$

又由于 $\boldsymbol{i}^T = [\boldsymbol{i}_s^T\boldsymbol{i}_r^T] = [i_Ai_Bi_Ci_ai_bi_c]$，以式(7－71)代入式(7－77)并展开得

$$\begin{aligned} T_e &= \frac{1}{2}n_p\left[\boldsymbol{i}_s^T\frac{\partial \boldsymbol{L}_{rs}}{\partial\theta}\boldsymbol{i}_s + \boldsymbol{i}_s^T\frac{\partial \boldsymbol{L}_{sr}}{\partial\theta}\boldsymbol{i}_r\right] = \\ &\quad -n_pL_{m1}[(i_Ai_a + i_Bi_b + i_Ci_c)\sin\theta + (i_Ai_b + i_Bi_c + i_Ci_a)\sin(\theta+120°) + \\ &\quad (i_Ai_c + i_Bi_a + i_Ci_b)\sin(\theta-120°)] \end{aligned} \tag{7-78}$$

应该指出，上述公式是在磁路为线性、磁场在空间按正弦分布的假定条件下得出的，但对定、转子电流的波形并没有作任何假定，它们可以是任意的。因此，上述电磁转矩公式对研究由变频器供电的三相异步电动机调速系统很有实用意义。这个公式也可以从载流导体在磁场中受力的基本公式直接得出。

（五）三相异步电动机的数学模型

将前述式（7－72）、式（7－74）和式（7－77）〔或式（7－78）〕归纳在一起，便构成在恒转矩负载下三相异步电机的多变量数学模型

$$\left.\begin{aligned} \boldsymbol{u} &= \boldsymbol{R}\boldsymbol{i} + \boldsymbol{L}\frac{\mathrm{d}\boldsymbol{i}}{\mathrm{d}t} + \omega\frac{\partial \boldsymbol{L}}{\partial \theta}\boldsymbol{i} \\ \frac{1}{2}n_p\boldsymbol{i}^T\frac{\partial \boldsymbol{L}}{\partial \theta}\boldsymbol{i} &= T_L + \frac{l}{n_p}\frac{\mathrm{d}\omega}{\mathrm{d}t} \end{aligned}\right\} \tag{7-79}$$

且

$$\omega = \frac{\mathrm{d}\theta}{\mathrm{d}t}$$

上述方程组也可以写成非线性状态方程的标准形式

$$\left.\begin{aligned} \frac{\mathrm{d}_i}{\mathrm{d}t} &= -\boldsymbol{L}^{-1}\left(\boldsymbol{R} + \omega\frac{\partial \boldsymbol{L}}{\partial \theta}\right)\boldsymbol{i} + \boldsymbol{L}^{-1}\boldsymbol{u} \\ \frac{\mathrm{d}\omega}{\mathrm{d}t} &= \frac{n_p^2}{2\boldsymbol{J}}\boldsymbol{i}^T\frac{\partial \boldsymbol{L}}{\partial \theta}\boldsymbol{i} - \frac{n_p}{\boldsymbol{J}}T_L \\ \frac{\mathrm{d}\theta}{\mathrm{d}t} &= \omega \end{aligned}\right\} \tag{7-80}$$

三、坐标变换和变换阵

上节中虽已推导出异步电机的动态数学模型，但是，要分析和求解这组非线性方程显然是十分困难的，即使要画出很清晰的结构图也并非易事。通常须采用坐标变换的方法加以改造，使变换后的数学模型容易处理一些。

（一）坐标变换的原则和基本思路

从上节分析异步电机数学模型的过程中可以看出，这个数学模型之所以复杂，关键是因为有一个复杂的电感矩阵，也就是说，影响磁通和受磁通影响的因素太多了。因此，要简化数学模型，须从简化磁通的关系着手。

直流电机的数学模型是比较简单的，现在先分析直流电机的磁通关系。图 7－54 中绘出了二极直流电机的物理模型，图中 E 为励磁绕组、A 为电枢绕组、C 为补偿绕组，F 和 C 都在定子上，只有 A 是在转子上。把 F 的轴线称作直轴或 d 轴（direct axis），主磁通 Φ 的方向就在 d 轴上；A 和 C 的轴线则称为交轴或 q 轴（quadrature axis）。虽然电枢本身是旋转的，但它的绕组通过换向器和电刷接到机壳的端接板上，电刷将闭合的电枢绕组分成两个支路（并联支路数为 2 时），每侧导线转过正极电刷后归到另一支路去，在负极电刷下又有一根导线补回来，这样，在每个支路的导线中电流方向永远是相同的，因此电枢磁动势的轴线始终被电刷限定在 q 轴位置上，好象一个在 q 轴上静止绕组的效果一样。但是由于它实际上是旋转的，要切割 d 轴的磁通而产生旋转电动势，这又和真正的静止绕组不一样，通常把这类带有换向器和电刷的绕组叫做“伪静止绕组”。（pseudo-stationarycoils）。由于电枢磁动势的位置固定，它可以用补偿绕组磁动势抵消，或者由于其作用方向与 d 轴垂直而对主磁通影响甚微，所以

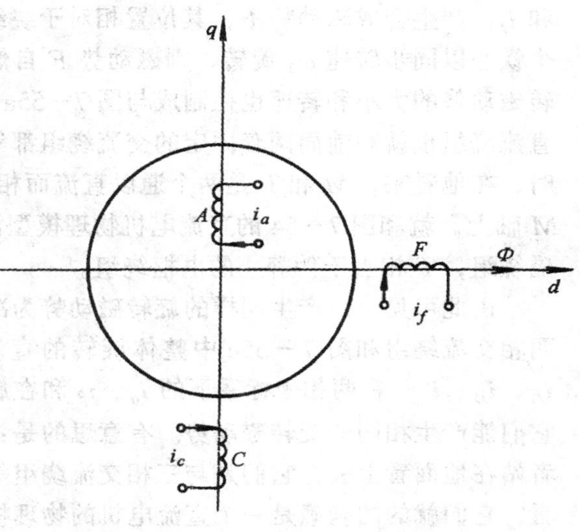

图 7－54　二极直流电机的物理模型

F—励磁绕组　A—电枢绕组　C—补偿绕组

直流电机的磁通基本上唯一地由励磁绕组的励磁电流决定。在没有弱磁调速的情况下，可以认为磁通在系统的动态过程中完全恒定。这是直流电机的数学模型及其控制系统比较简单的根本原因。

如果能将交流电机的物理模型（图 7－53）等效地变换成类似直流电机的模式，然后再模仿直流电机去进行控制，问题就可以大为简化，坐标变换正是按照这条思路进行的，在这里，不同电机模型彼此等效的原则是：在不同坐标系下产生的磁动势相同。

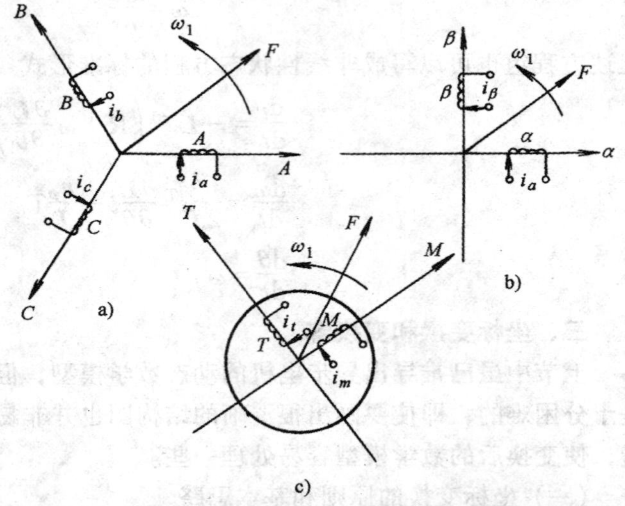

众所周知，交流电机三相对称的静止绕组 A、B、C，通以三相平衡的正弦电流 i_A、i_B、i_C 时，所产生的合成磁动势是旋转磁动势 F，它在空间呈正弦分布，并以同步转速 ω_1 顺 A—B—C 相序旋转，这样的物理模型示于图 7－55a 中，它实际上就是图 7－53 的定子部分。

图 7－55　等效的交流电机绕组和直流电机绕组物理模型

a）三相交流绕组　b）两相交流绕组　c）旋转的直流绕组

然而，产生旋转磁动势并不一定非要三相不可，除单相以外，二相、三相、四相、……等任意多相对称绕组，通以多相平衡电流，都能产生旋转磁动势，当然以两相最为简单。图 7－55b 中绘出了两相静止绕组 α 和 β，它们在空间互差 90°，通以时间上互差 90°的两相平衡交流电流，也产生旋转磁动势 F。当图 7－55a 和 b 的两个旋转磁动势大小和转速都相等时，即认为图 7－55b 的两相绕组与图 7－55a 的三相绕组等效。

再看图 7－55c 中的两个匝数相等且互相垂直的绕组 M 和 T，其中分别通以直流电流 i_m 和 i_t，产生合成磁动势 F，其位置相对于绕组来说是固定的。如果让包含两个绕组在内的整个铁心以同步转速 ω_1 旋转，则磁动势 F 自然也随之旋转起来，成为旋转磁动势。把这个旋转磁动势的大小和转速也控制成与图 7－55a 和图 7－55b 中的磁动势一样，那么这套旋转的直流绕组也就和前面两套固定的交流绕组都等效了。当观察者也站到铁心上和绕组一起旋转时，在他看来，M 和 T 是两个通以直流而相互垂直的静止绕组，如果控制磁通 Φ 的位置在 M 轴上，就和图 7－54 的直流电机物理模型没有本质上的区别了。这时，绕组 M 相当于励磁绕组，T 相当于伪静止的电枢绕组。

由此可见，以产生同样的旋转磁动势为准则，图 7－55a 的三相交流绕组、图 7－55b 的两相交流绕组和图 7－55c 中整体旋转的直流绕组彼此等效。或者说，在三相坐标系下的 i_A、i_B、i_C、在两相坐标系下的 i_α、i_β 和在旋转两相坐标系下的直流电流 i_m、i_t 是等效的，它们能产生相同的旋转磁动势。有意思的是：就图 7－55c 的 M、T 两个绕组而言，当观察者站在地面看上去，它们是与三相交流绕组等效的旋转直流绕组；如果跳到旋转着的铁心上看，它们就的的确确是一个直流电机的物理模型了。这样，通过坐标系的变换，可以找到与交流三相绕组等效的直流电机模型。现在的问题是，如何求出 i_A、i_B、i_C 与 i_α、i_β 和 i_m、i_t 之间准确的等效关系，这就是坐标变换的任务。

（二）在功率不变条件下的坐标变换阵

设在某坐标系下的电路或系统的电压和电流向量分别为 $\boldsymbol{u}$ 和 $\boldsymbol{i}$，在新的坐标系下，电压和电流向量变成 $\boldsymbol{u}'$ 和 $\boldsymbol{i}'$，

其中
$$\boldsymbol{u}=\begin{bmatrix}u_1\\u_2\\\vdots\\u_n\end{bmatrix};\qquad \boldsymbol{i}=\begin{bmatrix}i_1\\i_2\\\vdots\\i_n\end{bmatrix}\tag{7-81}$$

而
$$\boldsymbol{u}'=\begin{bmatrix}u'_1\\u'_2\\\vdots\\u'_n\end{bmatrix};\qquad \boldsymbol{i}=\begin{bmatrix}i'_1\\i'_2\\\vdots\\i'_n\end{bmatrix}\tag{7-82}$$

定义新向量与原向量的坐标变换关系为

$$\boldsymbol{u}\triangleq\boldsymbol{C}_u\boldsymbol{u}'\tag{7-83}$$

和
$$\boldsymbol{i}\triangleq\boldsymbol{C}_i\boldsymbol{i}'\tag{7-84}$$

其中 $\boldsymbol{C}_u$、$\boldsymbol{C}_i$ 分别为电压和电流变换阵。

假定变换前后功率不变，则

$$\begin{aligned}p&=u_1i_1+u_2i_2+\cdots+u_ni_n=\boldsymbol{i}^T\boldsymbol{u}\\&=u'_1i'_1+n'_2i'_2+\cdots+u'_ni'_n=\boldsymbol{i}'^T\boldsymbol{u}'\end{aligned}\tag{7-85}$$

以式(7-83)、式(7-84)代入式(7-85)，

$$\boldsymbol{i}^T\boldsymbol{u}=(\boldsymbol{C}_i\boldsymbol{i}')^T\boldsymbol{C}_u\boldsymbol{u}'=\boldsymbol{i}'^T\boldsymbol{C}_i^T\boldsymbol{C}_u\boldsymbol{u}'=\boldsymbol{i}'^T\boldsymbol{u}'$$

因此
$$\boldsymbol{C}_i^T\boldsymbol{C}_u=\boldsymbol{E}\tag{7-86}$$

式中 $\boldsymbol{E}$ ——单位矩阵。

式(7-86)就是在功率不变条件下变换阵的关系。

在一般情况下，为了使变换阵简单好记，把电压和电流变换阵取为同一矩阵，即令

$$\boldsymbol{C}_u=\boldsymbol{C}_i=\boldsymbol{C}\tag{7-87}$$

则式（7-86）变成 $\boldsymbol{C}^T\boldsymbol{C}=\boldsymbol{E}$

或
$$\boldsymbol{C}^T=\boldsymbol{C}^{-1}\tag{7-88}$$

由此可得如下的结论：在变换前后功率不变，且电压和电流选取相同变换阵的条件下，变换阵的逆与其转置相等，这样的坐标变换属于正交变换。

（三）三相/二相变换（3/2 变换）

现在先考虑第一种坐标变换——在三相静止坐标系 A、B、C 和二相静止坐标系 α、β 之间的变换，简称 3/2 变换。设该变换服从于上述的功率不变约束条件。

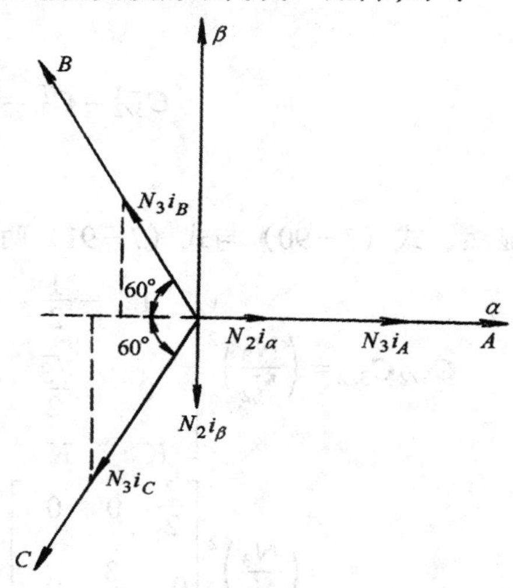

图 7-56　三相和二相坐标系与绕组磁动势的空间矢量位置

图 7-56 中绘出了 A、B、C 和 α、β 两个坐标系，为方便起见，取 α 轴与 A 轴重合。设三相系统每相绕组的有效匝数为 N_3，

二相系统每相绕组的有效匝数为 N_2，各相磁动势均为有效匝数及其瞬时电流的乘积，其空间矢量均位于有关相的坐标轴上。交流电流的磁动势大小随时间而变，图中磁动势矢量的长短是任意画的。

设磁动势波形是正弦分布的，当三相总磁动势与二相总磁动势相等时，两套绕组瞬时磁动势在 α、β 轴上的投影都应相等，

$$N_2 i_\alpha = N_3 i_A - N_3 i_B \cos 60° - N_3 i_C \cos 60° = N_3\left(i_A - \frac{1}{2} i_B - \frac{1}{2} i_C\right)$$

$$N_2 i_\beta = N_3 i_B \sin 60° - N_3 i_C \sin 60° = \frac{\sqrt{3}}{2} N_3 (i_B - i_C)$$

为了便于求反变换，最好将变换阵表示成可逆的方阵。为此，在二相系统上再人为地增加一项零轴磁动势 $N_2 i_0$，并定义为

$$N_2 i_0 \triangleq K N_3 (i_A + i_B + i_C)$$

将以上三式合在一起，写成矩阵形式，得

$$\begin{bmatrix} i_\alpha \\ i_\beta \\ i_0 \end{bmatrix} = \frac{N_3}{N_2}\begin{bmatrix} 1 & -\frac{1}{2} & -\frac{1}{2} \\ 0 & \frac{\sqrt{3}}{2} & -\frac{\sqrt{3}}{2} \\ K & K & K \end{bmatrix}\begin{bmatrix} i_A \\ i_B \\ i_C \end{bmatrix} = C_{3/2}\begin{bmatrix} i_A \\ i_B \\ i_C \end{bmatrix} \tag{7-89}$$

式中

$$C_{3/2} = \frac{N_3}{N_2}\begin{bmatrix} 1 & -\frac{1}{2} & -\frac{1}{2} \\ 0 & \frac{\sqrt{3}}{2} & -\frac{\sqrt{3}}{2} \\ K & K & K \end{bmatrix} \tag{7-90}$$

是三相坐标系变换到二相坐标系的变换阵。

满足功率不变条件时应有

$$C_{3/2}^{-1} = C_{3/2}^{T} = \frac{N_3}{N_2}\begin{bmatrix} 1 & 0 & K \\ -\frac{1}{2} & \frac{\sqrt{3}}{2} & K \\ -\frac{1}{2} & -\frac{\sqrt{3}}{2} & K \end{bmatrix} \tag{7-91}$$

显然，式（7－90）与式（7－91）两矩阵的乘积应为单位阵

$$C_{3/2}C_{3/2}^{-1} = \left(\frac{N_3}{N_2}\right)^2\begin{bmatrix} 1 & -\frac{1}{2} & -\frac{1}{2} \\ 0 & \frac{\sqrt{3}}{2} & -\frac{\sqrt{3}}{2} \\ K & K & K \end{bmatrix}\begin{bmatrix} 1 & 0 & K \\ -\frac{1}{2} & \frac{\sqrt{3}}{2} & K \\ -\frac{1}{2} & -\frac{\sqrt{3}}{2} & K \end{bmatrix}$$

$$= \left(\frac{N_3}{N_2}\right)^2\begin{bmatrix} \frac{3}{2} & 0 & 0 \\ 0 & \frac{3}{2} & 0 \\ 0 & 0 & 3K^2 \end{bmatrix} = \frac{3}{2}\left(\frac{N_3}{N_2}\right)^2\begin{bmatrix} 1 & 0 & 0 \\ 0 & 1 & 0 \\ 0 & 0 & 2K^2 \end{bmatrix} = \boldsymbol{E}$$

因此 $$\frac{3}{2}\left(\frac{N_3}{N_2}\right)^2=1,\quad 则\frac{N_3}{N_2}=\sqrt{\frac{2}{3}} \tag{7-92}$$

且 $$2K^2=1,\quad 则\quad K=\frac{1}{\sqrt{2}} \tag{7-93}$$

这就是满足功率不变约束条件的参数关系。把它们代入式(7－90),即得三相/二相变换阵

$$C_{3/2}=\sqrt{\frac{2}{3}}\begin{bmatrix}1 & -\frac{1}{2} & -\frac{1}{2}\\ 0 & \frac{\sqrt{3}}{2} & -\frac{\sqrt{3}}{2}\\ \frac{1}{\sqrt{2}} & \frac{1}{\sqrt{2}} & \frac{1}{\sqrt{2}}\end{bmatrix} \tag{7-94}$$

反之,如果要从二相坐标系变换到三相坐标系(简称 2/3 变换),可求其反变换阵,把式(7－92)、(7－93)代入式(7－91),得

$$C_{2/3}=C_{3/2}^{-1}=\sqrt{\frac{2}{3}}\begin{bmatrix}1 & 0 & \frac{1}{\sqrt{2}}\\ -\frac{1}{2} & \frac{\sqrt{3}}{2} & \frac{1}{\sqrt{2}}\\ -\frac{1}{2} & -\frac{\sqrt{3}}{2} & \frac{1}{\sqrt{2}}\end{bmatrix} \tag{7-95}$$

按照已经采用的条件，式（7－94）和式（7－95）的电流变换阵实际上就是电压变换阵，同时还可证明，它们也就是磁链的变换阵。[34]

通过计算可以验证：变换后的二相电压和电流有效值均为三相绕组每相电压和电流有效值的$\sqrt{\frac{3}{2}}$倍，因此，每相功率增为三相绕组每相功率的$\frac{3}{2}$倍，但相数由原来的 3 变成 2，所以变换前后总功率不变。此外应注意，变换后的二相绕组每相匝数已经是原三相绕组每相匝数的$\sqrt{\frac{3}{2}}$倍了。

在实际电机中并没有零轴电流，因此实际的电流变换式为

$$\begin{bmatrix}i_\alpha\\ i_\beta\end{bmatrix}=\sqrt{\frac{2}{3}}\begin{bmatrix}1 & -\frac{1}{2} & -\frac{1}{2}\\ 0 & \frac{\sqrt{3}}{2} & -\frac{\sqrt{3}}{2}\end{bmatrix}\begin{bmatrix}i_A\\ i_B\\ i_C\end{bmatrix} \tag{7-96}$$

$$\begin{bmatrix}i_A\\ i_B\\ i_C\end{bmatrix}=\sqrt{\frac{2}{3}}\begin{bmatrix}1 & 0\\ -\frac{1}{2} & \frac{\sqrt{3}}{2}\\ -\frac{1}{2} & -\frac{\sqrt{3}}{2}\end{bmatrix}\begin{bmatrix}i_\alpha\\ i_\beta\end{bmatrix} \tag{7-97}$$

如果三相绕组是Y形不带零线接法，则 $i_A+i_B+i_C=0$，或

$$i_C = -i_A - i_B \tag{7-98}$$

以式(7-98)代入式(7-96)和式(7-97),整理后得

$$\begin{bmatrix} i_\alpha \\ i_\beta \end{bmatrix} = \begin{bmatrix} \sqrt{\dfrac{3}{2}} & 0 \\ \dfrac{1}{\sqrt{2}} & \sqrt{2} \end{bmatrix} \begin{bmatrix} i_A \\ i_B \end{bmatrix} \tag{7-99}$$

$$\begin{bmatrix} i_A \\ i_B \end{bmatrix} = \begin{bmatrix} \sqrt{\dfrac{2}{3}} & 0 \\ -\dfrac{1}{\sqrt{6}} & \dfrac{1}{\sqrt{2}} \end{bmatrix} \begin{bmatrix} i_\alpha \\ i_\beta \end{bmatrix} \tag{7-100}$$

电压和磁链的变换式均与电流变换式相同。

(四) 二相/二相旋转变换 (2s/2r 变换)

图 7-55b 和图 7-55c 中二相静止坐标系 α、β 和二相旋转坐标系 M、T 之间的变换称作二相/二相旋转变换，简称 2s/2r 变换，其中 s 表示静止，r 表示旋转。把两个坐标系画在一起，即为图 7-57。图中，静止坐标系的两相交流电流 i_α、i_β 和旋转坐标系的两个直流电流 i_m、i_t 产生同样的以同步转速 ω_1 旋转的合成磁动势 F_1。由于各绕组匝数都相等，可以消去磁动势中的匝数，而直接标上电流，例如 F_1 可直接标成 i_1，但必须注意，在这里，矢量 i_1 以及其分量 i_α、i_β、i_m、i_t 所表示的实际上是空间磁动势矢量，而不是电流的时间相量。

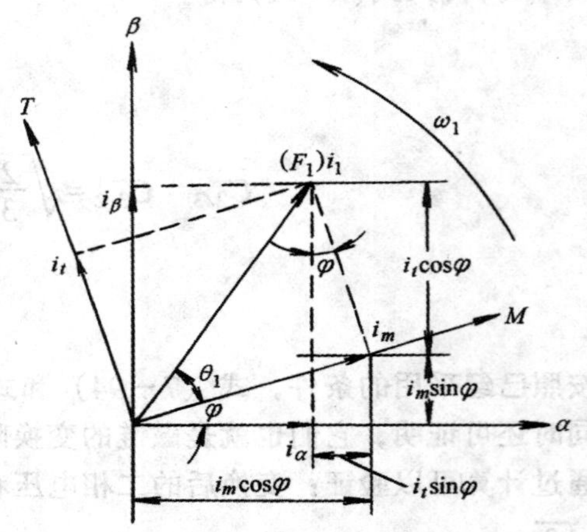

图 7-57 二相静止和旋转坐标系与磁动势空间矢量

在图 7-57 中，M 轴、T 轴和矢量 $i_1(F_1)$都以 ω_1 转速旋转,因此分量 i_m、i_t 的长短不变，相当于 M、T 绕组的直流磁动势。但 α 轴和 β 轴是静止的，α 轴与 M 轴的夹角 φ 随时间而变化，因此 i_1 在 α 轴和 β 轴上的分量 i_α 和 i_β 的长短也随时间变化，相当于 α、β 绕组交流磁动势的瞬时值。由图可见，i_α、i_β 和 i_m、i_t 之间存在着下列关系

$$i_\alpha = i_m\cos\varphi - i_t\sin\varphi$$
$$i_\beta = i_m\sin\varphi + i_t\cos\varphi$$

写成矩阵形式，得

$$\begin{bmatrix} i_\alpha \\ i_\beta \end{bmatrix} = \begin{bmatrix} \cos\varphi & -\sin\varphi \\ \sin\varphi & \cos\varphi \end{bmatrix} \begin{bmatrix} i_m \\ i_t \end{bmatrix} = \boldsymbol{C}_{2r/2s} \begin{bmatrix} i_m \\ i_t \end{bmatrix} \tag{7-101}$$

式中

$$\boldsymbol{C}_{2r/2s} = \begin{bmatrix} \cos\varphi & -\sin\varphi \\ \sin\varphi & \cos\varphi \end{bmatrix} \tag{7-102}$$

是二相旋转坐标系变换到二相静止坐标系的变换阵。

对式（7-101）两边都左乘以变换阵的逆矩阵，即得

$$\begin{bmatrix} i_m \\ i_t \end{bmatrix} = \begin{bmatrix} \cos\varphi & -\sin\varphi \\ \sin\varphi & \cos\varphi \end{bmatrix}^{-1} \begin{bmatrix} i_\alpha \\ i_\beta \end{bmatrix} = \begin{bmatrix} \cos\varphi & \sin\varphi \\ -\sin\varphi & \cos\varphi \end{bmatrix} \begin{bmatrix} i_\alpha \\ i_\beta \end{bmatrix} \tag{7-103}$$

则二相静止坐标系变换到二相旋转坐标系的变换阵是

$$\boldsymbol{C}_{2s/2r} = \begin{bmatrix} \cos\varphi & \sin\varphi \\ -\sin\varphi & \cos\varphi \end{bmatrix} \tag{7-104}$$

电压和磁链的旋转变换阵也与电流（磁动势）旋转变换阵相同。

（五）直角坐标/极坐标变换（K/P 变换）

在图 7-57 中，令矢量 i_1 和 M 轴的夹角为 θ_1，已知 i_m、i_t，求 i_1、θ_1，就是直角坐标/极坐标变换，简称 K/P 变换。显然，其变换式应为

$$i_1 = \sqrt{i_m^2 + i_t^2} \tag{7-105}$$

$$\theta_1 = \mathrm{tg}^{-1}\frac{i_t}{i_m} \tag{7-106}$$

当 θ_1 在 0°到 90°之间变化时，$\mathrm{tg}\theta_1$ 的变化范围是 0～∞，这个变化幅度太大，很难在实际变换器中实现，因此常改用下列方式来表示 θ_1 值

$$\mathrm{tg}\frac{\theta_1}{2} = \frac{\sin\frac{\theta_1}{2}}{\cos\frac{\theta_1}{2}} = \frac{\sin\frac{\theta_1}{2}\left(2\cos\frac{\theta_1}{2}\right)}{\cos\frac{\theta_1}{2}\left(2\cos\frac{\theta_1}{2}\right)} = \frac{\sin\theta_1}{1+\cos\theta_1} = \frac{i_t}{i_1 + i_m}$$

则

$$\theta_1 = 2\mathrm{arctg}^{-1}\frac{i_t}{i_1 + i_m} \tag{7-107}$$

式（7-107）可用来代替式（7-106）作为 θ_1 的变换式。

（六）由三相静止坐标系到任意二相旋转坐标系上的变换（$3s/2r$ 变换）

如果要从三相静止坐标系 A、B、C 变换到任意转速的二相旋转坐标系 d、q、0，其中“0”是为了凑成方阵而假想的零轴（前述 M、T 坐标系只是以同步转速 ω_1 旋转的），可以利用前已导出的变换阵，先将 ABC 坐标系变换到静止的 $\alpha\beta0$ 坐标系（取 α 轴与 A 轴一致），然后再从 $\alpha\beta0$ 坐标系变换到 $dq0$ 坐标系。后者可采用二相/二相旋转变换式 $C_{2s/2r}$，将式（7-103）中的下角标 m、t 换成 d、q，0 轴仍为原来的假想轴，并令 d 轴与 a 轴的夹角为 θ。由式（7-103）可得

$$i_d = i_\alpha\cos\theta + i_\beta\sin\theta$$

$$i_q = -i_\alpha\sin\theta + i_\beta\cos\theta$$

且

$$i_0 = i_0$$

写成矩阵形式，

$$\begin{bmatrix} i_d \\ i_q \\ i_0 \end{bmatrix} = \begin{bmatrix} \cos\theta & \sin\theta & 0 \\ -\sin\theta & \cos\theta & 0 \\ 0 & 0 & 1 \end{bmatrix} \begin{bmatrix} i_\alpha \\ i_\beta \\ i_0 \end{bmatrix}$$

又由式（7－94）可知

$$\begin{bmatrix} i_\alpha \\ i_\beta \\ i_0 \end{bmatrix} = \boldsymbol{C}_{3/2} \begin{bmatrix} i_A \\ i_B \\ i_C \end{bmatrix} = \sqrt{\frac{2}{3}} \begin{bmatrix} 1 & -\frac{1}{2} & -\frac{1}{2} \\ 0 & \sqrt{\frac{3}{2}} & -\frac{\sqrt{3}}{2} \\ \frac{1}{\sqrt{2}} & \frac{1}{\sqrt{2}} & \frac{1}{\sqrt{2}} \end{bmatrix} \begin{bmatrix} i_A \\ i_B \\ i_C \end{bmatrix}$$

合并以上二式，可得从三相 ABC 坐标系到二相 $dq0$ 旋转坐标系的变换式 $\boldsymbol{C}_{3s/2r}$ 为

$$\boldsymbol{C}_{3s/2r} = \sqrt{\frac{2}{3}} \begin{bmatrix} \cos\theta & \sin\theta & 0 \\ -\sin\theta & \cos\theta & 0 \\ 0 & 0 & 1 \end{bmatrix} \begin{bmatrix} 1 & -\frac{1}{2} & -\frac{1}{2} \\ 0 & \frac{\sqrt{3}}{2} & -\frac{\sqrt{3}}{2} \\ \frac{1}{\sqrt{2}} & \frac{1}{\sqrt{2}} & \frac{1}{\sqrt{2}} \end{bmatrix} =$$

$$\sqrt{\frac{2}{3}} \begin{bmatrix} \cos\theta & \frac{\sqrt{3}}{2}\sin\theta - \frac{1}{2}\cos\theta & -\frac{\sqrt{3}}{2}\sin\theta - \frac{1}{2}\cos\theta \\ -\sin\theta & \frac{1}{2}\sin\theta + \frac{\sqrt{3}}{2}\cos\theta & \frac{1}{2}\sin\theta - \frac{\sqrt{3}}{2}\cos\theta \\ \frac{1}{\sqrt{2}} & \frac{1}{\sqrt{2}} & \frac{1}{\sqrt{2}} \end{bmatrix} =$$

$$\sqrt{\frac{2}{3}} \begin{bmatrix} \cos\theta & \cos(\theta - 120°) & \cos(\theta + 120°) \\ -\sin\theta & -\sin(\theta - 120°) & -\sin(\theta + 120°) \\ \frac{1}{\sqrt{2}} & \frac{1}{\sqrt{2}} & \frac{1}{\sqrt{2}} \end{bmatrix} \tag{7－108}$$

其反变换式为

$$\boldsymbol{C}_{2r/3s} = \boldsymbol{C}_{3s/2r}^{-1} = \boldsymbol{C}_{3s/2r}^{T} = \sqrt{\frac{2}{3}} \begin{bmatrix} \cos\theta & -\sin\theta & \frac{1}{\sqrt{2}} \\ \cos(\theta - 120°) & -\sin(\theta - 120°) & \frac{1}{\sqrt{2}} \\ \cos(\theta + 120°) & -\sin(\theta + 120°) & \frac{1}{\sqrt{2}} \end{bmatrix} \tag{7－109}$$

式（7－108）和式（7－109）同样适用于电压和磁链的变换。

四、异步电动机在任意二相旋转坐标系上的数学模型

前已指出，异步电动机的数学模型比较复杂，希望通过坐标变换使之简化。式（7－79）的数学模型是建立在三相静止的 ABC 坐标系上的，现在先将它变换到任意二相旋转坐标系上，即 $aq0$ 坐标系上。这样得到的数学模型只有两相，比原来的模型简单，又由于其坐标轴是以任意转速旋转的，所以更具有一般性。

在进行坐标变换时，应把定子和转子的电压、电流、磁链都变换到 $dq0$ 坐标系上，定子各量均用下角标 1 表示，转子各量用 2 表示。

（一）$dq0$ 坐标系上的电压方程

利用式（7-109）的变换阵求得定子电压的变换关系为

$$\begin{bmatrix} u_A \\ u_B \\ u_C \end{bmatrix} = \sqrt{\frac{2}{3}} \begin{bmatrix} \cos\theta & -\sin\theta & \frac{1}{\sqrt{2}} \\ \cos(\theta-120^\circ) & -\sin(\theta-120^\circ) & \frac{1}{\sqrt{2}} \\ \cos(\theta+120^\circ) & -\sin(\theta+120^\circ) & \frac{1}{\sqrt{2}} \end{bmatrix} \begin{bmatrix} u_{d1} \\ u_{q1} \\ u_{01} \end{bmatrix}$$

先讨论 A 相，

$$u_A = \sqrt{\frac{2}{3}}\left(u_{d1}\cos\theta - u_{q1}\sin\theta + \frac{1}{\sqrt{2}}u_{10}\right)$$

同理，

$$i_A = \sqrt{\frac{2}{3}}\left(i_{d1}\cos\theta - i_{q1}\sin\theta + \frac{1}{\sqrt{2}}i_{01}\right)$$

$$\psi_A = \sqrt{\frac{2}{3}}\left(\psi_{d1}\cos\theta - \psi_{q1}\sin\theta + \frac{1}{\sqrt{2}}\psi_{01}\right)$$

在 ABC 坐标系上，A 相电压方程为

$$u_A = i_A R_1 + p\psi_A$$

将 u_A、i_A、ψ_A 三个变换式代入并整理后得

$$(u_{d1} - R_1 i_{d1} - p\psi_1 + \psi_{q1} p\theta)\cos\theta - (u_{q1} - R_1 i_{q1} - p\psi_{q1} - \psi_{d1} p\theta)\sin\theta + \frac{1}{\sqrt{2}}(u_{01} - R_1 i_{01} - p\psi_{01}) = 0$$

令 $p\theta = \omega_{11}$ 为 $dq0$ 旋转坐标系相对定子的角转速；由于 θ 为任意值，因此下列三式必须分别成立

$$\left.\begin{aligned} u_{d1} &= R_1 i_{d1} + p\psi_{d1} - \omega_{11}\psi_{q1} \\ u_{q1} &= R_1 i_{q1} + p\psi_{q1} + \omega_{11}\psi_{d1} \\ u_{01} &= R_1 i_{01} + p\psi_{01} \end{aligned}\right\} \qquad (7-110)$$

同理，变换后的转子电压方程为

$$\left.\begin{aligned} u_{d2} &= R_2 i_{d2} + p\psi_{d2} - \omega_{12}\psi_{q2} \\ u_{q2} &= R_2 i_{q2} + p\psi_{q2} + \omega_{12}\psi_{d2} \\ u_{02} &= R_2 i_{02} + p\psi_{02} \end{aligned}\right\} \qquad (7-111)$$

式中 ω_{12} 为 $dq0$ 坐标系相对于转子的角转速。

利用其它各相电压方程求出的结果与式（7-110）、（7-111）相同。

（二）$dq0$ 坐标系上的磁链方程

利用式(7-108)的变换阵将定子三相磁链 ψ_A、ψ_B、ψ_C 和转子三相磁链 ψ_a、ψ_b、ψ_c 变换到 $dq0$ 坐标系上去。定子磁链变换阵就是 $C_{3s/2r}$，其中令 d 轴与 A 轴的夹角为 θ_1。转子磁链变换是从旋转的三相坐标变换到不同转速的旋转二相坐标，变换阵为 $C_{3r/2r}$，按两坐标系的相

对转速考虑，$C_{3r/2r}$在形式上与$C_{3s/2r}$相同，只是θ角改为d轴与a轴的夹角θ_2。

$$C_{3s/2r}=\sqrt{\frac{2}{3}}\begin{bmatrix}\cos\theta_1 & \cos(\theta_1-120°) & \cos(\theta_1+120°)\\ -\sin\theta_1 & -\sin(\theta_1-120°) & -\sin(\theta_1+120°)\\ \frac{1}{\sqrt{2}} & \frac{1}{\sqrt{2}} & \frac{1}{\sqrt{2}}\end{bmatrix}\tag{7-112}$$

$$C_{3r/2r}=\sqrt{\frac{2}{3}}\begin{bmatrix}\cos\theta_2 & \cos(\theta_2-120°) & \cos(\theta_2+120°)\\ -\sin\theta_2 & -\sin(\theta_2-120°) & -\sin(\theta_2+120°)\\ \frac{1}{\sqrt{2}} & \frac{1}{\sqrt{2}} & \frac{1}{\sqrt{2}}\end{bmatrix}\tag{7-113}$$

于是有

$$\begin{bmatrix}\psi_{1d}\\ \psi_{q1}\\ \psi_{01}\\ \psi_{d2}\\ \psi_{q2}\\ \psi_{02}\end{bmatrix}=\begin{bmatrix}C_{3s/2r} & 0\\ 0 & C_{3r/2r}\end{bmatrix}\begin{bmatrix}\psi_A\\ \psi_B\\ \psi_C\\ \psi_a\\ \psi_b\\ \psi_c\end{bmatrix}$$

利用式（7－68）的磁链方程将定子和转子三相磁链写成电感矩阵与定、转子电流向量的乘积，再用$C_{3s/2r}$、$C_{3r/2r}$的反变换阵将电流向量变换到$dq0$坐标系上，则上式变成

$$\begin{bmatrix}\psi_{d1}\\ \psi_{q1}\\ \psi_{01}\\ \psi_{d2}\\ \psi_{q2}\\ \psi_{02}\end{bmatrix}=\begin{bmatrix}C_{3s/2r} & 0\\ 0 & C_{3r/2r}\end{bmatrix}\begin{bmatrix}L_{ss} & L_{sr}\\ L_{rs} & L_{rr}\end{bmatrix}\begin{bmatrix}C_{3s/2r}^{-1} & 0\\ 0 & C_{3r/2r}^{-1}\end{bmatrix}\begin{bmatrix}i_{d1}\\ i_{q1}\\ i_{01}\\ i_{d2}\\ i_{q2}\\ i_{02}\end{bmatrix}$$

将分块矩阵中各元素写出并进行运算，其中

$$C_{3s/2r}L_{ss}C_{3s/2r}^{-1}=\frac{2}{3}\begin{bmatrix}\cos\theta_1 & \cos(\theta_1-120°) & \cos(\theta_1+120°)\\ -\sin\theta_1 & -\sin(\theta_1-120°) & -\sin(\theta_1+120°)\\ \frac{1}{\sqrt{2}} & \frac{1}{\sqrt{2}} & \frac{1}{\sqrt{2}}\end{bmatrix}\times$$

$$\begin{bmatrix}L_{m1}+L_{l1} & -\frac{1}{2}L_{m1} & -\frac{1}{2}L_{m1}\\ -\frac{1}{2}L_{m1} & L_{m1}+L_{l1} & -\frac{1}{2}L_{m1}\\ -\frac{1}{2}L_{m1} & -\frac{1}{2}L_{m1} & L_{m1}+L_{l1}\end{bmatrix}\times$$

$$\begin{bmatrix}\cos\theta_1 & -\sin\theta_1 & \frac{1}{\sqrt{2}}\\ \cos(\theta_1-120°) & -\sin(\theta_1-120°) & \frac{1}{\sqrt{2}}\\ \cos(\theta_1+120°) & -\sin(\theta_1+120°) & \frac{1}{\sqrt{2}}\end{bmatrix}=\begin{bmatrix}L_{l1}+\frac{3}{2}L_{m1} & 0 & 0\\ 0 & L_{l1}+\frac{3}{2}L_{m1} & 0\\ 0 & 0 & L_{l1}\end{bmatrix}$$

在运算过程中考虑到 $\cos\theta_1+\cos(\theta_1-120^\circ)+\cos(\theta_1+120^\circ)=0,\sin\theta_1+\sin(\theta_1-120^\circ)+\sin(\theta_1+120^\circ)=0$，等等。同理

$$\boldsymbol{C}_{3r/2r}\boldsymbol{L}_{rr}\boldsymbol{C}_{3r2r}^{-1}=\begin{bmatrix}L_{l2}+\frac{3}{2}L_{m1} & 0 & 0\\ 0 & L_{l2}+\frac{3}{2}L_{m1} & 0\\ 0 & 0 & L_{l2}\end{bmatrix}$$

$$\boldsymbol{C}_{3s/2r}\boldsymbol{L}_{sr}\boldsymbol{C}_{3r/2r}^{-1}=\begin{bmatrix}\frac{3}{2}L_{m1} & 0 & 0\\ 0 & \frac{3}{2}L_{m1} & 0\\ 0 & 0 & 0\end{bmatrix}$$

$$\boldsymbol{C}_{3r/2r}\boldsymbol{L}_{rs}\boldsymbol{C}_{3s/2r}^{-1}=\begin{bmatrix}\frac{3}{2}L_{m1} & 0 & 0\\ 0 & \frac{3}{2}L_{m1} & 0\\ 0 & 0 & 0\end{bmatrix}$$

最后，在 $dq0$ 坐标系上的磁链方程是

$$\begin{bmatrix}\psi_{d1}\\ \psi_{q1}\\ \psi_{01}\\ \psi_{d2}\\ \psi_{q2}\\ \psi_{02}\end{bmatrix}=\begin{bmatrix}L_s & 0 & 0 & L_m & 0 & 0\\ 0 & L_s & 0 & 0 & L_m & 0\\ 0 & 0 & L_{l1} & 0 & 0 & 0\\ L_m & 0 & 0 & L_{1r} & 0 & 0\\ 0 & L_m & 0 & 0 & L_r & 0\\ 0 & 0 & 0 & 0 & 0 & L_{l2}\end{bmatrix}\begin{bmatrix}i_{d1}\\ i_{q1}\\ i_{01}\\ i_{d2}\\ i_{q2}\\ i_{02}\end{bmatrix}\tag{7-114}$$

式中　$L_m=\frac{3}{2}L_{m1}$—— $dq0$ 坐标系同轴等效定子与转子绕组间的互感；

$L_s=L_{l1}+\frac{3}{2}L_{m1}$—— $dq0$ 坐标系等效二相定子绕组的自感；

$L_r=L_{l2}+\frac{3}{2}L_{m1}$—— $dq0$ 坐标系等效二相转子绕组的自感。

应该注意的是，互感 L_m 是原三相绕组中任意两相间最大互感 L_{m1} 的 3/2 倍。

由式（7-114）中第三、六两行可知，磁链的零轴分量是：

$$\psi_{01}=L_{l1}i_{01} \text{和} \psi_{02}=L_{l2}i_{02}$$

它们是各自独立的，对 d、q 轴磁链毫无影响，以后在数学模型中可不再考虑。因此，式（7-114）可简化为

$$\begin{bmatrix}\psi_{d1}\\\psi_{q1}\\\psi_{d2}\\\psi_{q2}\end{bmatrix}=\begin{bmatrix}L_s & 0 & L_m & 0\\0 & L_s & 0 & L_m\\L_m & 0 & L_r & 0\\0 & L_m & 0 & L_r\end{bmatrix}\begin{bmatrix}i_{d1}\\i_{q1}\\i_{d2}\\i_{q2}\end{bmatrix} \tag{7-115}$$

或写成

$$\left.\begin{aligned}\psi_{d1}&=L_si_{d1}+L_mi_{d2}\\\psi_{q1}&=L_si_{q1}+L_mi_{q2}\\\psi_{d2}&=L_mi_{d1}+L_ri_{d2}\\\psi_{q2}&=L_mi_{q1}+L_ri_{q2}\end{aligned}\right\} \tag{7-115a}$$

式（7－115）和式（7－115a）所描述的 dq 坐标系磁链方程比 ABC 坐标系上的磁链方程〔式（7－68）〕简单得多。其主要原因是：变换到二相坐标系上以后，由于两轴互相垂直，它们之间没有互感的耦合关系，互感磁链只与本轴上的绕组有关，所以每个磁链的分量只剩下两项了。而且假想的零轴磁链是孤立的，又可以不予考虑。这就是坐标变换有利于简化数学模型的根本原因。式（7－115）或式（7－115a）对应的物理模型如图 7－58 所示，其中每个绕组都相当于所在坐标轴上的伪静止绕组，它表明每轴磁通在与之垂直的绕组中还是要产生旋转电动势的，这一点在以后对电压方程的分析中将会表明。

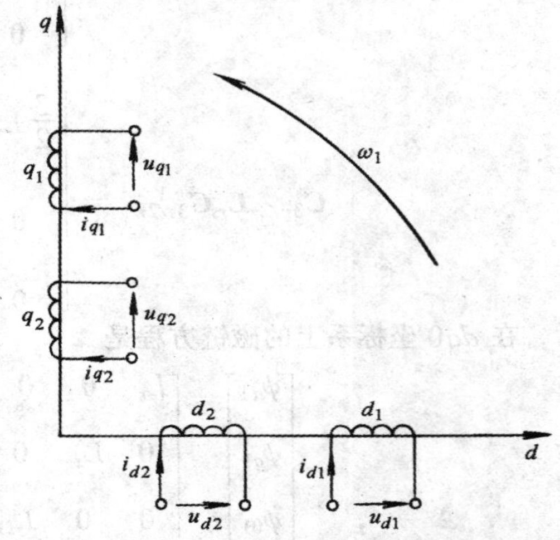

图 7－58　异步电动机变换到 dq 轴上的物理模型

把式（7－115a）代入式（7－110）和式（7－111）中的 d、q 轴电压方程，整理后即得

$$\begin{bmatrix}u_{d1}\\u_{q1}\\u_{d2}\\u_{q2}\end{bmatrix}=\begin{bmatrix}R_1+L_sp & -\omega_{11}L_s & L_mp & -\omega_{11}L_m\\\omega_{11}L_s & R_1+L_sp & \omega_{11}L_m & L_mp\\L_mp & -\omega_{12}L_m & R_2+L_rp & -\omega_{12}L_r\\\omega_{12}L_m & L_mp & \omega_{12}L_r & R_2+L_rp\end{bmatrix}\begin{bmatrix}i_{d1}\\i_{q1}\\i_{d2}\\i_{q2}\end{bmatrix} \tag{7-116}$$

这样，在 dq 坐标上得到四维的电压方程，它比 ABC 坐标系上的六维电压方程低了二维。

（三）$dq0$ 坐标系上的转矩方程和运动方程

由式（7－78）已知，ABC 坐标系上的转矩公式为

$$\begin{aligned}T_e=&-n_pL_{m1}[i_Ai_a+i_Bi_b+i_Ci_c\sin\theta+(i_Ai_b+i_Bi_c+i_Ci_a)\sin(\theta+120^\circ)\\&+(i_Ai_c+i_Bi_a+i_Ci_b)\sin(\theta-120^\circ)]\end{aligned}$$

利用式（7－112）和式（7－113）的反变换式 $C_{3s/2r}^{-1}$ 和 $C_{3r/2r}^{-1}$ 可得

$$\begin{bmatrix} i_A \\ i_B \\ i_C \end{bmatrix} = \sqrt{\frac{2}{3}} \begin{bmatrix} \cos\theta_1 & -\sin\theta_1 & 1/\sqrt{2} \\ \cos(\theta_1 - 120°) & -\sin(\theta_1 - 120°) & 1/\sqrt{2} \\ \cos(\theta_1 + 120°) & -\sin(\theta_1 + 120°) & 1/\sqrt{2} \end{bmatrix} \begin{bmatrix} i_{d1} \\ i_{q1} \\ i_{01} \end{bmatrix}$$

$$\begin{bmatrix} i_a \\ i_b \\ i_c \end{bmatrix} = \sqrt{\frac{2}{3}} \begin{bmatrix} \cos\theta_2 & -\sin\theta_2 & 1/\sqrt{2} \\ \cos(\theta_2 - 120°) & -\sin(\theta_2 - 120°) & 1/\sqrt{2} \\ \cos(\theta_2 + 120°) & -\sin(\theta_2 + 120°) & 1/\sqrt{2} \end{bmatrix} \begin{bmatrix} i_{d2} \\ i_{q2} \\ i_{02} \end{bmatrix}$$

利用这两个矩阵方程将上面转矩公式中的 i_A、i_B、i_C、i_a、i_b、i_c 代换成 d、q、0 分量，并注意到转子和定子的相对位置：

$$\theta = \theta_1 - \theta_2$$

经过化简，最后可以得到很简单的 $dq0$ 坐标系上的转矩公式

$$T_e = n_p L_m (i_{q1} i_{d2} - i_{d1} i_{q2}) \tag{7-117}$$

在化简过程中，零轴分量电流完全抵消了，在二相旋转坐标转矩公式中不再出现。因此，以后可以把二相旋转坐标就称作 dq 坐标。

代入式（7－74）的恒转矩负载运动方程式，得

$$T_e = n_p L_m (i_{q1} i_{d2} - i_{d1} i_{q2}) = T_L + \frac{J}{n_p} \frac{\mathrm{d}\omega}{\mathrm{d}t} \tag{7-118}$$

而

$$\omega = \frac{\mathrm{d}\theta}{\mathrm{d}t} \tag{7-119}$$

且

$$\omega = \omega_{11} - \omega_{12}$$

式（7－116)、式（7－118)、式（7－119）便是异步电动机在 dq 坐标系上的数学模型，它们显然比 ABC 三相坐标系上的数学模型要简单得多，而且维数也降低了。但是它的多变量、强耦合、非线性的性质并没有改变。

（四）异步电动机在 dq 坐标系上的动态结构图和动态等效电路

在电压方程式(7－116)等号右侧的系数矩阵中，含 R 项表示电阻压降，含 Lp 项为电感压降，即脉变电动势，含 ω 项表示旋转电动势。把它们分开来写，并考虑到式(7－115a)的磁链方程，则得

$$\begin{bmatrix} u_{d1} \\ u_{q1} \\ u_{d2} \\ u_{q2} \end{bmatrix} = \begin{bmatrix} R_1 & 0 & 0 & 0 \\ 0 & R_1 & 0 & 0 \\ 0 & 0 & R_2 & 0 \\ 0 & 0 & 0 & R_2 \end{bmatrix} \begin{bmatrix} i_{d1} \\ i_{q1} \\ i_{d2} \\ i_{q2} \end{bmatrix} = \begin{bmatrix} L_s p & 0 & L_m p & 0 \\ 0 & L_s p & 0 & L_m p \\ L_m p & 0 & L_r p & 0 \\ 0 & L_m p & 0 & L_r p \end{bmatrix} \begin{bmatrix} i_{d1} \\ i_{q1} \\ i_{d2} \\ i_{q2} \end{bmatrix} +$$

$$\begin{bmatrix} 0 & -\omega_{11} & 0 & 0 \\ \omega_{11} & 0 & 0 & 0 \\ 0 & 0 & 0 & -\omega_{12} \\ 0 & 0 & \omega_{12} & 0 \end{bmatrix} \begin{bmatrix} \psi_{d1} \\ \psi_{q1} \\ \psi_{d2} \\ \psi_{q2} \end{bmatrix} \tag{7-120}$$

令

$$u=[u_{d1}\quad u_{q1}\quad u_{d2}\quad u_{q2}]^T$$

$$i=[i_{d1}\quad i_{q1}\quad i_{d2}\quad i_{q2}]^T$$

$$\psi=[\psi_{d1}\quad \psi_{q1}\quad \psi_{d2}\quad \psi_{q2}]^T$$

$$\boldsymbol{R}=\begin{bmatrix} R_1 & 0 & 0 & 0 \\ 0 & R_1 & 0 & 0 \\ 0 & 0 & R_2 & 0 \\ 0 & 0 & 0 & R_2 \end{bmatrix}$$

$$\boldsymbol{L}=\begin{bmatrix} L_s & 0 & L_m & 0 \\ 0 & L_s & 0 & L_m \\ L_m & 0 & L_T & 0 \\ 0 & L_m & 0 & L_r \end{bmatrix}$$

旋转电动势相量 $\boldsymbol{e}_r=\begin{bmatrix} 0 & -\omega_{11} & 0 & 0 \\ \omega_{11} & 0 & 0 & 0 \\ 0 & 0 & 0 & -\omega_{12} \\ 0 & 0 & \omega_{12} & 0 \end{bmatrix}\begin{bmatrix} \psi_{d1} \\ \psi_{q1} \\ \psi_{d2} \\ \psi_{q2} \end{bmatrix}=\begin{bmatrix} -\omega_{11}\psi_{q1} \\ \omega_{11}\psi_{d1} \\ -\omega_{12}\psi_{q2} \\ \omega_{12}\psi_{d2} \end{bmatrix}$

则式(7－120)变成

$$\boldsymbol{u}=\boldsymbol{Ri}+\boldsymbol{Lpi}+\boldsymbol{e}_r \tag{7－120a}$$

将式（7－120a）、式（7－115）、式（7－118）画成多变量系统动态结构图，示于图 7－59，其中 ϕ_1（·）表示 $\boldsymbol{e}_r$ 表达式的非线性函数阵，ϕ_2（·）表示 T_e 表达式的非线性函数。

图 7－59 是本节开始时提到的异步电动机多变量控制结构（见图 7－51）的具体体现，它表明异步电机的数学模型具有以下性质：

（1）异步电机可以看作一个双输入双输出系统，输入量是电压相量 $\boldsymbol{u}$ 和定子与 dq 坐标轴的相对角转速 ω_{11}（当 dq 轴以同步转速旋转时，ω_{11} 就等于定子输入角频率 ω_1），输出量是磁链向量 ψ 和转子角转速 ω。电流向量可以看作状态变量，它和磁链向量之间有由式（7－115）确定的关系。

（2）非线性因素存在于 $\phi_1(\cdot)$ 和 $\phi_2(\cdot)$ 中，即存在于产生旋转电动势和电磁转矩的两个环节上。除此以外，系统的其它部分都是线性关系。这和直流电机弱磁控制的情况很相似。

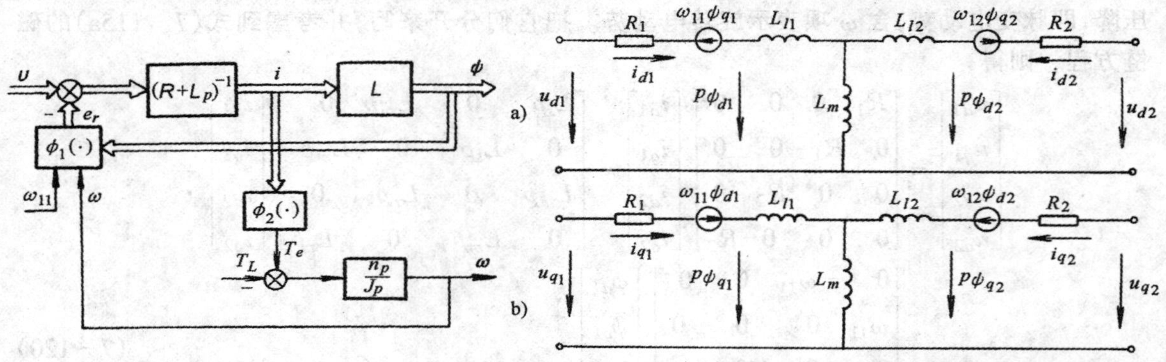

图 7－59　异步电动机的多变量动态结构图

图 7－60　异步电机在 dq 坐标上的动态等效电路
a）d 轴电路　b）q 轴电路

(3) 多变量之间的耦合关系主要体现在旋转电动势上。如果忽略旋转电动势的影响，系统便可蜕化成单变量的。

将式（7－116）或式（7－110）、式（7－111）中的 d、q 轴电压方程绘成动态等效电路，如图 7－60 所示。其中，图 7－60a 是 d 轴电路，图 7－60b 是 q 轴电路，它们之间靠旋转电动势 $\omega_{11}\psi_{q1}$、$\omega_{12}\psi_{q2}$、$\omega_{11}\psi_{d1}$、$\omega_{12}\psi_{d2}$互相耦合，这再次说明了上述第三条性质。图中所有表示电压或电动势的箭头都是按电压降的方向绘出来的。

五、异步电动机在二相静止坐标系上的数学模型

在静止坐标系 α、β 上的数学模型是任意旋转坐标系 d、q 上数学模型的一个特例，只要在旋转坐标模型中令 $\theta_1=0$，$p\theta_1=\omega_{11}=0$ 即可。这时 $p\theta=\omega$，即电机转子的角转速，而 $\omega_{12}=p\theta_2=p\ (\theta_1-0)\ =-p\theta=-\omega$，$d$、$q$ 坐标变成 α、β 坐标。于是，式（7－110）和式（7－111）中的 d、q 轴电压方程改为 α、β 轴电压方程

$$\left.\begin{aligned}u_{\alpha1}&=R_1i_{\alpha1}+p\psi_{\alpha1}\\u_{\beta1}&=R_1i_{\beta1}+p\psi_{\beta1}\\u_{\alpha2}&=R_2i_{\alpha2}+p\psi_{\alpha2}+\omega\psi_{\beta2}\\u_{\beta2}&=R_2i_{\beta2}+p\psi_{\beta2}+\omega\psi_{\alpha2}\end{aligned}\right\}\tag{7-121}$$

式(7－115)的磁链方程改为

$$\left.\begin{aligned}\psi_{\alpha1}&=L_si_{\alpha1}+L_mi_{\alpha2}\\\psi_{\beta1}&=L_si_{\beta1}+L_mi_{\beta2}\\\psi_{\alpha2}&=L_mi_{\alpha1}+L_ri_{\alpha2}\\\psi_{\beta2}&=L_mi_{\beta1}+L_ri_{\beta2}\end{aligned}\right\}\tag{7-122}$$

将式(7－122)代入式(7－121)，并写成矩阵形式，即得 $\alpha\beta$ 坐标系数学模型的电压矩阵方程

$$\begin{bmatrix}u_{\alpha1}\\u_{\beta1}\\u_{\alpha2}\\u_{\beta2}\end{bmatrix}=\begin{bmatrix}R_1+L_sp&0&L_mp&0\\0&R_1+L_sp&0&L_mp\\L_mp&\omega L_m&R_2+L_rp&\omega L_r\\-\omega L_m&L_mp&-\omega L_r&R_2+L_rp\end{bmatrix}\begin{bmatrix}i_{\alpha1}\\i_{\beta1}\\i_{\alpha2}\\i_{\beta2}\end{bmatrix}\tag{7-123}$$

利用二相旋转变换的反变换式(7－104)，可得

$$\begin{aligned}i_{d1}&=i_{\alpha1}\cos\theta+i_{\beta1}\sin\theta\\i_{q1}&=-i_{\alpha1}\sin\theta+i_{\beta1}\cos\theta\\i_{d2}&=i_{\alpha2}\cos\theta+i_{\beta2}\sin\theta\\i_{q2}&=-i_{\alpha2}\sin\theta+i_{\beta2}\cos\theta\end{aligned}$$

代入式(7－117)并整理后，即得到 $\alpha\beta$ 坐标系上的电磁转矩：

$$(T_e=n_pL_mi_{\beta1}i_{\alpha2}-i_{\alpha1}i_{\beta2})\tag{7-124}$$

式（7－123）和（7－124）再加上和前面一样的运动方程和转角微分式便成为 $\alpha\beta$ 坐标上的异步电动机数学模型。这种在二相静止坐标系上的数学模型又称为 *Kron* 的异步电机方程式或双轴原型电机（Two Axis Primitive Machine）的基本方程式。

六、异步电动机在二相同步旋转坐标系上的数学模型

另一种很有用的坐标系是二相同步旋转坐标系，其坐标轴仍用 d、q 表示，只是旋转速

度等于定子频率的同步角转速 ω_1，也就是坐标系相对定子的角转速。而转子的转速为 ω、dq 轴相对转子的角转速 $\omega_{12}=\omega_1-\omega=\omega_s$，即转差。

代入式（7－116）和式（7－117），得同步旋转坐标系上的数学模型

$$\begin{bmatrix} u_{d1} \\ u_{q1} \\ u_{d2} \\ u_{q2} \end{bmatrix} = \begin{bmatrix} R_1+L_sp & -\omega_1 L_s & L_mp & -\omega_1 L_m \\ \omega_1 L_s & R_1+L_sp & \omega_1 L_m & L_mp \\ L_mp & -\omega_s L_m & R_2+L_rp & -\omega_s L_r \\ \omega_s L_m & L_mp & \omega_s L_r & R_2+L_rp \end{bmatrix} \begin{bmatrix} i_{d1} \\ i_{q1} \\ i_{d2} \\ i_{q2} \end{bmatrix} \tag{7-125}$$

$$T_e = n_p L_m (i_{q1} i_{d2} - i_{d1} i_{q2}) \tag{7-126}$$

运动方程和转角微分式均不变。

这种坐标系的突出优点是：当 A、B、C 坐标系中的变量为正弦函数时，d、q 坐标系中的变量是直流。

七、异步电动机在二相同步旋转坐标系上按转子磁场定向的数学模型—— M、T 坐标系数学模型

在式（7－125）中，电压方程右边的 4×4 系数矩阵每一项都是占满了的，也就是说，系统仍是强耦合的。怎样才能进一步简化呢？经过研究后可以发现，对于所用的二相同步旋转坐标系只规定了 d、q 两轴的垂直关系和旋转速度，并未规定两轴与电机旋转磁场的相对位置，对此仍有选择的余地。现在规定 d 轴沿着转子总磁链矢量 ψ_2 的方向，并称之为 M（Magnetization）轴；而 q 轴则逆时针转 90°，即垂直于矢量 ψ_2，称之为 T（Torque）轴。这样，二相同步旋转坐标系就具体规定为 M、T 坐标系，即按转子磁场定向的坐标系。将式（7－125）和式（7－126）中的坐标轴符号改变一下，即得 M、T 坐标系上的数学模型。

$$\begin{bmatrix} u_{m1} \\ u_{t1} \\ u_{m2} \\ u_{t2} \end{bmatrix} = \begin{bmatrix} R_1+L_sp & -\omega_1 L_s & L_mp & -\omega_1 L_m \\ \omega_1 L_s & R_1+L_sp & \omega_1 L_m & L_mp \\ L_mp & -\omega_s L_m & R_2+L_rp & -\omega_s L_r \\ \omega_s L_m & L_mp & \omega_s L_r & R_2+L_rp \end{bmatrix} \begin{bmatrix} i_{m1} \\ i_{t1} \\ i_{m2} \\ i_{t2} \end{bmatrix} \tag{7-127}$$

$$T_e = n_p L_m (i_{t1} i_{m2} - i_{m1} i_{t2}) \tag{7-128}$$

由于 ψ_2 本身就是以同步转速旋转的矢量，显然有：

$$\psi_{m2} \equiv \psi_2, \psi_{t2} \equiv 0$$

也就是说，

$$L_m i_{m1} + L_r i_{m2} = \psi_2 \tag{7-129}$$

$$L_m i_{t1} + L_r i_{t2} = 0 \tag{7-130}$$

把式（7－130）代入式（7－127），得

$$\begin{bmatrix} u_{m1} \\ u_{t1} \\ u_{m2} \\ u_{t2} \end{bmatrix} = \begin{bmatrix} R_1+L_sp & -\omega_1 L_s & L_mp & -\omega_1 L_m \\ \omega_1 L_s & R_1+L_sp & \omega_1 L_m & L_mp \\ L_mp & 0 & R_2+L_rp & 0 \\ \omega_s L_m & 0 & \omega_s L_r & R_2 \end{bmatrix} \begin{bmatrix} i_{m1} \\ i_{t1} \\ i_{m2} \\ i_{t2} \end{bmatrix} \tag{7-131}$$

在第三、四行中出现了零元素，减少了多变量之间的耦合关系，使模型得到简化。

至于转矩方程，将式（7－129）、式（7－130）代入式（7－128），得

$$T_e = n_p L_m (i_{t1} i_{m2} - i_{m1} i_{t2}) = n_p L_m \left[i_{t1} i_{m2} - \frac{\psi_2 - L_r i_{m2}}{L_m} \left(-\frac{L_m}{L_r} i_{t1} \right) \right] =$$

$$n_p L_m \left[i_{t1} i_{m2} + \frac{\psi_2}{L_r} i_{t1} - i_{t1} i_{m2} \right] = n_p \frac{L_m}{L_r} i_{t1} \psi_2 \tag{7-132}$$

这个关系就比较简单，而且和直流电机的转矩方程非常相似了。

八、小结

在工程上能够允许的一些假定条件下，由晶闸管整流装置供电的直流电动机调速系统可以描述成单变量的三阶线性系统，能够采用经典的线性控制理论和由它发展出来的工程设计方法进行分析与设计。交流异步电动机则是一个高阶、非线性、强耦合的多变量系统，在本节以前所讨论过的转速开环和转速闭环的变频调速系统中，都是在忽略非线性、忽略多变量耦合的很强的假定条件下，求出近似的线性单变量动态结构图以后，才能沿用直流调速系统的分析和设计方法。这样做出来的结果当然不会很准确，难以获得和直流双闭环调速系统一样的高动态性能。

要实现高动态性能的交流调速系统，首先得掌握它的非线性、多变量的数学模型。三相异步电动机的多变量数学模型由电压矩阵方程、磁链矩阵方程、转矩方程和运动方程组成，可写成式(7－79)或式(7－80)的形式。由于它有一个很复杂的电感矩阵，整个数学模型相当复杂，很难用来分析问题，通常都采用坐标变换的方法加以改造。坐标变换的基本概念是，以产生相同的旋转磁动势为准则，建立三相交流绕组、两相交流绕组和旋转的直流绕组三者之间的等效关系，从而求出与异步电机绕组等效的直流电机模型。具体的变换阵有三相/二相变换阵 $\boldsymbol{C}_{3/2}$ 及其反变换阵 $\boldsymbol{C}_{2/3}$、二相旋转变换阵 $\boldsymbol{C}_{2r/2s}$ 和 $\boldsymbol{C}_{2s/2r}$、直角坐标/极坐标变换公式。

在进行异步电动机数学模型变换时，定子三相绕组和转子三相绕组都得变换到等效的二相绕组上去。等效的二相模型之所以简单，主要是由于两轴互相垂直，它们之间没有互感的耦合关系，不象三相绕组那样在任意两相之间都有互感联系。等效二相模型可以建立在静止坐标系上，也可以建立在旋转坐标系上，其中建立在二相同步旋转坐标系上的模型有一个突出的优点；当原来三相变量是正弦函数时，等效的二相变量是直流。在此基础上，如果再将二相同步旋转坐标系按转子磁场定向，即采用 M、T 坐标系——沿转子总磁链矢量 ψ_2 方向为 M 轴，逆时针转 90°与 ψ_2 垂直的方向为 T 轴，则电压矩阵方程〔式（7－131)〕中出现了几个零元素，意味着多变量之间部分地得到解耦，而转矩方程〔式（7－132)〕简化得和直流电机的转矩方程非常相似了。下一节所要讨论的矢量控制系统就采用这种数学模型。

§7－8　矢量控制的变频调速系统

上一节中表明，异步电动机的数学模型是一个高阶、非线性、强耦合的多变量系统，通过坐标变换，可以使之降阶并化简，但并没有改变其非线性、多变量的本质。§7－5 和§7－6 两节所述变频调速系统的动态性能不够理想，调节器参数很难准确设计，关键就在于只是沿用了单变量控制系统的概念而没有考虑非线性、多变量的本质。许多专家学者对此进行过潜心的研究，终于在 1971 年不谋而合地提出了两项研究成果：联邦德国西门子公司的 F. Blaschke 等提出的“感应电机磁场定向的控制原理”和美国 P. C. Custman 和 A A. Clark 申请的专利“感应电机定子电压的坐标变换控制”。以后在实践中经过不断地改进，形成了现已得到普遍应用的矢量控制变频调速系统。

一、异步电机的坐标变换结构图和等效直流电机模型

在 §7－7第三小节中已经阐明，以产生同样的旋转磁动势为准则，在三相坐标系下的定

子交流电流 i_A、i_B、i_C，通过三相/二相变换,可以等效成两相静止坐标系下的交流电流$i_{\alpha1}$、$i_{\beta1}$；再通过按 转子磁场定向的旋转变换，可以等效成同步旋转坐标系下的直流电流 i_{m1}、i_{t1}。如果观察者站到铁心上与坐标系一起旋转，他所看到的便是一台直流电机，原交流电机的转子总磁通 Φ_2 就是等效直流电机的磁通，M 绕组相当于直流电机的励磁绕组，i_{m1} 相当于励磁电流，T 绕组相当于伪静止的电枢绕组，i_{t1} 相当于与转矩成正比的电枢电流。

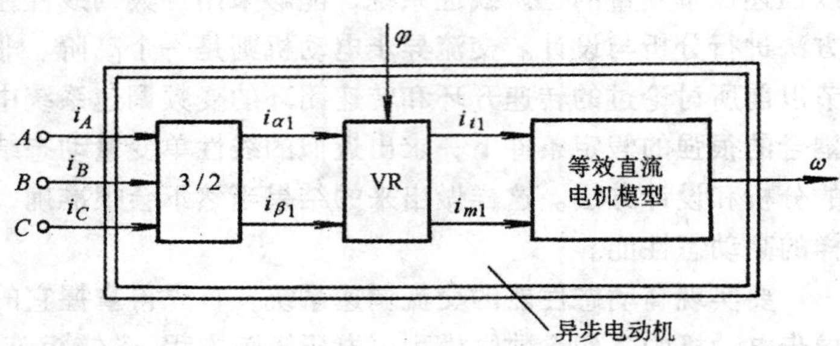

图 7-61　异步电动机的座标变换结构图

3/2—三相/二相变换　VR—同步旋转变换　φ—M 轴与 α 轴(A 轴)夹角

把上述等效关系用结构图的形式画出来，便得到图 7-61。从整体上看，A、B、C 三相输入，转速 ω 输出，是一台异步电动机。从内部看，经过三相/二相变换和同步旋转变换，变成一台由 i_{m1}、i_{t1} 输入、ω 输出的直流电动机。

二、矢量控制系统的构想

既然异步电动机经过坐标变换可以等效成直流电动机，那么，模仿直流电动机的控制方法，求得直流电动机的控制量，经过相应的坐标反变换，就能够控制异步电动机了。由于进行坐标变换的是电流（代表磁动势）的空间矢量，所以这样通过坐标变换实现的控制系统就叫做矢量变换控制系统（Transvector Control System)，或称矢量控制系统（Vector Control System)，所设想的结构如图 7-62 所示。图中给定和反馈信号经过类似于直流调整系统所用的控制器，产生励磁电流的给定信号 i_{m1}^*和电枢电流的给定信号 i_{t1}^*，经过反旋转变换 VR^{-1}得到 $i_{\alpha1}^*$和 $i_{\beta1}^*$，再经过二相/三相变换得到 i_A^*、i_B^* 和i_C^*。把这三个电流控制信号和由控制器直接得到的频率控制信号 ω_1 加到带电流控制的变频器上，就可以输出异步电动机调速所需的三相变频电流。

在设计矢量控制系统时，可以认为，在控制器后面引入的反旋转变换器 VR^{-1}与电机内部的旋转变换环节 VR 抵消，2/3 变换器与电机内部的 3/2 变换环节抵消，如果再忽略变频器中可能产生的滞后，则图 7-62 中虚线框内的部分可以完全删去，剩下的部分就和直流调速系统非常相似了。可以想象，矢量控制交流变频调速系统的静、动态性能应该完全能够与直流调速系统相媲美。

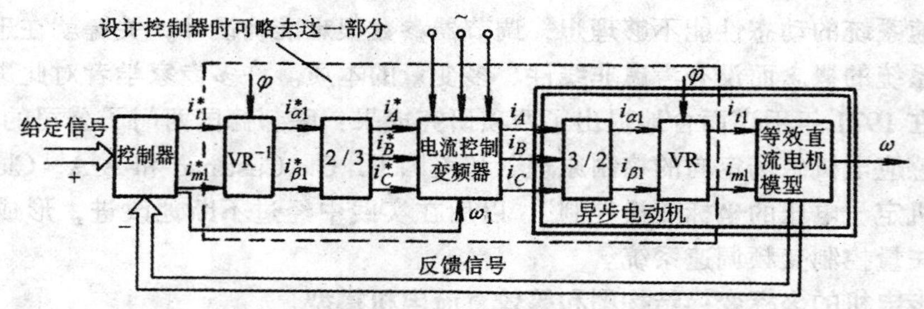

图 7-62　矢量控制系统的构想

当然，要实现上述构想并不是完全没有问题的。首先，电流控制和频率控制在动态中如何协调？这个问题在直流调速系统中并不存在，而在交流变频调速系统中则必须解决。其次，直流电机中磁通始终恒定，而在矢量控制的变频调速系统中这一点如何保证？总而言之，正如§7－6等四小节中所说过的那样，矢量控制系统应能从本质上解决转差频率控制系统中存在的多数问题，现在就来研究一下如何解决这个问题。

三、矢量控制基本方程式

§7－7中，式（7－131）、（7－132）给出了异步电动机在同步旋转坐标系上按转子磁场定向的数学模型。对于笼型转子电机，转子短路，则 $u_{m2}=u_{t2}=0$，数学模型中的电压矩阵方程可简化为

$$\begin{bmatrix} u_{m1} \\ u_{t1} \\ 0 \\ 0 \end{bmatrix} = \begin{bmatrix} R_1+L_sp & -\omega_1 L_s & L_mp & -\omega_1 L_m \\ \omega_1 L_s & R_1+L_sp & \omega_1 L_m & L_mp \\ L_mp & 0 & R_2+L_rp & 0 \\ \omega_s L_m & 0 & \omega_s L_r & R_2 \end{bmatrix} \begin{bmatrix} i_{m1} \\ i_{t1} \\ i_{m2} \\ i_{t2} \end{bmatrix} \tag{7-133}$$

在矢量控制系统中，被控制的是定子电流，因此必须从数学模型中找到定子电流的两个分量与其它物理量的关系。以式（7－129）中的 ψ_2 表达式代入式（7－133）第三行中，得

$$0=R_2 i_{m2}+p(L_m i_{m1}+L_r i_{m2})=R_2 i_{m2}+p\psi_2$$

所以，

$$i_{m2}=-\frac{p\psi_2}{R_2} \tag{7-134}$$

再代入式（7－129），解出 i_{m1}，得：

$$i_{m1}=\frac{T_2p+1}{L_m}\psi_2 \tag{7-135}$$

或

$$\psi_2=\frac{L_m}{T_2p+1}i_{m1} \tag{7-136}$$

式中　$T_2=\dfrac{L_r}{R_2}$——转子励磁时间常数〔参看式（7－55)〕。

式（7－136）表明，转子磁链 ψ_2 仅由 i_{m1}产生，和 i_{t1}无关，因而 i_{m1}被称为定子电流的励磁分量（参看图7－57)。该式还表明，ψ_2 与 i_{m1}之间的传递函数是一阶惯性环节（p 相当于拉氏变换变量s），其涵义是：当励磁分量 i_{m1}突变时，ψ_2 的变化要受到励磁惯性的阻挠，这和直流电机励磁绕组的惯性作用是一致的。再考虑式（7－134），更能看清楚励磁过程的物理意义。当定子电流励磁分量 i_{m1}突变而引起 ψ_2 变化时，当即在转子中感生转子电流励磁分量 i_{m2}，阻止 ψ_2 的变化，使 ψ_2 只能按时间常数 T_2 的指数规律变化。当 ψ_2 达到稳态时，$p\psi_2=0$，因而 $i_{m2}=0$，$\psi_{2\infty}=L_m i_{m1}$，即 ψ_2 的稳态值由 i_{m1}唯一决定。

T 轴上的定子电流 i_{t1}和转子电流 i_{t2}的动态关系应满足式（7－130），或写成

$$i_{t2}=-\frac{L_m}{L_r}i_{t1} \tag{7-137}$$

此式说明，如果 i_{t1}突然变化，i_{t2}立即跟着变化，没有什么惯性，这是因为按转子磁场定向后在 T 轴上不存在转子磁通的缘故。再看式（7－132）的转矩公式

$$T_e = n_p \frac{L_m}{L_r} i_{t1} \psi_2$$

可以认为，i_{t1}是定子电流的转矩分量（见图 7－57）。当 i_{m1}不变，即 ψ_2 不变时，如果 i_{t1}变化，转矩 T_e 立即随之成正比地变化，没有任何滞后。

总而言之，由于 M、T 坐标按转子磁场定向，在定子电流的两个分量之间实现了解耦（矩阵方程中出现零元素的效果），i_{m1}唯一决定磁链 ψ_2，i_{t1}则只影响转矩，与直流电机中的励磁电流和电枢电流相对应，这样就大大简化了多变量强耦合的交流变频调速系统的控制问题。

关于频率控制如何与电流控制协调的问题，由式（7－133）第四行可得

$$0 = \omega_s (L_m i_{m1} + L_r i_{m2}) + R_2 i_{t2} = \omega_s \psi_2 + R_2 i_{t2}$$

所以

$$\omega_s = -\frac{R_2}{\psi_2} i_{t2} \tag{7-138}$$

将式（7－137）代入式（7－138），并考虑到 $T_2 = L_r / R_2$，则

$$\omega_s = \frac{L_m i_{t1}}{T_2 \psi_2} \tag{7-139}$$

这就是转差频率的控制方程式。

四、磁链开环、转差型矢量控制的交－直－交电流源变频调速系统

该系统的原理框图示于图 7－63 中。在图 7－48 所示的转差频率控制交－直－交电流源变频调速系统的基础上，把从稳态特性出发的 $T_e \infty \omega_s$ 和 $I_1 = f(\omega_s)$ 函数关系换成从动态数学模型出发的矢量控制器，就得到转差型矢量控制系统。这样，§7－6 第四小节所述转差频率控制系统的大部分不足之处都被克服了，从而大大提高了系统的动态性能。

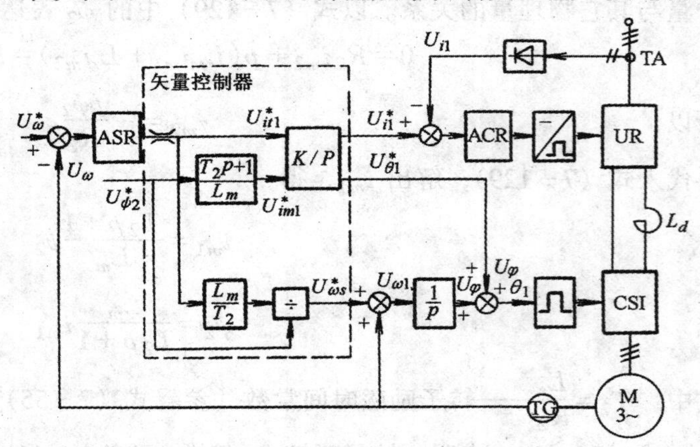

图 7－63　转差型矢量控制的交－直－交电流源变频调速系统

ASR—转速调节器　ACR—电流调节器　K/P—直角坐标/极坐标变换器

这个系统的主要特点如下：

（1）转速调节器 ASR 的输出是定子电流转矩分量的给定信号，与双闭环直流调速系统的电枢电流给定信号相当。

（2）定子电流励磁分量给定信号 U_{im1}^*和转子磁链给定信号 $U_{\psi2}^*$之间的关系是靠矢量控制方程式（7－135）建立的，其中的比例微分环节使 i_{m1}在动态中获得强迫励磁效应，从而克服实际磁通的滞后。

（3）U_{it1}^*和 U_{im1}^*经直角坐标/极坐标（K/P）变换器合成后产生定子电流幅值给定信号 U_{i1}^*和相角给定信号 $U_{\theta1}^*$。前者经电流调节器 ACR 控制定子电流的大小，后者则控制逆变器换相的触发时刻，用以决定定子电流的相位。定子电流相位是否得到及时的控制对于动态转矩的发生极为重要，极端来看，如果电流幅值很大，但相位落后 90°，所产生的转矩只能是零。

（4）转差频率信号 $U_{\omega s}^*$与 U_{it1}^*、$U_{\psi2}^*$的关系符合另一个矢量控制方程式（7－139）。

（5）定子频率信号 $U_{\omega1}=U_{\omega}+U_{\omega s}^{*}$，这样就把转差频率控制的主要优点保留下来了。由 $U_{\omega1}$积分产生决定 M 轴（转子磁链方向）相位角 φ 的信号 U_{φ}，随着坐标的旋转，φ 角应不断增长，积分的结果正是这样，它取代了环形计数器的作用。在实际电路中，φ 值并不是无限增长，而是从 0 到 2π 周而复始地变化的。θ_1 角作为定子电流矢量和 M 轴的夹角迭加在 φ 角上面，以保证及时的相位控制（参看图 7－57）。

转差型矢量控制系统结构简单,思路清晰,所能获得的动态性能基本上可以达到直流双环控制系统的水平,得到了普遍的应用。与图 7－62 的矢量控制系统构想相比,只是用 K/P 变换代替了 VR^{-1}和 2/3 变换,效果是一样的。控制系统采用模拟电子电路时,除运算放大器外，还需要高精度、低温漂的乘法器。如果采用微型计算机数学控制，用软件来实现矢量控制器是没有什么困难的。

转差型矢量控制系统 M、T 坐标的磁场定向是由给定信号确定并靠矢量控制方程保证的，并没有在系统运行中实际检测转子磁链的相位，这种情况属于间接磁场定向。在动态过程中实际的定子电流幅值及相位与其给定值之间总会存在偏差，实际参数与矢量控制方程中所用的参数之间更可能不一致，这些都会造成磁场定向上的误差，从而影响系统的动态性能。这是间接磁场定向的缺点。特别是参数影响，例如由于电机温度变化和频率不同时集肤效应的变化而影响转子电阻，由于饱和程度的不同而影响电感，这些都是不可避免的，那么，利用给定的参数求得的 U_{im1}^{*}和 $U_{\omega s}^{*}$也就和实际应有的数值不符了。为了解决这个问题，在参数辨识和自适应控制方面做过许多研究工作，获得不少成果，但是迄今为止，实用的带有自适应控制的系统还不多。

从另一方面看，要使矢量控制系统具有和直流调整系统一样的动态性能，转子磁通在动态过程中是否真正恒定是一个重要的条件。图 7－63 所示的系统中对磁通的控制实际上是开环的，在动态中肯定会存在偏差。要解决这个问题应该增加磁通反馈和磁通调节器，或采用实际转子磁链的定向，即直接磁场定向。下面两小节将进一步阐述这个问题。

五、转子磁链观测模型

无论是磁通反馈，还是直接磁场定向，都需要测出实际转子磁链的幅值及相位。开始提出矢量控制系统时，曾尝试直接检测的方法以获得实际磁通（磁链）信号，一种是在电机槽内埋设探测线圈，一种是利用贴在定子内表面的霍尔片或其它磁敏元件。从理论上说，直接检测应该比较准确。但实际上，埋设线圈和敷设磁敏元件都遇到不少工艺和技术问题，特别是由于齿槽的影响，使检测信号中含有较大的脉动分量，越到低速时影响越严重。因此，现在实用的系统中，多采用间接观测的方法，即检测出电压、电流或转速等容易测得的物理量，利用转子磁链（磁通）的观测模型，实时计算磁链的幅值和相位。

利用能够实测的物理量的不同组合，可以获得多种转子磁链观测模型，现在只举两个比较典型的例子。

1．在二相静止坐标系上的转子磁链观测模型

由实测的三相定子电流通过 3/2 变换很容易得到二相静止坐标系上的电流 $i_{\alpha1}$和 $i_{\beta1}$，再利用式（7－122）计算转子磁链在 α、β 轴上的分量为

$$\left.\begin{aligned}\psi_{\alpha2}&=L_m i_{\alpha1}+L_r i_{\alpha2}\\ \psi_{\beta2}&=L_m i_{\beta1}+L_r i_{\beta2}\end{aligned}\right\}\qquad(7-140)$$

则

$$\left.\begin{aligned} i_{\alpha 2} &= \frac{1}{L_r}(\psi_{\alpha 2} - L_m i_{\alpha 1}) \\ i_{\beta 2} &= \frac{1}{L_r}(\psi_{\beta 2} - L_m i_{\beta 1}) \end{aligned}\right\} \tag{7-141}$$

又由式(7-123)的 α、β 坐标系电压矩阵方程第三、四行，并令 $u_{\alpha 2}=0, u_{\beta 2}=0$，得

$$L_m p i_{\alpha 1} + L_r p i_{\alpha 2} + \omega(L_m i_{\beta 1} + L_r i_{\beta 2}) + R_2 i_{\alpha 2} = 0$$

$$L_m p i_{\beta 1} + L_r p i_{\beta 2} - \omega(L_m i_{\alpha 1} + L_r i_{\alpha 2}) + R_2 i_{\beta 2} = 0$$

将式(7-140)和式(7-141)代入上式

$$p\psi_{\alpha 2} + \omega\psi_{\beta 2} + \frac{1}{T_2}(\psi_{\alpha 2} - L_m i_{\alpha 1}) = 0$$

$$p\psi_{\beta 2} - \omega\psi_{\alpha 2} + \frac{1}{T_2}(\psi_{\beta 2} - L_m i_{\beta 1}) = 0$$

整理后得转子磁链观测模型

$$\left.\begin{aligned} \psi_{\alpha 2} &= \frac{1}{T_2 p + 1}(L_m i_{\alpha 1} - \omega T_2 \psi_{\beta 2}) \\ \psi_{\beta 2} &= \frac{1}{T_2 p + 1}(L_m i_{\beta 1} + \omega T_2 \psi_{\alpha 2}) \end{aligned}\right\} \tag{7-142}$$

按此模型构成转子磁链分量的运算框图如图 7-64 所示。有了 $\psi_{\alpha 2}$ 和 $\psi_{\beta 2}$，要计算 ψ_2 的幅值和相位是很容易的。

图 7-64 适合于模拟控制，用几个运算放大器和乘法器就可实现。采用微型计算机数字控制时，由于 $\psi_{\alpha 2}$ 与 $\psi_{\beta 2}$ 之间有交叉耦合关系，在离散计算中不易收敛，不如采用下面第二种观测模型。

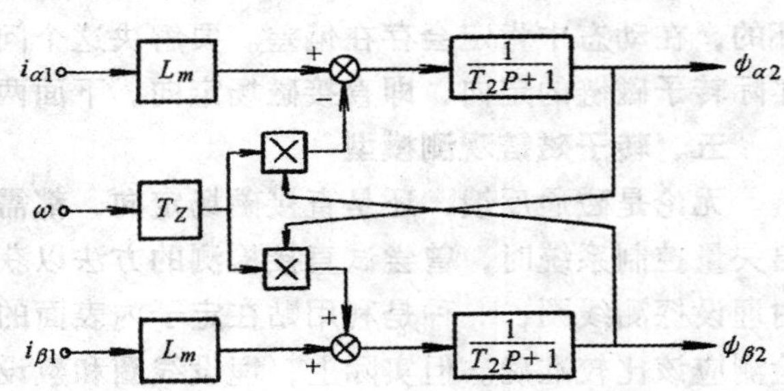

图 7-64　在二相静止坐标系上的转子磁链运算框图

2. 在按磁场定向二相旋转坐标系上的转子磁链观测模型

图 7-65 是另一种转子磁链观测模型的运算框图。

三相定子电流 i_A、i_B、i_C 经3/2 变换变成二相静止坐标系电流 $i_{\alpha 1}$、$i_{\beta 1}$，再经同步旋转变换并按转子磁场定向，得到 M、T 坐标上的电流 i_{m1}、i_{t1}。利用矢量控制方程可以获得 ψ_2 和 ω_s 信号，由 ω_s 信号与实测转速信号 ω 相加得到定子频率信号 ω_1，再经积分，即得转子磁链的相位信号 φ，这个相位信号同时就是同步旋转变换的旋转相位角。

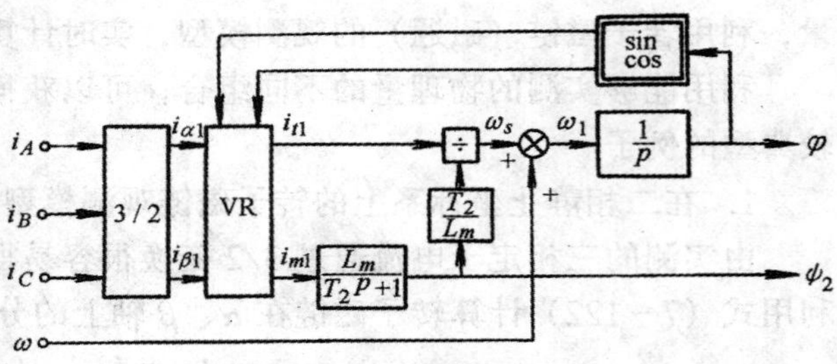

图 7-65　在按磁场定向二相旋转坐标系上的转子磁链运算框图

和第一种观测模型相比，这种

模型更适合于微型计算机实时计算，一般都容易稳定，而且比较准确。但是，无论哪一种模型都依赖于电机参数 T_2 和 L_m，它们的精确度都受到参数变化的影响，这是间接观测法的主要缺点。

六、转速、磁链闭环控制的电流滞环型 PWM 变频调速系统

采用磁链闭环控制可以改善磁链在动态过程中的恒定性，从而进一步提高矢量控制系统的动态性能（和磁链开环系统相比）。然而，正如上面所说，如果磁链观测模型本身的精确度受到参数变化的影响，导致反馈信号的失真，磁链闭环控制系统的精度是否一定优于磁链开环转差控制的系统就很难说了。

图 7－66 所示是转速和磁链都用闭环控制的矢量控制系统。在这里，变频器采用最新发展的电流滞环控制 PWM 变频器，其原理见§7－3。整个系统和图 7－62 的矢量控制系统构想是很相近的。图中考虑了正反向和弱磁升速，磁通给定信号由函数发生环节获得，转矩给定信号同样受到磁通信号的控制。用转矩调节器 ATR 代替 T 轴电流调节器，转矩反馈信号是根据式（7－132）由转子磁链和定子电流的 T 轴分量运算而得的。

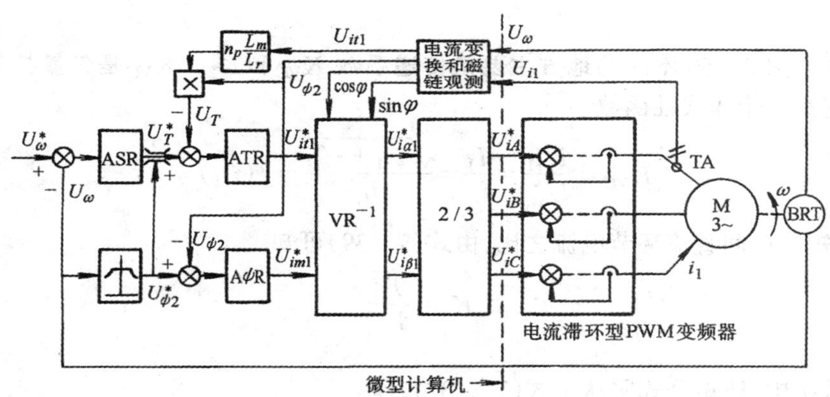

图 7－66　转速、磁链闭环微机控制的电流滞环型 PWM 变频调速系统

ASR—转速调节器　ATR—转矩调节器　AΨR—磁链调节器　BRT—转速传感器

七、矢量控制系统中调节器的设计问题

如前所述，图 7－63 所示的转差型矢量控制系统和图 7－48 所示的基本型转差频率控制系统在整体结构上是很相似的，主要的区别在于用矢量控制器代替了 $I_1=f\ (\omega_s)$ 函数发生器。前者是从异步电动机多变量数学模型中推导出来的，而后者则仅建立在稳态转矩公式上面。显然矢量控制系统更符合异步电动机的动态规律。

设计转差频率控制系统的调节器 ASR 和 ACR 时，一般是在较强的假定条件下（见§7－6 第五小节），求得近似的动态结构图（图 7－50），也就是说，近似地看成是一个线性单变量系统，再仿照直流双闭环调速系统的工程设计方法进行设计。如果认为这样做误差太大，可以利用多变量动态数学模型，在微偏线性化的基础上，对系统的结构和参数再做一些改进[36、37]。

对于矢量控制系统中调节器的设计，严格地说，只有应用多变量的非线性系统理论才能解决，或者在进行微偏线性化后，应用多变量线性系统理论来解决。这些工作都需要更多的理论基础。已经超出了本书的范围，暂不详述。在一般工程设计中，只好仍近似成线性单变

量系统，其近似动态结构图和转差频率控制系统的近似结构图（图 7－50）基本相同，如图 7－67 所示。

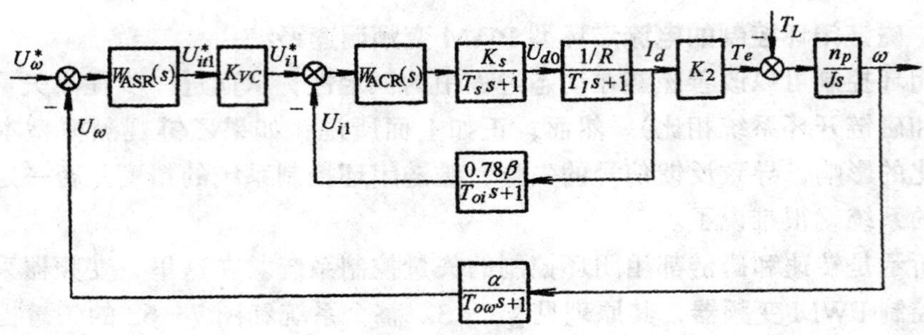

图 7－67　矢量控制变频调速系统的近似动态结构图

K_{VC}—矢量控制器的电流传递系数 $K_2 \approx \frac{T_e}{T_d}$

图 7－67 与图 7－50 不同的地方主要是传递系数 K_{VC}和K_2。K_{VC}是矢量控制器的电流传递系数，它是一个非线性函数

$$K_{VC}=\frac{U_{i1}^*}{U_{it_1}^*}=\frac{I_1}{i_{t_1}}=\frac{\sqrt{i_{i1}^2+i_{m1}^*}}{i_{t_1}}=f(i_{t1}) \tag{7-143}$$

K_2 是电磁转矩和中间直流环节电流之比，由式(7－39)可知

$$K_2 \approx \frac{T_e}{I_d}$$

在矢量控制系统中，转矩公式服从于式(7－132)，即

$$T_e=n_p\frac{L_m}{L_r}i_{t_1}\psi_2$$

而

$$I_1=0.78I_d$$

因此

$$K_2=0.78n_p\frac{L_m}{L_r}\psi_2\cdot\frac{i_{t1}}{I_1}=0.78n_p\frac{L_m}{L_r}\psi_2\left(\frac{1}{K_{VC}}\right) \tag{7-144}$$

虽然 K_{VC}是非线性函数，但式（7－143）和式（7－144）表明，在转速环中 K_{VC}和K_2 表达式分母中的 K_{VC}彼此抵消了，不影响整个转速环的线性性质，其条件是 ψ_2 在动态中能够保持恒定。

图 7－67 成立的假定条件是：(1) 忽略异步电机的铁损；(2) 忽略异步电机中旋转电动势的影响，也就是说，忽略图 7－59 中由旋转电动势造成的非线性耦合作用；(3) 假设每个环节都是线性的；(4) 认为在动态中 Φ_m 不变。看起来，这些假定条件和图 7－50 转差频率控制系统的假定条件差不多。实际上，有了矢量控制使第(4) 条假定条件更接近实际，因此设计结

果也就更准确些了。

图7－66所示的转速、磁链闭环矢量控制系统的磁链环是独立的，其动态结构图如图7－68所示。磁链调节器的设计是比较容易的。

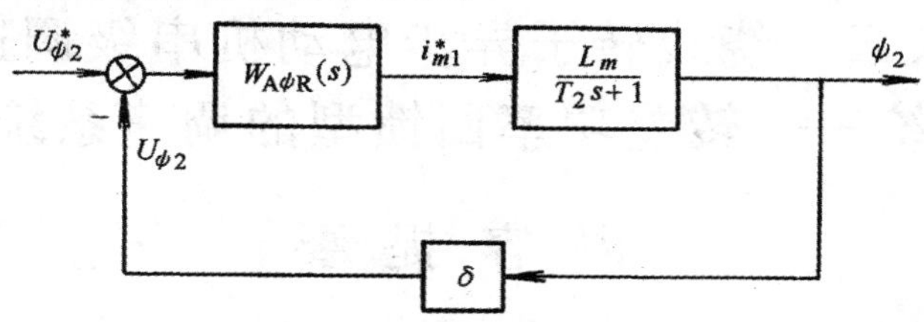

图7－68　磁链调节环的动态结构图

δ—磁链反馈系数

第八章　绕线转子异步电动机串级调速系统——转差功率回馈型的调速系统

内容提要

§8-1从绕线转子异步电动机习惯使用的转子串电阻调速方法入手，讨论了这种转差功率能耗调速方法的缺点，提出了控制转子变量的一种调速方法——利用在电动机转子中串入附加电动势以改变转差功率从而实现转速调节，即串级调速系统。这种系统具有高效率及良好的调速性能。应用电力电子器件组成的电气串级调速系统可以很方便地获得所需的附加直流电动势。§8-2在讨论了电气串级调速系统的工作原理基础上，对系统的性能作了较全面的分析。§8-3为了获得异步电动机在串级调速工作时机械特性的计算公式，详细分析了异步电动机在转子接有整流器时整流电路的工作特点，提出了转子整流电路的强迫延迟导通工作的概念。§8-4为改善动态性能讨论了具有转速、电流双闭环的串级调速系统以及系统的综合。超同步串级调速的应用扩大了串级调速的功能，§8-5讨论了异步电动机在定、转子双馈工作时实现超同步的工作。系统功率因数低影响了串级调速的应用，§8-6讨论了系统功率因数低的原因以及改善的方法。

*　　*　　*　　*

在电力拖动基础课程中，已讨论过在绕线转子异步电动机转子中串入不同数值的电阻时可以获得不同的机械特性，从而实现电力拖动的速度调节。这种调速方法简单，但存在着以下主要缺点：(1) 它是通过增大转子回路电阻值来降低电动机的转速。当电动机负载转矩恒定时，转速越低转差功率也越大，所以也可以说这种调速方法是通过增大转差功率来降低转速的，但增加的转差功率全部被转化为热能消耗掉了。因此这种调速方法的效率随调速范围的增大而降低。(2) 在调速时电动机的理想空载转速不变，所以只能在同步转速以下调节；调速时机械特性变软，降低了静态调速精度。(3) 由于电动机转子回路附加电阻的挡数有限，无法实现调速的平滑性。为了扩大交流电力拖动的应用范围，必须寻求一种性能较好而且高效的绕线转子异步电动机调速系统。

§8-1　串级调速原理及其基本类型

前两章所讨论的交流电力拖动系统都是从电动机的定子侧引入控制变量以改变电动机的转速（如只改变定子供电电压、同时改变定子供电电压和频率等），这对于转子处于短路状态的交流笼型转子异步电动机是唯一可行的途径。对于本章讨论的对象——绕线转子异步电动机，由于其转子绕组能通过滑环与外部电气设备相联接，所以除了可在其定子侧控制电压、频率以外，还可在其转子侧引入控制变量以实现调速。异步电动机转子侧可调节的参数无非是电流、电动势、阻抗等。一般说，稳态时转子电流是随负载大小而定，并不能随意调节，而转子回路阻抗的调节属于耗能型调速法；所以把注意力就集中到调节转子电动势这个物理量上来。

一、异步电动机转子附加电动势时的工作

异步电动机运行时其转子相电动势为

$$E_2 = sE_{20} \tag{8-1}$$

式中 s——异步电动机的转差率；

E_{20}——为绕线转子异步电动机在转子不动时的相电动势，或称开路电动势、转子额定电压。

式(8-1)说明，转子电动势 E_2 值与其转差率 s 成正比，同时它的频率 f_2 也与 s 成正比，$f_2 = sf_1$。当转子在正常接线时，转子相电流的方程式为

$$I_2 = \frac{sE_{20}}{\sqrt{R_2^2 + (sX_{20})^2}}$$

式中 R_2——转子绕组每相电阻；

X_{20}——$s=1$ 时转子绕组每相漏抗。

现在设想在转子回路中引入一个可控的交流附加电动势 E_{add} 并与转子电动势 E_2 串联，E_{add} 应与 E_2 有相同的频率，但可与 E_2 同相或反相，如图 8-1 所示。因此转子电路就有下列电流方程式

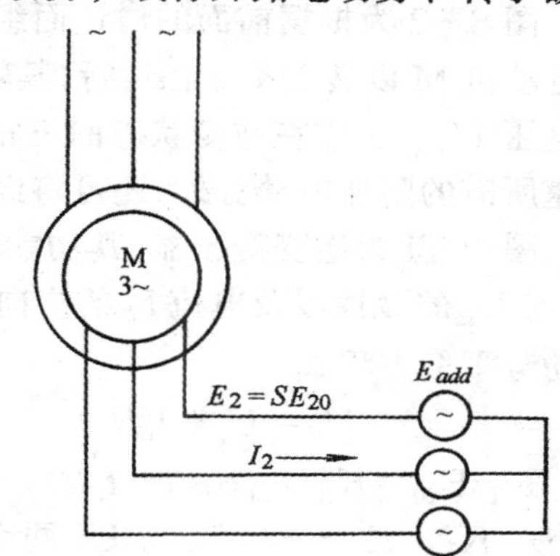

图 8-1　绕线转子异步电动机在转子附加电动势时的工作

$$I_2 = \frac{sE_{20} \pm E_{add}}{\sqrt{R_2^2 + (sX_{20})^2}} \tag{8-2}$$

当电力拖动的负载转矩 T_L 为恒定时，可认为转子电流 I_2 也为恒定。设在未串入附加电动势前，电机原在 $s = s_1$ 的转差率下稳定运行。当加入反相的附加电动势后，由于负载转矩恒定，式（8-2）左边 I_2 恒定，因此电机的转差率必须加大。这个过程也可描述为由于反相附加电动势 $-E_{add}$ 的引入瞬间，使转子回路总的电动势减少了，转子电流也随之减少，使电机的电磁转矩也减少；由于负载转矩未变，所以电动机就减速，直至 $s = s_2$（$s_2 > s_1$）时，转子电流又恢复到原值，电机进入新的稳定状态工作。此时应有关系式

$$\frac{s_2E_{20} - E_{add}}{\sqrt{R_2^2 + (s_2X_{20})^2}} = I_2 = \frac{s_1E_{20}}{\sqrt{R_2^2 + (s_1X_{20})^2}}$$

同理，加入同相附加电动势 $+E_{add}$ 可使电机转速增加。所以当绕线转子异步电动机转子侧引入一可控的附加电动势时，即可对电动机实现转速调节。

二、附加电动势的获得与电气串级调速系统

在电动机转子中引入附加电动势固然可以改变电动机的转速，但由于电动机转子回路感应电动势 E_2 的频率随转差率而变化，所以附加电动势的频率亦必须能随电动机转速而变化。这种调速方法就相当于一个在转子侧加入可变频、可变幅电压的调速方法。当然以上又是从原理上来分析，在工程上有各种实现方案。

实际系统中是把转子交流电动势整流成直流电动势，然后与一直流附加电动势进行比较，

控制直流附加电动势的幅值，就可以调节电机的转速。这样把交流可变频率的问题转化为与频率无关的直流问题，使得分析与控制都方便多了。显然可以利用一整流装置把转子交流电动势整流成直流电动势，再利用晶闸管组成的可控整流装置来获得一个可调的直流电压作为转子回路的附加电动势。那末对这一直流附加电动势有什么技术要求呢？按前述，首先它应该是平滑可调的，以满足对电机转速的平滑调节。另外从功率传递的角度来看，希望能吸收从电动机转子侧传递过来的转差功率并加以利用，譬如把能量回馈电网，而不让它无谓地损耗掉，那就可以大大提高调速的效率。根据上述两点，如果选用工作在逆变状态的晶闸管可控整流器作为产生附加直流电动势的电源是完全能满足上述要求的。

图 8－2 为根据前面的讨论而组成的一种异步电动机电气串级调速系统原理图。图中异步电动机 M 以转差率 s 在运行，其转子电动势 sE_{20} 经三相不可控整流装置 UR 整流，输出直流电压 U_d。工作在逆变状态的三相可控整流装置 UI 除提供一可调的直流输出电压 U_i 作为调速所需的附加电动势外，还可将经 UR 整流后输出的电动机转差功率逆变器回馈到交流电网。图中 TI 为逆变变压器，其功能将在后面讨论。L 为平波电抗器。两个整流装置的电压 U_d 与 U_i 的极性以及电流 I_d 的方向如图所标。为此可在整流的转子直流回路中写出以下的电动势平衡方程式

$$U_d = U_i + I_d R$$

或 $$K_1 sE_{20} = K_2 U_{2T}\cos\beta + I_d R \qquad (8-3)$$

式中 K_1、K_2——UR 与 UI 两个整流装置的电压整流系数，如果它们都采用三相桥式连接，则

$$K_1 = K_2 = 2.34$$

U_i——逆变器输出电压；

U_{2T}——逆变变压器的次级相电压；

β——晶闸管逆变角；

R——转子直流回路的电阻。

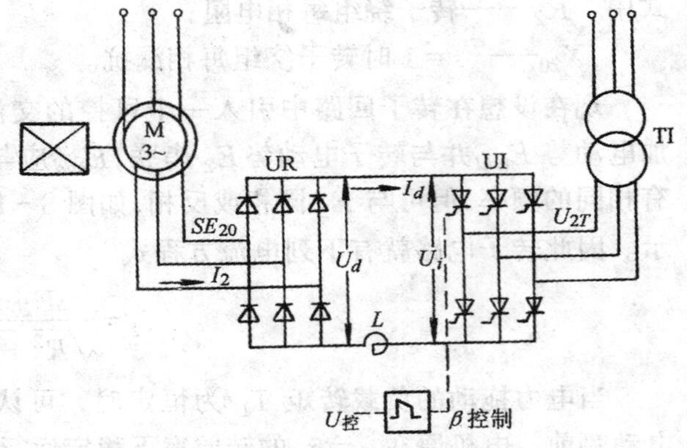

图 8－2 电气串级调速系统原理图

式(8－3)是在未计及电动机转子绕组与逆变变压器的漏抗作用影响而写出的简化公式。从式中可以看出 U_d 是反映电动机转差率的量；I_d 与转子交流电流 I_2 间有固定的比例关系，所以它可以近似地反映电动机电磁转矩的大小。控制晶闸管逆变角 β 可以调节逆变电压 U_i。

下面分析它的工作。当电动机拖动恒转矩负载在稳态运行时，可以近似认为 I_d 为恒值。控制 β 使它增大，则逆变电压 U_i（相当于附加电动势）立即减小；但电动机转速因存在着机械惯性尚未变化，所以 U_d 仍维持原值，根据式(8－3)就使转子直流回路电流 I_d 增大，相应转子电流 I_2 也增大，电机就加速；在加速过程中转子整流电压随之减小，又使电流 I_d 减小，直至 U_d 与 U_i 依式(8－3)取得新的平衡，电机乃进入新的稳定状态以较高的转速运行。同理，减小 β 值可以使电机在较低的转速下运行。以上就是以电力电子器件组成的绕线转子异步电动机电气串级调速系统的工作原理。在图 8－2 中除拖动电机外，其余的装置都是静止型的元、器件，所以也称为静止型电气串级调速系统（静止 Scherbius 系统）。从这些装置的联接可以看出它们构成了一个交－直－交变频器，但由于逆变器通过逆变变压器与交流电网相联，它输出的频率是固定的，所以实际上是一个有源逆变器。从这一点来说，这种调速系统可以看作是电动机定子在恒压恒频供电下的转子变频调速系统。这种串级调速系统由于β值可平滑连

续调节，使得电机转速也能被平滑连续地调节。另外，由于电动机的转差功率能通过转子整流器变换为直流功率，再通过逆变器变换为交流功率而回馈到交流电网。所以就解决了本章一开始所提出的一般转差能耗调速方法存在的（1）、（3）两个问题。因此串级调速方法可称为转差功率回馈型的调速方法。

三、串级调速系统的其它类型

图 8－2 所示的电气串级调速系统是近代随着功率半导体器件的发展而形成的。除了用三相桥式电路组成逆变器外，在中、小功率串级调速系统中，为了降低成本、简化线路，还可采用三相零式逆变电路，并采用进线电抗器以省去逆变变压器。其原理图如图 8－3 所示。

早期的电气串级调速系统是通过一个旋转变流机组将异步电动机的转差功率整流后输出给直流电动机，后者拖动一台交流异步电机将功率回送到电网，如图 8－4 所示。由于系统相当复杂，附加的旋转电机也多，所以在工业应用中难以推广。

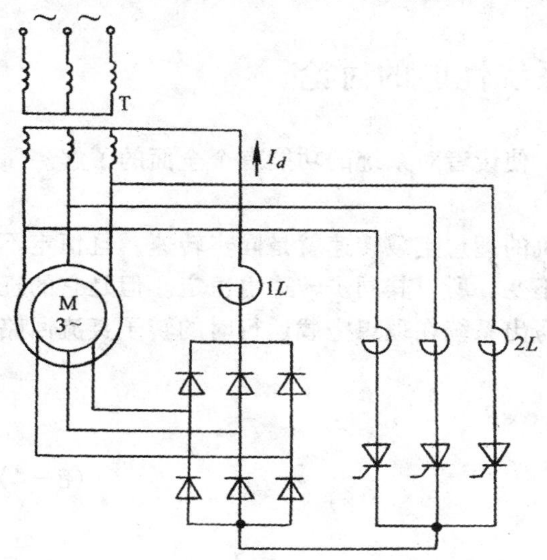

图 8－3　三相零式电气串级调速系统原理图

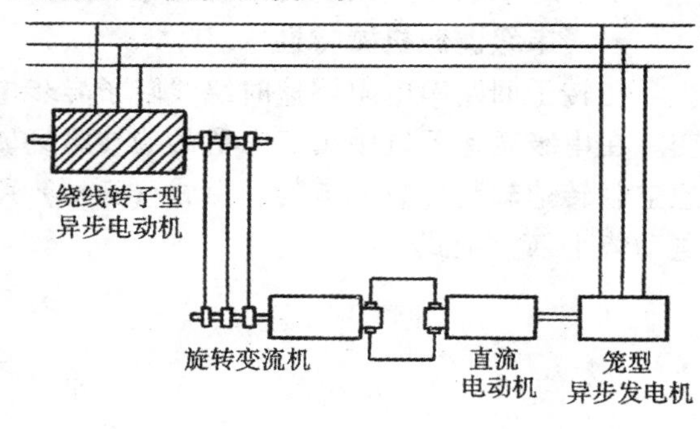

图 8－4　早期的电气串级调速系统

除电气串级调速系统以外，还有机械串级调速系统（或称 Kramer 系统）。系统的原理图如图 8－5 所示。图中拖动用异步电动机与一直流电动机同轴连接，共同作为负载的拖动电机。交流绕线转子异步电动机的转差功率经整流器变换后输给直流电动机，后者把这部分电功率转变为机械功率回馈到负载轴上。这样就相当于在负载上增加了一个拖动转矩，从而很好地利用了转差功率。只要改变直流电动机的励磁电流 i_f 就可调节交流电动机的转速。在稳定运行时，直流电机的电动势 E 与转子整流电压 U_d 相平衡，如增大 i_f，则 E 相应增大，使直流回路电流 I_d 降低，电机乃减速，直到新的平衡状态，在较大的转差率下稳定运行。同理，如减小 i_f，则可使电机在较高转速下运行。

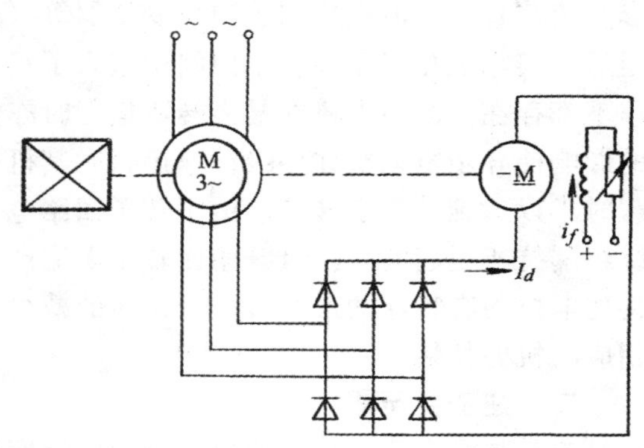

图 8－5　机械串级调速系统原理图

对于机械串级调速系统，从功率传递的角度看，如果忽略系统中所有的电气与机械损耗，异步电动机的转差功率可全部为直流电动机所接受，并以机械功率 P_{MD} 形式从轴上输出给负载，$P_{MD}=sP_1$。而异步电动机在轴上输出的机械功率为 $P_{mech}=P_1$（$1-s$）。负载上得到的功率 P_L 应是这两者之和，其中 P_1 为电网输给交流异步电动机的功率：

$$P_L=P_{mech}+P_{MD}=P_1(1-s)+sP_1=P_1=\text{const}$$

可见，负载轴上所得到的功率恒为 P_1 而与电机的转速无关。所以这种机械串级调速系统属于恒功率调速系统，而前述的电气串级调速系统则为恒转矩调速系统，因为输出的机械功率恒与转速成正比。

这种机械串级调速系统需附加一台直流电动机，且直流电动机的功率随调速范围的扩大也相应增大，由于这个缺点目前较少被采用。本章以后各节讨论的串级调速系统都以静止式电气串级调速系统为对象。

§8-2　串级调速系统性能的讨论

本节对串级调速系统的性能先作一般性讨论，使读者对系统的功能有个全面的了解。

一、串级调速机械特性

在转子回路串电阻调速时绕线转子异步电动机的理想空载转速就是同步转速，且恒定不变。在串级调速系统中由于电机的旋转磁场转速不变，所以其同步转速也恒定。但是它的理想空载转速却是可以调节的。由式（8-3）可以写出系统在理想空载运行时的转子直流回路电动势平衡方程式

$$s_0E_{20}=U_{2T}\cos\beta$$

$$s_0=\frac{U_{2T}\cos\beta}{E_{20}} \tag{8-4}$$

式中　s_0——理想空载转差率。

从式（8-4）可知，改变 β 角时，s_0 也相应改变，β 越大，s_0 越小，即电机的理想空载转速越高。一般逆变角的调节范围为 30°～90°，其下限 30°是为防止逆变颠覆的最小逆变角 β_{min}，也可根据系统的电气参数计算设定。β 角的调节范围对应了电动机的调速上、下限。由式（8-3）可看出，在不同的 β 角下，异步电动机串级调速时的 $T\sim s$ 曲线是近似平行的，类似于直流电动机调压调速的机械特性。

在串级调速工作时，异步电动机转子绕组虽不串接电阻，但由于在转子回路中接入了两套整流装置、平波电抗器、逆变变压器等（这些部件统称为串级调速装置），再计及线路电阻后，实际上相当于在转子回路中接入了一定数值的等效电阻和电抗。它们的影响在任何转速下都存在，即使电机在最高转速运行时亦然（指在 $\beta=90°$、$s\approx0$ 时）。由于转子回路电阻的影响使异步电动机在串级调速运行时其机械特性要比电机的固有特性软，使电机在额定负载时难以达到其额定转速。由于转子回路电抗的影响，再计及转子回路接入整流器后，转子绕组漏抗所引起的换流重叠角使转子电流产生畸变，电机在串级调速时所能产生的最大转矩将比电机固有特性的最大转矩有明显的减少，下一节将证明约减少 17.4%。图 8-6 给出了相应的机械特性。

二、逆变变压器

与晶闸管直流电动机调速系统中整流变压器的作用相似，串级调速系统的晶闸管逆变器侧一般也有逆变变压器。其目的之一是把可控整流装置与交流电网隔离，以抑制电网的浪涌

对晶闸管的影响；其二是取得能与被控电动机工作相匹配的逆变电压。必须指出，在逆变变压器容量与二次侧电压的计算上与整流变压器是截然不同的。在直流调速系统中由于直流电动机的电枢电压都为110V、220V等标准电压，所以整流变压器的二次侧电压仅与变压器一次绕组和二次绕组的联接方式有关，只要能满足电动机的额定电压要求即可。整流变压器的容量与电动机的额定电压、额定电流有关，而与电动机的调速范围无关。在交流串级调速系统中，由于绕线转子异步电动机在不同功率、不同极对数与不同机座号时其转子开路电压有不同数值，有时甚至相差很大。为了能使转子整流电压 U_d 与逆变电压 U_i 相平衡，必须有不同的逆变器交流侧输入电压与之匹配；而且这个电压还与电动机的调速范围（即最大转差率 s_{max}）有关，这样当然就影响逆变变压器的容量选择了。

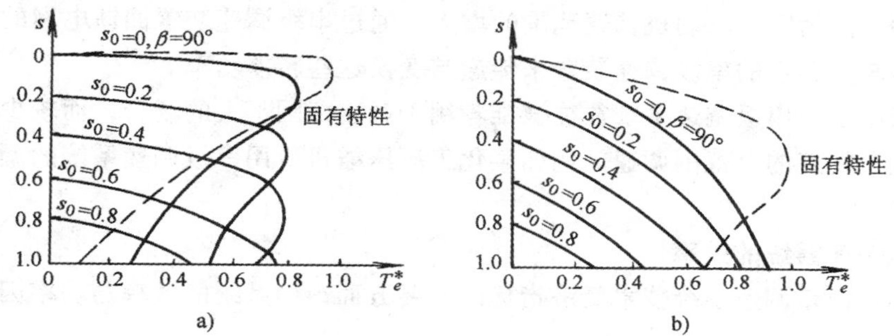

图8-6 异步电动机在串级调速时的机械特性

a）大电机 b）小电机

为简便起见，可根据理想空载工作状态来求取逆变变压器的二次侧相电压 U_{2T}。由式（8-3）可以写出

$$U_{2T}=\frac{s_0E_{20}}{\cos\beta}=\frac{s_{0max}E_{20}}{\cos\beta_{min}} \tag{8-5}$$

式中 s_{0max}——根据系统调速范围所确定的与电动机最低理想空载转速相应的最大理想空载转差率；

β_{min}——在最大转差率工作时的逆变角，此时应是最小逆变角 $\beta_{min}=30°$。

由式（8-5）可以看出，U_{2T}与系统的调速范围及电动机开路电动势都有正比关系。可以设想，如果不用逆变变压器，则式中的 U_{2T} 即是交流电网电压，这样要满足在 s_{0max}时 $\beta_{min}=30°$的条件是很困难的，且往往是不可能的。例如有时据此计算出的 β_{min}可能接近 90°的数值，从而造成操作上的不方便，因为可控的范围太小了。

三、串级调速装置的容量

前已提及，串级调速装置是指整个串级调速系统中除异步电动机以外为实现串级调速而附加的所有功率部件。应用串级调速方法后，整个系统设备增多，结构复杂；从经济角度出发，必须合理正确地选择这些附加设备的容量，以提高整个调速系统的性能价格比。

串级调速装置的容量主要是指两个整流装置与逆变变压器的容量，它们的选择要从电流与电压的定额来考虑，而影响的因素除交流电动机本身的功率外，主要是拖动系统的调速范围。由于调速范围越大，s_{max}也越大，这就使整流装置中晶闸管所承受的电压越高，必须选用高额定电压的晶闸管。而晶闸管额定电流的选择仅与电动机的负载有关，与 s_{max}无关。所以整流装置的容量与调速范围有正比的关系。

逆变变压器的容量为

$$W_T \approx 3U_{2T}I_{2T}$$

$$U_{2T}=\frac{s_{\max}E_{20}}{\cos30^\circ}=1.15s_{\max}E_{20}$$

$$\approx 1.15E_{20}\left(1-\frac{1}{D}\right)$$

$$\therefore \quad W_T=3.45E_{20}I_{2T}\left(1-\frac{1}{D}\right) \tag{8-6}$$

式中　D——系统的调速范围。

从式（8-6）可见，随着系统调速范围的增大，W_T 也相应增大。这在物理概念上也是很容易理解的，因为随着电动机调速范围的增大，通过串级调速装置回馈电网的转差功率也增大，必须有较大容量的串级调速装置来传递与变换这些转差功率。

从这一点出发，串级调速系统往往被推荐用于调速范围不大的场合，而较少用于电力拖动从零速到额定转速的全范围调速。例如某化工厂压缩机所用串级调速系统的调速范围仅为1.6:1。

四、串级调速系统的效率

能量指标是衡量调速系统技术经济指标的重要方面，而系统的效率与功率因数是其主要内容。

对串级调速系统来说，（见图8-7a），设输入异步电动机定子的有功功率为 P_1，扣除定子损耗 ΔP_1（包括定子铜耗与铁耗）后经气隙传送到电动机转子的功率即为电磁功率 P_M。P_M 的一部分作为机械功率 P_{mech}（$P_{mech}=(1-s)P_M$），并在扣除电机的机械损耗 ΔP_{mech} 后从轴上输出给负载，$P_2=P_{mech}-\Delta P_{mech}$。$P_M$ 的另一部分即是转差功率 $P_s=sP_M$。在串级调速系统中，P_s 并未被全部消耗掉，而是扣除了转子回路中的损耗后通过转子整流器与逆变器返回给电网。这部分称作回馈功率 P_F，$P_F=P_s-\Delta P_2-\Delta P_s$（$\Delta P_2$ 为转子损耗，ΔP_s 为串调装置中所有器件的损耗）。如果把回馈功率也作为电动机定子输入的一部分，则对整个串级调速系统来说它从电网吸收的有功功率应为 $P_{in}=P_1-P_F$。这样可画出系统的能量流图如图8-7b所示。图中 P_2 为轴上输出功率。

串级调速系统的总效率 η_{sch}（下标 *sch* 是电气串级调速系统的缩写）是指电动机轴上的输出功率 P_2 与从系统电网输入的有功功率 P_{in} 之比，可以下式表示之

$$\eta_{sch}=\frac{P_2}{P_{in}}\times100\%=\frac{P_{mech}-\Delta P_{mech}}{P_1-P_F}\times100\%$$

$$=\frac{P_M(1-s)-\Delta P_{mech}}{(P_M+\Delta P_1)-(P_s-P_2-\Delta P_s)}\times100\%$$

$$=\frac{P_M(1-s)-\Delta P_{mech}}{P_M(1-s)+\Delta P_1+\Delta P_2+\Delta P_s}\times100\%$$

$$\approx\frac{P_M(1-s)}{P_M(1-s)+\Delta P_s}\times100\% \tag{8-7}$$

在上式中，ΔP_{mech}、ΔP_1 与 ΔP_2 相对 P_M 来说都比较小，所以串级调速系统的总效率是很高的，且随着电机转速的降低 η_{sch} 的减少并不多。而绕线转子异步电动机在转子回路串电阻调速时的效率几乎是随转速的降低而成比例地减少的，式（8-8）说明了这一点。

$$\eta_R = \frac{P_2}{P_{in}} \times 100\% = \frac{P_M(1-s)\Delta P_{mech}}{P_1} \times 100\% = \frac{P_M(1-s)-\Delta P_{mech}}{P_M+\Delta P_1} \approx (1-s) \times 100\% \tag{8-8}$$

上述两种调速方法的效率与转差率间的关系可由图 8－8 表示。表 8－1 给出了两种调速方法在不同性质负载时的效率。由于恒转矩负载与风机型负载使用较多，所以只列出这两类负载时的效率。

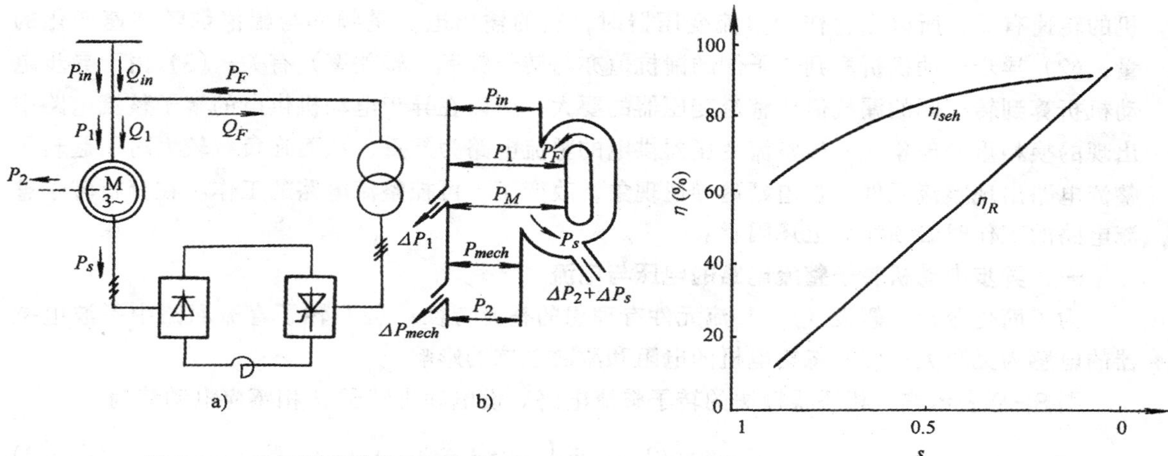

图 8－7　串级调速系统效率分析

a）串级调速系统功率走向　b）系统能量流图

图 8－8　电串级调速系统与转子串电阻调速的 $\eta = f(s)$ 曲线

表 8－1　电气串级调速与转子串电阻调速的效率

	调 速 方 式	负 载 特 性	速　度　（%）			
			100	80	60	40
总 效 率	转子串电阻	恒 转 矩	95	76	56	37
		风 机 型	95	78	63	48
	电气串级	恒 转 矩	92	90	88	82
		风 机 型	92	90	82	75

综上所述，可以看到，采用了串级调速方法可以实现对异步电动机平滑无级调速的目的，而且具有高效率的调速功能。但需增加一些串级调速装置，装置的容量与电机的调速范围有关，整个串级调速系统的功率因数较低，在高速时约为 0.6 左右（有关功率因数问题在§8－6 中讨论）。这种方法适用于要求调速范围不大的中、大功率的绕线转子异步电动机的调速，如对泵类机械（泵、风机、压缩机等）的调速。

§8-3 异步电动机在串级调速工作时的机械特性

根据串级调速系统的工作原理，由于电动机转子加入了整流器，它的输出量 U_d、I_d 都与电动机的转速、转矩有一定的关系，因此，可从转子直流回路着手分析异步电动机在串级调速工作时的机械特性。

图 8-2 中，异步电动机的转子绕组是转子整流器的供电电源。它相当于整流变压器的二次绕组，因此异步电动机转子整流电路的工作与一般具有整流变压器的整流电路的工作极为相似，因而可以引用电力电子整流电路分析中所得的一些结论。但是要看到它们两者之间存在着差异，主要是：(1) 由于异步电动机转子绕组感应电动势 e_2 的幅值与效率都与电动机的转速有关，所以当它作为整流变压器时，它的输出电压是频率与幅值都随转速变化的量；(2) 异步电动机折算到转子侧的漏抗值亦与转子频率（转差率）有关；(3) 由于异步电动机折算到转子侧的漏抗值比整流变压器的要大，所以在异步电动机供电的转子整流电路中出现的换相重叠现象比一般整流变压器供电的整流电路为严重，从而在负载较大时引起转子整流电路出现整流元件的强迫延迟导通现象，改变了不可控整流电路的工作。在分析转子整流电路的工作时必须注意上述因素。

一、异步电动机转子整流电路的电压与电流

为了简化分析，假设 (1) 整流元件有理想的整流特性；(2) 转子直流回路中平波电抗器的电感为无限大；(3) 忽略电机的电阻和激磁电抗的影响。

图 8-9 表示按三相桥式接法的转子整流电路。设电动机转子 a 相感应电动势为

$$e_{2a}=\sqrt{2}sE_{20}\sin\left(s\omega_1 t+\frac{\pi}{6}\right) \tag{8-9}$$

根据电力电子整流电路分析可得有关表达式如下

换流重叠角

$$\begin{aligned}\gamma &=\cos^{-1}\left(1-\frac{2X_{D0}sI_d}{\sqrt{6}E_{20}s}\right)\\ &=\cos^{-1}\left(1-\frac{2X_{D0}I_d}{\sqrt{6}E_{20}}\right)\end{aligned} \tag{8-10}$$

转子整流电流

$$I_d=\frac{\sqrt{6}E_{20}}{2X_{D0}}(1-\cos\gamma) \tag{8-11}$$

换流压降

$$\Delta U_d=\frac{3X_{D0}s}{\pi}I_d \tag{8-12}$$

转子整流器输出电压平均值

$$U_d=2.34sE_{20}-\frac{3X_{D0}s}{\pi}I_d \tag{8-13}$$

式中 X_{D0}——折算到转子侧的电动机每相漏抗（$s=1$ 时）。

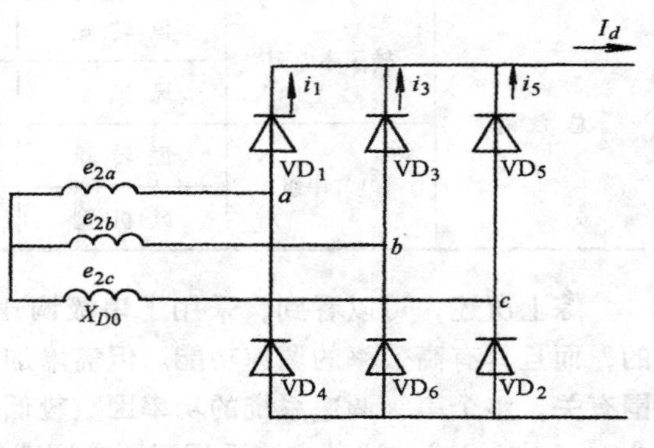

图 8-9 转子整流电路

由式（8－10）可知，换流重叠角 γ 随着转子直流整流电流 I_d 的增大而增大。当 I_d 较小，且小于60°时，接到转子整流电路各相转子电动势 e_{2a}、e_{2b}、e_{2c} 与各整流元件上的电流 i_1、i_2、i_3……的波形如图 8－10a 所示。图中除换流期间有 3 个整流元件同时工作外，其它时刻都只有两个元件导通，这是整流电路的正常工作情况。当负载电流 I_d 增大到使 $\gamma=60°$ 时，整流电路共阳极组两个元件（如 VD_5 与 VD_1）换流刚结束，立刻就发生共阴极组两个元件（如 VD_6 与 VD_2）的换流。这样整流电路始终处于换流状态，在任何时刻都有 3 个元件同时导通，这仍属于自然换流正常工作，见图 8－10b 的波形。

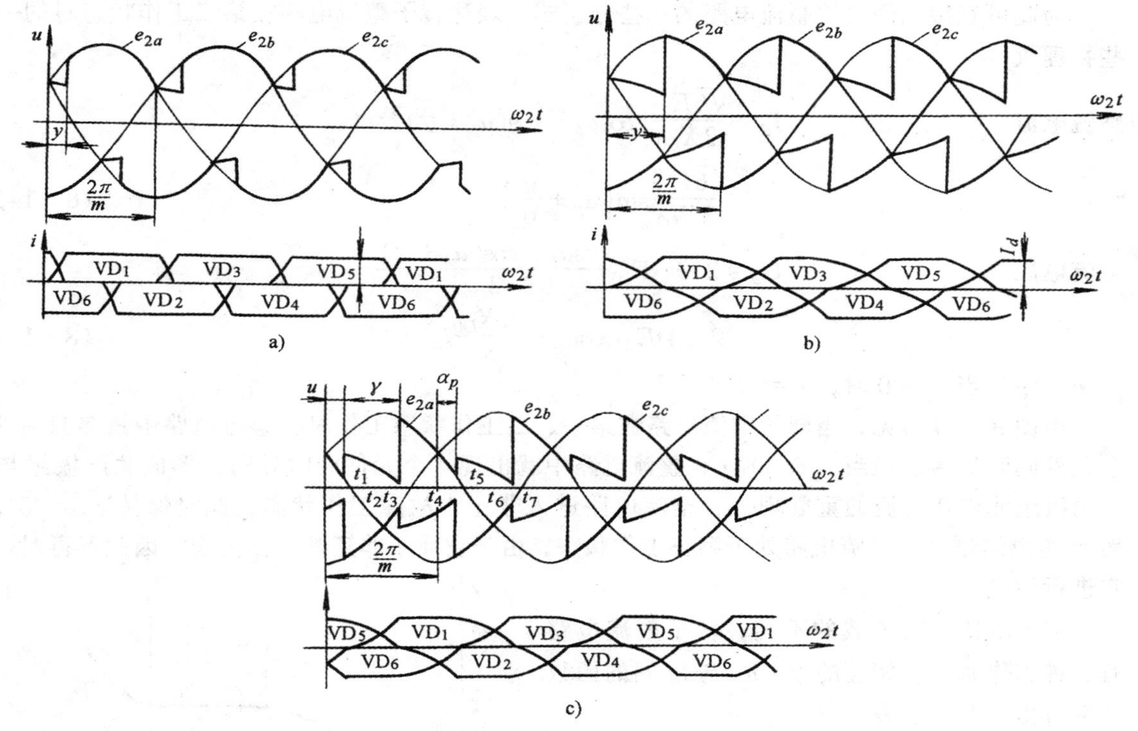

图 8－10　转子整流电路的电压和电流波形

a）$\gamma<60°$　b）$\gamma=60°$　c）$\gamma=60°\alpha_p>0°$

当负载电流 I_d 再进一步增大，就会出现整流元件的强迫延迟导通现象，如图 8－10c 所示。根据式(8－10)，当 I_d 大到一定值时，假设所计算出的 γ 值大于60°(以下将证明实际上 γ 不可能大于60°)。这样在图 8－10c 的 t_4 时刻本应发生元件 VD_1 和 VD_3 间的自然换流，但因 $\gamma>60°$使得原处在换流状态的元件 VD_6 与 VD_2 间的换流仍未结束(注意此时 VD_1 原已导通，VD_6 与 VD_2 处于同时导通状态)。故此时加在元件 VD_3 阳极上的电压不是 e_{2b}，而是 $(e_{2b}+e_{2c})/2$，且为负值，而其阴极电位为 e_{2a}。所以 VD_3 承受了反压，在 t_4 时刻无法导通。只有等到 t_5 时刻，待 VD_6 与 VD_2 换流结束，VD_6 被截止后，VD_3 的阳极电位立即从 $(e_{2b}+e_{2c})/2$ 跃变为 e_{2b}，使元件两端承受了正向电压后 才开始导通，并开始 VD_1 与 VD_3 间的换流。这样就产生了整流元件的强迫延迟换流现象，区间 $t_4\sim t_5$ 便是强迫延迟导通时间，对应的电角度即称为强迫延迟导通角，以 α_p 表示。依次类推，其它各相的整流元件也相应出现强迫延迟换流现象。例如 VD_1、VC_3 受强迫延迟换流影响从 t_5 时刻开始换流，到 t_7 时刻换流结束。区间 $t_5\sim t_7$ 即是换流重叠时间，所对应的电角度即是 γ 的大小。从图 8－10c 可以证明这段时间所对应的 $\gamma=60°$。当负载再增大时，只引起强迫延迟导通角的继续增大，而 γ 角一直保持为 60°。

由于出现强迫延迟换流现象，可以把转子整流电路的工作分为两个工作状态。在 $0<\gamma\leqslant 60°$ 时，$\alpha_p=0°$，称为转子整流电路的第一工作状态；此时转子整流电路呈不可控本质，在自然换流点处进行换流。当 $\gamma=60°$，$0<\alpha_p\leqslant 30°$ 时称为整流电路的第二工作状态。此时整流电路不再在自然换流点换流，而是延迟一个 α_p 角度才换流。强迫延迟导通使整流电路好象处于可控工作状态，α_p 角相当于元件的控制角，所以转子整流电路相当于一个可控整流电路。

为此可直接利用可控整流电路的一些分析式，表达转子整流电路在第二工作状态时的一些物理量

整流电流
$$I_d=\frac{\sqrt{6}E_{20}}{2X_{D0}}[\cos\alpha_p-\cos(\alpha_p+\gamma)]=\frac{\sqrt{6}E_{20}}{2X_{D0}}\sin\left(\alpha_p+\frac{\pi}{6}\right) \tag{8-14}$$

整流电压
$$U_d=2.34sE_{20}\frac{\cos\alpha_p+\cos(\alpha_p+\gamma)}{2}=2.34sE_{20}\cos\alpha_p-\frac{3sX_{D0}}{\pi}I_d \tag{8-15}$$

上两式中，当 $\alpha_p\neq 0$ 时，$\gamma=60°$。

由图 8－10 可见，当转子整流电路在第一、二工作状态工作时，整流电路中最多只有 3 个元件同时导通。但当 $\alpha_p>30°$ 时，整流电路中就出现 4 个元件同时导通，形成共阳极组与共阴极组元件双换流的重叠现象，整流电路进入非正常故障工作状态，此时保持 $\alpha_p=30°$，而 γ 角继续增大，整流电路处于第三工作状态，由于它属于非正常工作范围，因此不再对它进行讨论。

综上所述，随负载的不同，转子整流电路有 3 种工作状态。相应的 γ、α_p 与 I_d 间的函数关系可由图 8－11 表示。

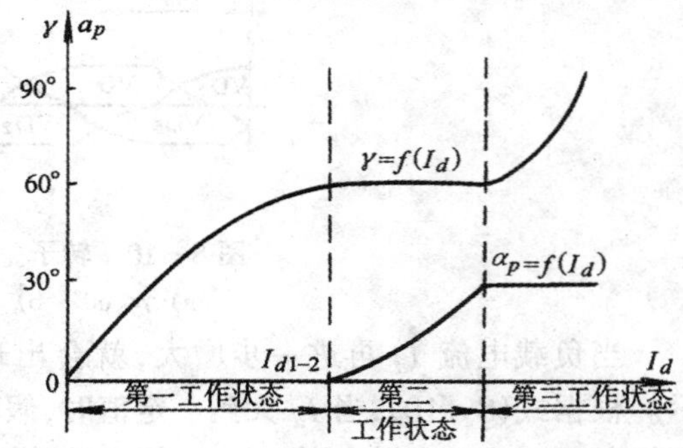

图 8－11　转子整流器 $I_d=f(\gamma)$、$I_d=f(\alpha_p)$

二、异步电动机在串级调速时的电磁转矩

由于转子整流电路随负载大小有不同的工作状态，它们的整流电流与电压的表达式各不相同，所以两个工作区相应的电磁转矩表达式也不同，必须分别求解。

从式（8－11）、式（8－14）及式（8－13）和式（8－15）可知，在第一工作区的 I_d、U_d 表达式是第二工作区相应表达式在 $\alpha_p=0°$ 时的特殊形式。所以可以从第二工作区进行推导，再以 $\alpha_p=0°$，$\gamma\neq 0°$ 代入即可获得第一工作区一些物理量的表达式。

根据图 8－12 所示的串级调速系统主电路接线图及其等效电路可以列出其稳态工作时的电路方程式。

转子整流器在第二工作区的输出电压为

$$U_d=sU_{d0}\cos\alpha_p-2\Delta U_{VD}-I_d\left(\frac{3}{\pi}X_{D0}\cdot s+2R_D\right) \tag{8-16}$$

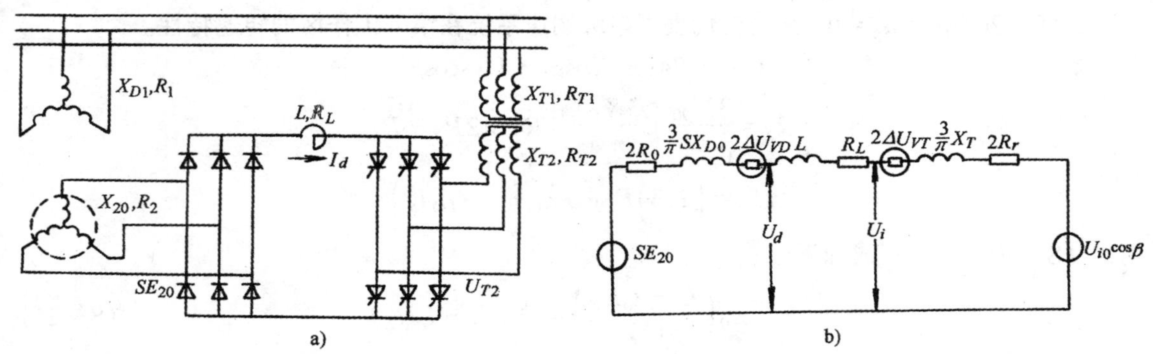

图 8-12　电气串级调速系统主电路及其等效电路

a) 主电路　b) 等值电路

逆变器直流侧电压

$$U_i = 2.34U_{T2}\cos\beta + 2\Delta_{UVT} + I_d\left(\frac{3}{\pi}X_T + 2R_T\right) \tag{8-17}$$

并有

$$U_d = U_i + I_d R_L \tag{8-18}$$

式中　U_{d0}——转子整流器在 $s=1$ 时的空载输出直流电压，此处 $U_{d0}=2.34E_{20}$；

ΔU_{VD}、ΔU_{VT}——整流两极管与晶闸管单个元件的正向压降，一般取可忽 $\Delta U_{VD}=\Delta UE_{VT}$；，也可忽略不计；

X_{D0}——在 $s=1$ 时异步电动机折算到转子侧每相漏抗，$X_{D0}=X_{D1}\frac{1}{K_D^2}+X_{20}$；

K_D——电动机定、转子每相绕组匝数比值；

R_L——直流平波电抗器的电阻；

R_D——折算到转子侧的电动机每相等效电阻，$R_D=R_2+sR'_1$。当 R_1 很小时，可以近似认为 $R_d=R_2$；

X_T——折算到二次侧的逆变变压器每相等效漏抗，$X_T=X'_{T1}+X_{T2}$；

R_T——折算到二次侧的逆变变压器每相等效电阻，$R_T=R'_{T1}+R_{T2}$。

解式（8-16）～式（8-18），可得以转差率 s 表示的方程式

$$s=\frac{2.34U_{T2}\cos\beta + I_d\left(-\frac{3}{\pi}X_T+2R_T+2R_D+R_L\right)}{2.34E_{20}\cos\alpha_p-\frac{3}{\pi}X_{D0}\cdot I_d} \tag{8-19}$$

以 $s=\frac{n_0-n}{n_0}$ 代入上式得串级调速系统的调速特性

$$n=n_0\left[\frac{2.34(E_{20}\cos\alpha_p-U_{T2}\cos\beta)-I_d\left(\frac{3X_{D0}}{\pi}+\frac{3X_T}{\pi}+2R_T+2R_D+R_L\right)}{2.34E_{20}\cos\alpha_p-\frac{3}{\pi}X_{D0}I_d}\right] \tag{8-20}$$

在上式推导中忽略了ΔU_{VD}、ΔU_{VT}与R'_1的影响。

式(8－20)中令 $\alpha_p=0°$,此式就代表了串级调速系统在第一工作区的转速特性。

如设

$$U=2.34(E_{20}\cos\alpha_p-U_{T2}\cos\beta)$$

$$R_{\Sigma}=\frac{3X_{D0}}{\pi}+\frac{3X_T}{\pi}+2R_T+2R_d+R_L$$

$$C'_e=\left(2.34E_{20}\cos\alpha_p-\frac{3}{\pi}X_{D0}I_d\right)$$

则式（8－20）可改写成如下形式

$$n=n_0\left(\frac{U-I_dR_{\Sigma}}{C'_e}\right)=\frac{1}{C_c}(U-I_dR_{\Sigma}) \tag{8-21}$$

式（8－21）与直流他励电动机的调速特性有同样的形式。与直流调压调速一样，在串级调速系统中改变电压 U 也可对异步电动机进行调速，并可取得与直流调压相似的调速特性。在电气串级调速系统中是通过控制 β 角来改变电压 U 的。系统中的电动势系统 C_e 不是常数，而是负载电流 I_d 的函数，相当于存在电枢反应的去磁作用。从式（7－21）也可看到回路的内阻 R_{Σ} 较大，使得调速特性较软。对于 $\alpha_p\neq0°$的第二工作区调速特性也有类似性质，只是电枢反应的去磁作用更强些，同一 β 下的 U 更小些而已。

为求解异步电动机在串级调速工作时的电磁转矩，可以从转子整流电路的功率关系着手。系统在不考虑电机的铜耗时，转子整流器的输出功率即为其转差功率 P_s

$$P_s=\left(sU_{d0}\cos\alpha_p-\frac{3X_{D0}\cdot s}{\pi}I_d\right)I_d$$

电动机的电磁转矩

$$T_e=\frac{P_s}{s\cdot\Omega_0}=$$

$$\frac{1}{\Omega_0}\left(U_{d0}\cos\alpha_p-\frac{3X_{D0}}{\pi}I_d\right)I_d \tag{8-22}$$

式中　Ω_0——异步电动机的同步角转速。

当转子整流电路未发生强迫延迟导通现象时，可得在第一工作区的电磁转矩为

$$T_e=\frac{1}{\Omega_0}\left(U_{d0}-\frac{3X_{D0}}{\pi}I_d\right)I_d=$$

$$\frac{1}{\Omega_0}U_{d0}\left(1-\frac{3X_{D0}}{U_{d0}\pi}I_d\right)I_d \tag{8-23}$$

上式表示的电磁转矩有极大值，可令$\frac{\mathrm{d}T_e}{\mathrm{d}I_d}=0$求得。在

$$I_d=I_{d\cdot1m}=\frac{\sqrt{6}E_{20}}{2X_{D0}}\text{时，}$$

$$T_e=T_{e\cdot1m}=\frac{27E_{20}^2}{6\pi\Omega_0X_{D0}} \tag{8-24}$$

为以后计算方便起见，以上公式都以 E_{20}替换了 U_{d0}，两者关系为 $U_{d0}=2.34E_{20}$。

$T_{e\cdot1m}$是未计及转子整流电路强迫延迟导通现象而求出的异步机转矩最大值。实际上由于负载增大时,转子整流电路将工作在第二工作状态,所以实际上最大转矩是发生在 $T_e=f(s)$特性的第二工作区内。而式(8－24)所表示的最大转矩是不存在的,故称之为第一工作区的计算

最大转矩。

把式（8－14）代入式（8－22），消去 I_d，可得

$$T_e=\frac{27E_{20}^2}{6\pi\Omega_0X_{D0}}[\cos^2\alpha_p-\cos^2(\alpha_p+\gamma)] \tag{8-25}$$

上式表示的电磁转矩有极大值，令$\frac{dT_e}{d\alpha_p}=0$，并代入 $\gamma=60°$，可求得 $\alpha_p=15°$时有第二工作区的最大转矩 $T_{e\cdot 2m}$

$$T_{e\cdot 2m}=\frac{9\sqrt{3}E_{20}^2}{4\pi\Omega_0X_{D0}} \tag{8-26}$$

相应的直流回路电流

$$I_{d\cdot 2m}=\frac{\sqrt{3}E_{20}}{2X_{D0}} \tag{8-27}$$

式（8－26）就是串级调速系统的实际最大转矩表示式。当 $\alpha_p>15°$时，由式（8－25）可知，异步电动机产生的电磁转矩将会减小。

在第一工作区与第二工作区的交接处就是转子整流电路是否发生强迫延迟导通现象的临界工作点。称此时的转矩为交接转矩 $T_{e\cdot 1-2}$只要将 $\gamma=60°$、$\alpha_p=0°$的条件代入式（8－25）与式（8－14），即可求得

$$T_{e\cdot 1-2}=\frac{27E_{20}^2}{8\pi\Omega_0X_{D0}} \tag{8-28}$$

$$I_{d\cdot 1-2}=\frac{\sqrt{6}E_{20}}{4X_{D0}} \tag{8-29}$$

根据以上的推导,可以得到以下的关系式

$$\frac{T_{e\cdot 2m}}{T_{e\cdot 1m}}=0.866 \tag{8-30}$$

$$\frac{T_{e\cdot 1-2}}{T_{e\cdot 1m}}=0.75 \tag{8-31}$$

异步电动机的固有特性在忽略定子电阻时的最大转矩可写成

$$T_{e\cdot m}=\frac{1}{2}\cdot\frac{3E_{20}^2}{\Omega_0X_{D0}} \tag{8-32}$$

则可求得

$$\frac{T_{e\cdot 1m}}{T_{e\cdot m}}=0.955 \tag{8-33}$$

$$\frac{T_{e\cdot 2m}}{T_{e\cdot m}}=0.826 \tag{8-34}$$

$$\frac{T_{e\cdot 1-2}}{T_{e\cdot m}}=0.716 \tag{8-35}$$

式(8－34)说明异步电动机在串级调速工作时能产生的最大电磁转矩比它在正常接线时的最大转矩减少 17.4%，在选用电动机时必须注意这一点。另外按式(8－35)，$T_{e\cdot 1-2}=0.716T_{e\cdot m}$，而电动机转矩过载能力一般在 2 倍以上，即 $T_{e\cdot m}\geqslant 2T_{e\cdot nom}$。所以可以说，当电动机在额定转矩 $T_{c\cdot nom}$下工作时，一般处于串级调速系统转子整流器的第一工作状态，或说是在 $M-s$ 特性的第一工作区内。图 8－13 所示的机械特性曲线给出了以上转矩的关系。

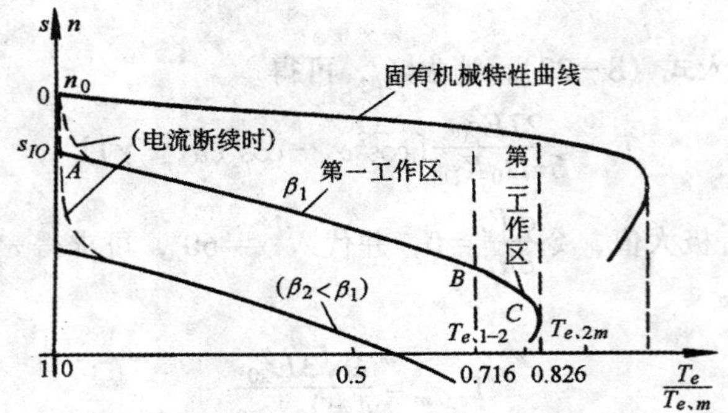

图 8-13　异步电动机在电气串级调速工作时的机械特性曲线

三、异步电动机在串级调速工作时的机械特性方程式

(一) 第一工作区的机械特性方程式（$\gamma \leqslant 60°$，$\alpha_p = 0°$）

利用式（8-18）与（8-22），经过适当的数学推导可求得在 $\alpha_p = 0°$时与异步电动机固有特性表达式类似的第一工作区机械特性方程式（此式的推导见〔56〕）

$$\frac{T_e}{T_{e\cdot 1m}} = \frac{4}{\frac{\Delta s_{1m}}{\Delta s_1} + \frac{\Delta s_1}{\Delta s_{1m}} + 2} \tag{8-36}$$

式中　$\Delta s_{1m} = s_{1m} - s_{10}$——异步电动机从理想空载到计算最大转矩时的转差率增量；

$\Delta s = s - s_{10}$——由负载引起的转差率增量；

s_{10}——相应 β 值下的理想空载转差率；

s_{1m}——相应计算最大转矩 $T_{e\cdot 1m}$时的临界转差率

$$s_{1m} = 2s_{10} + \frac{\frac{3X_T}{\pi} + 2R_d + 2R_T + R_L}{3X_{D0}/\pi} \tag{8-37}$$

式（8-36）中各量的下注“1”都表示第一工作区。

(二) 第二工作区的机械特性方程式（$\gamma = 60°$，$\alpha_p = 0 \sim 30°$）

同样利用式（8-18）与式（8-22），经过适当的数学推导可求得在 $\alpha_p \neq 0°$时的第二工作区机械特性方程式（此式的推导见参〔56〕）。

$$\frac{T_e}{T_{e\cdot 1m}} = \frac{4\cos^2\alpha_p}{\frac{\Delta s_{2m}}{\Delta s_2} + \frac{\Delta s_2}{\Delta s_{2m}} + 2} \tag{8-38}$$

式中　$\Delta s_{2m} = s_{2m} - s_{20}$——计及强迫延迟导通现象时，对应某一 α_p 时的最大转差率增量；

$\Delta s_2 = s - s_{20}$——在第二工作区中，在相应 β 与 α_p 下由负载所引起的转差率增量；

s_{20}——相应 β 与 α_p 值下的理想空载转差率

$$s_{20} = \frac{U_{T2}\cos\beta}{E_{20}\cos\alpha_p} \tag{8-39}$$

$$s_{2m} = 2s_{20} + \frac{3X_T/\pi + 2R_d + 2R_T + R_L}{3X_{D0}/\pi} \tag{8-40}$$

由于在给定 β 值时，s_{20}是随 α_p 的变化而变化的，所以 s_{2m} 也随 α_p 变化而变化。s_{2m} 并不表示实际最大转矩 $T_{e\cdot 2m}$时的转差率，它仅是在对式（8-38）数学推导过程中为计算方便而出现的一个量而已。

式（8－36）与式（8－38）的形式基本相同，但后者在分子上多了 $\cos^2\alpha_p$ 项。把这两式整理后，可得到便于计算用的机械特性通用表示式（此式推导见参〔56〕）

$$\Delta s=\frac{1-\sqrt{1-(T_e/T_{e\cdot 1m})/\cos^2\alpha_p}}{1+\sqrt{1-(T_e/T_{e\cdot 1m})/\cos^2\alpha_p}}\cdot\Delta s_m \tag{8-41}$$

当取 $\alpha_p=0°$时，上式适用于第一工作区机械特性的计算，此时 $\Delta s_m=\Delta s_{1m}$，$\Delta s=\Delta s_1$。若取 $\alpha_p=0°\sim30°$，$\Delta s_m=\Delta s_{2m}$时，上式适用于第二工作区机械特性的计算，所求得的 $\Delta s=\Delta s_{20}$。

§8－4 具有双闭环控制的串级调速系统

由于串级调速系统的静态特性静差率较大，所以开环控制系统只能用于对调速精度要求不高的场合。为了提高静态调速精度以及获得较好的动态特性，可以采用反馈控制。与直流调速系统一样，通常采用具有电流反馈与转速反馈的双闭环控制方式。由于在串级调速系统中转子整流器是不可控的，所以系统不能产生电气制动作用。而所谓动态性能的改善一般只是指起动与加速过程性能的改善，而减速过程只能靠负载作用自由降速。

一、闭环控制系统的组成

图 8－14 所示为具有双闭环控制的串级调速系统原理图。图中转速反馈信号取自与异步电动机机械上联接的测速发电机，电流反馈信号取自逆变器交流侧，也可通过霍尔变换器或直流互感器取自转子直流回路。为防止逆变器逆变颠覆，在电流调节器 ACR 输出电压为零时，应整定触发脉冲输出相位角为 $\beta=\beta_{min}$。图 8－14 所示系统的工作与直流不可逆双闭环调速系统一样，具有静态稳速与动态恒流的作用。所不同的是它的控制作用都是通过异步电动机转子回路实现的。

二、串级调速系统的动态数学模型

在图 8－14 所示的系统中，可控整流装置、调节器以及反馈环节的动态结构图与直流调速系统中的一样，在本节不再赘述。而电机的转子直流主回路部分由于不少物理量都与转差率有关，所以要单独处理。

（一）转子直流回路的传递函数

根据图 8－12 的等效电路图可以列出串级调速系统转子直流回路的动态电压平衡方程式

$$sU_{d0}-U_{i0}=L_\Sigma\frac{dI_d}{dl}+R_\Sigma I_d \tag{8-42}$$

式中 U_{i0}——逆变器输出的空载电压 $U_{i0}=2.34U_{2T}\cos\beta$；

L_Σ——转子直流回路总电感 $L_\Sigma=L+2L_{D0}+2L_T$；

L_{D0}——折算到转子侧的电动机每相漏感；

L_T——折算到二次侧的逆变变压器每相漏感；

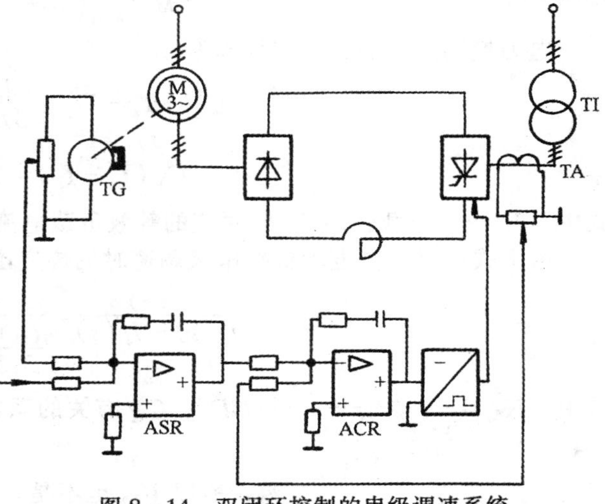

图 8－14 双闭环控制的串级调速系统

L——平波电抗器电感；

R_Σ——当转差率为 s 时转子直流回路等效电阻。

$$R_\Sigma=\frac{3X_{D0}}{\pi}s+\frac{3X_T}{\pi}+2R_D+2R_T+R_L \tag{8-43}$$

式（8-42）可以改写成

$$U_{d0}-\frac{n}{n_0}U_{d0}-U_{i0}=L_\Sigma\frac{\mathrm{d}I_d}{\mathrm{d}t}+R_\Sigma I_d \tag{8-44}$$

将式（8-44）两边取拉氏变换，可求得转子直流回路的传递函数

$$\frac{I_d(s)}{U_{d0}-\frac{U_{d0}}{n_0}\cdot n(s)-U_{i0}(s)}=\frac{K_{Lr}}{T_{Lr}s+1} \tag{8-45}$$

式中 $T_{Lr}=\frac{L_\Sigma}{R_\Sigma}$——转子直流回路的时间常数； (8-46)

$K_{Lr}=\frac{1}{R_\Sigma}$——转子直流回路的放大系数。 (8-47)

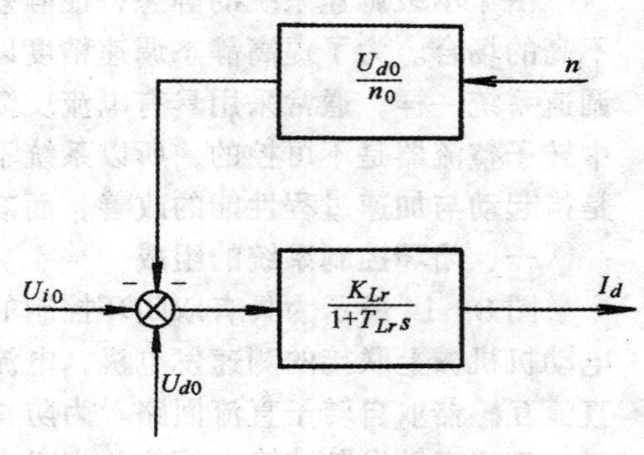

图 8-15 转子直流回路结构图

转子直流回路相应的结构图如图 8-15 所示。

需要指出，串级调速系统中转子直流回路传递函数中的时间常数 T_{Lr} 和放大系统 L_{Lr} 都是转速 n 的函数，它们是非定常的。

（二）异步电动机的传递函数

根据串级调速系统的工作情况，我们以第一工作区的运行作为分析依据。按式（8-23），异步电动机的电磁转矩为

$$\begin{aligned}T_e&=\frac{1}{\Omega_0}\left(U_{d0}-\frac{3X_{D0}}{\pi}I_d\right)I_d\\&=C_MI_d\end{aligned} \tag{8-48}$$

式中

$$C_M=\frac{1}{\Omega_0}\left(U_{d0}-\frac{3X_{D0}}{\pi}I_d\right) \tag{8-49}$$

电力拖动系统的运动方程式为

$$T_e-T_L=\frac{GD^2}{375}\cdot\frac{\mathrm{d}n}{\mathrm{d}t}$$

或

$$C_M(I_d-I_L)=\frac{GD^2}{375}\cdot\frac{\mathrm{d}n}{\mathrm{d}t}$$

式中 I_L——负载转矩 T_L 所对应的等效负载电流。

由上式可得异步电动机在串级调速时的传递函数。

$$\frac{n(s)}{I_d(s)-I_L(s)}=\frac{1}{\frac{GD^2}{375}\cdot\frac{1}{C_M}s}=\frac{K_M}{s} \tag{8-50}$$

式中 $K_M=\frac{1}{\frac{GD^2}{375}\cdot\frac{1}{C_M}}$——与 GD^2、C_M 有关的系数。应注意，由于系数 C_M 是电流 I_d 的函数，所以 K_M 也不是常数而是 I_d 的函数。

（三）系统的动态结构图

在图 8－14 中，电流调节器与转速调节器一般都采用 PI 调节器。再考虑给定滤波环节等就可直接画出具有双闭环控制的串级调速系统动态结构图如图 8－16 所示。

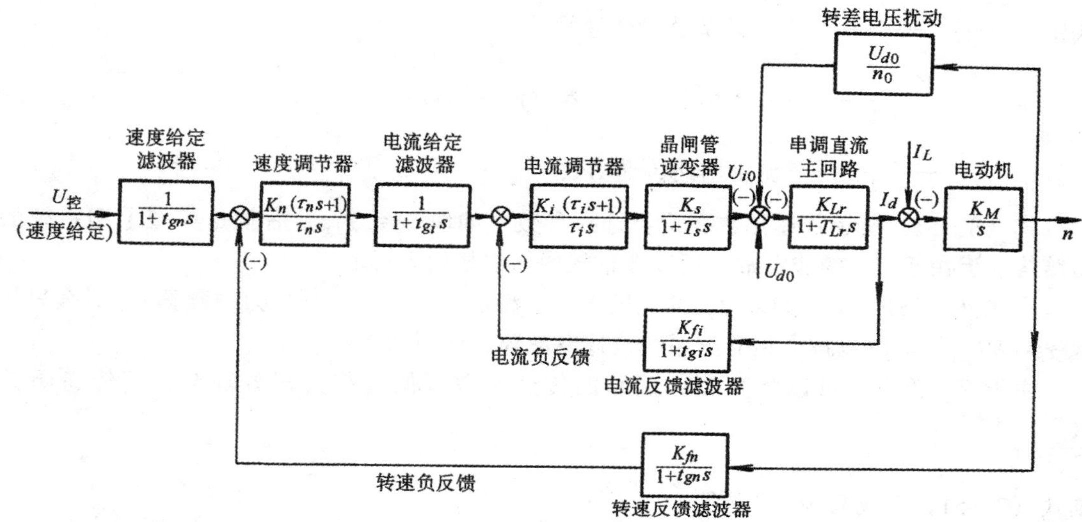

图 8－16　串级调速系统动态结构图

系统在突加给定时的起动动态过程与直流调速系统一样。起动初期，速度调节器处于饱和输出状态，系统相当于转速开环。随着起动过程的进行，电流调节器的输出增大，使逆变器的逆变角 β 增大，逆变电压 U_i 减少，打破了起动开始瞬间逆变电压大于电动机转子不动时整流电压 U_{d0} 的条件，产生直流电流 I_d，使电动机有电磁转矩而加速起动，在电动机转速未到达给定值以前，调速系统始终由电流环起电流跟踪作用以维持动态电流 I_d 为恒定，并使加速过程中逆变电压与转子整流器输出电压的变化速率相同。直到电动机的转速超调，速度调节器退出饱和，转速环才投入工作，以保证最终获得与给定转速相一致的实际转速。

三、调速系统调节器参数的确定

对具有双闭环控制串级调速系统的动态校正工作主要按系统的抗扰性能考虑，即要使系统在负载扰动时有良好的动态响应能力。所以可与直流调速系统一样，在应用工程法进行动态设计时电流环宜按典型Ⅰ型系统设计，转速环宜按典型Ⅱ型系统设计。但由于在串级调速系统中转子直流回路的时间常数 T_{Lr} 及放大系数 K_{Lr} 都不是常数，而是转速的函数，所以电流环是一非定常系统。另外异步电动机的机电时间常数 T_M 也不是常数，而是电流 I_d 的函数，这又和直流调速系统不同。因此，采用工程设计法进行系统综合时会带来一定的问题与困难。为了得到满意的动态特性，应使电流调节器和转速调节器的参数能随电机的实际转速 n 及直流回路电流 I_d 值相应地改变，这需要应用自适应控制理论和微机数字控制技术来实现。

应用工程设计法对图 8－14 所示的模拟控制系统中电流环与速度环进行动态校正的前提为系统必须是定常的。这样就存在应根据哪种情况下的参数作为动态设计依据的问题。

（一）电流调节器的设计

电流调节器可以按典型Ⅰ型系统或典型Ⅱ型系统进行设计；前者具有响应快、超调量小的特点，后者具有抗干扰能力强的特点。根据电流环的作用常按典型Ⅰ型系统进行设计。按

图 8-16 可写出电流环的开环传递函数

$$W(s)=\frac{K_i(\tau_i s+1)}{\tau_i s}\cdot\frac{K_{\Sigma i}}{T_{\Sigma i}s+1}\cdot\frac{K_{Lr}}{T_{Lr}s+1} \tag{8-51}$$

式中 $\frac{K_i\ (\tau_i s+1)}{\tau_i s}$——电流调节器的传递函数；

$\frac{K_{\Sigma i}}{T_{\Sigma i}s+1}$——电流环小惯性环节等效传递函数；

$\frac{K_{Lr}}{T_{Lr}s+1}$——直流主回路传递函数。

式（8-51）所示传递函数在适当选择参数（如取 $\tau_i=T_{Lr}$）后就是典型Ⅰ型系统的典型结构。但由于 T_{Lr} 的非定常，所以按常规的做法显然不可取。

在式（8-51）中，如果 T_{Lr} 的值较大，且满足 $T_{Lr}>hT_{\Sigma i}$（h 为中频宽）；那么只要选取 $\tau_i=hT_{\Sigma i}$，就可以按典型Ⅱ型系统设计电流环。证明如下：

由于 T_{Lr} 较大，可以将直流主回路的传递函数近似看作为积分环节，其传递函数为 $\frac{K_{Lr}}{T_{Lr}s}$。

则式（7-51）可改写为

$$W_k(s)=\frac{K_i(\tau_i s+1)}{\tau_i s}\cdot\frac{K_{\Sigma i}}{T_{\Sigma i}s+1}\cdot\frac{K_{Lr}}{T_{Lr}s}=$$

$$\frac{K_I(\tau_i s+1)}{s^2(T_{\Sigma i}s+1)} \tag{8-52}$$

式中

$$K_1=\frac{K_iK_{\Sigma i}}{hT_{\Sigma i}T_{Lr}R_{\Sigma}}=\frac{K_iK_{\Sigma i}}{hT_{\Sigma i}L_{\Sigma}} \tag{8-53}$$

此处，K_I 为电流环的放大系数。由式（8-53）知，当 $T_{Lr}>hT_{\Sigma i}$，将惯性环节看作积分环节处理后，K_{Lr} 与 T_{Lr} 的变化是互相补偿的。使串级调速系统的电流环变成一个定常系统，并可按典型Ⅱ型系统进行动态设计。

若 $T_{Lr}>hT_{\Sigma i}$ 的条件不满足时，就按典型Ⅰ型系统进行设计。据有关资料的分析与实验证明。此时可按系统调速范围的下限，即以 $s_{\max}$ 所确定的 K_{Lr} 与 T_{Lr} 的值，或按 $\frac{1}{2}s_{\max}$ 时所确定的 K_{Lr}、T_{Lr} 值，然后把电流环作为定常系统去计算电流调节器的参数。而按此 K_{Lr}、T_{Lr} 所设计的电流环在整个调速范围内的动态响应几乎没有什么变化，一般来说，后者用在全范围调速的串级调速系统。

（二）速度调节器的设计

为获得良好的抗扰性能，速度环一般都按典型Ⅱ型系统进行设计。由于电机环节系数 K_M 非定常，所以在设计时，可以选用与实际运行工作点电流值 I_d 相对应的 T_M 值，然后按定常系统进行设计。这样经校正后的系统会尽可能地接近获得满意的动态特性。

§8-5 超同步串级调速系统

前面所讨论的串级调速系统，是利用串级调速装置所产生的逆变电压控制异步电动机转子中的转差功率来实现调速的。此时转差功率从转子输出经串级调速装置反馈回电网，电动机工作在电动状态。我们称这类串级调速系统为次同步串级调速系统。与此不同，还有一种超同步串级调速系统，它不但可以控制转差功率的传递方向，还可以得到串级调速系统的不同工作状态以及电机的不同运转状态。

一、超同步串级调速工作原理

图 8－2 所示的串级调速系统中，由于转子整流器是不可控的，它只能从交流侧吸收转差功率，并通过直流侧传递出去。如果把转子整流器改为可控的，使它工作在整流或逆变状态，它就可以相应地从电动机转子吸收转差功率或向转子输送转差功率。当转子可控整流器向电动机转子输送功率，且电动机定子同时从电网吸收功率时，则电机轴上的输出功率 $P_2=P_1+P_s$（忽略电机中所有损耗）。要满足这个关系，转差率 s 必须为负值，即电机在超过同步转速下运行。此时电机定子和转子都吸收电能，并转换成机械能从轴上输出，所以电机处于定、转子双馈状态，但仍是电动工作状态。由于定、转子双馈的作用增加了电机轴上的输出功率，使电机可以输出大于铭牌定额的功率，这是它的一个优点。凡是可以向电机转子侧输入功率的串级调速系统称为超同步串级调速系统，如图 8－17 所示。此时系统转子侧的整流器 1UR 必须是可控的，且工作在逆变状态，而变压器侧的可控整流器 2UR 工作在整流状态。要特别注意：不是以电机是否工作在同步转速以上或以下来区分超同步与次同步串级调速，而是以转子功率的传递方向来区分的。下面会讲到超同步串级调速系统运行在同步转速以下的工作情况。

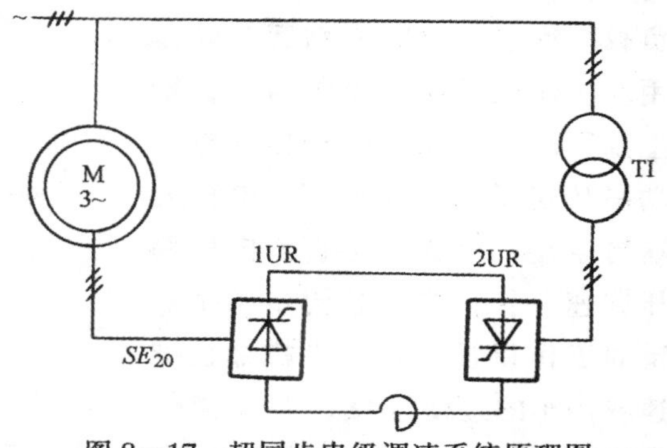

图 8－17　超同步串级调速系统原理图

图 8－17 所示超同步串级调速系统中，设 β_1 为 1UR 的逆变角，α_2 为 2UR 的移相控制角，β_1 的调节范围为 30°～90°，α_2 在 0°～90°之间可调，则可写出理想空载时转子直流回路电压平衡方程式如下

$$-sE_{20}\cos\beta_1=U_{T2}\cos\alpha_2$$

$$\therefore \qquad s=-\frac{U_{T2}}{E_{20}}\cdot\frac{\cos\alpha_2}{\cos\beta_1} \tag{8-54}$$

由式（8－50）可见，调节 β_1 或 α_2 都可以改变电动机的转速。当整流器 2UR 的控制角 α_2 一定时，随着 β_1 的增大，可使转差率的数值相应增大，电动机的转速也逐渐增高。也可以在整流器 1UR 的逆变角 β_1 为一定值时，减小 α_2 来实现转速的升高。上述两种方法中，一般是控制 β_1 来调节电动机的转速，这是因为要兼顾到变压器二次电压 U_{T2} 与电动机转子开路电压 E_{20} 的匹配，并且能充分利用 β_1 的调节宽度以获得转速的一定调节范围。另外，由于 2UR 是一个可控整流器，选用较小的 α_2 可以提高串级调速装置的功率因数。

二、超同步串级调速系统的再生制动工作

图 8－17 所示串级调速系统也可以运行于次同步状态，只要使 1UR 工作在整流状态，2UR 工作在逆变状态即可。当电动机运行在某一转差率 s_1（$1>s_1>0$）的电动状态时。如果此时突然改变 1UR 与 2UR 的工况，使它们分别处于逆变与整流状态，且满足以下关系：$U_{T2}\cos\alpha_2>s_1E_{20}\cos\beta_1$（注意这两个电压的极性都已反向）。电机就从转子侧送入功率，系统处于低于同步转速下的“超同步串级调速”工作。

现在分析此时异步电动机所处的工作状态。电机的电磁转矩 $I_e=\frac{P_s}{s}\cdot\frac{1}{\Omega_0}$，若以电机在电动状态工作时由转子输出的转差功率为“正”，正的电磁转矩是电动转矩，现在由于转差功率的反向使电磁转矩也成为负值，这表示电机产生的是制动转矩。说明此时电机进入 $1>s>0$ 的制动状态，即在 $M-s$ 坐标轴系的第二象限工作。如图 8－18 所示。若电机轴上加的是阻转矩负载，负载在此时协助起制动作用。这样电机从转子侧与机械轴上分别输入功率，并转换为电磁功率从定子向电网回馈，电机处在再生制动状态。与直流电机调压调速一样，这种超同步再生制动的工作仅发生在使电机加快减速或停车的过渡过程，并不能使电机稳定运行。显然应用超同步再生制动可以加快串级调速系统的动态响应。

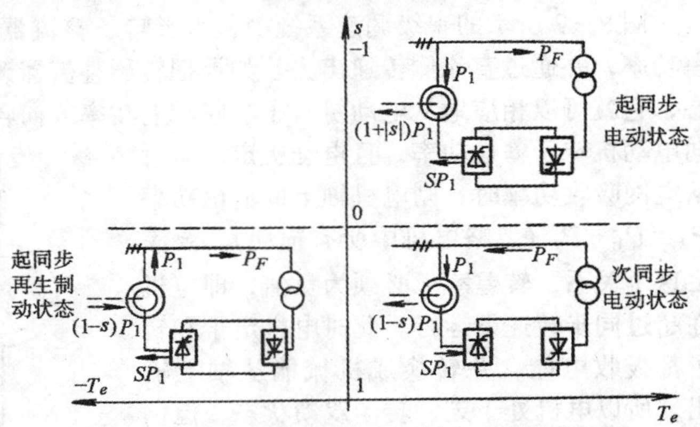

图 8－18　串级调速系统的超同步、次同步工作

图 8－17 所示的系统实际上是一交流电动机转子交－直－交变频调速系统。图中的转子侧可控整流器 1UR 是一台变频器，与第七章所讨论的交流电动机定子交－直－交变频调速系统一样，是一无源逆变器，它的负载是电动机的绕组，且不能依靠电网电压实现自然换流。所以，若采用普通晶闸管组成 1UR 时，必须加入强迫换流装置，以输出电机转子所需的不同频率的电压。当然，也可采用具有自关断能力的功率器件。转子变频电路也可用交－交直接变频电路构成，此时各开关器件都可依靠交流电网电压过零自然换流而不必再用强迫换流电路。可见，无论用交－直－交变频还是交－交变频器组成的超同步串级系统，在主电路的结构和控制系统方面都比次同步串级调速系统要复杂得多，但与次同步串级调速系统相比有下列优点：首先在相同的调速范围和额定负载功率下，应用超同步串级调速系统时，可以在电动机额定转速上下进行调速，其串级调速装置的容量可比单纯用次同步串级调速时的装置容量小一半。其次可以实现在低于同步转速下的再生制动，使系统有良好的动步响应，这在次同步串级调速系统中是无法实现的。再次在超同步串级调速运行时，变压器侧整流器的控制角 α_2 值比较小，因而变压器从电网吸取的无功功率也较小。

综合上述讨论可知，超同步串级调速系统仅适用于大容量、宽调速范围、对动态响应要求高的场合。以后若不特别指出，所讲的串级调速系统都是指次同步串级调速系统。

§8－6　串级调速系统的几个特殊问题

一、串级调速系统的功率因数及其改善途径

串级调速系统的功率因数与系统中的异步电动机、不可控整流器以及可控整流器三大部分有关。异步电动机的功率因数一般由其本身的结构参数、负载大小以及运行转差率而定。在串级调速工作时，由于电动机转子侧接有整流器，在整流过程中存在换相重迭角，使转子电流

呈梯形波，并滞后于电压波。当负载较大时转子整流器还会出现强迫延迟导通现象。这些都使整流器通过电机向电网吸收换相无功功率，所以在串级接线时电动机的功率因数要比正常接线时降低 10% 以上。另外可控整流器是利用移相控制改变其输出的逆变电压，使得工作在逆变状态的可控整流器的输入电流与电压不同相，消耗了无功功率。在逆变角越大时，消耗的无功功率也就越大。在给定逆变角下，串级调速系统从交流电网吸收的总有功功率是电动机吸收的有功功率与逆变器回馈至电网的有功功率之差；然而从交流电网吸收的总的无功功率却是电动机和逆变器所吸收的无功功率之和。随着电机转速的降低，所吸收的无功功率虽然减少了，但从电网所吸收的总有功功率也减少了，结果使系统在低速时的功率因数降低。串级调速系统总功率因数可用下式表示

$$\cos\varphi_{sch}=\frac{P}{S}=\frac{P_1-P_F}{\sqrt{(P_1-P_F)^2+(Q_1+Q_F)^2}} \tag{8-55}$$

式中 P——系统从电网吸收的总有功功率；

S——系统总的视在功率；

P_1——电动机从电网吸收的有功功率；

P_F——通过逆变变压器回馈到电网的有功功率；

Q_1——电动机从电网吸收的无功功率；

Q_F——逆变变压器侧从电网吸收的无功功率。

一般串级调速系统在高速运行时的功率因数为 0.6～0.65，比正常接线时电动机的功率因数减少 0.1 左右，在低速时可降到 0.4～0.5（对调速范围为 2:1 的系统）。这是串级调速系统的主要缺点。

（一）串级调速系统功率因数的图析法

为了能较方便地分析串级调速系统在不同转速时功率因数的变化情况以及调速范围对功率因数的影响，可以借助于图析法。分析的基础是利用功率矢量关系并考虑到系统的调速范围。

进行图析法时要作如下假定：

（1）电动机轴上带的是恒转矩负载。

（2）不计串级调速系统的所有损耗。

（3）已知电动机从电网吸收的有功功率与无功功率。

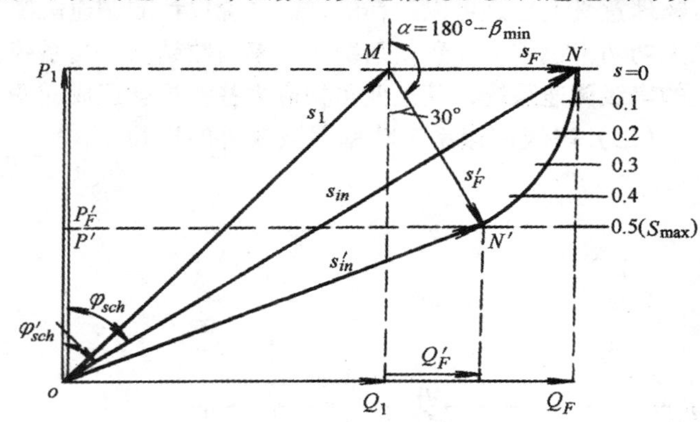

图 8－19 串级调速系统功率因数图析法

图 8－19 给出了在恒转矩负载下串级调速系统的功率因数随转差率变化的情况。图中以纵坐标表示有功功率矢量的方向，横坐标表示无功功率矢量的方向。根据电动机从电网所吸收的有功功率 P_1 与无功功率 Q_1 可以求出相应的视在功率矢量 S_1，且近似地可认为它与电动机的转差率无关，是个恒值。从矢量 S_1 的端点出发加上串级调速装置逆变变压器侧从电网所吸收的视在功率矢量 S_F，就可获得一合成矢量，它代表串级调速系统从电网所吸收的总视在功率 S_{in}。问题是如何求得矢量 S_F。

当负载转矩恒定时，可以认为电机在不同转速下运行时变压器阀侧的电流相同。另外阀

侧的电压恒定，所以逆变变压器输出到交流电网的视在功率 S_F 也是不变的；但其有功分量与无功分量却因调速时采用移相控制而有变化。反馈回电网的有功功率 P_F 与电机转子输出的转差功率相等，并与转差率成正比。这样可根据 $s=s_{max}$时 $\beta=30°$的条件，找出线段 MN' 代表此时的矢量 S'_F。图 8－19 中设系统的调速范围为 2∶1，此时逆变变压器侧反馈回电网的有功功率 $P'_F=s_{max}P_1=\frac{1}{2}P_1$，并在图中以矢量 $P_{F'}$ 画在纵坐标上。因为它是回馈功率，所以矢量方向与 P_1 反向。矢量 $P_{F'}$ 即矢量 $S_{F'}$ 在纵坐标上的投影。把矢量 $S_{F'}$ 的端点 N' 与坐标原点相连，可求得串级调速系统在 $s=s_{max}=0.5$ 时的视在功率矢量 S'_{in} 以及系统总功率因数角 φ'_{sch}。根据上述，很方便地可求出该系统在不同转速下运行时的总功率因数角。在不同转差率时，矢量 S_F 的大小不变，但方向改变。利用以 M 点为圆心，MN' 为半径作一圆弧 $\overset{\frown}{NN'}$，不同转差率下视在功率矢量 S_F 的端点就落在此圆弧上。在此轨迹上按 $P_F=sP_1$ 的关系可求出在某一 S 值时 S_F 矢量的方向。例如在 $s=0$ 时（认为是系统的最高运行速）$\beta=90°$，此时逆变器并不传递有功功率，所传递的视在功率 S_F 即等于无功功率 Q_F，逆变变压器相应的功率因数为零。图 8－19 中 MN 线段所代表的矢量即为 $s=0$，$\beta=90°$时的矢量 S_F。联接 oN 得系统总视在功率矢量 S_{in}，相应系统总功率因数角为 φ_{sch}。可以看到，在一定调速范围下，随着电机转差率的增大，系统的功率因数降低了。

图 8－20 表示了调速范围对功率因数的影响。图中$\overset{\frown}{N_1N'_1}$、$\overset{\frown}{N_2N'_2}$、$\overset{\frown}{N_3N'_3}$分别代表系统在最低速 $s_{max}=0.25$、0.5 与 0.75 时逆变变压器从电网所吸收的无功功率矢量端点的变化轨迹。线段 ON_1 所代表的矢量 S'_{in}为系统 $s_{max}=0.25$，电机运行在 $s=0.25$ 时的视在功率矢量，此时系统功率因数为 φ'_{sch}。线段 ON_2^0 所代表的矢量 S'_{in}为系统 $s_{max}=0.5$，电机同样运行在 $s=0.25$ 时的视在功率矢量，此时系统功率因数为 φ''_{sch}。可见由于所设计的调速范围不同，电机虽在同样转速下运行，系统的总功率因数也不相同。对调速范围大的系统，其功率因数要更差些。这从物理意义上也是可以解释的，因系统设计的调速范围越大，则系统的逆变器一侧从电网吸收的无功功率也越多，致使系统的功率因数越低。当系统在同一转速下运行时，对应于调速范围大的串级调速系统，其逆变角相应大些，这就造成逆变器侧的低功率因数工作。

（二）串级调速系统功率因数改善的途径

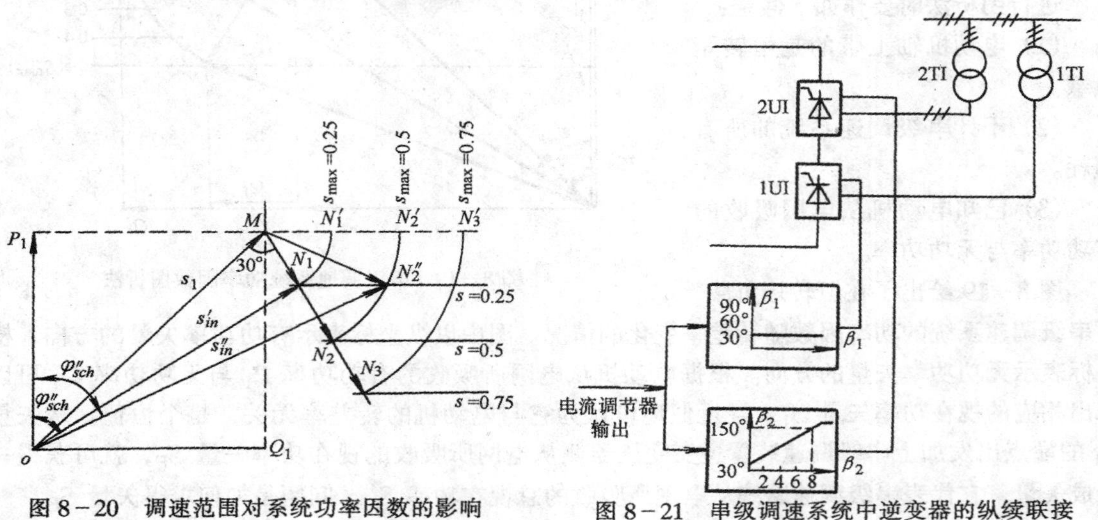

图 8－20　调速范围对系统功率因数的影响　　　图 8－21　串级调速系统中逆变器的纵续联接

对于宽调速范围的串级调速系统，功率因数的提高是人们关心的问题，也是使串级调速系统能被推广应用的关键问题之一。改善功率因数的方法通常有以下几种：

（1）逆变器的不对称控制，这是利用两组可控整流器组成逆变器的纵续联接，并进行逆变角的不对称控制。这种方法适用于大功率系统，工作原理如图 8－21 所示。

（2）采用具有强迫换相功能的逆变器，在逆变器工作时使晶闸管在自然换流点之后换相，产生容性无功功率以补偿负载的感性无功功率。这种方法对系统功率因数的改善有效，但逆变器线路较复杂，例如，采用串联二极管式电流源逆变器代替图 8－2 中的一般桥式整流器联接的逆变器。

（3）在电动机转子直流回路中加斩波控制的串级调速装置，这种方法对改善系统的功率因数也很有效，而线路比较简单，下面将详细介绍。

（三）斩波控制串级调速系统

具有斩波控制串级调速系统的原理图示于图 8－22。与常规串级调速系统不同之处在于转子直流回路中加入了直流斩波器 CH，转子整流器通过斩波器与逆变器相连接。斩波器可以用普通晶闸管或可关断电力电子器件组成，后者可大大简化斩波器电路。在本系统中逆变器的控制角可取为较小值，且固定不变，故可降低无功损耗，而提高系统的功率因数。

1. 工作原理

在图 8－22 所示系统中，斩波器 CH 工作在开关状态。当它接通时，转子整流电路被短接，电动机相当于在转子短路状态下工作；当它断开时，电动机在串级调速接线下工作。为了提高系统的功率因数，减少逆变器从电网吸收的无功功率，总是把逆变器固定在最小逆变角下工作，且不随转速而变化。图 8－23 表示在忽略了电磁时间常数后的转子整流器输出电流 I_d 的波形。设斩波器开关周期为 T，CH 接通的时间为 τ，则逆变器经 CH 送至整流器的电压为$\frac{T-\tau}{T}U_i$。

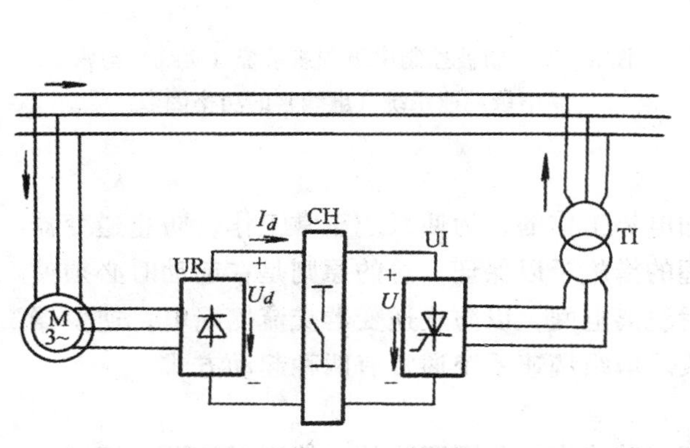

图 8－22　斩波控制串级调速系统原理图

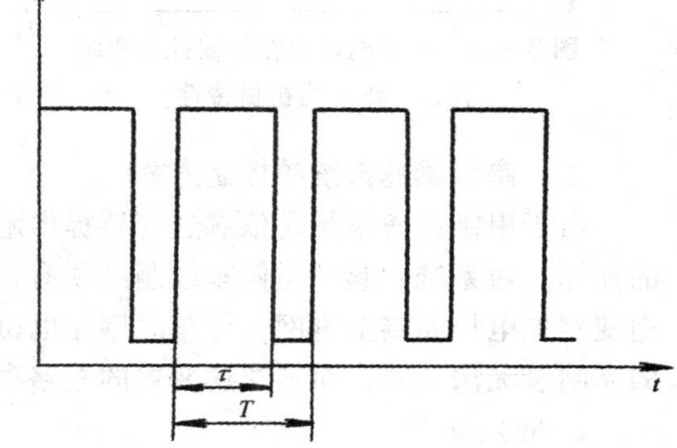

图 8－23　转子斩波串级调速时的 $I_d = f\ (t)$

当转子回路两组整流装置都是桥式接线时，可得理想空载时的电压方程式

$$2.34 s_0 E_{20} = 2.34\left(1-\frac{\tau}{T}\right)U_{T2}\cos\beta_{\min}$$

$$\therefore \quad n_0 = n_{syn}\left[1-\left(1-\frac{\tau}{T}\right)\frac{U_{T2}}{E_{20}}\cos\beta_{\min}\right] \tag{8-56}$$

式中　n_0——不同 τ/T 时的理想空载转速；

n_{syn}——电动机的同步转速。

按式（8－56），当 $\beta=\beta_{min}$ 固定不变时，只要改变占空比 $\frac{\tau}{T}$ 即可改变异步电动机的理想空载转速。电动机带负载时，由于压降增大而引起转速降落，所以异步电动机在斩波控制串级调速工作时的机械特性与常规串级调速时的相似，特性是随 τ/T 的减小而几乎平行下移的。但由于转子直流回路处于斩波工作，使回路的等效电阻减小了。所以在斩波控制串级调速时的机械特性更硬些，图 8－24 表示了相应的机械特性。

2．系统的功率因数

为提高系统的功率因数，可将逆变角设定为 β_{min}，这样逆变器从电网吸收的无功功率可减到最小程度。由于在最低速工作时，斩波器不工作，即 $\frac{\tau}{T}=0$；此时必须满足 $S_{max}E_{20}=U_{T2}\cos\beta_{min}$ 的关系，所以 β_{min} 应按系统的调速范围选用。有关资料提供了在恒转矩负载下斩波控制串级调速系统在不同转差率下的功率因数，见图 8－25。

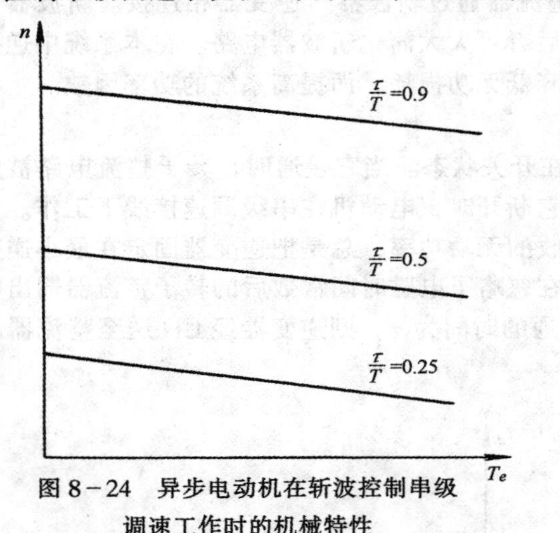

图 8－24　异步电动机在斩波控制串级调速工作时的机械特性

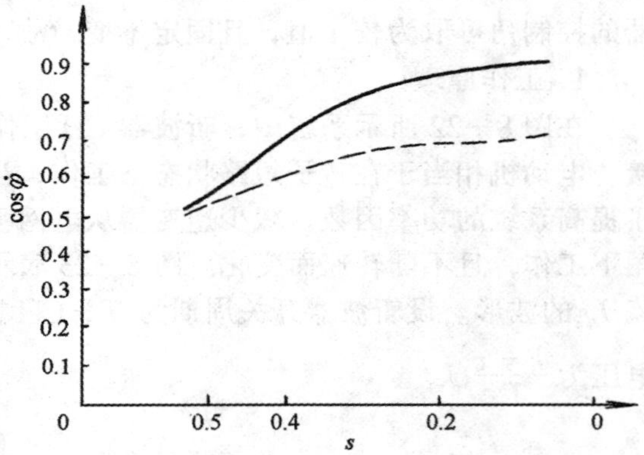

图 8－25　斩波控制串级调速系统（实线）与常规串级调速系统（虚线）的功率因数

二、串级调速系统的控制方式

由于串级调速系统是依靠逆变器提供附加电势工作的，为使系统正常工作，防止逆变器的损坏，对系统的起动与停车控制必须有合理的措施予以保证。总的原则是在起动时必须使逆变器先电机而接上电网，停车时则比电机后脱离电网，以防止逆变器交流侧断电，逆变器的晶闸管无法关断，而造成逆变器的短路事故。串级调速系统通常有两种起动方式。

1．间接起动

工业生产上大部分设备是不需要从零到额定转速作全范围调速的，特别对于泵、压缩机等机械，其调速范围不大。为降低串级调速装置的容量同时不受过电压损坏，往往采用电动机转子串电阻或串频敏变阻器的起动方式。待起动到串级调速系统的设计最大转差率时，才把串级调速装置投入运行。由于这类机械不经常起动，所用的起动电阻等都可按短时工作制选用，其容量与体积都较小。而从串电阻起动换接到串级调速可以利用对电机转速的检测或利用时间控制原则自动。

图 8－26 是间接起动控制原理图。起动操作顺序为：先合上装置的电源总开关 S，使逆变

器在β_{min}下等待工作。然后依次接通接触器触点 K_1（接入转子起动电阻 R），再接通 K_c（把电动机定子回路与电网接通，电机以转子串电阻方式起动），待电机起动到所设计的 s_{max} 时接通 K_2（电动机转子接往串级调速装置），同时断开 K_1（切断起动电阻）。此后电机就可以串级调速方式继续加速到所需的转速运行。在停车时由于没有制动作用，所以先要断开 K_2（使电动机转子回路与串级调速装置脱离），再断开 K_c，以防止 K_c 断开时电机转子侧感生断闸高电压而损坏整流器与逆变器。不允许在未到达设计最大转差率以前就把电机转子回路与串级调速装置接通，否则转子电压会超过转子整流元件的电压定额而损坏整流元件，所以转速检测或起动时间计算必须准确。

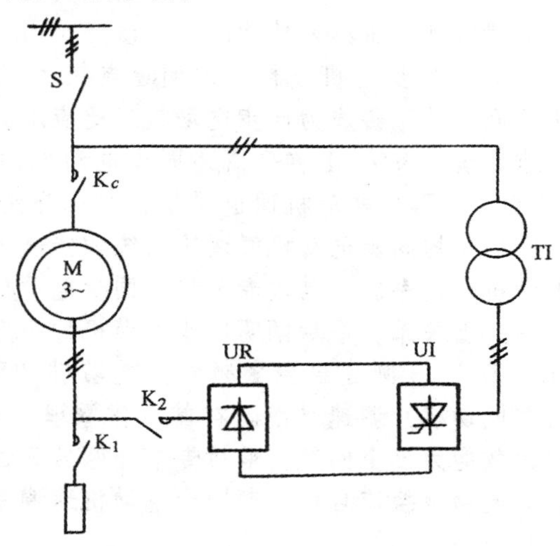

图 8－26　串级调速系统间接起动控制原理图

有时也可以不用s_{max}检测装置，而让电动机在串电阻方式下起动到最高速，再切换到串级调速工作。然后按工艺要求调节到所需要的转速运行。这种起动方式使整流器与逆变器不致受到超过定额的电压，工作安全，但电机的工作转速要通过减速才能得到，对于有些生产机械是不允许的。

2．直接起动

直接起动又称串级调速方式起动。用于可在全范围调速的串级调速系统。在起动控制时除了让逆变器先于电动机接到交流电网外，还应使电动机的定子先与交流电网接通（此时转子呈开路状态），以防止因电动机起动时的合闸过电压通过转子回路损坏整流装置，然后再使电动机转子回路与转子整流器接通。以图 8－26 为例，接触器工作顺序为 S—K_c—K_2。此时转子起动电阻不起作用。当转子回路接通时，由于转子整流电压 $2.34E_{20}$小于逆变电压 $2.34U_{T2}\cos\beta_{min}$，直流回路无电流，电机尚不能起动。待发出给定信号后，随着 β 的增大，逆变电压降低，产生直流电流，电机才能逐渐加速，直至给定转速。

第九章　同步电动机的变频调速系统

内 容 提 要

采用电力电子变频装置实现电压频率协调控制，改变了同步电动机历来的恒速运行不能调速的面貌，使它和异步电机一样成为调速电机大家庭的一员，起动费事、重载时振荡和失步等问题已不再成为同步电动机广泛应用的障碍。因此单列此章介绍同步电动机的调速系统。§9－1首先概述同步电动机的特点和变频调速类型。§9－2介绍他控变频式的同步电动机调速系统，首先介绍两种应用较广的系统——转速开环恒压频比控制的同步电动机群调速系统和转速闭环由交－交变频器供电的大型低速同步电动机调速系统。其次专节讨论同步电动机的矢量控制，为了突出重点，采用了近似的矢量关系。最后阐明同步电动机的多变量数学模型，为精确的矢量控制奠定基础。§9－3阐述自控变频同步电动机（又称无换向器电机、无刷直流电机或电子换向电动机）调速系统。在其工作原理中重点阐明电磁转矩、逆变器换流方法和电机过载能力三个问题，最后专节介绍转子位置检测器和一种恒磁通恒换流剩余角控制的电动势换流自控变频同步电动机速调系统。

§9－1　同步电动机的变频调速

同步电动机历来是以转速与电源频率严格保持同步而著称的，只要电源频率保持恒定，同步电动机的转速就绝对不变。小到电钟和记录仪表的定时旋转机构，大到大型同步电动机直流发电机组，无不利用其转速恒定的特点。除此以外，同步电动机还有一个突出的优点，就是可以控制励磁来调节它的功率因数，可使功率因数高到1.0甚至超前。在一个工厂中只需有少数几台大容量恒转速的设备（例如水泵、空气压缩机等）采用同步电动机，就足以改善全厂的功率因数。由于同步电动机起动费事、重载时有振荡以至失步的危险，因此除了上述特殊要求以外，一般的工业设备很少应用。

自从电力电子变频技术蓬勃发展以后，情况就完全改变了。采用电压频率协调控制后，同步电动机便和异步电动机一样成为调速电机大家庭的一员。原来阻碍同步电动机广泛应用的问题已经得到解决。例如起动问题，既然频率可以由低调到高，转速也就逐渐升高，不需要任何其他起动措施，甚至有些容量达数万千瓦的大型高速拖动电机，还专门配上变频装置作为软起动设备。再如失步问题，其起因本来就是由于旋转磁场的同步转速固定不变，电机转子落后的角度太大时便造成失步，现在有了转速和频率的闭环控制，同步转速可以跟着改变，失步问题自然也就不存在了。

同步电动机变频调速的基本原理和方法以及所用的变频装置都和异步电动机变频调速大体相同，因此第七章所讨论的问题基本上都可以用于同步电动机的变频调速，本章只集中阐述同步电机控制的特点。首先，将同步电动机和异步电动机的主要区别归纳如下：

（1）异步电动机的磁场靠定子供电产生，而同步电动机在转子侧有独立的直流励磁，这是一般大、中型同步电动机的情况。小容量同步电动机转子常用永久磁铁励磁，其磁场可视为恒定。还有磁阻式同步电动机，其转子没有任何磁场，完全靠定子励磁（象异步电动机那样），藉凸极磁阻的变化产生同步转矩。

（2）交流电动机的同步转速 ω_1 与定子电源频率 f_1 有确定的关系

$$\omega_1=\frac{2\pi f_1}{n_p} \tag{9-1}$$

异步电动机运行时的转速总是低于同步转速，二者之差叫做转差 ω_s。同步电动机的转速就是同步转速，其转差 $\omega_s=0$。

（3）异步电动机永远在滞后的功率因数下运行，而同步电动机的功率因数可用励磁电流来调节，可以滞后，也可以超前。也就是说，同步电动机除了拖动机械负载外，还可以负担无功功率。

（4）同步电动机和异步电动机的定子三相绕组是一样的，而转子绕组则不同。同步电机除直流励磁绕组（或永久磁铁）外，还可能有一个自身短路的阻尼绕组。当同步电动机在恒频下运动时，阻尼绕组有助于抑制重载时容易发生的振荡。当同步电机在转速闭环下变频调速时，阻尼绕组便失去其主要作用，却增加了数学模型的复杂性。

（5）异步电动机的气隙都是均匀的，而同步电动机则有隐极式和显极式之分。隐极式电机气隙是均匀的，显极式的气隙磁阻不均匀，磁极直轴磁阻小，与之垂直的交轴磁阻大，两轴的电感系数不同。还会因此而产生转矩的磁阻分量。

配合同步电动机调速的变频装置可以是电压源变频器、电流源变频器、周波变换器（交－交变频器）、或 SPWM 变频器，下面讨论同步电动机控制系统时，每处只选择其中某一种，不去一一列举。同步电动机变频调速系统可分成两大类：他控变频和自控变频。用独立的变频装置给同步电动机提供变压变频电源的叫做他控变频调速系统，用电机轴上所带转子位置检测器来控制变频装置触发脉冲的叫做自控变频调速系统。下面将分别论述。

§9－2　他控变频同步电动机调速系统和矢量控制

一、转速开环恒压频比控制的同步电动机群调速系统

图 9－1 所示是转速开环恒压频比控制的同步电动机调速系统，这是一种最简单的他控变频调速系统，多用于化纺工业的小容量多电机拖动系统中。多台永磁或磁阻同步电动机并联接在公共的逆变器上，由统一的转速给定信号 U_ω^* 同时调节各电机的转速，带定子压降补偿的函数发生器 GF 保证了变频装置的恒压频比控制。缓慢地调节 U_ω^* 可以逐步改变电动机转速，达到额定转速后，中间直流环节的电压不能再升高，如果再提高频率，将进入弱磁的恒功率工作区，转速升高时输出转矩就要减小。

二、由交－交变频器供电的大型低速同步电动机调速系统

另一类同步电动机变频调速系统用于大型低速的电力拖动，例如无齿轮传动的可逆轧机、矿井提升机和水泥转窑等的拖动装置。由交－交变频器（周波变换器）供电，其输出频率大约只有 20～25Hz（当电网频率为 50Hz 时），对于一台 20 极的同步电动机，同步转速可达 120～150r/min，直接用来拖动轧钢机是很合适的，还可以省去一个庞大的齿轮传动装置。

这样大容量的同步电动机转子都具有励磁绕组，通过滑环由直流励磁电源供电，或者由一台交流励磁机经过随转子一起旋转的整流器供电。磁极一般是凸极式，常带有阻尼绕组，虽然这里已不需要利用阻尼绕组来抑制振荡，但是它可以减少由交－交变频器引起的谐波和负序分量，此外，阻尼绕组能够加速换流过程，因为它能减少电动机的暂态阻抗。这类调速系统的基本结构画在图 9－2 中，其中控制器可以是常规的，也可以是采用矢量控制的，后者在下一小节中再详细讨论。

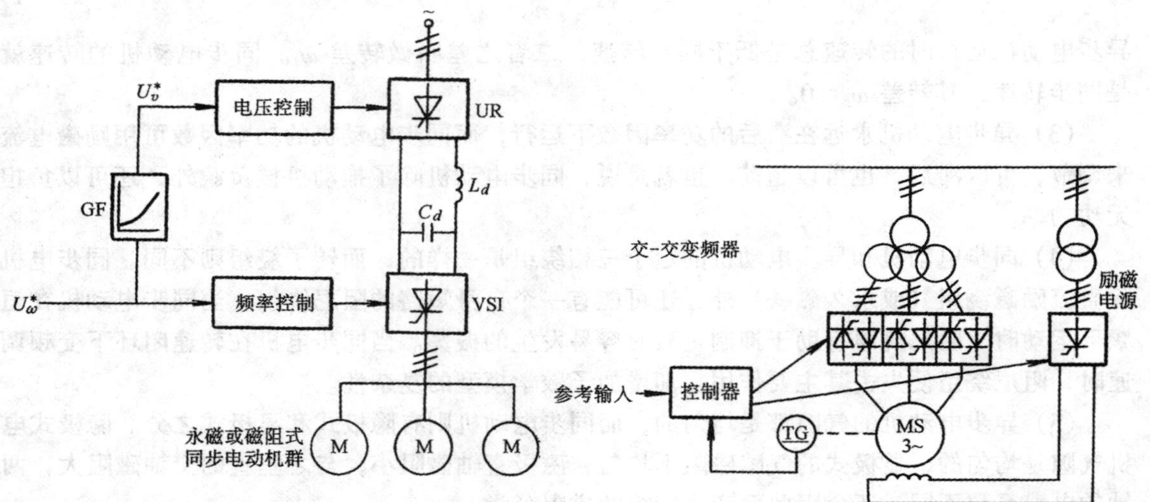

图 9－1　多台同步电动机的恒压频比变频调速系统
GF—函数发生器　UR—可控整流器　VSI—电压源逆变器

图 9－2　由交－交变频器供电的大型低速同步电动机调速系统

三、同步电动机的矢量控制系统

为了获得高动态性能，同步电动机变频调速系统也可以采用矢量控制。其基本原理和异步电动机的矢量控制相似，也是通过电流（代表磁动势）空间矢量的坐标变换，等效成直流电动机，再模仿直流电动机的控制方法进行控制。由于同步电动机的转子结构与异步电动机不同，因此其矢量图有自己的特色。

同步电动机的主要特点是：定子有三相交流绕组，转子为直流励磁（或永久磁铁励磁）。为了突出主要问题，先忽略一些次要因素，作如下假定：

(1) 假设是隐极电机，或忽略凸极的磁阻变化。

(2) 假设没有阻尼绕组，或者说，忽略阻尼绕组的效应。

(3) 忽略定子绕组电阻和漏磁电抗的影响。

其它一些基本假定和研究异步电动机数学模型时的假定条件相同，见§7－7。这样，两极同步电动机的物理模型便如图 9－3 所示。图中，定子三相绕组轴线 A、B、C 是静止的，三相电压 u_A、u_B、u_C 和三相电流 i_A、i_B、i_C 都是平衡的。转子以同步转速 ω_1 旋转，转子上的励磁绕组在励磁电压 U_f 的供电下流过励磁电流 I_f，沿磁极的轴线为 d 轴，与 d 轴正交的是 q 轴，$d-q$ 坐标在空间以同步转速旋转，d 轴与静止的 A 轴间夹角为变量 θ。

图 9－4a 为同步电动机磁动势与磁通的空间矢量图，其中沿 d 轴的 F_f 和 Φ_f 是转子励磁磁动势和磁通，F_s 是定子三相合成磁动势，它也是一个同步旋转的矢量，因而在一定的负载和励磁条件下 F_s 与 F_f 的相对位置是确定的。F_s 与 F_f 的合成磁动势为 F_R，合成磁通是 Φ_R，这就是考

虑电枢反应后电动机的气隙总磁通。F_s 与 F_R 间的夹角是 θ_s，F_f 与 F_R 间的夹角是 θ_f，所有这些矢量都以同步转速 ω_1 同时旋转。和分析异步电动机时一样，F_s 除以相应的匝数即为定子电流合成矢量 i_s，将它分成两个分量 i_{sm} 和 i_{st}，i_{sm} 是沿着合成磁通 Φ_R 方向的励磁分量，i_{st} 则是与之垂直的转矩分量。同样，与 F_f 对应的励磁电流矢量 I_f 也可分解成两个分量 i_{fm} 和 i_{ft}。由图 9－4a 不难看出下列关系

$$i_s=\sqrt{i_{st}^2+i_{sm}^2} \tag{9-2}$$

$$i_{ft}=-i_{st} \tag{9-3}$$

$$I_f=\sqrt{i_{ft}{}^2+i_{fm}^2}=\sqrt{i_{st}^2+(i_R-i_{sm})^2} \tag{9-4}$$

$$\theta_s=\cos^{-1}\frac{i_{sm}}{i_s} \tag{9-5}$$

$$\theta_f=\cos^{-1}\frac{i_R-i_{sm}}{I_f} \tag{9-6}$$

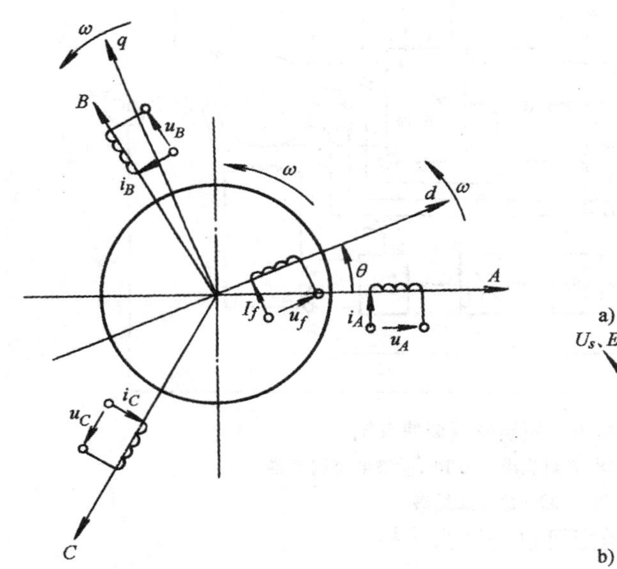

图 9－3　二极同步电动机的物理模型

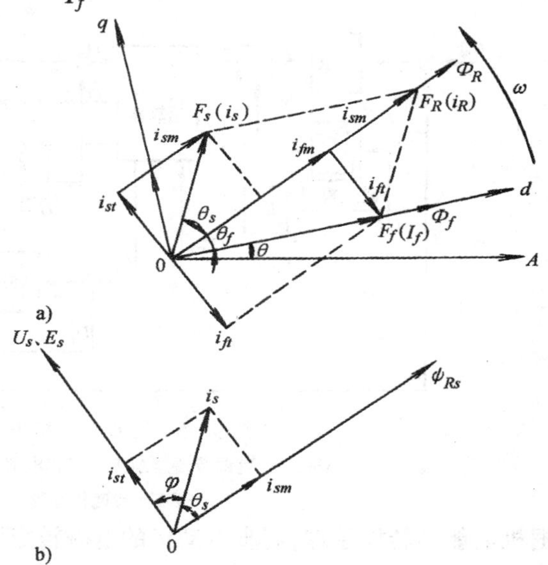

图 9－4　同步电动机近似的空间矢量图与时间相量图

a）磁动势、磁通空间矢量图　b）电流、电压、磁链时间相量图

图 9－4b 画出了定子一相绕组的电流、电压与磁链的时间相量图。ψ_{RS} 是 Φ_R 对该相绕组的磁链相量，i_s 是该相电流相量。根据电机学原理，Φ_R 和 F_s 空间矢量的空间角差 θ_s 与 ψ_{RS}、i_s 时间相量的时间角差相等，因此 i_{st}、i_{sm} 也是 i_s 时间相量的分量。按照假设条件——忽略定子电阻和漏抗，则该相电压与由 ψ_{RS} 感应的脉变电动势近似相等，并可表示为

$$U_s\approx E_s=4.44f_1\psi_{RS} \tag{9-7}$$

其相量超前于 ψ_{RS} 90°。U_S 与 i_s 相量间的夹角 φ 就是同步电动机的功率因数角，且

$$\varphi=90°-\theta_s \tag{9-8}$$

因此，定子电流的励磁分量 i_{sm} 可以从 i_s 和设计时所期望的功率因数值求出。最简单的情况是希望 $\cos\varphi=1$，也就是说，希望 $i_{sm}=0$。由期望功率因数确定的 i_{sm} 可作为矢量控制的一个给定值。

以 A 轴为参考坐标轴，则转子 d 轴的位置角 $\theta=\int\omega\mathrm{d}t$ ，可以通过转子轴上的位置变换器 BQ 测得（图 9－5）。定子电流空间矢量 i_s 与 A 轴的夹角 λ 为

$$\lambda=\theta+\theta_s+\theta_f \tag{9-9}$$

由 i_s 的幅值和相位角 λ 可以求出三相定子电流

$$\left.\begin{aligned}i_A&=i_s\cos\lambda\\i_B&=i_s\cos(\lambda-120°)\\i_C&=i_s\cos(\lambda+120°)\end{aligned}\right\} \tag{9-10}$$

按照式(9－2)、式(9－4)、式(9－5)、式(9－6)、式(9－9)、式(9－10)去控制同步电动机的定子电流和转子励磁电流，即可实现同步电动机的矢量控制，其原理图示于图 9－5。

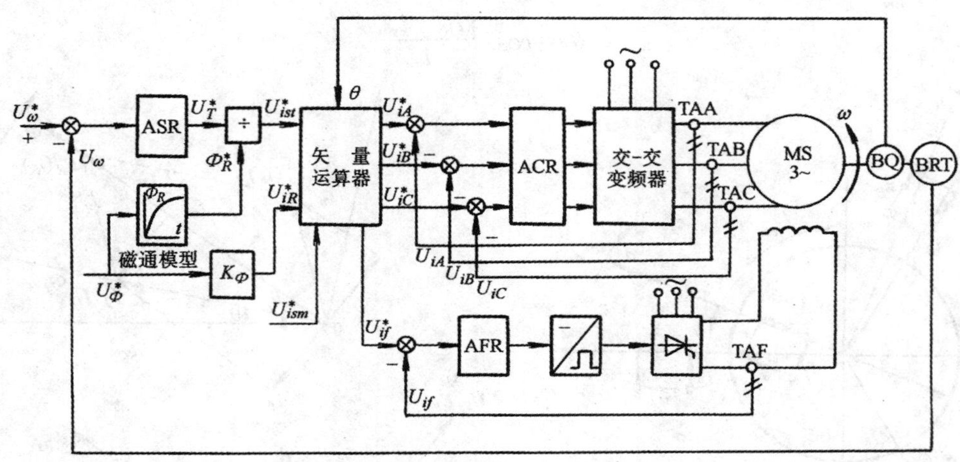

图 9－5 同步电动机矢量控制变频调速系统

ASR—转速调节器 ACR—三相电流调节器 AFR—励磁电流调节器

BRT—转速传感器 BQ—位置变换器

根据机电能量转换原理，同步电动机的电磁转矩可以表达为[52]

$$T_e=\frac{\pi}{2}n_p^2\Phi_R F_s\sin\theta_s \tag{9-11}$$

旋转磁动势幅值

$$F_s=\frac{3\sqrt{2}N_1k_{N_1}}{\pi n_p}i_s \tag{9-12}$$

由式（9－2）及式（9－5）可知

$$i_s\sin\theta_s=i_{st} \tag{9-13}$$

将式（9－12）、式（9－13）代入式（9－11），整理后得

$$T_e=C_m\Phi_R i_{st} \tag{9-14}$$

式中 $C_m=\dfrac{3}{\sqrt{2}}n_pN1k_{N_1}$；

Φ_R ——励磁与电枢的合成磁通；

i_{st}——定子电流的转矩分量。

此式表示，经矢量分解后，同步电动机的电磁转矩公式获得了和直流电机转矩一样的表达式。

于是，如图 9－5 所示，同步电动机的矢量控制变频调速系统采用了和直流电机调速系统相仿的双闭环结构形式。转速调节器 ASR 的输出是转矩给定信号 U_T^*，按照式（9－14），U_T^* 除以磁通的模拟信号 Φ' 即得定子电流转矩分量给定信号 U_{ist}^*。Φ_R^* 是由磁通给定信号 U_ϕ^* 经磁通模型模拟其滞后效应以后得到的，与此同时，U_ϕ^* 乘以系数 K_ϕ 后得到合成励磁电流给定信号 U_{iR}^*。将 U_{ist}^*、U_{iR}^*、按功率因数要求给定的 U_{ism}^* 和来自位置变换器 BQ 的旋转坐标相位角 θ 一起输送给矢量运算器，按式（9－2）、式（9－4）、式（9－5）、式（9－6）、式（9－9）、式（9－10）算出定子三相电流给定值 U_{iA}^*、U_{iB}^*、U_{iC}^*和励磁电流给定值 U_{if}^*。U_{iA}^*、U_{iB}^*、U_{iC}^*送给电流调节器 ACR，通过电流闭环调节，使实际定子三相电流 U_{iA}、U_{iB}和 U_{iC}跟随其给定值，而 U_{if}^*则通过励磁电流调节器 AFR 控制转子励磁电流 I_f。这样设计的矢量控制系统除动态性能接近直流双闭环系统外，还能在负载变化时尽量保持同步电机的磁通、定子电动势及功率因数不变。如果设定定子励磁电流分量 $i_{sm}=0$，则电机的功率因数等于 1，所需变频装置容量最小。

然而上述的矢量控制原理是在一系列假定条件下得到的近似结果。实际同步电动机常为凸极式，直轴（d 轴）和交轴（q 轴）磁路不同，因而电感值也不一样，转子中的阻尼绕组对系统性能有一定影响，定子绕组电阻及漏磁电抗也有影响。此外，磁化曲线的非线性也会影响系统的调节性能。考虑到这些因素以后，实际系统矢量运算器的算法要比上述公式复杂得多，不过基本原理都已在近似分析中阐明了。关于考虑上述因素后的同步电动机矢量控制系统可参看〔3、51〕。

四、同步电动机的多变量数学模型

如果解除上一小节的三条假定，考虑到凸极效应、阻尼绕组和定子漏磁阻抗，则同步电动机的动态电压方程可写成式（9－15）

$$\left.\begin{aligned}
u_A &= R_1 i_A + \frac{\mathrm{d}\psi_A}{\mathrm{d}t} \\
u_B &= R_1 i_B + \frac{\mathrm{d}\psi_B}{\mathrm{d}t} \\
u_C &= R_1 i_C + \frac{\mathrm{d}\psi_C}{\mathrm{d}t} \\
U_f &= R_f I_f + \frac{\mathrm{d}\psi_f}{\mathrm{d}t} \\
0 &= R_D i_D + \frac{\mathrm{d}\psi_D}{\mathrm{d}t} \\
0 &= R_Q i_Q + \frac{\mathrm{d}\psi_Q}{\mathrm{d}t}
\end{aligned}\right\} \tag{9-15}$$

式中前三个方程是定子 A、B、C 绕组的电压方程，第四个方程是励磁绕组直流电压方程，最后两个方程代表转子阻尼绕组的电压方程。实际电动机的阻尼绕组是多导条类似笼型电动机的绕组，这里把它简化为在 d 轴和 q 轴各自短路的两个独立的等效绕组。所有符号的意义和正方向都和分析异步电动机时一致。

按照坐标变换原理，将 A、B、C 坐标系变换到 d、q、0 同步旋转坐标系，并用 p 表示微分算子，则三个定子电压方程变换成式(9－16)〔参看第七章式(7－110)〕

$$\left.\begin{aligned} u_d &= R_1 i_d + p\psi_d - \omega\psi_q \\ u_q &= R_1 i_q + p\psi_q + \omega\psi_d \\ u_0 &= R_1 i_0 + p\psi_0 \end{aligned}\right\} \tag{9-16}$$

三个转子电压方程不变,因为它们已经是 d、q 轴上的方程了,可以沿用式(9-15)的后三个方程

$$\left.\begin{aligned} U_f &= R_f I_f + p\psi_f \\ 0 &= R_D i_D + p\psi_D \\ 0 &= R_Q i_Q + p\psi_Q \end{aligned}\right\} \tag{9-17}$$

由式(9-16)可以看出,从三相静止坐标系变换到二相旋转坐标系以后,d、q 轴的电压方程由电阻压降、脉变电动势($p\psi_d$ 和 $p\psi_q$)和旋转电动势($-\omega\psi_q$,$+\omega\psi_d$)构成,其物理意义和异步电动机中相同。

在二相同步旋转坐标上的磁链方程为

$$\left.\begin{aligned} \psi_d &= L_{ds} i_d + L_{dm} I_f + L_{dm} i_D \\ \psi_q &= L_{qs} i_q + L_{qm} i_Q \\ \psi_0 &= L_{ls} i_0 \\ \psi_f &= L_{dm} i_d + L_{fr} I_f + L_{dm} i_D \\ \psi_D &= L_{dm} i_d + L_{dm} I_f + L_{Dr} i_D \\ \psi_Q &= L_{qm} i_q + L_{Qr} i_Q \end{aligned}\right\} \tag{9-18}$$

式中 $L_{ds}=L_{ls}+L_{dm}$——等效二相定子绕组的 d 轴自感;

$L_{qs}=L_{ls}+L_{qm}$——等效二相定子绕组的 q 轴自感;

L_{ls}——等效二相定子绕组漏感;

L_{dm}——d 轴定子与转子绕组间的互感,相当于同步电机原理中的 d 轴电枢反应电感;

L_{qm}——q 轴定子与转子绕组间的互感,相当于 q 轴电枢反应电感;

$L_{fr}=L_{lf}+L_{dm}$——励磁绕组自感;

$L_{Dr}=L_{lD}+L_{dm}$——d 轴阻尼绕组自感;

$L_{Qr}=L_{lQ}+L_{qm}$——q 轴阻尼绕组自感。

上述电压和磁链方程中,零轴分量方程是独立的,对 d、q 轴都没有影响,可不予考虑,除此以外,将式(9-18)代入式(9-16)和式(9-17),整理后可得同步电动机的电压矩阵方程式

$$\begin{bmatrix} u_d \\ u_q \\ U_f \\ 0 \\ 0 \end{bmatrix} = \begin{bmatrix} R_1+L_{ds}p & -\omega L_{qs} & L_{dm}p & L_{dm}p & -\omega L_{qm} \\ \omega L_{ds} & R_1+L_{qs}p & \omega L_{dm} & \omega L_{dm} & L_{qm}p \\ L_{dm}p & 0 & R_f+L_{fr}p & L_{dm}p & 0 \\ L_{dm}p & 0 & L_{dm}p & R_D+L_{Dr}p & 0 \\ 0 & L_{qm}p & 0 & 0 & R_Q+L_{Qr}p \end{bmatrix} \begin{bmatrix} i_d \\ i_q \\ I_f \\ i_D \\ i_Q \end{bmatrix} \tag{9-19}$$

同步电动机在 d、q 轴上的转矩和运动方程为

$$T_e = n_p(\psi_d i_q - \psi_q i_d) = \frac{J}{n_p}\cdot\frac{\mathrm{d}\omega}{\mathrm{d}t} + T_L \tag{9-20}$$

关于上述方程的详细分析[34]以及根据这一动态数学模型构成的矢量运算器[51],可参看有关参考文献。

§9－3　自控变频同步电动机(无换向器电机)调速系统

同步电动机变频调速系统是由静止变频器给同步电动机提供变压变频电源的,无论他控变频还是自控变频都是这样。自控变频式的特点在于同步电动机轴端带有一台转子位置检测器 BQ,由它发出的信号经过触发脉冲控制电路来控制逆变器的触发换相(图 9－6),而不用在本节以前一直采用的那种独立的频率控制环节。自控变频用的变频器可以是交－直－交型,也可以是交－交型,图 9－6 以及本节后面都以交－直－交型变频器为主要讨论对象。

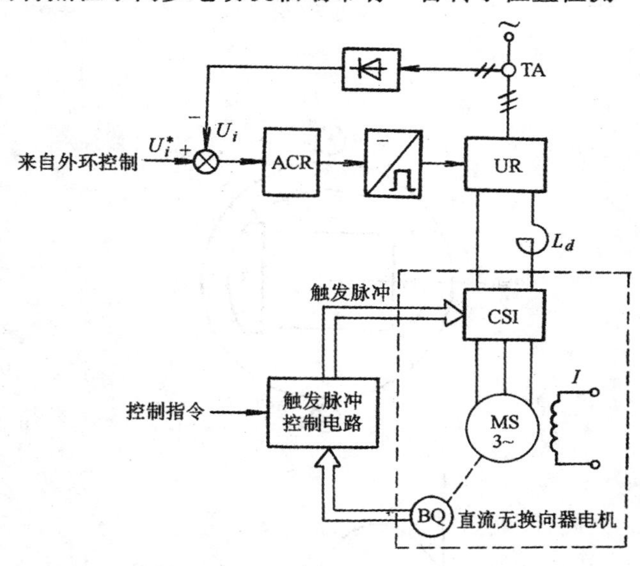

图 9－6　自控变频同步电动机调速系统的结构原理

自控变频同步电动机具有直流电动机那样的调速特性,因为二者的结构原理本来就是极其相似的。直流电动机的电枢里面电流本来就是交变的,电机的磁极是静止的,而电枢则是个旋转的交流绕组,其交流电流由直流电源经电刷和换向器提供,电刷相当于磁极位置检测器,换向器是一台机械式的逆变器。自控变频同步电动机则是磁极旋转而电枢静止,由磁极位置检测器控制电力电子逆变器给电枢供电。在这里,用电力电子逆变器代替了直流电动机的机械式逆变器,其优越性是非常明显的。正因为这样,自控变频同步电动机又称为无换向器电动机(采用交－直－交变频时是直流无换向器电机,采用交－交变频时是交流无换向器电机),如图 9－6 所示。也有人称之为无刷直流电动机,或电子换向电动机。

一、工作原理

同步电动机定子的三相对称绕组通以三相平衡的正弦电流时产生幅值恒定的旋转磁动势，它和恒定励磁的转子磁动势相互作用产生均匀的电磁转矩。由电流源变频器提供的电流并不是正弦波，而是 120°的方波，因而三相合成磁动势不是恒速旋转的，而是跳跃式的步进磁动势，它和恒速旋转的转子磁动势产生的转矩除了平均转矩以外，还有脉动的分量，这是无换向器电动机不同于普通同步电动机的地方。如果拿直流电动机来比，普通直流电动机在正、负两个电刷之间有许多换向片，电枢转一圈要换向多次。变频器供电的同步电动机每周只换流六次，每个极下换流三次，相当于只有三个换向片的直流电动机，转矩的脉动自然比普通直流电动机要大得多。看来有必要首先仔细分析一下无换向器电动机的电磁转矩。

(一) 电磁转矩

如果在定子一相（例如 A 相）绕组中通以持续的直流电流，这个电流在转子磁场作用下所产生的转矩将随转子位置按正弦规律变化（图 9－7)。如果逆变器采用三相半波接法，每相绕组中电流只导通$\frac{1}{3}$周期,即120°,那么每个相电流和转子磁场作用产生的转矩只是正弦曲线上相当于$\frac{1}{3}$周期长的一段，是哪一段则与绕组开始导电时的转子相对位置有关（图 9－8)。显然，按图 9－8a 所示的情况在相当于半波整流自然换相点的位置触发该相晶闸管最好，因为这样在一相导电范围内转矩的平均值最大，脉动最小。习惯上把这个位置称作晶闸管触发相位的基准点，定义为空载换流提前角 $\gamma_0=0$。

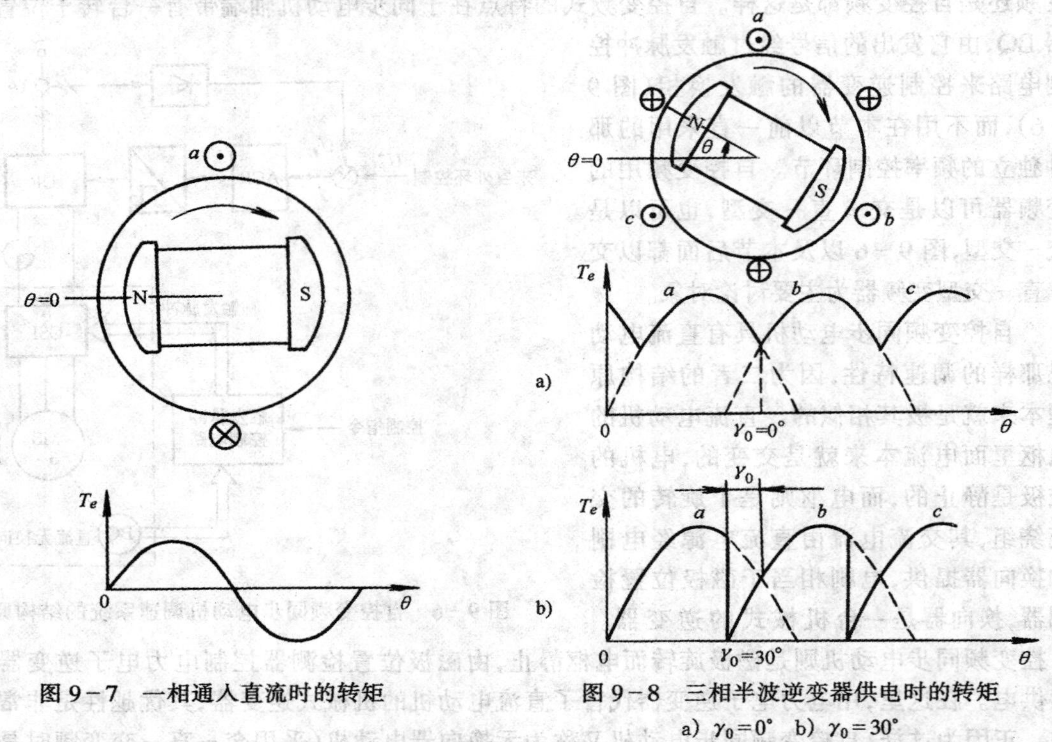

图 9－7　一相通入直流时的转矩　　图 9－8　三相半波逆变器供电时的转矩

a) $\gamma_0=0°$　b) $\gamma_0=30°$

如果触发晶闸管的相位提前或延后，都将导致转矩平均值减小，脉动量增加。在三相半波逆变电路中，如果把 γ_0 提前到 30°，如图 9－8b 所示，将有一点的瞬时转矩为零，这会在电机起动时出现死点。因此对于三相半波逆变器，γ_0 不宜大于 30°。

按照上面的分析方法类推，当采用三相桥式逆变器时，$\gamma_0=0°$的情况如图 9－9a 所示，平均转矩更大而脉动更小，将空载换流角提前到 $\gamma_0=60°$时才出现转矩等于零的死点（图 9－9b)。

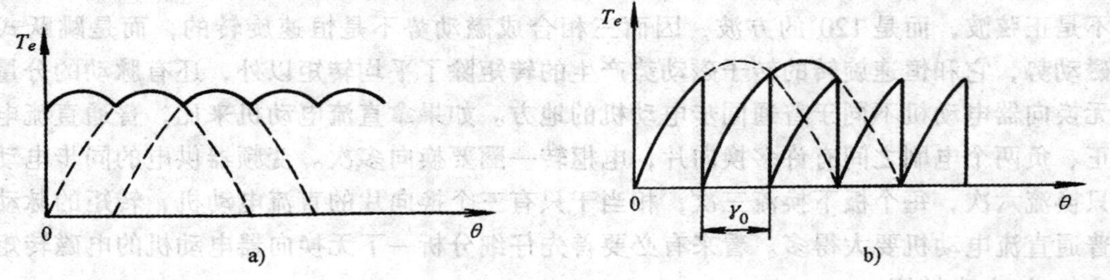

图 9－9　三相桥式逆变器供电时的转矩

a) $\gamma_0=0°$　b) $\gamma_0=60°$

综上所述，从发挥电动机产生转矩的作用上看，以采用三相桥式接法、$\gamma_0=0°$比较有利。但以后的分析将表明，如果要利用电动机的电动势使逆变器自然换流，是不能在

$\gamma_0=0$。运行的，必须把换流角提前。这样就出现如何折中考虑的问题。

（二）逆变器的换流

在他控变频的变频器中，晶闸管一般都采用强迫换流，可以选择在任何时刻触发换相。但强迫换流需要一套专用的换流电路，不仅价格较贵，而且体积往往很庞大，是晶闸管变频器的一个大问题。在自控变频同步电动机调速系统中，由于逆变器的负载是一台自己能发出电动势的同步电机，可以不用任何电容器之类的辅助设备，直接利用电机本身的电动势进行换流，即所谓“电动势自然换流”，这是无换向器电动机的突出优点。

现在分析一下电动势自然换流的物理过程。如图 9－10 所示，设在换流以前晶闸管 VT_1、VT_2 导通，即 A、C 两相导电。换流时，需要将 A 相电流转移到 B 相，即应触发 VT_3 而关断 VT_1。要做到这一点，必须在 VT_3 导通后引出一个电流反向流过 VT_1，将它关断。图 9－10b 中绘出了 A、B 两相的电动势波形，可以看出，只有在二相电动势波的交点 K 以前（例如在 S 点）触发 VT_3，这时 $e_a>e_b$，电动势差 $e_{ab}=e_a-e_b$ 在 A、B 相间产生局部环流 i_k，其方向如图 9－10a 所示，当 i_k 达到原来流过晶闸管 VT_1 的负载电流数值时，VT_1 就因实际电流下降到零而关断，从而实现换流。S、K 两点之间的角度就等于前面所说的换流提前角。上述分析表明，如果 $\gamma_0\leqslant 0$，就不能实现电动势自然换流。按照电动势换流的要求，γ_0 还必须大一些才行。以上还未考虑负载的情况。当电动机承受负载时，一方面由于两相换流重叠角 μ 的增大，要占去一些时间；另一方面由于电枢反应的影响，电动机端电压的相位将提前，使负载时的实际换流提前角 $\gamma<\gamma_0$（见图 9－11 虚线波形）。扣去这些因素后，再留一些余地，实际上常常要选到 $\gamma_0=60°$。由此可见，增加输出平均转矩和保证利用电动势安全换相是矛盾的，γ_9 选定之后，电动机的过载能力就要受到限制。

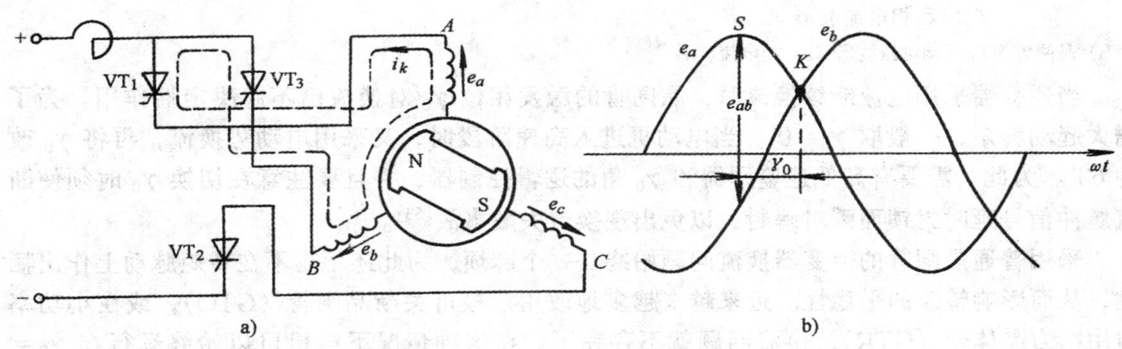

图 9－10 同步电动机电动势自然换流

a）A、B 相换相电路 b）电动势波形

采用电动势自然换流可以不必增加辅助设备，因而比较经济。但在电动机起动和低速运行时电动势很小，不足以保证安全换流，因此低速换流问题还必须另觅其它途径。一种常用的方法是电流断续换流。这就是每当晶闸管需要换流的时刻，设法使逆变器的输入直流电流下降到零，使所有晶闸管都暂时关断，然后再给换流后应该导通的晶闸管加上触发脉冲。在断流后重新通电时，电流将根据触发信号流入新导通的晶闸管，从而实现从一相到另一相的换流。

通常采用的最经济的断流办法是封锁电源，或让电源侧整流器也进入逆变状态，则通过电动机绕组的电流迅速衰减，以达到在短时间内断流的目的。触发新导通的晶闸管时再让电源恢复。

在交－直－交变频电路中，直流回路常带有平波电抗器，它对电流断续换流是非常不利的，因此须在电抗器两端并接一个续流晶闸管 VT_0，如图 9－12 所示。当电流衰减时，触发 VT_0，使它导通，这时电抗器两端的电压极性为右正左负，电流经 VT_0 续流，延缓了电抗器中贮能的释放，以便不影响逆变器的断流。只要电源侧的封锁一解除，直流电流开始增长时，电抗器两端电压极性反向，续流晶闸管 VT_0 立即承受反压而自动关断，不会影响电抗器正常工作时的滤波功能。

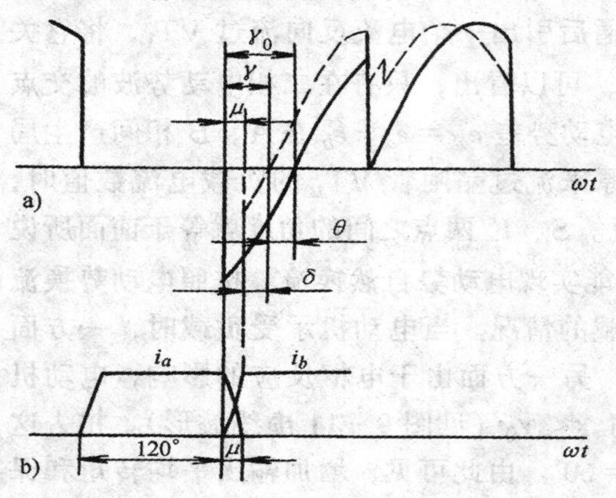

图 9－11　电动势自然换流时的晶闸管两端电压和相电流波形

a）晶闸管 VT_1 两端电压波形　b）相电流波形

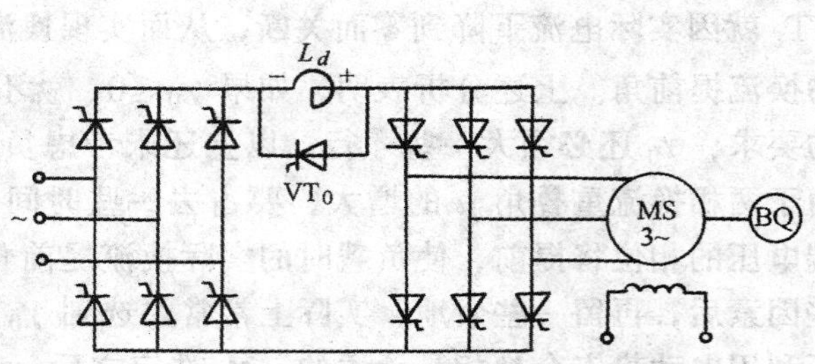

图 9－12　电流断续换流时的主电路

当逆变器采用电流断续换流时，晶闸管的触发相位 γ_0 对换流已不起决定性作用。为了增大起动转矩，一般取 $\gamma_0=0°$。当电动机进入高速阶段时，又采用电动势换流，再将 γ_0 改为 60°。为此，需要有高低速鉴别器和 γ_0 角的逻辑控制器，并且要注意在切换 γ_0 时须使断流脉冲信号延时封锁而瞬时解封，以免出现换流失败事故[53]。

采用普通晶闸管的逆变器换流问题始终是一个麻烦，为此还不得不在转矩脉动上作出牺牲，从而影响转速的平稳性。近来越来越多地改用门极可关断晶闸管（GTO），或在小功率时用电力晶体管（GTR），换流问题就不存在了。在这种情况下电机可以始终运行在 $\gamma_0=0°$，以减少转矩脉动，并可显著地简化控制系统。如果有时也提前触发，主要是为了控制功率因数的需要。

（三）过载能力

无换向器电动机的一个主要缺点就是过载能力不大，一般只有 1.5～2 倍，有的电动机甚至只有 1.25 倍。过载能力不大的原因就是由换流引起的。当逆变器利用电动势自然换流时，要求在换流结束而且原先导电的晶闸管电流下降到零以后，管子两端仍继续维持一段反压，其时间至少应大于晶闸管的关断时间 t_{off}。否则，若晶闸管并未完全关断而两端又出现正向电压时，它会重新导通，以致换流失败。晶闸管上施加反压的时间是靠换流提前角 γ 的大小来保证的。通常空载换流提前角 γ_0 控制在 60°，它是在转子位置检测器上整定好的。当电动机承受负载时，电动机端电压的相位前移一个 θ 角，叫做同步电动机的功角，使换流提前角由空载时的 γ_0 减小到 $\gamma=\gamma_0-\theta$，见图 9－11 和 9－13。另一方面，随着负载电流的增加，换流重叠角 μ 又要逐渐增大。角度 $\delta=\gamma_0-\theta-\mu$ 称为换流剩余角，它表示晶闸管换流以后继续承受反压的时间，表征着换流的可靠性。为了确保可靠换流，必须满足下式：

$$\delta=\gamma_0-(\theta+\mu)\geqslant K\omega_1 t_{off} \qquad (9-21)$$

式中　K——大于 1 的安全系数；

ω_1——逆变器工作角频率，应考虑最大可能值。

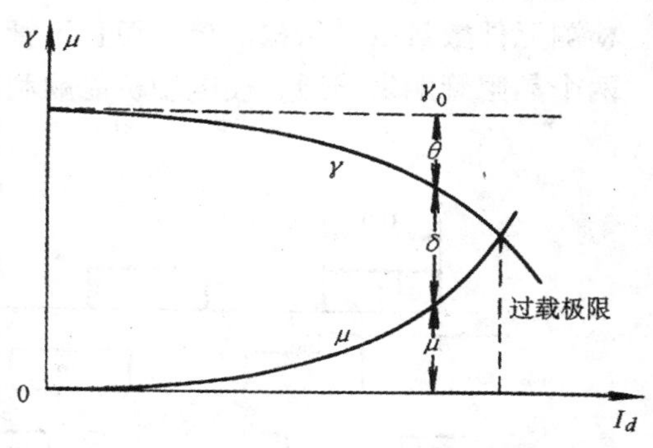

图 9－13　γ、μ、δ 与负载电流 I_d 的关系曲线

如果忽略 t_{off} 不计，则图 9－13 中曲线 $\gamma=f(I_d)$ 和 $\mu=f(I_d)$ 的交点相当于过载能力的极限。为了提高过载能力，不少学者研究了许多措施，归纳起来，主要是两条，一条是减小功角 θ，一条是减小重迭角 μ[53]。

二、控制系统

（一）转子位置检测器

前已指出，自控变频式同步电动机调速系统（无换向器电动机调速系统）的特点就是电动机轴上带有转子位置检测器，由它发出信号控制逆变器的触发换相，从而实现闭环的频率控制。位置检测器的结构型式很多，其中应用较广的有霍尔元件式位置检测器、光电式位置检测器、接近开关式位置检测器、电磁感应式位置检测器等。这里介绍其中两种。

1. 电磁感应式位置检测器[31、53]

电磁感应式（又称变压器式）位置检测器结构比较简单，工作比较可靠，在国内应用较多。其中一种型式是由一个随电动机转子旋转的带 180°电角度缺口的导磁圆盘和三个相隔 120°电角度固定的位置检测元件——开口变压器组成（图 9－14）。检测元件一般用山字形铁心，二边各绕一个一次绕组，其绕向如图所示，中间绕二次绕组。在一次绕组中通以 1～5kHz 的方波交流电。当铁心对着整块圆盘时（图 9－14a），由于磁路对称，在二次绕组中不会感应电动势；但当铁心对住圆盘缺口时（图 9－14b），由于右边开口，磁阻大，磁通只经过左柱和中间柱，二次绕组将感应出电动势，发出信号。

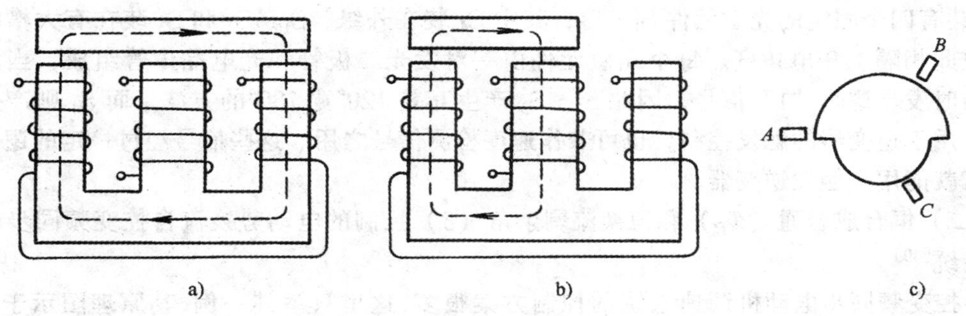

图 9－14　电磁感应式转子位置检测器

a）铁心对住整块圆盘　b）铁心对住圆盘缺口　c）圆盘和检测元件

由于三个检测元件位置在空间上相差 120°电角度，从这三个检测元件可以获得三个在时间上相差 120°、宽度为 180°的方波信号 A、B、C〔图 9－15a〕。将这三个信号经过如图 9－15b 所示的逻辑电路进行变换，即可得到六个宽度为 120°电角度、相互间隔为 60°电角度的脉冲信号（图 9－15c)，正好满足触发逆变器六个晶闸管的需要。应该注意的是，为了得到六个输出信号，象图 9－15b 这样的逻辑电路应共有三套。用这个办法获得信号不仅所需检测元件数量少、结构简单，而且不管转子停在什么位置，同时只产生两个输出信号，保证两个晶闸管触发导通，使电动机能顺利起动并运行。

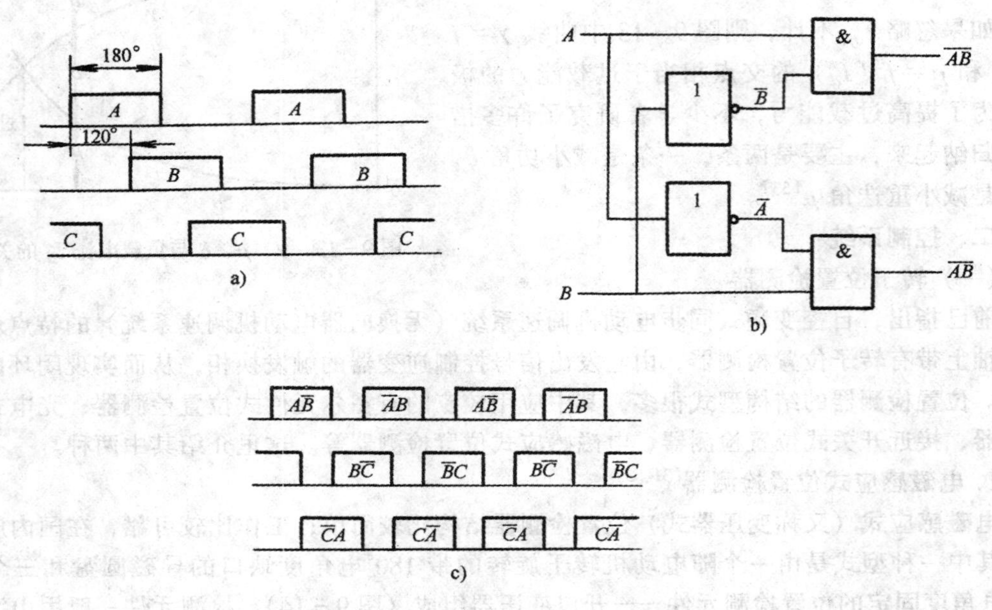

图 9－15 逻辑电路和检测脉冲信号

a）检测元件的方波信号 b）逻辑电路 c）输出脉冲信号

2．光电式位置检测器[44]

图 9－16 绘出了用于四极电动机的光电式转子位置增量检测器及其输出波形。在圆盘的外缘有数量较多的槽，在里面只有两个大槽，槽长对应的圆心角是 90°（相当于 180°电角度)。共有四个固定的光敏元件 S_1～S_4，其中 S_4 装在外缘，S_1、S_2 和 S_3 装在有大槽的圆周上，彼此相隔 120°电角度。每个光敏元件由一对发光二极管和光电晶体管组成，当元件处在槽内时发出逻辑“1”信号，因此 S_1～S_3 产生互差 120°宽 180°的方波，而 S_4 则产生高频方波，用于逆变器的触发控制，也可兼作速度检测信号之用。这些信号经过一定的逻辑电路的加工就能用来触发逆变器。

（二）恒合成磁通（Φ_R）和恒换流剩余角（δ）控制的电动势换流自控变频同步电动机调速系统[40]

自控变频同步电动机调速系统的控制方案很多，这里只举其一例，其原理图示于图 9－17。由于自控变频同步电动机调速系统的特性和直流调速系统一样，所以图 9－17 的上半部分和晶闸管整流装置供电的直流双闭环调速系统完全相同，即外环为转速控制环，内环是变频装置

直流环节电流 I_d 的控制环，而 I_d 是与电磁转矩成正比的。

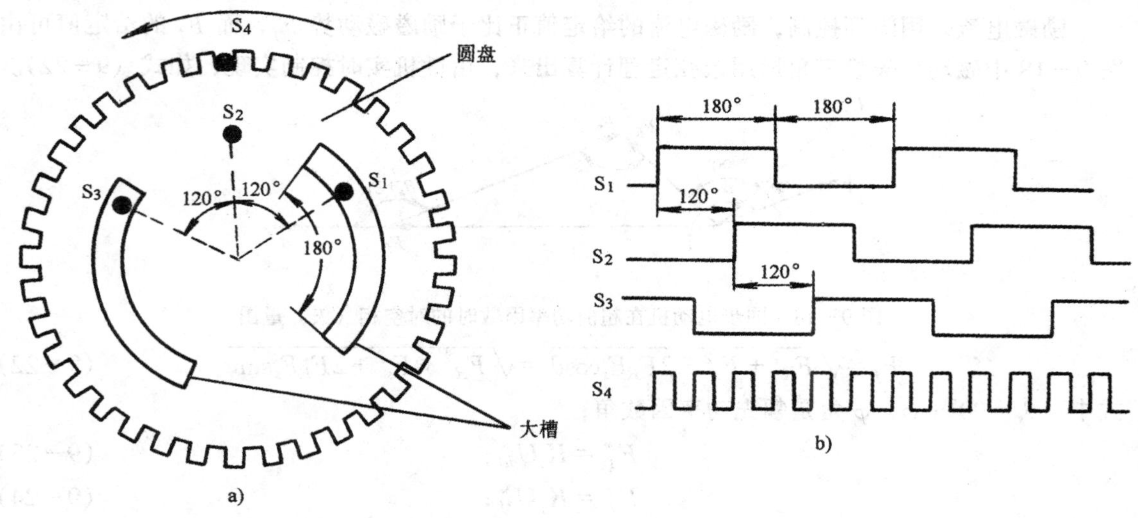

图 9－16　光电式转子位置检测器（用于四极电机）

a）光电式检测器　b）输出波形

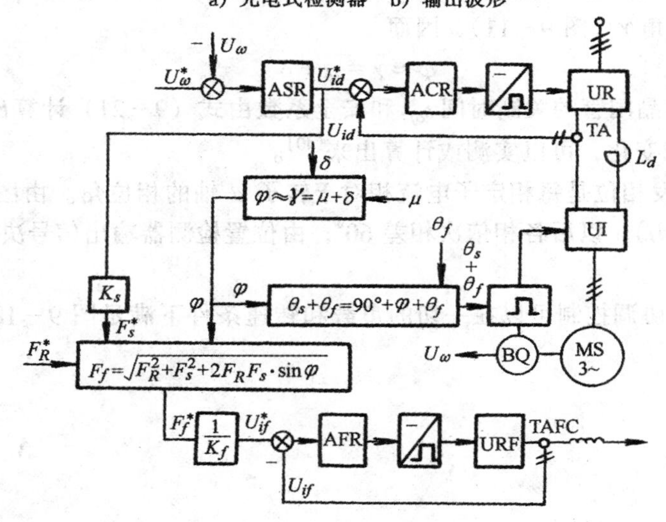

图 9－17　恒 Φ_R 和恒 δ 控制的电动势换流自控变频同步电动机调速系统

系统中比较复杂的地方是励磁电流 I_f 和逆变器触发相位角 θ_s 的协调控制。和 §9－2 中的大型低速同步电动机调速系统一样，这里的 I_f 与 θ_s 协调控制也是在下列三条假定下实现的，即：

（1）假设是隐极电机；

（2）假设没有阻尼绕组；

（3）忽略定子电阻和漏磁电抗。

将图 9－4a 的空间矢量图和图 9－4b 的时间相量图画在一起，使 F_s 与 i_s 重合，Φ_R 与 ψ_{Rs} 重合，……，得到图 9－18 时空相(矢)量图。与图 9－4 不同的地方是，这里所画的是定子功率因数角领先的情况。此外，现在采用的是标量控制而不是矢量控制，所以没有将 i_s 分成两个分量。

励磁电流采用闭环控制，励磁电流的给定值正比于励磁磁动势 F_f，而 F_f 的给定值可由图 9－18 中磁动势矢量三角形用余弦定理计算出来，由微机实时控制实现，如式（9－22)。

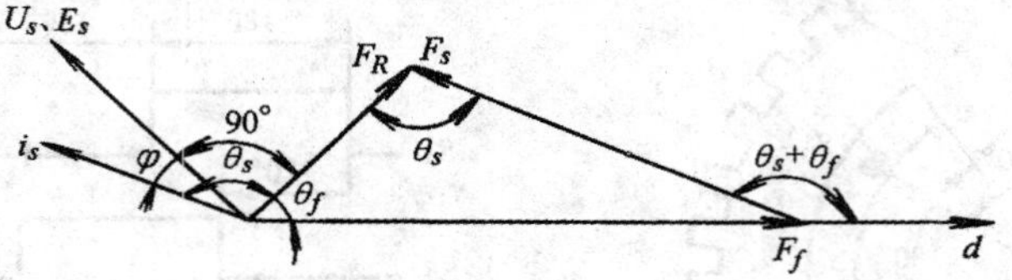

图 9－18　同步电动机在超前功率因数时的时空相（矢）量图

$$F_f=\sqrt{F_R{}^2+F_s{}^2-2F_RF_s\cos\theta_s}=\sqrt{F_R{}^2+F_s{}^2+2F_RF_s\sin\varphi} \tag{9-22}$$

式中　$\theta_s=90°+\varphi$，φ 角是领先功率因数角；

$$F_s^*=K_sU_{id}^*; \tag{9-23}$$

$$F_f^*=K_fU_{if}^*; \tag{9-24}$$

F_R^*＝恒值，以保证恒定合成磁通。

采用电动势换流时，定子电流超前于电动势（电压）的功率因数角 φ 可以认为近似等于负载时的换流提前角 γ（图 9－11)，因而

$$\varphi\approx\gamma=\mu+\delta \tag{9-25}$$

换流剩余角 δ 可根据晶闸管的关断时间 t_{off} 和安全系数由式（9－21）计算出来并保持恒定；换流重叠角 μ 随负载变化，可以实测或计算出来[40]。

逆变器 UI 的触发相位是每相定子电流相对于转子 d 轴的相位角。由图 9－18 可知＋A 相电流相位为（$\theta_s+\theta_f$)，以后各相依次相差 60°，由位置检测器输出信号决定。θ_f 也可以测定或计算出来。

采用上述的实时协调控制可以在一切的负载和转速条件下满足图 9－18 的时空相（矢）量关系。

附　　录

1　二阶系统的动态性能指标

二阶系统传递函数的标准形式为

$$\frac{C(s)}{R(s)}=\frac{\omega_n^2}{s^2+2\zeta\omega_n s+\omega_n^2} \tag{附 1-1}$$

当 $0\leqslant\zeta\leqslant1$ 时，在零初始条件和单位阶跃输入下，输出量的阶跃响应是

$$C(t)=1-\frac{1}{\sqrt{1-\zeta^2}}e^{-\zeta\omega_n t}\sin\left(\sqrt{1-\zeta^2}\cdot\omega_n t+\mathrm{arctg}\frac{\sqrt{1-\zeta^2}}{\zeta}\right) \tag{附 1-2}$$

式（附 1－2）所表示的过渡过程曲线示于图附 1－1。它的时域和频域动态性能指标可以分别从式（附 1－2）和式（附 1－1）推导出来。

1. 上升时间 t_r

过渡过程第一次到达稳态值（$C=1$）的时间称作上升时间，此时

$$\sin\left(\sqrt{1-\zeta^2}\omega_n t_r+\mathrm{arctg}\frac{\sqrt{1-\zeta^2}}{\zeta}\right)=0$$

则

$$\sqrt{1-\zeta^2}\cdot\omega_n t_r+\mathrm{arctg}\frac{\sqrt{1-\zeta^2}}{\zeta}=\pi$$

∴

$$t_r=\frac{\pi-\mathrm{arctg}\dfrac{\sqrt{1-\zeta^2}}{\zeta}}{\omega_n\sqrt{1-\zeta^2}}$$

由于 $\mathrm{arctg}\dfrac{\sqrt{1-\zeta^2}}{\zeta}=\mathrm{arc}\cos\zeta$（见图附 1－2），且 $\omega_n=\dfrac{1}{2\zeta T}$〔见式（2－17）〕，故得

$$t_r=\frac{2\zeta T}{\sqrt{1-\zeta^2}}(\pi-\mathrm{arc}\cos\zeta) \tag{附 1-3}$$

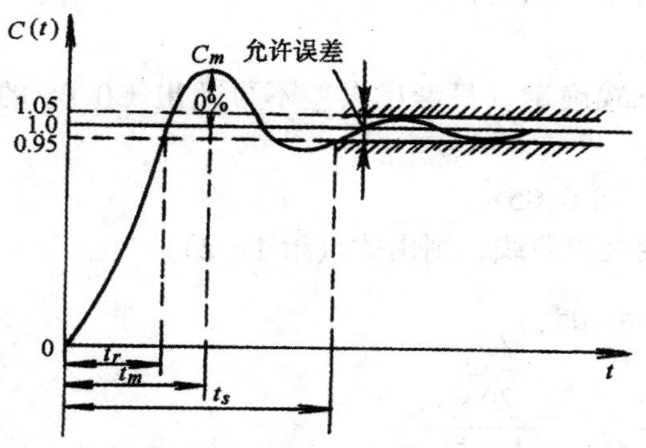

图附 1－1　二阶系统的过渡过程（$0\leqslant\zeta\leqslant1$）

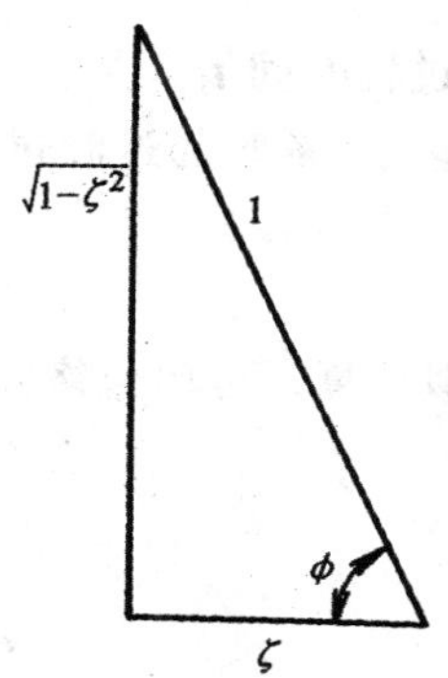

图附 1－2　ζ 关系图

2. 超调量 $\sigma\%$

由图附 1－1 可见：

$$\sigma=\frac{C_m-1}{1}\times 100\%=(C_m-1)\times 100\%$$

当 $t=t_m$ 时，$C=C_m$，$\frac{dC}{dt}=0$。取式（附 1－2）对 t 的导数，并以 $t=t_m$ 代入，得：

$$-\zeta\omega_n e^{-\zeta\omega_n t_m} m\sin\left(\sqrt{1-\zeta^2}\,\omega_n t_m+\mathrm{tg}^{-1}\frac{\sqrt{1-\zeta^2}}{\zeta}\right)+\sqrt{1-\zeta^2}\,\omega_n e^{-\zeta\omega_n tm}$$

$$\times\cos\left(\sqrt{1-\zeta^2}\,\omega_n t_m+\mathrm{tg}^{-1}\frac{\sqrt{1-\zeta^2}}{\zeta}\right)=0$$

化简后得：

$$\mathrm{tg}\left(\sqrt{1-\zeta^2}\,\omega_n t_m+\mathrm{tg}^{-1}\frac{\sqrt{1-\zeta^2}}{\zeta}\right)=\frac{\sqrt{1-\zeta^2}}{\zeta}$$

显然 $\sqrt{1-\zeta^2}\,\omega_n t_m=k\pi$ （$k=0$，1，2，3，…）

由于 t_m 是 C（t）第一次达到峰值的时刻，应有 $k=1$。

∴ $$t_m=\frac{\pi}{\omega_n\sqrt{1-\zeta^2}}$$ （附 1－4）

代入式（附 1－2），则

$$C_m=1-\frac{1}{\sqrt{1-\zeta^2}}e^{-\left(\zeta\pi\sqrt{1-\zeta^2}\right)}\sin\left(\pi+\mathrm{arctg}\frac{\sqrt{1-\zeta^2}}{\zeta}\right)=$$

$$1+\frac{1}{\sqrt{1-\zeta^2}}e^{-\left(\zeta\pi\sqrt{1-\zeta^2}\right)}\sin\mathrm{arctg}\frac{\sqrt{1-\zeta^2}}{\zeta}=$$

$$1+\frac{1}{\sqrt{1-\zeta^2}}e^{-\left(\zeta\pi\sqrt{1-\zeta^2}\right)}\sqrt{1-\zeta^2}=$$ （参看图附 1－2）

$$1+e^{-\left(\zeta\pi\sqrt{1-\zeta^2}\right)}$$

∴ $$\sigma=e^{-\left(\zeta\pi\sqrt{1-\zeta^2}\right)}\times 100\%$$ （附 1－5）

3. 过渡过程时间 t_s

允许误差为 5% 时的过渡过程时间 t_s 可由下式确定（只考虑误差不再超出 ±0.05 的情况）：

$$C|t=ts-1=\pm 0.05$$

作为近似计算，可用包络线代替实际的过渡过程曲线，则由式（附 1－2）

$$\frac{e^{-\zeta\omega_n e^s}}{\sqrt{1-\zeta^2}}\approx 0.05$$

因此 $$e^{\zeta_n m_s}\approx\frac{1}{0.05\sqrt{1-\zeta^2}}=\frac{20}{\sqrt{1-\zeta^2}}$$

$$\zeta\omega_n t_s \approx \ln 20 + \ln\frac{1}{\sqrt{1-\zeta^2}} = 2.9957 + \ln\frac{1}{\sqrt{1-\zeta^2}}$$

当 $0 \leqslant \zeta \leqslant 0.9$ 时，与 ln20 相比，可忽略 $\ln\frac{1}{\sqrt{1-\zeta}}$ 项。

∴
$$t_s \approx \frac{3}{\zeta\omega_n} \quad (0 \leqslant \zeta \leqslant 0.9) \tag{附 1-6}$$

4. 振荡指标 M_r

振荡指标 M_r 是闭环系统幅频特性的峰值。式（附 1－1）所示的传递函数也就是闭环系统的传递函数，相应的频率特性幅值为

$$M(\omega) = \frac{\omega_n^2}{\sqrt{4\zeta^2\omega_n^2\omega^2 + (\omega_n^2 - \omega^2)^2}} = \frac{\omega_n^2}{\sqrt{\omega^4 + 2(2\zeta^2 - 1)\omega_n^2\omega^2 + \omega_n^4}}$$

$$= \left[\left(\frac{\omega}{\omega_n}\right)^4 + 2(2\zeta^2 - 1)\left(\frac{\omega}{\omega_n}\right)^2 + 1\right]^{-\frac{1}{2}}$$

取
$$\frac{\mathrm{d}[M^2(\omega)]}{\mathrm{d}\left[\left(\frac{\omega}{\omega_n}\right)^2\right]} = 0$$

得
$$2\left(\frac{\omega}{\omega_n}\right)^2 + 2(2\zeta^2 - 1) = 0$$

因此，发生谐振峰值 M_r 的频率 $\omega_r = \omega_n\sqrt{1-2\zeta^2}$，当 $0 \leqslant \zeta \leqslant 0.707$ 时，此式才成立，代入 $M(\omega)$ 表达式，得

$$M_r = M(\omega_r) = \frac{1}{2\zeta\sqrt{1-\zeta^2}} \quad (0 \leqslant \zeta \leqslant 0.707) \tag{附 1-7}$$

当 $\zeta > 0.707$ 时，ω_r 变成虚数，没有意义。这时闭环幅频特性是单调的，最大值只发生在 $\omega = 0$ 处，即

$$M_r = 1 \qquad (\zeta > 0.707) \tag{附 1-8}$$

5. 相角稳定余量 $\gamma(\omega_c)$

当式（附 1－1）表示二阶系统的闭环传递函数 $W_{cl}(s)$ 时，开环传递函数为：

$$W(s) = \frac{W_{c2}(s)}{1 - W_{cl}(s)} = \frac{\omega_n^2}{s^2 + 2\zeta\omega_n s + \omega_n^2 - \omega_n^2} = \frac{\omega_n^2}{s(s + 2\zeta\omega_n)} \tag{附 1-9}$$

则开环频率特性是

$$W(\mathrm{j}\omega) = \frac{\omega_n^2}{\mathrm{j}\omega(\mathrm{j}\omega + 2\zeta\omega_n)}$$

其幅值
$$A(\omega) = \frac{\omega_n^2}{\omega\sqrt{\omega^2 + 4\zeta^2\omega_n^2}}$$

在截止频率 ω_c 处，$L(\omega_c) = 0$，$A(\omega_c) = 1$，则

$$\omega_c\sqrt{\omega_c^2 + 4\zeta^2\omega_n^2} = \omega_n^2$$

$$\omega_c^4 + 4\zeta^2\omega_n^2\omega_c^2 - \omega_n^4 = 0$$

∴
$$\omega_c^2 = \omega_n^2\left(-2\zeta^2 + \sqrt{4\zeta^4 + 1}\right) \text{〔负值无意义〕}$$

$$\omega_c = \omega_n \sqrt{\sqrt{4\zeta^4+1}-2\zeta^2} \qquad (附 1-10)$$

相角稳定余量为

$$\gamma(\omega_c) = 180° - 90° - \mathrm{arctg}\frac{\omega_c}{2\zeta\omega_n}$$

$$= 90° - \mathrm{arctg}\frac{\sqrt{\sqrt{4\zeta^4+1}-2\zeta^2}}{2\zeta}$$

$$= \mathrm{arctg}\frac{2\zeta}{\sqrt{\sqrt{4\zeta^4+1}-2\zeta^2}} \qquad (附 1-11)$$

2 典型Ⅱ型系统的 M_{rmin} 准则—式(2-32)、式(2-33)及式(2-35)的证明

典型Ⅱ型系统的开环传递函数是

$$W(s) = \frac{K(\tau s+1)}{s^2(Ts+1)} = \frac{K(hTs+1)}{s^2(Ts+1)}$$

相应的闭环系统传递函数是

$$W_{cl}(s) = \frac{W(s)}{1+W(s)} = \frac{K(hTs+1)}{Ts^3+s^2+KhTs+K}$$

闭环频率特性

$$W_{ci}(\mathrm{j}\omega) = \frac{K(1+\mathrm{j}hT\omega)}{(K-\omega^2)+j(KhT-T\omega^2)\omega}$$

考虑到开环增益 K 是可变参数,则闭环频率特性的幅值是

$$M(\omega、K) = \frac{K\sqrt{1+h^2T^2\omega^2}}{\sqrt{(K-\omega^2)^2+(Kh-\omega^2)^2T^2\omega^2}}$$

$$= \frac{K\sqrt{1+h^2T^2\omega^2}}{\sqrt{T^2\omega^6+(1-2KhT^2)\omega^4+(K^2h^2T^2-2K)\omega^2+K^2}} \qquad (附 2-1)$$

取$\frac{\partial M}{\partial \omega}=0$,化简后,得 K 为一定值时最大值 M_r 的条件

$$g(\omega) = 2h^2T^4\omega^6+(3T^2+h^2T^2-2Kh^3T^4)\omega^4+2(1-2KhT^2)\omega^2-2K=0 \quad (附 2-2)$$

由式(附 2-1),当 $\omega=0$ 时,$M=1$;当 $\omega=\infty$时,$M=0$;而且分析 $g(\omega)=0$ 式的系数,可以知道,它只有一个正实根

$$\because \qquad 3T^2+h^2T^2-2Kh^3T^4 = h^2T^2\left(\frac{3}{h^2}+1-2KhT^2\right)$$

如果 $1-2KhT^2>0$,自然$\frac{3}{h^2}+1-2KhT^2>0$,则 $g(\omega)=0$ 各项依次排列时,其系数的符号只改变一次。如果 $1-2KhT^2<0$,则不论$\frac{3}{h^2}+1-2KhT^2$ 的符号如何,$g(\omega)=0$ 各项系数的符号也都只改变一次。由此可知,$g(\omega)=0$ 只有一个正实根。

这样,当 K 为一定值时,$M(\omega)$ 在 $0<\omega<\infty$ 区间是只有一个极值的函数。计算表明,这个极值就是最大值 M_r,如图附 2-1 所示。图中 ω_r 是 $g(\omega)=0$ 的唯一实数解。

当 K 取不同的数值时，M_r 和 ω_r 的数值也不一样，但 M（ω）的基本形状不变，如图附 2－2 所示。其中 $K=K_m$、$\omega=\omega_m$ 相当于最小的 M_r 点，此点在 $M=f$（ω，K）曲面上是一个鞍点，它存在的必要条件是

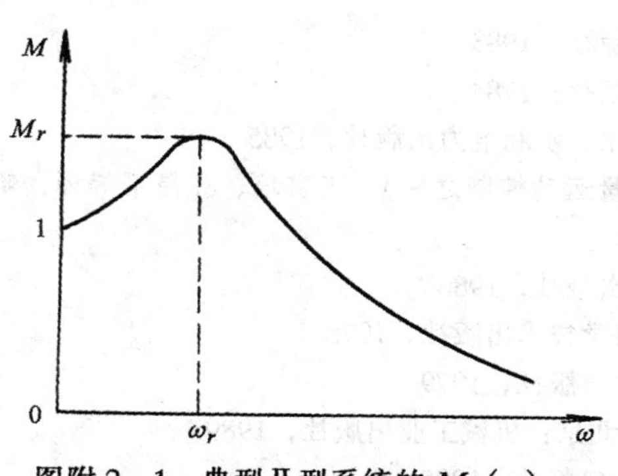

图附 2－1　典型Ⅱ型系统的 M（ω）

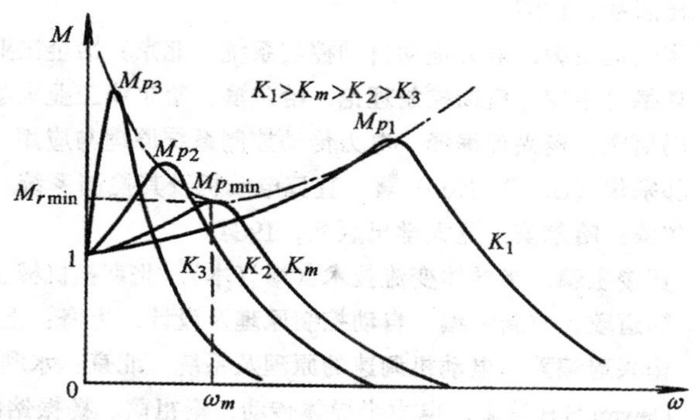

图附 2－2　典型Ⅱ型系统不同 K 值时的 M（ω）和 $M_{r\min}$

$$\left.\frac{\partial M}{\partial \omega}\right|_{\omega m, K_m}=0,\quad \left.\frac{\partial M}{\partial K}\right|_{\omega m, K_m}=0$$

取 $\frac{\partial M}{\partial \omega}=0$，就是式（附 2－2）；

取 $\frac{\partial M}{\partial K}=0$ 则得

$$K=\frac{1+T^2\omega^2}{1+hT^2\omega^2}\omega^2 \quad \text{（附 2－3）}$$

将式（附 2－2）、式（附 2－3）联立求解，得

$$\omega_m=\frac{1}{\sqrt{h}T} \quad \text{（附 2－4）}$$

$$K_m=\frac{h+1}{2h^2T^2} \quad \text{（附 2－5）}$$

由于式（附 2－4）和式（附 2－5）是 ω_m、K_m 的唯一解，它们必然就是所求的鞍点。

以式（附 2－4）、式（附 2－5）代入式（附 2－1），得

$$M_{r\min}=\frac{h+1}{h-1} \quad \text{（附 2－6）}$$

从而证明了式（2－35）。

又由于 $K=\omega_c\omega_1=\frac{\omega_c}{\tau}=\frac{\omega_c}{hT}$，代入式（附 2－5），得

$$\omega_c=\frac{h+1}{2hT}$$

因而

$$\frac{\omega_2}{\omega_c}=\frac{2h}{h+1} \quad \text{（附 2－7）}$$

这就是式（2－32）。而式（2－33）也很容易以 $\omega_2=h\omega_1$ 代入此式推导出来。

参 考 文 献

1　陈伯时主编．自动控制系统．北京：机械工业出版社，1981

2　孙虎章主编．自动控制原理．北京：中央广播电视大学出版社，1984

3　Leonhard W. Control of Electrical Drives. Springer－Verlag，1985；吕嗣杰译。陈伯时校．电气传动控制．

北京：科学出版社，1988
4 郭伯农，陆德浩，葛渝生，胡文瑾编．自动控制系统．上海：上海科学技术文献出版社，1986
5 Башарин А В, Новиков В А, Соколовский гг. 电力拖动控制．南京工学院王耀德等译．北京：机械工业出版社，1987
6 张明达主编．电力拖动自动控制系统．北京：冶金工业出版社，1983
7 夏德钤主编．反馈控制理论．哈尔滨：哈尔滨工业大学出版社，1984
8 冯信康，杨兴瑶编译．电力传动控制系统原理与应用．北京：水利电力出版社，1985
9 郭宗仪（B. C. Kuo）著．直流电动机及其控制系统（增量运动控制之一）．王宗培、孔昌平等译．哈尔滨：哈尔滨工业大学出版社，1984
10 黄俊主编．半导体变流技术（修订本）．北京：机械工业出版社，1986
11 陆道政，季新宝编．自动控制原理及设计．上海：上海科学技术出版社，1978
12 杨兴瑶编著．电动机调速的原理及系统．北京：水利电力出版社，1979
13 Dewan S B 等著．电力半导体传动．秦祖荫、杨振铭译．北京：机械工业出版社，1989
14 周德泽编著．电气传动控制系统的设计．北京：机械工业出版社，1985
15 陈广洲．电子最佳调节原理．电气传动，1973（4）
最佳调节理论在工程上的应用，电气传动，1974（4）
电子最佳调节的试验和补充．电气传动，1974（3、4 合刊）
电子最佳调节的饱和超调及其抑制．电气传动，1980（1）
16 北京钢铁设计院电力科．可控硅直流传动系统中电流调节器及转速调节器的参数整定（一）、（二）、（三）、（四）．冶金自动化，1976（2）1977．（1）、（2）、（3）
17 陈伯时等．双闭环调速系统的工程设计（讲座）．冶金自动化，1983（1）、（2）
18 胡中楫．关于“电子最佳调节原理”的一些问题．电气传动，1976（2）、（3）
19 Бесекерскии В А. 自动调节系统的动态综合．冯明义译，北京：科学出版社，1977：冯明义．设计自动调节系统的振荡指标法．信息与控制，1978（2）
20 马济泉等．大型热连轧机主传动不对称可逆可控硅供电系统的设计与分析．电气传动，1985（6）
21 陈伯时．直流传动系统调节器工程设计方法中一些问题的探讨．中国自动化学会电气自动化专业直流传动讨论会论文，1983
22 陈伯时等．考虑调节器饱和时直流双闭环调速系统转速微分负反馈参数的工程设计．电工技术学报，1986（3）
23 田树苞．基于二次型性能指标的最优控制在调速系统中的应用——双闭环可控硅调速系统速度调节器的设计计算．电气传动，1988（6）
24 李齐．二次型指标设计中 Q 阵的仿真寻优及其在调速系统中的应用．自动化学报，1983（2）
25 电机工程手册．第九卷．第 48 篇．电力传动控制系统．北京：机械工业出版社，1982
26 徐强．童海潜编著．脉宽调速系统．上海：上海科学技术出版社，1984
27 王离九，黄锦恩编著．晶体管脉宽直流调速系统．武汉：华中理工大学出版社，1988
28 姚纪文主编．自动控制元件及其线路．北京：国防工业出版社，1980
29 Sen P C. 晶闸管直流传动．赵士廉译，叶王校．北京：机械工业出版社，1984
30 陈伯时主编．自动控制系统——电力拖动控制．北京：中央广播电视大学出版社，1988
31 刘竞成主编．交流调速系统．上海：上海交通大学出版社，1984
32 何冠英编著．电子逆变技术及交流电动机调速系统．北京：机械工业出版社，1985
33 佟纯厚主编．近代交流调速．北京：冶金工业出版社，1985
34 陈坚编著．交流电机数学模型及调速系统．北京：国防工业出版社，1989
35 郭庆鼎，王成元著．异步电动机的矢量变换控制原理及应用．沈阳：辽宁民族出版社，1988

36 Bolognani S. Buja G. Control System Design of a Current Inverter Induction Motor Drive. IEEE Trans. IA－21 No. 5. 1985. 9/10

37 朱平平，陈伯时．转差频率控制的动态改进．全国电气自动化电控系统第五届年会论文集，1990，电气自动化 1990（5）

38 Hancock N N. 电机的矩阵分析．李发海，郑逢时，张麟征译．北京：科学出版社，1980

39 Adkins B, Harley R G. 交流电机统一理论——在实际问题上的应用 唐任远，朱维衡译．北京：机械工业出版社，1980

40 Bose B K. Power Electronics and AC. Drives. Prentice－Hall，1986

41 Starr B G. LSI Circuit for AC Motcr Speed Control. Electronic Components and Application. Vo1. 2，No. 4，1980

42 顾绳谷主编．电机及拖动基础（上、下册）．北京：机械工业出版社，1980

43 陈伯时，李发海，王岩合编．电机与拖动（上、下册）．北京：中央广播电视大学出版社，1983

44 I cse B K. Adjustable Speed AC Drive Systems. IEEE Fress，1981

45 刘竞成．异步电动机的矢量变换控制．自动化与仪器仪表，1981（2）

46 卢骥．磁轴方位式自控变频调速系统．计算技术与自动化，1982（1）

47 中野孝良等．交流机のトランスベクトル制御．富士时报，1980（9）

48 小岛精也等．感应电动机的矢量控制及其应用．东芝评论 1981. 2；电气传动自动化译丛，1982（1）

49 Masahiko Akamatsu et al. High Performance IM Drive by Coordinate Control using a Controlled Current Inverter，IEEE Trans. IA－18 1982（4）

50 陈伯时．变频调速系统的矢量变换控制．上海工业大学学报，1984（4）

51 沈德耀．交流传动矢量控制系统．中南工业大学印，1987

52 汤蕴璆主编．电机学——机电能量转换．北京：机械工业出版社，1986

53 许大中编著．晶闸管无换向器电机．北京：科学出版社，1984

54 陈敏逊．可控硅交流调速系统讲义．上海交通大学，1981

55 魏泽国主编．可控硅串级调速的原理及应用．北京：冶金工业出版社，1985

56 厉无咨，李海东，王见编．可控硅串级调速系统及其应用．上海：上海交通大学出版社，1985

57 赵昌颖，孙泽昌．串级调速系统闭环控制结构及动特性分析与综合．电气传动，1981（3）

58 Taniguchi K. Application of a power Chopper to the thyristor Scherbius. IEE Froceedings，Vo1. 133 pt，B，1986（4）

59 段文泽，童明俶编著．电气传动控制系统及其工程设计方法．重庆：重庆大学出版社，1989

36 Bolognani S. Bha... Control System Design of a Current Inverter Induction Motor Drive, IEEE Trans. IA-21, No.6, 1985 (6)

37 [illegible] 1990, [illegible] 1990 (5)

38 Plunkett A B [illegible] 1980

39 Adams G. Harley R.G. [illegible] 北京: 机械工业出版社, 1980

40 Bose B K. Power Electronics and AC Drives. Prentice-Hall, 1986

41 Shen F C. LSI Circuit for AC Motor Speed Control. Electronic Components and Application. Vol. 2, No. 3, 1980

42 [illegible] 北京: 机械工业出版社, 1980

43 [illegible] 北京: 中央广播电视大学出版社, 1983

44 Bose B K. Adjustable Speed AC Drive Systems. IEEE Press, 1981

45 [illegible] 1981 (2)

46 [illegible] 1982 (4)

47 [illegible] 1980 (5)

48 [illegible] 1982 (1)

49 Masahiko Akamatsu et al. High Performance IM Drive by Coordinate Control using a Controlled Current Inverter, IEEE Trans. IA-18, 1982 (4)

50 [illegible] 上海工业大学学报, 1984 (4)

51 [illegible] 1989

52 [illegible] 北京: 机械工业出版社, 1986

53 [illegible] 北京: 科学出版社, 1984

54 [illegible] 西安交通大学, 1981

55 [illegible] 北京: 冶金工业出版社, 1985

56 [illegible] 上海: 上海交通大学出版社, 1985

57 [illegible] 1984 (3)

58 Bandopadhyay K. Application of a power Chopper to the thyristor Scherbius. IEE Proceedings, Vol 133, pt. B, 1986 (5)

59 [illegible] 重庆大学出版社, 1989